金属纳米材料的分子动力学模拟

赵健伟　著

科　学　出　版　社

北　京

内 容 简 介

本书深入研究了金属纳米材料与器件的超大规模分子动力学模拟。书中详细介绍了用于大规模分子动力学模拟的计算基础和分析方法，研究了纳米材料的稳定性、单晶金属纳米线的形变和断裂分析，以及微结构纳米线的形变和断裂行为。书末突出强调了分子动力学模拟在纳米器件设计和纳米工程中的前景，并着重探讨了针对纳米工程全过程全细节的大数据分析，及其在理解纳米材料失效方面的重要性。

本书适合材料科学与工程领域的研究者，特别是对纳米材料特性感兴趣的读者，以及纳米技术与工程领域的研究人员和学生阅读。对于渴望深入了解纳米材料性能和失效机制的研究者，本书提供了丰富的实例分析，有助于大家将实验结果与模拟数据结合，以便更好地理解实验现象。

图书在版编目（CIP）数据

金属纳米材料的分子动力学模拟／赵健伟著.
北京：科学出版社，2024.6. -- ISBN 978 - 7 - 03
- 078795 - 8

Ⅰ. TB383

中国国家版本馆 CIP 数据核字第 2024ZF4614 号

责任编辑：许　健／责任校对：谭宏宇
责任印制：黄晓鸣／封面设计：殷　靓

科学出版社 出版
北京东黄城根北街 16 号
邮政编码：100717
http://www.sciencep.com

南京展望文化发展有限公司排版
上海颛辉印刷厂有限公司印刷
科学出版社发行　各地新华书店经销

*

2024 年 6 月第 一 版　开本：787×1092　1/16
2024 年 6 月第一次印刷　印张：27 1/2
字数：636 000

定价：180.00 元
（如有印装质量问题，我社负责调换）

前言
PREFACE

在当今科学与技术探索的众多领域中,纳米工程是一颗璀璨的明星,它对纳米尺度材料的研究和工程化应用所带来的革命性影响不容忽视。金属纳米材料作为纳米工程的基石,因其小尺寸效应和表面效应等所呈现的独特性质而备受瞩目。在这个尺度空间中,某些物理量表现出的随机性和不确定性是宏观材料所不具备的特征,这为我们带来了一系列具有挑战的研究课题。无论是对基础科学的探索还是应用技术的突破,都蕴含着深远的意义。

然而,对金属纳米材料展开系列研究,传统的实验方法面临着固有的限制。这些限制包括对昂贵仪器设备的依赖、纳米材料样品复杂的制备流程以及对研究人员高超技术水平的需求。此外,实验研究常常耗时良久,很难在有限时间内获取充足的样本数据,因此限制了大规模数据分析的展开。实验方法也难以全程跟踪材料结构和性质的变化,尤其是对于一些特定关注点的细节信息的获取相对困难。因此,金属纳米材料的实验研究虽然是了解其性质的一种手段,却并非万能的方法。

另一个重要的研究手段是理论模拟,尤其是大规模的分子动力学模拟。这种方法为纳米工程的深入研究提供了新的可能。分子动力学模拟依赖基于原子的统计而获得材料的性质,相对简化了对电子结构的考察。与更大尺度的模拟方法(如有限元方法和粗粒化模型)相比,分子动力学方法能够细致地追踪每个时刻、每个原子的运动和排布,为我们提供了极为丰富和全面的信息。分子动力学模拟可以成为实验手段的有力补充,在某些方面,它甚至可以替代实验。尤其值得关注的是,计算技术的飞速发展极大地推动了分子动力学在纳米材料和纳米工程领域的广泛应用,这一过程还在加速。

分子动力学方法结合计算技术的进步，它所带来的一个机遇是开展多样本模拟，并结合大数据分析、机器学习和人工智能技术。这种科学与技术的结合为我们提供了足够大量、全面的数据，使我们得以模拟和仿真纳米材料在工程应用中的形变过程的全貌和细节，进而探索结构与性质之间的相关性。这种研究过程，虽然与传统的统计热力学或统计物理有相似之处，但在本质上存在着显著区别。传统统计热力学或统计物理因不了解中间状态而只能统计初态和终态，而我们所提出的全过程全细节的模拟，则是基于获取的大量中间时刻的细节，迫切需要对中间态进行统计分析，以揭示形变过程中结构演化，及其与性质之间的联系。因此，我们将这种研究称为统计物理化学，以与传统的统计热力学和统计物理区分开。这一命名在于物理化学关注过程中的细节。特别是物理化学中的动力学，其关注点在于了解中间过程，这也是本书开展统计研究的初衷。

在本书中，我们对纳米材料稳定性进行了深入研究，预测了金属纳米线中原子随机运动的涨落在各向异性的边界条件约束下可产生自发振荡的行为。多种迹象也显示出这种振荡是可观测的。期待未来的十余年内能有实验团队证实这些理论预测。对于金属纳米线的拉伸断裂行为，我们预测了断裂位置的统计分布特征，并指出最可几断裂位置与应力集中存在着本质联系，也与某些微结构在统计上存在相关性，甚至逻辑上存在因果关系。这些课题值得进一步研究，以获得对纳米材料更为深入的认识和理解。

更令作者深感惊异的是，在开展金属纳米线拉伸形变与断裂的研究中，意识到许多普遍性的问题。分子动力学模拟本身是一种确定性方法，即同一样本无论模拟多少次，其结果均相同。然而，一旦引入随机性因素，其模拟从特定时刻开始便具有了概率分布特征，且随着时间推移，随机因素导致的不确定性会变得更加显著。这让我联想到了人生，即在当前时刻之前的确定性与未来带有概率特征的未知。实际上在对本书 10.1 节的模拟研究中，即先有哲学问题，而后促使我设计了分子动力学模拟模型，并从模拟结果获得了更多的思考。这种相似的演化特征、分布特征以及确定性特征，使我们能够实现对人生进行时光倒流的假设。当然，这些更广泛的讨论可以留待专题讲座，不宜在严谨的学术专著中过多涉及。然而，对于工程应用来说，这一点依然具有重要意义。因为它回答了一个重要的工程问题：在非应力集中的位置出现结构破损时，何时会导致材料的失效断裂。若这一问题得不到解决，提早更换材料将极大地增加经济成本，而延迟更换则可能导致设备故障和安全事故。

虽然本书基于作者研究组多年的工作,但我们不希望其仅仅成为科学研究的简单汇总。科学研究与绘画类似,在达到一定的技术水平和知识积累后,就应塑造自己的风格。比如绘画有写实、印象、立体和抽象等不同风格。在科学研究中,我们也追求个人的研究风格,追求严谨、系统化,探寻边界特征,努力寻找看似不相关的事物之间的本质联系。科研论文远比绘画创作更为规范、严谨,因此在科学研究风格的塑造方面,或许更显微妙。这种风格或许难以用言语准确描述,但在科学研究中,形成独特的研究风格和对问题的思考方式是科研迈向成熟的关键一步。

本书所展示的研究工作中,除了仅有一节利用了开源软件之外,其余工作均依赖我们自行开发的分子动力学模拟程序——NanoMD。我们之所以逆时代潮流自行开发计算工具,是源于作者在北海道读博士期间的一次动物园之行。当时看到大猩猩使用简单的工具获取食物,深感人与动物之间的差异不在于会不会使用工具,而在于能否创造工具。从那时起,我便决心在科研中一定要开发自己研究的工具,即使面对各种困难,也要坚持自主编写程序。

我们研究组的分子动力学研究已持续了近 20 年,许多同学做出了卓越的工作。这些数据为我提供了大量的思考素材,也带来了解答问题时的喜悦。特别感谢每一位同学对工作的精益求精,对每一个细节的关注。这些细节至今仍然清晰地留存在我的记忆中。我希望读者能从本书中感受到我们在科研中体验到的快乐。科学研究不是负担,而是一种寻找内心安宁和快乐源泉的过程。

赵健伟

嘉兴大学教授

2024 年 3 月

目录
CONTENTS

第 1 章

绪　　论

1.1　计算技术的发展及对材料研究的促进

1.1.1　计算机技术的发展趋势

先谈谈计算机的硬件,作为计算机的发烧友和电子电镀的长期工作者,我是一直狂热于计算机技术,例如 CPU 主频、制程技术、存储等。摩尔(Moore)定律描述了以硅基材料为基础的电子器件的发展规律。随着电子工业中工艺水平的迅速提高,芯片上元件的集成度越来越高,元件的尺寸越来越小。当器件的特征线宽小到十几纳米或几纳米时,将会遇到许多物理规律的限制。事实上我们今天正面临着这样的问题。2016 年,14 nm 的制程技术已经产业化;2020 年,5 nm 的制程技术产业化。2022 年 12 月,台积电在台南科学园区举办 3 nm 量产暨扩厂典礼,正式宣布启动 3 nm 大规模生产。他们还公布了下一代先进制程 N2(即 2 nm 制程)的部分技术指标:相较于 N3E(3 nm 的低成本版)工艺,在相同功耗下,其工艺的性能将提升 10%~15%;而在相同性能下,其工艺的功耗将降低 23%~30%;晶体管密度提升了 10%,预计 2025 年量产。一个氢原子的半径是 0.53 Å,而半导体工业中最重要的材料硅,其原子半径是 1.11 Å。5 nm 也不过排列了 20 余个硅原子层而已。半导体器件的缩小不仅使得化学键的不连续性变得越来越重要,材料掺杂出现的掺杂密度的微观涨落也不能忽视。因此,未来的电子器件的研究在原理、方法、材料等方面都将面临革命性的飞跃。这无疑为物理学家、化学家、材料学家带来了机遇。当然多学科交叉的特点也为我们带来了挑战。

目前广为流传的摩尔定律主要有以下三种含义:其一,集成电路芯片上所集成的晶体管的数目,每隔 18 个月就翻一番;其二,微处理器的性能每隔 18 个月提高一倍,而价格下降 50%;其三,用一美元所能买到的电脑性能,每隔 18 个月翻一番。摩尔定律源于大名鼎鼎的芯片制造厂商 Intel 公司的创始人之一戈顿·摩尔。20 世纪 50 年代末开始的半导体制造工业的高速发展,导致了摩尔定律的产生。早在 1959 年,美国著名半导体厂商仙童半导体公司首先推出了平面型晶体管,紧接着于 1961 年又推出了平面型集成电路。这种平面型制造工艺是在研磨得很平的硅片上,采用光刻技术来形成半导体电路的元器件,如二极管、三极管、电阻和电容等。只要光刻的精度不断提高,元器件的密度就会相应提高,从而具有极大的发展潜力。因此平面工艺也被应用至今,成为当今集成电路工业的基础。1965 年 4 月,时任仙童半导体公司研究开发实验室主任的摩尔应邀为《电子学》杂志

35 周年专刊写了一篇观察评论报告,题目是"让集成电路填满更多的元件"。他对未来十年半导体元件工业的发展趋势做出了一个大概的预言。1975 年,他又在国际电信联盟(International Telecommunication Union, ITU)的学术年会上提交了一篇论文,根据当时的实际情况,提出了集成度每两年翻一番的预测。后来,这个"每两年翻一翻"被误传为"每18 个月翻一番"。

摩尔定律到底准不准? 我们先来看几个具体的数据。据 Intel 公司公布的统计结果,单个芯片上的晶体管数目,从 1971 年 4004 处理器上的 2 300 个,增长到 1997 年 Pentium II 处理器上的 750 万个,26 年内增加了 3 200 多倍。我们不妨对此进行一个简单的验证:如果按摩尔本人"每两年翻一番"的预测,26 年中应包括 13 个翻番周期,每经过一个周期,芯片上集成的元件数应提高 2^n 倍,因此到第 13 个周期(即 26 年后)元件数应提高了 $2^{12} = 4\,096$ 倍,作为一种发展趋势的预测,这与实际的增长倍数 3 200 多倍可以算是相当接近了。我们也对计算机 CPU 的几个主要技术指标做了统计,如图 1.1 所示。尽管这里具体的数值与摩尔的预测有些变动,但是基本上我们可以看到这些性能指标随时间推移呈指数变化。特别要强调的是,这些变化的趋势已经表明了这些指标越来越接近其物理极限。

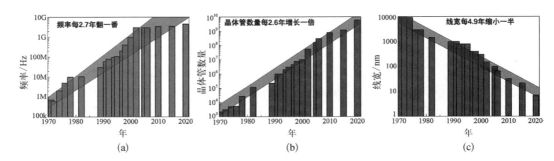

图 1.1　计算机 CPU 的几个重要参数随时间的发展:(a)主流 CPU 主频的发展趋势;(b)主流 CPU 所包含晶体管数量的发展趋势;(c)主流计算机 CPU 制造工艺的线宽的变化规律

1.1.2　计算机软件的发展趋势

人们往往关注硬件的发展,却忽视了软件的进步。这与目前我们所看到的国内大环境是一致的,计算机硬件的发展日新月异,但是软件应用却乏善可陈。然而从国际大环境来看,计算机软件方面的发展也异常迅速。早期的计算机由于存储容量的限制,系统软件的规模和功能受到很大限制,随着内存容量按照摩尔定律的速度呈指数增长,系统软件不再局限于狭小的空间,其所包含的程序代码的行数也剧增,功能也变得更全面。Basic 的源代码在 1975 年只有 4 000 行,20 年后发展到大约 50 万行。微软的文字处理软件 Word,1982 年的第一版含有 27 000 行代码,而 20 年后增加到大约 200 万行。有人将其发展速度绘制成一条曲线后发现,软件的规模和复杂性的增长速度甚至超过了摩尔定律。软件的发展反过来又提高了对处理器和存储芯片的需求,从而刺激了集成电路的更快发展和电子产品的更新换代。对于专业的计算软件来说也是如此。例如,计算化学常用的 Gaussian 程序自 1970 由 John Pople 研究组创立以来,历经 Gaussian 70、Gaussian 76、Gaussian 80、Gaussian 82、Gaussian 86、Gaussian 88、Gaussian 90、Gaussian 92、Gaussian

94、Gaussian 98、Gaussian 03、Gaussian 09,目前已经发展到 Gaussian 16,在计算效率和计算能力两个方面都得到了飞速发展。

1.1.3 摩尔定律的未来

摩尔定律问世至今已近 60 年了。人们不无惊奇地看到半导体芯片制造工艺水平以一种令人目眩的速度提高。目前,Intel 和 AMD 的微处理器芯片的主频已超过 5 GHz,2020 年以来推出的产品最多集成有数百亿个晶体管、每秒浮点运算数千亿次。人们不禁要问,这种令人难以置信的发展速度会无止境地持续下去吗? 不需要复杂的逻辑推理就可以知道,芯片上元件的几何尺寸总不可能无限制地缩小下去。这就意味着,总有一天,芯片单位面积上可集成的元件数量会达到极限。问题只是这一极限是多少,以及何时达到这一极限。业界已有专家预计,芯片性能的增长速度将在今后几年趋缓。其制约的因素一是技术,二是经济。

从技术的角度看,随着硅片上线路密度的增加,其复杂性和差错率也将呈指数增长,同时也使全面彻底的芯片测试几乎不可能。一旦芯片上线条的宽度达到纳米数量级时,相当于只有几个分子大小,这种情况下材料的物理、化学性能将发生质的变化,致使采用现行工艺的半导体器件不能正常工作,摩尔定律也就要走到它的尽头了。从经济的角度看,仅建立一条 14 nm 工艺的工厂就需要耗费 100 亿美元;而想要建立一条生产 5 nm 芯片的工厂,需要的资金更是提升到了 160 亿美元。

随着时间的不断推进,硅基材料的电子器件会变得越来越小。目前最先进的制程已经达到 3 nm。不难预计,在未来的 5 年或 10 年内,硅基材料器件的特征线宽将进入 2 nm 甚至 1 nm。这个后微电子时代(或称为纳电子时代)再往后将会是什么? 当然从尺寸上最简单的推论就是进入分子电子学时代。从我们目前的经验和能力还很难判断分子电子器件一定是硅基电子器件的终结者。因为相较于硅基材料电子器件,分子电子器件的制备和操作将有非常大的困难。对于分子电子器件的溢美之词实在是难以枚举。但是分子电子器件的问题可能比其优点更多。例如,分子是柔软的,在电场作用下会运动;分子是很小的,但是目前研究的方法中,电极的尺寸却是很大的;有机分子中化学键的强度是不均匀的,某些敏感的化学键可能会在电场的作用下崩溃等。这里面有太多太多的困难等待我们去解决。然而,科学与技术必须要发展,无论分子电子器件是否可以完全代替硅基电子器件,我们毕竟还是看到了分子电子器件的希望。特别是某些以分子材料做成的"大"器件,例如有机发光二极管(organic light emitting diode,OLED)等已经产业化。因此我们必须要对分子电子器件积累足够的研究,了解其特性,分析其不足,从而为将来的设计与制备奠定基础。分子电子器件的研究是化学家格外钟爱的。传统的硅基电子器件的研究以物理学家为主,化学家的贡献主要体现在工艺优化及材料优化等方面。对于可能的分子电子器件的研究,化学家有机会做更多工作。毕竟化学家以研究分子为中心,而分子具有多样性。处理纷繁复杂的分子及其组装体,化学家们获得了前所未有的机遇。

1.1.4 计算科学与技术的发展对计算材料研究的启示

计算技术的快速发展对材料模拟带来机遇。模拟的规模可以迅速扩大,对于分子动力学模拟来说,模拟的时间尺度也极大地扩展。可以很方便地利用自由边界条件模拟各种器件,甚至模拟器件-器件的复合体,即微纳系统。可以说计算技术的进步使理论模拟从分子模拟发展到材料模拟,直到器件仿真。

计算材料学研究的内容要与时俱进,跟上计算科学与技术的进步。如果说30年前计算一个小分子反应过渡态还是一个高端计算化学的研究课题,现在这样的工作可能连软件的培训课题都谈不上。所以,如今开展的工作要充分考虑到材料的应用环境,材料与材料在工作环境中的联系,在设计研究课题时就应关注器件。这样的研究工作才有意义。

计算技术的进步要求我们深入了解材料的静态性质和动态行为。微纳米器件是否真能广泛地应用,这是一个虽具有争议,但也逐渐步入日常生活的一个话题。如何更好地开发微纳器件,如何使其稳定高效地工作,是材料基础研究的重要课题。

1.2　分子动力学模拟的意义

1.2.1　分子动力学的定义和背景

分子动力学(molecular dynamics,MD)是一种计算物理学方法,旨在模拟和分析原子和分子在时间尺度上的运动及相互作用。分子动力学模拟领域是科学探究和计算能力的完美结合,为我们揭示了微观世界最微小组分的错综复杂的关系。在这个世界中,微小粒子的微小运动对整体有巨大影响,而追踪它们在时间和空间中的微妙变化,能够彻底改变我们对物质、反应等的理解。

MD模拟是一种计算方法,允许科学家模拟原子和分子的行为和相互作用,时间跨度从皮秒到纳秒。"分子动力学"这个术语体现了这门学科的本质,它试图理解分子的动态、不断变化的本质,就像它们在能量地形上的旅程一样。构成分子的原子遵循受经典力学原理支配的轨迹,为我们提供了一种独特的视角,可以深入了解构成宏观现象的微观原子的运动。

分子动力学模拟可以追溯到20世纪中叶,当时计算机还是一个占据整个房间的庞然大物。在早期,由于当时的计算限制,MD模拟主要局限于简单的体系。然而,即使是这些最初的探索也预示着这个新兴领域的巨大潜力。电子计算机的诞生,使科学家能够进行以前无法想象的计算。20世纪50年代,一些物理学的先驱开始使用MD模拟研究理想固体的动态,揭示了挑战当时科学智慧的意外结果。随着计算能力的不断增强,MD模拟的范围不断扩展,为我们提供了探索更复杂系统的技术手段。从这些极其简单的起点开始,分子动力学模拟已经发展成为一个多学科的强大工具,在各种科学领域都产生了深远的影响。虽然最初多用于理解气体和简单液体,但随后MD的范围扩展到包括生物大分子、化学反应和材料性质在内的更广泛领域。力场参数、积分算法和模拟方法的不断发展,增强了其多样性,使研究人员能够探索从蛋白质折叠到化学催化和材料行为等现象。在本质上,分子动力学模拟为研究人员提供了一种虚拟的实验方法,以窥视原子和分子微观世界运动行为的途径。通过跟踪原子间相互作用力的影响,科学家可以揭示构成宏观自然界的分子结构、构象变化和反应机制的奥秘。MD模拟在宏观和微观之间架起了一座桥梁,使人们能够深入了解驱动我们周围世界的基本过程。

在人们探索分子动力学模拟及其多方面意义时,将深入研究其影响的各个领域。从理解生物分子的结构演变,到解密化学反应的复杂性,再到预测材料的行为,MD 模拟提供了一种虚拟显微镜,揭示了微观世界的美和复杂性。此外,分子动力学还将探讨这个领域面临的挑战,如持续提高计算效率、寻求更准确的力场,以及发展多尺度方法。

1.2.2　与实验相比,分子动力学模拟的重要性

在科学探索的领域中,理解原子和分子的行为对于解开自然界的奥秘至关重要。传统上,实验技术一直是科学发现的支柱,对各种现象追本溯源。然而,计算方法的出现,尤其是 MD 模拟,引入了一种变革性的手段,它在某些情况下甚至可以补充并超越实验技术。

实验技术虽然不可或缺,但往往存在一些实际的限制和复杂性,可能会阻碍对研究体系全面的探索。进行实验本身需要物理资源、受控环境。此外,实验观察可能会受到时间和空间尺度的限制。例如,使用传统实验方法研究快速的生物化学反应或微小空间尺度的分子相互作用可能会很具挑战性。

这正是 MD 模拟的优势所在。通过利用现代计算机的计算能力,MD 模拟提供了一个虚拟实验室,在这里科学家可以改变不同条件来研究分子现象。在 MD 模拟中,研究人员可以操纵参数,调整环境因素,并探索在物理实验室中可能不存在或危险的极端情况。这种虚拟实验允许更深入地理解在各种极端条件下的分子行为,使研究人员能够模拟在现实中不存在或不可能执行的实验。MD 模拟最显著的优势之一在于其能够以无与伦比的时间分辨率捕捉动态过程。在实验技术中,某些过程可能发生得太快或太慢,无法实时观察,从而限制了我们对其机制的理解。MD 模拟通过允许科学家精确控制模拟的时间尺度来克服这一限制,使观察到的过程可以展现在微秒、毫秒甚至更长的时间尺度上。此外,MD 模拟还提供了原子级别的精确性和对分子相互作用的解析,实验技术可能难以提供这种方法。实验方法通常涉及间接测量或集合平均,这可能掩盖了分子行为的关键细节。而 MD 模拟则提供了每个原子的位置、速度和相互作用力的详细视图,使研究人员能够深入了解分子如何运动、相互作用和转化。

在许多情况下,实验技术只能提供分子系统在特定时刻的行为快照。这种局限性可能会掩盖复杂过程的精细路径和瞬态中间体。MD 模拟在揭示这些隐藏机制方面表现出色,提供了分子演变的动态描绘。研究人员可以追踪单个原子的轨迹,可视化构象的变化,并逐步分解化学反应的进行过程。这种详细程度使科学家能够解开复杂机制,揭示可能在其他情况下被掩盖的分子转化的复杂步骤。需要注意的是,MD 模拟的重要性并不是与实验技术竞争,而是与之协同。两种方法都具有独特的优势,它们的结合可以带来更丰富的洞察和对分子现象更全面的理解。MD 模拟可以通过预测结果、优化条件和确定要研究的关键因素来引导实验设计。相反,实验数据可以用来验证和完善 MD 模拟模型和参数系统,确保其准确性和预测能力。

总之,分子动力学模拟相对于实验技术而言,是一个重要的补充,提供了一个虚拟实验室,在这里可以以非同寻常的精确度和多样性研究分子行为。通过 MD 模拟,科学家可

以掌控时间、空间和存在条件,这在传统实验室中可能无法实现,揭示微观世界的错综复杂动态。随着这些模拟的不断发展,它们与实验技术之间的协同关系有望进一步推动科学理解的界限,使人类能够解读编织自然界基本结构的微小分子的细节。

1.2.3　分子动力学模拟在材料学中的应用

分子动力学模拟极大地改变材料科学和技术。这一引人瞩目的计算技术揭示了材料中原子和分子的错综复杂行为,为各个领域的创新进步铺平了道路。通过物理学、数学和计算机科学的协同作用,分子动力学模拟赋予研究人员模拟和分析粒子随时间的动态相互作用的能力,引领着材料科学和技术的创新。

分子动力学模拟的核心是通过数值方法求解原子和分子的运动方程,预测它们在材料中的位置和速度。这使得科学家们能够了解决定材料性质和行为的原子级动态。这种计算方法提供了实验难以获得的洞察力,使研究人员能够在飞秒到微秒、从埃到纳米的广阔时间和空间上进行探索。分子动力学模拟在材料科学和技术领域的应用是多方面和深远的,涵盖了材料性质、结构分析、相变、力学行为等领域。从绝缘体的热导率到金属的力学强度,模拟使研究人员能够深入了解决定材料特性的基本相互作用,以及在不同条件下这些性质的动态演变规律,例如开发用于航空航天的高温合金或用于能量转换的热电材料。

结构分析是另一个领域,分子动力学模拟已经作出了显著的贡献。材料中原子和分子的排列方式决定了其性质和行为。模拟使研究人员能够详细研究缺陷、晶界和界面对材料结构完整性和稳定性的影响。这些知识在理解蠕变、疲劳和断裂等方面至关重要,这在设计能够承受极端条件的材料方面非常重要。

分子动力学模拟在揭示相变的复杂性方面发挥了关键作用,相变是材料在不同状态之间转化的现象(如从固体到液体)。模拟提供了与相变相关的结构重排和能量变化的微观视图。这种知识不仅有助于基础理解,还指导了新型制造技术的发展和具有特定相变特性的材料的设计。

在力学行为方面,分子动力学模拟为研究材料对外部力的响应提供了一个虚拟实验室。从聚合物的弹性到陶瓷的脆性,模拟使研究人员能够探索变形、应力分布和断裂机制。这些对优化材料设计、确保安全性以及增强各种工程应用的性能非常关键。此外,分子动力学模拟在纳米材料和纳米技术研究中具有重要地位。随着在纳米尺度上操纵材料的可能性的开启,模拟成为理解和预测纳米颗粒、纳米管和其他纳米结构行为的重要手段。这种理解指导了设计具有定制特性的纳米材料,从而推动了电子学、催化和医学等领域的发展。随着材料科学和技术领域的不断发展,分子动力学模拟将扮演越来越重要的角色。随着计算能力的不断提升,模拟将日益完善我们对复杂材料现象的理解,赋予研究人员设计具有新功能的材料的能力,并加速技术进步的步伐。

1.2.4　分子动力学模拟的挑战与展望

1. 计算资源与模拟规模

随着分子动力学模拟规模的逐渐扩大、模拟总步数(即模拟的时间长度)的延长,将导致对计算资源的需求不断增加。处理更大规模的分子系统和更长时间尺度的模拟需要更多的计算资源,这可能需要使用更多的计算节点、更多的 GPU 等。这进一步强调了资源分配的重要性,需要科学家和工程师们合理规划和配置计算资源,以保证模拟的可行性和有效性。

另一个挑战是大规模模拟产生的数据存储需求。分子动力学模拟在每个时间步骤中都要记录原子或分子的位置、速度等信息,这导致产生了庞大的数据量。有效地存储和处理这些数据变得至关重要,以便后续分析和解释模拟结果。因此,科学家们需要开发高效的数据存储和管理策略,以确保模拟数据的可靠保存和快速访问。

2. 时间尺度问题与多尺度模拟

虽然通过提高计算能力可以模拟更长时间的分子动力学过程,但在某种程度上,模拟时间的延长仍受到技术的限制。分子动力学模拟涉及对系统中每个原子的力的计算,这意味着随着系统规模的增大,所需的计算量呈指数级增长。虽然高性能计算机和并行计算可以在一定程度上缩短模拟时间,但在当前的技术水平下,仍然存在时间尺度的限制。

因此,在分子动力学模拟中,如果希望模拟更长时间尺度的事件,例如结晶过程、纳米机械行为等,就需要采用多尺度模拟的方法。多尺度模拟的核心思想是将不同时间尺度的模拟结果结合起来,从而实现对更广泛原子、分子行为的描述。

多尺度模拟方法的发展为解决这一问题带来了希望。这些方法允许将精确但计算量较大的原子级模拟与更大层次的模型相结合,从而扩展模拟时间尺度。例如,可以使用粒子动力学来模拟宏观的材料性质,然后将其结果作为输入,嵌入到原子级的分子动力学模拟中,以获得更长时间尺度的行为;或者将分子动力学模拟与有限元技术结合来模拟更大的尺度。此外,还有一些方法将分子动力学模拟与量子力学计算相结合,以在原子尺度上获得更准确的信息。这种量子力学/分子力学方法允许在局部区域使用更精确的量子力学模型,同时在整体系统中使用较快的经典分子力学模型,从而在时间和精度之间找到平衡。

多尺度模拟的发展为探索更长时间尺度的分子动力学过程提供了一条新的道路。通过耦合不同时间尺度的模拟结果,研究人员可以获得更全面的分子行为描述,从而深入了解材料的性质和行为。随着计算技术的进步和方法的不断创新,多尺度模拟将在材料科学和技术领域发挥更大的作用,推动我们对复杂系统行为的理解向前迈进。

3. 精确力场和模型参数化

分子动力学模拟的精确性是与所选的力场和模型参数密切相关的。力场是描述原子和分子相互作用的数学表达式,其中包含原子之间的键长、键角和二面角等结构信息。然而,不同应用环境下的材料和化学过程的复杂性要求不同的力场和参数化。因此,在进行分子动力学模拟之前,研究者必须仔细选择合适的力场和参数,以确保模拟结果的准确性和可靠性。

力场的选择和参数优化是一个复杂的挑战。力场必须能够适应所研究材料的性质,如材料的大小、形状、组分等。这就需要根据材料的特征和相互作用的性质来调整和优化力场的参数,以确保模拟结果与实验观察一致。在力场的选择和参数化方面,理论计算和实验数据的结合是不可或缺的。通过计算得到的量子力学数据可以用来验证和优化力场的准确性,从而提高模拟结果的可靠性。实验数据可以用来校正力场的参数,以使模拟结果更好地与实验吻合。这种理论和实验的结合有助于建立更精确和可靠的力场,从而改善分子动力学模拟的结果。在某些情况下,经典力场无法准确地描述化学反应的细节,因为它们忽略了电子结构效应。在这种情况下,将量子力学方法(如密度泛函理论)与经验力场相结合,可以更准确地模拟化学反应过程。这种混合方法允许在原子尺度上考虑电子效应,从而提高模拟结果的精确性和可靠性。

分子动力学模拟的精确性在很大程度上取决于力场和模型参数的选择。研究者必须根据特定应用环境的需求,精心挑选和优化力场,以确保模拟结果与实验观察相符。通过结合理论计算和实验数据,以及将量子力学方法与经验力场相结合,可以提高分子动力学模拟的准确性,从而为材料科学和技术领域带来更深入的理解和创新。

1.2.5　小结

分子动力学模拟在揭示原子尺度下的微观世界中发挥着重要作用。通过模拟分子的运动,我们可以深入了解生物分子、化学反应和材料行为,为科学研究和技术创新提供有力支持。随着计算技术的不断发展,分子动力学模拟在未来将继续发挥重要作用,为人类认识世界提供更深入的视角。

1.3　分子动力学与化学纳米工程学

1.3.1　先进制造业的国内外现状

由于历史原因,我们国家在基础工业方面与发达国家相比仍存在着阶段性的差距。例如制造业,早期我国制造业产品以低端为主,附加价值不高;产业结构不合理,出口的主要是劳动密集型和技术含量低的产品。在 2006 年的两会期间,代表们提出了一份《加强支柱产业自主创新,防范经济殖民化》的议案。议案指出:我国三大支柱产业的产业主权的 80% 已为外方所控制或主导。2005 年我国信息产业(制造业)总产值的 77%、增加值的 79% 为外方(三资企业)所主导,汽车工业(轿车工业)90% 的产品为外方所主导,机械工业 85% 的芯片精密制造设备、70% 的数控与机械制造设备、80% 的石油化工生产制造设备为国外所占领。这对我国的经济、科技、人才、国防、政治等,都将造成严重威胁。振兴民族工业有两条路可走:一是加大传统基础工业的前进步伐,从各个方面鼓励创新,推动创新;另一条路则是瞄准新兴制造业的发展方向,加大基础研究的投入力度,开发具有我国自主知识产权的产品、系统集成与新工艺来武装我国的基础工业,力图争取在技术源头上做出创新与先导性的工作。经过十余年的努力,我国在自主科技创新方面取得了巨大的进步,但仍面临许多挑战。

微制造是先进制造技术的重要组成部分。微电子学、微传感技术和微机电系统等的基础研究有力地促进了微制造技术的发展。如果尺寸进一步缩小,那么制造技术就进入纳米制造的层次。以纳米制造为中心,包含纳米切削、纳米摩擦、纳米润滑、纳米焊接、纳米铸造等基本过程和纳米材料制备、表面纳米修饰与改性、纳米组装等工艺问题,就构成了纳米工程学。从本质上讲,纳米尺度是一个包含了几十个至数百个化学键的空间范畴,而研究和处理化学键是化学家的职责。从另一个方面来谈,纳米工程又是一个具有明确应用背景的先进制造领域。因此结合物理化学和传统的机械学,创立化学纳米工程学这一交叉学科,有望在纳米机械过程的物理化学、纳米加工工艺和纳米工程仿真等领域取得原创性成果。

制造业是国家经济发展的基石,是增强国家竞争力的基础。同时,先进制造业与国家的战略安全也息息相关。当前,全球正加速从工业化社会向信息化社会过渡,先进制造技术对于提高国家的核心竞争力具有十分重要的意义。从国际上看,以计算机集成制造系统为主导方向的制造业目前已经实现了集成化、网络化、敏捷化、虚拟化、智能化和绿色化,正向超精密、少能耗和无污染的方向发展。超静切削厚度由目前的红外波段向可见光波段甚至短波靠近。如今,加工精度已达到 25 nm,表面粗糙度已达到 4.5 nm,真正进入纳米级加工时代。纳米级加工时代的到来,对我们国家来说,既是一个迎头赶上甚至是超越工业发达国家的机遇,又是一个非常严峻的挑战。因为,世界上所有国家对整个纳米制造都处于基础知识积累阶段,大家在这个领域中的差距远没有传统工业的差距那么大。所以我们国家能否在将来的信息化社会中摆脱目前工业化社会中的落后局面,当前的基础研究是关键。

1.3.2　纳米制造具有鲜明的学科交叉特点

加工制造业在朝着纳米尺寸的方向发展的同时,越来越具有多学科交叉的特点。一般认为加工精度为 0.3~3 μm 的加工为精密加工;加工精度为 0.03~0.3 μm 时,称为超精密加工;而加工精度高于 0.03 μm(30 nm)时,我们称之为纳米加工。纳米加工包括具有纳米级尺寸精度、位形精度和表面质量的加工技术。该技术不仅在微电子、微机械等民用领域具有重要意义,对微小卫星、惯性导航部件等军事领域也具有极高的战略价值。

纳米制造技术具有鲜明的多学科交叉特点。它的发展不仅依赖于介观物理学、表面化学、纳米材料学等基础科学,同时也依赖各种加工设备和工艺的发展。微纳米加工可以归纳为平面工艺、探针工艺和模型工艺三种主要的类型。传统的微纳米加工一般遵循着自上而下的加工过程。这种工艺过程有其自身的局限性。而结合自下而上的方法,特别是目前发展的分子自组装方法[1],则可以使加工技术更加多样化。而组装技术则更多地涉及化学过程。所以从这一点上说,化学,特别是表面物理化学对纳米制造技术将起到积极的作用。

纳米制造技术与化学的交叉是催生具有自主知识产权的先进制造技术与工艺的源泉。打破专业视野上的局限,将看似毫不相干的机械制造技术和以研究原子和分子为己任的化学交叉起来,将是创新的原动力所在。纳米级通常指 1~100 nm 的尺度,10 nm 大约含有 100 个化学键,纳米工程中的大部分过程,实质上是化学键断裂和重新形成的不断交替的过程,化学键的非周期性将对材料的性质起主要作用。许多传统意义上的机械过程,在纳米尺度是直接对化学键的操作。例如,数十纳米的机械切削实质上是对数百个化学键做断裂操作;纳米焊接或铸造在化学家眼里是连接数十或数百个化学键;而锻造和润滑也是在进行着化学键的弯折或保护等过程。显然,处理化学键是化学家的分内之事,而目的又是机械学人之所求。因此,当加工对象进入纳米尺度,机械过程和化学过程通过化学键有机地联系起来。在纳米空间,两者本质上是一致的(表 1.1)。

表 1.1　纳米尺度下机械过程与化学过程的本质联系

机械过程(宏观、连续)	物 质 的 本 质	化学过程(分子、离散)
切削/磨削	键断裂	分解反应
焊接/铸造	键合成	化合反应
锻造	键压缩/键弯曲	构象变化
润滑	键保护	分子间作用

　　纳米尺度制造技术的原理也具有明显的多学科交叉特点。在这一尺度中,宏观的机械原理必将受到严峻的挑战。机械制造所依赖的基础理论,也随着加工工件尺寸的缩小经历着由量变到质变的过程。基于微观的原子、分子理论将会为纳米制造技术做出更大的贡献。

1.3.3　纳米制造的发展必须在基础研究方面做出原始创新的突破

　　当加工工件或加工精度进入纳米尺度,加工过程对表面层的扰动变得格外显著。例如,我们对单晶材料做纳米切削的分子动力学模拟研究[2, 3],由于刀具剪切力的作用,切削后的工件表面层原子变为非晶态(图 1.2)。由于这个具有一定厚度的非晶表面层的存在,加工工件(尤其是微纳米级的工件)的各种力学性质与单晶有显著的不同。在我们制造纳卫星的传感器件或超微小的惯性陀螺时,这一差别不仅直接影响到器件的精度,而且关系到型号产品的可靠性和整体寿命。除了表面层的重要意义外,纳米制造还与大量的表面物理化学问题相联系,如切屑的表面吸附问题:在纳米制造中,很多工件的加工线宽都在纳米级;由于表面效应的存在,使得新加工的工件具有很高的表面自由能。而直接吸附是降低表面自由能的一个重要途径。切屑吸附在两个平行的金属导线上将会导致短路。如果纳米制造过程的表面物理化学问题研究得不够深入,就会增大事故发生的概率。依靠纳米技术制造的器件由于具有更高的集成度,发生吸附和短路的概率要高得多。所以我们必须在先进的纳米制造业即将到来之前充分研究纳米制造过程的特殊性,即纳米制造过程中的诸多关键的物理化学问题。

　　纳米制造是工件的加工精度进入纳米尺度后机械学与化学交叉的必然产物,所以纳米制造领域的原始创新研究必须采用从原子、分子理论出发的"自下而上"的研究策略。基于传统的机械原理的工程仿真,不能准确解释纳米点、纳米线、纳米带发生的力学特性、缺陷、弹性模量、载荷特性和失效机理。这些由尺寸效应、量子效应、表面效应等带来的影

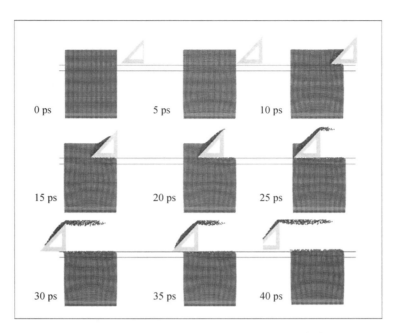

图 1.2 单晶铜的纳米切削过程的分子动力学仿真

响完全不同于宏观情况,甚至与宏观情况截然相反。虽然以实验为基础的直接求证方法是研究纳米机械加工的重要方法,但是我们应当看到,当实验操作的对象达到纳米尺度时,实验将变得非常困难,其原因在于以下几个方面:其一,纳米加工需要高精度、高分辨率和准确定位的操控装置,高精度和高重现性往往是一对矛盾的统一体,在一定的技术条件下难以同时满足;其二,纳米加工和操纵需要经过特殊训练的专业技术人员,而培训的代价则是时间和大量的资金;其三,即使常规的纳米加工过程的实验研究也需要高昂的实验费用和复杂的实验装置,这令许多研究者望而却步。因此,化学纳米工程学研究的规划和实施将会从实验和仿真两个途径同时展开。

另外,将化学的方法与机械技术相结合可以催生出许多新工艺。化学机械抛光、化学摩擦学、电化学加工等就是这方面的成功例证。我们也曾以此为目的,将分子组装与机械方法结合,提出了一种纳米制造的新工艺[4]。传统的机械加工方法一般遵循着制备,清洗处理,最后实现再修饰的过程。这一过程可以看成是先"割草",再"松土",最后"种花"的串行过程。我们提出了"割草"–"种花"(刻蚀–修饰)一步完成的并行纳米加工新工艺,如图 1.3 所示。这种方法不仅在科学研究中具有重要的意义,在纳米工程等先进制造业中也大有作为[5]。例如我们可以在生物芯片的生产过程中,将芯片的刻蚀和修饰同步完成,这对于简化生产工艺、降低成本等无疑具有重要的意义。

1.3.4 纳米尺度物理化学的研究是纳米工程学的理论基础

纳米工程学与化学键的研究密不可分,但是机械过程又有其特殊性。机械过程对化学键的处理速度非常快,整个体系处在一个非平衡的状态。由于机械做功对接触层

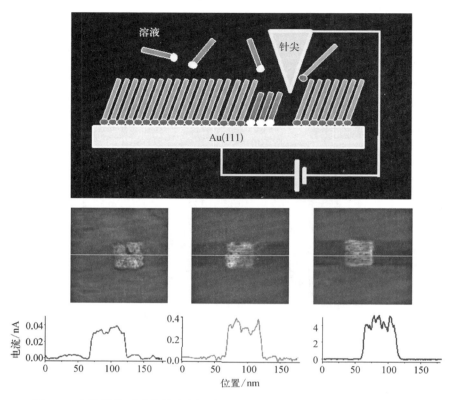

图1.3　有机单分子膜的纳米刻蚀与纳米修饰并行操作的纳米加工新工艺

原子产生冲击,而应力波的传递速度有限,所以加工的工件表面原子处于熔化或部分熔化状态。局域温度过高,可以使加工工件的亚表层的晶态发生变化;局域能量集中使得工件表面处于化学活性状态,导致被加工表面易于变质,此外活泼的表面也会加速刀具的磨损[6]。所以,无论从空间上还是从时间上,纳米机械加工都会在极短的时间、局域的空间内产生极高的能量密度。某些特殊的化学活性物质,例如自由基、阴离子和阳离子等,就会在这种极端的条件下产生。这些化学活性物质比单纯的局域热更容易向刀具扩散,致使刀具发生化学磨损。化学纳米工程学的深入研究,就有可能从化学角度,设计更为合理的切削液,来淬灭这类化学活性物质,延长刀具的使用寿命,提高加工工件的质量。当然,从事物相反的一方面来考虑,我们也可以积极地利用这类化学活性物质,促进表面化学反应,提高加工效率与质量。

1.3.5　结论与展望

　　化学纳米工程学的建立,是机械加工向纳米尺度拓展过程中,化学与机械学交叉的必然产物。从这一新兴交叉学科的产生中我们不难看出,相对于产品的创新、工具的创新和工艺的创新,学科发展上的创新是更高一层次的创新活动,也是创新国家发展的原动力所在。像化学和机械学一样,大量的基础学科和传统学科都已经走完了从现象积累,到总结经验规律,最终发展微观理论的过程。因此从科学本身上讲,这些学科相对缺少进一步发

展的空间。如何从学科角度上进行创新？在某些特定的条件下,将看似毫无关系的学科
联系起来,从某种本质上找到它们之间的相通之处,或许可以给我们些启示。

开展化学纳米工程学的基础研究,对于机械学和化学领域的研究者来说是一个机遇
也是挑战。该领域的深入研究将有助于提升纳米制造技术,增强国家制造业的实力,同时
也为传统学科的持续发展找到途径。

参 考 文 献

[1] Leach A M, McDowell M, Gall K. Deformation of top-down and bottom-up silver nanowires[J]. Advanced Functional Materials, 2007, 17(1): 43-53.

[2] Tang Y L, Liang Y C, Zhao J W, et al. Generation process of nanometric machined surfaces of monocrystalline Cu[J]. Key Engineering Materials, 2006, 315: 370-374.

[3] Tang Y L, Liang Y C, Zhao J W, et al. Study on nanometric machining process of monocrystalline Si[J]. Key Engineering Materials, 2006, 315: 792-795.

[4] 赵健伟,阚蓉蓉,章岩,等.扫描探针显微术在硫醇自组装单分子膜纳米刻蚀中的应用[J].物理化学学报,2006, 22(1): 124-130.

[5] Shi L Q, Sun T, Yan Y D, et al. Fabrication of functional structures at Si (100) surface by mechanical scribing in the presence of aryl diazonium salts[J]. Journal of Vacuum Science and Technology B, 2009, 27: 1399-1402.

[6] Lin Z C, Huang J C. A nano-orthogonal cutting model based on a modified molecular dynamics technique[J]. Nanotechnology, 2004, 15(5): 510-519.

第2章

分子动力学基础与分析方法

2.1　分子动力学基础

2.1.1　分子动力学的基本原理

分子动力学是基于统计力学的一种计算机模拟方法,其基本思想是通过原子之间相互作用势,求出每一个原子所受到的力,在一定的时间步长、边界条件、初始位置和初始速度下,对有限数目的分子或原子建立牛顿运动力学方程组,用数值方法求解,得到这些原子的运动轨迹和速度,然后对足够长时间的结果求统计平均,从而得到所需要的宏观物理量,如压力、温度等。

2.1.2　分子动力学基本关系

分子动力学首先建立由多个原子或分子组成的粒子系统,体系的总能量 H 为

$$H = E + U$$

式中,E 表示系统的总动能;U 表示总势能。当系统中含有 N 个粒子时,其总动能表示为

$$E = \frac{1}{2} \sum_{i=1}^{N} m_i \boldsymbol{v}_i^2$$

其中,m_i 为粒子 i 的质量;$\boldsymbol{v}_i$ 表示其速度。粒子的势能是一个与粒子自身的位置以及与体系中其他粒子的相对位置有关的函数,系统的总势能为

$$U(r) = \sum_{i=1}^{N} U_i(r)$$

粒子 i 的受力用势能函数对坐标 $\boldsymbol{r}_i$ 的一阶导数求得,即

$$\boldsymbol{F}_i = - \frac{\partial U(r)}{\partial \boldsymbol{r}_i}$$

分子动力学理论认为,体系中的粒子运动均服从经典的牛顿力学定律,则粒子 i 的加

速度 a_i 为

$$a_i = \frac{F_i}{m_i}$$

那么粒子经过时间步长 Δt 后的位置 r 和速度 v 分别为

$$r(\Delta t) = r_i + v_i \Delta t + \frac{1}{2} a_i \Delta t^2$$

$$v(\Delta t) = v_i + a_i \Delta t$$

2.1.3　分子动力学的计算流程

分子动力学的计算流程如下：首先依据粒子的相对位置计算势能，然后由势能计算各个粒子的受力和加速度，从而计算出下一时刻粒子的速度和位置，如此往复循环，最终获得粒子的运动轨迹，其基本计算流程如图 2.1 所示。

要开展分子动力学模拟还必须考虑以下一些因素：

（1）准确的势函数设定。势函数的研究和物理系统上对物质的描述研究息息相关。最早是硬球势，即小于临界值时无穷大，大于等于临界值时为零。近年来常用的有两体势函数和多体势函数，例如 Morse 势函数和 EAM 势函数，不同的物质用不同的势函数来描述。模型势函数一旦确定，就可以根据物理学规律求得计算中的守恒量。

（2）给定初始条件。运动方程的求解需要知道粒子的初始位置和速度，不同的算法要求不同的初始条件。常用的初始条件为：令初始位置在差分划分网格的格子上，初始速度从玻尔兹曼分布随机抽样得到；令初始位置随机偏离差分划分网格的格子上，初始速度为零；令初始位置随机偏离差分划分网格的格子上，初始速度从玻尔兹曼分布随机抽样得到。

（3）趋于平衡计算。在边界条件和初始条件给定后就可以解运动方程，进行分子动力学模拟。但这样计算出的系统不会具有所要求的系统的能量，并且这个状态本身还不是一个平衡态。为使得系统平衡，模拟中设计一个趋衡过程，即在这个过程中，我们增加或者从系统中移出能量，直到持续给出稳定的能量值。我们称这时的系统已经达到平衡。这段达到平衡的时间称为弛豫时间。

（4）宏观物理量的计算。实际计算宏观的物理量往往是在模拟的最后阶段进行的，沿相空间轨迹求平均计算求得（时间平均代替系综平均）。

2.1.4　NanoMD 的程序结构设计

NanoMD 是本书作者研究组开发的大规模分子动力学模拟程序。它的开发遵循模块化设计原则，包括了计算模拟、数据分析和图形界面三个模块（图 2.2）。三个模块之间通过信息文件传递各种控制命令。计算模拟和数据分析模块分别生成各自的计算结果文件和分析结果文件，供界面程序调用显示。

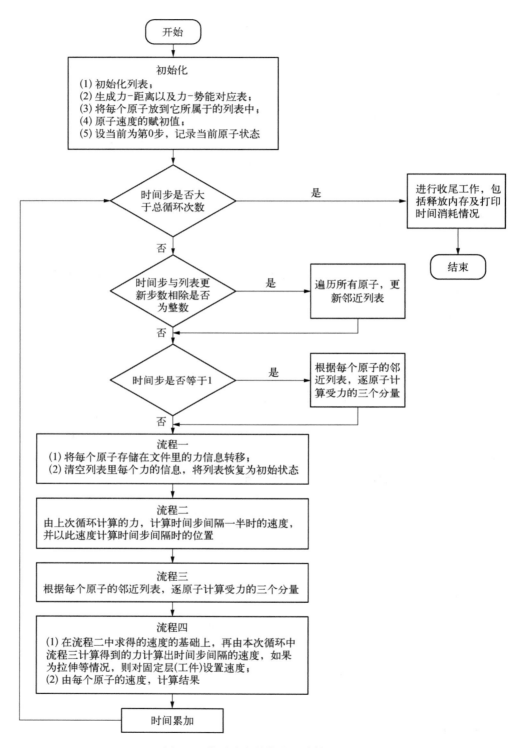

图 2.1 分子动力学模块的计算流程图

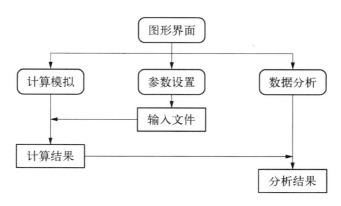

图 2.2　NanoMD 程序总体模块图

1. 计算模拟模块

针对纳米材料和纳米工程的特点,计算模块中划分一系列计算模拟工程,如纳米切削工程,可以方便地定义刀具的材料类型、运动的速度和方向,工件的材料类型和固定层、恒温层、牛顿层的划分。在研究材料的机械纳米拉伸工程中,只需定义两端固定层的大小、运动速度和方向即可。同样,纳米材料的压缩、扭转、压痕、摩擦、熔化与退火、真空蒸镀与电镀、晶体生长、纳米材料的热传导等工程均具有操作方便、直观的特点。

2. 数据分析模块

当纳米材料包含有百万级原子时,传统的计算化学分析方法变得力不从心。为了从统计上得到纳米材料的性质,NanoMD 程序中提供了一系列的分析方法。目前程序中集成了以下分析方法：① 局域原子密度分布;② 原子动能分布;③ 全局或局域径向分布函数分析;④ 截面原子分布;⑤ 晶体结构的傅里叶变换分析;⑥ 原子投影密度分布法;⑦ 原子均方位移(MSD)分析;⑧ 原子配位数分布分析;⑨ 位错与缺陷分析。

3. 图形界面模块

图形界面包括主显示界面和副显示界面。

其中主显示界面中的模拟对象利用 OpenGL 显示。利用鼠标或键盘可以方便地对模型进行移动、缩放和旋转。

副界面可以动态显示计算程序的进程,从而对计算程序进行动态监控。

从界面的工具栏中点击"File",选择所要模拟的工程"Project",例如自由优化、切削、压痕、拉伸、压缩、扭曲、蒸镀等。点击"Setting"确定模拟条件,例如设置材料性质、势函数、晶体方向、操作条件等。当确定好各项虚拟实验的条件,NanoMD 自动生成一个"Input"文件,它是沟通用户与模拟程序之间的桥梁。高级用户或者开展二次开发的用户也可以通过手动输入的方式,更灵活地创建输入文件,从而开展多样的计算模拟。

2.1.5 大规模分子动力学计算常用的势函数

一般而言,势函数包含了体系的所有相互作用的信息,通过拟合体系的物理性质,比如晶格常数、空位形成能、弹性常数、状态方程乃至原子受力等,从而得到其中预设的参数或者离散点处的数值。为了提高势函数的准确性和通用性,势函数的提出往往包含了电子轨道在空间分布上的特点,因此目前常用的势函数大都隐含了量子力学的原理。但是本质上,势函数仍然依赖于给定体系已知的物理量。常用的势函数包括仅含二体相互作用的对势(常用于描述气体分子)、考虑电荷密度分布的嵌入原子势(常用于描述金属体系)等[1]。

2.1.5.1 对势

在分子动力学模拟中,势场一方面要求足够精确,可以比较准确地描述原子分子间的相互作用,另一方面需要相对简单,以便进行有效的数值求解。对势(pair potential)是最简单的一类经验势,在早期的材料模拟中得到了广泛的应用。从原理上讲,一个具有一定构型的原子体系的总能量 E_{tot},可以展开为单体、二体、三体和多体势的求和:

$$E_{tot} = \sum_i V_1(r_i) + \frac{1}{2} \sum_{i,j} V_2(r_i, r_j) + \frac{1}{3} \sum_{i,j,k} V_3(r_i, r_j, r_k) + \cdots$$

式中,右端第一项与原子间的相互作用没有关系,可以认为是个常数项;第二项仅包含二体相互作用,且假设该相互作用是中心势场,即仅与两原子之间的距离有关,所以对势可以表示为 $V(r_i, r_j)$;第三项和后面的项分别为三体项和更高阶的项。在分子动力学模拟的早期,人们所采用的经验势场大多是对势。随着计算机技术的发展和人们对模拟体系精度要求的提高,对于过渡金属、共价晶体等,人们已经开始尝试在势场中包含三体势的作用,但是应用范围仍然局限于一些特定的体系。

对势的参数拟合、受力计算、编程实现都相对简单。到目前为止,对势仍然在材料的分子动力学模拟中发挥着重要的作用,因为气体-气体和气体-金属相互作用往往可以利用对势得到满意的精度。因其计算效率较高,也可以用于对体系的弛豫或赋初值计算。两个原子之间对势能量关系通常有如图 2.3 所示的大致趋势。当两个原子相距较远时,没有相互作用;当两者互相接近时,由于空间波函数的交叠,形成部分成键态导致能量降低,相互吸引直至达到平衡距离(r_0);当两原子间距小于平衡距离而继续接近时,电子与电子、核与核之间的斥力将导致能量快速上升。

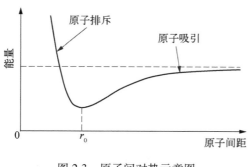

图 2.3　原子间对势示意图

1. Morse 势

描述一个双原子分子的相互作用,比较直观的选择是用谐振子势场。这种势场下两个原子做简谐振动。但是这种势有一个重大缺陷,即利用它来描述的分子永远不会分解。

为了解决这个问题,Morse 在 1929 年提出了一个更加接近"真实"的、可导致分子分解的双体相互作用,形式为

$$V(r) = D[1 - e^{-\alpha(r-r_0)/r_0}]^2 - D_0$$

式中,参量 D 代表作用的强度;α 决定着两个原子间有效作用的距离,当 α 较小时,两个原子之间的作用范围较大,当 α 较大,两个原子之间距离超过平衡距离 r_0 时,相互作用快速衰减至零;D_0 为解离能,即将两个原子分离无限远所吸收的能量。另外,可以注意到,Morse 势平衡位置两边不对称,因此要将两个原子压缩至一定的间距需要的能量要大于将两个原子分开相同的距离所需的能量。

2. Lennard-Jones 势

著名的 Lennard-Jones(L-J)势主要用于描述两个原子或分子间的相互作用,由英国数学家 Lennard-Jones 于 1924 年提出。其数学形式为

$$V(r) = 4\varepsilon\left[\left(\frac{\sigma}{r}\right)^{12} - \left(\frac{\sigma}{r}\right)^6\right]\Theta(r_c - r)$$

式中,$\Theta(r_c-r)$ 是赫维赛德(Heaviside)阶跃函数,其中 r_c 是截断半径;ε 和 σ 是待定参数,分别具有能量和长度的量纲;$1/r^{12}$ 的幂次方项代表两个原子靠近时由于电子云交叠而引起的泡利相斥作用,$1/r^6$ 的幂次方项代表原子间范德瓦尔斯力的弱吸引作用。

对于那些分子间作用较强的体系,例如基于氢键结合的体系,L-J 势中的第二项幂次方项的指数可以大于 6,并且作用越强,指数越大。一般指数为 10 可以很好地拟合氢键相互作用。

2.1.5.2　多体势

虽然原子间对势在材料的微观模拟中得到了广泛的应用,但是由于其没有考虑原子间的实际成键状态,因此暴露出一些难以克服的严重缺点。例如,对于电子云分布呈非对称状态的体系(如共价键晶体或者过渡金属等),对势不能很好地描述体系中原子的相互作用。

为了克服这个缺点,Daw 与 Baskes 于 1984 年提出了引入嵌入项的嵌入原子势方法(embedded-atom method, EAM),从而在金属体系中有更好的应用。他们将组成体系的原子看成一个个嵌入由其他所有原子构成的有效介质中的客体原子的集合,从而将系统的总能量表达为嵌入能和相互作用的对势之和,如图 2.4 所示。图中嵌入原子势中总能分两部分,第一部分为将原子嵌入一定密度的电子气的能量,另一部分为原子核之间利用对势描述的相互作用。原子嵌入项的引入在很大程度上改进了对势对于材料性质预测的结果。

嵌入原子势的思想来源于对第一性原理密度泛函理论(density functional theory, DFT)的近似。在 EAM 理论发展的初期,Baskes 和 Daw 将对势写成两个原子核间的库仑斥力的形式:

$$\phi(\boldsymbol{r}_{ij}) = \frac{Z_i Z_j}{\boldsymbol{r}_{ij}}$$

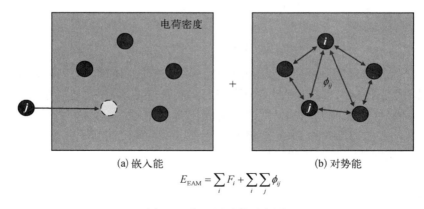

$$E_{EAM} = \sum_i F_i + \sum_i \sum_j \phi_{ij}$$

图 2.4　嵌入原子势示意图

因此通常取正值,式中 Z_i、Z_j 分别为元素 i 和 j 的核电荷。但是与真正长程作用的库仑势不同,两个原子之间的对势项通常会乘以一个截断函数,保证其在一定距离后衰减为零,从而提高计算效率。

　　然而,后续的理论证明,嵌入原子势的总能表达式具有变换不变性,因此在函数形式上也给了嵌入项 F 和对势项 ϕ 更大的自由度。更具体地说,嵌入原子势的总能在以下的变换中保持不变:

$$G(\rho) = F(\rho) + k\rho$$

$$\psi(\boldsymbol{r}) = \phi(\boldsymbol{r}) - 2kf(r)$$

式中,$G(\rho)$ 是自由能密度,包含了动能泛函和交换相关能的贡献;k 是弹性常数;ψ 是势能密度。

　　引入变换不变性的概念以后,出现了几种嵌入原子势的不同泛函形式,包括 Cai-Ye EAM、Zhou EAM、MEAM 等。由于嵌入原子势中的电荷分布是球对称的,因此对于方向性较小的简单金属键描述较为精确,而过渡金属则由于有较强的 d 电子间的方向性成键,用各向同性的嵌入原子势描述有一定的困难。

1. Cai-Ye EAM

Cai-Ye EAM 的函数形式较为简单,$f(\boldsymbol{r})$、$F(\rho_i)$ 和 $\phi(|\boldsymbol{r}_i - \boldsymbol{r}_j|)$ 等参量采用了解析的表达式,因此程序上较易实现。其函数形式具体如下:

$$f_j(\boldsymbol{r}) = f_e^{(j)} \exp\left[-\chi^{(j)}(r - r_e^{(j)})\right]$$

$$\rho_i = \sum_{j \neq i} f_j(|\boldsymbol{r}_i - \boldsymbol{r}_j|)$$

$$F(\rho) = -F_0\left[1 - \ln\left(\frac{\rho}{\rho_e}\right)^n\right]\left(\frac{\rho}{\rho_e}\right)^n + F_1\left(\frac{\rho}{\rho_e}\right)$$

$$\phi(\boldsymbol{r}) = -\alpha\left[1 + \beta(r/r_\alpha - 1)\right]\exp\left[-\beta(r/r_\alpha - 1)\right]$$

$$E_{\mathrm{EAM}} = \sum_{i=1}^{N} F_i(\rho_i) + \frac{1}{2} \sum_{i=1}^{N} \sum_{j=1}^{N} \phi(\mid \boldsymbol{r}_i - \boldsymbol{r}_j \mid)$$

式中,其中 χ、α、β、r_α、F_0 和 F_1 是通过拟合实验数据确定的五个势能参数; f_e 为纯物质的标度常数; ρ_e 是平衡态下的局部电子密度; r_e 代表最近的平衡距离; F_0 定义为内聚能减去空位形成能; F_1 是一个可调参数; ρ 是电子密度; n 取为 0.5; $f(\boldsymbol{r}_{ij})$ 作为 $\boldsymbol{r}_{ij}$ 的一个简单指数递减函数。Cai-Ye EAM 泛函参数表如表 2.1 所示。

表 2.1　Cai-Ye EAM 泛函的参数表

元素	$a_0/\text{Å}$	$r_e/\text{Å}$	α/eV	β	$r_a/\text{Å}$	F_0/eV	F_1/eV	n	$\chi/\text{Å}^{-1}$	f_e
Al	4.05	2.86	0.083 4	7.599 5	3.017	2.61	−0.139 2	0.5	2.5	0.071 6
Ag	4.09	2.89	0.442 0	4.931 2	2.269	1.75	0.768 4	0.5	3.5	0.142 4
Au	4.08	2.88	0.277 4	5.717 7	2.433 6	3.00	0.472 8	0.5	4.0	0.198 3
Cu	3.615	2.55	0.390 2	6.064 1	2.305 1	2.21	1.024 1	0.5	3.0	0.379 6
Ni	3.52	2.49	0.376 8	6.584 0	2.360 0	2.82	0.878 4	0.5	3.10	0.488 2
Pd	3.89	2.75	0.361 0	5.377 0	2.366 1	2.48	0.618 5	0.5	4.30	0.263 6
Pt	3.92	2.77	0.403 3	5.637 9	2.384	4.27	0.681 5	0.5	4.3	0.379 8

2. Zhou EAM

Zhou 及其合作者发展了另外一种函数形式的嵌入原子势,主要用于模拟过渡金属和过渡金属氧化物的行为。其函数具体形式为

$$F(\rho) = \begin{cases} \displaystyle\sum_{i=0}^{3} F_{ni}\left(\frac{\rho}{\rho_n} - 1\right)^i, & \rho < \rho_n, \ \rho_n = 0.85\rho_e \\[2mm] \displaystyle\sum_{i=0}^{3} F_i\left(\frac{\rho}{\rho_e} - 1\right)^i, & \rho_n \leqslant \rho < \rho_0, \ \rho_0 = 1.15\rho_e \\[2mm] F_e\left[1 - \ln\left(\frac{\rho}{\rho_s}\right)^\eta\right]\left(\frac{\rho}{\rho_s}\right)^\eta, & \rho \geqslant \rho_0 \end{cases}$$

$$\phi(\boldsymbol{r}) = \frac{A\exp\left[-\alpha\left(\dfrac{r}{r_e} - 1\right)\right]}{1 + (r/r_e - \kappa)^{20}} - \frac{B\exp\left[-\beta\left(\dfrac{r}{r_e} - 1\right)\right]}{1 + (r/r_e - \lambda)^{20}}$$

$$f_j(\boldsymbol{r}) = \frac{f_e\exp\left[-\beta(r/r_e - 1)\right]}{1 + (r/r_e - \lambda)^{20}}$$

式中,对势表达式中的 A 和 B 为拟合参数。

从本质上讲,Zhou EAM 是利用三次样条函数通过拟合来确定相应参数的。由于三次样条函数具备一定的灵活性,对函数形式和形状的限制较少,因此往往能够得出较为精确

的结果。其计算机实现也非常简单,因此除了模拟纯相材料体系的性质之外,还被推广到合金体系的计算中。单斌及其合作者们[2]进一步推广了 Zhou EAM 的形式,通过在低电子密度区域引入新的分段三次样条,有效地改进了 EAM 模型对于纳米颗粒能量预测的精度。尤其是将其用于钯金合金颗粒的热力学稳定性的预测,很好地反映了合金颗粒在不同温度下表面原子分布与组分的不同,对于催化剂的研发有重要的意义。

3. 改良的嵌入原子势方法(MEAM)

嵌入原子势在金属材料的模拟中取得了巨大的成功,然而,由于 EAM 中电荷分布是呈球对称性的,因此,如果所涉及材料体系中具有方向性的共价键,则效果不理想。在嵌入原子势的基础上,人们引入了非球对称性的电荷分布来克服这方面的困难。其中 EAM 最直接成功的外延当属改良的嵌入原子势方法(MEAM)。

相对于 EAM,MEAM 最大的特点就是电荷分布的表达式不再采取球对称的函数形式,而是借鉴了原子轨道分为 s、p 和 d 轨道等的思想,将电荷分布同样归类为各个分量,即

$$\bar{\rho}_i^{(0)} = \sum_{j \neq i} \rho_{j \to i}^{a(0)}(\boldsymbol{r}_{ij})$$

$$(\bar{\rho}_i^{(1)})^2 = \sum_{\alpha} \Big[\sum_{j \neq i} \chi_{ij}^{\alpha} \rho_{j \to i}^{a(1)}(\boldsymbol{r}_{ij}) \Big]^2$$

$$(\bar{\rho}_i^{(2)})^2 = \sum_{\alpha, \beta} \Big[\sum_{j \neq i} \chi_{ij}^{\alpha} \chi_{ij}^{\beta} \rho_{j \to i}^{a(2)}(\boldsymbol{r}_{ij}) \Big]^2 - \frac{1}{3} \Big[\sum_{j \neq i} \rho_{j \to i}^{a(2)}(\boldsymbol{r}_{ij}) \Big]^2$$

$$(\bar{\rho}_i^{(3)})^2 = \sum_{\alpha, \beta, \gamma} \Big[\sum_{i \neq i} \chi_{ij}^{\alpha} \chi_{ij}^{\beta} \chi_{ij}^{\gamma} \rho_{j \to i}^{a(3)}(\boldsymbol{r}_{ij}) \Big]^2 - \frac{2}{5} \sum_{\alpha} \Big[\sum_{j \neq i} \chi_{ij}^{\alpha} \rho_{j \to i}^{a(3)}(\boldsymbol{r}_{ij}) \Big]^2$$

式中,$\chi_{ij} = \chi_j - \chi_i$;$\chi_{ij}^{\alpha} = \boldsymbol{r}_{ij}\alpha / \hat{\boldsymbol{r}}_{ij}$,是原子 i 与原子 j 之间距离矢量的 α(α、β、γ 分别代表 x、y、z)分量;$\rho_{j \to i}^{a(0)}(\boldsymbol{r}_{ij})$ 代表第 j 个原子在距离 i 为 $r_{ij} = | \boldsymbol{r}_j - \boldsymbol{r}_i |$ 时的贡献。通常 $\rho_{j \to i}^{a(l)}$ 取指数衰减的函数形式:

$$\rho_{j \to i}^{a(l)}(\boldsymbol{r}_{ij}) = f_0 \, \mathrm{e}^{-\beta^{(l)}(r_{ij}/r_e - 1)}$$

在得到各个电荷分量后,需要用合适的函数形式将其组合成一个总电荷密度,并代入嵌入能项。为了保持理论简洁以及避免引入过多的拟合参数,Baskes 和 Johnson 保留了基态电子密度为各原子线性叠加的假设,添加了原子电子分布密度对于角度的依赖。在将 s、p、d 和 f 轨道各个分量的原子电荷组合成总电荷时,需要为每个电荷分量定义一个权重 t_i:

$$(\bar{\rho}_i)^2 = \sum_{l=0}^{3} t_i^{(l)}(\rho_i^{(l)})^2$$

在 MEAM 中,通常用 Γ 参数来总括电荷密度的非球对称因素:

$$\Gamma_i = \sum_{l=1}^{3} t_i^{(l)} \left(\frac{\rho_i^{(l)}}{\rho^{(0)}} \right)^2$$

引入参数 Γ 后,总电荷密度可以简洁地表达为

$$\bar{\rho}_i = \rho_i^{(0)} \sqrt{1 + \Gamma_i}$$

在有些情况下,会出现 $\Gamma < -1$ 的情况,因此有时也采用以下两个表达式:

$$\bar{\rho}_i = \rho_i^{(0)} \, e^{\Gamma_i/2}$$

$$\bar{\rho}_i = \rho_i^{(0)} \frac{2}{1 + e^{-\Gamma_i}}$$

Baskes 和 Johnson 提出的最初的 MEAM 的理论基于第一近邻原子的相互作用,利用屏蔽函数考虑多体效应,并且将第一近邻外的原子间相互作用衰减为零。基于第一近邻的 MEAM 在描述过渡金属性质方面较 EAM 有大的改进,但是由于只考虑第一近邻的作用,而 BCC 结构中第二近邻的原子距离仅比第一近邻大 15% 左右,因此在对一些 BCC 结构的分子动力学模拟中,有可能出现比 BCC 更加稳定的相。此外,低指数面的表面能顺序也与实验相反。为了克服这些困难,Lee 和 Basks 提出了考虑第二近邻作用的 MEAM,并且成功用于 α - Fe 等 BCC 结构金属的计算中。

4. Johnson 解析的嵌入原子势函数

该方案通过几个近似,可以由实验测量的物理量给出 Cu、Ag、Au、Ni、Pd 和 Pt 等面心立方(FCC)金属的 EAM 计算参数。并且可以进一步推广到合金研究。具体表达为

$$E = \frac{1}{2} \sum_{ij} V(\boldsymbol{r}_{ij}) + \sum_i F(\rho_i)$$

$$\rho_i = \sum_{i \neq j} \phi(\boldsymbol{r}_{ij})$$

其中,E 代表体系总能量;$V(\boldsymbol{r}_{ij})$ 代表两个原子之间的对势能;$\boldsymbol{r}_{ij}$ 是指两原子间的距离;$F(\rho_i)$ 代表原子 i 在电子云密度为 ρ_i 下的嵌入能,ρ_i 是所有其他原子在原子 i 处产生的电子密度;$\phi(\boldsymbol{r}_{ij})$ 是原子 j 在与它中心的距离为 $\boldsymbol{r}_{ij}$ 处产生的电子密度,是距离 $\boldsymbol{r}_{ij}$ 的函数。

采用最近邻原子模型,此时嵌入势和对势的表达式分别是

$$F(\rho) = -E_c \left[1 - \frac{\alpha}{\beta} \ln\left(\frac{\rho}{\rho_e}\right) \right] \left(\frac{\rho}{\rho_e}\right)^{\alpha/\beta} - 6 \phi_e \left(\frac{\rho}{\rho_e}\right)^{\gamma/\beta}$$

$$\phi(r) = \phi_e \exp\left[-\gamma\left(\frac{r}{r_e} - 1\right) \right]$$

$$\rho(r) = \sum f(r) = \sum f_e \exp\left[-\beta\left(\frac{r_1}{r_e} - 1\right) \right]$$

其中,E_c 为固体的结合能;ρ 为背景电子密度;ρ_e 为其平衡值。下标 e 为平衡状态下的值(r 为原子间距离)。对于面心立方金属 Cu、Ag、Au、Ni、Pt、Pd,参数详见表 2.2。

表 2.2　Johnson 解析的面心立方金属的 EAM 势参数

元素	a	E_c	f_e	ϕ_e	α	β	γ
Cu	3.614	3.54	0.30	0.59	5.09	5.85	8.00
Ag	4.086	2.85	0.17	0.48	5.92	5.96	8.62
Au	4.078	3.93	0.23	0.65	6.37	6.67	8.20
Ni	3.524	4.45	0.41	0.74	4.98	6.41	8.86
Pt	3.92	3.91	0.27	0.65	6.62	5.91	8.23
Pd	3.88	5.77	0.38	0.95	6.44	6.69	8.57

2.1.5.3　紧束缚势函数

紧束缚(tight-binding，TB)为多体势函数,该函数可分为结合能和排斥能两项:

$$E_c = \sum_i \left(E_B^i + E_R^i \right)$$

$$E_B^i = - \left\{ \sum_j \xi^2 \, e^{-2q\left(\frac{r_{ij}}{r_0}-1\right)} \right\}^{1/2}$$

$$E_R^i = \left\{ \sum_j A \, e^{-p\left(\frac{r_{ij}}{r_0}-1\right)} \right\}$$

式中,r_0 代表原子间的平衡距离;排斥能 E_R^i 则以 Born－Mayer－Type 的势能来表示;结合能 E_B^i 以多体势能项来表示,并针对不同原子的分布做电子分布的调整。并且在紧束缚势函数中,如表 2.3 所示,有四个重要的参数项,分别是 A、p、ξ 及 q,这四个参数由 Rosato 针对不同原子经由实验和模拟得到。若对势能函数的公式进行推导,可得到相互作用力的方程式:

$$F = \sum_{j \neq i} F_{ij} \frac{\boldsymbol{r}_{ij}}{r_{ij}}$$

$$F_{ij} = \frac{\delta E_i}{\delta \boldsymbol{r}_{ij}} + \frac{\delta E_j}{\delta \boldsymbol{r}_{ij}}$$

$$F_{ij} = - \frac{2Ap}{r_0} \exp\left[-p\left(\frac{\boldsymbol{r}_{ij}}{r_0} - 1\right) \right] + \frac{q}{r_0}\left(\rho_{l,i}^{-\frac{1}{2}} + \rho_{l,j}^{-\frac{1}{2}}\right) \exp\left[-2q\left(\frac{\boldsymbol{r}_{ij}}{r_0} - 1\right) \right]$$

$$\rho_{l,k} = \sum_l \exp\left[-2q\left(\frac{\boldsymbol{r}_{kl}}{r_0} - 1\right) \right]$$

故进一步结合分子动力学的积分方程,可进行模拟。

表 2.3　紧束缚势函数面心立方金属参数

元素	A/eV	ξ/eV	p	q
Ni	0.037 6	1.070	16.999	1.189
Cu	0.085 5	1.224	10.960	2.278
Pd	0.174 6	1.718	10.867	3.742
Ag	0.102 8	1.178	10.928	3.139
Pt	0.297 5	2.695	10.612	4.004
Au	0.206 1	1.790	10.229	4.036

2.1.6　截断半径

分子动力学模拟中,为减少计算量,通常为体系中每一个粒子规定一个截断半径,只有当其他粒子与该粒子的距离处于截断半径以内时才计算它们之间的相互作用,超过截断半径的作用力近似为零。在选定适当的势能函数以及初始条件以后,一般根据势函数所建议的截断半径,使计算量缩减。以一个 N 粒子并采用二体势的体系为例,如果不使用截断半径,其粒子相互作用的计算次数为 $N(N-1)/2$,并随着粒子数的平方增加,耗时增大。而定义一个截断半径 r_c,超过 r_c 的原子的作用力近似为零,对模拟结果几乎没有影响,但有效地简化了计算的次数。

2.1.7　原子链表法

在分子动力学中,由于粒子间的作用力都是短程力,当两个粒子的距离超过相互间的作用范围时,为了在模拟时更有效,均利用截断半径,以更加节约计算时间,常会采用以下几种方法。

1. Verlet 列表法

对于体系中任意一个粒子 i,它处在其他粒子构成的环境中。如果要计算它与其他粒子的相互作用,需要计算 $N(N-1)/2$ 次。然而,短程相互作用随距离增加而衰减得非常快,意味着超出截断半径之外的相互作用通常可以忽略不计。因此,只需要计算在粒子 i 周围的粒子即可。但是对于储存在计算机中的粒子信息,无法直接得知某个粒子周围到底有哪些其他的粒子,因此还是得对整个体系进行遍历,判断粒子间距离和截断距离之间的关系。但我们考虑到,由于时间步长通常选取很小的值,每一步中粒子移动的距离不会太远,所以没有必要每一步都要遍历计算所有距离。所以在遍历一次之后,我们通常采取 10 步或者 20 步后更新每个原子的邻近原子情况,而在这 10 步或者 20 步中,我们找到每个原子在半径为 r_L 内的原子,去更新这些在 r_L 内的原子即可。例如,如图 2.5 所示,以原子 i 为中心,取 Verlet 列表半径 r_L,$r_L = r_c + \sigma$。特定的时间间隔内,计算第 i 个原子所受到的外力时,仅需用 r_L 内的原子去判断哪些原子位于 r_c 内,再计算对 i 原子产生的力,而不是每次都对整个体系的原子之间的距离做运算。以 N 个原子体系为例,每 10 步建立一次 Verlet 列表。Verlet 列表因为要计算任意两原子之间的

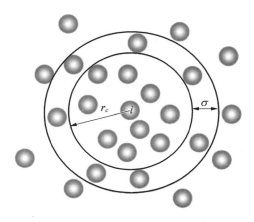

图 2.5　Verlet 列表法的原理示意图

距离,其计算次数为 $N(N-1)/2$ 次。每个原子记录列表半径内的原子后,接下来的 10 步,只需要以 r_L 内的原子判断哪些在 r_c 内,经过下一个 10 步后,再更新每个原子近邻情况。在使用 Verlet 列表时,需要特别注意 σ 的选取,一般 σ 值取原子平衡距离的 0.3 倍,更新 Verlet 列表的时间步骤一般为 10 步。

采用 Verlet 列表法极大地节省了原子的作用力的计算时间,不需要每一步都更新原子间的距离。但因为构造邻近列表需要计算所有原子对之间的距离,若每步都更新邻近列表则几乎不可能节省 CPU 时间。对于含有巨大数目原子的体系来说,更新 Verlet 邻近列表是非常耗时的一步,从而限制了效率的进一步提高。

2. Cell link 列表法

Cell link 列表实质上是一种基于空间划分的方法。它是以各原子所属的 Cell,来判断哪些原子位于邻近 Cell 内,跟 Verlet 列表一样,在经过设定的时间间隔之后,更新 Cell 列表。如图 2.6 所示,每个 Cell 都有编号,当要计算 Cell 5 中的 i 原子受力时,只需计算 Cell 5 及其邻近 Cell 的原子。例如,以一个含有 N 个原子的体系、每 10 步更新 Cell link 列表为例,只需计算 N 次就能得到每一个原子的信息,再利用各 Cell 之间的相对关系来进行运算。图中,每个 Cell 的尺寸均为边长为 r_L 的正方形,而 r_L 值就是 Verlet 列表的边长值,使用 Cell link 列表所建立的原子关系一般包含 Verlet 列表中的原子,因此 Cell link 列表所建立的原子数会大于 Verlet 列表建立的原子数,而其建立各原子所属 Cell 位置时,只需 N 次计算,所以其计算效率高于 Verlet 列表法。

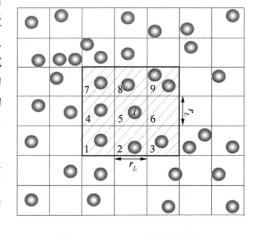

图 2.6　Cell link 列表示意图

Cell link 法相对于 Verlet 列表法在构建"邻近列表"上有较大的优势。该构建过程是线性或者 O(n) 标度的,即耗费时间与体系大小呈线性关系。但是,在每一分子动力学步中,该方法计算的"不必要"的原子对之间的距离也远多于 Verlet 列表方法。因为在本方法中需要计算的邻近原子所在的空间体积为 $27\,l_c^3$,而 Verlet 列表方法只有 $4/3\pi\,r_{L,c}^3$ 其中 l_c^3 和 $r_{L,c}^3$ 都近似于 r_c,所以前者的单步效率要低于后者。

3. Verlet 列表法结合 Cell link 列表法

基于上述两种方法的优缺点,Cell link 列表法拥有以较少计算量去得到体系中每个原子相对位置的优点,而 Verlet 列表法可以以较少的原子数去判断哪些原子位于截断半径之内。将两者结合可采取一种新的算法——Verlet - Cell 连锁列表法,如图 2.7 所示。这种方法的实现和 Cell 连锁列表方法相同,首先将模拟体系划分成大小相等的 Cell,然后再构建 Verlet 临近列表。在构建的过程中仅需考虑给定原子所在的 Cell 和周围邻近 Cell 中的原子。这时对于一个 N 原子的体系计算的原子对数从 $N(N-1)/2$ 减少到 $N(N_c-1)/2$,N_c 是 Cell 中原子个数,因此对于超过数千个原子的体系,该方法有较高的效率。计算机模拟也表明,Verlet - Cell 连锁列表法确实比两种传统算法表现得更好,因此被我们程序所采用。

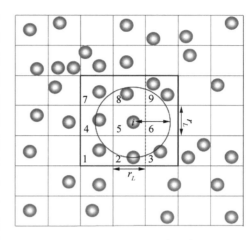

图 2.7　Verlet - Cell 列表示意图

对于含有巨大数量原子的体系,如果不采用任何简化办法(如 Verlet 列表法等),计算整个体系每个原子所感受到的对势的势能的标准步骤为:① 判断一个原子与某个给定原子的距离是否小于截断半径;② 对于符合条件的原子,计算其对给定原子的势能;③ 对所有原子与给定原子产生的势能求和,得到某给定原子受到所有邻近原子作用的势能,而势能对空间的梯度就是这个原子所受到的力;④ 对所有原子,重复步骤①~③。因为一个原子对的两个原子所感受到的力是对称的,所以有一半的势能不需要计算。上述就是枚举法,它的效率很低。除了计算势能的次数很多以外,还可以想象,对于这 $N(N-1)/2$ 对势能,其中必定有很多十分类似的结果,但这个方案中每对计算都是独立的,无法利用已经计算出的任何结果。

以上三种列表法提到的算法的主要改进是都减少了势能计算的次数。我们对每种算法进行了不同原子数目的一系列测试计算,其性能值如图 2.8 所示。从图中可以看出,对于包含 10 万以上原子的体系,采用联合的链表方法,至少可以提高 2 个以上数量级的计算效率。并且,体系越大,性能提升越显著。

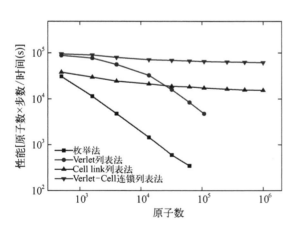

图 2.8　枚举法、Verlet 列表法、Cell link 列表法、Verlet - Cell 连锁列表法的效率比较

2.1.8　物理量的无因次化

在一些复杂的物理方程中,由于可变参数数量较多,无法进行有效的定量研究,所以将一些参数组合在一起,作为一个所谓的无因次数,来有效地研究一些具有相似性质的物理现象。在做分子动力学模拟时,人们也倾向于将其中的部分物理量作无因次化处理。实际上,物理量中的无因次化等同于数学中的归一化。在数学中,归一化是一种无量纲处

理手段,使物理量的绝对值变成某种相对值关系,它是简化计算,缩小量级的有效办法。简而言之,归一化,就是把原来数据范围缩小(或放大)到计算机运算精度和效率最大的范围。

分子动力学是考察原子或分子的运动。若采用国际单位制,原子质量以 g 为单位的量级在 10^{-22},位置以 m 为单位时的量级在 10^{-10},积分步长以 s 为单位的量级在 10^{-15}。这些量均很小,计算不便。分子动力学编程的实践中则采用简化单位(reduced unit)。以单晶铜为例,表 2.4 给出了 NanoMD 程序中 Morse 势归一化的单位,以供理解。

表 2.4　Morse 势的单晶 Cu 单位标定

	物　理　量	标　度　前	标　度　后
基本量	长度 l	0.362 nm	1
	能量 E	0.342 9 eV	1
	质量 m	10.552×10^{-26} kg	1
	温度 T	293 K	1
导出量	时间 t	5.02×10^{-13} s	1
	力 F	1.5×10^{-10} N	1
	速度 v	7.21×10^{2} m/s	1
	波尔兹曼常数 k_B	1.38×10^{-23} J/K	0.073 73

2.1.9　运动方程的积分算法

1. Verlet 算法

Verlet 算法是应用最为广泛的确定分子动力学模拟中运动轨迹的一种方法,主要优点是形式简单,易于编写程序,并且在时间跨度较大的情况下可以保持体系的能量稳定。从 Verlet 算法出发,可以衍生出若干其他算法。此外,Verlet 算法虽然形式简单,但是有着非常丰富的物理、数学背景。

设在时刻 t,体系的位置 $\boldsymbol{r}(t)$、速度 $\boldsymbol{v}(t)$ 以及受力 $\boldsymbol{F}(t)$ 均已知,则下一时刻 $t + \Delta t$ 的位置 $\boldsymbol{r}(t + \Delta t)$ 在 Δt 足够小的情况下可以通过泰勒展开:

$$\boldsymbol{r}(t + \Delta t) = \boldsymbol{r}(t) + \boldsymbol{v}(t)\Delta t + \frac{\boldsymbol{F}(t)}{2m}\Delta t^2 + \frac{\Delta t^3}{6}\boldsymbol{r} + O(\Delta t^4)$$

式中,m 是体系中原子的质量(假设体系是单质)。类似的,前一时刻 $t - \Delta t$ 的位置为

$$\boldsymbol{r}(t - \Delta t) = \boldsymbol{r}(t) - \boldsymbol{v}(t)\Delta t + \frac{\boldsymbol{F}(t)}{2m}\Delta t^2 - \frac{\Delta t^3}{6}\boldsymbol{r} + O(\Delta t^4)$$

将上面两式相加,可得

$$\boldsymbol{r}(t + \Delta t) = 2\boldsymbol{r}(t) - \boldsymbol{r}(t - \Delta t) + \frac{\boldsymbol{F}(t)}{m}\Delta t^2 + O(\Delta t^4)$$

同时,速度 $\boldsymbol{v}(t)$ 可以由下式计算:

$$\boldsymbol{v}(t) = \frac{\boldsymbol{r}(t + \Delta t) - \boldsymbol{r}(t - \Delta t)}{2\Delta t} + O(\Delta t^2)$$

加速度的计算公式为

$$\boldsymbol{a}(t) = \frac{\boldsymbol{r}(t + \Delta t) - 2\boldsymbol{r}(t) + \boldsymbol{r}(t - \Delta t)}{(\Delta t)^2}$$

其中,$\boldsymbol{v}(t)$ 表示粒子的速度;$\boldsymbol{a}(t)$ 表示加速度;$\boldsymbol{r}(t)$ 表示位置。经过 Δt 时刻后,各物理量分别表示为 $\boldsymbol{v}(t + \Delta t)$、$\boldsymbol{a}(t + \Delta t)$、$\boldsymbol{r}(t + \Delta t)$。

上述方程构成 Verlet 算法,对于位置的精度为 $O(\Delta t^4)$,对于速度的精度为 $O(\Delta t^2)$。可以看到,位置 $\boldsymbol{r}$ 与速度 $\boldsymbol{v}$ 是分别更新的。因此 Verlet 算法严格来讲是一种非自启动的算法,体系的初始条件应给定最初两步的位置。实际应用中往往给定 $\boldsymbol{r}(0)$ 和 $\boldsymbol{v}(0)$,由此计算出 $\boldsymbol{r}(\Delta t)$,再利用上述方程更新体系的位置,得到相空间的运动轨迹。因为同一时刻的速度和位置均可求得,所以我们可以计算每一时刻体系的总能。

2. 速度 Verlet 算法

同一时刻的位置 $\boldsymbol{r}$ 和速度 $\boldsymbol{v}$ 可以写成

$$\boldsymbol{r}(t + \Delta t) = \boldsymbol{r}(t) + \boldsymbol{v}(t)\Delta t + \frac{\boldsymbol{F}(t)}{2m}\Delta t^2$$

$$\boldsymbol{v}(t + \Delta t) = \boldsymbol{v}(t) + \frac{\boldsymbol{F}(t)}{m}\Delta t$$

数值计算表明,利用以上两式描述体系演化会产生较大的能量偏移。因此利用线性函数积分的中值定理将上式重新写为

$$\boldsymbol{v}(t + \Delta t) = \boldsymbol{v}(t) + \frac{\boldsymbol{F}(t) + \boldsymbol{F}(t + \Delta t)}{2m}$$

上述方程构成了速度 Verlet 算法。但更新速度时首先要确定该时刻的位置。可以证明,速度 Verlet 算法与原始的 Verlet 算法是等价的。由于速度 Verlet 算法中同时用到了 $\boldsymbol{F}(t)$ 和 $\boldsymbol{F}(t + \Delta t)$,因此需要保留两个力矢量。为了节省存储空间,往往将速度的更新拆成两部分,首先根据 $\boldsymbol{F}(t)$ 更新速度

$$\boldsymbol{v}' = \boldsymbol{v} + \frac{\boldsymbol{F}(t)}{2m}\Delta t$$

在得到体系构型 $\boldsymbol{r}(t + \Delta t)$ 之后,再计算 $\boldsymbol{F}(t + \Delta t)$,然后完成速度的更新:

$$\boldsymbol{v}(t + \Delta t) = \boldsymbol{v}' + \frac{\boldsymbol{F}(t + \Delta t)}{2m}\Delta t$$

这样,在速度 Verlet 算法中也只需要储存一个力矢量即可。

如果加大数据的存储量,可以进一步提高 Verlet 算法对于 $\boldsymbol{v}$ 的计算精度,这就是速度校正 Verlet 算法。这种算法需要将 $\boldsymbol{r}(t+2\Delta t)$、$\boldsymbol{r}(t+\Delta t)$、$\boldsymbol{r}(t-\Delta t)$ 和 $\boldsymbol{r}(t-2\Delta t)$ 进行泰勒展开至 Δt^3,然后联立消去 Δt^2 以及 Δt^3 项,即可得

$$\boldsymbol{v}(t) = \frac{8[\boldsymbol{r}(t+\Delta t)-\boldsymbol{r}(t-\Delta t)]-[\boldsymbol{r}(t+2\Delta t)-\boldsymbol{r}(t-2\Delta t)]}{12\Delta t} + O(\Delta t^4)$$

可以看出,由上式计算的 $\boldsymbol{v}$ 精确到 Δt^4。利用上式计算速度的一个缺点是时间跨度太大,编写程序时易于混淆,所以利用半整数时间步长处的速度对上式进行改写,最终结果为

$$\boldsymbol{v}(t) = \frac{\boldsymbol{v}(t+\Delta t/2)+\boldsymbol{v}(t-\Delta t/2)}{2} + \frac{\Delta t}{12m}[\boldsymbol{F}(t-\Delta t)-\boldsymbol{F}(t+\Delta t)] + O(\Delta t^4)$$

3. 蛙跳算法

蛙跳(leap-frog)算法是另外一种常见的算法。与 Verlet 算法的主要区别在于蛙跳算法中的速度在半整数时间步长处估算,因此与位置不同步。蛙跳算法的总体思路如下。

半更新速度:

$$\boldsymbol{v}\left(t+\frac{1}{2}\Delta t\right) = \boldsymbol{v}(t) + \frac{\boldsymbol{F}(t)}{2m}\Delta t$$

更新位置:

$$\boldsymbol{r}(t+\Delta t) = \boldsymbol{r}(t) + \boldsymbol{v}\left(t+\frac{1}{2}\Delta t\right)\Delta t$$

计算力矢量:

$$\boldsymbol{F}(t+\Delta t) = -\frac{\partial V}{\partial \boldsymbol{r}(t+\Delta t)}$$

更新速度:

$$\boldsymbol{v}(t+\Delta t) = \boldsymbol{v}\left(t+\frac{1}{2}\Delta t\right) + \frac{\boldsymbol{F}(t+\Delta t)}{2m}\Delta t$$

上述即为蛙跳算法的递推公式。给定初始条件 $\boldsymbol{r}(0)$ 以及 $\boldsymbol{v}(-\Delta t/2)$ 即可生成相空间内的一条轨迹。实际上,因为蛙跳算法可以由 Verlet 算法导出,因此两种方法生成的轨迹一致。但是因为蛙跳算法中速度与位置的更新时刻不一致,所以不能直接计算总能。

2.1.10　粒子的初速度赋值

在模拟中,选择合适的速度分布函数能够反映粒子随机运动的本质特征。模型中可以采用以下四种速率分布来描述粒子的随机速度。

1. 狄拉克分布(Dirac distribution)

在狄拉克函数中,速率通常用 δ 表示,其定义为

$$\begin{cases} \delta(x - c) = 0, & x \neq c \\ \int_a^b \delta(x - c)\,\mathrm{d}x = 1, & a < c < b \end{cases}$$

由上式可知,按照狄克拉分布产生的随机速度大小为一固定值。

2. 高斯分布(Gaussian distribution)

高斯分布是用来描述数据在平均值附近的一个连续的概率分布。因其概率密度函数呈现为钟形,峰值点为平均值,所以被称为钟形曲线。若随机变量 x 服从一个数学期望为 μ、标准差为 σ 的概率分布,其概率密度函数为

$$f(x) = \frac{1}{\sqrt{2\pi}\sigma}\exp\left[-\frac{(x - \mu)^2}{2\sigma^2}\right]$$

3. 麦克斯韦-玻尔兹曼分布(Maxwell – Boltzmann distribution)

麦克斯韦-玻尔兹曼分布是一个描述一定温度下微观粒子运动速度的概率分布,在物理学和化学中都有应用。最常见的应用是统计力学的领域。任何(宏观)物理系统的温度都是组成该系统的分子和原子的运动的结果。这些粒子有一个不同速度的范围,而任何单个粒子的速度都因与其他粒子的碰撞而不断变化。然而,对于大量粒子来说,如果系统处于或接近处于平衡,处于一个特定的速度范围的粒子所占的比例却几乎不变。麦克斯韦-玻尔兹曼分布具体说明了这个比例,对于任何速度范围,作为系统的温度的函数。其表达式为

$$f(v) = \sqrt{\frac{2}{\pi}\left(\frac{m}{k_B T}\right)^3}\, v^2\exp\left(-\frac{m v^2}{2k_B T}\right)$$

其中,$f(v)$ 为速率 v 附近的概率密度;k_B 为玻尔兹曼常数;m 为粒子质量;T 为体系温度。v 是三个独立、呈正态分布的速度分量的平方和的平方根:

$$v = \sqrt{v_x^2 + v_y^2 + v_z^2}$$

4. 柯西-洛伦兹分布(Cauchy – Lorentz distribution)

柯西-洛伦兹分布是一种连续的概率分布,物理学家也称其为洛伦兹函数或者 Breit – Wigner 分布,其概率密度函数为

$$F(x, x_0, \gamma) = \frac{1}{\pi\gamma\left[1 + \left(\dfrac{x - x_0}{\gamma}\right)^2\right]} = \frac{1}{\pi}\left[\frac{\gamma}{(x - x_0)^2 + \gamma^2}\right]$$

式中,x_0 是峰值的位置参数;γ 是最大值一半处的一半宽度的尺度参数。

初始的随机速度大小按照某个特定的概率分布函数生成。生成的算法如下:从概率

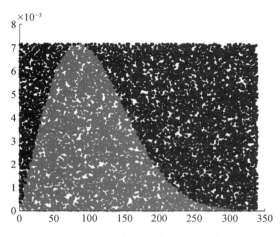

图 2.9　按麦克斯韦-玻尔兹曼
分布生成的随机速度

分布函数所容许的数值范围内随机产生一个速度值 x，按照概率分布函数 f 计算出 x 所对应的概率密度值 $f(x)$，并求出 $f(x)$ 与概率分布函数的最大值 f_{max} 的比值 r：

$$r = \frac{f(x)}{f_{max}}$$

再从 0 到 1 之间生成一个随机数，若其小于 r 则选取该速度值，否则舍弃，重新生成速度值，以此方法对随机生成的速度值进行取舍，从而实现速度值分布符合某一给定函数。图 2.9 以麦克斯韦-玻尔兹曼分布为例说明了初始速度的生成过程。

2.1.11　温度校正方法

1. 校正因子方法

从微观角度来看，温度是原子平均动能的标志。对体系温度进行标定，其意义就是修正原子平均动能。分子动力学中对温度的调节可以通过校正因子来实现，由初始位置和速度，可计算每一步产生新的位置与速度，由新产生的速度可计算此时的温度：

$$T_{cal} = \frac{\sum_{i=1}^{N} m_i (v_{x,i}^2 + v_{y,i}^2 + v_{z,i}^2)}{3Nk_B}$$

然后可求得速度的校正因子：

$$f = \sqrt{\frac{T}{T_{cal}}}$$

式中，T 为设定的目标温度；T_{cal} 是计算预测的温度。

结合上面两式，可得到校正后系统的计算温度：

$$T = \frac{\sum_{i=1}^{N} m_i \left[(v_{x,i} \cdot f)^2 + (v_{y,i} \cdot f)^2 + (v_{z,i} \cdot f)^2 \right]}{3Nk_B}$$

2. Nosé–Hoover 温度校正

Nosé–Hoover 热浴的基本思想是通过改变时间的步长，达到改变系统中的粒子速度和平均动能的目的。因此，Nosé–Hoover 方法中引入了新的变量 s 用于重新调整时间单位。Nosé–Hoover 热浴将按微正则演化的虚体系映射到一个按正则系综演化的物理真实体系。Nosé 证明了虚体系中的微正则系综分布等价于真实体系中 (p', r') 变量的正则分布。

Hoover 通过引入变量 ζ 得到如下的简化方程组。引入该变量后,体系运动方程组变为

$$\begin{cases} & \dfrac{\mathrm{d}\boldsymbol{r}'_i}{\mathrm{d}t'} = \dfrac{\boldsymbol{p}'_i}{m_i} \\[2mm] & \dfrac{\mathrm{d}\boldsymbol{p}'_i}{\mathrm{d}t'} = -\dfrac{\partial \phi(\boldsymbol{r}'_1,\ \boldsymbol{r}'_2,\ \cdots,\ \boldsymbol{r}'_N)}{\partial \boldsymbol{r}'_i} - \zeta \boldsymbol{p}'_i \\[2mm] & \dfrac{\mathrm{d}s'}{\mathrm{d}t'} = s\zeta \\[2mm] & \dfrac{\mathrm{d}\zeta}{\mathrm{d}t'} = \dfrac{1}{Q}\left(\sum_{i=1}^{N} \dfrac{\boldsymbol{p}'^2_i}{m_i} - 3Nk_{\mathrm{B}}T_{\mathrm{eq}} \right) \end{cases}$$

上式称为 Nosé - Hoover 方程,通常被用来描述体系的动力学演化。其中第三个方程是冗余的。Nosé - Hoover 方程的物理意义非常明确。其中动量的导数项,除了真实受力外,另外多了一项阻尼项。此阻尼项的大小和正负与 ζ 的取值有关。而最后一个方程则非常明确地给出了 ζ 的取值趋向,其本质上是一个温度的负反馈。方程中 $\sum\limits_{i=1}^{N} \dfrac{\boldsymbol{p}'^2_i}{m_i}$ 是体系的实际温度,而 $3Nk_{\mathrm{B}}T_{\mathrm{eq}}$ 则是设定的目标温度。因此当体系的实际温度高于设定温度时,通过一个正的 ζ 值来降低整个体系的动能。而 Q 则决定这个温度控制负反馈的速度。

2.1.12　边界条件

1. 自由边界条件

边界条件的选取取决于实际问题的边界要求。在本书的纳米材料的外力载荷研究过程中,目的在于探讨纳米尺度体系的机械性质,因而表面作用不可忽视,故边界条件设为不加任何约束的自由边界条件（free boundary condition）。

2. 周期边界条件

在气相沉积过程中,如果仍然使用自由边界条件进行沉积模拟,很难将结果与实验条件进行对比,因此采用周期边界条件（periodic boundary condition，PBC）更为合适。

周期边界条件是指让基本单元(元胞)在三个方向上完全等同地重复无数次。如图2.10所示,它展示了二维盒子系统中粒子的排列和移动方向示意图。这种周期边界条件可以用数学语言表述如下,对于任何变量 A,

$$A(x) = A(x + nL), \quad n = (n_{i,x},\ n_{i,y},\ n_{i,z})$$

其中,L 为元胞的长度;n_i 为任意整数。

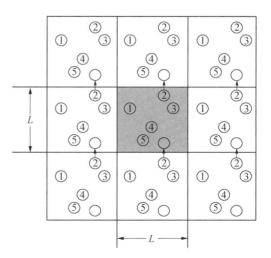

图 2.10　二维周期性系统的粒子移动示意图

在图 2.10 中,中间阴影部分表示计算的元胞,周围的方块表示计算元胞的镜像。周期边界条件在计算中的实现如下:如果一个粒子穿过基本元胞的一个边界并离开该元胞,那么这个粒子将从对面的墙穿过镜像元胞,速度保持不变。同时,在计算原子之间的相互作用时,要考虑镜像元胞中的镜像粒子的存在。具体而言,如果一个原子与另一个原子的距离超过了截断半径,但该原子与另一个原子的某个镜像原子的距离小于截断半径,则需要考虑该原子与另一个原子的镜像原子之间的相互作用。为了满足周期边界条件,元胞的尺寸必须大于两倍的截断半径。

2.1.13　并行计算

计算模拟具有理论分析和实验无法比拟的优点,受限于技术发展,分子动力学仿真规模的突破一直备受瞩目。为了提升分子动力学模拟对金属材料的仿真规模,至今已经做了大量的研究工作。从开始减少串行算法复杂度,发展到将大的计算任务切割分配给多核 CPU 协同工作的并行算法,未来基于异构计算的 GPU 数值模拟加速技术有望使蒙特卡洛、分子力学和分子动力学模拟规模从几万个原子拓展到成百万、上千万。并行计算是扩大纳米材料仿真规模的必行之路,目前使用 GPU 对分子动力学计算加速还不普遍,主流的并行算法依然是原子分解法、作用力分解法和空间区域分解法等。原子分解法[3]一般适用于小规模的原子体系,各处理器按照原子序号计算受力。内存使用总量等于处理器个数乘以其各自使用量,通信方案是全进程全局通信,通信量是核心数和体系规模的倍数。作用力分解法[4]根据牛顿第三定律,通过分解力的阶乘矩阵实现并行计算。同时根据牛顿第三定律,短程力大小相等,方向相反。作用力矩阵实际上是一个斜对称稀疏矩阵,计算时可省略矩阵的对角。矩阵表示原子间相互作用,将矩阵根据计算需求分块,每一子矩阵对应一个计算节点。区域分解法[5]一般将模拟系统分成多个物理空间,每个计算节点对应一个或几个物理空间,每个节点的空间粒子只需要与周围相邻节点的空间粒子发生力的作用,通信量较小。原子分解法的优点在于容易保证负载平衡,同步开销小,实现简单。但是每一个通信节点,需要将所有粒子信息交换,这样通信量会很大,特别是规模庞大的体系,造成通信延迟严重。作用力分解法有原子分解法的优势,又能减少内存消耗和通信量。但是该算法编程复杂,不易做负载平衡,一般也不采用。因此我们在大规模分子动力学计算中采用基于区域分解的空间划分并行算法,该算法通信量相比计算量只占很小的一部分,在大规模系统中应用最为广泛。在计算机技术高速发展的今天,共享内存的多核心单机计算成为分子模拟的重要发展方向,因此在基于空间划分的基础上结合原子分解法可实现更高的并行效率。

在并行方案中,我们根据模型形状和计算核心数划分物理空间,将物理空间分成若干个小的三维立方体子空间,每个计算核心处理其中某一个物理子空间。每个计算单元计算本空间内原子受力,记录一个时间步长的位置、半个时间步长的速度,根据蛙跳法计算加速度,更新位置和速度。单步时间步长内,相邻物理子空间进行数次消息传递工作。

子空间的划分是建立在 Cell－Verlet 列表算法的基础上的,划分子空间时将大模型沿 Cell－link 晶胞的边沿切割。对于其中任意一个物理子空间,最外层晶胞中的原子截

断半径 r_{cut} 略小于晶胞边长 l,在计算该晶胞内原子受力时处理器需要知道邻近子空间靠近本空间这一层晶胞原子的信息。如图 2.11 所示,原子 j 的截断半径超过所在晶胞边长,作用力涉及 x 轴右边子空间的一排边界晶胞,因此计算原子 j 受力时需要右边子空间边界晶胞原子信息。对于为邻近空间提供信息的晶胞层,我们称之为临界子区域(subregion),接收临界子区域信息的晶胞层称之为附加层。每一个计算单元计算受力时考虑附加层,但是只更新本单元内原子位置、速度等信息。各个计算单元包括多组原子信息:本空间内原子信息;附加层原子信息(三维切割时有三个方向上的附加层接收信息);临界子区域的原子信息(三维切割时

有三个方向上的临界子区域传送信息)。不同性质的空间原子信息存储的方式不同,各计算单元存储相应子空间内原子完整的信息、单步位置、半步速度、邻近链表等。附加层存放原子坐标,临界子区域和附加层切割时只记录原子序号,在计算过程中互相通信时将临界子区域原子坐标、温度校正因子等信息放入消息缓冲区临时存放,附加层作为消息缓冲区接收地址。遍历邻近列表,计算原子受力的算法与串行方式相同,需要注意的是各个物理子空间内原子的移动,特别是临界子区域原子的转移、移入和移出:

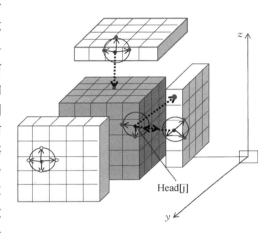

图 2.11　空间划分方案示意图

(1)在短程力的截断半径内,需要拷贝临界子区域原子的坐标到计算空间的附加层;

(2)当原子从一个计算空间移动到另外一个计算空间内时,它们所有的信息都需要被转移。

由于原子的运动,临界子区域内原子的转移,每隔一定的时间步长,物理空间需要重新划分。相比较而言,大部分力的计算是在子空间内部进行的,附加层与本空间的相互作用只占较小一部分,为了程序的准确性,要保证临界子区域内原子的及时更替,本方案重新划分时与建立邻近列表在同一个时间步,防止重新划分后与之前邻近链表内存储的原子在遍历时发生冲突,保证模拟精度并减少代码复杂性。

图 2.12 给出并行算法的通信方案。图 2.12(a)为某计算核心与沿 y 轴方向的邻近计算单元进行消息传递,截断半径使用 r_l 而不是 r_s 的原因与 Verlet 列表算法一致,保证在一定的时间步长内,原子不会发生较大偏移,减少重建链表次数与通信次数。下半区(down)将上半区(up)边界晶胞所需要的原子信息装配进消息发送缓冲区 Am01,上半区使用消息接收缓冲区 Am22 接收并存放来自下半区临界子区域的原子信息。同时下半区的计算单元对上半区做消息接收,上半区将下半区边界晶胞所需的原子信息打包到缓冲区(Am02)中发送,下半区附加层 Am11 作为消息接收缓冲区。同样的通信过程也发生在 x 轴[图2.12(b)]、z 轴[图 2.12(c)]两个方向,区别在于消息缓冲区发送和接收的地址不一样,沿 x 轴方向右半区将 Am03 当作消息发送区,左半区将 Am44 作为消息接收区存放临界子区域的原子信息。每个处理器将接收来的原子信息存放在附加层内,与本空间内

原子按照原子序号归并排序,得到一条新的完整的原子链,并以此更新晶胞链。空间切割方案与模型表面形貌有关,本书模拟模型一般是长方体,可以根据计算核心数的不同尽可能地将其切割成等体积的小长方体,使负载平衡并且有利于拓展,切割方向始终垂直于坐标轴。

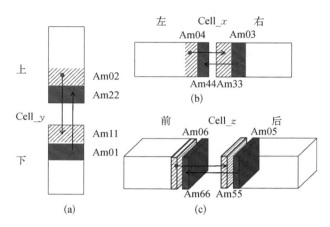

图 2.12　计算单元之间的通信,每个空间划分有三个方向的六个临界
子区域:(a)上/下;(b)左/右;(c)前/后(Am01~Am06 各
自作为消息发送缓冲区,附加层是消息接收缓冲区)

2.1.14　NanoMD 程序中的查表法

在计算复杂多原子体系,确定原子势能中对势的贡献和计算每个原子受力是一个耗时且复杂的过程。每个原子都与其周围的原子相互作用,并且这些相互作用会导致势能的变化,需要完成大量的冗余数值计算,涉及很多的重复步骤,消耗大量的计算资源,制约了计算效率。为了克服这个问题,一种有效的方法是采用查表计算力的技术。这种方法在保证足够的精度前提下,通过在离散的点上预先计算力的数值,以数组的形式在内存中存储。当需要计算特定原子所受力时,可以直接查找表格中的数值,避免了每次都要用函数进行计算的步骤。

这种查表计算力的方法大大提高了计算效率。在计算过程中,不再需要重复进行复杂的计算步骤,而是简化为内存中按地址访问查找表格数值的操作,大幅减少了计算时间。由于提前计算并存储了相互作用力的数值,可以进一步通过优化数据结构和算法实现快速访问,有望进一步提升计算速度。此外,查表计算力的方法也有助于进一步降低计算误差。通过精心设计和选择合适的数据点,并利用插值法来填补表格中的空缺,可以在保持计算速度的同时保证足够的计算精度。

计算体系每个原子的对势贡献的标准步骤为:① 判断一个原子是否在给定的"中心原子"的邻近列表中或与中心原子的距离是否小于 r_{cut};② 对于符合条件的原子,计算其对中心原子的势能;③ 对所有原子对中心原子产生的势能求和,得到中心原子受到所有邻近原子作用的势能,而势能对空间的梯度就是这个原子所受到的力;④ 遍历所有原子,重复步骤 ①~③。

对 EAM 势函数的解析可以得到,电子密度函数、对势能函数以及由对势引起的力函数,都是关于距离 r 的函数,在程序实现中,每次都需要根据两原子的距离计算以上三个值,故在程序开始部分,由原子间距离 r_{ij} 计算并建立三个数组:电子密度 fijTable[index]、对势 phyTable[index]、对势引起的力 psyTable[index]。在后续需要计算时,由 r_{ij} 访问 index,可以直接由原子间距离 r_{ij} 查找对应所需数据。

具体来说,该优化的方案按照如下步骤实行:

(1) 根据精度要求把 r_{cut} 分成等长的小段,即在 r_{cut} 上等间距设置一系列采样点,以便使势能-距离函数离散化。每一小段应当足够小,即采样点的个数足够多,以保证计算精度,从而使采用离散的势能-距离函数所模拟的结果与直接计算的结果没有本质差别。

(2) 建立一个数组,每个元素对应一个采样点,这时数组的索引(下标)与距离有直接的对应关系。对于等间距采样的情形,数组的下标与距离是恒定的倍数。

(3) 根据势能函数的解析表达式计算每个数组元素对应的势能值,存储到数组中。

(4) 在每一分子动力学步计算力时,根据原子间距离的大小确定最接近的采样点,由该采样点的下标直接得出该原子所对应的势能或力。

2.1.15　NanoMD 程序中的动态数组法

在使用 C++实现 Verlet - Cell 连锁列表法时,构建关键的 Cell 连锁列表可以采用多种结构。然而,采用链表数据结构存在一些缺陷。虽然这样的结构能够轻松改变 Cell 连锁列表的长度,这一点对于纳米工程至关重要,但要定位一个 Cell 需要遍历从原点到该 Cell 的所有节点。在更新邻近列表时,每个原子都需要定位其所在的 Cell,而且一个 Cell 中的原子列表同样由链表构成,这意味着要找到某个原子需要从原子列表的头指针开始遍历"定位",这导致整体定位时间较长。

为了进一步提高效率,需要改进数据结构。为了兼顾 Cell 连锁列表的可扩展性和较高的定位速度,采用某种动态数组结构是更优的选择。C++的标准模板库(STL)提供了一个 <vector>容器,可用于构建高效的动态数组。与链表结构不同,采用 vector 容器构建 CellList 类可以利用基本的标准成员函数 push_back( )在动态数组末尾添加元素。这确保了 Cell 数目可以根据模拟区域的增加自动扩展,比如在纳米拉伸、结晶生长等体系扩大的过程中。这样可以将每个 Cell 的位置作为数组的索引,不需要任何指向邻近 Cell 的指针。

对于每个 Cell 的原子列表,因为一个 Cell 中的原子数目不可能无限增加,可以使用一个足够大的普通静态数组构成。为了避免对该表中每个原子定位时的烦琐,可以直接在更新 Cell 连锁表时重建每个 Cell 的原子列表。相对于添加/删除链表中的元素,重建时相当于直接改写数组中某个元素的数值,因此速度更快。

在该改进方法的实现过程中,将 Cell 本身和 Cell 连锁表做了区分。一个 Cell 用一个简单的结构体实现,其中包含了该 Cell 的原子列表。每个 Cell 对应的结构体指针存储在用<vector>容器实现的 DA_CellList 中。这样初始化时可以生成一个较大的 Cell 连锁表,其中可以包括许多暂时为"空"的 Cell,以尽量减少改变 Cell 连锁表大小的操作。<vector>容器已被 STL 完全封装,其技术细节不再赘述,只需要将其视为普通数组使用即可。

代码 2.1　动态数组的实现

```
// 定义结构体 Cell 包含原子列表
struct Cell {
    Atom atoms[]; // 包含当前 Cell 中的所有原子
}
// 定义 Cell 连锁表类
class CellList {
private:
    vector<Cell * > cells; // 存储 Cell 的指针
public:
    // 构造函数,初始化 Cell 连锁表
    CellList( int initialSize) {
        cells.resize( initialSize, nullptr); // 初始化一个包含 initialSize 个空 Cell 的列表
    }
    // 添加 Cell 到 Cell 连锁表的末尾
    void addCell( Cell *  newCell) {
        cells.push_back( newCell);
    }
    // 更新 Cell 连锁表
    void updateCellList( ) {
        // 重建每个 Cell 的原子列表
        for each cell in cells {
            cell.atoms.clear( ); // 清空当前 Cell 的原子列表
            // 重新添加属于该 Cell 的原子
            for each atom in simulationAtoms {
                if ( atom.belongsTo( cell) ) {
                    cell.atoms.push_back( atom);
                }
            }
        }
    }
}
// 主程序
function main( ) {
    CellList cellChainList( 1000); // 初始化一个 Cell 连锁表,包含 1000 个空 Cell
    // 在模拟过程中往 Cell 连锁表中添加 Cell
    for each cell in simulationCells {
```

```
        cellChainList.addCell( cell ) ;
    }
    // 在模拟过程中更新 Cell 连锁表
    while ( simulationRunning ) {
        // 更新 Cell 连锁表
        cellChainList.updateCellList( ) ;
        // 进行模拟的其他步骤
        simulate( ) ;
    }
}
```

代码 2.1 展示了 Verlet - Cell 连锁列表法的简化实现。它包括了 Cell 结构体和 CellList 类,展示了如何管理和更新 Cell 连锁表,以及在模拟过程中如何使用它们。在实际的 C++实现中,需要根据具体情况进行更多的细节处理和优化。

2.2　大规模分子动力学模拟的分析方法

2.2.1　原子级应力和应变

以 $la×ma×na$ 长方体纳米柱为例(其中,l、m 和 n 分别为体系的长、宽和高,a 为体系材料的晶格常数),其 z 方向(拉伸或压缩的方向)的平均应力可以采用以下位力(virial)公式展开求得[6]:

$$\sigma_{\alpha}^{zz} = \frac{1}{\Omega_{\alpha}}\left[-m_{\alpha}v_{\alpha}^{z}v_{\alpha}^{z} + \frac{1}{2}\sum_{\beta\neq\alpha}\frac{\partial\phi}{\partial r_{\alpha\beta}} + \left(\frac{\partial F}{\partial\rho_{\alpha}} + \frac{\partial F}{\partial\rho_{\beta}}\right)\frac{\partial f}{\partial r_{\alpha\beta}}\right]\frac{r_{\alpha\beta}^{z}r_{\alpha\beta}^{z}}{r_{\alpha\beta}}$$

其中,σ_{α}^{zz} 是原子 α 在 zz 方向上的张量;Ω_{α} 是原子 α 的平均体积;m 是原子质量;v_{α}^{z} 是原子 α 在 z 方向上的速度。ϕ、F、ρ 和 f 是 EAM 中的参数,分别对应于对势、嵌入能、所有其他原子在原子 α 或 β 处的电子密度,以及原子 α 或 β 在与其中心距离为 $r_{\alpha\beta}$ 处的电子密度。式中右侧的第一项和第二项分别代表热运动和原子相互作用对应力的贡献。

应变定义为 $\varepsilon = (l - l_0)/l_0$,$l$ 为体系当前的形变长度,l_0 为体系弛豫后的长度,即拉伸前的初始长度。应变速率为 $\dot{\varepsilon} = \mathrm{d}\varepsilon/\mathrm{d}t$,即单位时间内的应变变化量。

2.2.2　应力沿纳米线长轴的分布

2.2.1 节给出的是全部原子在 z 方向上的平均应力。为了解纳米线上的不同位置或不同微结构对应力的影响,可以考察应力沿某个方向,特别是拉伸方向的分布,即沿 z 方向的分布。其方法是对某个 Δz 区域内的所有原子求平均应力 $\sigma_{\alpha}^{zz}(z)$。将 $\sigma_{\alpha}^{zz}(z)$ 对 z 作图即得到沿拉伸方向上的应力分布。研究中需注意 Δz 的取值要适中,过大则细节不明显,过小则波动过大,会影响曲线特征的观察。

2.2.3　径向分布函数

径向分布函数（radial distribution function, RDF）是反映材料内部结构特征的重要物理参量。它直接描述了材料内部原子排列的有序程度[7]。完美晶体中原子完全按照周期性排列，径向分布函数呈规则的不连续竖线分布；对于非晶固体和液体，径向分布呈现一系列峰形。竖线和峰中心位置对应于邻近原子的平均距离。峰面积正比于近邻原子数。径向分布函数由公式表示为

$$g(r) = \frac{2V}{N_m^2}\Big(\sum_{i<j} r - \boldsymbol{r}_{ij}\Big)$$

$\rho g(r)\mathrm{d}r$ 表示在距指定原子 r 处的 $\mathrm{d}r$ 的单位球壳空间内找到邻近原子的概率。$4\pi\rho g(r)r^2\Delta r$ 则代表在距指定原子 r 处的 Δr 厚的球壳内的平均原子密度。在 NanoMD 软件分析模块中，我们按照离散统计方法，在 $0 \sim L$ 间划分为 n 段，每段长 $\Delta r = L/n$。在 r_n 的位置，即每小段的中心，RDF 函数为

$$g(r_n) = \frac{V h_n}{2\pi N_m^2 r_n^2 \Delta r}$$

其中，V 为纳米材料的体积；h_n 为满足 $(n-1)\Delta r \leqslant r_n \leqslant n\Delta r$ 的原子的数目。

2.2.4　缺陷的判定方法与中心对称参数法

在低温下，塑性变形的基本方式有滑移（slip）、孪生（twin）和扭折（kink）[8]。其中，滑移是指在外力作用下晶体沿某些特定晶面（滑移面, slip plane）和晶向（滑移方向, slip direction）相对滑开的形变方式，滑移面和滑移方向合称滑移要素。滑移面和滑移方向通常是晶体的密排和较密排的面及密排方向，因此，面心立方（FCC）晶体的滑移要素是 {111}<110>，体心立方（BCC）的滑移要素是 {110}<111>，还有可能是 {112}<111>或 {123}<111>。

我们可以把滑移区与未滑移区间的交界定义为位错（dislocation）[9]。位错分为刃位错（edge dislocation）和螺位错（screw dislocation）两种，通常用伯格斯矢量（Burgers vector）$\boldsymbol{b}$ 描述。如果 $\boldsymbol{b}$ 也是晶体的平移矢量，那么位错扫过后应使扫过的面两侧晶体不会发生错排，这样的位错称为全位错（perfect dislocation）；若 $\boldsymbol{b}$ 小于晶体的单位平移矢量，那么位错扫过以后，两侧必产生错排，即出现堆垛层错或称层错（stacking fault），层错的边界线称为部分位错（partial dislocation），又称不全位错或半位错。对面心立方晶体而言，最密排为 {111}，它是按每 3 层重复堆垛排列的，即堆垛顺序为：…ABCABCABCAB…如果第二个 C 层在位错作用下相对邻近一层原子发生切动，即 C 变到 A，A 变到 B，B 变到 C，结果变成…ABCAB|ABCABC…可见在 B|A 处发生层错，该层错可以通过抽去 C 层得到，故又称为内禀层错（intrinsic fault），在层错处出现的 ABAB 排列为 HCP 排列，因此出现两层 HCP 晶体即为出现内禀层错；同理，如果第二个 B 层和 C 层之间插入 A 层，结果变成…ABCAB|A|CABCAB…称为外禀层错（extrinsic fault），在层错处 ABA 和 ACA 为六方最密堆积（HCP）排列，因此出现两层 HCP 晶体中

间夹一层 FCC 晶体即为出现外禀层错。

因此,可利用晶体局部晶序(local crystalline order)的变化,尤其是 FCC 和 HCP 的特征来识别 FCC 晶体的层错。在以往晶体形变研究中人们开发了多种识别局部晶序方法,如公共近邻分析(common neighbor ananysis, CNA)[10,11]、配位数法(coordinative number)[12]、中心对称参数法(centrosymetric parameter, CSP)[13, 14]、Ackland 法[15]等。本书中的研究主要采用广泛应用的中心对称参数法考察纳米线的形变结构。

1998 年,Kelchner 等[16]模拟了薄膜的纳米压痕(indentation),需要研究薄膜在塑性变形时的结构变化,他们观察到 FCC 晶体在弹性变形时仍保持局部对称性,由此得出一种由局部非对称性表达塑性变形的方法。基于该方法可以定义中心对称参数 p_i:

$$p_i = \frac{1}{D_0^2} \sum_{j=1,6} | R_j + R_{j+6} |^2$$

其中,D_0 为近邻原子之间的距离;R_j 和 R_{j+6} 为理想 FCC 晶体中任意中心原子到最近邻的 12 个原子中相对的两个原子的向量(图 2.13)。在理想 FCC 晶体中,$p_i = 0$。因此,如果 i 原子的局部晶序发生变化,其最近邻的原子将不能保证两两对称,这时 p_i 将会大于 0,比如,当 $0.6 < p_i < 1.1$ 代表层错,即 HCP 原子;$p_i > 2.0$ 代表纳米线表面原子。

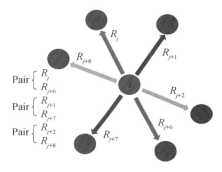

图 2.13　中心对称参数法的模型示意图

2.2.5　晶体取向分析方法[17]

这是一种检测大规模分子动力学模拟结果中晶粒的取向和结晶程度的方法,将所有原子的坐标读入,按照设定的采样频率,沿某坐标轴采样统计原子密度分布,再对其进行傅里叶变换,得到振幅-频率图,该图可反映大范围内的晶体取向、结晶程度。进一步通过分析归一化横轴原子密度分布可研究局部的晶体取向和结晶程度。

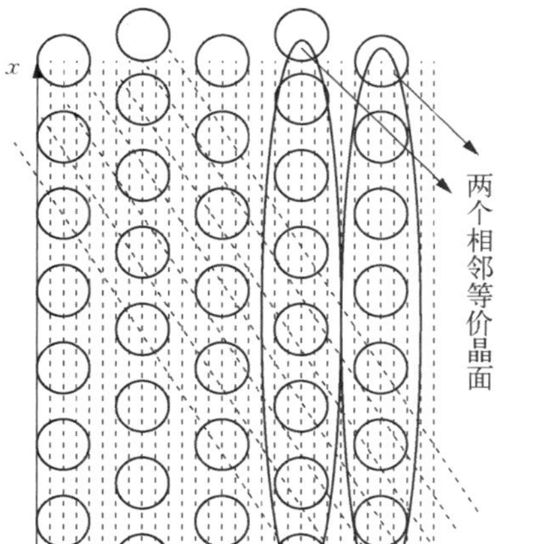

由于将三维的信息化简为一维,并且可以直接从振幅-频率图判断晶体的取向,使晶体取向信息得到充分表征,降低了判断晶体取向的难度。上述步骤可以编程达到自动化,极大提高了判断晶体取向的效率。表征的结果对选取的角度敏感,故判定晶体取向的精确度很高。

图 2.14 的圆圈代表晶粒中的原子(以仅包含同一种元素的单晶为例)。各坐标轴的含义都是三维实空间中的坐标。y 轴因为垂直于纸面而没有画出。待研究的坐标轴是 z 轴,与 z 轴垂直的虚线是每个采样点所在的截面。统计每个采样点所在的截面包含原子的个数,就得到 z 方向的原子密度分布函数。可以看出,这个函数必定是周期性振荡的。它

图 2.14　横轴原子密度分布函数定义的示意图

的周期就是垂直于该晶向的晶面间距,它的振荡频率就是晶面间距的倒数。例如,对于简单立方晶胞的晶体,其晶面间距 d 和晶向指数的关系为

$$d_{hkl} = a / \sqrt{h^2 + k^2 + l^2}$$

其中,a 是晶格常数。对于 [100] 晶向:

$$d_{hkl} = \frac{a / \sqrt{h^2 + k^2 + l^2}}{2} = \frac{a / \sqrt{1 + 0^2 + 0^2}}{2} = 0.5a$$

其特征振荡频率是 $2/a$。

如将晶体绕 y 轴旋转,使得图 2.14 中的倾斜虚线与新的 z 轴垂直,再进行统计,就可以得到垂直于倾斜虚线方向的原子密度分布函数。用一个 $3 \times n$ 三维矩阵表示各原子的坐标,则旋转操作可如下进行:

绕 z 轴:
$$\begin{pmatrix} x'_1 & x'_2 & \cdots & x'_n \\ y'_1 & y'_2 & \cdots & y'_n \\ z'_1 & z'_2 & \cdots & z'_n \end{pmatrix} = \begin{pmatrix} \cos\theta & -\sin\theta & 0 \\ \sin\theta & \cos\theta & 0 \\ 0 & 0 & 1 \end{pmatrix} \begin{pmatrix} x_1 & x_2 & \cdots & x_n \\ y_1 & y_2 & \cdots & y_n \\ z_1 & z_2 & \cdots & z_n \end{pmatrix}$$

绕 x 轴:
$$\begin{pmatrix} x'_1 & x'_2 & \cdots & x'_n \\ y'_1 & y'_2 & \cdots & y'_n \\ z'_1 & z'_2 & \cdots & z'_n \end{pmatrix} = \begin{pmatrix} 1 & 0 & 0 \\ 0 & \cos\theta & -\sin\theta \\ 0 & \sin\theta & \cos\theta \end{pmatrix} \begin{pmatrix} x_1 & x_2 & \cdots & x_n \\ y_1 & y_2 & \cdots & y_n \\ z_1 & z_2 & \cdots & z_n \end{pmatrix}$$

绕 y 轴:
$$\begin{pmatrix} x'_1 & x'_2 & \cdots & x'_n \\ y'_1 & y'_2 & \cdots & y'_n \\ z'_1 & z'_2 & \cdots & z'_n \end{pmatrix} = \begin{pmatrix} \cos\theta & 0 & \sin\theta \\ 0 & 1 & 0 \\ -\sin\theta & 0 & \cos\theta \end{pmatrix} \begin{pmatrix} x_1 & x_2 & \cdots & x_n \\ y_1 & y_2 & \cdots & y_n \\ z_1 & z_2 & \cdots & z_n \end{pmatrix}$$

根据上面的定义,如果角度是正的,那么对于绕 z、x、y 轴,分别是从 x 轴正方向往 y 轴正方向、从 y 轴正方向往 z 轴正方向、从 z 轴正方向往 x 轴正方向旋转。根据旋转晶体的角度,可反推原来晶向的角度。

对于所得到的横轴密度分布函数,可进行傅里叶变换得到振幅-频率图。舍掉截止频率以下的成分,再进行逆傅里叶变换,就得到高通滤波后的横轴密度分布函数。舍掉截止频率以上的成分,再进行逆傅里叶变换,就得到低通滤波后的横轴密度分布函数。以 [110] ∥ [111] 的铜双晶为例,如图 2.15 所示。左为 [110] 晶向,右为 [111] 晶向。铜是面心立方晶体,晶格常数为 0.361 4 nm,[110] 晶向上的晶面间距是 0.127 8 nm,对应特征振荡频率 7.83 nm^{-1},[111] 晶向上的晶面间距是 0.208 7 nm,对应特征振荡频率 4.79 nm^{-1}。此外,另一个常见的 [100] 晶向,其晶面上的晶面间距是 0.180 7 nm,对应特征振荡频率是 5.53 nm^{-1}。

弛豫 100 000 步原子密度分布如图 2.16 所示。在振幅-频率图中,我们明显可以看到 [110] 晶向的特征频率 7.83 nm^{-1} 及其高次谐波,[111] 晶向的特征频率 4.79 nm^{-1} 及其高次谐波。从原子密度分布和归一化的原子密度分布中,我们可以看到振幅很大而且均匀,表明该双晶体系结晶程度很高且均匀。

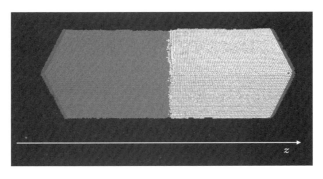

图 2.15　[110] ∥ [111] 的铜双晶示意图

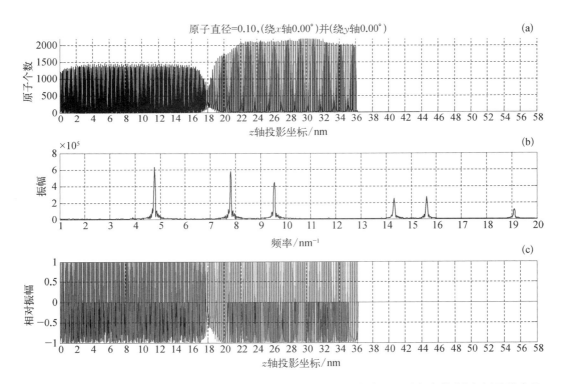

图 2.16　弛豫 100 000 步后铜双晶的原子密度分布图：(a) 低通滤波的原子密度分布图，原子的直径
选择为 0.1 nm，所用截止频率为 3 nm^{-1}；(b) 振幅-频率图；(c) 归一化的原子密度分布

2.2.6　晶体的密度投影分析方法[18]

对一个有限空间中所有粒子质点进行统计，数据再离散化处理，可得到一个三维的原子密度分布矩阵。把密度分布矩阵通过采样投影到一个平面上，可以得到一个二维的密度分布矩阵。利用逆投影可以重建一定精度的三维图像。

大规模体系仿真结果的有效表征是将分子动力学应用到纳米工程领域的一个瓶颈。常用的直接显示、键对分析和径向分布函数等基于原子位置的表征手段或者消耗计算机资源过大,无法用于超大规模的体系;或者无法充分表现体系的细节;或者中间数据文件较大,难以保存足够的数据,从而损失动态细节。然而晶体密度投影可以在仿真过程中即时地按照一定的分辨率要求生成类似于透射电镜照片的平面投影,并可进一步利用晶体学知识进行分析。对于目前纳米材料和器件的研究中比较关注的一维或准一维体系,还可以得到纵向密度分布函数,并直接引用信息科学中有关信号处理的理论和技术进行分析。同时,本表征方法所生成的数据记录文件是传统方法(直接记录原子位置)所生成文件大小的 $1/100\sim1/50$,因此可以大大增加记录频率,捕捉动力学过程的细节。

在分子动力学中,对于一个含有 n 个原子的体系,一般可以采用一个 $n\times3$ 的矩阵来完整描述各粒子的空间位置。那么,是否仅有这一种方式来描述所有粒子的位置呢? 我们注意到,"一个原子在空间 $(x_1\ y_1\ z_1)$ 处"和"空间某处 $(x_1\ y_1\ z_1)$ 存在一个原子"是等价的说法。如果按照一定精度统计了一个有限空间中 $(x_1\pm\Delta x_1\ y_1\pm\Delta y_1\ z_1\pm\Delta z_1)$(位置偏移量 Δ 依据统计精度确定,统计精度越高,位置偏移量越小)的原子存在情况,也就知道了这个有限空间中所有原子的近似位置。所有空间点的原子存在情况构成了一个三维空间的、自变量为空间坐标的多元函数。该分布函数的量纲一般是密度。

原子密度分布函数的形式不唯一,可根据需要选用相应的原子模型构造原子密度分布函数。比如,可以选用狄拉克 δ 函数形式的原子模型,即在原子质心处,令原子密度为 ∞,其余部为 0,并且对这个原子质心附近进行积分,其值为 1。或者令原子为有限大小,在原子半径之内,原子密度为 1,在原子半径之外,原子密度为零(即硬球模型,下文一般都采用该模型)。

对于计算机来说,密度分布函数必须要进行离散化才能处理,故可以构造一个三维的采样矩阵,沿某个方向,依次记录每一个采样点的原子密度,这样就得到了一个三维的原子密度分布矩阵。这个经过采样之后的离散的原子密度分布矩阵是否与原 $n\times3$ 的位置矩阵等价呢? 根据信息科学中的采样定理(sampling theorem),只要采样频率(sampling frequency)至少是原始信号频谱中最高频率的两倍,采样后的信号就可以不失真地还原,该采样频率则被称为奈奎斯特频率(Nyquist frequency)。所谓原始信号频谱中的最高频率,指的是原始信号经傅里叶变换(Fourier transform)成一系列正弦波的叠加后,其中频率最高的正弦信号的频率。对于周期性重复的晶体,选取一个适当的原子模型,例如硬球模型,可以得到原子密度分布的原始信号,进而可以利用傅里叶变换得到一系列频率的正弦信号。其最高频率的两倍可以看作为该晶体体系的奈奎斯特频率。因此一个有限大小的位置矩阵总可以变换成一个与之等价的、有限大小的原子密度分布矩阵。

物理量的各种分布,如空间分布或者时间分布,是统计物理的核心内容之一,因此把原来的原子位置转化为密度矩阵更加便于处理和分析模拟结果。

对于较大的三维体系(如多晶块体、纳米空心球)而言,把密度分布矩阵投影到一个平面上,则生成的图片文件类似于透射电子显微镜的照片,根据晶体学知识即可对投影图片进行解读。该投影也可以利用二维矩阵表述。如果在 x、y 和 z 三个方向上投影,则可以在保证一定的精度条件下,对原始体系做数据压缩。在图例中我们得到密度分布矩阵投影文件的大小为几十 KB(千字节),而相应的数据文件为几 MB(兆字节),两者相差 $50\sim100$ 倍。通过逆变换可以实现数据还原,但是精度有所损失。

图 2.17 给出采用半径为 0.1 nm 的硬球原子模型,以不同的采样频率得到三维密度分布矩阵投影到 x-z 平面的一系列代表性的图像。灰度代表密度投影数值的大小,越黑则数值越大。

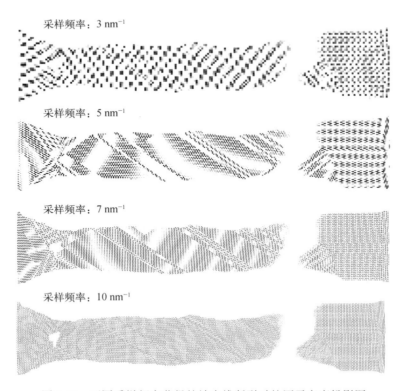

采样频率:3 nm^{-1}

采样频率:5 nm^{-1}

采样频率:7 nm^{-1}

采样频率:10 nm^{-1}

图 2.17　不同采样频率获得的纳米线断裂时的原子密度投影图

2.2.7　初始滑移位置的计算

初始滑移通常由一系列 HCP 原子构成为一个平面,并且与纳米线侧棱相交。为分析初始滑移的分布特征,以进一步探究初始滑移与断裂失效的联系,我们从原子坐标出发,对 HCP 原子进行平面拟合,确定每一个初始滑移的平面方程,进一步计算其与相近棱的交点。然而,该方法在采用计算机对大量样本处理过程中存在两个问题:其一,现有平面拟合方法无法同时对多个平面的数据进行拟合,即使同时对整体数据进行拟合计算,但最终只能获得某一类初始滑移的拟合平面;其二,在应力屈服点处提取的位错原子通常含有部分纳米线棱上的原子,这类原子分布密度低。少于 8 个 HCP 原子的位错应判为噪声点。考虑以上问题,我们提出先采用聚类算法对 HCP 原子进行聚类划分,一方面有效去除棱上的 HCP 原子,另一方面将 HCP 原子划分为各个类。接着,对聚类结果所得的各个类进行平面拟合,实现了多个初始滑移平面的拟合。

由于初始滑移的形成具有一定的随机性,无法提前给出聚类数目,并且滑移面由具有一定分布密度的 HCP 原子构成,因此,采用基于密度的聚类方法,将足够密集的 HCP 原子划分为一类滑移面。基于密度的噪声应用空间聚类(density-based spatial clustering of applications with noise，DBSCAN)算法提出密度相连的思想,充分扩充簇内数据点,对不同形状的数据点进行聚类划分,并实现了噪声点的识别。

DBSCAN 算法需要给定一组参数(Eps，minPts)以描述数据点的密度特征。给定数据点集 $D = \{p_1, p_2, p_3, \cdots, p_m\}$,指定的参数具体描述如下:

邻域半径 Eps:对于任意点 p_i, $p_i \in D$,计算点 p_i 与其他数据点 p_j, $p_j \in D \wedge j \neq i$ 的距离 $\text{dist}(p_i, p_j)$,寻找 $\text{dist}(p_i, p_j) \leq \text{Eps}$ 的数据点 p_j 构成的点集 $E_i = \{p_1, p_2, p_3, \cdots, p_n\}$,点集 E_i 中的数据点即为 p_i 邻域半径 Eps 内的邻域数据点。

最少数据点 minPts:对于任意点 p_i, $p_i \in D$,以 Eps 为邻域半径,若其邻域点集 E_i 中的数据点个数至少有 minPts 个,则认为点 p_i 附近的紧密度较好,与其邻域内的邻域数据点被认为是同一个簇。

基于上述两个参数,DBSCAN 算法将数据点分为 3 类:

核心点:若点 p_i 的邻域点集 E_i 的个数至少有 minPts 个,则该点为核心点。

边界点:点 p_i 在某一核心点的 Eps 内,但 p_i 邻域点集 E_i 的个数少于 minPts。

噪声点:不属于核心点,也不属于边界点的点即为噪声点。

为进一步根据数据点分布的紧密度确定类簇,DBSCAN 对样本数据点分布的紧密程度的相关定义如下。

直接密度可达:点 p_i 为核心对象,且点 p_j 位于点 p_i 的 Eps 邻域内,则称 p_j 由 p_i 密度直达。

密度可达:存在一个样本点序列 $\{p_1, p_2, p_3, \cdots, p_t\}$, $1 \leq i \leq t$, $p_i \in D$,并且 p_1, p_2, p_3, $\cdots$, p_{t-1} 为核心点,若 p_i 是由 p_{i-1} 密度直达,则称 p_t 由 p_1 密度可达。

密度相连:存在点 p_i, $p_j \in D \wedge i \neq j$,存在核心点 $p_k \in D \wedge k \neq i$, p_i、p_j 均由 p_k 密度可达,则称 p_i 与 p_j 密度相连。

从 DBSCAN 同类簇的样本点较为紧密、具有连接性的角度出发,建立样本间密度可达的关系,进一步寻找最大密度相连的样本点集合,最终得到某一类簇。采用 DBSCAN 算法实现初始滑移聚类划分的步骤如算法 2.1 及算法 2.2 所示。

算法 2.1　聚类划分 HCP 原子的 DBSCAN 算法

1. 输入:某一样本在屈服应力处的 N 个 HCP 原子数据集 D,设置参数 Eps，minPts;
2. 归一化处理数据集 D,使数据集中各原子的数据形式为归一化的三维坐标;
3. 标记数据集 D 中各原子对象的访问状态为 unvisited,初始化簇的集合 T;
4. for each p in D do
5. 　　if p 的状态为 unvisited then
6. 　　　　标记 p 的访问状态标记为 visited,并计算其 Eps 邻域集合 $\text{Eps}(p)$;
7. 　　　　if $\text{Eps}(p)$ 中含有的对象个数小于 minPts then
8. 　　　　　　将点 p 归类为噪声点;
9. 　　　　else
10. 　　　　　　使用算法 2.2, $t = \text{ExpandCluster}(\text{Eps}(p), \text{Eps}, \text{minPts})$,并将 t 加入 T 中;

11.　　　　end if
12.　　　end if
13. end for
14. 输出：T

算法 2.2　扩充类簇的 ExpandClusters 算法

---

1. 输入：某一 HCP 原子的 Eps(p)，参数 Eps，minPts；
2. 创建新的类簇 t，将点 Eps(p) 中所有原子对象加入 t 中；
3. for each p^* in Eps(p) do
4.　　　if p^* 的访问状态为 unvisited then
5.　　　　　标记 p^* 的访问状态标记为 visited，计算其 Eps 邻域集合 Eps(p^*)；
6.　　　　　if Eps(p^*) 中含有的对象个数大于或者等于 minPts then
7.　　　　　　　将 Eps(p^*) 中含有的对象加入 t 中；
8.　　　　　end if
9.　　　end if
10.　　　if p^* 不属于任何一个类簇 then
11.　　　　　将点 p^* 加入 t 中；
12.　　　end if
13. end for
14. 输出：t

　　将 DBSCAN 算法应用于初始滑移聚类划分时，考虑到初始滑移的判定标准，将 minPts 设定为 8。但不同的 Eps 参数对样本的聚类结果影响较大，设定同一 Eps 参数难以处理大量样本的初始滑移的聚类划分。分析发现，采用 DBSCAN 算法对初始滑移进行聚类划分存在的问题有：其一，各初始滑移中的 HCP 原子分布密度可能不同，聚类结果易受 Eps 参数设定的影响；其二，同一初始滑移面中的 HCP 原子分布密度不均，在聚类过程中，易将部分 HCP 原子错误划分为噪声点。针对上述问题，我们进一步提出基于局部密度的思想，发展了一种基于 K 近邻密度的密度聚类算法（K nearest neighbor density for DBSCAN，KNND - DBSCAN），该算法通过计算数据点的"局部"分布密度进一步确定参数 Eps，有效地解决了难以设定 Eps 参数以及同类数据点密度分布不均的问题。因此基于 DBSCAN 改进算法适用于初始滑移聚类划分。

　　原始数据集中 HCP 原子存在疏密不均匀的现象，为了更好地处理 Eps 参数，在 KNND - DBSCAN 算法中，根据数据点的 K 近邻密度进一步确定 Eps 的大小，该近邻密度是基于 K 近邻数据点的平均距离进行计算的。距离度量方式采用的是欧氏距离函数。

　　对于任意两个 HCP 原子点 (x_i, y_i, z_i) 和 (x_j, y_j, z_j)，计算两点的距离 D_{ij}：

$$D_{ij} = \sqrt{(x_i - x_j)^2 + (y_i - y_j)^2 + (z_i - z_j)^2}$$

为观察同一初始滑移面中各 HCP 原子间距离的特征,图 2.18 展示了某一滑移面内其中一个 HCP 原子到同一滑移面的其他 HCP 原子的距离统计图。进一步拟合发现,该 HCP 原子到同一初始滑移内其他 HCP 原子的距离服从均数为 μ、方差为 σ^2 的高斯分布。该发现意味着同一初始滑移中的 HCP 原子分布具有一定的集中性。对于某一 HCP 原子而言,同类初始滑移的其他 HCP 原子集中在该分布均数的位置,以均数 μ 为中心,原子数目分别向左右两侧逐渐下降,表明较少的 HCP 原子在该原子的较近处或者较远处。

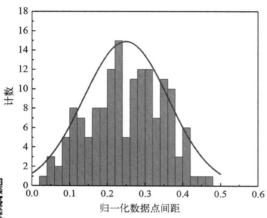

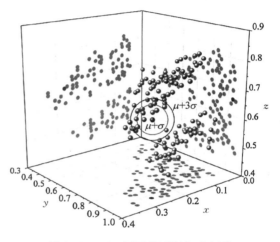

图 2.18   任一 HCP 原子到同类滑移面中其他
　　　　　HCP 原子的平均距离统计图

图 2.19   HCP 原子邻近距离示意图

采用统计学中的经验法则进一步分析,即对于符合正态分布的概率事件,在平均值 μ 正负 3 个标准差 σ 的范围内,事件发生的概率为 99.73%。若以任一 HCP 原子为中心,计算其 K 近邻原子的平均距离及标准差,则表明在平均距离正负 3 个标准差 σ 的范围内包含了同一滑移面 99.73% 的原子。然而,在聚类计算中,以 $\mu + 3\sigma$ 值为邻域半径 Eps 易包含部分异常值,如图 2.19 所示。图中存在两类初始滑移面,由 $y - z$ 平面投影可发现两个平面较为相邻。观察红色 HCP 原子,在 $\mu + 3\sigma$ 范围内,误将另一类的 HCP 原子划分在一起,这将进一步错误引导后续的核心点判断。虽然在平均值 μ 正负 1 个标准差 σ 的范围内,事件发生的概率为 68.27%,但以 $\mu + \sigma$ 范围判断核心点避免了过多异常值的划分。

为确定当前数据点的近邻密度,首先计算数据点 (x_i, y_i, z_i) 到其 K 近邻数据点的平均距离 μ_i 及标准差 σ_i:

$$\mu_i = \frac{1}{K} \sum_{j=1, j \neq i}^{K} D_{ij}$$

$$\sigma_i = \sqrt{\frac{\sum_{j=1, j \neq i}^{K} (D_{ij} - \mu_i)^2}{K - 1}}$$

该方法的主要思想是根据 HCP 原子"局部"的不同疏密程度,进一步确定适用于具有不同分布密度的数据点的 Eps。据此,最终确定适用于该数据点的 Eps 参数计算公式为

$$\text{Eps}_i = (\mu_i + \sigma_i)$$

采用上述方法解决了 Eps 参数难以确定的问题,但在实现 K 近邻数据点的平均距离的计算过程中,值得关注的是如何快速搜索 K 近邻数据点。采用线性扫描搜索近邻数据是最直接最简单的计算方法,但是该方法需要牺牲大量的计算时间。因此,采取特殊的存储结构进行搜索是有必要的。数据结构 KD – Tree(k-dimensional tree)常用于高维空间搜索,其中,k 指的是空间的维度。KD – Tree 将数据点按照每个维度的数值大小进行排序,然后将其存储为一棵二叉树。通过空间的划分,关键数据点的搜索被限制在空间的局部区域,进而有效地减少了搜索的计算量,实现了快速地在高维空间中进行最近邻搜索等操作,便于数据的分类、聚类和回归等任务。

参 考 文 献

[1] 单斌,陈征征,陈蓉,等.材料学的纳米尺度计算模拟[M].武汉:华中科技大学出版社,2015.

[2] Shan B, Wang L G, Yang S, et al. First-principles-based embedded atom method for PdAu nanoparticles[J]. Physical Review B, 2009, 80(3): 1132 – 1136.

[3] 王涛.计算生物学中的高性能计算(Ⅰ)——分子动力学[J].计算机工程与科学,2014,36(12): 2242 – 2250.

[4] Tang Y L, Wang D X, Zhao J W, et al. Development of research in large-scale molecular dynamics algorithm for nanoengineering[J]. Chinese Journal of Mechanical Engineering, 2008, 44(2): 8 – 15.

[5] 豆育生,刘相金,白明泽,等.混合模型下 LAMMPS 并行探究[J].微电子学与计算机,2014(10): 143 – 146.

[6] Wu H A. Molecular dynamics study of the mechanics of metal nanowires at finite temperature[J]. European Journal of Mechanics, 2006, 25(2): 370 – 377.

[7] Rapaport D C. The art of molecular dynamics simulation [M]. Cambridge: Cambridge University Press, 2004.

[8] 余永宁.金属学原理[M].北京:冶金工业出版社,2007.

[9] Hull D, Bacon D J. Introduction to dislocations[M]. 5th ed. Amsterdam: Elsevier, 2011.

[10] Honeycutt J D, Andersen H C. Moleecular dynamics study of melting and freezing of small Lennard-Jones clussters[J]. The Journal of Physical Chemistry, 1987, 91(19): 4950 – 4963.

[11] Clarke A S, Jonsson H. Structural changes accompanying densification of random hard-sphere packings[J]. Physical Review E, 1993, 47: 3975.

[12] Cheng D, Yan Z J, Yan L. Misfit dislocation network in Cu/Ni multilayers and its behaviors during scratching[J]. Thin Solid Films, 2007, 515: 3698 – 3703.

[13] Tsuzuki H, Branicio P S, Rino J P. Structural characterization of deformed crystals by analysis of common atomic neighborhood[J]. Computer Physics Communications, 2007, 177(6): 518 – 523.

[14] Kelchner C L, Plimpton S J, Hamilton J C. Dislocation nucleation and defect structure during surface indentation[J]. Physical Review B, 1998, 58(17): 11085.

[15] Ackland G J, Jones A P. Applications of local crystal structure measures in experiment and simulation [J]. Physical Review B, 2006, 73(5): 054104.1 – 054104.7.

[16] Kelchner C L, Plimpton S J, Hamilton J C. Dislocation nucleation and defect structure during surface indentation[J]. Physical Review B, 1998, 58(17): 11085.

[17] 赵健伟,尹星.一种检测计算机仿真结果中晶粒的取向和结晶程度的方法:ZL200810023214.5 [P].2008 – 9 – 17.

[18] 赵健伟,尹星.一种基于密度分布矩阵的大规模仿真体系的表征方法:ZL200810023129.9 [P].2009 – 1 – 7.

第 *3* 章

金属纳米材料的稳定性

3.1　金属纳米线的自发伸缩振动

3.1.1　概述

对微观尺度或纳米尺度材料的自发机械振荡的研究在许多科学和技术领域中都具有重要的意义[1, 2]。这些自发振荡是在机械系统中自发发生的、无外界驱动下自持的、有固定周期及频率的规律运动,并且发生在极小的尺度上。理解和研究这些振荡行为能够使我们更深入地了解微纳尺度系统动态行为。通过研究力、能量和材料特性之间复杂的内在联系,获得关于支配这些系统动态现象的基本动力。对于材料自身而言,其自发机械振荡的详细表征可以提供微观尺度或纳米尺度下材料特性与行为的宝贵信息。通过分析自发振荡的周期和频率,以及尺寸、形状和缺陷对它们的影响,可以提取弹性、刚度、阻尼和其他有关材料特性的信息,从而开发具有特殊功能的先进纳米材料。在应用领域,纳米材料自发机械振荡的研究有助于传感器和驱动器的开发。通过设计利用自发振荡的微纳米装置,如谐振器或悬臂梁,可以创建高灵敏度的传感器,用于检测微小力、质量或环境的变化。此外,这些振荡也可以用作驱动器,用于精密的机械操作,或开发纳米机电系统(nano-electromechanical system, NEMS)。通过理解和控制振荡行为,可以提高纳米尺度器件的性能,促进纳米电子学、纳米医学和纳米机器人等领域的发展。

在分子尺度是存在自发振荡现象的,即分子振动。分子由原子通过化学键连接而成,原子可以在分子内部振动。分子振动包括伸缩、弯曲、扭转等模式,每个模式都对应特定的振动频率。分子的自发振荡可以与特定频率的电磁波相互作用而产生分子吸收光谱。这一现象成为分子光谱学的基础。

然而更大些的尺度(如纳米尺度)是否有材料会发生自发的机械振荡还是一个重要的未知领域。如存在,那么在这一尺度自发振荡的规律和机理又是什么,这些问题都值得进一步研究。本节将利用分子动力学模拟,考察各向异性的几何结构对金属纳米线自发振荡的作用。为这个领域的进一步发展建立基础。

3.1.2　模型的建立与分子动力学计算方法

对于几何上各向异性的金属纳米线,可以调整其长度与横截面积。此外,也可以考察不同截面的形状,例如矩形纳米线和圆柱形纳米线。为简化起见,本节仅考察了不同长度的矩形纳米线。模型尺寸为 6.25 nm×5.23 nm×L。通过改变长度 L,考察这一结构参数对单晶铜纳米线的自发振荡频率与振幅的影响。

在分子动力学模拟过程中,采用的是蛙跳算法[3]求解牛顿运动方程,其中步长设为 2.5 fs,同时利用 Cell link 结合 Verlet 方法建立相邻列表以提高计算效率[4]。为了控制模拟过程中温度的变化,使用校正因子法[5]对体系进行恒温处理。选用嵌入原子方法(EAM)势函数[6],用来描述原子间相互作用。

在给定的温度下,铜纳米线在长轴 L 方向上出现自发伸缩振荡现象。为了考察振荡的幅度,参照应变的定义给出相对变化量 K:

$$K = \Delta L / L_0$$

其中,L_0 为弛豫稳定之后铜纳米线的平均长度;$\Delta L = L_{max} - L_0$,L_{max} 为纳米线振荡过程中所达到的最大长度。

3.1.3　在 10 K 温度下纳米线长度对自发振荡的影响

在纳米线中,原子经历着随机的热运动。然而,由于材料几何结构的各向异性,对原子随机运动施加一定的约束作用,引起某个方向上的不均匀的涨落。因此,纳米线会出现伸缩振荡的行为。这种几何结构所带来的束缚效应对纳米线的性质产生了显著影响,进一步展现了特殊而复杂的行为。本节考察了截面为 6.25 nm×5.23 nm 的纳米线。其相对长度随自由弛豫时间的变化关系如图 3.1 所示。在本研究中,每个样本都包含了数百个振荡周期,为便于观察,图中截取了振荡达到稳定后的数个周期为代表。其中图 3.1(a)给出了三个较短的纳米线的振荡行为。起点做了相对平移,使各样本具有相同起点。从图中可以看出,纳米线的相对长度随时间呈周期性振荡,两个关键特征(即振幅与周期)均与长度有关。随长度的增加,振幅也随之略有增加,且周期变长。图 3.1(b)给出了长度(L)与截面平均宽度(d)比值在 9.4~16.5∶1 的 4 个代表性样本的相对长度的振荡行为。从图中可以看出,随长度持续变长,周期不断增加,但长度的相对变化量 K 基本保持不变,约为 0.13%。图 3.1(c)给出了 L∶d 在 18.6~36.9∶1 范围内的 5 个长纳米线样本的振荡行为。可以看到对于更长的纳米线,在 100 ps 的时间尺度内竟无法给出一个完整的振荡周期。同样,长度越长,周期越大。对比图 3.1(b)和图 3.1(c)可知,其振幅基本稳定在 0.13% 左右,未有明显变化。此外,另一个显著的特征是振荡行为并非表现出预想的正弦形式,而是表现了较好的线性关系,这在图 3.1(c)中更为明显,由图中的线性斜率也可以得到振荡过程中的相对速度。对于 211.8 nm 长的纳米线,两端振荡的绝对速度约为 6.9 m/s。

图 3.2(a)给出了纳米线长度的相对变化量随长度的变化关系。从图中可以看出,对于几个短的铜纳米线,其相对变化量较小。例如长为 13.34 nm 的样本,其 K 值仅有 0.094%,而长为 19.17 nm 的纳米线 K 值增加到 0.11%。而更长一些的纳米线 K 值不再有显著变化。对于前两个样本其 L∶d 为 2.32∶1 和 3.33∶1。而当 L∶d 超过 4∶1 时,长度对 K 值的影响变弱。在这里我们应当注意 K 值反映的是单位长度的最大改变量。显然,纳米线越长,则绝对改变量也越大。但这里应当有个极限,即长度到达一定程度时,整条纳米线的振荡将不再协调一致,即有可能某一段伸长而另一段收缩。这样可能在更长的

某个样本之后 K 值会下降。然而,在目前的计算能力下(最长计算到 211.8 nm)尚未发现这一现象。另一个新问题是,过长的纳米线不但在长轴方向保留了伸缩振荡,而且在垂直长轴方向上出现了弯曲振荡。并且振荡模式要比伸缩更复杂。这些介观尺度多维度的自发机械运动,不仅有科学意义,也可能影响到其工程应用。

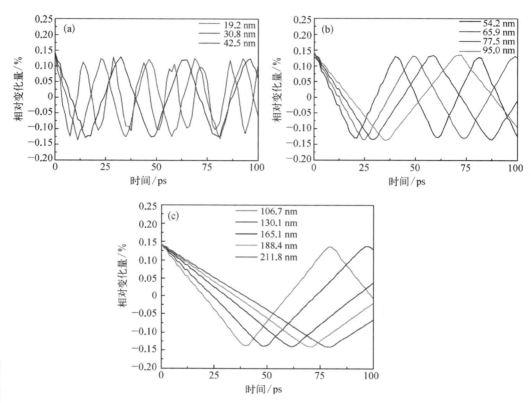

图 3.1 相对长度随自由弛豫时间的变化关系:(a)较短纳米线;(b)中等长度纳米线;(c)超长纳米线

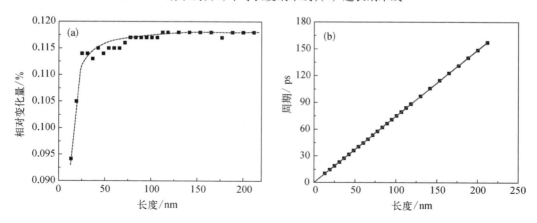

图 3.2 铜纳米线的振荡特征随长度的变化关系:(a)长度的相对变化量(K)随长度的变化;(b)伸缩振荡的周期随长度的变化

图 3.2(b)给出了铜纳米线伸缩振荡周期随长度的变化关系。在本书研究的长度范围内,振荡周期表现出完美的线性增长,但这并不意味着这种线性关系会随长度一直持续下去。由线性斜率可知,纳米线增长 100 nm,周期增加 75 ps。从目前可及的长度可知,150 nm 的纳米线其周期约为 112 ps,即对应 10 GHz 左右。这一特征频率反映了纳米线的材质、几何特征、表面性质以及内部缺陷等。

3.1.4 温度对纳米线伸缩振荡的影响

温度是微观粒子热运动平均动能的标志。纳米线中的金属原子在各向异性的三维空间中受到约束,导致原本随机无序的热运动在长轴方向上形成了有序的伸缩振荡。该振荡行为也会受到体系温度的影响。以 6.25 nm×5.23 nm×19.2 nm 铜纳米线为例,从初始温度 25 K 逐次增加 25 K,直至预定温度,考察温度对振荡行为的影响。图 3.3(a)给出了自初始温度升温至 175 K、250 K 和 300 K 的 3 个样本在最初的 400 ps 内的相对长度的变化。从图中可以看出,三条振荡曲线都经历了振幅由小到大的过程。在较高的 300 K 下,约需 150 ps,振幅就已经增加到稳定。低温则需要更长的时间,例如在 250 K 时约需 210 ps,而在 175 K 时则需长达 400 ps 以上。然而温度并没有改变振荡频率。经傅里叶分析可以发现,在频率 0.069 ps^{-1} 处有一尖峰,其半峰宽不到 0.002 ps^{-1},说明图中 3 个样本在数百皮秒的弛豫时间内,在不同

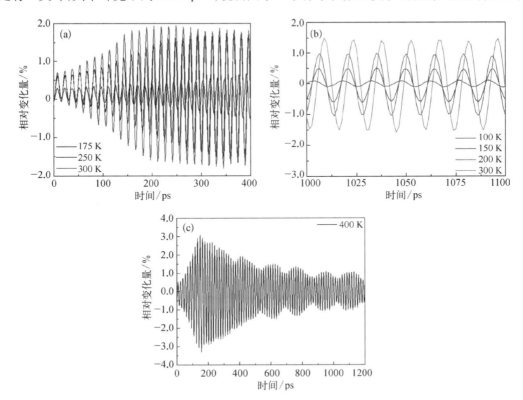

图 3.3 铜纳米线升高温度后振荡行为的变化:(a)自初始温度 25 K 升温至 175 K、250 K 和 300 K 后在最初的 400 ps 内的相对长度的变化;(b)由 25 K 跃升至 4 个代表性温度在弛豫稳定后的振荡行为;(c)由 25 K 跃升至 400 K 的一个多模式振荡特例

的温度下,周期及频率变化不明显。图3.3(b)给出了4个代表性温度下纳米线弛豫到达稳定之后的振荡行为,可以看出在弛豫稳定后,振幅与温度有明显的依赖关系。此外在较高的温度下,相对长度随时间的变化近似呈现出正弦函数的关系,这与25 K低温下有所差异。

在更高的温度,例如400 K,振荡行为变得更加复杂。尽管该纳米线有较小的长(L):截面边长(d)比(3.3∶1),但更高的温度仍会促使边、角和棱原子的重构,加剧了弯曲振荡等其他形式的机械运动。图3.3(c)给出了400 K下的一个特例。从图中可知,150 ps之前振幅有快速增加的过程。这与图3.3(a)中的3个样本表现出相似的特征,只是上升速度更快,到达最大值的时间更短。到达最大值后,振荡并没有像低温纳米线那样保持稳定,而是呈现出振荡降低,并且在550 ps之后出现了一个周期约为160 ps的低频,这些特征均未明显出现在低温纳米线中。说明了在高温条件下,纳米线的振荡行为变得更加复杂,即除了前文所描述的伸缩振荡之外,又叠加了其他形式的机械振荡。在相同的条件下,通过在低温(25 K)弛豫不同的步数构建20个不同的初始态[7]。而后温度跃升至400 K,并弛豫1 200 ps以上。我们发现图3.3(c)中的例子为偶发样本[8],目前尚没有通过更多的样本来统计该行为出现的概率,但此类现象表明高温条件下纳米线的伸缩行为已变得复杂不可控。

图3.4汇总了6.25 nm×5.23 nm×19.2 nm铜纳米线振荡行为随温度的变化关系,其中图3.4(a)给出了振荡相对变化量随温度的变化,从图中可以看出,低于100 K时,K值很

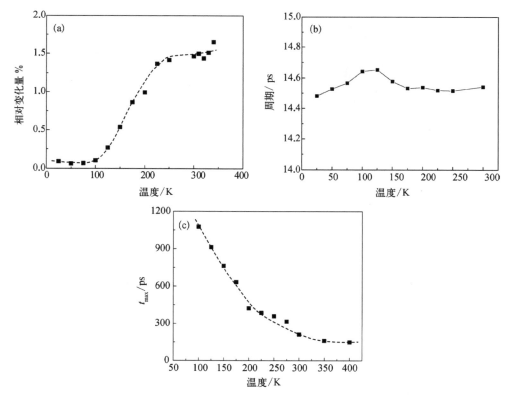

图3.4　铜纳米线振荡行为随温度的变化关系:(a)长度的相对
变化量;(b)振荡周期;(c)到达最大振幅所需时间 t_{max}

小且变化不大,高于 100 K 后,K 值随温度迅速上升,直至约 240 K。而后,K 值不再显著增加,在 25~350 K 范围内,K 值随温度呈现 S 形变化关系,其拐点在 175 K 附近。

然而,铜纳米线的振荡周期随温度的变化不大,如图 3.4(b)所示,在 25~350 K 范围内,振荡周期在 14.48~14.65 ps,在 100 K 和 125 K 时略高,但变化并不显著。另一个特征是温度从 25 K 阶跃到给定温度后,振幅不能即刻到达最大,而需要一个持续的积累时间(t_{max})。t_{max} 与温度的关系如图 3.4(c)所示,从图中可知,最终温度越低,t_{max} 越大。而在高温条件下,弛豫更易到达振幅的最大状态。

3.1.5　不同温度下铜纳米线的结晶结构

晶体的点阵结构对金属纳米线的原子有束缚作用,使其在平衡点附近随机热运动。但处于边角上的低配位原子,因束缚方向上的不对称,使其易于坍塌重构,这一行为对体系的温度有显著的依赖关系。图 3.5 给出了 4 个代表性温度下,纳米线弛豫振荡处于稳定状态的原子排布结构图。中间一行给出了纳米线的全貌,上下两行分别给出了纳米线上端和下端的局部图。初始状态为理想的完美单晶结构,故未给出。在低温 25 K,上下两端的边角原子均呈微弱的收缩现象,但相对的排列结构并没有发生变化,如图 3.5(a)所示。但在 100 K,上端一条边上的原子和角上原子发生坍塌,与原单晶结构已有略微差异[图 3.5(b)]。当温度达到 200 K 时,不仅两端边角原子发生重排,侧面原子也发生一定重构,其有序性也显著变差[图 3.5(c)]。在更高的 300 K,这一特征变得更加明显[图 3.5(d)]。

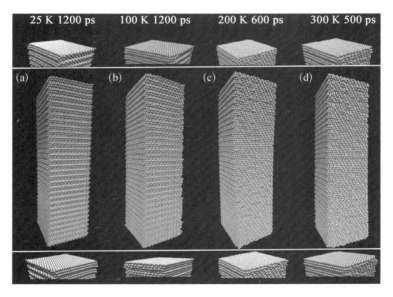

图 3.5　铜纳米线弛豫稳定后的原子排布结构图:
(a) 25 K;(b) 100 K;(c) 200 K;(d) 300 K

铜纳米线的结晶特征随温度的变化可以由径向分布函数(RDF)来展示,如图 3.6 所示,其横坐标为原子间平均距离,以晶格常数为单位,纵坐标为统计的原子数,纵坐标

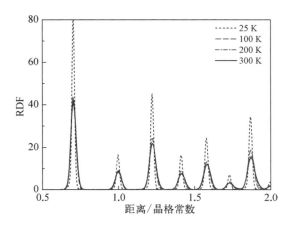

图 3.6　铜纳米线在 4 个温度下的
径向分布函数（RDF）曲线

也可以归一化处理。从该图中可以明显观察到，第一近邻峰随温度升高而降低，表明近程有序性略有下降。而较远程的有序性随温度的变化则更为明显。尽管在热运动作用下 RDF 峰宽增加明显，但从峰形和峰位特征可以看出，即便在 300 K 条件下，铜纳米线依然保持了良好的结晶状态。

然而在更高的温度下，铜纳米线的结构与结晶状态则经历了更为复杂的变化。图 3.7 给出了在 400 K 时，不同的弛豫时间铜纳米线的原子排布图。从图中可知，经过 150 ps 弛豫，纳米线由完美单晶［图 3.7(a)］转变为边、角、面原子的轻微重构［图3.7(b)］。更长的弛豫时间使重构现象进一步发展［图 3.7(c)］。在经过 1 030 ps 弛豫后，上端表面也出现了原子层的坍塌［图 3.7(d)］，这些结构特征也与图 3.4(c)中的振荡行为一致。图3.8给出了上述 4 个时刻的 RDF 曲线，在 0 ps 时刻，由于纳米线处于完美单晶状态，RDF 表现为几条垂直的线段，分别指示了第一近邻（$0.701a$）、第二近邻（$1.0a$）、第三近邻（$1.224a$）等。在 150 ps，各个 RDF 峰显著展宽，并随弛豫时间的延长，峰高变低，峰宽变大。说明了在长时间原子热运动的作用下，原子偏离原平衡位置的程度更加剧烈。可见在较高的温度下，虽然纳米线依然保持有振荡的特征，但其稳定性变差，不能提供长时间稳定的振荡输出信号，这对潜在的振荡器件的应用带来负面影响。

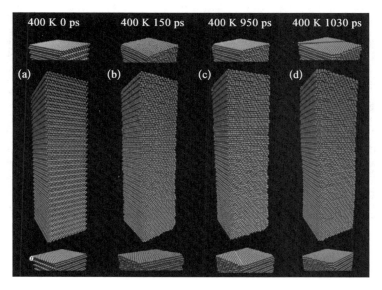

图 3.7　在 400 K 时，不同弛豫时间铜纳米线的原子排布图：
（a）初始态；(b) 150 ps；(c) 950 ps；(d) 1 030 ps

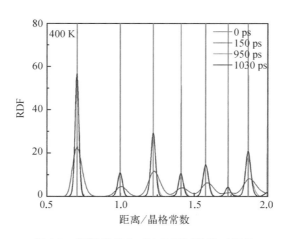

图 3.8　铜纳米线在 400 K 不同弛豫时间的
径向分布函数(RDF)曲线

3.1.6　小结

本节考察了不同长度铜纳米线在不同温度的自发机械振荡行为。在低温(25 K)时,纳米线长度的相对变化量随长度增加而变大,但在一定长度后即趋于稳定。其振荡周期与长度呈线性增长。振荡行为与温度关系密切,随温度升高,纳米线长度的相对变化量呈S形增长,其在 100~240 K 增加较快,而在低温和高温的两段,变化则不明显。振荡周期随温度变化不大。这一系列研究为金属纳米材料的振荡器件研究提供了参考,也为纳米尺度材料自身力学性质研究提供了新视角。

本书选取了截面接近 1∶1 的长方形铜纳米线作为研究体系。而金属材料的种类、截面形状、截面面积的大小等因素也是值得研究的课题。此外,纳米线中的缺陷、掺杂以及特殊微结构对振荡影响的研究,可望进一步拓展我们的认识。基于上述的系列研究,归纳出更为一般的振荡规律,则会有力推动纳米线振荡现象的应用。

3.2　空心金属纳米球的稳定性

3.2.1　概述

近年来,空心纳米材料因其独特的物理和化学性质,备受人们关注。与实心纳米颗粒相比,空心材料具有更大的比表面积和更低的密度,这使它们在生物学、医学、材料科学等领域中更具吸引力。

空心金属纳米材料由于其独特的结构和优异的性能,在能源、催化、药物输送、光学和磁学等领域中具有广泛的应用前景。作为催化剂,空心金属纳米颗粒的中空结构和高比表面积可以提高催化反应速率和选择性;作为药物的载体,它可以改善药物的生物利用度,减少剂量和副作用;在光学和磁学方面,其空腔和外壳的厚度和形状可以调控表面等离子体共振的频率和强度,实现从可见光到近红外光的吸收和散射,并且可以通过空气阻尼来减少磁性纳米颗粒的自旋弛豫时间,从而提高其磁性能。随着人们对其制备技术和性能的深入研究,空心金属纳米材料的应用前景将更加广阔。

在空心材料的几何特征中,外壳厚度和空腔尺寸是两个最为重要的参数。这是因为这两个参数决定了空心纳米颗粒的稳定性和结构特征,从而控制着其在不同应用领域中的性能和寿命。

对于外壳厚度而言,这个参数决定了空心纳米颗粒的稳定性和机械强度。过薄的外壳容易导致空心纳米颗粒失去稳定性,从而发生聚集或坍塌,限制了它的应用。相反,过厚的外壳会减少空心纳米颗粒的比表面积,从而降低催化活性和药物输送效率。因此,在制备空心纳米颗粒时,必须仔细控制外壳厚度以实现其最佳性能。

另一个关键参数是空腔尺寸。空腔尺寸决定了空心纳米颗粒中的负载容量,因此对于药物输送和纳米容器等应用非常重要。此外,空腔尺寸还影响空心纳米颗粒的光学和磁学性质,因此对于光电器件和磁学器件等应用也非常关键。

上述两个参数与纳米粒子的稳定性存在内在的关系,也因此主导了未来器件的性能和寿命。因此,调节和控制这两个几何参数是应用的关键。实验中,Bao 等[9]合成了直径约为 6 nm、壁厚约为 2 nm 的空心纳米晶体。Yin 等[10]通过类似 Kirkendall 效应的机制合成了平均外径约为 15 nm 的空心纳米晶体。Chah 等[11]得到了孔径直径为 7.8 nm 的金纳米颗粒。这几个制备金属空心纳米球的成功例子虽已初步揭示其结构特征和稳定性的关系,但两者之间的系统研究还比较缺乏。这种关系的研究将有助于人们更好地理解空心金属纳米材料的稳定性,并且能够为这些材料的器件应用提供更好的指导。

3.2.2 空心金属纳米球的模型与模拟方法

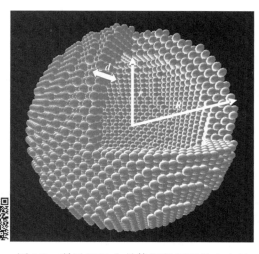

由于空心金属纳米球特殊的表面性质,其制备和性能研究成为热门的研究课题。图 3.9 显示了通过从面心立方(FCC)晶体中切割一个球体再切割一个球形空腔形成的空心金纳米球的初始结构。每一个模拟体系均使用内直径-外直径的长度来命名,使用金晶格常数 0.408 nm 作为长度单位,模型 20 – 22 表示内直径为 20 个晶格(相当于8.160 nm),外直径为 22 个晶格(相当于8.976 nm)。本节所研究的空心纳米球的尺寸与实验获得的样本有较好的关联性。

在原子构型弛豫之前,通过径向分布函数分析可以看出,中空的金球呈现出完美的晶体形态。在后续的所有分子动力学模拟中,均使用 1.6 fs 的时间步长。利用速度标定方法

图 3.9 利用 FCC 金晶体切割得到的空心纳米球。为了便于观察内部结构,该模型移除了右上方 1/4 的金原子

(velocity rescaling method),在整个过程中将体系温度恒定保持在 300 K。金原子之间的相互作用采用嵌入原子势方法(EAM)来描述。

3.2.3　空心金纳米球坍塌过程中的能量变化和晶体结构特征

在科学研究中,我们经常需要找到一些指标来评估系统的稳定性。对于材料科学而言,除了直接观察原子结构,原子平均能量曲线是一种常用的评估稳定性的指标。原子平均能量曲线是指将材料势能与晶体结构变形程度之间的关系绘制成的曲线。通过研究曲线的特征,可以推断出材料的稳定性和变化趋势。

在材料科学中,空心纳米颗粒模型是一个常用的模型,其初始状态通常具有较高的势能。通过模拟这些模型在长时间弛豫过程中的原子平均能量变化,可以进一步确定材料的稳定状态和变化趋势。在这个过程中,壁厚和厚度/半径比等参数会对原子平均能量曲线的形状产生影响,因此在研究中需要进行适当的参数选择和控制。

在原子结构弛豫之前,中空的金球体呈现出完美的晶态,如图 3.10(a)所示,截面如图 3.10(b)所示。随着弛豫时间的增加,空心纳米球的晶体结构发生变化,这也可以从能量曲线上观察到,如图 3.10(c)所示。与大多数纳米材料的动态弛豫过程不同,中空球体的重构遵循不同的机制,从步数的半对数插图中可以证实这一点。图中可以明显分辨出三个独特的步骤,即开始时的缓慢变化,接着是能量的迅速降低,最后达到一个稳定的能量平台。在前 1 000 步中,中空球体仍处于能量改变前的积累阶段;特别是从完美的晶体形式向其他形式的转化需要一些引发因素。因此,在这个阶段,缺陷和位错逐渐增加。当中空球体具有足够数量的缺陷和位错时,会导致体系发生像雪崩一样的能量释放,对应能量的快速降低这一阶段。这表明中空金纳米球的原子结构会迅速坍塌。这种特性对于 MD 模拟非常重要。如果没有这种雪崩般的坍塌,MD 模拟需要更长的时间才能达到稳定的能量平台,可能这将超出目前计算机计算能力的极限。当高能中空结构达到相对稳定的原子排布时,已经降低了能量的结构可能会阻止进一步的崩塌,使该空心结构保持在一个相对较长的时间,呈相对稳定的状态。在指数衰减的这一阶段,可以通过数学拟合获得衰减的半衰期为 8.6 ps,表明到达稳定结构的速度非常快。这个结果也推断出普通的表征技术,如透射电子显微镜(TEM)和光谱学方法无法及时追踪这个过程。晶体学特征还可以从径向分布函数(RDF)来分析,如图3.10(d)所示。空心金属纳米球的初始时刻所有的金属原子均处于完美的 FCC 晶体点阵位置,因此,RDF 呈现出垂直的线形分布,距离由近及远分别对应着第一近邻(0.701a)、第二近邻(1.0a)和第三近邻(1.224a)。随着纳米球在室温下弛豫,原子的热运动导致其一定程度地偏离最低能量位置,因此 RDF 曲线呈现了峰的形式,即在第一近邻出现了近似高斯形状的峰,同样也包括第二近邻和第三近邻,但对于更远的分布则因峰形变宽和峰位移动,彼此叠加形成带。

这也说明了长程的有序性被严重地破坏了。从图 3.10(d)中还可以看出几个其他值得关注的细节,对于第一近邻的峰,随着弛豫时间的增加发生了右移,即原子间距离变长,但更长时间后又发生了左移,即距离变短,这与材料性质和分子动力学处理方法有关。空心纳米材料在初始时具有高势能的结构,而后势能转变为动能,即增加了局域温度,加剧了材料体积的膨胀,随着纳米球坍塌并经恒温处理,使能量散失,体积缩小密度增大。此外峰高也经历了先降低而后再略有升高的过程。

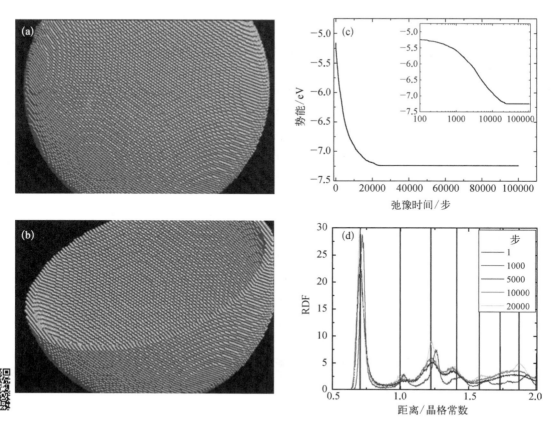

图 3.10　空心金纳米球模型与其动态演化:(a)模型 40 - 50 的初始原子排布结构;(b)模型横截面;(c)平均原子势能随弛豫时间的变化;(d)不同弛豫时刻所对应的径向分布函数(RDF)

对于 $1.0a$ 处的第二近邻和 $1.224a$ 处的第三近邻也经历了相似的过程,即峰位先增加(右移)而后减小(左移);峰高先降低,而后升高。但对于更远处的长程有序结构则由原来的垂直线状分布变为一条水平波线,并随时间不断升高,说明了纳米球长程有序性逐渐丧失。

3.2.4　空心金纳米球的三种能量变化形式

在本节中,寻找与体系稳定性相关的各因素,并进一步分析它们之间的内在联系至关重要。除了对原子结构的直接观察外,原子的平均势能曲线同样可以很好地反映材料稳定性的本质。根据壁厚和内外径比的不同,长时间弛豫过程中可能出现几种不同的势能曲线。空心纳米球模型的初始状态具有较高的势能,它可以通过后续的恒温弛豫得到释放。在仔细分析模拟结果之后,我们总结出了三种势能的变化趋势,分别对应着三种热稳定性。图 3.11 给出了三个代表性样品的势能曲线。前两个模型中的插图是以步数的对数坐标绘制的。从图 3.11(a)可以看出,模型 4.5 - 5.5 显示出急剧的势能下降,并且只需 1.0×10^4 步即可达到稳定的势能平台。从初始状态到最终状态的势能下降超过 0.05 eV。而对于模型 19.5 - 22.5,电势下降得较慢,并且在最初的 1.0×10^5 步势能并没有降低,在

1.0×10^{5} 步之后才表现出类似模型 4.5 - 5.5 的快速能量释放。而后,需要超过 1.0×10^{5} 步才能达到势能平台。与此同时,势能下降的幅度约为 0.003 eV。与前两者截然不同,图 3.11(c) 展示了模型 28 - 36 的特征。初始时势能经历相对较大的波动,经过足够的弛豫后才稳定下来。虽然初始波动有 0.000 5 eV,但平均势能没有明显变化。需要注意的是模型 28 - 36 的能量波动的绝对数值相较前两体系变化微弱。我们还仔细检查了所有其他样本,并发现它们均可以归结为这三类,即不稳定体系(如模型 4.5 - 5.5)、半稳定体系(如模型 19.5 - 22.5) 和稳定体系(如模型 28 - 36)。此外,还需要指出一点,不稳定体系弛豫足够长时间后的能量一般稳定在 -0.45 eV,要显著高于半稳定体系(-0.467 eV)和稳定体系(-0.472 2 eV),说明其内在原子排布的有序性差,相对势能更高。

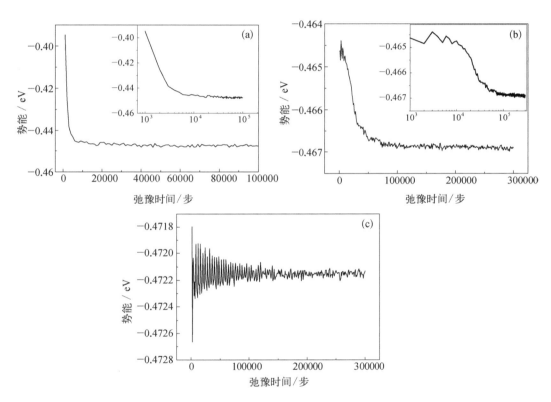

图 3.11 平均原子势能随弛豫时间的变化关系:(a)不稳定模型 4.5 - 5.5;
(b)半稳定模型 19.5 - 22.5;(c)稳定模型 28 - 36

3.2.5 空心金纳米球三种特征变化的微观结构分析

了解与能量变化相对应的微观结构对阐述稳定性的本质很有帮助。在这里,我们选择了外径相似的样本进行比较。图 3.12 显示了弛豫过程中三种稳定性的样品在不同时刻的原子密度投影图。模型 15 - 21 显示了一种稳定的特征,它从弛豫开始到足够长时间内始终保持完美的空心结构。我们还利用径向分布函数来进一步确认这一特征。在 6 000 步时,其第一近邻峰位在 $0.701a$、峰高为 5.53,第四近邻峰位在 $1.399a$、峰高 0.98,第五近邻峰位在 1.577a、峰高 1.293。与 3 万步的 RDF 第一近邻峰峰位 0.695a、峰高 5.43，第四近邻峰峰位 1.403a、峰高 1.01，第五近邻峰峰位 1.577a、峰高 1.39 相差不大。18‑22 模型显示了一种半稳定特征，呈现出部分坍塌并保持半径减小的特征。然而，18‑22 模型仍具有空心结构，是半稳定体系。其 RDF 变化显著，随能量释放原子排列无序化，具体表现在第一近邻峰峰高降低，第四近邻以上的远程完全无序。不稳定模型 18‑20 的结构变化最大，产生了显著的坍塌，直至形成一个实心球。在这一过程中不仅原子平均能量变化最大，其 RDF 也显示了极为宽化的第一近邻峰，并且远程的峰基本消失，形成一个宽的带状起伏的统计曲线。此外，原子结构图中还给出了这一过程的更多细节。坍塌始于 {111} 晶面，然后逐渐扩展到球体的其他部分。这种各向异性的坍塌只能在半稳定系统中观察到。对于不稳定系统，坍塌速度过快，无法确定坍塌沿哪个面进行。因此，18‑20 模型显示出各向同性的收缩。

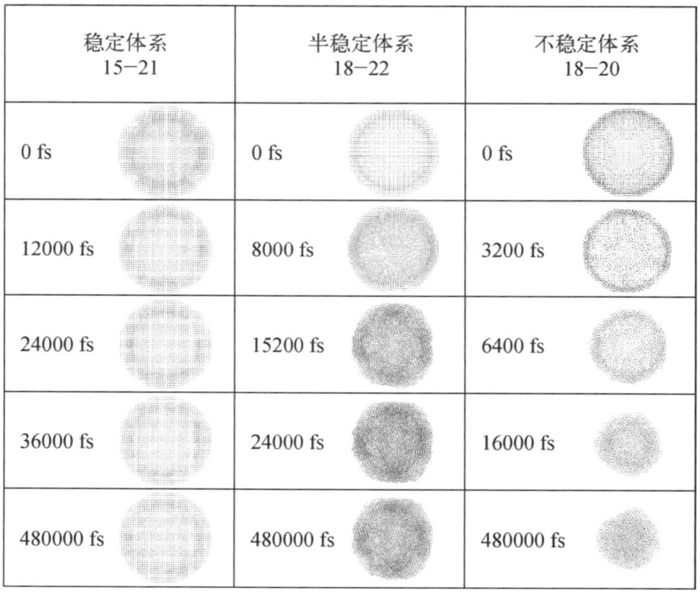

稳定体系 15−21	半稳定体系 18−22	不稳定体系 18−20
0 fs	0 fs	0 fs
12000 fs	8000 fs	3200 fs
24000 fs	15200 fs	6400 fs
36000 fs	24000 fs	16000 fs
480000 fs	480000 fs	480000 fs

图 3.12　模型 15‑21、18‑22 和 18‑20 弛豫过程中原子密度
投影图，三者分别代表了稳定、半稳定和不稳定体系

截面图也提供了结构变化的补充信息。由于图中只包括少数几层原子，因此结晶特征的细节很好地呈现出来。图 3.13 显示了三个样本的变化初期和最终阶段的截面图。在稳定的 15‑21 模型中，与原始结构相比，我们没有观察到任何明显的结构变化。虽然半稳定的 18‑22 模型仍具有空心结构，但在长时间的弛豫后，其外径显著缩小。虽然当前展示的截面图呈现出类菱形体，但从立体空间上看，其最终形状是不规则的，这在其他几个样本中也能观察到。应该注意的是，18‑22 体系的最终空心结构是局部能量最小值，但不是全局能量最小值。原则上，通过加热退火可以达到的全局能量最小值。然而，在当前的模拟温度下，体系无法克服滑移势垒这一个转化的屏障。相反，不稳定的 18‑20 模型与上述两个模型差别很大。不仅空心结构消失了，最终的晶体特征也要无序得多。

此外,从截面图中还可以研究坍塌的细节。对于半稳定的模型 18 - 22,{100} 晶面比 {111} 晶面更容易保持。因此,随着弛豫时间的增加,横截面的轮廓倾向于成为菱形,这表明坍塌是有方向性的。

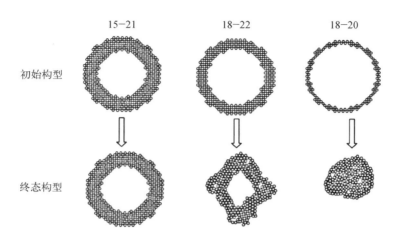

图 3.13　初始状态和最终状态下稳定模型 15 - 21、半稳定模型
18 - 22 和不稳定模型 18 - 20 的横截面视图

3.2.6　热力学稳定性相图

每个空心纳米球的壁厚和外径都已知,因此可以使用外半径 R 和壁厚 d 的比值(p) 来进一步讨论。图 3.14 给出了在二维 p - d 图中每个样品的稳定性,该图称为热稳定性相图。图中每个点所代表的体系都经过足够长时间的分子动力学弛豫达到能量的相对稳定,而后再经过一系列的结构和晶体特征的分析,最终确定其所属的稳定状态。三个符号分别代表了研究体系的三种稳定性。点、倒三角和星号分别代表稳定、半稳定和不稳定的体系。整个热力学稳定性相图被分为三个不同的区域,即稳定区、半稳定区和不稳定区。

为了研究壁厚和稳定性之间的关系,图 3.14 中分析了具有相同 p 值但不同壁厚的体系。随着壁厚的增加,稳定性逐渐增加。从热稳定性相图可以看出,具有相同 p 值的所有体系都具有相同的趋势。例如,在 p 值为 5.5 的系统中(图 3.14 中的线 a),模型 4.5 - 5.5 不稳定,而模型 9 - 11、13.5 - 16.5、18 - 22 和 22.5 - 27.5 是半稳定的,模型 27 - 33 和 40.5 - 49.5 是稳定的。这种现象

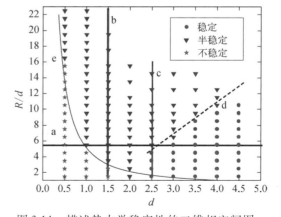

图 3.14　描述热力学稳定性的二维相空间图。纵坐标为外半径 R 和壁厚 d 的比值,横坐标为壁厚 d。线 a 由相同 R/d 值的体系组成;线 b 和线 c 由壁厚相同的体系构成;线 d 是半稳定区域和稳定区域之间的边界;线 e 是半稳定和不稳定区域的边界,由等温方程拟合得到

与常识相符,即壁越厚,体系就越稳定。从微观角度来看,球壳中的晶体滑移是崩塌的第一步,需要原子有较大的动能来对抗滑移势垒,即晶体沿特定晶面从一个状态迁移到另一个状态所需的最小能量。当滑移方向垂直于空心球表面时,根据能量叠加,滑移势垒近似与球壁的原子层数成正比。当滑移沿着一个晶面发生时,如原子层更多则会阻碍这个过程,导致发生了各向异性的结构形变。根据图 3.13 的横截面观察,不稳定的 18 - 20、半稳定的 18 - 22 和稳定的 15 - 21 模型分别由 2、4 和 6 层原子组成。因此,随着壁厚的增加,滑移势垒增加,阻碍了体系的崩塌,稳定性得到了提高。

为了更深入地了解材料的热力学稳定性,我们进一步分析了具有相同壁厚体系的稳定性,如图 3.14 中的垂直线所示。当壁厚小于 2.0(如线 b 所示)时,空心纳米球外半径由小到大变化时,先从不稳定区域开始,然后进入半稳定区域。相反,当壁厚大于 2.5 时(如线 c 所示),稳定线从稳定区域开始,然后进入半稳定区域。这是一个有趣的结果。当壁厚固定时,较大的空心纳米颗粒可能具有更不稳定的结构。

3.2.7　空心金属纳米球坍塌的机理

可能有多种参数影响到坍塌过程,例如晶体的振动、热力学性质和动力学的因素等。在这里,我们提出了一种机制用于解释空心金属纳米球的坍塌现象和稳定性相图。在弛豫阶段,空心金纳米颗粒有两种转变:一是稳定体系在小范围内表现出轻微的结构调整,此时原子的热运动动能还不能克服滑移势垒;另一种转变对应了半稳定体系和不稳定体系,两者都经历了严重的结构坍塌。这种坍缩既取决于滑移势垒,也取决于原子的热运动动能。只要动能足够大,原子足以跨过势垒产生滑动,而持续的滑动就会发生坍缩。由于壁厚随着坍缩的发展而逐渐增大,即对应的滑移势垒不断增高,在原子动能无法克服增加的势垒的情况下坍塌也就停止了。

在我们研究的系列体系中,全部弛豫过程中原子总数保持不变(NPT 系综)。每一个时刻的状态对应于热稳定性相图中的一个等温点。等温点所在的线称为等温线。对于完美的球形结构,等温线可以由以下等温方程描述:

$$d^3 [3p^2 - 3p + 1] = C$$

其中,d 表示壁厚;p 表示外径与壁厚的比值;C 为常数,不同的等温线有不同的 C 值。热稳定性相图也与温度有关。我们在 300 K 下对模型进行了模拟,以研究热稳定性相图。图 3.15 显示了不同的等温曲线,其中的常数 C 分别为 10^0、10^1、10^2、10^3、10^4、10^5 和 10^6。即使系统坍塌,原子数量(N)也保持不变(等温等压系综)。体系沿着等温线从一个等温点跳到另一个等温点,即由一个稳定性状态跳跃到另一个稳定性状态。需要注意的是,该方程只适用于球形结构的体系。

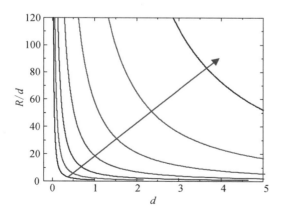

图 3.15　在不同常数 C 时的金空心纳米球的等温曲线。沿箭头方向 C 值依次取 10^0、10^1、10^2、10^3、10^4、10^5 和 10^6

3.2.8　相图中三个稳定状态之间的边界

通常,科学家们关注的是如何在实验中制备完美的空心纳米材料,期望通过热力学稳定性相图,特别是分隔半稳定态空间和不稳定态空间的等温线,掌握获得完美且稳定的空心纳米材料的规律。在实际操作中,当合成的样品初始是处于半稳定态时,它可能会经历结构重组以达到最终的稳定状态。这个过程沿着等温线加速,一直滑落到达稳定的区域,其中滑移势垒阻碍了坍塌的进一步进行,使体系在一个较长的时间内停留在稳定区域。相反,不稳定的体系则是完全坍塌,并成为一个外径与厚度比等于 1 的实心纳米颗粒。

我们的研究表明,相图中存在一条特定的曲线来描述半稳定区域和不稳定区域之间的边界,该曲线也很好地符合等温方程(图 3.14 中的线 e)。另一条边界存在于稳定区域和半稳定区域之间,由图 3.14 中的线 d 表示。它是由那些原子动能恰好匹配了滑移势垒的体系组成。值得注意的是,在壁厚大于 2.0 时,没有不稳定的体系,这意味着壁厚小于 2.0 晶格的稳定空心金纳米球是无法在室温 300 K 下合成出来的。

此外,根据之前的报道[12],表面张力也可以被认为是解释空心纳米材料稳定性的原因之一。纳米材料的表面张力或表面自由能与其稳定性之间存在密切关系。纳米材料的比表面积非常大,从微观上看,纳米材料的表面有大量的高能量低配位原子,因此表面能对纳米材料的稳定性产生很大的影响。

按照 Koga 等[13, 14]发展的纳米材料表面张力的理论,表面张力随着体系半径的减小而降低,符合如下方程:

$$\sigma / \sigma_0 = 1/(1 + 2\delta/r)$$

其中,σ 是曲率半径为 r 时的表面张力;σ_0 是平面时的表面张力;δ 是材料的纳米尺度常数,它表明在纳米尺度,特别是小于 10 nm 时,表面张力降低得更加剧烈。也就是说,厚度相同时,随着外径对厚度比的减小,表面张力也将降低。但是这一理论预测与模拟的结果只是部分相符。从稳定性相图可知(图 3.14),给定壁厚的薄壁体系(垂直线 b),随着外径增加体系由不稳定向半稳定演化,这与 Koga 模型预测的体系小则张力小矛盾。但是对于厚壁体系(垂直线 c),随着外径增加体系由稳定向半稳定演化,符合 Koga 理论的预测。可见,对于空心纳米材料,其稳定性的理论考察较为复杂,既要考虑到传统的表面张力随尺度的变化,还要考虑内外表面的差异。此外,对于小尺寸的纳米材料,化学键的不连续性也会对形变的机理和理论的适用范围带来一定的影响。

3.2.9　小结

本节利用分子动力学模拟研究了空心金纳米球的稳定性。得到了热稳定性相图,可用于指导实验研究人员合成空心金属纳米粒子。通过模拟结果和理论分析得出了以下几个结论:在弛豫过程中,空心金纳米球表现出三种势能变化和结构变化,基于这些数据,空心金纳米球的稳定性可以分为三类,即稳定、半稳定和不稳定体系。空心金纳米球的热稳定性在很大程度上取决于壁厚和外径/壁厚的比值。当该比值保持不变时,随着壁厚的增加,热稳定性增加;当壁厚保持不变时,随着外径的增加,无论稳定的空心金纳米球还是不稳定的纳米球,都倾向于朝着半稳定性发展。对于半稳定和不稳定体系,如果原子热运动动能足以克服滑移阻力,则会发生坍塌。坍塌时总原子数保持恒定,所以壁厚随坍塌而增大,因而坍塌速度减慢,直到坍塌被完全阻止。基于大量的分子动力学模拟,我们得到了热稳定性相图,可用于实验合成的理论指导。例如在 300 K 的温度下,没有办法获得壁厚小于 2.0 晶格的空心纳米颗粒;文献报道的所有已合成的空心金纳米粒子也都处于相图理论预测的稳定区域。本节提供的研究方法也可以引申发展到研究其他不规则或是带有缺陷的纳米材料。

3.3　空心纳米球稳定性与温度的关系

3.3.1　空心纳米材料热稳定性研究的意义

纳米材料的表面积很大,这意味着单位质量或体积的材料拥有更大的表面。此外,纳米材料因其尺寸小、曲率半径小、表面原子的活性更高,具有更多的表面反应位点,可以提高反应速率、改善催化性能和增强化学反应的效率。然而,这也意味着纳米材料对环境中的分子和离子更加敏感,并且可能会导致更快的表面反应和更容易发生的表面吸附。纳米材料的稳定性研究非常重要,以确保它们在各种应用中的长期稳定的性能。通过对纳米材料的稳定性进行研究,可以更好地理解其在不同环境下的行为和反应,并为其设计和制备提供指导。此外,研究纳米材料的稳定性还有助于预测和减轻由于纳米材料的过早老化、氧化、腐蚀和失活等问题导致的风险。纳米材料的稳定性,可分为化学稳定性和结构稳定性两种类型。化学稳定性指的是中空金属纳米材料对周围环境中化学反应的抵抗力,而结构稳定性指的是这些材料对变形或结构变化随时间的抵抗力。

热稳定性是中空金属纳米材料的关键特性,由于其独特的性质和在各个领域的潜在应用,近年来引起了极大的关注。这些材料由金属外壳和中空内部组成,通常由贵金属(如金、银、铂和钯)制成。这些材料具有巨大的应用潜力,因而它们的稳定性和耐久性是人们关注的焦点。

研究表明,中空金属纳米材料的化学和结构稳定性受到诸如成分、尺寸、形状、表面化学性质、溶液的酸碱度或温度、氧气以及其他反应物的影响。为了研究这些材料的稳定性,有两种方法可用,即原位和非原位的方法。原位方法在特定条件下实时监测中空金属纳米材料,而非原位方法则无法实时对材料进行监控。纳米材料的结构研究需要使用高技术水平的仪器和设备,如透射电子显微镜(TEM)、扫描电子显微镜(SEM)、原子力显微镜(AFM)等。这些仪器需要专业的技术人员进行操作和维护,并需要严格的实验条件,如高真空或低温环境等。此外,纳米材料结构研究还需要耗费大量时间和精力。由于纳米材料的尺寸非常小,需要采用非常高的分辨率来观察其结构和形貌,因此需要进行长时间的实验。此外,由于纳米材料的制备和处理技术非常复杂,需要进行多次实验才能确定最佳的制备条件和处理方法。

分子动力学模拟是一种在计算机上模拟纳米材料结构和动力学行为的理论模拟方

法。相对于实验研究,分子动力学模拟不需实验样品,成本较低,同时可以提供比实验更丰富的信息,如原子间相互作用、热力学性质、热膨胀、热导率等,可以对纳米材料的结构和性质进行更全面和深入的研究。因此,分子动力学模拟为中空金属纳米材料的稳定性研究提供了一个经济、高效的手段,可以更好地理解纳米材料的结构和性质,并为其设计和制备提供指导。

3.3.2　空心金纳米球的制备与建模

通常有两种方法可以用来合成空心金纳米球(hollow gold nano-ball, HGNB):一种方法是将所需材料覆盖在模板表面上,然后通过煅烧或者湿法蚀刻去除模板的核心;另一种是利用电化学辅助以牺牲模板的一步反应来制备具有明确空隙尺寸,且均匀、光滑和结晶良好的空心纳米材料[15-17]。合成过程中涉及的主要问题之一是控制温度,温度在合成过程中非常重要,因为它极大地影响中空结构的热稳定性,因此限制了空心纳米材料的尺寸和形状[18-21]。Yin 等指出[22],如果温度保持在 150 ℃ 以下,包围着一个 4 nm 空洞的金外壳能保持空心状态几十年。Knappenberger 等[23]也指出,系统地研究纳米粒子内部各因素的耦合强度与粒子的径/壳比(R/d)的关系是未来实验研究的重点。

本节研究的 HGNB 的几何模型如图 3.16 所示。首先,沿着晶体取向用 FCC 晶格结构创建初始立方体,然后给定外半径 R_{out} 和内半径 R_{inter},移除 R_{out} 以外和 R_{inter} 以内的原子形成中空球形结构。分子动力学计算方法同本章第二节。弛豫过程中每隔 500 步记录每个金原子的动量和坐标,计算 HGNB 的原子-原子相互作用势能。

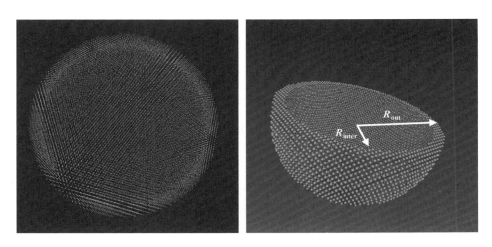

图 3.16　空心金纳米球初始状态的结构图及切除一半的透视图

3.3.3　空心金纳米球在不同温度下的动态过程

图 3.17 给出了具有 3 nm 壁厚(d)和 14 nm 直径(R)的空心金纳米球分别在 4 K、150 K、300 K、450 K 和 600 K 温度下的势能波动。所有完美单晶结构的 HGNB 在模拟开始时(MD=0)都给出了高势能,且初始能量随温度升高而增加。而后,除 4 K 以外,其他

空心金纳米球随着结构的调整,在从 0 到 5×10^4 步的弛豫过程中势能急剧下降。但从 5×10^4 到 3×10^5 步势能下降速度变缓。最后,达到稳定。在 4 K 条件下 HGNB 的行为比较特殊,在全部模拟过程中,其势能仅在初始值附近波动,这表明原始结构得到了完美的保持。在这种情况下,原子重排不可能发生,因为在低温下,金原子的热运动动能不足以克服滑移的势垒。在 150 K、300 K、450 K 和 600 K 中,增加的热运动动能允许金原子调整其结构以到达较低的势能状态。在 600 K 时,势能在达到最终稳定之前出现一个相对较长的能量平台,这意味着该体系经历了亚稳态,这在上一节坍塌机理的讨论中已给予说明,即在较高温度下,原子动能较高,因此形成了均匀的快速熔融坍塌,当球壁增厚到某个临界值,并足以支撑其抵抗热运动动能,体系维持一段相对平稳的过渡状态,而后再经过各向异形的滑移到达最终的能量平衡态。

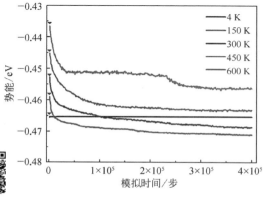

图 3.17　具有 3 nm 壁厚和 14 nm 直径的 HGNB 在 4 K、150 K、300 K、450 K 和 600 K 的温度下弛豫过程中势能的变化

图 3.18　具有 3.5 nm 壁厚和 24.5 nm、28.0 nm 和 31.5 nm 直径的空心金纳米球在 600 K 下的势能变化

　　亚稳态也与空心金纳米球的几何特征有关。图 3.18 展示了具有相同的厚度 3.5 nm,直径分别为 24.5 nm、28.0 nm 和 31.5 nm 的空心金纳米球在 600 K 下势能的变化。可以观察到三个体系的亚稳态平台大约从 9×10^4 步开始,表明它只可能是温度的函数,而与直径关系不大。然而,直径不同,平台持续的时间也可能不同。最小空心金纳米球(24.5 nm)的亚稳态结束于 2.6×10^5 步,是直径为 28.0 nm 的空心金纳米球的四倍。而 31.5 nm 的空心金纳米球,则几乎没有观察到亚稳态的特征。这一模拟结果表明,在相同的壁厚下,不同直径的空心金纳米球可能会经历不同的亚稳态。

　　对应于图 3.17 中的势能曲线,图 3.19 分别给出弛豫过程中结构变化的原子投影密度图。这些图是以一定的空间划分,即以虚拟的单元晶格统计金原子在 z 平面上的投影获得的。图中第一行投影密度图对应了不同温度下的初始结构。可以观察到,随着温度的升高,原子排列逐渐呈现更高的混乱度,这与高温条件下原子热运动更为剧烈相一致。空心纳米球在 5 个典型温度下的结构的演化过程可以从图中清晰地观察到。在 4 K 时,5 个代表性时刻包括达到最终平衡后的密度投影图都与初始结构非常相似。这表明在 4 K 时,空心金纳米球在全部弛豫过程中均保持完美的初始结构。在 150 K 时,如第二列所示,金原子随弛豫发展开始移动,并在沿{111}晶面重建,然后无序状态逐渐扩散到{110}和{100}面。最后坍塌为不规则的中空结构,如第二列的最后一张图所示。坍塌最后的稳定阶段已呈现非对称结构。在第三列(300 K)和第四列(450 K)中,可以观察到类似的坍塌过程。在 600 K 下,空心金纳米球的坍塌呈各向同性,并在该过程中保持半稳定结构,这对应于图 3.17 中的亚稳定态。最终,坍塌成一个近似对称的实心球。

为了对空心金纳米球体系进行分类,同样定义了三种稳定性,即稳定、半稳定和不稳定。稳定的空心金纳米球是能够保持初始势能和原子结构,图 3.19 所示的 4 K 下壁厚 3 nm 和直径 14 nm 的空心金纳米球即是稳定体系的代表。半稳定的空心金纳米球是指初始结构坍塌成不规则的中空结构,例如 150 K、300 K 和 450 K 的空心金纳米球。不稳定的空心金纳米球会坍塌成实心结构,600 K 时即是这类稳定特征的代表。联系上一节稳定性与尺寸的关系可知,稳定特征与多重因素有关,尤为重要的就包括上一节讨论的尺寸因素和这一节讨论的温度因素。

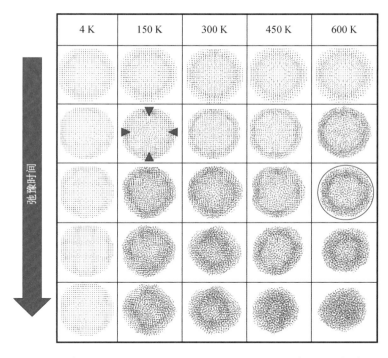

图 3.19　在 4 K、150 K、300 K、450 K 和 600 K 下,具有 3 nm 壁厚和 14 nm 直径的空心金纳米球弛豫过程中原子密度投影图

3.3.4　不同温度下的热力学稳定性相图

采用与上一节相似的方法定义特征尺寸比 $p = R/d$,其中 R 是 HGNB 的外半径,d 是壁厚。热力学稳定性相图是通过将 p 作为 y 轴,将壁厚 d 作为 x 轴来绘制的,如图 3.20 所示。图中的每个点代表具有一定壁厚和特征尺寸比的空心金纳米球样本。以正方形、圆形和三角形分别表示为稳定、半稳定和不稳定的空心金纳米球体系。

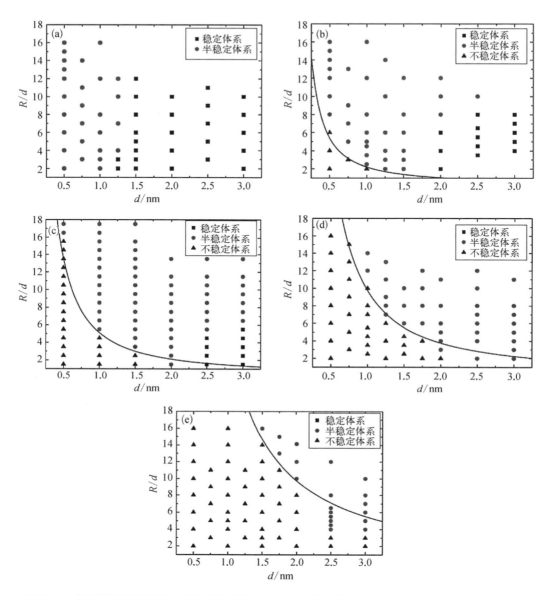

图 3.20　在不同温度下的热力学稳定性相图：(a) 4 K；(b) 150 K；(c) 300 K；(d) 450 K；(e) 600 K
注：图中的实线为边界等温线。正方形、圆形和三角形分别代表稳定、半稳定和不稳定的空心金纳米球。

　　图 3.20 可以充分表明，空心金纳米球的热稳定性在很大程度上取决于厚度和特征尺寸比。在相同的特征尺寸比下，厚度更大的空心金纳米球更加稳定。但在相同厚度的情况下，特征尺寸比的增加一般会导致空心金纳米球的稳定性下降。在 4 K 的热力学稳定性相图［图 3.20(a)］中，所研究区域内没有不稳定的体系，稳定体系的区域从 1.25 nm 的厚度开始。高稳定性的原因是温度太低，无法提供足够的动能使金原子越过滑移的能垒。在 150 K［图 3.20(b)］时，稳定区域从 2.0 nm 的厚度开始，不稳定系统可在 0.5~1.0 nm 壁厚和 6~2 特征尺寸比下找到。在 300 K［图 3.20(c)］时，只有壁厚大于 2.5 nm 的稳定体

系,不稳定区域扩大到 1.5 nm 壁厚。对于 450 K 和 600 K[图 3.20(d)和(e)],在所研究的范围内没有稳定的体系,不稳定的相空间面积增加。总之,随着温度的升高,热力学稳定性相图中的稳定区域减小,不稳定的区域增大。稳定、半稳定和不稳定的空心金纳米球区域随着温度升高而向更大的壁厚方向移动。如果我们追踪某一给定尺寸的空心金纳米球并逐渐升温,稳定性下降则更加明显。例如,一个具有特征尺寸比为 8 和厚度为 1.5 nm 的 HGNB,在 4 K 时是一个稳定的体系,并随弛豫时间保持其初始结构。当温度升高到 150 K、300 K 和 450 K 时,空心金纳米球经历了结构重新排列并坍塌成为一种不规则的空心结构,在热力学稳定性相图中表现为半稳定的状态。在 600 K 时,它坍塌成为实心球,呈现为不稳定的状态。

3.3.5　热力学相图的边界和预测

由于计算能力的限制,本节仅对壁厚在 0.5~3.0 nm 和特征尺寸比在 2~18 的模型进行模拟。进而通过数据分析来确定不同稳定性的区域和它们之间的边界,以预测超出计算范围样品的热力学稳定性。不稳定的空心金纳米球是指从初始的中空结构崩塌为不规则实心球体。可以假设一种理想的、可逆的坍塌过程,在每一步中,规则的空心金纳米球重组为另一个规则的空心金纳米球,直到变成一个规则的实心球体。在这种情况下,每个重构的 HGNB 可以呈现为热力学稳定性相图中的一个点。所有这些点组成了一条曲线。这条线我们称为等量线(或等温线)。这条等量线上的所有点都包含相同数量的金原子。由于金原子数是恒定的(NPT 系综),因此等量线可以用如下方程来描述:

$$d^3 [3p^2 - 3p + 1] = C(T)$$

其中, $C(T)$ 是温度相关的常数; p 是特征尺寸; d 是壁厚。在理想的体系中,每个不稳定的空心金纳米球都会沿着等量线坍塌成实心球。换言之,如果发现等量线上的一个点是不稳定的,那么这条线上的所有其他的点也应该是不稳定的,它们共享相同的原子数和具有相同的重组途径。因此,不稳定区域由这些线组成。

在热力学相图稳定性中,不稳定和半稳定区域之间的空心金纳米球处于临界状态,因此,如果步长选择得足够小,由这些空心金纳米球可以获得一条理想的边界。在这种情况下,其边界线可以通过上述方程近似拟合。以 150 K 的边界线为例,可选择一个特征尺寸比为 3、壁厚为 0.75 的点,它位于不稳定点和半稳定点之间,然后可以计算出常数 C 为 8。因此可以在热力学稳定性相图中绘制与之对应的等量线,如图 3.20(b)所示。由于建模精度有限,以及化学键的不连续性,在不稳定和半稳定区域之间随模拟体系的微调,可以获得不同的 C 值和等量线,但应选择最准确地拟合边界的那一条。

图 3.20(b)~(e)中的曲线展示了 150 K、300 K、450 K 和 600 K 下拟合的等量曲线,其中 C 的值分别为 8、64、120 和 1 000。所有边界拟合曲线汇总在图 3.21 中。显然,随着温度的升高,边界曲线向更高的特征尺寸比和更厚的壁厚方向移动。另外需要指出的是,在较低的温度下,边界的拟合精度和准确性更好。在高温 600 K 下[如图 3.20(e)],很难准确找到一条等量线来拟合不稳定区域和半稳定区域之间的边界。这可能是因为较高的温度使体系远离理想的平衡状态,因此这种方法适用性变差。目前还没有适用于拟合半

稳定和稳定体系之间边界的方法。不过,在实践中更为重要的是半稳定和不稳定之间的边界。根据实验研究,大多数中空金纳米球(HGNB)是半稳定或不稳定的体系。具有内部中空结构是它们的主要特征,这一特征决定了这类材料的许多应用,如药物输送等。

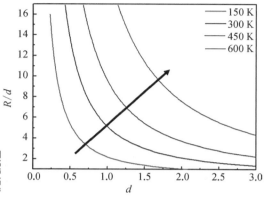

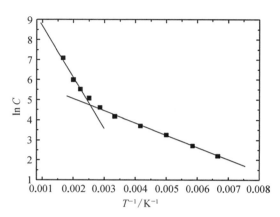

图3.21　在150 K、300 K、450 K和600 K下,C值分别等于8、64、120和1 000的边界拟合等量线

图3.22　等量线方程中常数的对数与温度倒数之间的关系

如上所述,C的值是温度的函数。为了研究它们之间的关系,对在150~700 K温度范围内的更多等量线进行了模拟,以绘制相图。比150 K更低的温度[如图3.20(b)],相空间中几乎没有不稳定体系,而在较高的温度下(如前面讨论),很难准确地拟合边界并找到C和温度之间的关系。将C值的对数与温度的倒数作图,如图3.22所示,可以得到两条具有不同斜率的线性关系。其中一条位于150~450 K的范围,对应于图3.22中的0.002 2~0.006 7,另一条位于450~700 K的范围内,对应于0.002 2~0.001 4。因此,在这个范围内,如果已知温度,就可以计算出常数C,并推导出相空间中不稳定区域和半稳定区域之间的边界。从而确定各种几何结构的空心金纳米球的稳定性。450 K这个转折点非常有趣。从图3.17可以看出,450 K时体系能量接近原子滑动所需的能量。因此,较高温度下的体系可能会经历与较低温度下不同的结构重排机理。特别是在低温下,空心球中原子沿着{111}晶面的滑动是结构坍塌的主要机制。而在高温下,各向同性的结构坍塌成为主导机制,我们姑且称之为熔融坍塌机理。这可能是图3.22中两条线之间转换的原因。

3.3.6　亚稳态寿命

从上文所做的研究可以看出,金属空心纳米材料在特定的条件下会存在亚稳态,而从实际情况来看,实验获得的很多空心纳米材料都是处于亚稳态,其寿命也发现随样品而不同。因此,利用统计的方法获取关于金属空心纳米材料的寿命信息有较大的价值。然而这又有很大的难度,因为空心纳米材料的初始状态不稳定,故无法像本书其他章节中通过改变纳米材料自由弛豫步数来获得系列初始态,对于不稳定的空心金纳米球,一旦开始弛豫即已发生剧烈的结构坍塌。所以只能采用尽可能合理的方案来获得相同结构但具有不同初始态的样本。这里我们采用了两种方案,其一是从不同的起始温度开始弛豫100

步,而后将温度升至 600 K,弛豫至能量稳定。这一系列样本的能量随时间的变化关系如图 3.23(a)所示,在这 13 个样本中亚稳态的持续时间表现了极大的随机性。500 K 弛豫 100 步的样本仅有约 5.0×10^4 步的亚稳态,但像 450 K 和 550 K 的样本则有长达 3.5×10^5 步的亚稳态。对于 250 K 和 350 K 的样本,其亚稳态一直持续到研究所设定的 5.0×10^5 步仍未结束。我们也采用了另一种策略来构造近似不同的初始态。首先在极低温 1 K 下弛豫,此时金属空心球处于结构相对稳定的状态。每个样本依次增加 10 步以构造不同的初始态。最后升温到 600 K,持续后面的分子动力学计算。其原子平均势能随时间的变化关系如图 3.23(b)所示。样本间显示了同样的随机波动,个别样本的亚稳态寿命仅 1.0×10^5 步,但有些甚至接近 8.0×10^5 步。可见若想获得更为明晰的亚稳态寿命,还需要对更大量的样本进行统计分析。

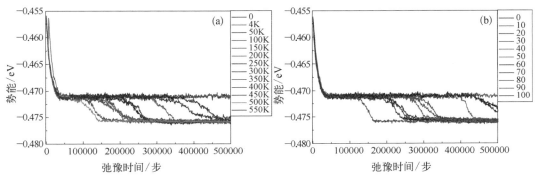

图 3.23　多个样本的能量随时间的变化关系

3.3.7　小结

本节研究了温度和几何特征(壁厚和特征尺寸比)对空心金纳米球行为的影响。温度的增加导致原子平均动能增加,从而降低了稳定性并加速坍塌过程。然而,当温度升至某个特定值时,出现了一个半稳定阶段。通过热力学稳定性相图,可以了解和预测具有特定壁厚和特征尺寸比的空心金纳米球在更广泛的温度范围(4~600 K)内的热力学稳定性。随着温度的升高,相图中的不稳定区域扩大。拟合得到 4~600 K 的不稳定区域和半稳定区域之间的边界线。边界线与温度之间的关系能够更本质地反映出空心纳米球结构变化时的机理。

3.4　本 章 小 结

本章介绍了分子动力学对自由材料两个代表性的研究,即特征的自发运动和材料的热力学稳定性。对于特征的自发运动,预测了纳米材料一个潜在的新性能,这对实验的研究方向提供了有价值的指示,展示了理论模拟的预测和先导功能。对于材料的热力学稳定性,本章以空心金纳米球为例,提出了热力学稳定性相图、等量线等概念。这些模拟与分析技术也完全可以移植到其他金属纳米材料的研究中,如纳米线的瑞利不稳定性等,不规则的金属纳米催化剂具有催化活性的高指数面随温度和时间的演化等。此外,本章的实践也可以用于模拟研究具有新型结构的纳米材料,如三角形的纳米片、多边形的纳米片等,并对其制备的可行性提供参考。

参 考 文 献

[1] 谢芳,朱亚波,张兆慧,等.碳纳米管振荡的分子动力学模拟[J].物理学报,2008,57(9):5833-5837.

[2] 王晓辉,毕可东,王玉娟,等.多壁纳米碳管振子及其能量耗散的分子动力学模拟[C].南京:中国微米/纳米技术学术年会,2006.

[3] Hockney R W, Eastwood J W. Computer simulation using particles[J]. SIAM Review, 1983, 25(3): 425-426.

[4] Morales J J, Rull L F, Toxvaerd S. Efficiency test of the traditional MD and the link-cell methods[J]. Computer Physics Communications, 1989, 56(2): 129-134.

[5] Rapaport D C, Rapaport D C R. The art of molecular dynamics simulation [M]. Cambridge: Cambridge University Press, 2004.

[6] Mishin Y, Farkas D, Mehl M J, et al. Interatomic potentials for monoatomic metals from experimental data and ab initio calculations[J]. Physical Review B, 1999, 59(5): 3393.

[7] Wang D X, Zhao J W, Hu S, et al. Where, and how, does a nanowire break? [J]. Nano Letters, 2007, 7(5): 1208-1212.

[8] 赵健伟,李韧,侯进,等.纳米线断裂行为的统计分布特征与初始微观结构的关系[J].中国科学:技术科学,2018,48(7): 719-728.

[9] Bao Z, Weatherspoon M, Shian S, et al. Chemical reduction of three-demensional silica microassemblies into microporous silicon replicas[J]. Nature, 2007, 38(23): 172-175.

[10] Yin Y D, Rioux R M, Erdonmez C K, et al. Formation of hollow nanocrystals through nanoscale Kirkendall effect[J]. Science, 2004, 304(5671): 711-714.

[11] Chah S, Fendler J H, Yi J. Nanostructured gold hollow microspheres prepared on dissolvable ceramic hollow sphere templates[J]. Journal of Colloid and Interface Science, 2002, 250(1): 142-148.

[12] Tolman R. The superficial density of matter at a liquid-vapor boundary[J]. Journal of Chemical Physics, 1949, 17(2): 118-127.

[13] Koga K, Zeng X C. Thermodynamic expansion of nucleation free-energy barrier and size of critical nucleus near the vapor-liquid coexistence[J]. Journal of Chemistry Physics, 1999, 110(7): 3466-3471.

[14] Koga K, Zeng, X C, Shchekin A K. Validity of Tolman's equation: How large should a droplet be? [J]. Journal of Chemistry Physics, 1998, 109(10): 4063-4070.

[15] Sun Y, Gates B, Mayers B, et al. Crystalline silver nanowires by soft solution processing[J]. Nano Letters, 2002, 2(2): 165-168.

[16] Sun Y G, Mayers B T, Xia Y N. Metal nanostructures with hollow interiors[J]. Advanced Materials, 2003, 15(7-8): 641-646.

[17] Lyu Y Y, Yi S H, Shon J K. Highly stable mesoporous metal oxides using nano-propping hybrid gemini surfactants[J]. Journal of the American Chemical Society, 2004, 126(8): 2310-2311.

[18] Abdollahi S N, Naderi M, Amoabediny G. Synthesis and characterization of hollow gold nanoparticles using silica spheres as templates[J]. Colloids and Surfaces A: Physicochemical and Engineering Aspects, 2013, 436: 1069-1075.

[19] Lin J, He W, Vilayurganapathy S, et al. Growth of solid and hollow gold particles through the thermal annealing of nanoscale patterned thin films[J]. ACS Applied Materials & Interfaces, 2013, 5(22): 11590-11596.

[20] Gutrath B S, Beckmann M F, Buchkremer A, et al. Size-dependent multispectral photoacoustic response of solid and hollow gold nanoparticles[J]. Nanotechnology, 2012, 23(22): 225707-1-225707-11.

[21] Schneider G, Decher G. From functional core/shell nanoparticles prepared via layer-by-layer deposition to empty nanospheres[J]. Nano Letters, 2004, 4(10): 1833-1839.

[22] Yin Y, Erdonmez C, Aloni S. Faceting of nanocrystals during chemical transformation: From solid silver spheres to hollow gold octahedra[J]. Journal of the American Chemical Society, 2006, 128(39): 12671-12673.

[23] Knappenberger K L, Schwartzberg A M, Dowgiallo A M, et al. Electronic relaxation dynamics in isolated and aggregated hollow gold nanospheres[J]. Journal of the American Chemical Society, 2009, 131(39): 13892-13893.

第 *4* 章

单晶金属纳米线的拉伸

4.1 金属纳米线表面原子与体相原子的互扩散

4.1.1 引言

金属材料表面原子扩散是指金属表面上原子从高浓度区域向低浓度区域不断扩散的现象,这在高温和腐蚀环境下是不可避免的。研究金属材料表面原子扩散的意义重大,因为它涉及材料在高温和腐蚀环境下的稳定性和寿命,对于高温设备、汽车、飞机等的可靠性至关重要。此外,研究金属材料表面原子扩散还有助于理解材料的基本性质和行为,并开发出更加优良的材料,推动材料科学的发展。

金属材料表面原子扩散的研究对于探索纳米结构材料的塑性和蠕变行为也具有重要的意义和价值。在纳米晶和纳米线等纳米结构材料中,自由表面作为位错的有效汇和来源,可以控制纳米结构材料的屈服行为,导致"越小越强"的纳米现象,而自由表面还能控制材料的力学性能,包括强度、韧性和延展性等。因此,金属材料表面原子扩散研究在材料科学与工程领域具有广泛的应用前景和重要的意义,不仅可以为纳米器件的设计和制造提供理论基础,还可以进一步推动纳米技术的发展和应用。

金属纳米线由于表面原子数所占比例高,其拉伸过程所表现的行为与块体材料不同。表面原子具有低配位数,有别于体相原子,因此在拉伸过程表现出特殊的性质。迄今由于原子在微观世界的全同性,实验中难以将表面原子和体相原子加以区别。纳米线的机械形变尚存在一系列的基本问题。例如,表面原子是否在应变过程中被体相原子取代? 纳米线在拉伸过程中颈缩是由表面原子还是体相原子参与? 纳米线断裂前所形成的单原子线是由表面原子还是体相原子构成?

实验手段难以回答上述问题,虽然通过同位素标记结合表面修饰的实验技术也可以做到表面原子和体相原子的区分,但后续的检测也极具挑战,难以实现。但分子动力学模拟可以从一个侧面给出拉伸过程中原子排布的细节,本节也尝试利用分子动力学方法,将物理化学性质上全同的原子划分为表面原子和体相原子。重点考察低配位的表面原子在形变过程中的作用。这样的一种方案也为研究性质上全同、空间环境不同的粒子作用提供参考。

4.1.2 计算模型的建立

本节采用经典分子动力学模拟的方法研究了尺寸较小的 $8a \times 8a \times 12a$(不含固定层原

子，a 为铜的晶格常数，$a = 0.361\,5\,\mathrm{nm}$）的 [100] 晶向的单晶铜纳米线（其长径比较小，故也可称之为纳米柱）在拉伸过程中的形变行为，考察这一过程中表面原子与纳米线内部的体相原子之间是如何相互转换的，并进一步理解表面原子在拉伸过程中对一些力学性质的影响。首先，纳米线经过自由弛豫（包括固定层），弛豫允许纳米线自由收缩，当原子的平均势能达到一个稳定值，并且原子的平均应力在 $0\,\mathrm{GPa}$ 附近轻微波动时，即可认为纳米线达到稳定状态。然后，纳米线两端的固定层原子沿 z 轴匀速运动，考察体系在不同应变速率和温度下的拉伸形变行为。应变定义为 $\varepsilon = (l - l_0)/l_0$，其中 l 是形变后的纳米线长度，l_0 是其初始长度。应变速率分别为 $0.02\%\ \mathrm{ps^{-1}}$、$0.2\%\ \mathrm{ps^{-1}}$ 和 $2\%\ \mathrm{ps^{-1}}$；模拟温度分别为 $100\,\mathrm{K}$、$300\,\mathrm{K}$ 和 $600\,\mathrm{K}$。

纳米线四个侧面最外两层具有低配位数的原子定义为表面原子。在弛豫前予以编码标记，同样做单独标记的也包括体相原子和纳米线两端的固定层原子。标记具有恒定的属性，不再随时间改变，但所有原子具有完全一样的化学和物理性质。该体系表面原子数为 1 500，体相原子总数为 2 113，表层原子占有总原子数的 41.5%。

4.1.3　拉伸速率对纳米线形变行为的影响

表面原子具有低配位数，故有更高的能量；由于原子间相互作用终止在表面，因此表面原子承受了内聚趋势的表面张力作用，与内部原子的排斥作用达到力的平衡。同时由于表面原子在纳米材料中占比较高，故对一系列物理、化学性质产生显著的影响。对于分子动力学模拟的拉伸形变这一特定的机械过程，晶态特征明显的滑移机理与局域熔融促进的塑性延展机理都会起到作用。但不同温度、拉伸速度等条件会使两种机理的贡献度不同。两种机理中都孕育着同一个疑问，是表层原子向内扩散引起的滑移，或是促进了局域熔融，还是由于拉伸产生的扩张空间使内部体相原子向外扩散而产生了一系列利于形变的滑移面、位错、局域熔融原子簇等微结构？

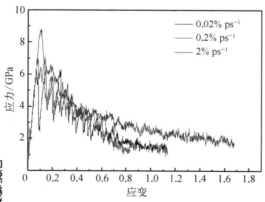

图 4.1　纳米线在不同速率下应力应变曲线

拉伸过程中的应力应变曲线给出了纳米线形变过程中的基本力学性质，如图 4.1 所示。从图中我们可以看到，随着拉伸速度的增加，纳米线所能达到的最大应力也不断提升，这一点说明了该模型处于准平衡或是非平衡的拉伸状态。对于应变速率极慢的平衡态拉伸，最大应力则不会有如此明显的改变。

从图 4.1 还可以看出，在不同拉伸速率下，在弹性形变区内，应力随应变呈线性增加，随后达到应力极值，即屈服点。在后续塑性形变区内，随着应变的增加，应力呈波动减小，直至纳米线断裂。对于接近平衡态的慢速拉伸，由于系列的 {111} 面滑移，应力应变曲线表现出低频的周期性波动。中速准平衡态拉伸时，由于形成的局域无序原子簇的润滑作用，低频周期性波动特征减弱。快速非平衡态拉伸时，体系出现了大量的无序结构，无明显低频波动，且高频的应力波动幅度也小于慢速拉伸。图 4.1 中另一个重要的特征是随着拉伸速度的增加，屈服应力也随之增加，即应变强化。这是由于在 300 K 下,纳米线保持了较好的结晶状态,高速拉伸需提供额外的能量来克服体系滑移所经历的势垒。

由于计算中采用恒温处理,拉伸做功产生的部分能量会散失掉,但仍有部分通过改变原子间距增加了体系的势能。从图 4.2 中可以看出,在初始时刻,三条平均原子势能曲线具有相同的起点。随着应变增加,势能呈上升趋势,并且低速和中速时势能上升相对平缓。而在高速时,纳米线的势能急剧增加,之后达到一个相对平稳的状态。比较可知,在纳米线的形变过程中,原子的平均势能受应变速率的影响大,这说明较高应变速率导致更大的机械冲击,

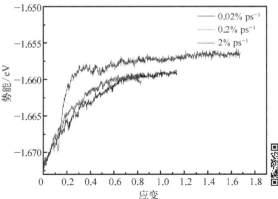

图 4.2　纳米线在不同拉速下的平均原子势能曲线

从而迅速改变原子的平均间距,这也会对纳米线的形变机理产生影响。

图 4.3~图 4.5 分别给出了 [100] 单晶铜纳米线在 300 K,形变速率分别为 0.02% ps^{-1}、0.2% ps^{-1} 和 2% ps^{-1} 的形变及断裂过程的原子排布位图。

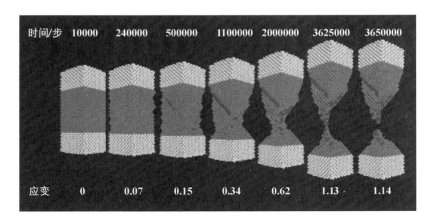

图 4.3　纳米线在 300 K、0.02% ps^{-1} 拉伸过程中的结构位图,两端浅色代表
固定层原子,中度灰色代表表面原子,深灰色代表体相原子

从图 4.3 可以看出,在慢速拉伸过程中,纳米线在弹性形变区内保持了体系原有的晶体结构。随着应变的增加,纳米线进入了塑性形变阶段。在 500 000 步时(应变 $\varepsilon = 0.15$),明显出现了沿 {111} 面的滑移,表现为体相原子开始外露,表层原子沿滑移面分开。这一现象随着应变增加表现得越来越明显。当 $\varepsilon = 0.62$ 时,形成明显颈缩,该处的原子处于局域无序状态,而远离颈缩处的原子保持了相对较好的结晶特征。直到 $\varepsilon = 1.14$ 时纳米线完全断裂。这表明了纳米线在慢速拉伸下,虽有持续的外力做功,但在恒温处理下,能迅速将额外的动能散发掉,局域热能并不足以将原来成片的表面层原子分散。因此在接近平衡态拉伸条件下,表面层原子在拉伸的各个时刻均体现了与体相原子的不同,即表面层原子与体相原子之间无明显扩散。不过拉伸使表面积增大,新生的表面

则是由体相原子外露形成。在拉伸的最后阶段,尖端部分主要由体相原子构成。

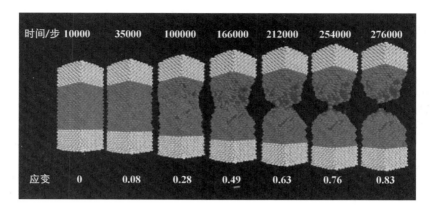

图 4.4　纳米线在 300 K、0.2% ps^{-1} 形变速率拉伸过程中的结构位图

从图 4.4 可以看出,纳米线在 0.2% ps^{-1} 拉伸过程中,在弹性形变区内仍然保持了原有的晶体结构。与图 4.3 相比,可以看出纳米线在塑性形变阶段,较高的拉伸速率使沿 {111} 面的滑移减少。在应变 $\varepsilon = 0.28$ 时,体系的原子呈现了少量的局域非晶态。随着应变的增加,局域非晶态的原子数也增加,直至 $\varepsilon = 0.83$,纳米线完全断裂。从图中可以明显看到,相对于体相原子,表面原子较为活跃,偏离平衡位置所需的能量也小于体相原子,所以表面原子总是优先于体相原子发生金属键的断裂。在此应变速率下,由于拉伸速度较快,体系虽然经过了等温调节,但机械力做功仍明显增加了局部原子的动能,使原子排布出现混乱,表面层原子与体相原子之间出现扩散行为。此时纳米线处于准平衡态。

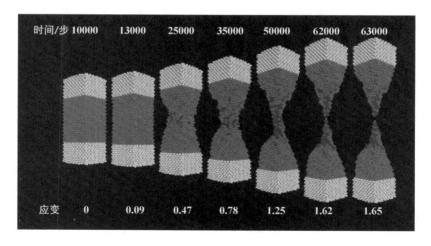

图 4.5　纳米线在 300 K、2% ps^{-1} 形变速率拉伸过程中的结构位图

相对于图 4.3 和图 4.4 的慢速和中速形变,纳米线在应变速率为 2% ps^{-1} 的形变处于非平衡态。从图中可以看出,纳米线在快速拉伸过程中,由于冲击力增加,表面原子更加活跃,最先偏离平衡位置。随着拉伸的进行,体相原子也开始呈现出无序非晶态的特征。

当应变 $\varepsilon=0.47$，表面原子出现明显的破裂，这表明了高应变速率易使体系的局域非晶态原子增多。直至 $\varepsilon=1.65$，纳米线完全断裂。在高速拉伸过程中，较强的机械冲击导致大量的局域非晶态原子，表面原子与体相原子之间也表现出显著的扩散行为，从而使体系处于非平衡态。

在相同的温度下，样品间的径向分布函数差别并不明显，从图 4.6 中可以看出，在不同的应变速度下，纳米线近程有序性无明显差别。这说明，只要温度相同，纳米线的结晶状态一般差异不大。这进一步证实了在不同拉伸速度下的形变和断裂机理只与两端的冲击程度有关。拉力导致局域无序的原子簇起到了润滑作用，促进了沿 $\{111\}$ 面的滑移。随拉伸速度增加，体系分别处于近平衡态、准平衡态和非平衡态。如果仔细分辨三个体系，在远程有序性上还是略有不同。高速拉伸会进一步削弱远程有序特征，RDF 曲线表现得更为平缓，这也与平衡特征不同。

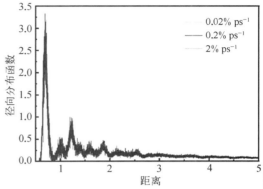

图 4.6　不同速率下纳米线在断裂时刻的径向分布函数

4.1.4　温度对纳米线形变行为的影响

图 4.7 给出了三个代表性温度下的应力应变曲线。不同的温度影响了体系不同的结晶状态，这在应力应变曲线上也得到了充分体现。低温拉伸时体系保持完好的结晶状态，拉伸机理以滑移为主，因此曲线表现出更高的屈服应力、更大的杨氏模量，同时也具有较大的周期性应力波动。在 300 K 时虽然体系也保留了上述特征，但与低温比较，应力出现了显著的高频非周期性波动。该噪音信号的波动特点体现了原子无序热运动。在 600 K 下，体系已无明显屈服特征，表现了熔融的塑性形变行为。应力应变曲线的高频无周期性，波动幅度更大，说明体系原子在高温下热运动剧烈，足以克服来自晶格结构的束缚。

图 4.8 是单晶铜纳米线分别在 100 K、300 K 和 600 K 下的原子的平均势能曲线。在初始时刻，平均势能分别为 -1.69 eV、-1.68 eV 和 -1.66 eV，随温度升高而增加。说明在纳米线拉伸形变的初期，不同温度形成了不同的原子晶格振动程度。在较低温度下，原子在平衡位置轻微振动，有序性好。随着温度升高，原子振动加剧，原子排列的有序性变差，从而导致了纳米线的原子势能增加。在 100 K，原子的平均势能在应变为 0.1 时出现了明显降低，这与图 4.7 中的应力应变屈服循环一致。在高温 600 K 时，原子的平均势能在应变初期急剧增加，之后势能达到一个相对平稳的波动状态，这也与其应力特征一致。另外，在图 4.8 中，相比铜块体材料在 0 K 下的势能（-3.5 eV 左右），纳米线体系的原子平均势能均在 -1.7 eV 以上，这主要是由纳米材料的表面效应引起了体系平均势能的增加。

图 4.9 和图 4.10 给出 $[100]$ 单晶铜纳米线在形变速率为 0.2% $\mathrm{ps^{-1}}$ 下，温度分别为 100 K 和 600 K 的形变和断裂过程，可用于 300 K 条件下的图 4.4 比较。

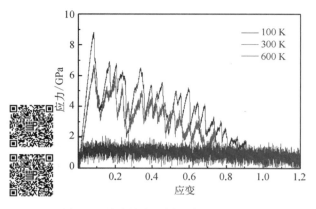 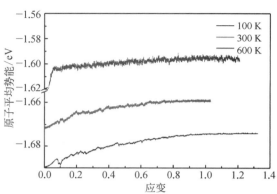

图 4.7　纳米线在不同温度下的应力应变曲线　　　图 4.8　单晶铜纳米线在不同温度下
拉伸时的能量变化曲线

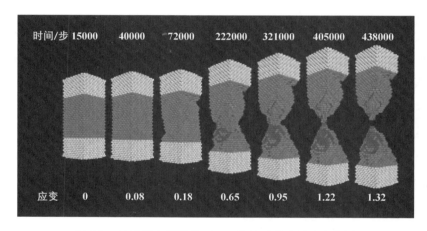

图 4.9　纳米线在温度为 100 K 拉伸过程中的形变位图

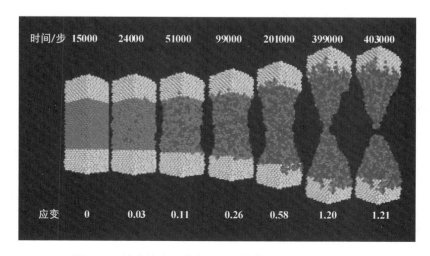

图 4.10　纳米线在温度为 600 K 拉伸过程中的形变位图

从图 4.9 可以看出,在 100 K 的低温拉伸过程中,纳米线在弹性形变区内保持了体系原有的晶体结构,随着应变的增加,纳米线的塑性形变中明显出现表面层原子成片裂开的现象。当形变 $\varepsilon = 0.18$ 时,纳米线出现沿(111)面的滑移,体相原子开始外露;$\varepsilon = 0.95$ 时,表面层原子成片裂开,晶格并未出现局域熔化现象,颈缩是由滑移形成;直到 $\varepsilon = 1.32$ 时纳米线完全断裂。由此可得出,体系在此低温下的形变晶态特征明显。低温拉伸具有两个明显特征:其一,表面层原子与体相原子之间无扩散,拉伸形成的新的表面由体相原子生成,这是由于表面层原子是低配位,内聚能使原子结合稳定;其二,由于温度低,体系一直处于结晶态,材料脆性强,表现为纳米线在拉伸过程中成块裂开。

作为对比,图 4.10 给出纳米线在 600 K 的高温拉伸过程。由于原子平均热运动动能增加,纳米线全局的无序度高,表面原子和体向原子间的扩散显著,体系处于非晶态。即使在形变 $\varepsilon = 0.03$ 时,体相原子已经有部分扩散到表面;随着应变的增加,原子无序越加明显;直到 $\varepsilon = 1.21$ 纳米线完全断裂。相对于 100 K 和 300 K 的拉伸形变,体系在高温下的形变转化为熔融非晶拉伸,从而使体系在高温下塑性形变能力增强。

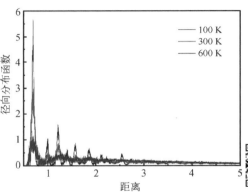

图 4.11 给出三个温度下拉伸至断裂时刻的径向分布函数,从图中可以看出结晶形态对温度的依赖关系。第一近邻的峰值由 100 K 的 5.7 降至 600 K 的 0.9。其他几个近邻峰也表现出同样的下降趋势。此外,对于 600 K 的径向分布曲线,除第一近邻外,其他峰明显宽化,说明体系结构混乱,即原子处于非晶态。图 4.11 充分说明升温改变了体系的结晶结构,从而导致形变机理的改变,也导致纳米线机械力学性质的不同。

图 4.11　不同温度下纳米线在断裂时刻的径向分布函数

4.1.5　晶向的影响

拉伸过程中表面原子与体相原子之间的互扩散也与纳米线的晶向有一定关系,图 4.12 给出了[110]晶向三个代表性温度下不同拉伸时刻的原子排布位图,同样在低温条件下,纳米线保留了良好的结晶结构,但[110]晶向拉伸不同于[100],滑移面与侧面的相交线垂直于拉伸方向。此外,[110]晶向拉伸时有更多的体相原子扩散到表面。

图 4.13 给出了沿[111]晶向拉伸时三个代表性温度下原子排布位图。[111]晶向又与前两者不同,低温下体相原子以离散形式扩散至表面,数量较少。而在较高的两个温度下体相原子扩散到表面的数量依然低于前面研究的两个晶向。

4.1.6　小结

利用分子动力学模拟,我们考察了沿[100]、[110]和[111]三个晶向铜纳米线的拉伸行为。不同的拉伸速度使体系分别处于近平衡态、准平衡态和非平衡态。表面原子与体

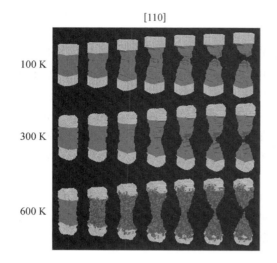

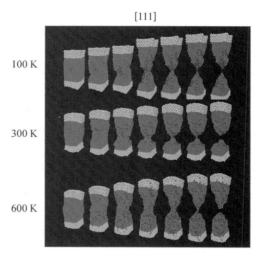

图 4.12　单晶铜纳米线沿［110］晶向 　　　　图 4.13　单晶铜纳米线沿［111］晶向
0.2% ps⁻¹ 拉伸时的形变结构　　　　　　　0.2% ps⁻¹ 拉伸时的形变结构

相原子的互扩散也随之变化。而升高温度,体系由结晶态向非晶态过渡,材料性质也由脆性向熔融态转变,体相原子和表面原子也有更显著的互扩散。

随着科技的不断进步,人们对于纳米材料的设计、制备和应用有了更深入的理解,然而,仍然存在一些基础问题需要解决。其中一个重要问题是,含有同种金属的纳米材料中的结构变化如何影响其性能以及如何防止器件的失效。在研究纳米材料中的结构变化时,追踪原子的来源和移动规律是至关重要的。这是因为即使微小的结构变化也可能导致材料性能的显著改变,甚至引发器件的失效。然而,传统实验方法和仪器观察方法难以有效地获得所需的信息,因在含有相同金属的纳米材料中,无法分辨性质全同的金属原子。

幸运的是,分子动力学方法为解决这一问题提供了一种有效的途径。分子动力学是一种数值模拟技术,可以在原子尺度上模拟材料的行为。这种方法允许研究人员标记并追踪每个原子的运动和相互作用,特别是用于标记原子的来源,即哪部分结构贡献了这些原子,以及它们是如何随时间变化和移动的。通过分子动力学模拟,研究人员可以模拟不同温度、压力和环境条件下的这些标记原子的行为。这有助于揭示在实验中难以观察到的结构变化和相互作用,从而提供了关键的解释。例如,分子动力学方法可以用于研究纳米材料中的缺陷和界面,通过标记这些特征原子了解它们对材料性能和器件性能的影响。

4.2　金属纳米线的侧面结构对形变的影响

4.2.1　引言

与块体材料相比,金属纳米线具有许多独特的性质,因而受到极大关注。这些性质使得纳米线被认为是制造纳米机电系统(NEMS)最有潜力的组件。

为了研究金属纳米线的力学行为,研究人员联合使用了先进的实验技术和分子动力学(MD)等模拟手段。应变速率、晶体尺寸和体系温度对其力学性质的影响得到了广泛的研究。当纳米材料的尺寸到达 10 nm 或更小时,表面和界面作用可能是决定平衡结构的主要因素。研究人员研究了具有特定表面的纳米结构。Ji 等[1]进行了原子尺度的理论模拟,研究了具有{100}或{110}表面的<100>和<110>晶向铜纳米线的拉伸载荷,以理解几何形状的耦合效应。他们发现,非正方形纳米线通常比正方形纳米线具有更低的屈服应力和更低的韧性。McDowell 等[2]证明,尽管纳米线的几何形状和表面在某种程度上会影响银纳米线的弹性模量,但尚无法解释表面为{100}、{110}或{111}纳米线模量随维度缩小而变化的一些实验现象。Cao 等[3]的研究表明,表面为(112)和(110)双晶界间距越小,双晶纳米线的屈服应力就越高。而 Zhang 等[4]则报告说,当形状改变时,孪晶界并不总是增强纳米线的机械强度。一般来说,大多数金属纳米线的模拟都集中在常见表面(如{100}、{110}和{111})。然而,不同晶面指数带来的表面效应仍然不甚清晰。

高指数侧面纳米线因其高能量和复杂的微观结构,其机械力学行为可能与低指数侧面纳米线有不同的表现。因此,对其进行拉伸研究对于理解材料的本质具有重要的意义。在材料力学性能研究方面,高指数侧面纳米线有可能是一种强度和韧性都很高的材料,拉伸研究可以揭示其力学性能和变形机理。高指数侧面纳米线也具有独特的力学、电学和光学性质,因此相关研究可以为纳米器件的设计和制造提供参考。

本节将通过模拟研究 11 种不同侧面的 FCC 金属纳米线在拉伸下初始位错的产生和演化行为。其中纳米线长轴沿[100]晶向,每个纳米线的 4 个侧面保持一致,11 个不同侧面从{1000}变化到{10100}。模拟统计了 10~600 K 下纳米线的机械力学性质,并且根据拉伸中实时位图对初始位错的产生和演化行为进行解释。

4.2.2　模型的建立与模拟方法

11 种不同纳米线的初始构型是按照图 4.14 进行构造的。序号 0 到 10 分别代表了具体晶面指数的侧面,对应于晶面指数中间的数字。由于纳米线是沿[100]方向,具有对称性,因此按照图 4.14 构建的纳米线的初始结构四个侧面(除了侧面{1090})都是相同的。对于{1090}纳米线,如果要构造全同的四个侧面,所需要的重复周期远大于模拟截面边长 $10a$。纳米线的尺寸是 $10a×10a×20a$(a 代表银的晶格常数 0.408 7 nm),总共约 10 000 个原子。在 3 个维度上均采用自由边界条件。温度变化范围为 10~600 K。为了更好地反映不同侧面对纳米线的影响,本节也采用小样本统计的方法,对每个纳米线在每个温度下进行 30 次的拉伸模拟。采用 NPT 系综计算,应变速率为 0.24% ps^{-1}。拉伸前弛豫 10 000 步,以保证体系能量达到稳定状态并保持足够的时间。

4.2.3　侧面对应力应变曲线的影响

不同侧面的金属纳米线在拉伸过程中会受到晶面结构的影响,从而影响其应力应变曲线。一般来说,金属纳米线的强度和塑性受到晶体结构和晶面方向的影响,因此在拉伸过程中不同侧面的金属纳米线也表现出不同的力学性能。例如,对于 FCC 结构的金属纳

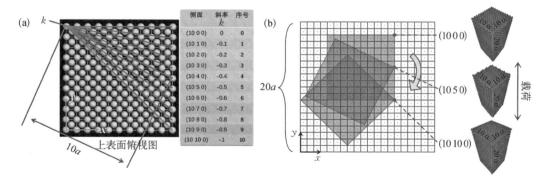

图 4.14　构建 11 种不同侧面的 FCC 金属纳米线的示意图：（a）原子截面垂直于 z 方向。原子层展示的是垂直于 [100] 晶向纳米线最上面的一层原子。粗线的方框示意了 (1050) 纳米线构建的流程。第一步，通过 A 点做一条斜率为 -0.5 的线 AB，然后以 B 为端点，线 AB 为边作边长为 10a 的正方形，最后截掉粗方框外的原子，留下来的就是侧面为 (1050) 的纳米线。其他不同侧面的纳米线均按照此方式构造。右边的表格展示了不同序数和斜率所对应的不同截面。（b）侧面为 ｛1000｝、｛1050｝和 ｛10100｝的构造示意图。拉伸方向沿 z 轴方向

米线，[100] 方向是其强度最大的方向，而 [110] 方向则是其塑性最好的方向。当沿着最强的方向拉伸时，金属纳米线的应力应变曲线通常表现为一个明显的线性区域，这是因为在这个方向上，金属原子的排列是紧密的，导致金属纳米线的塑性较低。相反，当沿着塑性最好的方向拉伸时，金属纳米线的应力应变曲线通常表现为一个非线性关系，这是因为在这个方向上，金属原子的排列相对松散，导致金属纳米线的塑性较高。此外，金属纳米线的尺寸也会影响其应力应变曲线，当金属纳米线的直径变得非常小（小于几十纳米）时，由于表面效应，金属纳米线的强度和塑性会受到显著的影响，这会导致其应力应变曲线的形状发生变化。

　　图 4.15 展示了 11 个不同侧面纳米线在 10 K 下的应力应变曲线，图中采用了 30 个样本中的一个数据为代表。从图中可以观察到 ｛1000｝ 侧面的应力最大，约 4.29 GPa，而 ｛1070｝ 侧面的应力最小，约 2.77 GPa。这说明不同侧面确实会给纳米线的机械力学性质带来影响。图中 ｛1000｝ 和 ｛10100｝ 的应力曲线以一定周期波动，其振幅要比其他纳米线都大，这说明了在这两种纳米线内存在着某种协同作用促使其应力周期变化，这与 3.1 节讨论的纳米线振荡有一定的相似性。这两种纳米线在拉伸过程中因应对这种内聚力，其强度更高，初始位错越难形成。

　　此外，对于 ｛1070｝ 纳米线，其应力应变曲线上的第一个极值（即屈服强度）小于第二个极值（即抗拉强度）。这是由于该纳米线的尺寸非常小，其力学性能通常会受到尺寸效应和表面效应的复合影响，因而与宏观材料存在显

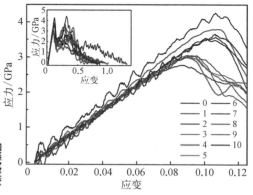

图 4.15　在 10 K 温度下不同侧面的纳米线的应力应变曲线。插图给出完整拉伸过程，正图是拉伸至屈服点附近的放大。序号 0 到 10 分别对应图 4.14 中不同侧面的纳米线

著差异。其屈服强度小于抗拉强度可能存在以下两种微观的因素：其一，缺陷的形成与发展，金属纳米线的小尺寸会导致其表面和晶界占据更大的比例，从而使得缺陷的形成和活动更加容易。当金属纳米线受到外部拉伸时，这些缺陷可以在纳米线内部迅速扩散，导致纳米线出现塑性变形和应力集中。因此，金属纳米线的屈服强度可能会比其抗拉强度低。其二，尺寸效应，金属纳米线的晶粒尺寸通常与其直径相当，并均处在几纳米的量级。在这种情况下，晶粒尺寸可能会产生显著的纳米尺寸效应，从而导致纳米线的力学性能出现变化。例如，当晶粒尺寸减小到一定范围内时，金属纳米线可能会出现强化效应，这可以导致它的抗拉强度增加，但同时，也可能会导致其屈服强度下降。这是因为晶粒的尺寸效应可能会导致纳米线内部出现应力集中和位错堆积，从而导致纳米线的塑性变形受到限制。

4.2.4　位错产生与发展的微观研究

利用中心对称参数（CSP）分析，我们考察了纳米线中初始缺陷产生的位置，进而分析侧面的影响。图 4.16 给出了在 10 K 下，两个代表性时刻位错原子及 CSP 值与之相当的原子在纳米线中的分布。在图 4.16(a) 中，我们观测到侧面 {1000} 到 {1030} 的纳米线的初始位错主要从棱产生，而侧面 {1070} 到 {10100} 的纳米线的位错原子主要分布在侧面的中部区域。侧面 {1040} 到 {1060} 的纳米线处于中间的过渡状态。在图 4.16(a) 中，{1000} 到 {1030} 的初始位错产生位置非常集中，而侧面为 {1040} 到 {10100} 的纳米线，初始位错在侧面上有较大的空间分布，这是由于更高指数面的原子能量更高，更有机会克服晶格势垒产生初始位错滑移。并且在图 4.16(b) 中，除了侧面为 {1000} 和 {1010} 的纳米线，其他纳米线位错产生数量增长得都很快。这证明了侧面为 {1000} 和 {1010} 不容易产生位错滑移，因此有更大的屈服应力值。图 4.16(b) 反映了位错的生长方向。位错在 {1000} 和 {1010} 纳米线中主要从棱向面中心扩散；而在 {1080} 纳米线中主要从面中心向棱扩散。相反的位错扩散方向说明了侧面对纳米线的作用可能是两种不同的作用方式。图 4.16(b) 中的位错发展几乎都是沿着 {111} 晶面。因此，我们推测 {111} 晶面在纳米线中位置的变化可能是造成这两种不同作用的原因。图 4.16(c) 展现了每个纳米线中某个(111) 截面。这个截面的形状随着序数增加（侧面从 {1000} 变到 {10100}）逐渐从菱形变成长方形。这个截面形状解释了为什么在 {1000}、{1010} 和 {1020} 中产生的是类似菱形边的位错，而在 {10100} 和 {1090} 中产生的是类似长方形的位错[如图 4.16(b)]。不同外露位置的原子势能不同，更高的势能才可以克服晶格结构的束缚产生初始位错。所以计算不同截面边上的原子的势能曲线会为其作用机理提供依据。

为了更深刻地理解初始滑移在不同体系中的产生，针对不同体系，我们简化了纳米线的结构，如图 4.17 所示，以此对 A、B、C、D、E 和 F 点来进行原子迁移势能的计算，从而来反映特定结构与初始原子迁移之间的关系。我们首先关注侧面为 {1000} 的完美对称纳米线[图 4.17(a)]。端点（endpoint）对应于图 4.16(c) 中(111) 菱形截面的锐角顶点。因为自身的低配位数，所以具有很高的势能，比其他原子更容易移动。这解释了为什么侧面为 {1000} 的纳米线更容易从棱（endpoint 在棱上）上产生初始滑移。图 4.17(b) 展示了对应图 4.16(c) 中 {1010} 到 {1060} 纳米线的齿形边界。根据获得的势能迁移曲线图 4.18(a) 可知，从 A 迁

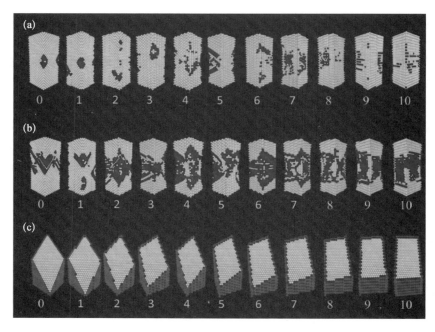

图4.16　两个代表性应变下11个纳米线的拉伸形变位图：（a）位错刚发生时；（b）应变为0.086 8时，即纳米线屈服点附近；（c）11个不同侧面的纳米线的（111）晶面截面。序号0到10代表图4.14中不同侧面的纳米线。（a）和（b）中的黄色原子代表FCC稳定原子，蓝色原子代表位错原子；（c）中红色、黄色和蓝色原子分别代表纳米线最外层原子、FCC稳定原子和发生位错的原子

移到 A'' 要比从 A 迁移到 A'、从 B 迁移到 B' 或者从 B 迁移到 B'' 更容易。所以 $\{1010\}$ 到 $\{1060\}$ 初始位错主要从 A 即棱上产生。类似 B 低配位数的原子的存在不会改变初始位错的位置，而是使其更容易增长。因此，从序数0到6的纳米线的初始位错主要从棱上产生。

　　在图4.17（c）中，它表明侧面 $\{10100\}$ 的纳米线侧面原子都有至少两种可能的迁移方向。根据原子迁移的能量曲线［图4.18（b）］同样可以判断，从 D 迁移到 D'' 要比从 D 迁移到 D' 更容易；同样，从 C 迁移到 C'' 要比从 C 迁移到 C' 更容易。但是将两者的势能面比较可以发现，前者的势能面仅略低于后者，说明了两者迁移能力差异不大，因此在 $\{10100\}$ 侧面的纳米线中，面中心的原子只是比棱上的原子略微容易发生位错迁移。这与图4.16（a）中观测到的 $\{10100\}$ 纳米线面中心和棱都有位错原子分布，而面中心略多的现象一致。图4.17（d）展示了对应的从（1070）到（1090）纳米线的齿形边界，截面如4.16（c）所示。齿形边界的存在使位错传播更易于发生。从 E 迁移到 E'' 比从 E 迁移到 E'，从 F 迁移到 F' 比从 F 迁移到 F'' 都要更容易，如图4.18（c）所示。因此在这些纳米线中，初始位错主要从齿形的边缘处产生。所以齿形越多，越易于产生位错。所以随着侧面从 $\{10100\}$ 向 $\{1070\}$ 变化，纳米线屈服应力值逐渐减小。总而言之，这11种纳米线位于两端的屈服应力大，位于中间的屈服应力小。侧面 $\{1000\}$ 纳米线的初始位错主要从棱产生，侧面 $\{10100\}$ 纳米线的初始位错主要从面中心产生。随着侧面改变，初始位错的位置也随之改变。

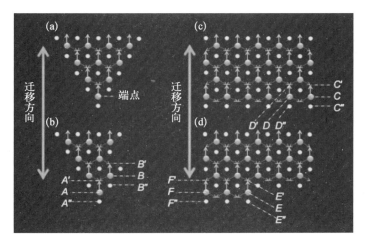

图 4.17　在不同纳米线中垂直<111>晶向截面的示意图,橙色代表下层原子,紫色代表上层原子。紫色原子上的蓝色箭头代表该原子最可能的迁移方向,在红色箭头方向的拉伸下,蓝色实线箭头比蓝色虚线箭头发生的概率更高:(a) 从序号 0 的纳米线简化而来;(b) 从序号 1~6 的纳米线简化而来;(c) 从序号 10 的纳米线简化而来;(d) 从序号 7~9 的纳米线简化而来

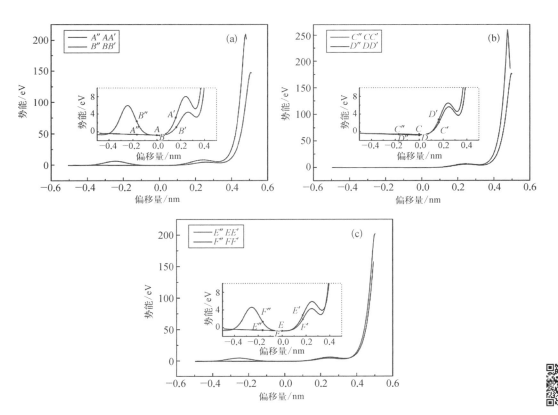

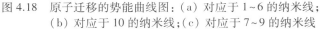

图 4.18　原子迁移的势能曲线图:(a) 对应于 1~6 的纳米线;(b) 对应于 10 的纳米线;(c) 对应于 7~9 的纳米线

4.2.5　不同温度下侧面结构对弹性性质的影响

　　晶面指数对纳米线的影响在不同温度下有如何表现呢？图 4.19 展示了 11 种不同侧面的纳米线在 6 个温度下的屈服应力和杨氏模量的变化趋势。从图中可以看到，这些物理性质随着温度和侧面均发生了显著的变化。图 4.19（a）中，在同一温度下，随着纳米线序数的增加，屈服应力总体表现为先减小后增大。对同一种纳米线来说，屈服应力值随着温度升高而逐渐降低。温度的这一影响与我们的常识认知一致，也与文献报道结果相同[5]，所以也不做过多讨论。有一点值得关注的是序数小的纳米线（侧面为｛1000｝、｛1010｝和｛1020｝的纳米线）、比序数大的纳米线（侧面为｛1080｝、｛1090｝和｛10100｝的纳米线）对温度更敏感，其随着温度升高应力值降低更多，特别是从 10 K 升到 450 K。此外，｛1060｝在 10 K 下的屈服应力明显高于邻近的几个体系，但在 100 K 已不再明显。这个特征也印证了前文对图 4.17 和图 4.18 中的分析。侧面及棱上原子能量的差异对初始滑移产生的影响随原子热运动的增加而逐渐减弱。

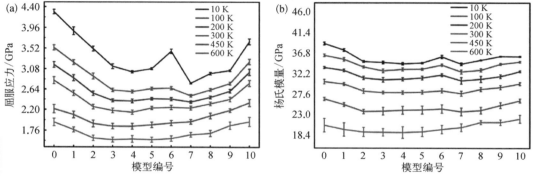

图 4.19　（a）侧面从｛1000｝到｛10100｝的纳米线的屈服应力随不同温度的统计；
（b）侧面从｛1000｝到｛10100｝的纳米线的弹性模量随不同温度的统计。
序号 0 到 10 代表图 4.14 中不同侧面的纳米线

4.2.6　小结

　　本节通过模拟 11 种不同侧面的纳米线的拉伸，探究了晶面指数与纳米线力学性质的关系。通过研究发现侧面为｛1000｝和｛10100｝时，会对纳米线机械性能有增强作用；从｛1020｝到｛1080｝侧面会对纳米线机械性能有一定的削弱作用。在 10 K 低温下，侧面带来的影响更为显著，随着温度升高，这一影响逐渐降低。随着侧面的晶面指数从｛1000｝变化到｛10100｝，其初始位错的位置也从棱移向面中心，不同侧面的影响在屈服应力上可能会高达 28%，所以对纳米线进行研究时有必要认清不同侧面可能带来的影响。

　　在纳米材料和纳米工程领域，尺寸效应和表面效应已变得不可忽视。而传统的基于连续介质的设计原则在纳米尺度上可能会有较大的偏差。作为高活性的高指数侧面，不仅影响了材料的机械力学性质，对其催化、吸附等表面物理化学也将带来影响。因此其化学稳定性也应是研究的关注点。

4.3 多晶面纳米线的拉伸形变

4.3.1 引言

实验方法探究金属纳米材料的力学性质已经取得了显著进展,比如纳米线、纳米管、纳米带等。随着现代电子器件和微机电系统的尺寸不断减小,高机械强度、高导电性且小尺寸将是纳米材料的发展方向。样品尺寸能影响纳米材料的力、电、光和磁的性质已成为研究者们的普遍共识。到目前为止,对小尺寸(20 nm 以下)纳米线的形变机理和断裂行为已进行了一定的讨论。当样品尺寸减小至纳米量级时,Frank - Read 位错源不再被激活,纳米线的表面将成为塑性形变的控制因素,然而位错成核的位点和机理仍不清楚[6, 7]。当晶体尺寸小至原子尺度时,材料的强度由原子链之间键的强度控制[8, 9],即由块体材料的连续性向分子材料的离散性过渡,这就给实验上样品处理和固定等造成困难。比如,采用聚焦离子束(focused ion beam, FIB)刻蚀法可能造成纳米线表面污染[10, 11],点焊引起的局部受热可能破坏样品的初始结构和形貌[12, 13]。

近年来,原位拉伸测试技术和高分辨率透射电镜的联用(in-situ HRTEM tensile testing technique)使得纳米线拉伸实验有了重大突破。Zheng 等[14]完成了 10 nm 以下<100>晶向金纳米线的拉伸试验,并展示了其特有的塑性形变和断裂行为。作者指出多晶面纳米线在断裂面的分子动力学模拟与实验结果存在很大差异,实验的断裂截面为{100}面,周围侧面为{111}面;而模拟结果显示断裂的各个面均为{111}面。文中解释这种差异的原因可能与加载模式、拉伸速率或者初始构型有关。所以,有必要对多晶面纳米线的形变机理开展系统和全面的研究。

事实上,以 FCC 结构为基础的纳米材料在制造过程中多有{111}表面产生。这是由于在制备金属纳米线时,如采用电化学生长方法,并在薄膜上用可控的孔洞作为模板,模板内部的凹凸结构使纳米线表面产生台阶。图 4.20 为观察到的典型的表面台阶结构[15]。然而,大量的模拟研究对象主要集中于方形纳米线(表面为{100}或{110}面),关于多晶面这种特征表面(特别是{111}面)的报道并不多见。因此,开展多晶面纳米线的模拟也是对现有形变机理的重要补充。

缺陷(例如孔洞、位错和杂质等)会导致纳米材料性质的退化[16, 17]。即便是最纯净的材料,其结构中也会有一定量的缺陷。20 世纪 80 年代初,Mayers 等[18]在铜晶粒的压缩试验中观察到晶界附近的孔洞产生了大量位错和滑移带,如图 4.21 所示。先前的模拟研究大多集中于具有完美结构的金属纳米线,对含有缺陷的纳米线研究不足。然而含有缺陷的金属纳米线,尤其是有特定表面形貌的缺陷纳米线也应该是研究的重点。

为此,本节根据 Zheng 等[14]的拉伸实验,以四棱台单元结构建立了多晶面银纳米线的初始模型。用分子动力学方法研究了多晶面银纳米线在低速拉伸载荷下的力学性质,探究形变机理和断裂模式,为实验提供理论依据。对{111}多晶面和普通方形{100}表面的弹性和塑性形变机理进行比较分析,说明表面形貌对纳米线强度的影响。此外考察四棱台高度、体系温度、拉伸速率对纳米线塑性形变和断裂行为的影响。进一步为多晶面纳米线和方形纳米线设计了表面线缺陷模型,通过结构演变过程的对比分析,揭示缺陷与表面作用下纳米线的形变机理。

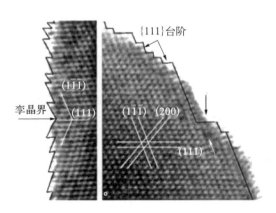

图 4.20　侧表面台阶的高分辨
透射电子显微镜图[15]

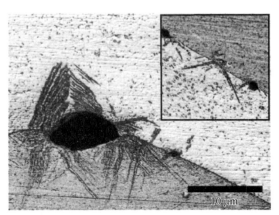

图 4.21　实验观测到的孔洞附近的滑移[18]

4.3.2　模型的建立与分子动力学模拟方法

<100>晶向的多晶面银纳米线由多个大小相同且侧面均为{111}面的四棱台组成。如图 4.22 所示,左图为多晶面纳米线模型,右图为四棱台(基本结构单元)模型。H 是四棱台的高度(单位为层数),N 是多晶面纳米线包含的四棱台个数,L 是纳米线的长度(单位为层数),R_{eq} 是多晶面纳米线的等效直径。

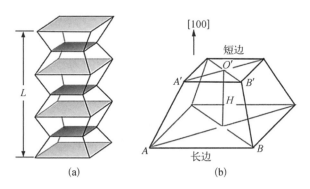

图 4.22　多晶面银纳米线模型结构图:(a)银纳米线的多面体<100>取向示意图;
(b)正方形四棱台单元,是多面体<100>取向银纳米线中的基本结构

以上参数存在如下数学关系:

$$L = H \times N + 1$$

$$|AB| = |A'B'| + \frac{1}{2} \times H$$

$$R_{eq} = \frac{1}{2} \times \sqrt{\frac{\frac{H}{3}(\mid AB\mid^2 + \mid A'B'\mid^2 + \mid AB\mid \times \mid A'B'\mid)}{L}}$$

本节所涉及的多晶面纳米线长度和等效直径分别为 20 nm 和 6 nm。由上述关系式可知,当等效直径为一固定值时,可通过改变四棱台高度获得一系列不同个数的多晶面纳米线。四棱台个数较少时意味着其高度较大,四棱台长边与短边的差值增加,因而纳米线会出现局部过细的情况(显然纳米线在过细处容易断裂)。为了排除这种影响,我们将四棱台的最少个数设为 6。另外,随四棱台高度不断减小,台阶个数相应增加,多晶面结构逐步消失,开始向方形纳米线转变,所以过多的四棱台个数不利于体现{111}面的作用。综合考虑,选取五种结构的多晶面纳米线为研究对象,以组成的四棱台个数命名,分别为 NW6、NW8、NW12、NW16 和 NW24。模拟的总原子数在 4 万到 4.7 万之间。图 4.23 为 NW12 的初始结构图,其四棱台单元结构包含 8 个原子层,通过移动上下两端的固定层原子(tool atoms)实现对纳米线的双向拉伸。在其切面结构图中,深色原子为体系内部的 FCC 原子,浅色原子为表面原子。

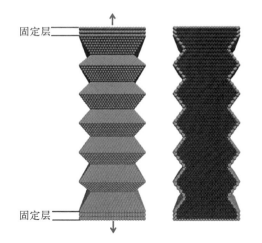

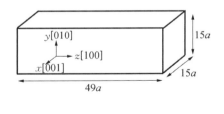

图 4.23　多晶面纳米线 NW12 的初始构型示意图　　图 4.24　方形纳米线的尺寸和晶向示意图

为了揭示{111}特征表面对纳米线形变的影响,我们还设计了同等效尺寸的普通方形纳米线用于对比研究。方形纳米线也是沿<100>晶向拉伸,但其侧面均为{100}面,用 100 - 100100 标记,如图 4.24 所示。应变速率为 0.025% ps^{-1},处于低速平衡态,温度为 2 K。

4.3.3　多晶面纳米线和方形纳米线形变的对比

为说明由特征的表面形貌引起的纳米线力学性质的差异,我们选取尺寸相近的 100 - 100100 和 NW24 作为比较。图 4.25 给出两个模型的原子平均势能随应变的变化关系。从图中可知,两类纳米线经 50 ps 弛豫后具有近似相同的势能(约为−2.780 eV/原子),说明侧面的不同并没有引起能量的显著差异。虽然 NW24 侧面均为低能的{111}表面,故其表面积更大,但平均能量与 100 – 100100 接近。当到达屈服点时,NW24 和 100 – 100100 的能量分别增加了 0.019 eV/原子和 0.013 eV/原子,前者比后者增加了约 50%。能量的变化幅度与纳米线的屈服行为密切相关,说明 ⦃111⦄ 表面的引入能显著 提高纳米线的屈服强度。随着势能的快速下降,纳米线的形变进入到塑性区。当其下 降到一个极小值后,两者虽经历了相似的恢复性增长,但彼此间还是存在细微的不同。 例如,NW24 的势能波动频率更低,幅度更大。这种差异也必然受到其形变机理的 影响。

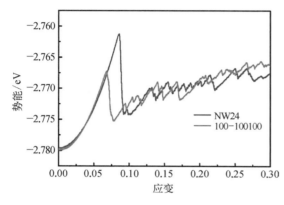

图 4.25　2 K 下 NW24 和 100 – 100100 的 拉伸载荷能量图

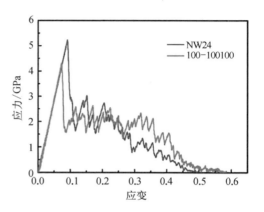

图 4.26　2 K 下 NW24 和 100 – 100100 的 应力应变曲线

　　图 4.26 为 NW24 和 100 – 100100 纳米线的应力应变曲线。二者的应力都是先随应变 呈线性增加到最大值。最大值对应的点为纳米线的屈服点,此时的应力和应变分别为屈 服应力和屈服应变。与势能增长的趋势一致,NW24 的屈服应力也更大,达到 5.2 GPa。 比 100 – 100100 的 4.3 GPa 提高了近 21%。说明稳定的全 ⦃111⦄ 侧面显著提升纳米线的 屈服强度。经过屈服点以后,纳米线进入塑性形变阶段,应力急剧下降,两者均到达约 2.0 GPa 的一个应力平台,并呈现周期性波动。在最后阶段应力又迅速下降至 0,意味着纳 米线断裂。

　　对弹性阶段的应力和应变做线性回归得到杨氏模量(亦作弹性模量),用于表征固体 材料抵抗形变的能力。在弹性形变阶段,纳米线存在表面应力,拉伸载荷没有超过纳米线 的弹性极限,所以晶体内原子依然保持有序结构。而在塑性阶段,纳米线内部开始出现位 错,同时随应变增加位错密度逐步增大,原子越发混乱,长程有序性降低。NW24 和 100 – 100100 的杨氏模量基本相同,但是 NW24 的弹性形变范围明显扩大。此外,就该样本而 言,100 – 100100 的断裂应变略大于 NW24,但在纳米尺度孤立的样本特征尚不具有统计 意义。

　　根据中心对称参数法分析了两种纳米线在拉伸过程中的结构演变。各类原子在形 变过程中此消彼长,但原子总数保持不变。当处于弹性拉伸阶段时,纳米线内部结构保 持不变,各类原子的数量也不改变,故呈一条水平直线。当拉伸到达屈服点时,塑性形 变开始,并随外力载荷不断加剧,总体表现为 FCC 原子数下降,其他原子或 HCP 原子数增加。图 4.27 为 100－100100 在拉伸过程中不同类型原子的比例变化。在弹性区域，纳米线内部只有 FCC 和表面原子，比例分别为 86.7% 和 13.3%。在屈服点以后，部分 FCC 向 HCP 原子转化，HCP 原子迅速增加，当应变为 0.77 时原子比例可达 15%。随拉伸不断进行，HCP 原子增长缓慢直至纳米线断裂。表面原子增幅仅为 2%，其影响可以忽略不计。

图 4.28 展示了 100－100100 在拉伸过程中的形变位图。为了视图效果更加明晰，图中只显示了表面框架原子和位错原子。在屈服点处［图 4.28(a)］，只有侧表面少量原子出现了轻微的结构错配，这是因为表面原子的配位数低，容易在拉伸过程中产生表面收缩，从而引起原子偏离平衡位置（即位错的产生），应力开始下降。主导位错沿｛111｝面滑移，这些滑移面会影响附近的原子层，进而产生跟随位错。随拉伸进行，滑移层迅速增厚，直至到达纳米线表面。而后

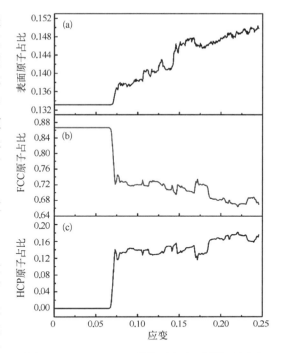

图 4.27　100－100100 拉伸过程中不同类型原子比例与应变关系：（a）表面原子；（b）FCC 结构原子；（c）HCP 结构原子

又有新的位错开始滑移和增殖，两个滑移系交错，在纳米线内部发生交截［图 4.28(c)］。在位错滑移和增殖过程中不断有应力释放，直至到达第一应力极小值［图 4.28(d)］。综上可知，100－100100 的塑性形变以位错滑移和增殖为主导。

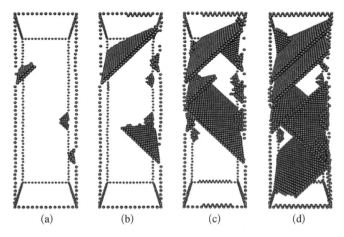

图 4.28　2 K 下 100－100100 纳米线拉伸形变位图，FCC 原子代表了完美的面心立方结构，用蓝色表示；HCP 原子代表层错，用青绿色表示；其他原子（包括表面原子）代表低配位原子，用绿色表示。应变分别为：（a）0.072；（b）0.073；（c）0.074；（d）0.077

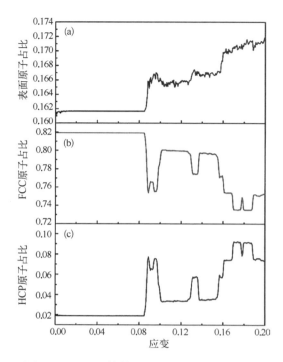

图 4.29 NW24 拉伸过程中不同类型原子比例
与应变关系：(a) 表面原子；(b) FCC
结构原子；(c) HCP 结构原子

图 4.29 为 NW24 在拉伸过程中不同类型原子的比例变化。由于特殊的表面特征,纳米线初始结构中就包含了 HCP 原子（台阶交界处）。表面原子、FCC 原子和 HCP 原子的比例分别为 16.1%、81.9% 和 2.0%。在屈服点以后,FCC 原子向 HCP 原子转化,HCP 原子迅速增加。当屈服应力得到充分释放到达第一最小应力时,HCP 原子比例可达 8%。与 100 - 100100 纳米线不同,在 NW24 中 FCC 原子比例出现多处平台,尤其是应变在 0.10 ~ 0.13 以及 0.138 ~ 0.155,FCC 原子比例保持在 80% 左右,之后 FCC 原子开始呈阶梯下降。{111} 面的存在使得纳米线表面能量较低,结构稳定,易于重结晶,从而实现纳米线的强化作用。与 100 - 100100 位错主导的塑性形变机理不同,直至断裂 NW24 的位错原子数仅增加了 5.5%。

图 4.30 是 NW24 在形变过程中的结构位图分析。在屈服点附近,纳米线仍保持完美的 FCC 结构[图 4.30(a)]。随拉伸进行,纳米线从自由表面开启定点位错,并沿{111}面开始了位错的滑移和增殖[图 4.30(b)]。在位错到达对侧表面时开始有部分位错发生分解[图 4.30(c)],到[图 4.30(d)]时已有大量位错消失。由此可见,多晶面纳米线 NW24 的塑性形变为位错成核、增殖和消失的竞争模式。在单晶铝纳米线的拉伸实验中也观察到类似现象,Oh 等指出流变应力是位错的成核速率和消失速率共同作用的结果[19]。

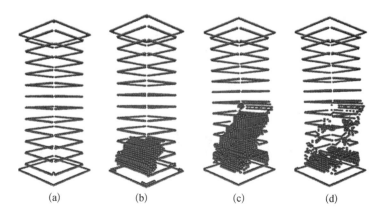

图 4.30 2 K 下 NW24 拉伸形变位图,应变分别为：
(a) 0.09；(b) 0.094；(c) 0.1；(d) 0.11

　　图 4.31 中进一步讨论了不同温度下 NW24 和 100－100100 纳米线的屈服行为,温度变化从 2 K 到 400 K。从整体来看,两种纳米线的屈服应力和屈服应变均随温度升高而下降,呈现明显的温度软化现象。这是因为温度升高,原子的热运动加剧,容易使原子在拉伸时偏离平衡位置,并摆脱晶格的束缚。｛111｝面对纳米线的强化作用随温度升高而逐渐消失,当温度上升至 400 K 时,二者的屈服强度基本相同。

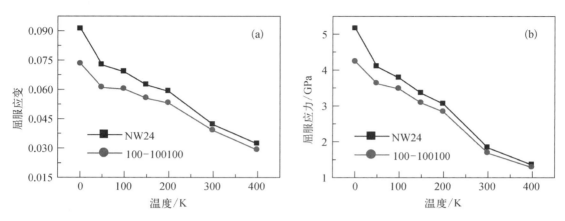

图 4.31　不同温度下 NW24 和 100－100100 的屈服特征:(a) 屈服应变和(b) 屈服应力

　　从这个例子以及上一节不同高指数侧面的作用中我们不难发现,当材料进入纳米尺度,侧面原子占比高,不同类型侧面的影响也随之变大。然而其影响尚不足以改变纳米线的基本力学性质。这在图 4.19 和图 4.31 中可以充分体现。

4.3.4　含有不同数量台阶的多晶面纳米线

　　除了 NW24 以外,我们还比较了 NW6、NW8、NW12 和 NW16 四种多晶面银纳米线的拉伸形变。如图 4.32 所示,当温度从 2 K 升到 400 K 时,各纳米线的屈服应力逐渐降低。与 NW24 的震荡式塑性断裂行为不同,各纳米线在 2 K 下均表现出塑性流动受限的脆性断裂,断裂应变显著降低[图 4.32(a)]。并且随着台阶数量的减少,屈服应力和应变均显著降低。这是由于较少的台阶数量导致单元四棱台的上底面边长过短,在同样的负载下更易产生结构破损,即产生初始位错滑移,从而使强度降低。同时还可以看到对于 NW6,应力应变行为已经偏离线性特征。这也是与其粗细变化过大有关。而在 50 K 和 100 K 下,只有部分纳米线表现为脆性断裂,且表现出一定的随机特征。当温度升高至 150 K 以上时,四种纳米线均为塑性断裂[图 4.32(b)~(f)]。这些断裂特征也是原子热运动的直接作用的结果,这从应力的波动也可以展现出来。

　　此外,我们还考察了应变速率对纳米线强度的影响,应变速率从 0.012 5% ps^{-1} 到 0.1% ps^{-1},分别在 2 K、100 K 和 300 K 下实施拉伸。在 2 K 下,如图 4.33 所示,应变速率基本上不影响纳米线的屈服行为。在低温下原子热运动能力弱,改变应变速率所带来的冲击作用在低温下并不显著。因此在各个应变速率下各样本均表现出脆性断裂特征。随温度升高,较大的应变速率开始表现出对纳米线的作用,并且随温度升高这种作用越发明

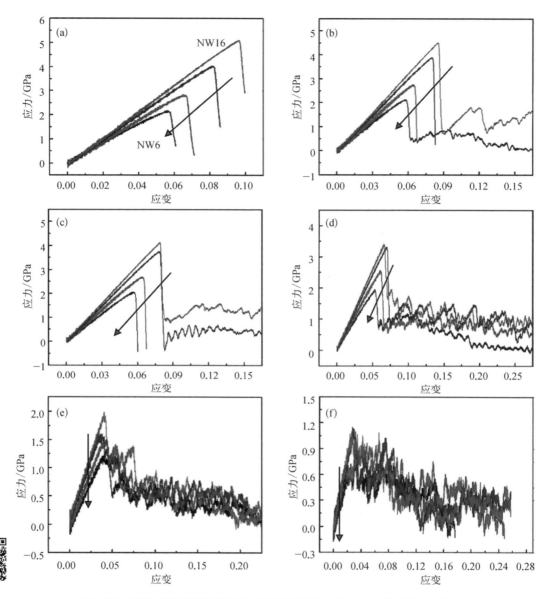

图 4.32　四种多晶面银纳米线在不同温度下的应力应变曲线,温度分别为:
(a) 2 K;(b) 50 K;(c) 100 K;(d) 150 K;(e) 300 K;(f) 400 K

显(图 4.34 和图 4.35),高速拉伸的纳米线处于非平衡态,局域熔融的结构为其塑性形变能力提供帮助。

温度升高,即使相同的拉伸冲击也可以改变纳米线的形变机理。在低温时,原子动能分布的涨落幅度小,纳米线的强度对拉伸速率的依赖关系不明显。而在高温拉伸时,随拉伸速率的增加,伴随原子剧烈热运动产生的能量富集区域形成局域原子熔融团簇。纳米线的形变以非晶态结构为主,其在晶粒内部的位错活动会受到结构稳定的 {111} 表面阻挡,因而表现出应变速率对纳米线的增强作用(应变强化作用)。

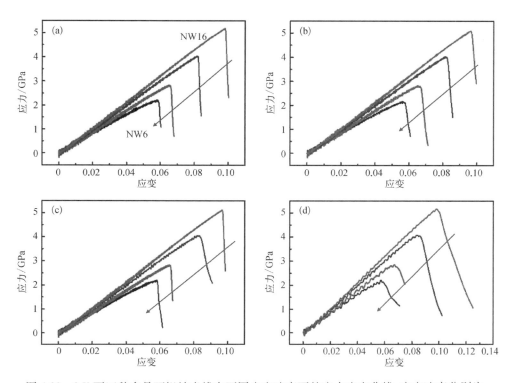

图 4.33　2 K 下四种多晶面银纳米线在不同应变速率下的应力应变曲线，应变速率分别为：
（a）0.012 5% ps^{-1}；（b）0.025% ps^{-1}；（c）0.05% ps^{-1}；（d）0.1% ps^{-1}

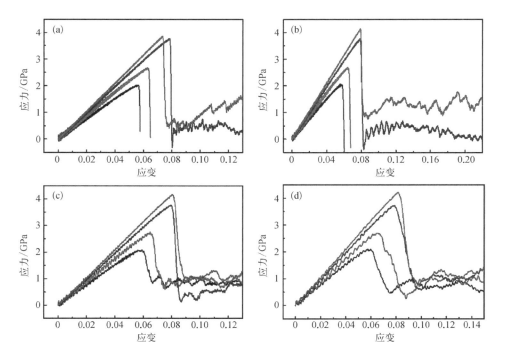

图 4.34　100 K 下四种多晶面银纳米线在不同应变速率下的应力应变曲线，应变速率分别为：
（a）0.012 5% ps^{-1}；（b）0.025% ps^{-1}；（c）0.05% ps^{-1}；（d）0.1% ps^{-1}

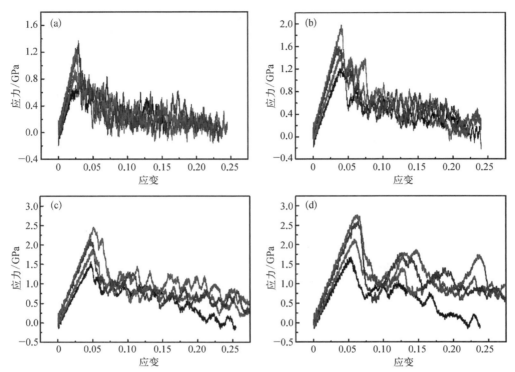

图 4.35   300 K 下四种多晶面银纳米线在不同应变速率下的应力应变曲线,应变速率分别为:
(a) 0.012 5% ps^{-1};(b) 0.025% ps^{-1};(c) 0.05% ps^{-1};(d) 0.1% ps^{-1}

从断裂模式来看,2 K 下应变速率的变化不会改变纳米线的脆性断裂。随着温度升高,仅在较低的应变速率下才有脆性断裂[图 4.34(a)和(b)]。而在 300 K 下,即使采用较低的应变速率也没有观察到脆性断裂[均表现为塑性断裂,如图 4.35(a)所示]。由此可知,相比于应变速率,温度更能影响多晶面单晶纳米线的断裂模式。

为了揭示两种断裂行为的差异,我们分别对 2 K 和 300 K 的纳米线拉伸的应力应变曲线和形变位图进行了分析。图 4.36 首先展示了 NW16 在 2 K 和 300 K 下的应力应变关系。应力应变曲线上标记的点分别对应于图 4.37 和图 4.40 的位图。图 4.37(a)~(g)为NW16 的初期塑性形变,图 4.37(h)~(j)为断裂前的形变过程。

如图 4.37 所示,在到达弹性极限后,第一位错(先导位错)从表面台阶处成核[图 4.37(a)],沿{111}面滑动、增殖并产生层错[图 4.37(b)和(c)]。然而,第一滑移面在到达对侧表面时并没有反射到另一滑移方向,而是趋向于部分消失或是完全消失[图 4.37(d)和(e)],但这并不意味着体系仍保持完美结构。事实上,纳米线在其位错出现过的地方已经发生破裂,部分原子的残留形式如图 4.37(e)和(f)中的斜线所示。随应变不断增加,不同的滑移系成核并且在纳米线内部交汇,形成十字交叉[图 4.37(g)]。而后这些十字缺陷逐步减弱,只留下一些位错团簇[图 4.37(h)~(i)]。位错团簇的出现和生长导致纳米线的颈缩和断裂[图 4.37(j)]。总体而言,高温下多晶面纳米线的塑性形变受位错成核、增殖和位错消失的共同作用,{111}面表现出良好的位错吸收能力。

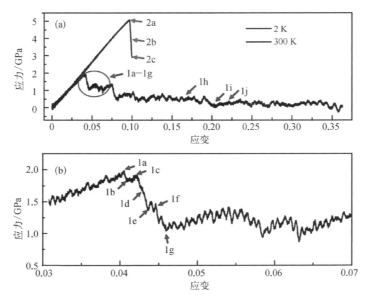

图 4.36　（a）2 K 和 300 K 下 NW16 的应力应变曲线；（b）为（a）图中
圆圈内应力曲线的放大，图中箭头及字母标号所指示的应变
对应的纳米线原子排布结构在图 4.37 和图 4.40 中给出

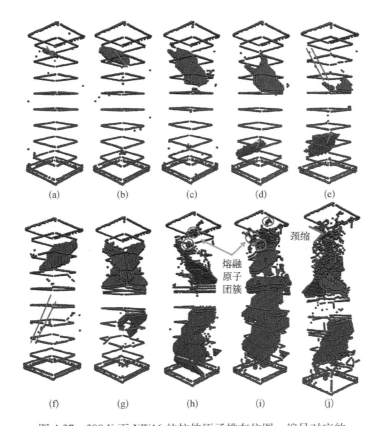

图 4.37　300 K 下 NW16 的拉伸原子排布位图。编号对应的
应变位置如图 4.36 箭头及字母标号所指

此前已有多晶面纳米线拉伸载荷的实验报道。Zheng 等[14]对单晶金纳米线以 0.1%/s 的应变速率沿着[001]晶向实施拉伸测试,揭示了表面台阶作为位错源的塑性形变机理。图 4.38 为位错运动的全过程 HRTEM 图片。在拉伸过程中晶界不再是位错源,这些{111}面在两两交汇处形成台阶,从表面台阶处位错成核[图 4.38(a)],通过{111}面滑移扩展以适应拉伸形变,层错出现[图 4.38(b)]以及层错消失,跟随位错出现[图4.38(c)],这些特征与我们的模拟结果有很多一致之处。

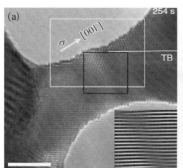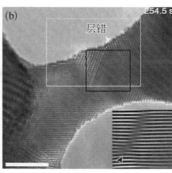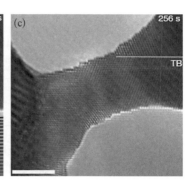

图 4.38　金纳米线拉伸实验的高分辨透射电镜观察[14]。图中表明表面台阶作为位错源图,
展示了位错由自由表面的激发过程,(a)、(b)插图给出傅里叶滤波后的衬度图

如图 4.39 所示,随进一步拉伸表面台阶越发明显[图 4.39(a)中的锯齿形状],台阶尺寸不断增加,纳米线进入颈缩阶段[图 4.39(b)],直至纳米线断裂[图 4.39(c)]。在其模拟中显示了位错沿{111}面滑移[图 4.39(f)~(h)]。然而,作者指出他们在断裂面处的分子动力学模拟与实验结果存在很大差异:实验的断裂截面为{100}面,周围侧面为{111}面;而模拟结果显示断裂的各个面均为{111}面。实验结果与分子动力学模拟的差异在一定程度上是来源于形变的速度与局域热效应。实验上虽利用平衡态拉伸,但断裂瞬间断口处原子处于高势能与局域高动能,难以在团簇间降温到最低能的{111}面。而分子动力学则以恒温处理,弱化了局域热效应,并且较高的应变速率易使原子层发生沿{111}面的滑移。

多晶面纳米线在 2 K 下的塑性形变与 300 K 的情况显著不同。如图 4.40 所示,塑性形变和断裂与位错滑移无关。在屈服点之后,纳米线在{111}面的交界处(四棱台短边衔接处)生成裂口,此裂口一旦形成将导致纳米线迅速断裂。我们模拟得到的纳米线断裂,其断裂面为{100}面,周围为{111}面,与拉伸实验结果一致[14]。

4.3.5　含线缺陷的多晶面纳米线

我们为 NW12 设计了线缺陷结构,研究其塑性形变机理,同时与同尺寸相同缺陷结构的 100 - 100100 进行对比分析。线缺陷的设置方法是在纳米线中间位置的外表面去掉若干层原子,并且缺陷的延伸方向与纳米线的拉伸方向垂直。若去掉一层标记为 Line1,去掉三层标记为 Line3。在 100 - 100100 长方形纳米线的中间形成凹陷的线缺陷,在 NW12 中间台阶靠近尖角的棱处形成缺陷。图 4.41 为 NW12 的 Line1 和 Line3 结构示意图。应变速率为 0.025% ps^{-1},温度为 2 K 和 100 K。

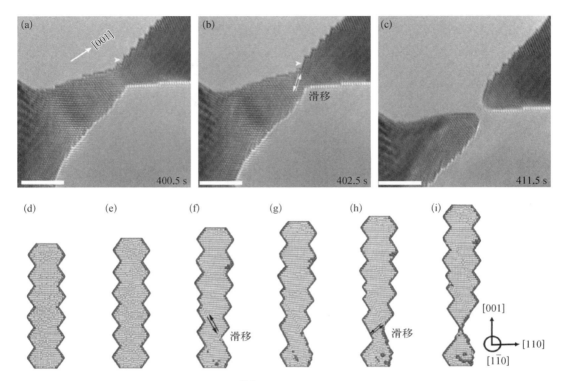

图 4.39　金纳米线的颈缩和断裂过程[14]：(a)和(b)两个共轭的{111}晶面之间的协同滑移
现象导致表面台阶的增大,如箭头所示。根据(002)晶面间距的变化,估计 10% 的
弹性应变;(c)纳米晶体的最终断裂。每个图中的比例尺代表 3 nm。(d)~(i)通
过滑移诱导的颈缩过程的分子动力学模拟剖面视图。原子根据其配位数着色

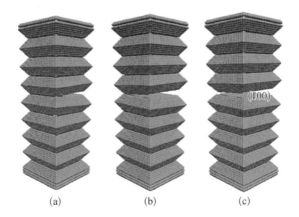

图 4.40　2 K 下 NW16 的拉伸形变位图：(a)、(b)和(c)分别对应图
4.36 中的屈服点、屈服点+5 ps 和屈服点+10 ps

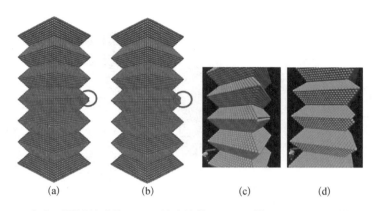

图 4.41　含有不同线缺陷的 NW12 纳米线模型：（a）模型 Line1；（b）模型 Line3；
（c）为（a）图中圆圈部分的放大图；（d）为图（b）中圆圈部分的放大图

如图 4.42 和图 4.43 所示，引入线缺陷不会改变 NW12 和 100－100100 的杨氏模量，这与我们其他的含缺陷纳米线的模拟结果一致。2 K 下，引入线缺陷对 NW12 的屈服行为没有影响。此外，纳米线依然保持原有的脆性断裂特征[图 4.42（a）]；在 100 K 下，各纳米线的屈服应力差别也是非常小[图 4.42（b）]。相比之下，2 K 下线缺陷对 100－100100 影响较大，随线缺陷增加纳米线的屈服应力下降[图 4.43（a）]；当温度升高至 100 K 时，由缺陷引起的应力差异则变小[图 4.43（b）]。

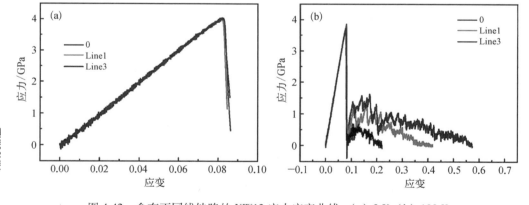

图 4.42　含有不同线缺陷的 NW12 应力应变曲线：（a）2 K；（b）100 K

进一步将 NW12 和 100－100100 在 2 K 和 100 K 下的屈服应力汇总到图 4.44。2 K 下，无缺陷时 100－100100 的强度高于 NW12，然而随着缺陷的引入，100－100100 的强度优势逐步下降，缺陷增至 Line3 时其屈服应力已经低于 NW12（降低约 13.3%），说明超低温下线缺陷对 100－100100 强度的影响比 NW12 大。而 100 K 时的情况有所不同，完美结构的 100－100100 强度被整体削弱，尤其是存在缺陷时会进一步加剧这种影响，导致与 NW12 之间的应力差逐渐增加。综上可知，与方形纳米线相比，线缺陷对多晶面纳米线强度的影响较小。

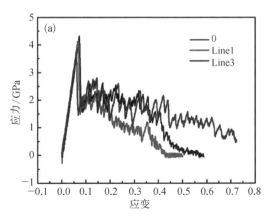
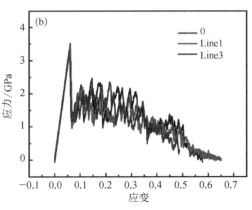

图 4.43　含有不同线缺陷的 100－100100 应力应变曲线：（a）2 K；（b）100 K

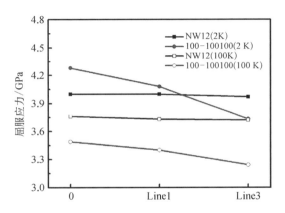

图 4.44　NW12 和 100－100100 在含有不同线缺陷时的屈服应力

　　为了说明线缺陷对纳米线形变行为的影响,我们对含 Line3 缺陷的 100－100100 纳米线在 2 K 下的形变过程进行了结构分析。2 K 下完美 NW12 及其 Line1 和 Line3 结构的屈服行为相同,表面线缺陷对纳米线强度的影响是微乎其微的。三者结构位图也相似,在此不作赘述。而对于 100－100100 纳米线来说,其表面不存在台阶结构,初始位错从纳米线边棱的中间位置开始,如图 4.45 所示。线缺陷刚好贯穿了边棱,利于初始位错的迅速成核[图 4.45(a)]。上下两层缺陷原子呈对称结构,故在此两处同时展开对称方向的{111}面位错滑移和增殖活动[图 4.45(b)~(d)],因而显著降低了纳米线的强度。当位错受到另一表面阻挡后,又开启新的位错增殖和滑移[图 4.45(e)]。

　　对比 NW12 和 100－100100 的形变过程可知,两者的初始位错均在纳米线较为薄弱的中间处开始,但是具体的启动位置存在明显差异。NW12 的初始位错在四棱台短边连接处启动,其屈服行为和断裂模式不会受到线缺陷的影响;而 100－100100 的位错在纳米线表面缺陷处产生,其位错增殖和滑移范围会随着缺陷增加而增大。由此可见,与方形纳米线相比,多晶面纳米线的强度不易受到表面线缺陷的影响。

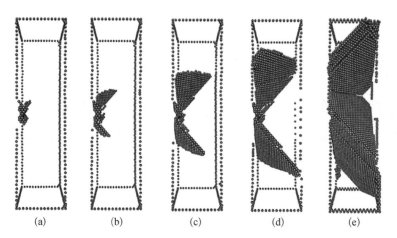

(a)　　　(b)　　　(c)　　　(d)　　　(e)

图 4.45　2 K 下含 Line3 缺陷的 100 – 100100 纳米线拉伸形变位图，所对应的应
变分别为：(a) 0.060；(b) 0.061；(c) 0.062；(d) 0.063；(e) 0.071

4.3.6　小结

　　本节以低能量的四棱台结构为基本单元,构建了<100>晶向多晶面单晶银纳米线,利用分子动力学方法模拟了纳米线在拉伸载荷下的形变行为,详细考察了单元结构、体系温度、拉伸速率等因素对纳米线力学性质的影响,揭示弹性形变和塑性形变内在的机理。结果表明,全{111}表面能显著提高纳米线的屈服能力,{111}面使得纳米线表面能量较低,结构稳定,易于重结晶,因而能实现纳米线的强化作用。从断裂模式看,随四棱台数量减少,多晶面纳米线将由塑性断裂向脆性断裂转变,且温度比应变速率对断裂行为的影响更大。在本节中考察了线缺陷对多晶面纳米线断裂行为的影响,结果表明,多晶面纳米线的强度不易受到表面线缺陷的影响。本节所提出的多晶面纳米线的强度变化规律以及断裂模式的机理研究,可为设计和构建高强度、低塑性纳米材料与器件提供指导和借鉴。

参 考 文 献

[1] Ji C, Park H S. The coupled effects of geometry and surface orientation on the mechanical properties of metal nanowires [J]. Nanotechnology, 2007, 18(30): 305704.

[2] McDowell M T, Leach A M, Gaill K, et al. On the elastic modulus of metallic nanowires[J]. Nano Letters, 2008, 8 (11): 3613 – 3618.

[3] Cao A J, Wei Y G, Mao S X. Deformation mechanisms of face-centered-cubic metal nanowires with twin boundaries[J]. Applied Physics Letters, 2007, 90(15): 151909.

[4] Zhang Y F, Huang H C. Do twin boundaries always strengthen metal nanowires[J]. Nanoscale Research Letters, 2009, 4(1): 34 – 38.

[5] Cammarata R C. Surface and interface stress effects in thin films[J]. Progress in Surface Science, 1994, 46(1): 1 – 38.

[6] Zhang X Y. Elastic properties of Cu nanowires: A molecular dynamics study[J]. Nanotechnology, 2005, 16(11): 2735 –2741.

[7] Greer J R, De Hosson J T M. Plasticity in small-sized metallic systems: Intrinsic versus extrinsic size effect[J]. Progress in Materials Science, 2011, 56(6): 654 – 724.

[8] Wang H, Liu J, Zhu T, et al. Effect of surface stress on the elastic behaviors of ZnO nanowires[J]. Applied Physics,

2006, 100(1): 013511.

[9] Guo Q, Gao Y, Wang Y, et al. Surface diffusion-mediated growth of silver nanowires with controllable morphology[J]. Materials Chemistry, 2011, 21(38): 14703 − 14709.

[10] Hoh S, Srivastava D, Schlom D G, et al. Anharmonicity and negative thermal expansion in $PbTiO_3/SrTiO_3$ superlattice nanowires[J]. Nano Letters, 2013, 13(7): 3191 − 3197.

[11] Lu J, Huang Y, van der Ven A, et al. Anomalous size-dependent thermal behaviors of CaF_2 nanowires[J]. Nano Letters, 2008, 8(8): 2159 − 2163.

[12] Wang Y, Xie Y H, Yu T, et al. Effect of strain rate and temperature on the deformation behavior of copper nanowires [J]. Journal of Physical Chemistry C, 2008, 112(50): 19881 − 19885.

[13] Xia Y, Yang P, Sun Y, et al. One-dimensional nanostructures: Synthesis, characterization, and applications [J]. Advanced Materials, 2003, 34(22): 353 − 389.

[14] Zheng H, Cao A J, Weinberger C R, et al. Discrete plasticity in sub-10-nm-sized gold crystals [J]. Nature Communications, 2010, 1(9): 144.

[15] Tian M L, Wang J G, Kurtz J, et al. Electrochemical growth of single-crystal metal nanowires via a two-dimensional nucleation and growth mechanism[J]. Nano Letters, 2003, 3(7): 919 − 923.

[16] Wu H A, Liu G R, Wang J S. Atomistic and continuum simulation on extension behaviour of single crystal with nano-holes[J]. Modelling and Simulation in Materials Science and Engineering, 2004, 12(2): 225 − 233.

[17] Heino P, Hakkinen H, Kaski K. Molecular dynamics study of copper with defects under straining[J]. Physical Review B, 1998, 58(2): 641 − 652.

[18] Meyers M A, Taylor Aimone C. Dynamic fracture (spalling) of metals[J]. Progress in Materials Science, 1983, 28(1): 1 − 96.

[19] Oh S H, Legros M, Kiener D, et al. In situ observation of dislocation nucleation and escape in a submicrometre aluminium single crystal[J]. Nature Materials, 2009, 8(2): 95 − 100.

第 *5* 章

金属纳米线的拉伸形变与断裂

5.1 纳米线拉伸形变与断裂位置的不确定性

5.1.1 纳米线拉伸

近年来,随着技术的发展,有学者提出以理想单晶作为微机电系统(microelectrome-chanical system,MEMS)、分子电路以及微纳设备的结构部件。然而我们对这种纳米材料性质的了解并不充分。比如目前仍处在理论探索阶段的分子电路,其微电极可以通过自组装纳米线(nanowire)来制备,但是我们并不清楚其稳定性和承受机械张力的范围。另外,由于分子电路对电极的对称性要求很高,有人提出了用拉伸方法来制备,但是其可行性还没有得到进一步的证实。在这种尺度下,实验因其在时间和空间上的限制而不能获得大量的样本,无法提供太多信息,从头计算又过于耗时,因此分子动力学成了这一领域理论研究的合适方法。

目前已进行了许多有关纳米线拉伸的分子动力学模拟研究,但有关体系构型变化的详细考察较为有限。Komanduri 等[1]报道了基于 Morse 势的对称的单晶铜纳米线的拉伸。在他们的研究中,纳米线在中间位置出现了颈缩现象,并最后在颈缩处断裂。颈缩处的原子表现出非晶态。然而,该结果在两个方面缺乏说服力。首先,我们知道分子动力学模拟中,体系结构的演化对初始状态极为敏感,不同的初始状态会导致最终的结构有显著差异。稍微改变初始状态,甚至数万个原子中仅改变任一个原子的速度方向,重新进行模拟都可能会得到截然不同的结果。Komanduri 等并未提及他们的研究具有可重复性。纳米线在中间位置出现颈缩的概率也未被报道。即使多次实验是在接近中间的位置出现颈缩,也应该存在一个位置的分布概率,而不会在断裂位置两侧各有 50% 的原子数。根据Komanduri 等给出的构型图推测,这种分布是存在的。其次,在颈缩处出现非晶态原子构型并不普遍,因为对于倾向密堆积的铜原子来说,这种构型并不利于能量的最小化。这种现象可能是由于 Komanduri 等采用了过快的拉伸速度(约为 100 m/s)所致。这种快速冲击导致原子来不及到达平衡位置,而出现无序态的颈缩。可以期待在较慢的拉伸速度下,出现颈缩的位置原子排布将更有序,而断裂机制可能也因此不同。由于 Komanduri 等所模拟的体系规模较小,无法观察到更大范围的原子构型的变化。此外,Morse 势的参数来源于对物质的弹性模量等宏观参数的拟合。这种拟合一方面忽略了纳米尺度物质的表面效应,另一方面也不适合描述拉伸时出现的原子间隔较大的情况。

为了解决这些问题,我们拓展了相关的模拟,对一些条件进行了调整。我们在拉伸一个已经处于平衡状态的纳米线时,假设其断裂位置具有一定的概率分布,而这个分布受到拉伸速度的影响。这是因为拉伸在纳米线边缘产生的应力引起原子密度改变,其疏密形成的密度波以声速在纳米线中传播,并逐渐在整个体系中消散。较慢的拉伸速度可以使上一步拉伸的效应在体系中完全消散,从而使体系保持原来的对称性;而较快的拉伸速度会导致拉伸效应在体系中叠加。

即使是处于平衡状态的体系,局部的涨落也会导致类似的效果。当纳米线的局部温度出现较大的涨落,而拉伸将这种涨落效应局限在某一区域时,纳米线就会失去原有的对称性,断裂的位置可能不在中间。此外,拉伸过程的具体机制也值得探究,例如颈缩是如何发生的,哪些因素影响或诱导颈缩的发生。

深入理解纳米线拉伸过程中的各种基础问题对于评估利用拉伸方法制备电极的可行性至关重要,并有望揭示器件小型化所具有的潜力和面临的挑战。纳米线拉伸研究在材料科学和纳米器件领域具有广泛应用前景,因为纳米尺度材料和结构展现出独特的物理和化学特性。通过模拟研究纳米线在拉伸过程中的结构变化,我们可以更好地理解纳米线断裂机制和断裂位置的分布,这有助于评估纳米电极制备方法的可行性和稳定性。同时,了解纳米线在不同拉伸速度下的行为,特别是关注纳米线局部温度涨落对断裂位置的影响,可以为工程师和科学家提供重要的指导,以优化纳米线材料的制备和器件设计。此外,纳米器件的小型化使理解纳米线的拉伸行为变得至关重要。这种研究还提供关于材料可靠性、稳定性和可持续性的重要信息。通过深入研究纳米线拉伸过程中的问题,可以为纳米材料的制备和器件设计提供有价值的指导,推动纳米器件的发展和应用,为未来的纳米技术创新奠定坚实的基础。

5.1.2　确定性与不确定性、不确定性与统计

确定性是指物理学中描述物质在特定条件下的运动规律是可以精确预测和计算的。确定性是物理学研究中非常重要的一个概念,它与物理学理论模型的建立和实际应用密切相关。从牛顿力学开始,物理学理论模型一直致力于描述物质在特定条件下的运动规律。在经典力学中,物体的运动规律是连续和平稳的,即物体在相邻时刻的位置和速度是连续的。在这种情况下,可以通过微积分等数学方法对物体的运动进行精确计算和预测。确定性在经典物理学中的应用为解决实际问题提供了精确的预测和计算手段。确定性的研究能够为实际应用提供精确的计算和预测,例如在材料科学、化学、天文学等领域,需要通过计算物质在特定条件下的行为,来预测和设计新材料、机械学、电子学、化学反应、天体运动等。同时,确定性也为物理学理论模型的建立提供了基础。

然而,在实际应用中,由于系统的复杂性和不确定性因素的存在,很难完全预测和计算物质的行为。不确定性指的是由于各种随机因素的干扰,物质在特定条件下的运动规律是不完全可预测的。在宇观尺度,例如在天体运动中,引力场扰动、行星之间的相互作用等多种因素的干扰会导致行星轨道的不确定性,特别是质量比较小的行星。在宏观尺度,不确定性研究中也具有重要的意义。在气象学研究中,不确定性是指关于天气和气候预测的信息的不确定性,这些预测受到许多因素的影响,例如气象观测数据的精度、气象模型以及人为因素的影响等。了解不确定性可以帮助我们更好地评估预测结果的可信度,并帮助我们做出更优的决策。此外,研究不确定性也可以帮助我们改进气象预测的技术和方法,以提高预

测的准确性和可靠性。不确定性也是微观物理学中一个重要的概念,它在统计物理、分子理论或者原子理论中扮演着至关重要的角色。不确定性指的是粒子或分子在微观尺度上的位置、速度、能量等物理量的不确定性,这些不确定性源于多种因素,例如测量误差、粒子或分子之间的相互作用以及量子力学效应等。了解这些不确定性的含义和意义对于我们理解物质的微观世界和发展新的材料科学具有非常重要的意义。介观世界是指尺度介于宏观和原子尺度之间的物质世界。在这个尺度范围内,物质的行为也有可能呈现出不可预测的性质。然而,我们并不知道介观世界中是否存在类似于统计物理等微观理论中所描述的不确定性。

因此,本节利用纳米线的断裂位置统计来探索介观世界的性质。通过模拟观察和分析大量纳米线的断裂位置,可以得出一些关于介观尺度物质行为的统计规律。这种方法可以帮助我们了解介观世界中存在的不确定性和非确定性的行为。

5.1.3　模型建立与模拟方法

图 5.1 是用于模拟拉伸的立方体铜纳米线的结构图。高速(1.3% ps^{-1},72 m/s)和中速(0.13% ps^{-1},7.2 m/s)拉伸时的模型尺寸是 3.62 nm×3.62 nm×10.86 nm(分别对应 x、y 和 z 三个方向),总原子数是 13 451。低速(0.016% ps^{-1},0.72 m/s)拉伸时使用的尺寸是 2.90 nm×2.90 nm×8.69 nm,总原子数是 7 081。纳米线自由弛豫至少 5 000 步,在体系达到平衡状态后,每个样本再依次增加 50 步弛豫时间,以创建不同初始态的样本,共计 300 个彼此独立的样本。而后两端最外三层(较深的颜色)原子沿 z 方向([001]方向)向相反的方向以恒速开始拉伸,直到拉断。

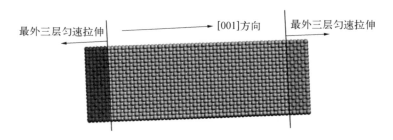

图 5.1　单晶铜纳米线分子动力学模拟的模型

分子动力学是一种确定性的模拟方法,即当体系具有相同初始态时,即使多次模拟也将获得完全相同的结果。然而,分子动力学作为一种路径积分的方法对初始态又极为敏感,两个初始态即使仅有一个原子的初速度改变了方向,经过数万步积分后也会得到完全不同的模拟结果。因此,通过改变弛豫步数,原子因运动随机性可以获得拉伸前不同的初始态,从而产生一系列不同的随机样本。在分子动力学模拟过程中,记录体系的势能和原子位置,分析其构型并得到径向分布函数。

模拟采用 Johnson[2] 的 EAM。该 EAM 较好地描述金属原子之间相互作用,甚至可以包含缺陷等微结构,这也适用于本研究中因拉伸而使原子间隔变大的情况。体系通过校正因子法保持在常温 293 K,采用自由边界。邻近列表的构建采用 Cell link 和 Verlet 链表结合的方法。运动方程的积分用蛙跳算法,时间步长是 $5.1×10^{-15}$ s。

5.1.4　纳米线的形态与弹性

对铜纳米线进行机械拉伸,首先经历了弹性形变的阶段。在这一时期,原子间距在 z 轴方向上虽有伸长,但尚在弹性区间内,未发生显著的原子排布结构的变化。当撤掉纳米线两端的负载,则会收缩到原长。在本研究中,纳米线原长为 $30a$,弛豫 20 000 后开始拉伸。拉伸至 25 000 步,纳米线长为 $31.368a$,撤去负载经过足够长时间弛豫,纳米线变为 $29.714a$,略小于最初的 $30a$。经过 30 000 步后,纳米线变为 $32.368a$,撤掉负载又变为略小于 $30a$,这均说明在这段时间内纳米线仅表现出弹性形变。但经过 40 000 步后,纳米线变为 $34.440a$,撤掉负载经过足够的弛豫时间后,尽管有小幅回弹,但远大于原长,说明了纳米线在 40 000 步已经进入了塑性形变阶段(表 5.1)。弹性行为仅为材料力学的一种宏观表现,即在弹性区间形变与所受应力成正比,且撤掉应力后材料长度可以复原。但在微观的原子排布结构上,较大幅度的弹性形变仍会使局部或部分微观结构发生改变。这也体现在材料在弹性范围内长期的应力循环会导致疲劳损伤。这一变化与体系温度有关,高温时更明显。

表 5.1　在不同时刻停止拉伸后纳米线的长度变化(原长 $30a$)

停止拉伸的时刻(时间/步)	停止拉伸时刻的长度/a	弛豫后长度/a
25 000	31.368	29.714
30 000	32.368	29.925
40 000	34.440	33.068
60 000	38.314	38.245

图 5.2 给出了在 25 000 步和 30 000 步,两个弹性区间内的时刻所对应的原子排布结构。从中不难分辨出单向的滑移面以及不同方向的滑移面相交的状况。此外,表面结构在拉伸与温度的双重作用下也发生了结构重组。图 5.3 给出了 30 000 步后,纳米线的结构透视图(缩小原子的显示半径)。图中可以观察到原子因热运动瞬时接近所形成的团簇结构。这些团簇结构因偏离平衡位置处于高势能,再叠加温度赋予的动能使其中的部分原子有机会克服晶格结构的束缚,从而产生更多的结构缺陷。

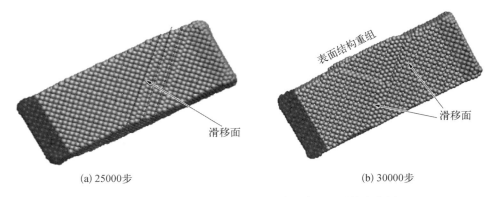

(a) 25000步　　　　　　　　　　　　　　(b) 30000步

图 5.2　弹性区间拉伸停止后经充分弛豫的原子排布位图

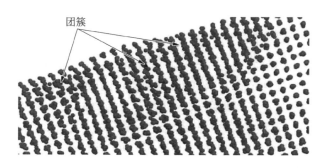

图 5.3　经 30 000 步拉伸后停止并经充分弛豫的原子排布结构细节

图 5.4 给出了塑性形变的两个代表性时刻的结构图。从图 5.4(a)中可以看出拉伸促进了多个滑移面的产生,这些滑移面,有些组并不平行,呈一定角度相交分布,但均沿{111}晶面。纳米线内出现了多个不同晶向的细小晶粒。拉伸至 60 000 步时,纳米线已经明显地形成颈缩,且这一过程已不可逆转。纳米线内出现众多的小晶畴,虽然在这一时刻停止拉伸并经充分弛豫可以使结晶状态更好,但这些细小晶粒以及颈缩结构均保持稳定,不再恢复。

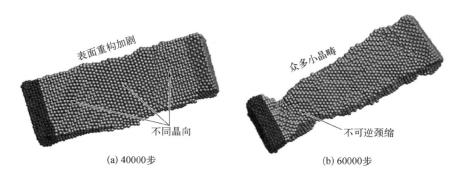

(a) 40000步　　　　　　　　　　(b) 60000步

图 5.4　塑性拉伸阶段停止拉伸并经充分弛豫后的原子排布结构

晶体的结构特征从统计的角度可利用径向分布函数(RDF)来分析。该方法遍历纳米线的全部原子,统计平均每个原子邻近的原子数量与原子间距的关系。对于完美单晶,RDF 呈 δ 分布,即在 $0.701a$(第一近邻)、$1.0a$(第二近邻)、$1.224a$(第三近邻)等距离呈垂直于横轴的线段分布。其高度对应了该距离的平均原子数。

图 5.5 给出在不同弛豫和拉伸阶段的 RDF 谱。由于原子热运动的作用,图中所对应的每个近邻均呈现出一个高斯分布。其峰高与峰位的变化也反映出纳米线在不同时刻的平均结晶状态。我们可以把原子间距小于 $2.0a$ 称为近程,大于 $6.0a$ 称为远程,从而分开讨论不同拉伸阶段近程和远程

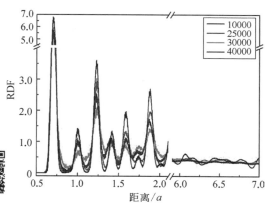

图 5.5　弹性和塑性初期的径向分布函数

有序性的变化。对于近程有序性,可以看出随拉伸进行,峰高总体呈现出先降低再升高的趋势,其中第一近邻处的峰虽有变化,但变化幅度不大。其余各峰变化明显,且波谷均有所上升,从而使峰谷之间的差异减小。这说明拉伸总体上破坏了近程的有序结构,这也与上文结构图中出现的特征一致。在远程有序性上,随拉伸变得平直,说明纳米线内出现数量较多且方向各异的细小晶粒,从而完全破坏了远程的有序性,这与图 5.4 的讨论一致。

5.1.5　拉伸过程中的能量变化

图 5.6 给出了 3 个应变速率下代表性样本的原子平均势能的变化。应变开始前所有样本均经过约 100 ps 的自由弛豫。在这段时间内,由于表面效应和边角低配位数的影响,纳米线逐渐偏离最初的完美单晶结构,并趋于稳定。从能量曲线上也可以看出在最初的 20~30 ps 势能大幅振荡后,逐步变成小幅波动,基本上 40 ps 后已完全稳定。拉伸应变在足够稳定后开始。图 5.6(a) 给出 1.3% ps^{-1} 快速拉伸的原子平均势能曲线。从图中可以看出,能量在拉伸开始后有一小段的快速上升,而后迅速下降至一个低谷,再后则继续上升,达到一个能量平台后不再剧烈变化。显然,在拉伸初期,能量的突升与突降与弹性区间快速应变的非平衡特征有关。由于应变速率过快,体系中原子间距迅速增加导致势能上升,超过其所能承受的最大强度后,通过结构变形使能量迅速释放。这种由过快应变导致的势能起伏与下文提到的应变强化机理有一定的联系。

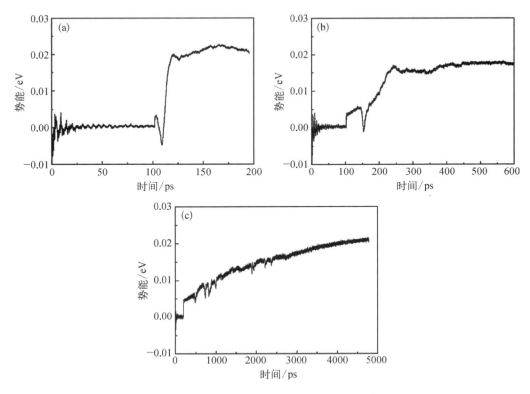

图 5.6　纳米线拉伸过程对应的势能变化,应变速率分别为:
(a) 1.3% ps^{-1};(b) 0.13% ps^{-1};(c) 0.016% ps^{-1}

　　图5.6(b)给出了应变速率为0.13% ps^{-1}时纳米线的原子平均势能的变化曲线。其行为与图5.6(a)相似。但因应变速率降低了90%,势能上升更为平缓。其间也经历了一个势能剧烈释放的短暂过程。随着拉伸进行,势能也到达一个平台并一直保持至断裂。我们看到,势能在长达350 ps内保持稳定,但这期间拉伸还是一直在进行,即拉伸虽然持续做功,但并没有增加体系的平均势能。这意味着对于这两个较快应变的体系,拉伸做功在形变中后期主要集中到某些局部结构上,而非纳米线的整体。

　　对于更慢的应变速率,势能曲线的变化趋势则有了本质的改变。图5.6(c)给出了低速(0.016% ps^{-1})的势能变化。从图中可以看出势能总体上保持了一个缓慢上升的趋势,其间也有多次的瞬时能量释放,但下降的幅度远小于高速拉伸。上述势能变化的差异也反映出不同应变速率下纳米线形变机理的改变。

5.1.6　拉伸过程中的应力变化

　　拉伸形变过程中的应力应变曲线给出更丰富的力学信息。图5.7中的应力应变曲线分别对应了3个不同的应变速率。对于快速应变[图5.7(a)],其屈服应力约为0.6 GPa,远高于其他两条曲线。这是由于高应变速率下,晶体结构来不及形变,因此推迟了塑性形变的发生,即所谓的应变强化。在到达屈服点之后,应力以微小波动形式下降直至断裂。

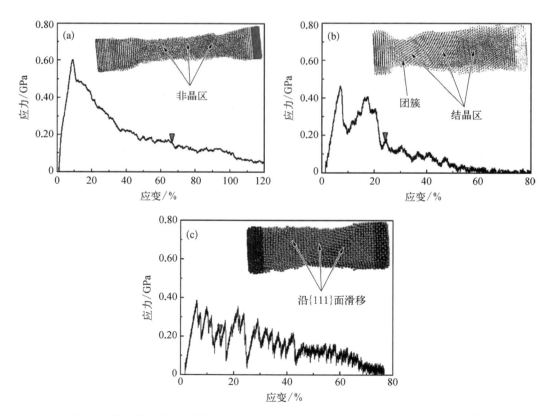

图5.7　纳米线应力应变关系,应变速率分别为: (a) 1.3% ps^{-1};(b) 0.13% ps^{-1};(c) 0.016% ps^{-1}。插图是在箭头所指塑性形变阶段的原子排布结构

图 5.7(a)中的插图给出了应力应变曲线上倒三角标志位置的结构,从中可以看出大量的非晶原子簇,这促进了黏弹性的塑性变形。对于中等的应变速率[图 5.7(b)],第一屈服点之后又经历了第二屈服点,这是由于拉伸导致晶粒方向发生转动,产生了第二次硬化现象,经过第二屈服点之后,应力以较大振幅振荡降低,直至断裂。图 5.7(b)的插图给出指示位置的结构,从图中可以看出,在这一拉伸速度时,纳米线保持了较好的结晶结构,且纳米线中出现了多个晶粒且取向不同,拉伸形变中这些晶粒彼此阻挡承受压力、破碎、再结晶,这些精细结构的变化导致了应力的起伏。

更低的应变速率下应力应变曲线呈现出更大的应力波动和更低的屈服应力,这些都是纳米线中原子以更好的晶态滑移形变的特征,如图 5.7(c)所示。插图也给出曲线上所指示时刻的结构图。从中可以明显看出多组呈平行排列的沿{111}面的滑移面。

5.1.7　纳米线中等速度拉伸(0.13% ps⁻¹, 7.2 m/s)的结构演化

图 5.8 给出了应变速率为 $0.13\%\ \mathrm{ps}^{-1}$ 的代表性样本在 8 个代表性时刻的原子排布位图。在自由弛豫阶段[图 5.8(a)]和弹性形变中期[图 5.8(b)],纳米线均保持了良好的结晶结构,这也与本书 5.1.4 小节所描述的一致。在弹性形变的末期[图 5.8(c)],纳米线中出现多个结晶结构不甚明晰的原子团簇,表面也呈现出一定的起伏,并且从截面图中也可以观察到初始滑移面。在塑性形变早期[图 5.8(d)],纳米线内原子团簇持续产生与发展,促进了团簇间彼此融合,在径向连接成片,因这种非晶态结构的强度低,从而在应力应变曲线上呈现出应力的释放,并且大量非晶原子团簇的存在也使 RDF 曲线的近邻峰峰高

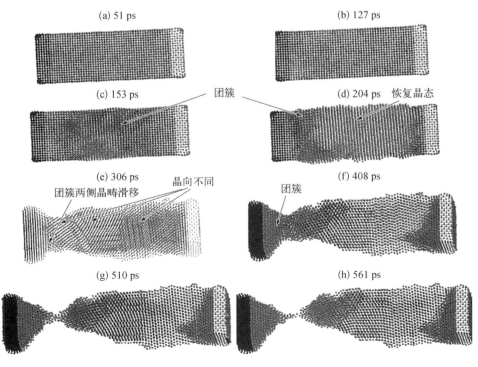

图 5.8　中速(0.13% ps⁻¹, 7.2 m/s)拉伸时几个代表性时刻的原子排列结构图

变低,峰宽变大。同时纳米线其他区域的原子团簇会经历重结晶的过程,使得应力沿拉伸轴方向上出现不均匀的分布。在塑性形变的中期[图5.8(e)和图5.8(f)]出现两个特征的结构演化,一方面成片的非晶区在应力作用下进一步延展形成颈缩,颈缩部既有熔融态的非晶团簇,其边缘又有重结晶形成的微小晶粒,但非晶团簇的存在无疑起到润滑作用,促进了晶界的滑移,使颈缩进一步发展。另一方面颈缩以外的其他区域则加速重结晶,并形成多个边界清晰的晶粒,取向各不相同。在 RDF 中也可以观察到拉伸的中后期长程有序性进一步变差,曲线平直。在塑性形变末期[图5.8(g)和图5.8(h)],颈缩进一步发展为断裂,除断口附近呈非晶状态外,纳米线的其他部分结晶得到进一步的恢复。

更快的应变速度会进一步加剧纳米线中原子的混乱程度,同时因其到达断裂的时间更短,重结晶过程也不完全,总体上纳米线表现了更大的非晶特征。而更慢的应变速率则处于另一种极端状态,即时刻保持较好的晶态。

5.1.8　纳米线慢速拉伸($0.016\%\ ps^{-1}$, $0.72\ m/s$)的结构演化

尺寸略小的铜纳米线($2.90\ nm\times2.90\ nm\times8.69\ nm$)在 $0.72\ m/s$ 的低拉伸速度下断裂,其所用的时间几乎是高速拉伸所用时间的 10 倍。一个在中间位置断裂的样本的结构变化如图5.9所示。在较慢的拉伸速度下,应力有更多的明显骤降和骤升波动,表明体系经历了多次具有较高强度束缚态的转变。这样的形态转变有利于体系保持整体对称性和结构的完整性。从构型图来看,在塑性形变[图5.9(b)]阶段,纳米线中出现多组平行的沿(111)面的滑移面。这种滑移特征形成了前文所述的大幅应力的波动。滑移形变直接促进了颈缩的形成[图5.9(c)],并在断裂后纳米线也均保持了较好的结晶状态[图5.9(d)]。结合文献[1]所述更高速拉伸下非晶态的原子导致了晶缩和断裂,可以看出不同拉伸速度下颈缩和断裂的机制不同。

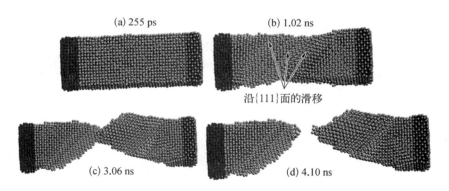

图 5.9　慢速拉伸($0.016\%\ ps^{-1}$, $0.72\ m/s$)下各时刻原子排布位图

5.1.9　断裂位置分布

包含几万甚至几十万原子的纳米线,原子的无序热运动使纳米线的很多行为产生随机特征,其中之一就是它的断裂位置。研究表明单样本的断裂位置不可预测,但多样本的断裂位置遵循统计分布特征。

图 5.10 分别给出了三个拉伸速度下铜纳米线断裂位置的统计分布,断裂位置定义为断裂后 z 方向数量较少一侧块体的原子数与总原子数的百分比(小于 50%)。图 5.10(a)可清楚地看出,高速拉伸断裂的 300 个样本中,断裂位置主要分布在 35%~50%区间,且越靠近中间,分布概率就越高。而在 0~30%这一区间内几乎没有分布。这种分布现象清晰地表明,具有不同初始态的全同金属纳米线虽然有相同的形变机理,但因原子热运动的随机性导致最终的断裂位置不可预测。然而多样本统计分析却表明,在特定拉伸条件下断裂位置的概率是存在的,并且在某个特定的位置有一个最大的断裂概率,我们称之为最可几断裂位置(most probable breaking position,MPBP)。这样,断裂失效研究也就由单样本个案分析转向多样本的统计分析。故研究方法,甚至研究的思维方式均与以往单样本有本质的不同,对于断裂主要发生在纳米线中间的快速拉伸体系分布特征更倾向于正态分布。这一特征与应变速率关系密切。

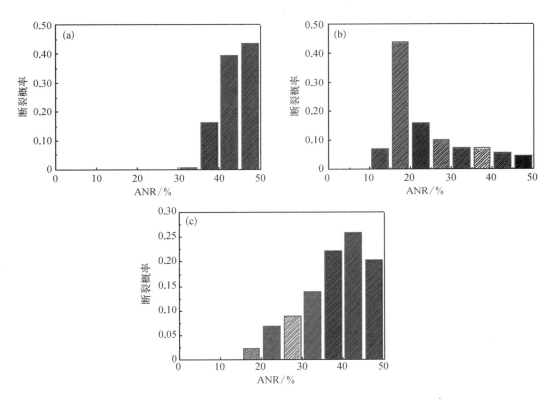

图 5.10　不同应变速率时纳米线的断裂位置分布:(a) 1.3% ps^{-1};
(b) 0.13% ps^{-1};(c) 0.016% ps^{-1}

当应变速率降至 0.13% ps^{-1},断裂分布发生了显著改变,如图 5.10(b)所示。最可几断裂位置分布在 15%~20%,并且分布特征也呈偏态分布或其他更复杂的分布形式。在这一应变速率下,分布范围也更广,从 10%~50%均有较明显的断裂概率。

当应变速率进一步降低到 0.016% ps^{-1},最可几断裂位置又移到 40%~45%,接近纳米线的中间位置,但 15%~50%相当宽的范围内也均有分布。

上述的断裂位置分布特征,显然与应变速率即形变机理密切相关。结合前文讨论,我们可以将形变机理与应变速率以及断裂位置分布总结成图 5.11 所示的关系。纵坐标由下至上晶体结构的有序性增加,横坐标为应变。

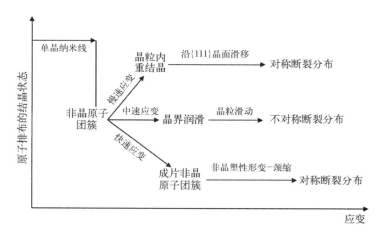

图 5.11   单晶铜纳米线在不同应变速率时的形变机理

拉伸从完美单晶开始。在越过屈服点之后纳米线内出现不同数量的非晶态的原子团簇,同时呈现出一定的应力释放。随后拉伸做功使原子混乱度增加与重结晶两种相反的作用一直伴随纳米线后续的结构演化。其作用的相对强弱与应变速率密切相关。对于慢速拉伸,重结晶作用更强,而拉伸仅牵引了晶粒沿 {111} 晶面的滑移。在应变的最终阶段,断裂主要分布在纳米线中间并向两侧延伸。对于一个中间应变速率,拉伸做功与重结晶作用相近,一方面机械做功增加原子间距,势能转化为局域原子动能,增加了非晶原子团簇的数量与体积;另一方面重结晶作用也使远离颈缩的部分恢复晶态。颈缩主要发生在连成片的非晶原子团簇及其两侧晶粒的滑动。断裂位置分布偏离纳米线的中间,断裂的两段不对称。而更快速的应变使纳米线中的非晶原子团簇发育更充分,形成大范围的非晶区域,促进了黏弹性的塑性形变,因此颈缩与断裂均呈较高的对称性。

5.1.10   大数据、过程细节统计(统计物理化学)与概率

在本节的工作中,针对金属纳米线拉伸形变以及断裂行为的研究发现,数以万计或更多的全同金属原子在纳米尺度的随机热运动对其形变机理和断裂位置的分布带来影响,这类研究与传统的单样本失效分析有本质的不同。而要获得某个特定物理量,例如断裂位置的统计分布特征,则必须预先获得足够量的研究样本。而这一过程必须建立在大量数据获取的基础之上,即利用计算技术获得多个样本,每个样本获得足够多的细分时刻,每个时刻获得纳米线体系的原子位置信息和动量(速度)信息。这些形成研究赖以存在的大数据,以及对大数据分析的有效方法。除此之外,每项研究还要涉及改变系列条件,例如温度、应变速率、晶体取向、截面形状、截面尺寸、纳米线的长度、缺陷及特殊结构等因素,因此一个问题的详细阐述必将建立在相当大量的计算数据和大数据分析方法的基础上。

　　本节统计研究了纳米线的断裂位置分布与应变速率之间的关系。这仅对全部形变过程的一个最终时刻做了统计分析研究。而分子动力学模拟则记录了形变全过程的每个细节,原则上可以对每个时刻中的结构变化开展统计研究。这一点极大地丰富了传统的统计物理和统计热力学的研究领域。在学科的发展过程中,在对大量的全同粒子的行为无法获得运动过程的细节时,就不得不统计分析其初态和终态,于是产生了传统的统计物理和统计热力学。如若能获得全过程全细节的信息,统计的信息则会更为丰富。计算技术的进步为开展大规模的分子动力学模拟提供了机遇,而模拟结果包含全过程和全细节的信息,这样也为我们利用统计分析的方法研究全过程全细节的分布特征提供了可能。我们不妨区别于传统的统计热力学或统计物理而称之为统计物理化学。

　　基于统计分布的特征,传统的确定性问题则变为概率问题。在本节研究中,纳米线的断裂失效是一个重要的工程应用问题,纳米材料失效的位置是否可以精确预测也同样是科学问题。基于多样本的统计研究可以证明,单样本的断裂位置不可预测,但其断裂位置的概率是可以获得的。更进一步的研究如能了解概率分布的影响因素与作用关系,则可以对断裂位置的概率做定性或定量的预测。这种对应关系的了解对材料和器件设计至关重要。如果我们可以预测失效最可能发生的位置,则可以对该位置做结构加强,降低失效发生的概率。从另一个角度来说,失效概率的均匀分布才是材料和器件最优的设计原则。

5.2　纳米线长度对机械性质和断裂行为的影响

5.2.1　引言

　　在过去的几十年中,金属纳米线受到了广泛的关注,因其具有独特的机械性质、热力学性质、电学性质和光学性质。因此,金属纳米线有望在电路、传感器,以及纳米机电系统(nano-electromechanical system,NEMS)上得到应用。对纳米线机械性质的深入研究将有助于进一步开发它的潜在功能。另外,在纳米器件的设计中,材料失效是一个困扰的难题。如何避免材料失效,或者延缓材料失效是一个关注的焦点。断裂位置的预测更是少有人涉足,如果能够提前预知断裂位置,则可预先在断裂位置附近进行加固,避免材料失效,或者根据材料的性质控制断裂位置,这都将有助于纳米器件的设计和制造。

　　在这一点上,理论模拟有实验无法代替的优势。分子动力学模拟越来越受到人们的青睐,这主要是由于其坚实的理论基础——密度泛函理论,和简洁的解析表达。Wu 等[3]和 Park 等[4]利用分子动力学模拟研究了纳米线的失效问题。Walsh 等[5]采用分子动力学模拟方法研究了百万原子级二硒化硅纳米线在应变作用下的力学性能和结构变化。在单轴应变作用下,纳米线由体心正交结构转变为体心四边形结构,并伴随负泊松比现象。对于较大的应变,纳米线经历局部非晶化过程,而后在某个晶体-非晶界面处断裂。很多研究者都发现材料的性质受限于尺寸,Hasmy 等[6]发现,对于 $5d$ 金属 Au,当纳米薄膜的尺寸小于 8 层原子时,表层原子将会重构,从{100}晶系转变为{111}晶系。Diao 等[7]研究了[100]和[111]晶向的金纳米线的尺寸效应,发现其机械性质和体系的稳定性均受尺寸的影响。

　　然而,多数研究都没有涉足长纳米线,这可能是高估了瑞利不稳定性的影响[8],一般认为,当纳米线的长度超过其截面周长时将会自行断裂。这应当与特定的温度和金属种类等因素有关。我们在 3.1 节考察纳米线的自发振荡时也发现,对纳米线稳定性的传统认识并不准确。

上一节的研究表明,不同的拉伸速率下材料的形变机理不同。低速拉伸时,材料的形变主要以滑移为主,并形成位错和团簇。中速拉伸时,会产生多重孪晶面并产生局域无定形结构。而当形变速率进入冲击范围,即大于 $1.0\%\ ps^{-1}$,纳米线将形成大面积的非晶态结构。冲击波理论长期用来解释在极端应变条件下材料的性质。这样高的应变速率在实验中一般难以观察和测量,且实验很难控制高速载荷下体系的温度。这一点上,理论模拟有突出的优势。此外,一般的实验研究以多晶材料为主,但是材料在形变过程中又表现出对晶向的依赖。因此理论模拟将会给实验提供更多的指导和参考。

本节主要研究不同长度的纳米线在冲击加载下的机械性质和断裂位置分布,体系的长宽比在 1.2~6.0 之间,保持匀速的形变速率,并尝试用机械波理论来解释最可几断裂位置的变化。

5.2.2 模型建立与分子动力学模拟方法

铜纳米线的初始构型用几何方法生成,见图 5.12(a),原子按照理想面心立方(FCC)结构排布,纵截面[$x-z$ 面,图 5.12(b)]是长方形,原子沿 z 方向按照[100]晶向排列。横截面尺寸为 $5a\times5a$,为了研究长度对纳米线性质的影响,长度 L 从 $6a$ 依次增加到 $30a$(a 为晶格常数,0.362 nm)两端为固定层,各包含三个晶格。在 x、y 和 z 方向采用自由边界条件,以便更接近真实体系所处的环境。通过校正因子法,保持体系的温度恒定在 300 K。

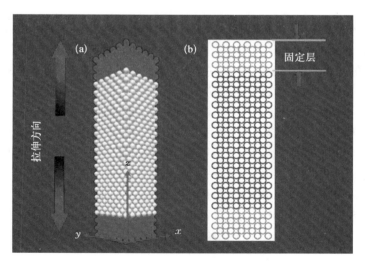

图 5.12 沿[100]晶向生长的单晶铜纳米线,体系尺寸为 $5a\times5a\times La$
(a 是铜的晶格常数 0.362 nm,L 在 6~30 晶格)两端各有三
层原子的固定层,双向拉伸的形变速率为 $3.1\%\ ps^{-1}$

首先使体系自由弛豫(包括固定层),弛豫过程中允许构型自由收缩。当体系达到平衡状态以后,固定层原子沿 z 轴以 $3.1\%\ ps^{-1}$ 的形变速率匀速拉伸,绝对速率分别对应

$75.4 \sim 334 \text{ m/s}$。拉伸过程中固定层原子沿 z 方向匀速移动,其在 $x - y$ 方向上可自由运动。其余原子在三个方向上均可以自由移动。为了获取足够的研究样本,每个长度各模拟 300 个样本,彼此间弛豫不同的时间(均达到平衡态),以获得不同的初始态。

最终的断裂位置用断裂后某一侧的原子数占原子总数的百分率来标注,即 ANR = 某一端原子数/原子总数×100%。

5.2.3　机械力学性质分析

机械力学性质是材料的一个非常重要的性质,包括材料的屈服强度、流变应力、屈服应力以及杨氏模量等。在本节中应变定义为 $\varepsilon = (l - l_0) / l_0$,其中 l_0 是纳米线的初始长度,l 是拉伸过程中某时刻的纳米线长度,因为是匀速拉伸,所以某时刻纳米线的长度通过形变速率乘以时间就可以求得。图 5.13 描述的是纳米线从稳定的初始状态到断裂时刻的应力应变曲线。

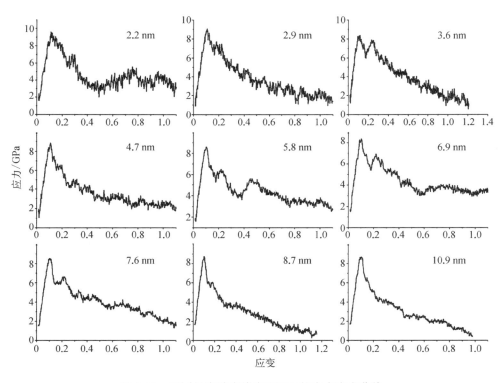

图 5.13　不同长度纳米线在 300 K 的应力应变曲线

从图 5.13 可以观察到,在第一阶段随着应变的增加,应力呈线性增加,在应变值约为 0.1 时应力达到最大,对应了纳米线的屈服强度。这一点被定义为屈服点,此时的应力为屈服应力,应变为屈服应变。在屈服点以前的形变为弹性形变,符合胡克定律。虽然纳米线被拉长但是仍然能保持稳定的晶体结构。在弹性范围内的纳米线被拉伸,但卸载后经过弛豫仍然能够恢复到初始长度。以 $5a \times 5a \times 16a$ 体系为例,弛豫 20 000 步以后的长度是 $22.21a$(包括固定层),拉伸 2 000 步以后其长度变为 $23.74\,a$,停止拉伸并再次自由弛豫

20 000步纳米线重新恢复到22.21a的初始长度。需要指出的是,在接近屈服点应力会有微小的波动,这也意味着微观上会有初始位错滑移产生,但数量过少对宏观性质影响不大。

当超过屈服点后,应力迅速下降,纳米线开始经历塑性形变。即使在此阶段停止拉伸并经过充分的自由弛豫,纳米线也不能恢复到初始长度。仍以体系5a×5a×16a为例,选择拉伸5 000步后再弛豫25 000步,其长度为32.75a,显著大于初始长度。但是在某些情况下会出现应力的恢复现象,如体系长度为3.6 nm时,从应力应变图上能够看到第一屈服点之后应力迅速释放,随后应力再次回复上升形成第二屈服现象。应力回复值可以达到8.0 GPa,接近第一屈服应力。但要说明的是,这种应力回复并不是每个长度的纳米线都具有,即使同一个长度的纳米线,也不是每次拉伸时都有表现。我们推测这种应力回复现象是晶向的扭转或者局部的重结晶导致的,从结构图中也可以观察到此类现象的结构因素。此外,该现象也体现出样本的随机性,表明了统计研究的意义。

随着拉伸的进行纳米线逐渐伸长,同时应力不断降低,应力在释放的过程中呈现一定的周期性振荡变化。应力的降低意味着拉伸使纳米线微观结构发生不可逆转的变化,原子之间金属键断裂,纳米线不能再保持完整的晶格结构。这也使得后继的形变所需的应力逐渐减小。应力的周期性振荡行为对应着原子的滑移与重排,原子滑移需克服滑动势垒,到达局域的应力极大,而重排使体系到达一个暂时的相对稳定的状态,这时应力降到一个小的低谷。随着拉伸的进行应力再次反弹。这个过程不断重复,直至纳米线断裂。

在上文我们提到,在塑性形变阶段应力的变化呈现周期性振荡。同时我们注意到这种周期性振荡的幅度表现出明显的尺寸依赖性。小体系的波动更加明显,应力应变曲线呈清晰的锯齿状变化。大体系的应力应变曲线较为平滑。为了定量评估这种波动,我们将曲线首先取中值(即平滑),然后将原始的曲线减去平滑后的曲线即得到曲线波动,最后将其取均方根,以均方根对纳米线的长度作图,如图5.14所示。从图中可以清楚地看出均方根先是快速下降,然后趋于平缓。这种变化特征体现了大尺寸的平均性和小尺寸的离散性。本研究中应力是由全部原子的平均求得,体现了纳米线的整体行为,体系越大,均值的变化就越小。大尺寸体系中的局域涨落越发呈现平均化。

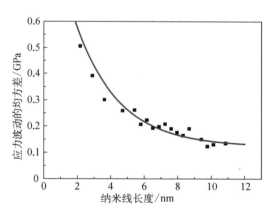

图5.14   不同长度纳米线的应力波动

屈服点的特征包括屈服应力和屈服应变,能够很好地反映材料的机械力学性质。我们将每个长度纳米线的屈服应变值进行了统计,各取300个样本。以长度为3.6 nm的体系为例,可以看到屈服应变呈高斯分布(嵌入图)。将屈服应变取平均(这个平均值和高斯峰的峰值基本重合)并对体系长度作图得到图5.15。平均屈服应变值随着体系长度的增加从0.14逐渐减小到0.10。我们也注意到屈服应变的平均误差随着长度的增加而逐渐减小,这一点反映出屈服点的特征由随机性向确定性转变。这种转变的过程和机理是纳米尺度特有的现象,也是有别于其他宏观材料的重要表象。然而目前对于随机性向确定性转变这一科学问题尚缺乏有效的研究手段和研究工具,甚至现象的积累也不够丰富。本研究也仅以某个特征物理量的波动程度为例,描述了由更小尺度的随机性向较大尺度的确定性转变的一个现象。这一研究结果也希望能启发更多的类似研究并将研究持续深化,体系更为完整,论述更为严谨。这种确定性可能由多种因素推动,例如尺寸的增加或特殊的纳米尺寸效应。我们将结合下文的其他特征进一步讨论这种变化。

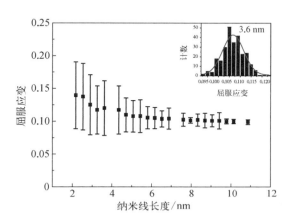 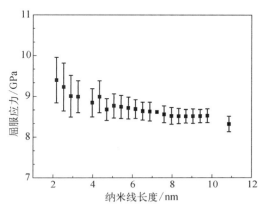

图 5.15　不同长度纳米线屈服应变的统计分析　　图 5.16　不同长度纳米线屈服强度的统计图

屈服应力或者说屈服强度对于后继的塑性形变的稳定性有至关重要的影响。一般而言,随着晶粒尺寸的减小,微观多晶材料的屈服强度、流变强度和硬度等逐渐增加,这就是众所周知的 Hall－Petch 关系。然而随着晶粒尺寸进一步减小到 10 nm 以下,屈服强度并没有如人们所预期的那样进一步增加,反而随晶粒缩小而降低,这就是反 Hall－Petch 关系。

对于本节研究的单晶材料而言,屈服强度符合 Hall－Petch 关系。图 5.16 显示的是不同体系的屈服强度。随着体系长度的增加,最大屈服应力值逐渐减小。我们推测长纳米线所特有的长宽比改变了形变机理,利于位错的产生和内部结构向更稳定的取向发展。对于小尺寸的纳米线,在边界条件的影响下,位错或者是熔融原子的团簇的扩展会更困难,进而引起屈服强度的增加。随着体系长度从 10.9 nm 减小到 2.2 nm,屈服强度从 8.32±0.19 增加到 9.40±0.56 GPa。

文献中提到有几种方法来计算体系的杨氏模量[9],Diao 等[7]将其归纳和总结为位力应力法和能量方法。位力应力法采用多项式拟合:

$$\sigma = E\varepsilon + a_2\varepsilon^2$$

其中,σ 是沿拉伸方向的应力;E 是体系的杨氏模量;a_2 是一个常数;ε 是沿拉伸方向的应变。

另外一种用能量拟合的方法是通过多项式拟合能量和应变:

$$\frac{\Delta U}{V_0} = \frac{1}{2}E\,\varepsilon^2 + \frac{1}{3}b_3\,\varepsilon^3$$

其中,ΔU 是形变过程中总能量的变化值;V_0 是体系的初始体积;b_3 是一个常数。能量法与分子动力学模拟的恒温校正处理有冲突,因此我们采用位力应力的方法来拟合杨氏模量。我们选择屈服点前的线性阶段进行拟合,为了保证结果的准确性,选择应变在 0.1 之内的范围,这时公式简化为

$$\sigma = E\varepsilon$$

因本研究需要进行多样本统计,为了便于计算机处理,我们采用如下公式:

$$E = \frac{2}{N(N-1)} \sum_{i=1}^{N-1} \sum_{j=i+1}^{N} \frac{\sigma_j - \sigma_i}{(j-i)\,\varepsilon_0}$$

其中,N 为应变 ε 从 0 到 0.1 所采集的应力的总数;ε_0 为应力采样间隔对应的应变。

图 5.17 是长度为 2.9 nm 纳米线的弹性形变范围内的应力应变拟合结果。在分子动力学模拟中,经常会因为原子的快速热运动而导致数据的波动。相比于宏观块体材料,这种波动非常明显。尽管如此,拟合的线性相关系数一般能够达到 99% 以上。同时每个长度的纳米线我们采用 300 个样本各自拟合,然后进行平均,足以保证结果的准确性。

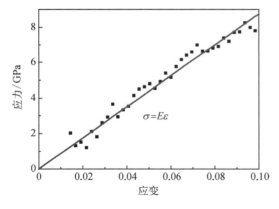

图 5.17   2.9 nm 长的纳米线弹性区间应力
　　　　　应变线性拟合结果

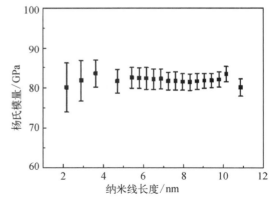

图 5.18   不同长度纳米线的平均杨氏模量

图 5.18 是统计的不同体系的平均杨氏模量。从图中可以看出,纳米线的杨氏模量先经历一个短暂的上升,然后保持平稳,特别长的纳米线的杨氏模量则略有下降。在所考察的长度范围内,杨氏模量在 80.1±6.1 GPa 到 83.5±1.9 GPa 之间变化,总体而言并不显著。此外,除了几个较短的纳米线有较大的误差范围外,其余相差不大,与图 5.15 和图 5.16 差别明显,这也印证了屈服应力和屈服应变在统计计算上更依赖原子数量,即对体系大小敏感。物理量有强度量和容度量之分。借鉴这一概念我们也可以将纳米尺度的物理量进行分类。那些对体系大小、原子数多少敏感的量(如屈服应力和应变)划分为一类,而不敏感的量(例如杨氏模量)分为另一类。

综上所述,铜纳米线的机械力学性质表现出明显的尺寸效应。一般而言,体系越小统计的误差范围越大。其既有尺寸带来的统计基数变化的原因,例如屈服应力,又有尺寸变

大逐渐表现出宏观的确定性特征。当材料的尺寸降低到纳米尺度以后,材料表现出的性质明显不同于宏观块体材料,也不同于微观分子。材料的性质具有一定的波动,即不确定性,这和宏观材料的确定性不同。如何准确获得纳米材料的性质,本节提出的统计方法是一次有益的尝试,剥开误差的面纱,在大量统计样本中将获得物质世界的真相。

5.2.4　断裂位置的分布

材料的断裂失效在纳米器件的设计和制造中至关重要。如果我们能够预先确定材料失效的位置,并对其进行提前加固,则可以有效地防止失效。如果了解制约材料失效的内在因素(包括材料的机械性质、体系大小和晶向等),以及外界条件(如拉伸速率、温度等),我们可能控制材料失效向我们预期的方向进行。在材料失效的研究中,断裂位置的预测仍是一个盲点,很少有人关注。研究中发现断裂位置表现了统计分布的特征,它与很多因素有关。在下文长度因素的研究中将通过统计考察体系的断裂特征。

图 5.19 显示的是不同长度纳米线最终断裂时刻的典型位图。纳米线的长度在 2.17~10.9 nm 范围内变化。从图中可以观察到,当纳米线较短的时候,断裂位置分布在纳米线的中间,以 ANR 来计,约在 50%的位置。然而随着纳米线长度的增加,断裂位置逐渐向两端移动,当纳米线的长度为 10.9 nm 时断裂位置已经移到 16%的位置,非常靠近固定层。

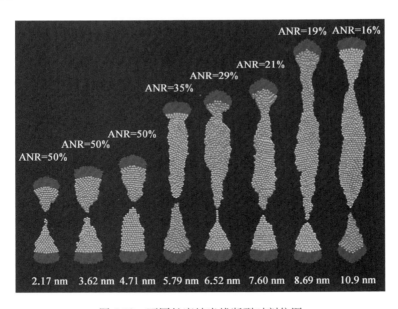

图 5.19　不同长度纳米线断裂时刻位图

正如上文所言,断裂位置是一个统计概念,单次的测量很难给出全面而准确的结果。我们统计每个长度的纳米线的断裂位置,每个体系各模拟 300 个样本,将统计结果用高斯分布函数拟合,如图 5.20 所示。图中清楚地显示了断裂位置的分布情况。首先断裂位置并没有集中在一点,而是在一个范围内分布。其次虽然断裂位置是一个分布,但是我们注意到有一个最可几的位置,这个位置对应着高斯峰的峰位。此外,在断裂位置向两端移动的过程中,呈对称分布,两端断裂的概率大致是相等的。以 5.8 nm 长的体系为例,断裂分布的峰中心分别对应 ANR 为 65% 和 35%。从图中可以看出,5.8 nm 是一个临界条件,更长的纳米线断裂位置分布呈现两个高斯峰,并靠近纳米线的两端;而小于 5.8 nm 则因纳米线过短,双峰重叠,从而只显示单个高斯峰。仔细对比还可发现两个高斯峰之间有某种诱导的吸引作用。对于长纳米线,两峰彼此远离无作用。左侧的高斯峰距左端约 1.55 nm。但对于 6.9 nm 长的纳米线,峰位距左端 1.73 nm,而到了 5.8 nm 长的纳米线,距左端 1.98 nm,呈递增趋势。而一旦双峰重叠,随纳米线变短峰位虽居于中间,但距一端的距离反而减小。

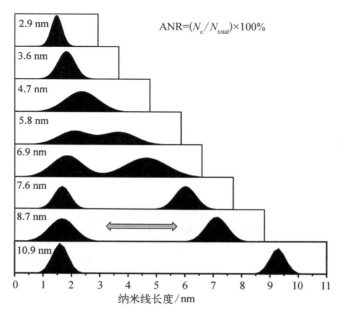

图 5.20　不同长度纳米线断裂位置分布图

注:N_c 是断裂在某一端的原子数,N_{total} 是纳米线包含的原子总数。

是什么因素制约着最可几断裂位置的变化? 如我们掌握这些因素,则可以通过结构设计避免材料失效或者人为的选择条件来控制材料失效。在拉伸的过程中我们注意到,纳米线中原子的排布随着拉伸的进行发生疏密相间的变化如图 5.21 所示,部分区域的原子密度因拉伸作用而降低,相邻区域的原子密度相对变高,整体看来好似波在材料中沿轴向传播。这启发我们用波传递的理论来进行断裂位置的分析。波传递理论广泛地应用于宏观固体材料弹塑性形变的分析。更为人们所熟知的是地震波的传递,这也许是宏观中我们知道的最大的波。那么对于纳米材料形变过程中是否能够用应力波来分析呢? Holid 等[10,11]、Kadau 等[12] 和 Bringa 等[13] 对应力波在纳米固体材料中的传播的研究给了我们一定的启示。

当纳米线两端的固定层以一定的速率向两侧拉动时,会在特定时刻在固定层与牛顿层原子之间形成低密度层,其向纳米线中部传递,形成疏密相间的密度波。其沿轴向在介质中均匀传递。当波速超过固定层拉伸速度时,密度波在传递过程中会不断叠加成波包,

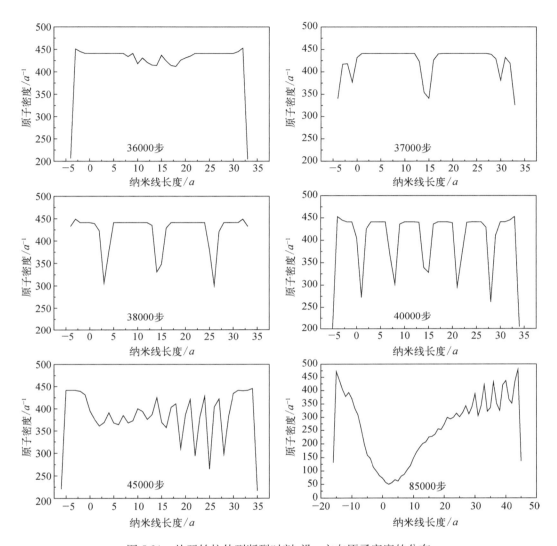

图 5.21　从开始拉伸到断裂时刻,沿 z 方向原子密度的分布

相应的能量在某个位置富集。对于纳米线在平衡状态时,原子只能在平衡位置附近做微小的振动。随着不断施加负载,应力波不断转化成原子的动能,尤其是在波包叠加的区域附近,原子的动能增加得非常明显,图 5.22 给出这一过程的示意。

　　应力波的叠加使得原子的运动非常活跃,足以挣脱周围原子的束缚,进而发生金属键的断裂。金属键的连续断裂导致了纳米线的无序结构,形成了可以观察的位错或者是滑移面。当拉伸速率非常快时,应力波持续叠加延伸将使纳米线大面积处于无序状态,类似于局域熔化现象。在波包叠加的位置产生了最初化学键的断裂,并且以这一点为中心,断裂不断扩展直至形成颈缩并导致最后的断裂失效。因此,如果我们能够找到应力波包的形成与传播特征,以及它与断裂位置分布之间的相关性,就有可能获得解开纳米材料失效之谜的钥匙。

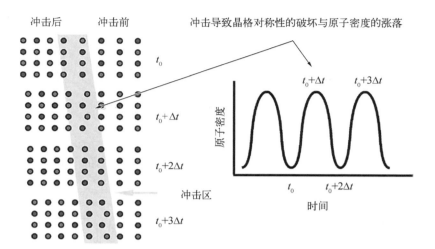

图 5.22   拉伸过程中原子排布变化和波的传播示意图

根据波的传播原理,波速和以下因素有关:材料本身的性质,如密度等;外界因素的限制,包括拉伸速率和温度等条件。这些因素主要对拉伸过程中材料的杨氏模量有一定的影响。可以采用下面的简化公式来计算波包的传播速率:

$$U_s = \sqrt{E/\rho}$$

其中,U_s 是波包的传递速率;E 是体系的杨氏模量;ρ 是材料的密度。因为拉伸过程中采用恒温处理,所以材料的密度可以看作是恒定的,在 300 K 时铜的密度取 8.9×10^3 kg/m^3。材料的杨氏模量根据上文的数据得到,取统计平均值。

正如前文所述,机械波在纳米线中的传播会引起原子能量的升高,最初的无序结构对应着屈服点时刻,根据到达屈服点的应变值,我们可以获得此时波包传播的时间:

$$t = \varepsilon/\nu$$

其中,ε 是屈服点的形变值;ν 是模拟时体系的形变速率。$U_s \times t$ 是波传播的总距离,$0.5 \times U_s \times t$ 是波包的峰位置,即能量最高的位置,这个区域将最先产生滑移或者是局域无序结构。为了便于和统计结果比较,根据波传播机理得到的最终断裂位置也采用相对值 $0.5 \times U_s \times t/l$ 表示。我们将用波传递得到的结果列于表 5.2。

表 5.2   应力波在纳米线中的传播速率,到达最初缺陷的时间和计算得到的断裂位置

尺寸/a	$U_s/(nm/ps)$	t/ps	$0.5 \times U_s \times t/l$
5×5×6	3.00	4.50	0.37
5×5×8	3.03	4.03	0.37
5×5×10	3.06	3.87	0.43
5×5×13	3.03	3.54	0.35

续表

尺寸/a	U_s/(nm/ps)	t/ps	$0.5 \times U_s \times t/l$
5×5×16	3.04	3.40	0.60
5×5×18	3.04	3.35	0.71
5×5×22	3.02	3.27	0.87
5×5×24	3.03	3.27	0.92

图 5.23 是根据应力波的传播理论计算的断裂位置和分子动力学模拟结果的比较图。用机械波传播机理计算所得到的结果和分子动力学模拟得到的统计结果有明确的相关性,当然,在纳米线较长时偏差略大。固定层的存在也可能会给最终的计算结果带来一定的偏差,机械波的模型是一个最简化的模型,同时波包的传递规律也与波传播有一定的差异。这些均会对模拟结果带来影响。这一相关性也隐含着另外一个重要事实,即初始的位错滑移与最终的断裂位置存在某种相关性。这一点会在本书的后续章节做更深入的讨论。

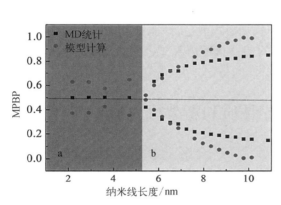

图 5.23　分子动力学断裂位置统计结果和机械波推导结果比较

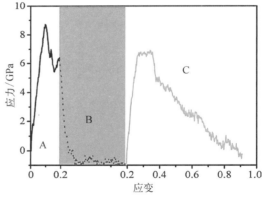

图 5.24　纳米线拉伸-弛豫-再次拉伸过程中的应力应变曲线。体系尺寸为 $5a \times 5a \times 24a$。区域 A 是弛豫 20 000 步后拉伸至 20% 应变;区域 B 是停止拉伸后再弛豫 100 000 步;区域 C 是再次拉伸至断裂

纳米线越长,断裂位置越靠近两端,但这并不意味着只要纳米线足够长,不需要拉伸就会在两端断裂,这也是瑞利不稳定性所预测的结果。为了验证这一点,我们选择长度为 $24a$ 的纳米线进行研究。首先我们将其进行足够长时间的弛豫,纳米线没有自行断裂。而后,对纳米线进行拉伸至 20% 应变(图 5.24A 段),此时已超过屈服点。随后停止拉伸,卸掉所加载荷进行 100 000 步的自由弛豫(图 5.24B 段),纳米线仍然没有断裂。最后再次拉伸(图 5.24C 段),这时的断裂位置基本上和初次拉伸的断裂位置吻合。作为一个代表性样本,其结果说明了截面为 $5a \times 5a$ 的纳米线保持了足够的稳定性,同时最终断裂位置也保持了与预拉伸的相似性,这也启发我们在后继的研究中探寻纳米线不同的形变阶段对

断裂位置分布的影响。

在较快速的拉伸作用下,形变以及断裂特征与慢速的平衡态拉伸是不同的。极慢速拉伸时,单向拉伸与双向拉伸无本质区别。微弱的形变会通过充足的时间均匀释放到纳米线中。但在快速拉伸下,由于原子自身的惯性作用,同样的应变速率施加到单端拉伸与两端同时拉伸的行为则会相差迥异。例如我们以 $5a×5a×10a$ 体系为例,在单向 111 m/s 拉伸,对应 3.1% ps^{-1} 的应变速率,断裂位置分布在 0.37 附近靠近移动端,而非图 5.20 所示的位于纳米线中间。可见对于远离平衡态的形变,虽不会改变形变机理,但会对断裂位置分布产生影响。

5.2.5 小结

本节通过大量的分子动力学模拟研究了高速拉伸下,体系长度对纳米线机械力学性质和断裂位置分布的影响。通过研究发现,虽然横截面相同,但是体系的机械力学性质仍然受到长度的影响。屈服应力和屈服应变随着长度的增加而减小,同时减小的还有统计误差。但平均杨氏模量受体系长度的影响不是很明显。每个长度的纳米线各模拟了 300 个样本,最终的断裂位置呈高斯分布,这说明断裂依赖体系的初始状态,也证明了单次测量的不确定性。高速拉伸(大于 1.0% ps^{-1})已经进入了冲击的范围,在这个形变速率区间纳米线处于非平衡态。拉伸过程中应力波不断叠加形成波包,即能量富集区;产生初始的缺陷结构,缺陷不断发展并最终断裂。根据波的传播机理解释了断裂位置随体系长度的迁移。计算结果和统计结果显示两者具有相关性。

5.3 纳米线截面尺寸对力学性质和断裂行为的影响

5.3.1 引言

在过去的二十余年,金属纳米线由于独特的机械力学性质、电学性质等,受到越来越广泛的关注。深入了解金属纳米线的机械性质,包括杨氏模量、屈服应力以及屈服应变等变得越来越迫切。

已有研究发现,材料的电学性质、热力学性质和机械性质等深受体系尺寸的影响。Schiøtz 等[14] 利用分子动力学模拟了晶粒尺寸在 5~50 nm 的晶体铜的塑性形变,体系规模可达 100 万原子。流变应力在 10~15 nm 时达到最大。当晶粒尺寸大于这一范围时,流变应力随着晶粒尺寸的增加而减小,符合 Hall-Petch 关系;小于这个数值时随体系尺寸的减小而降低,即反 Hall-Petch 关系。在 Hall-Petch 关系内一般认为是晶界阻碍了位错的发展。在反 Hall-Petch 范围内一般的是认为是晶界处原子滑移(atomic sliding)代替了位错。随着晶粒的减小,晶界原子增多导致了材料变软的现象。Hasmy 等[6, 15] 通过高真空显微镜发现,一旦金纳米薄膜的尺寸小于 8 个原子层时,将会从(100)面转变为(111)面。通过高分辨透射电镜和电子衍射分析发现,薄膜呈等方向性收缩,表面的原子结构发生重排。研究表明,表面效应主导了薄膜的结构。

虽然关于尺寸对材料性质影响的研究已经取得了显著的成果,但是我们注意到纳米材料的性质表现出统计分布的特征,如纳米结的电导[16, 17]断裂位置的分布[18],以及单原子线的形成概率[19]。因此单次测量很难给出准确而全面的结果,这需要大量的研究样本。在这一点上理论模拟有实验无法替代的优势,尤其是分子动力学模拟,近年来得到广泛的应用。分子动力学中常采用的势函数有 EMT[20]、TBM[21]、Finnis – Sinclair[22]、Sutton – Chen[23]等,其中嵌入原子势方法(EAM)[24-26]已被证实是一种行之有效的势函数[27]。这主要是基于可靠的理论基础,即密度泛函理论。它有简单的解析表达式,近年来被广泛用于金属、合金、半导体等材料。研究范围包括材料结构、机械性质、热力学性质等。

　　然而关于材料失效,尤其是断裂位置的研究很少,部分原因是模拟的时间长、影响因素多。如果可以预知材料的最终断裂位置,可以提前在其附近进行加固以延长材料的使用寿命。断裂位置的预测仍然是一个巨大的挑战,因为它受到很多因素的影响,包括形变速率、温度和体系尺寸等。本节将主要研究尺寸效应(截面积)对体系机械性质和断裂位置的影响。

5.3.2　模型建立与模拟研究方法

　　纳米线截面尺寸的研究方法和上一节长度的研究类似。沿[100]晶向以自由边界条件生成给定尺寸的完美单晶纳米线。其三维立体图如图 5.25 所示。拉伸操作前首先进行足够长的弛豫使体系达到稳定状态(能量到达稳定时间的 3~5 倍),而后进行匀速的双向拉伸,形变速率为 1.92% ps^{-1}。采用校正因子法保持体系恒温在 300 K。为了研究体系截面尺寸的影响,将其他因素固定,铜纳米线的长度均为 16 个晶格,横截面边长为 2~12 个晶格,具体条件与样品编号列于表 5.3。

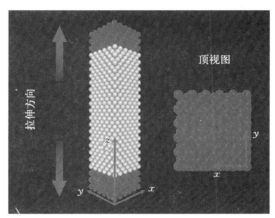

图 5.25　沿[100]晶向生成的纳米线三维示意图。沿 z 方向匀速拉伸,形变速率为 1.92% ps^{-1}。温度为 300 K,体系横截面边长为 2~12 个晶格

表 5.3　模拟中的具体条件

N_0	尺寸/a	边长/nm
a	2×2×16	0.724
b	3×3×16	1.086
c	4×4×16	1.448
d	5×5×16	1.810
e	6×6×16	2.172
f	7×7×16	2.534
g	8×8×16	2.896
h	9×9×16	3.258
i	12×12×16	4.344

5.3.3 截面尺寸对机械性质的影响

应力应变能够很好地反映材料的力学性质,图 5.26 是表 5.3 所给各模型在 300 K 沿 [100]晶向拉伸时的应力应变曲线。应变的定义仍然和上一节相同,$\varepsilon = (l-l_0)/l_0$,$l_0$ 是弛豫以后达到稳定状态的纳米线的长度,l 是拉伸过程中体系的长度。应力的计算按照位力公式,计算拉伸过程中 z 方向的原子平均应力变化。

截面较小体系的应力应变曲线表现出不同的特征。从 a、b 两个体系可以看出,其应力应变曲线的波动现象非常明显,包括弹性阶段都显现出锯齿状的高频波动。这既可能是由于体系小、原子数少,相同的热运动下应力变化显得更突出,也可能是由于小体系的表面效应和尺寸效应加剧了应力的波动。而较大体系的应力应变曲线相对平滑。此外,屈服点所在的位置明显不同,对于截面边长为 2 个晶格(曲线 a)和 3 个晶格(曲线 b)的纳米线,屈服点远远提前于其他体系。而屈服应力也有所不同。某些截面较大的体系在经过第一个弹性极限以后还会经历第二个拉伸强化,造成这种状况的具体原因我们将在后面详细分析。

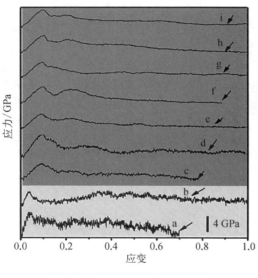

图 5.26 不同截面尺寸纳米线的
应力应变曲线

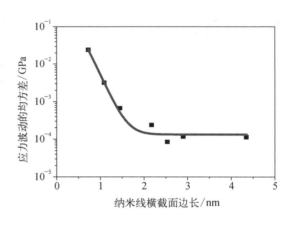

图 5.27 不同截面尺寸纳米线的应力
应变曲线的波动统计

为了更为具体地分析上述现象,我们将拉伸过程中的应力波动、屈服应力、屈服应变以及体系的杨氏模量随截面积的变化情况进行了统计。图 5.27 给出应力的平均偏差随截面尺寸的变化情况。横坐标是体系横截面的边长,纵坐标是体系应力波动的均方差。从图中可知,截面小的体系的波动最为剧烈,当截面边长小于 2 nm 时,应力的均方差急剧减小,一旦超过这个尺寸,波动将变得非常平缓,即应力的波动不再受截面面积的影响。对比上一节长度影响(图 5.14),我们可以看到,无论是增大截面面积还是增长纳米线的长度均会使应力波动降低,从这两个例子不难归纳出应力的波动受原子总数的影响比较大。

　　图 5.28 是屈服应变随体系截面边长的变化统计图,其中嵌入图是横截面边长为 2.896 nm(g) 体系的屈服应变的柱状统计图。其他体系的屈服应变也表现出类似的分布特征,该柱状图呈高斯分布,其中的红线是利用高斯函数拟合的曲线。对于截面边长为 2a 和 3a 的体系,其屈服特征和其他体系明显不同,屈服应变仅为 0.06,明显小于较大体系,我们用深灰色区域标示。截面边长一旦超过 1.5 nm,平均屈服应变即可达 0.11,这和文献报道的大多数结果也是吻合的。并且屈服应变并没有随着体系截面的大小再有明显的变化,尽管屈服应变的统计误差更大。

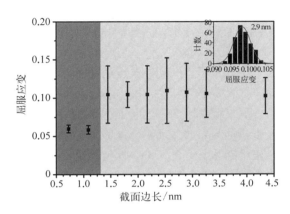

图 5.28　不同截面尺寸铜纳米线的屈服
应变与截面尺寸的关系

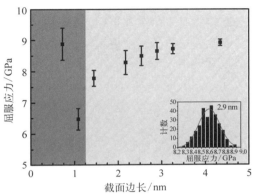

图 5.29　不同截面尺寸铜纳米线的屈服
应力与截面尺寸的关系

　　图 5.29 是不同体系的平均屈服应力的统计图。嵌入图同样是截面边长 2.896 nm(g) 体系的屈服应力的柱状统计图,也表现出理想的高斯分布特征。平均屈服应力随截面边长的增加出现先降低后升高的变化趋势,呈 V 形,以边长为 3 个晶格的体系为拐点。截面边长为 2 个晶格的纳米线表现出异常高的屈服应力,约为 8.8 GPa。文献中对多晶材料的研究则表现出与此相反的变化趋势,如同倒 V 形。Schiøtz 等[14] 研究了晶粒尺寸在 5 ~ 50 nm 之间的多晶体系,发现流动应力先上升后下降,并且在晶粒尺寸为 10 ~ 15 nm 之间达到最大。此外,Bringa 等[13] 研究的在冲击载荷下铜多晶体系的流动应力也表现出类似的变化趋势。所以本研究中小尺寸的强化作用或许来自小体系表面作用的贡献。

　　图 5.30 给出不同体系的平均杨氏模量,每个截面选择 300 个样本进行统计平均。嵌入图是截面边长为 2.896 nm(g) 体系杨氏模量的柱状统计图,同样表现出理想的高斯分布特征,实线是用高斯函数拟合的结果。平均杨氏模量随截面边长的变化趋势和屈服应力类似。左侧区域小体系的杨氏模量分别为 164.0±16.1 GPa 和 127.9±9.7 GPa,这一数值远大于宏观材料,也明显高于较粗的

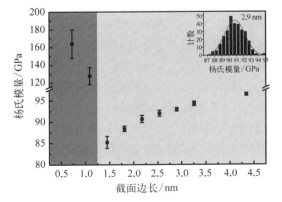

图 5.30　不同截面尺寸铜纳米线的杨氏模量

纳米体系。截面边长由 1.5 nm 增加到 4.5 nm 时,杨氏模量也由 85.2±1.4 GPa 缓慢增加到 94.5±0.3 GPa。

5.3.4　表面原子的影响

从上面的一系列屈服特征中我们可以看到,截面尺寸对纳米线的力学性质产生显著的影响。对于较大的体系,这种影响是连续的。同时我们也注意到,截面细小的体系表现出离散性,且与大体系有截然不同的变化趋势。我们推测表面原子的不同占比是造成这种现象的原因。在材料中,体相原子均匀受到周围原子各个方向的力,整体处于平衡状态;而表层原子由于邻近原子的缺失,受到向内的凝聚作用,并与内部的排斥作用达到平衡,因此表层原子密度更大。材料的尺寸越小这种作用越明显。

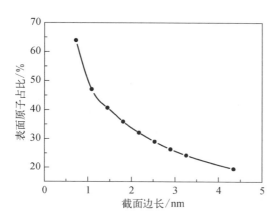

图 5.31　是不同纳米线的表面原子占总原子数比例的关系图,横坐标是横截面的边长,纵坐标是表层原子的百分数(这里的表层原子指的是最外层原子)。截面边长为 2 个晶格的纳米线(表 5.3a)所包含的表层原子可达 65%,甚至要大于体相原子。截面边长大于 3 个晶格(表 5.3b)后,表层原子的百分率下降至 46%,表层原子数目显著小于体相原子。为了详细阐述表层原子的作用,我们选择处于平衡状态(经过弛豫)的纳米线,分析 $x-y$ 面原子所受的应力,如图 5.32 所示。由于单晶中原子排布的周期性,只需三层原子即可代表所有原子所处的状态。横纵坐标

图 5.31　不同体系表层原子占体系原子总数的百分率

分别是横截面的边长以及用伪色彩表示出原子所受到应力的大小。

正如前文所述,最外层原子受力要大于内部的体相原子。经过弛豫后的原子排布结构发生了变化,对于小体系更加明显。首先,四个角的原子向内收缩,边上原子外胀,纳米线截面变得“圆滑”,由于我们选择了 $x-y$ 平面,仅观察到了截面的膨胀现象,但仍可以外推到其他边角原子。截面边长为 3 个晶格的纳米线,经过弛豫后边长约为 4 个晶格,膨胀了约三分之一。同样的膨胀现象对于更小的体系(边长为 2 个晶格)同样存在。不过随着体系的增大,这种径向膨胀现象逐渐变得不明显,边长为 4 个晶格时就几乎没有膨胀发生。

体系的径向膨胀说明最初构建的细小纳米线稳定性差。有研究表明,由于瑞利不稳定性[28, 29]的作用,当体系的长度大于截面周长时,体系将自行断裂。对于截面细小的模型(表 5.3a 和 b)经过弛豫原子排布势必发生变化,形成新的稳定构型。为了考察纳米线经过弛豫后的结构变化,我们对原子坐标进行傅里叶分析,将坐标信息转换为频域信息,以获得原子排布的周期性特征。图 5.33 是截面边长为 2 个晶格的纳米线的振幅—频率图。分别选择最初构建的沿[100]晶向的完美纳米线[图 5.33(a)]、弛豫 20 000 步的纳米线[图 5.33(b)]和弛豫后拉伸 9 000 步时的纳米线[图 5.33(c)]。

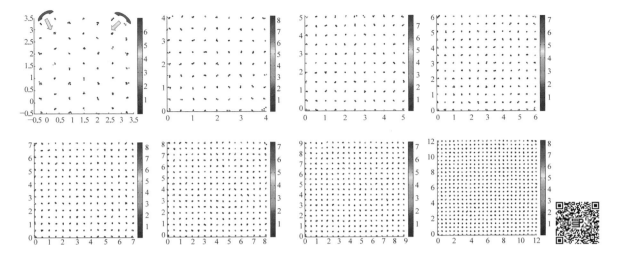

图 5.32 平衡状态的 $x-y$ 平面的原子分布情况和所受应力

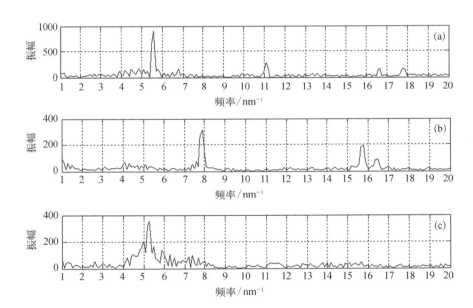

图 5.33 边长为 2 个晶格的 [100] 纳米线在三个特征时刻的振幅-频率图:
(a) 最初生成的完美纳米线;(b) 弛豫 20 000 步的纳米线;(c) 弛豫后
拉伸 9 000 步时的纳米线

沿 [100] 晶向最初构建的单晶铜纳米线,振幅的最高峰位于 5.51 nm^{-1},对应了 [100] 晶向的特征频率。弛豫 20 000 步的纳米线的振幅最高峰在 7.81 nm^{-1} 处,这是 [110] 晶向的特征频率,原 5.51 nm^{-1} 的峰消失。这说明纳米线的晶向从 [100] 扭转为 [110]。而经过 9 000 步拉伸后,最大振幅的峰位再次移动到 5.2 nm^{-1} 附近,尽管峰形有所变宽,且峰位略有负移,但可以明确纳米线的晶向又重新扭转为 [100]。峰位负移表明拉伸使晶面的间距变宽。

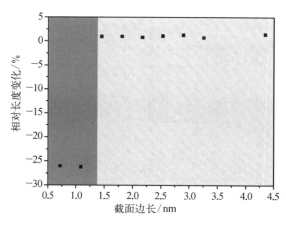

图 5.34　不同横截面积的纳米线
弛豫后相对长度的变化

经过弛豫后的纳米线在 $x-y$ 平面上膨胀,在 z 方向上表现为收缩。图 5.34 给出了各纳米线弛豫后长度的相对变化。纵坐标根据公式 $(l_0-L)/L$ 获得,其中 L 是弛豫前纳米线的长度,l_0 是弛豫达到稳定状态时的长度。较细纳米线的收缩非常明显,可达 -26%。

通过以上的分析我们可以得出结论,截面边长仅有 2 个晶格的[100]纳米线在常温下不能稳定存在,它会在弛豫后重排成[110]晶向。那么截面边长为 2 个晶格的[110]晶向的纳米线是不是能够稳定存在呢?同样我们将 $2a×2a×16a$ 体系按照[110]晶向排列生成纳米线。将其弛豫 60 000 步观察其稳定性。

首先我们比较了弛豫前后长度的变化,弛豫前的长度为 $21.21a$,弛豫后的长度为 $20.16a$(数据包括固定层)。纳米线的长度有轻微减小,然而相对于[100]晶向长度减小 26%,[110]晶向的纳米线仅仅缩短了 5%。显然[110]晶向更为稳定。再进行傅里叶变换分析。分别选取初始的完美[110]晶向和弛豫 60 000 步的纳米线进行分析,如图 5.35 所示,虽然可以看到弛豫后因 z 方向收缩峰位略有增加,但[110]晶向的特征峰均得以保留,且无其他晶向的峰出现,说明弛豫 60 000 步[110]晶向的纳米线自始至终都未有明显的晶向变化。

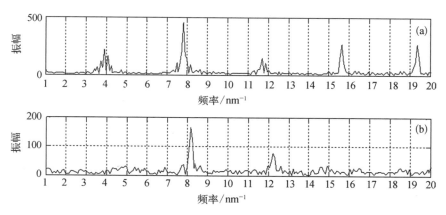

图 5.35　截面边长为 2 个晶格的[110]纳米线的振幅-频率图:
(a) 初始构建的纳米线;(b) 弛豫 60 000 的纳米线

通过上面的分析可以发现,表面原子在弛豫和拉伸的过程中对体系的性质有重要的影响。为了进一步说明这一点,我们将体系的杨氏模量和表层原子的百分数相关联,得到图 5.36 的结果。当表面原子的百分率小于 50% 时,平均杨氏模量随着表面原子百分数的增多而逐渐减小,而且这种变化趋势基本呈线性。在这一阶段,体相原子的占比大于表面原子,体相原子对材料的性质起决定性作用。一旦表面原子的占比大于 50%,平均杨氏模量随表面原子占比的增加而变大,这时表面原子对材料性质起主导作用。

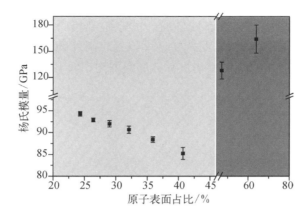

图 5.36　平均杨氏模量和表面原子占比之间的关系图

5.3.5　截面尺寸对断裂位置的影响

前文讨论了表面原子对纳米线机械力学性质的影响。改变截面尺寸,纳米线还表现出不同的断裂特征。图 5.37 给出了不同粗细纳米线断裂时刻的位图。随着纳米线逐渐变粗,最终断裂从两端逐渐移动到中间。较细的纳米线整体都表现出更明显的非晶态特征,较粗的纳米线不仅能够在表面观察到无序结构,还可以同时观察到位错的生成与发展等平衡态形变特征。前文研究表明,即使对于同样尺寸的纳米线,多次拉伸的断裂位置也不尽相同,多样本统计表现出分布特征。每一个体系的断裂分布又展示出一个最可几的断裂位置。

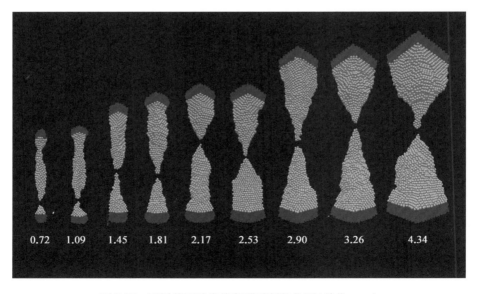

图 5.37　不同截面纳米线断裂时刻的位图(单位:nm)

为了便于说明断裂位置的变化,按定义 $ANR = (N_c/N_{total}) \times 100\%$,其中 N_c 是断裂在某一端的原子数,N_{total} 是纳米线包含的原子总数。图 5.38(a)是不同截面纳米线的断裂位置统计图,图 5.38(b)是一侧的最可几断裂位置和截面尺寸的关系。从图 5.38(a)可知,断裂位置的分布呈左右对称,意味着在两侧断裂的概率是相同的。随着纳米线逐渐变粗,ANR 从 25% 逐渐上升至 50%,然后保持在这一位置。例外的是,当截面边长为 2 个晶格时,断裂位置向中间移动。这也与其内部晶体取向发生扭转有关。

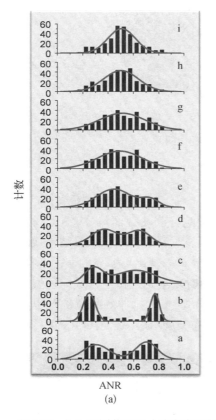

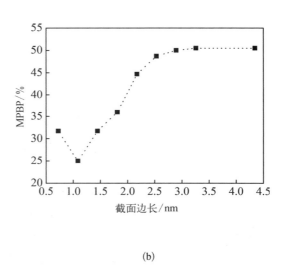

(a) (b)

图 5.38 (a)不同截面尺寸纳米线的断裂位置的统计;(b)最可几断裂位置和截面尺寸的关系

讨论纳米线形变机理将有助于我们更好地理解截面尺寸对断裂位置分布特征的影响。在平衡态时,原子受周围原子的束缚,仅能在平衡位置附近做微小的运动,整个材料表现出有序的结构特征。当施加外界载荷时,拉伸做功转换的能量使得原子运动加剧,能够摆脱周围原子的束缚并偏离平衡位置,从而增加了材料的无序性。相对于体相原子,表面原子能量更高,更为活跃,偏离平衡位置所需要的外部能量也小于体相原子,所以表面原子总是优先发生金属键的断裂。原子偏离平衡位置所需要的能量来源一般有两个,一个是升温,一个是外界做功。Güseren 等[30]发现,较细的纳米线有表面“预熔化”现象。我们相信在本研究中,拉伸也会使细的纳米线优先出现表面原子的非晶化。而且表面原子的占比越高,其影响越占主导地位,体系的无序性会越早地出现,断裂位置也越靠近两端。因而,较细的纳米线的形变机理以表面熔化为主,从相应的位图上也可以观察到这样的无序结构。而较粗的纳米线虽然也有表面熔化,但是当表面原子不占绝对多数时,塑性形变更多的是以位错滑移为主。

另外,前文的模拟结果表明,较细的纳米线经过弛豫,晶向由[100]扭转为[110],而拉伸使得晶向重新扭转回[100]。而较粗的纳米线则没有表现出类似的晶向扭转。以 $8a×8a×16a$ 的体系为例(如图 5.39 所示),分别选取弛豫 20 000 达到稳定状态和拉伸至 60 000 步时的振幅-频率图。无论是弛豫还是拉伸,纳米线始终保持着[100]晶向的特点,这和小截面体系发生晶向扭转的趋势截然不同。

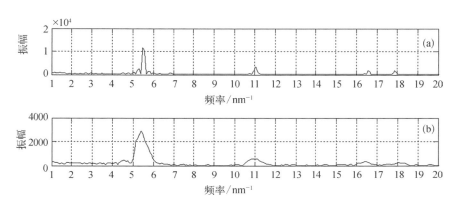

图 5.39　体系为 $8a×8a×16a$ 的[100]晶向铜纳米线的振幅-频率图:
(a) 弛豫 20 000 步;(b) 拉伸至 60 000 步时的结果

5.3.6　小结

本节通过大量的分子动力学模拟,研究了恒温下铜纳米线双向拉伸过程中体系的机械力学性质和断裂位置分布,以及两者对截面尺寸的依赖关系。这一研究基于分子动力学所获得的大量模拟样本,从而得出可靠的统计结果。研究表明,体系的机械性能受到截面尺寸的影响,随着体系尺寸的增加,杨氏模量和屈服应力以边长 3 个晶格为临界点先减小后增加,表现出 V 形的变化趋势。断裂位置呈现高斯分布,最可几断裂位置随着体系尺寸的增加从两端逐渐移动到中间。表面原子在形变过程中起着重要作用,对于表面原子占比大于体相原子的细纳米线,形变过程以表面熔化为主,整个纳米线断裂时表现出熔融特征。当表面原子的百分率小于 50%时,纳米线虽也有表面熔化现象,但是以位错滑移为主。细纳米线和粗纳米线表现出截然不同的性质。当截面边长小于 3 个晶格时,纳米线横截面的膨胀和纵向的收缩都非常明显。[100]晶向的纳米线经过弛豫以后扭转为[110]晶向,经过拉伸重新扭转为[100]晶向。横截面较大时,无论是弛豫还是拉伸都不会造成晶向的扭转。

纳米材料的尺寸效应是一个重要的研究课题。小尺寸不仅会使一些性质出现连续性的变化,而且有可能导致某些性质的突变。纳米线的稳定性即是具有突变特点的性质之一。本节所研究的不同截面面积的纳米线拉伸展现了表面原子与体相原子之间的竞争作用,其屈服应力和杨氏模量均在一定程度上表现了突变特征。这也意味着内部结构存在着突变。尺寸效应与结构突变为材料的稳定性研究提供了广阔的空间。因此本节的工作也可以推广到其他材料种类、形状、操作条件以及器件中部件的相互作用,结合统计分析的方法获得对纳米材料机械力学性质更全面的认识。

5.4   温度对纳米线力学性质和断裂行为的影响

5.4.1   引言

随着体系缩小和比表面增大,高能原子数目的增加,纳米材料(团簇或纳米线)的熔点也逐渐降低,且远远小于块体材料的熔点。纳米器件有可能在恶劣的条件,特别是高温或低温环境下工作。另外,器件在工作中本身也会因摩擦生热使体系温度升高,因此材料的热稳定性是要考虑的重要课题。

纳米器件中的结构组件的力学性质受其形状、连接方式、驱动方式、载荷等多方面因素的影响[31]。其力学性质一般是指该组件材料的强度、刚度、塑性和断裂等性质。因尺寸小,纳米材料的力学性质通常与本体材料差别较大,这是因为纳米材料的比表面大,表面效应显著,同时小尺寸也导致位错活动受限。纳米材料的强度通常是指其材料的抗拉强度或抗压缩强度,它是材料抵抗断裂和塑性变形的能力的衡量标准。而刚度则是指材料抵抗弹性形变的能力,其反映了材料在外力作用下的变形程度。塑性变形是指材料受到外力作用后发生的非弹性形变,例如纳米材料在拉伸或弯曲时的变形行为。最后,断裂则是指纳米材料在受到极限载荷后的破坏行为。这些纳米材料的机械力学性质是其应用的基础,而温度对其有着重要的影响。随着纳米科学的发展,越来越多的研究证明了这一点。

本节将以沿[100]晶向纳米线的拉伸为例,来考察温度的影响。特别是要理解拉伸冲击在不同温度下的表现特点,以及冲击产生的应力波在纳米线中的传播与断裂位置分布之间的关系。从而为全面了解纳米线的机械力学性质打下基础。

5.4.2   模型建立与计算方法

沿[100]晶向生成完美单晶铜纳米线,体系大小为 $5a \times 5a \times 10a$,长宽比为 $2:1$。在不同温度下对体系进行自由弛豫,弛豫步数大于 20 000 步,以达到能量稳定的平衡状态。通过校正因子法,使体系温度恒定在给定值,其范围为 $100 \sim 800$ K,以了解在大的温度区间纳米线的拉伸断裂行为。

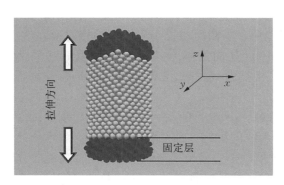

图 5.40   沿[100]晶向拉伸示意图

如图 5.40 所示,纳米线两端各另加三层的原子为固定端,在弛豫过程中可沿 x、y 和 z 三个方向自由移动。实施拉伸操作时,通过匀速反向移动两端的固定端原子来实现。应变速率为 3.1% ps^{-1}。拉伸过程中,固定端原子可在 $x - y$ 方向移动,而其他原子则可全空间自由移动。为进行统计分析,每个温度下各模拟 300 个样本。模拟过程中输出原子的坐标以及能量、应力等相关信息。

5.4.3　机械力学性质与温度的关系

图 5.41 是拉伸过程中的应力应变曲线以及断裂时刻纳米线的结构图,所选温度分别为 100 K、200 K、300 K、400 K、450 K、500 K、550 K 和 600 K。

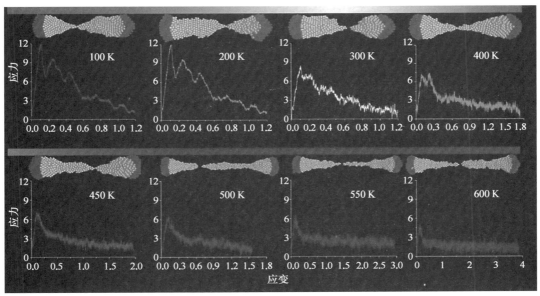

图 5.41　不同温度下纳米线的应力应变曲线和断裂时刻的结构

改变温度使得纳米线的性质发生了一系列的变化。随着温度升高,屈服点逐渐降低,从图中观察到,最大应力从 100 K 时的 13 GPa 下降到 700 K 时的不足 6 GPa。这与高温对材料的软化作用一致。温度的升高还使得应力的波动增加明显,在 700 K 时屈服特征已经不是很明显,并且越过屈服点后,应力基本呈现大幅度的锯齿状波动。不同温度下的应力应变曲线也反映出不同的塑性形变机理。低温下,晶态滑移在塑性形变中占主导地位。在 100 K 和 200 K 时,第一屈服点之后还出现了第二和第三屈服点。虽然后两者的屈服强度已大为降低,但应力再次增加的屈服特征明显,说明纳米线的晶态结构保持较好。在 400 K 时虽然应力的高频波动已相当明显,但第一屈服点之后仍显现了第二屈服点,且其应力要高于第一屈服应力,表现出拉伸硬化的特征。然而在 450 K 以后,塑性形变已不再表现出上述的晶态特征,取而代之的是应力的单调衰减,同时伴随着越来越剧烈的波动,这些都是黏性体流动形变所表现出的应力特征。此外,高温使体系的延展性明显增强,最后断裂时刻的位图也给出上述论述的直观印象。图 5.41 反映了体系性质随温度变化的基本趋势。因为每个温度模拟了 300 个样本,所以统计结果更能全面地反映性质的变化。

图 5.42 是不同温度下的屈服应力的统计平均值。插图给出了 100 K 时屈服应力的统计柱状图,表现为正态分布。其他温度的统计特征也与此类似。总体而言,随温度的升高,屈服应力下降。值得一提的是,虽然温度变化引起了应力的波动,但是屈服应力的平

均误差并没有随着温度的升高而变化。这是因为应力在不同温度下波动特征不同,在低温表现为低频波动,而在高温则体现在高频波动,因此在全部温度范围来看,波动程度变化不大。对于纳米线体系屈服应力既是弹性阶段最后的应力也是应力应变曲线中最大的应力,也因此对应着材料的强度。越过这一点,纳米线中将产生大量的滑移面进入塑性形变,并释放掉应力和能量。因此屈服应力也指示了在当前条件下滑移所需要克服的势垒高度。从图 5.42 中可以看出屈服应力随温度下降,低温时略快一些,但并不显著,总体上近似有线性关系。这种线性关系是温度和表面效应共同作用的结果。这种关系意味着表象上纳米线的强度随温度上升而近乎直线下降,又意味着微观结构上滑移所需的势垒线性降低。所以高温下可以在短时间产生大量的滑移面,数量多时甚至呈现出非晶态,这也表现出黏性物质的流变特征。

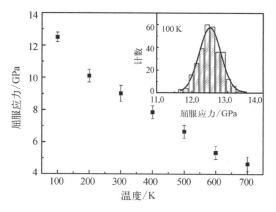

图 5.42   在不同温度下纳米线的平均屈服应力

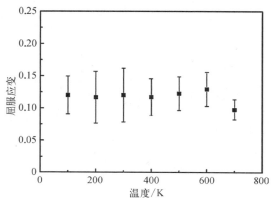

图 5.43   纳米线屈服应变随温度的变化关系

图 5.43 是纳米线屈服应变随温度的变化关系。与屈服应力变化趋势不同的是,屈服应变并没有随着温度的升高有明显的变化,仅在高温 700 K 时略有降低(0.097),意味着在此高温下纳米线的形变机理发生突变。其他温度的应变值基本分布在 0.11～0.12,远小于统计的标准偏差。Ikeda 等在对形变导致无定形态的 Cu－Ni 合金金属线的研究中发现[32],应变速率为 0.05% ps^{-1} 时,屈服应变在 0.075,而当应变速率为 5% ps^{-1} 时,屈服应变增大到 0.15。说明屈服应变明显地依赖于形变速率。

温度对纳米线形变机理、力学性质以及断裂特征的影响可以从原子排布的微观结构变化来体现。特别是在形变的不同阶段微观结构所表现的结晶状态、滑移面以及熔融原子团簇等,它们决定了材料的脆性和韧性。一般而言,低温下材料的晶态更好,可观察到滑移面,脆性特征明显,而高温则刚好相反。图 5.44 是 100 K 时纳米线在不同形变阶段的剖面图。形变分别为 0.048、0.144、0.24 和 0.48,包括了弹性区、应力释放区、塑性延展区和颈缩时几个典型的时刻。在弹性区($\varepsilon = 0.048$)时,纳米线保持了有序的晶格结构,拉伸没有造成晶格畸变。当经过屈服点后,应力迅速释放,从剖面图上可以清晰地观察到成组的滑移面,因纳米线是沿[100]晶向拉伸,故沿(111)面的滑移与拉伸方向呈 45°。滑移面不断发展并在侧面和两个固定层形成反射。在塑性形变区(如 $\varepsilon = 0.24$ 时),多组滑移面相交形成局域熔融的团簇结构,如图中的阴影区域所示。该结构强度低,易于进一步发展成为颈缩。在 $\varepsilon = 0.48$ 时，颈缩在靠近局域熔融团簇的位置产生。同时，还可以观察到扭转一定角度的小晶粒结构（阴影区域所示）。

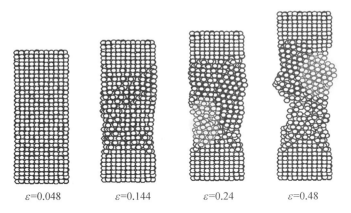

$\varepsilon = 0.048$　　$\varepsilon = 0.144$　　$\varepsilon = 0.24$　　$\varepsilon = 0.48$

图 5.44　纳米线在 100 K 不同形变时刻的结构

图 5.45 是纳米线在 600 K 时的系列形变结构图。为了和 100 K 时进行比较，我们选择了相同的形变时刻。虽然 600 K 的屈服点在 $\varepsilon = 0.10$ 附近，但温度的升高已经使原子的有序性遭到一定程度的破坏，特别是高活性的表面原子。在应力释放阶段（$\varepsilon = 0.144$），并没有观察到系列滑移面，取而代之的是无序的熔融结构，这与 100 K 有本质的不同。当进入塑性延展阶段（例如 $\varepsilon = 0.24$），除两端固定层外，纳米线中几乎无法观察到晶体微粒，整体呈现出无序状态，熔融流体特征更加明显。此时原子处于高能状态，很小的外界加载即可驱动纳米线延展变形。在 $\varepsilon = 0.48$ 时形成颈缩，预示了断裂的位置。

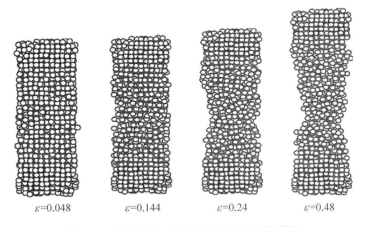

$\varepsilon = 0.048$　　$\varepsilon = 0.144$　　$\varepsilon = 0.24$　　$\varepsilon = 0.48$

图 5.45　纳米线在 600 K 不同形变时刻的结构

图 5.46 对比了低温（100 K）和高温（600 K）的径向分布函数。分别选取了弛豫 20 000 步（能量达到平衡），拉伸 1 000 步（屈服点）和断裂三个代表性时刻。首先，经过 20 000 步的弛豫，低温（100 K）时径向分布函数的晶态特征明显，而高温（600 K）则明显不足。例如未归一化的第一近邻的峰高，100 K 时可高达 45，600 K 仅为 16。高温不但使峰形宽化，

许多短程的特征峰也消失了,说明原子排列的有序性非常低。在高温 600 K 时,原子热运动的动能大,晶格结构的束缚能力差,仅需少许外力即可使纳米线流动变形。

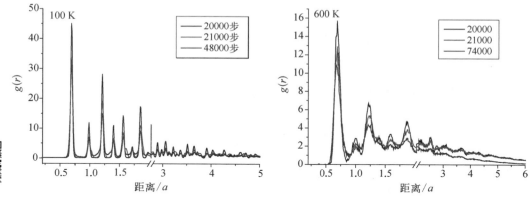

图 5.46　在 100 K 和 600 K 时纳米线的几个代表性时刻的径向分布函数

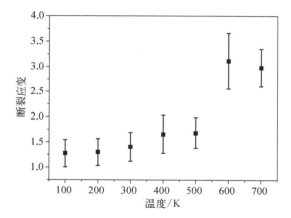

图 5.47　不同温度下断裂时刻的纳米线长度

　　虽然图 5.41 在应力应变曲线中,我们给出了每个温度下代表性样品的结构图,从中不难发现,在断裂时纳米线的长度是随着温度的升高而增加的,但若要获得更为准确的信息,还需要给出断裂应变的统计分布。为此,我们统计了每个温度下 300 个样本在断裂时刻的长度,以应变量来表示,如图 5.47 所示。可以看出,在 500 K 之前,随着温度的升高,纳米线的断裂长度仅有缓慢的增加。一旦温度到达 600 K,纳米线的断裂应变急剧增加了近一倍。这说明了高温金属纳米线的拉伸表现出一定的黏性体特征,这也与图 5.43 所讨论的一致。

5.4.4　断裂位置的统计和预测

　　不仅纳米线在断裂时的长度随温度变化,最终的断裂位置也受温度影响。图 5.48 是不同温度下断裂位置的统计分布图。ANR 定义为断裂时给定一端所包含的原子数和总数的比值。无论是在低温还是高温,断裂位置的柱状统计图均呈现出正态分布。基于更广泛的研究我们可以知道,同一温度,相同结构的纳米线如果初始状态不同,则拉伸导致的断裂位置也不尽相同。但是通过对一定数量的样本进行统计分析可以获得稳定可靠的统计结果。分布峰的中心称为最可几断裂位置(most probable breaking position,MPBP)。它在低温时位于纳米线的中间,这种情况一直持续到 500 K。在 550 K 显示出双峰叠加的迹象,当温度超过 600 K 时,双峰分离,然后逐渐向两端移动。统计峰另一个重要的特征是峰宽,代表断裂位置的分散程度。峰越宽,意味着断裂位置越分散。对于纳米线来说,就是它的断裂位置越难以预测。这对提高材料的使用寿命是有益的,即断裂位置越分散,说明应力集中越不明显,器件的设计更合理,这样可以极大地增加器件抵抗机械作用的能力,器件不易失效,因此可以延长使用寿命。峰宽也与温度有很大关系,大致看来,温度越低峰越宽,而温度越高峰宽反而变窄。图 5.49 给出了两者之间的关系。从图中可以看出,在本节所考察的温度范围内,峰宽与温度近似呈线性。当然,线性关系是有区间约束的,外延至更高或更低的温度,结论都不是可靠的。

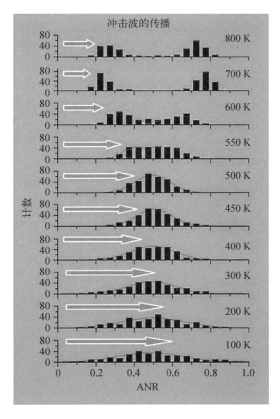

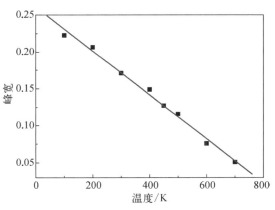

图 5.48　断裂位置的统计分布图　　　　图 5.49　断裂分布的峰宽和温度的关系

峰宽与温度呈负的线性关系,这种情况看起来很反常,一般会认为温度较高时原子热运动活跃,断裂位置会分布得更广,而温度低时原子运动能力较低,则断裂位置分布较窄。但从图 5.41 的系列结构图来看,最终的断裂位置和最初缺陷的形成可能有一定联系,或是由缺陷逐渐发展而来。我们还比较了屈服点附近纳米线的应力和能量变化,发现到达屈服点后,两者有一个短暂的同步降低,然后能量上升,应力下降。这可能意味着所形成的初始位错短暂降低了体系的能量。而后续的能量升高表明,平均原子间距还在持续扩大。此外,我们推测峰宽和温度间的负相关是因为在低温情况下原子运动幅度较小,拉伸并不容易使原子偏离平衡位置,由于原子的初始状态不同,每次形成初始缺陷的位置也会有所不同,进而造成断裂位置分布的宽化。而高温下原子运动剧烈,只需要很少的能量就能使原子偏离平衡位置,外界载荷很容易"抹平"初始状态的差异,使断裂分布的峰宽变窄。

对于金属纳米线的拉伸,两端固定层机械做功使邻近的金属原子间距加大,形成疏松的区域。而后在原子运动过程中,彼此碰撞、推挤,这种应力大的疏松区域不断向纳米线内部传递,形成疏密不同的密度波。与其他机械波类似,密度波在金属材料中以一定速度传播,波的中心也对应着应力最集中的地方。显然,低速拉伸与高速拉伸由于不同的形变机理,叠加表面作用,密度波传播的速度也不一样。高速拉伸进入冲击波范围,一般原子的形变以局部或大部非晶态为主。在这里我们尝试用波的传播来解释温度造成的断裂位置的移动。在均匀介质中机械波可匀速传播并不断叠加,形成的波包即能量富集区域会使原子运动剧烈,进而偏离平衡位置形成位错或者非晶态结构。我们在前文分析了断裂位置和最初缺陷的形成存在某种联系,如果两者相关,则当知道最初缺陷形成的位置即可关联最终的断裂位置。一般超过屈服点以后,原子有序结构发生变化,进入塑性形变,结构上产生缺陷,此区域即为波包的位置。根据波的传播速率 v 和传播的时间 t 即可得到波传播的距离(即峰位),对应屈服点以后的应力集中的区域:

$$v = \sqrt{E/\rho}$$

其中,E 是体系的杨氏模量,根据弹性区间应力和应变的线性关系拟合得到,其与温度的关系见图 5.50;ρ 是体系的平均密度,本节中不同温度下材料的密度根据文献[33]获得。t 是达到屈服点的时间,拉伸冲击波至屈服点传播的距离为 $l = v \cdot t$。

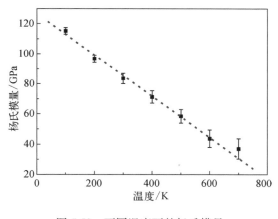

图 5.50   不同温度下的杨氏模量

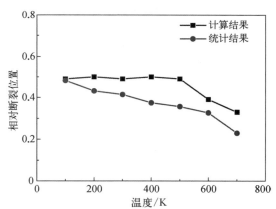

图 5.51   由机械波传播计算和分子动力学统计断裂位置的比较

杨氏模量的统计平均值随温度呈线性下降,同时统计误差随温度升高有小幅度的增加。根据上面的各项数据我们比较了用机械波传播计算得到的断裂位置(圆点)和分子动力学的统计结果(方块),发现二者的趋势一致,见图 5.51。具体表现在随着温度的上升,纳米线的断裂位置由中间逐渐向两端移动。但两者还是有一定的偏差,这种差异来源于多种因素,例如分子动力学模拟考虑了表面效应和尺寸效应的贡献,但是基于宏观机械波的方法却没有这方面的考虑。此外,拉伸冲击作用是持续发生的,而这里我们仅用了单波传播模型。但两者趋势的一致也为我们了解断裂位置的变化规律提供了一个参考。

5.4.5　小结

本节通过大量样本的分子动力学模拟,研究了温度对铜纳米线机械力学性质和断裂位置的影响,通过研究发现在温度范围 100~700 K,屈服应力和杨氏模量都随温度的升高呈线性下降。屈服应变随温度的变化较小,基本分布在 0.11~0.12 之间。温度升高使得纳米线的无序性增加,高温下的径向分布函数特征峰减少,峰变宽。低温下的形变机理以滑移为主,并可以形成较大的晶态微粒,高温下纳米线整体呈非晶态,观察不到滑移的发展。断裂位置呈正态分布。在 100~500 K,纳米线在中间部位断裂,随着温度的进一步升高逐渐移动到两端。且断裂位置的分布峰宽随着温度的升高而逐渐减小,这主要是由于高温条件下原子热运动更为剧烈,仅需要少量外界载荷即可使原子偏离平衡位置,拉伸"抹平"了原子初始状态间的差异,使得峰宽变窄。结合机械波的传播规律对断裂位置进行了计算,计算结果和分子动力学的统计结果有一致性。

5.5　晶体取向对纳米线形变和断裂分布的影响

5.5.1　引言

面心立方结构金属纳米线的良好热、电、磁和机械等性能,受到了人们的广泛关注。实验上制备金属纳米线可以采用机械的方法,包括利用扫描隧道显微镜[34]、原子力显微镜[35]、结合透射电镜技术[36] 和机械控制断裂的方法[37] 等。然而,纳米线的较小尺寸决定了在实验上对其形变操作显得相当的困难。尤其是纳米线作为器件的重要部分或微纳系统的结构件时,对其控制变得更加困难。就像 Hemker 提出的一样[38],控制金属纳米线的形变,并掌握其失效规律对研究者来说是一个极大的挑战。为了确保纳米线在微纳器件中的可靠工作,需要对纳米线的形变行为和形变机理有深入的了解,这样才能控制纳米线的形变和避免失效。相比实验手段,基于原子作用势和牛顿运动力学的分子动力学方法成为研究纳米线在机械冲击下形变和断裂失效规律的有效手段。

Koh 等[31] 采用分子动力学的方法研究了单晶铂和金纳米线在不同应变速率下的形变行为,结果表明低应变速率下形成的滑移面保持了纳米线在形变过程中的相对有序的晶体结构。Ravelo 等[39] 报告了钽单晶中冲击波压缩的大规模非平衡分子动力学模拟。通过拟合实验和密度泛函理论数据,开发并优化了 Ta 的两种新的嵌入原子法的原子间势。这些模拟可再现高达 300 GPa 的 Ta 的等温状态方程。并研究了塑性变形和弹性极限随晶体取向的变化。Ikeda 等[32] 通过研究不同应变速率下镍纳米线的形变行为,指出了高应变速率可导致镍纳米线中出现非晶态。以上研究均说明应变速率对单晶金属纳米线的形变机理有很大的影响。对于面心立方结构的单晶材料,我们注意到铜具有一定的脆性,但在机械冲击下塑性形变更容易发展。从这一点上,深入研究单晶铜纳米线的形变机理和断裂失效规律对于金属纳米线的未来应用具有重要的意义。此外,我们还发现单晶材料在形变过程中表现了各向异性,因此形变机理和断裂规律也会对纳米线的晶体取向有一定的依赖性。例如,Tsuru 等[40] 通过研究铜和铝纳米线在形变过程中的应力分布,指出铜比铝纳米线具有更强的各向异性。Bringa 等[41] 指出了铜纳米材料中冲击波的传播表现出明显的各向异性。通过以上分子动力学研究,我们可以明确纳米线的各向异性与晶体取向有关,不同应变速率下的对称拉伸导致了不同性质的冲击,直接影响了纳米线的形变机理。然而,究竟是哪一个因素优先决定了金属纳米线的形变和断裂失效机理呢?为了阐述这个问题,我们采用分子动力学模拟研究了单晶铜纳米线在不同应变速率和不同晶体取向下的拉伸形变和断裂失效行为。另外,纳米线的尺寸效应不仅使其表现出一定的块体材料性质,而且也表现出独特的微观行为。特别是如本章前几节所指出的那样,纳米线在不同长度和应变速度下的断裂位置具有不确定性,并且这种断裂位置分布存在一个最可几的分布特性。在迄今所报道的其他实验结果中,也发现了微观世界所具有的类似性质,比如单分子电导就遵循了统计分布。因此,本节采用分子动力学的方法,设计了纳米线的不同初始平衡态,统计研究了[100]、[110]和[111]3个晶向的单晶铜纳米线在不同应变速率下的拉伸行为。如图 5.52 所示,本节研究将解释不同拉伸应变速率下的断裂位置分布和微观原子运动之间的关系。

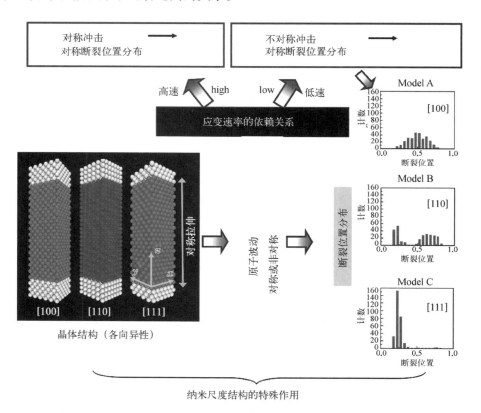

图 5.52   理论模型设计示意图。单晶铜纳米线的尺寸为 $5a×5a×15a$(a 为铜的晶格常数,0.362 nm),应变速率从 0.01% ps^{-1} 到 7.69% ps^{-1}

5.5.2   模型建立与计算方法

本节研究了三个晶向单晶铜纳米线的形变行为,分别设置了 16 个应变速率。通过依次增加弛豫步数,每个应变速率均模拟了 300 个独立的样本。所以本节共模拟了 14 400

个($3\times16\times300$)样本以获得统计分布规律。应变速率范围是从 0.01% ps^{-1} 至 7.69% ps^{-1}，其绝对速度对应于 0.52 m/s 至 481.07 m/s，涵盖了平衡态拉伸至非平衡态拉伸，具体速度信息见表 5.4。体系初始平衡态的判断是依据应力曲线和势能曲线。当体系的应力随着弛豫时间的增加而在 0.0 GPa 上下轻微波动，同时记录的势能曲线也达到稳定时，我们就认为体系达到了平衡，这一般需要数千步，但为了保证应力释放充分，弛豫时间至少再延长 $3\sim4$ 倍。纳米线模型是按照规则的面心立方几何特征构建，分别沿[100]、[110]和[111]三个晶向生成。纳米线的尺寸是 $5a\times5a\times15a$（a 是铜的晶格常数，为 0.362 nm），包含了 1 500 个原子。纳米线的拉伸方向为 z 方向，是通过移动上下两端额外增加的三层固定层原子对单晶铜纳米线进行轴向拉伸，基本思路见图 5.52。分子动力学模拟参数与本章前几节相同。

表 5.4　纳米线的应变速率及对应的绝对速率

序号	应变速率/ps^{-1}	绝对速度/(m/s)	序号	应变速率/ps^{-1}	绝对速度/(m/s)
<1>	0.01%	0.52	<9>	2.31%	125.43
<2>	0.03%	1.67	<10>	3.08%	167.23
<3>	0.08%	4.18	<11>	3.54%	192.22
<4>	0.15%	8.36	<12>	4.08%	221.54
<5>	0.26%	13.94	<13>	4.62%	250.84
<6>	0.51%	27.81	<14>	5.39%	292.68
<7>	0.76%	41.81	<15>	6.16%	334.45
<8>	1.54%	83.61	<16>	7.69%	418.07

5.5.3　纳米线的形变特征

分别沿[100]、[110]和[111]三个不同晶向的拉伸会产生不同的微观原子运动方式，也就决定了与应变速率有关的形变机理，纳米线的断裂位置也表现出不同的分布形态，如图 5.52 所示。针对 0.01% ps^{-1} 至 7.69% ps^{-1} 拉伸应变速率，图 5.53 分别给出了[100]单晶铜纳米线在三个代表性应变速率下的结构特征。从图 5.53(a)可以看出，在 0.01% ps^{-1} 的低应变速率下，纳米线在弹性形变后就出现了沿(111)面的滑移。一般对面心立方金属的单轴拉伸，伯格斯矢量总会在<110>方向出现，并会引起沿(111)面的滑移和重组。就像 Finbow 等所给出的滑移机理一样[42]，纳米线在滑移过程中的位错方向具有一沿 $\frac{a_0}{2}[0\bar{1}1]$ 的伯格斯矢量。这一滑移过程认为是沿(111)面的相邻面在 $[0\bar{1}1]$ 方向的滑移。尽管 0.01% ps^{-1} 的应变速率仍无法满足理想的平衡态要求，但从图 5.53(a) 仍可以看出这一特征。纳米线在塑性形变过程中，滑移面连续的产生和发展使纳米线保持了相对较好的平衡态结构。随着应变增加，对称的作用应力导致了纳米线在靠近中间部分断裂。仔细观察还可以分辨上下两端的断裂结构还是略显不同，上端锥形的角度更小，这一特征与 FCC 结构中原子按…ABCABCA…的顺序密排有关。当应变速率为 1.54% ps^{-1}

时,冲击作用加强,原子的弛豫与恒温处理与冲击作用维系在一个准平衡的状态。从图5.53(b)可以看出,沿(111)面的结构重组在纳米线的形变过程中很难完整出现,颈缩部分表现了超塑行为,并且出现了一定数量的非晶原子团簇,颈缩两侧的不对称性更加明显。纳米线在应变速率为 $6.16\%\ ps^{-1}$ 时表现出较强的冲击特征,符合非平衡形变规律,如图5.53(c)所示。两侧固定端强烈的拉伸冲击导致了纳米线在其两端附近出现局域熔融的非晶结构,其强度低,易于塑性变形,促进颈缩发展,这也导致了纳米线在某一端断裂。以上结构分析说明了[100]单晶铜纳米线在低应变速率、中应变速率和高应变速率下的形变分别包含了晶面滑移、局域非晶润滑和局域熔融软化机理。

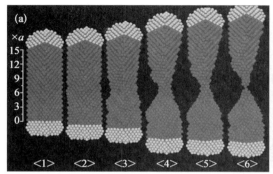
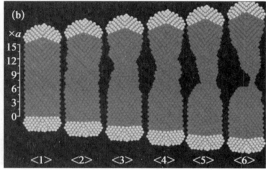
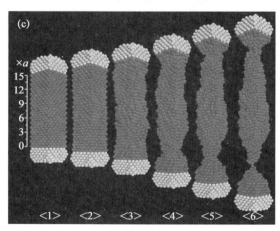

图5.53　[100]单晶铜纳米线在不同应变速率下的形变行为,应变速率
分别为: (a) $0.01\%\ ps^{-1}$;(b) $1.54\%\ ps^{-1}$;(c) $6.16\%\ ps^{-1}$

　　相比[100]晶向,[110]单晶铜纳米线在相同的应变速率,即 $0.01\%\ ps^{-1}$、$1.54\%\ ps^{-1}$ 和 $6.16\%\ ps^{-1}$ 表现了完全不同的形变行为,如图5.54所示。从图5.54(a)可以看到,[110]单晶铜纳米线在 $0.01\%\ ps^{-1}$ 的慢速拉伸下基本保持了原来的晶体结构。随着应变增加,纳米线很快出现了颈缩,并在颈缩生成区断裂,从而表现了极大的脆性。我们可以看到,纳米线在颈缩处断裂时仅少量原子处于无序状态,这一形变行为与 Reddy 等[43]观察到的现象基本一致。这可归结为,[110]单晶纳米线的拉伸方向与面心立方结构的滑移面的垂直,导致滑移势垒过高,原子难以通过位错滑移得到重排以释放应力。因此,[110]单晶铜纳米线在慢

应变速率下的形变保持了较好的晶体结构,难以出现滑移面,断裂表现了极大的脆性。

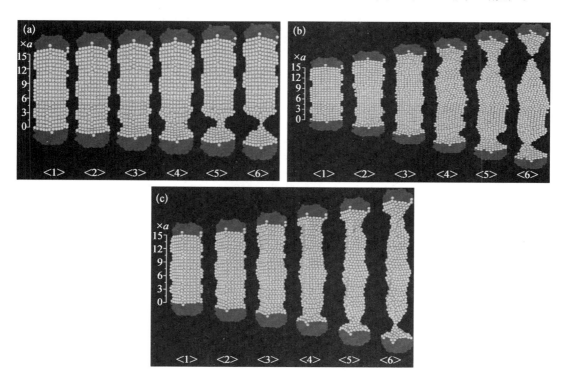

图 5.54　[110]单晶铜纳米线在不同应变速率下的形变行为,应变速率
分别为:(a) 0.01% ps^{-1};(b) 1.54% ps^{-1};(c) 6.16% ps^{-1}

　　从图 5.54(b)可以看出,在 1.54% ps^{-1}的应变速率下,塑性形变阶段主要表现为晶体结构的重排,包括晶体的逐层坍塌、部分细小晶粒的转动、滑移面的产生与发展等。随着应变的增加,[110]单晶铜纳米线在晶格转动处形成沿(111)面的滑移,促进了颈缩的形成和发展,导致最终的断裂。因拉伸速度较快,体系处于准平衡状态,也因此形成了两个颈缩。当应变速率增加到 6.16% ps^{-1}时[图 5.54(c)],纳米线因冲击产生更大的原子间距,使原子能量更高,因此具有了更强的塑性形变能力。从第二个应变图就已经明显体现出部分原子层的坍塌增加了微晶体转动的趋势,第三个结构图表现得更为明显。纳米线中间部分还保留初始的结晶特点,其两侧都因原子层的坍塌变细,同时晶体取向发生改变,因此后续的形变过程中出现了更多的滑移面,进而提高了纳米线的延展性。随着应变的进一步增加,拉伸作用下的局域熔化结构形成颈缩,并导致了纳米线在某一端断裂。

　　图 5.55 给出了[111]单晶铜纳米线在应变速率分别为 0.01%、1.54% 和 6.16% ps^{-1}下的形变行为。有趣的是,[111]纳米线在足够的弛豫之后,就已经发生了晶格的扭转。从结构上看,纳米线的中间部分膨胀,长轴方向略有收缩。在 0.01% ps^{-1}的慢速拉伸下,即便是发生了晶格扭转的纳米线也保持了较好的晶体结构。晶格的扭转利于沿(111)面的滑移,所以随着拉伸,纳米线的一端形成颈缩,并在较小的应变下出现了靠近一端的断裂。当应变速率为 1.54% ps^{-1}时,扭转的晶体结构在拉伸的冲击下略有恢复,从而表现出更好

的塑性变形能力。持续产生的平行滑移面增强了纳米线的延展性,断裂位置也因此向纳米线中间移动。而当应变速率为 6.16% ps^{-1} 时,冲击作用过于强烈,纳米线两端出现了局域的无序结构,而中间扭转的晶粒还来不及做出响应,两端就已经形成了颈缩。其最终的断裂位置也靠近纳米线的一端。需要说明的是,[111]单晶铜纳米线在弛豫之后均发生了晶格的扭转,所以说其形变机理也包含了晶格扭转的贡献。

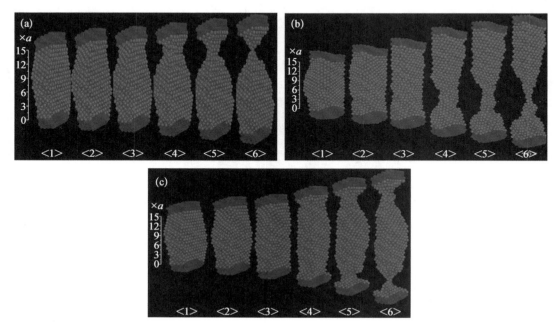

图 5.55　[111]单晶铜纳米线在不同应变速率下的形变行为,应变速率
分别为:(a) 0.01% ps^{-1};(b) 1.54% ps^{-1};(c) 6.16% ps^{-1}

以上研究说明单晶铜纳米线在不同的晶体取向和应变速率下表现了不同的形变行为。在慢速下,沿[100]方向的拉伸机理是明显的(111)面的滑移,[110]是晶格重排,而对于[111],则是晶格扭转。然而在高的应变速率下,三个晶向下的纳米线均表现为局域无序的结构。形变机理对应变速率和晶体取向的依赖性,也表明纳米线结构的各向异性在慢速下更明显,而高速的机械冲击,则削弱这种影响。

从上面三个不同晶向纳米线的形变结构图可看到,应变速率的增加提升了两固定端对纳米线的冲击作用,原子的平均间距的增加导致晶体结构的无序度增加。这里,我们通过形变过程中的最大原子平均势能来进一步评价晶体结构的有序程度,而有序性又与塑性形变的能力或是延展性有直接的联系。从能量角度来看,有序性与金属键的强度有关,高强度金属键难以断裂破坏,形变过程中可以更好地保持结构的有序性。

图 5.56 给出了[100]、[110]和[111]三个晶向的纳米线在形变过程中的最大平均原子势能随应变速率的变化。其中,最大原子势能是通过势能随应变关系曲线上第一个势能极值得到的,一般对应于屈服点。图中的势能来自 300 组数据的统计平均。从图中可以看出,最大原子平均势能总体上呈现出明显的 S 形。在应变速率小于 0.1% ps^{-1} 时,势

能随着应变速率的增加只是略有增加；但在 0.1% ~ 3.0% ps^{-1} 之间，势能迅速上升；应变速率大于 3.0% ps^{-1} 后，势能保持不变或略有降低。这种变化趋势也对应着形变机理，即平衡态拉伸、准平衡态拉伸和冲击下的非平衡拉伸。特别是在高应变速率下，冲击波难以在有限时间内传播到纳米线中间，这使得在两端瞬间出现了局域熔融团簇，但同时保持了纳米线中间区域的有序结晶状态。另外，从图 5.56 也可看到，[111]、[100] 和 [110] 晶向的原子最大平均势能在所给出的应变速率范围内依次升高。这一结果与面心立方结构的（111）面、（100）面和（110）面的晶面能是一致的[11]。

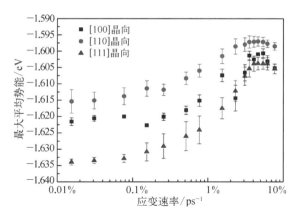

图 5.56　不同晶向铜纳米线的原子最大平均势能与应变速率的关系

5.5.4　纳米线的机械力学性质

以上研究说明了晶体取向和拉伸应变速率对纳米线形变的机理影响。纳米线形变的各向异性特点还可通过应力应变关系来进一步分析，包括屈服应力和屈服应变等。图 5.57 给出了 [100] 单晶铜纳米线应变速率从 0.01% 至 7.69% ps^{-1} 的应力应变曲线。从图中可以看出，第一屈服点之前应力随着应变的增加呈线性增加，这一变化规律与材料在弹性形变区间的弹性特征一致。第一屈服点之后，应力急剧下降，表明纳米线进入不可逆的塑性形变阶段。之后随着应变增加，应力应变的屈服循环呈逐渐减小的趋势。最后，当纳米线没有能力维持亚稳结构时，整个屈服循环结束。

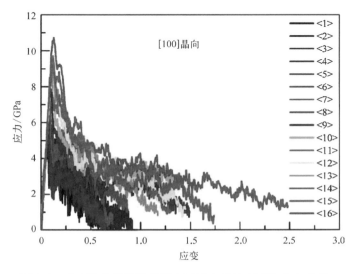

图 5.57　[100] 单晶铜纳米线在不同应变速率下的应力应变关系，<1> 至 <16> 标号代表的应变速率见表 5.4

[100]晶向拉伸的力学行为相对简单。其中屈服应力随拉伸速率的增加可以归结为应变导致的强化现象,即高应变速率推迟了塑性形变的发生。而快速应变又有利于纳米线的塑性延展,从而有更大的断裂应变。但是其他两个晶向却有更复杂的行为。图 5.58 给出了[110]单晶铜纳米线在应变速率为 0.01% ps^{-1}、1.54% ps^{-1} 和 6.16% ps^{-1},从拉伸开始至断裂的应力应变关系。该图所对应的形变结构见图 5.54。从图 5.58 中可以看到,在 3 个不同的应变速率下,在第一屈服点之前,应力随应变并非理想的线性增加。特别是临近最大应力一段,斜率明显减小。在最大应力之后是波动变化,呈减小的趋势。这一点与 [100]晶向大体一致。另外,当应变速率增加到 1.54% ps^{-1} 和 6.16% ps^{-1} 时,部分拉伸区间出现了二次强化现象,特别是在高应变速率下。例如 6.16% ps^{-1} 拉伸时,0.4~0.5 应变区间内,应力升高,材料得到一定的强化。从其结构变化中也可以看出,纳米线在拉伸过程中一直保持了良好的结晶状态,即便在应力释放阶段出现了一些原子层的坍塌,但后续的变形过程中结晶特征并没有本质改变,因此产生了再次强化。

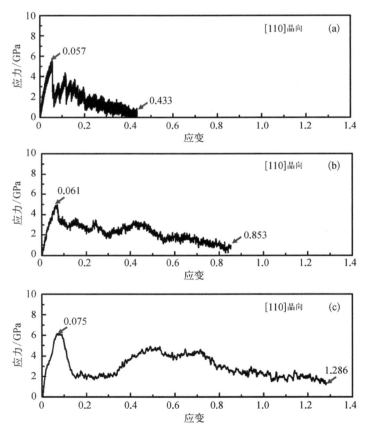

图 5.58 [110]单晶铜纳米线在不同应变速率下的应力应变关系,应变速率分别为:(a) 0.01% ps^{-1};(b) 1.54% ps^{-1};(c) 6.16% ps^{-1}

图 5.59 给出了[111]单晶铜纳米线在应变速率分别为 0.01% ps^{-1}、1.54% ps^{-1} 和 6.16% ps^{-1} 时,从拉伸开始至断裂的应力应变关系。从图中可以看到,曲线的基本变化

趋势与前两个晶向一致。所不同是在 1.54% ps^{-1} 下，[111] 塑性形变的强化作用更明显些。

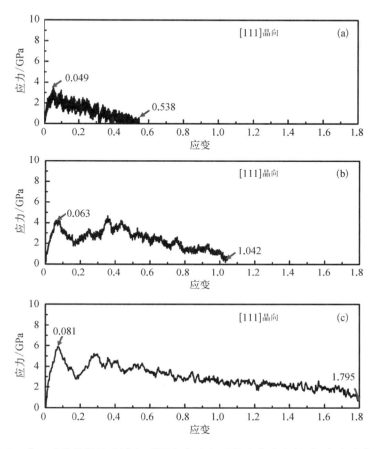

图 5.59 [111] 单晶铜纳米线在不同应变速率下的应力应变关系，应变速率分别
为：(a) 0.01% ps^{-1}；(b) 1.54% ps^{-1}；(c) 6.16% ps^{-1}

我们进一步详细考察晶体取向对第一屈服点的影响。图 5.60(a) 给出了第一屈服应变随应变速率的变化。应变速率从 0.01% ps^{-1} 增至 7.69% ps^{-1}。图中的数据均由 300 组样本平均得到。从图中可以看出，屈服应变总体随应变速率呈增长趋势，但增长的规律在不同的速率范围是不同的，分为三个阶段。应变速率小于 0.3% ps^{-1} 时，屈服应变增长缓慢；这之后增速变快，直至约 3.0% ps^{-1}；高于 3.0% ps^{-1} 时，对于 [100] 晶向屈服应变的增速进一步加快。[110] 和 [111] 晶向的屈服应变则不再变化。此外，后两个晶向的屈服应变彼此相差不大，显著低于 [100] 晶向。

图 5.60(b) 给出了屈服应力随应变速率的变化。从中可以看出，[110] 晶向的屈服应力对应变速率最不敏感。即便应变速率有近 3 个数量级的增加，但是屈服应力的变化基本可以忽略。与之对照，[100] 和 [111] 的屈服应力则出现了 3 段不同类型的增加，其对应的速率区间也与上文讨论的相近。[100] 的屈服强度最高，因其受到其晶体取向和 FCC 的晶体结构影响。

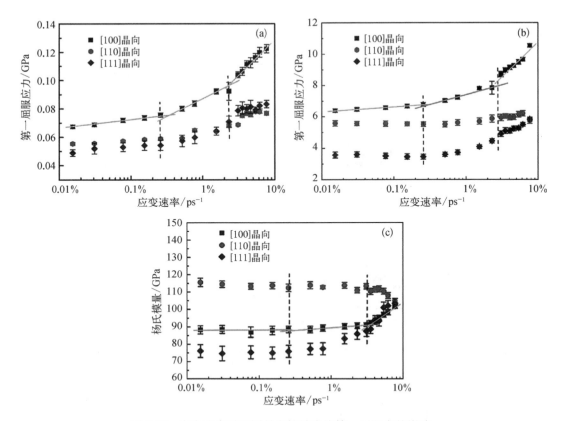

图 5.60   应变速率对不同晶向铜纳米线第一屈服点的影响:
(a) 第一屈服应变;(b) 第一屈服应力;(c) 杨氏模量

图 5.60(c)给出了杨氏模量随拉伸速率的变化关系。其变化趋势基本同上文讨论的 3 个阶段一致。我们以[100]单晶铜纳米线为例,将应变速率的范围分为三个区域:不敏感区域(Ⅰ);较敏感的过渡区域(Ⅱ)和敏感区域(Ⅲ)。在本节考察的应变速率范围内,它在不同晶体取向上的影响是不同的。对于[100]和[111]晶向,杨氏模量总体在增加,但在前 2 个速率区间增加的幅度较小,只是在第三个区间才变得明显。而对于[110]晶向,则表现了相反的趋势,即总体降低,同样是前 2 个速率区间降低幅度小,第三个区间的幅度大。归根结底,这些力学行为的特点都受到其晶体结构的制约。

5.5.5   纳米线的断裂位置分布

在不同的应变速率下,因纳米线自身晶体结构的各向异性,表现了不同的形变机理和机械力学性能。相关的模拟结果也让我们对金属纳米线的断裂失效有了更深的理解。但是我们知道,纳米材料的失效断裂必须建立在大数据的统计基础之上。此外,统计分布如果能够预测规律性的变化趋势,也会让我们对于材料或器件的应力与失效有更深入的认识。这些经验上的规律会形成纳米器件和材料设计上的知识,基于这些认识的材料设计可以获得更好的性能、稳定性和可靠性。

　　以[100]纳米线为例,图 5.61(a)给出了纳米线断裂位置分布的高斯函数拟合,及与其相对应的在不同应变速率下纳米线的形变机理示意图。图中的断裂位置采用归一化的长度,统计 300 个具有不同初始态的样本,拟合峰值代表了纳米线的最可几断裂位置。从图中可以看到,在应变速率的不敏感区域(Ⅰ),纳米线中间断裂对应了沿(111)面的滑移机理;在应变速率的敏感区域(Ⅲ),出现在两端的最可几断裂位置,对应了快速拉伸下在两端冲击产生的局域非晶熔融结构;而在过渡区域(Ⅱ),纳米线的中间或两端均出现了最可几断裂位置分布,也说明了滑移与局域熔融两种机理共同起作用。

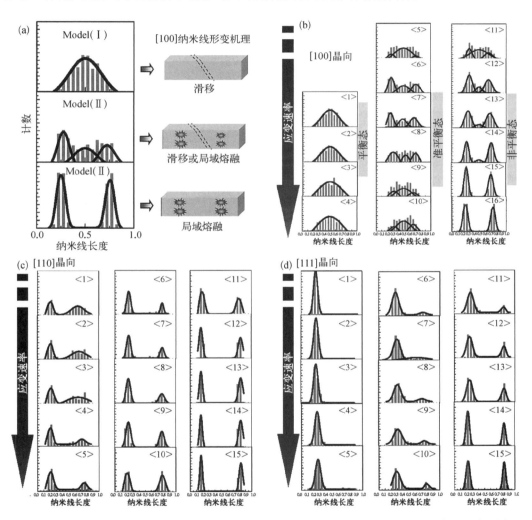

图 5.61　单晶铜纳米线在不同应变速率下的断裂位置分布:(a) 3 个代表应变速率下的断裂位置分布与相应的模型;(b)[100]纳米线的断裂位置分布;(c)[110]纳米线的断裂位置分布;(d)[111]纳米线的断裂位置分布

　　图 5.61(b)～(d) 分别具体给出了[100]、[110]和[111]三个晶向纳米线在应变速率为 0.01% ps^{-1} 至 7.69% ps^{-1} 范围内的断裂位置统计分布。从图 5.61(b)可以看到,[100]纳米线在应变速率的不敏感区域、过渡区域和敏感区域的断裂位置分布分别对应了纳米

线在平衡态、准平衡态和非平衡态的形变过程。在不敏感区,纳米线的形变主要是沿(111)面的滑移为主,这一定程度上保持了晶格结构的完整性,也使原子的运动处于相对平衡的状态。在应变速率的敏感区域,两端固定层施加了较强的机械冲击使原子离开其平衡位置,进而导致了局域熔融的结构,也促进了纳米线的超塑性行为。而在应变速率的过渡区域,原子在平衡点附近运动,形变过程中滑移和局域熔融都有表现,因此其最可几断裂位置也表现出混合过渡的特点。

与[100]纳米线相同的拉伸条件,[110]和[111]纳米线的断裂位置分布表现了完全不同的特征。从图5.61(c)可以看到,[110]在慢速下也易在纳米线的两端断裂,并且在低速拉伸时断裂位置分布明显不对称,随着应变速率的增加对称性逐步改善。图5.61(d)中[111]纳米线在慢应变速率下的不对称性更为严重,统计分布仅有左侧的单峰存在。随着应变速率增加,在准平衡态阶段另一个分布峰才显现出来。在快速拉伸的非平衡态阶段,虽有两个分布峰,但明显不对称,只有在极高的应变速率下,两个分布峰才略显对称。这种晶体各向异性对纳米线断裂位置分布影响也可结合图5.52来解释,在小于0.26% ps^{-1}的慢应变速率下,纳米线的原子运动处于平衡,这使体系有足够的能力保持晶体结构的各向异性。因此,慢应变速率下不同晶体取向的纳米线形变机理表现了不对称的断裂位置分布。当应变速率大于3.54% ps^{-1}时,强烈的对称冲击导致了纳米线原子极度偏离平衡位置,这也增加其热运动的动能,因而导致纳米线的局域熔融,因熔融原子团簇的强度远低于晶体结构,所以断裂分布集中在纳米线的两端。

Holian 等[10, 11]、Kadau 等[12]和 Bringa 等[41]研究了固体材料中的冲击波传播,证实了冲击波确实存在于纳米尺度的固体材料。Koh 等[44]采用应变波传播理论预测了纳米线的断裂位置。按这个理论,冲击波传播的速率可以简单表示为

$$U_s = (Y/\rho)^{\frac{1}{2}}$$

其中,Y为材料的杨氏模量;ρ为材料的密度,铜材料的密度约为 8 900 kg/m^3。因此,冲击波传播的距离为

$$d = U_s \times t = (Y/\rho)^{\frac{1}{2}} \times t$$

其中,t为决定纳米线断裂的关键缺陷生成时间。采用以上表达式就可预测纳米线的最可几断裂位置。但冲击波在固体材料传播中的微观机理是比较复杂的,因为材料在形变中缺陷的形成和蠕动影响了塑性流变的产生和变化。此外,纳米材料的小尺寸和大的表面原子占比也会使经典的理论处理产生偏差。从图5.61(b)~图5.61(d)给出的断裂位置分布,我们也注意到位置的不确定性存在于应变速率过渡区域。这些过渡特征明显的分布更难以用简单的冲击波公式去预测。

5.5.6　小结

本节采用分子动力学的方法研究了[100]、[110]和[111]单晶铜纳米线在应变速率0.01% ps^{-1}至7.69% ps^{-1}的对称拉伸形变。对其形变行为、机械力学性质和断裂位置分布的研究发现,在慢的应变速率下,[100]、[110]和[111]的单晶铜纳米线分别表现了三种

不同的形变机理,即滑移、滑移/晶格重组和晶格扭转/滑移。而在较高的应变速率下,三个晶向的纳米线均在两端出现了局域的熔融结构。应变速率对三个晶向纳米线的作用上,[100]最明显,[110]最弱,而[111]处于两者之间。断裂位置分布反映了纳米线在形变过程中的瞬时原子排布结构。当应变速率小于 0.26% ps⁻¹ 时,断裂位置反映了晶体结构的各向异性;当应变速率大于 3.54% ps⁻¹ 时,对称冲击产生的熔融结构极大地弱化了原晶体结构的各向异性。

5.6　本 章 小 结

纳米线作为一种基本的纳米材料是构成纳米器件的基础。它的稳定性、可靠性、寿命等的研究是器件应用的前提条件。除此之外,相关研究也丰富了基础科学的研究范围。尤其关键的是纳米尺度是否存在不确定的物理量或机械性质,如何评估它的来源等。因此,本章的探索为这一领域奠定了基础。虽然本章中也考虑到了机械波传播与断裂位置分布之间的相关性,但仍存在有很多尚未完全清晰的问题。例如究竟是塑性形变的哪个阶段决定了最终的断裂位置分布,如何通过最小的结构改动来实现对断裂位置的调控等。为了找到答案,不仅需要大量的建模工作,还需要从考虑问题的思路上突破。特别是采用我们强调的全过程、全细节的统计分析策略,即在塑性形变的几个关键时刻做大量样本的统计分析,这将有助于找到影响断裂位置分布的关键因素。

参 考 文 献

[1] Komanduri R, Chandrasekaran N, Raff L M. Molecular dynamic simulation of uniaxial tension of some single-crystal cubic metals at nanolevel[J]. International Journal of Mechanical Sciences, 2001, 43(10): 2237 – 2260.

[2] Johnson R A. Relationship between defect energies and embedded-atom-method parameters[J]. Physical Review B, 1988, 37(11): 6121 – 6125.

[3] Wu H A, Soh A K, Wang X X, et al. Strength and fracture of single crystal metal nanowire[C]. International Conference on Fracture and Strength of Solids, 2004.

[4] Park H S, Zimmerman J A. Modeling inelasticity and failure in gold nanowires[J]. Physical Review B, 2005, 72(5): 054106.

[5] Walsh P, Li W, Kalia R K, et al. Structural transformation, amorphization, and fracture in nanowires: A multimillion-atom molecular dynamics study[J]. Applied Physics Letters, 2001, 78(21): 3328 – 3330.

[6] Hasmy A, Medina E. Thickness induced structural transition in suspended FCC metal nanofilms[J]. Physical Review Letters, 2002, 88(9): 096103.

[7] Diao J, Gall K, Dull M. Surface stress driven reorientation of gold nanowires[J]. Physical Review B, 2004, 70(7): 075413.

[8] Kassubek F, Stafford C A, Grabert H, et al. Quantum suppression of the Rayleigh instability in nanowires[J]. Nonlinearity, 2001, 14: 167 – 177.

[9] Rafii-Tabar H. Erratum to "computational modelling of thermo-mechanical and transport properties of carbon nanotubes". [J]. Physics Reports, 2004, 394(6): 235 – 452.

[10] Holian B L, Straub G K. Molecular dynamics of shock waves in three-dimensional solids: Transition from nonsteady to steady waves in perfect crystals and implications for the rankine-hugoniot conditions[J]. Physical Review Letters, 1979, 43(21): 1598 – 1600.

[11] Holian B L. Modeling shock-wave deformation via molecular dynamics[J]. Physical Review A, 1988, 37(7): 2562 – 2568.

[12] Kadau K, Germann T C, Lomdahl P S, et al. Microscopic view of structural phase transitions induced by shock waves

[J]. Science, 2002, 296(5573): 1681 - 1684.

[13] Bringa E M, Caro A, Wang Y, et al. Ultrahigh strength in nanocrystalline materials under shock loading[J]. Science, 2005, 309(5742): 1838 - 1841.

[14] Schiøtz, J, Jacobsen K W. A maximum in the strength of nanocrystalline copper[J]. Science, 2003, 301(5638): 1357 - 1359.

[15] Hasmy A, Rincon L, Hernandez R, et al. Structure and stability of suspended monatomic metal chains[C].Colorado: 2007 APS March Meeting, 2007.

[16] Xu B, Tao N J. Measurement of single-molecule resistance by repeated formation of molecular junctions[J]. Science, 2003, 301(5637): 1221 - 1223.

[17] Pramod R, Jang S Y, Segalman R A, et al. Thermoelectricity in molecular junctions[J]. Science, 2007, 315(5818): 1568 - 1571.

[18] Wang D X, Zhao J W, Shi Hu, et al. Where, and how, does a nanowire break? [J]. Nano Letters, 2007, 7(5): 1208 - 1212.

[19] Liu Y H, Wang F, Zhao J W, et al. Theoretical investigation on the influence of temperature and crystallographic orientation on the breaking behavior of copper nanowire[J]. Physical Chemistry Chemical Physics, 2009, 11(30): 6514 - 6519.

[20] Nørskov J K. Covalent effects in the effective-medium theory of chemical binding: Hydrogen heats of solution in the 3d metals[J]. Physical Review B, 1982, 26(6): 2875 - 2885.

[21] Cleri F, Rosato V. Tight-binding potentials for transition metals and alloys[J]. Physical Review B, 1993, 48(1): 22 - 23.

[22] Finnis M W, Sinclair J E. A simple empirical N-body potential for transition metals[J]. Philosophical Magazine A, 1984, 50(1): 45 - 55.

[23] Sutton A X, Chen J. Long-range finnis sinclair potentials[J]. Philosophical Magazine Letters, 1990, 61(3): 139 - 146.

[24] Daw M S, Baskes M I. Embedded-atom method: Derivation and application to impurities, surfaces, and other defects in metals[J]. Physical Review B, 1984, 29(12): 6443 - 6453.

[25] Johnson R A. Alloy models with the embedded-atom method[J]. Physical Review B, 1989, 39(17): 12554 - 12559.

[26] Johnson R A. Analytic nearest-neighor model for FCC metals[J]. Physical Review B, 1988, 37(8): 3924 - 3931.

[27] Zhao J, Murakoshi K, Yin Y, et al. Dynamic characterization of the post-breaking behavior of a nanowire[J]. Journal of Physical Chemistry C, 2008, 112(50): 20088 - 20094.

[28] Li P, Han Y, Zhou X, et al. Thermal effect and rayleigh instability of ultrathin 4H hexagonal gold nanoribbons[J]. Matter, 2020, 2(3): 658 - 665.

[29] Powers T R, Goldstein R E. Pearling and pinching: Propagation of rayleigh instabilities[J]. Physical Review Letters, 1997, 78(13): 2555 - 2558.

[30] Güseren O, Ercolessi F, Tosatti E. Premelting of thin wires[J]. Physical Review B, 1995, 51(11): 7377 - 7380.

[31] Koh A S J, Lee H P. Shock-induced localized amorphization in metallic nanorods with strain-rate-dependent characteristics[J]. Nano Letters, 2006, 6(10): 2260 - 2267.

[32] Ikeda H, Qi Y, Çagin T, et al. Strain rate induced amorphization in metallic nanowires[J]. Physical Review Letters, 82(14): 2900 - 2903.

[33] Cain T G, Dereli M, Uludoan, et al. Thermal and mechanical properties of some FCC transition metals[J]. Physical Review B, 1999, 59(5): 3468 - 3473.

[34] Agraït N, Rodrigo J G, Sirvent C, et al. Atomic-scale connective neck formation and characterization[J]. Physical Review B, 1993, 48(11): 8499 - 8501.

[35] Agraït N, Rubio G, Vieira S. Plastic-deformation of nanometer-scale gold connective necks[J]. Physical Review Letters, 1995, 74(20): 3995 - 3998.

[36] Rodrigues V, Fuhrer T, Ugarte D. Signature of atomic structure in the quantum conductance of gold nanowires[J]. Physical Review Letters, 2000, 85(19): 4124 - 4127.

[37] Muller C J, Vanruitenbeek J M, Dejongh L J. Experimental-observation of the transition from weak link to tunnel junction [J]. Physica C: Superconductivity, 1992, 191(3 - 4): 485 - 504.

[38] Hemker K J. Understanding how nanocrystalline metals deform[J]. Science, 2004, 304(5668): 221 - 223.

[39] Ravelo R, Germann T C, Guerrero O, et al. Shock-induced plasticity in tantalum single crystals: Interatomic potentials and large-scale molecular-dynamics simulations[J]. Physical Review B, 2013, 88(13): 134101.

［40］ Tsuru T, Shibutani Y. Anisotropic effects in elastic and incipient plastic deformation under（001），（110），and（111）nanoindentation of Al and Cu［J］. Physical Review B, 2007, 75(3)：5415 - 1 - 5415 - 6.

［41］ Bringa E M, Cazamias J U, Erhart P, et al. Atomistic shock Hugoniot simulation of single-crystal copper［J］. Journal of Applied Physics, 2004, 96(7)：3793 - 3799.

［42］ Xu B Q, Tao N J. Measurement of single-molecule resistance by repeated formation of molecular junctions［J］. Science, 2003, 301(5637)：1221 - 1223.

［43］ Reddy P, Jang S Y, Segalman R A, et al. Thermoelectricity in molecular junctions［J］. Science, 2007, 315(5818)：1568 - 1571.

［44］ Koh A S J, Lee H P. Molecular dynamics simulation of size and strain rate dependent mechanical response of FCC metallic nanowires［J］. Nanotechnology, 2006, 17(14)：3451 - 3467.

第 *6* 章

多晶金属纳米线的形变与断裂

6.1 利用傅里叶变换研究铜双晶纳米线的断裂行为

6.1.1 研究背景

自 80 年代初,在德国学者 Gleiter 教授[1]的倡导下,纳米材料的研究得到了迅速发展。纳米材料和宏观材料的不同之处主要表现在四大效应上,即尺寸效应、量子效应、表面效应和界面效应。在多晶材料中晶界作为一种缺陷对材料的性能有显著的影响。同时,随着结构尺寸的减小,表面效应也变得越来越显著。近年来,包含不同取向的双晶铜纳米材料成为研究的热点。孙伟等[2]采用分子动力学模拟的方法研究了纳米铜晶体,发现随着晶粒尺寸的减小,晶粒内的能量密度增加,同时晶格发生畸变。Spearot 等[3]利用分子动力学方法,通过对<100> ‖ <110>双晶机械强度的研究,得出了晶格取向和某些特殊结构单元是决定界面结构和位错产生的两个关键因素。Klinger 和 Rabkin[4]通过理论计算证明了晶界与表面原子的扩散决定了多晶纳米线在拉伸过程中的热稳定性和强度。可见,理论模拟,特别是大规模分子动力学仿真已成为研究微纳米材料性能的一种有效方法。然而,随着计算机技术的发展,材料模拟的规模随之扩大,如何表征样品在形变过程中的晶格变化是我们面临的一个复杂的问题。

本节是在我们对双晶金属纳米线拉伸行为研究的基础上,采用傅里叶变换技术得到振幅-频率图,即把某一时刻的信号从位置域变换到了频率域,然后将振幅-频率图中的各个振荡频率与标准特征频率进行比对,可得出纳米材料的晶格形变程度和晶格取向等信息。我们利用此方法,深入地研究了[111] ‖ [110]铜双晶纳米线的断裂行为。

6.1.2 模型建立与分子动力学模拟方法

采用经典分子动力学的方法研究 $30a \times 30a \times 90a$ 的[111] ‖ [110]双晶铜纳米柱在拉伸形变速率为 $0.02\%~ps^{-1}$(即 6.5 m/s)的形变行为。所研究体系可看作正则系综。在模拟过程中通过速率标定的方法保持体系温度为 300 K。初始建立的模型中边角棱上的原子势能较高,同时速度赋初值时会有个别原子赋予了较大的动能。因此在某些极端状况下会有原子出现逃离纳米线的现象。为避免此状况,模拟分两步进行,在自由弛豫阶段采用 Morse 势弛豫 100 步,随后利用 Johnson 改进的解析型嵌入原子势函数,弛豫 10 万步,达到一个稳定的平衡状态。用蛙跳算法做路径时间积分。模拟步长为 1.6 fs,采取自由边界条件。

6.1.3　密度分布函数

在分子动力学中,对于 n 个原子的体系,可采用 $n×3$ 的坐标矩阵完整描述各粒子的空间位置。如果按照一定精度统计空间元胞中的原子存在情况,也就得到了这个空间中原子存在的概率和密度。因此,三维空间原子存在的位置可转化为一个自变量为空间坐标的密度分布函数。本节定义其为原子密度分布函数。

晶体点阵结构的各向异性决定了晶体在不同方向物理特性的不同,也导致了原子位置信息的冗余。对于纳米线等准一维体系,我们采取投影的方式降低密度分布矩阵的维数,将密度矩阵沿纳米线长轴渐次投影得到一个仅与长轴坐标相关的单自变量的密度分布函数。以铜单晶为例,图 6.1(a)给出三维体视图,图 6.1(b)给出纵截面图。在图6.1(c)中,圆圈代表空间中的原子,z 轴作为所研究的纳米线长轴,与 z 轴垂直的虚线则为每个采样点所在的截面,统计每个采样点所在的截面穿过的原子个数,就得到沿 z 方向的原子密度分布。进一步来说,晶体结构的周期性决定了原子密度分布呈周期性振荡。对于沿着某一晶向的投影,密度分布函数的振荡周期就是垂直于该晶向的晶面间距,振荡频率则为晶面间距的倒数。我们称该周期为此晶向的特征周期,该频率为此晶向的特征频率。

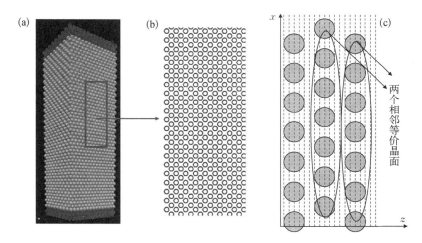

图 6.1　铜单晶纳米线的原子密度分布示意图:(a)分子动力学模拟模型;(b)局部密度分析图;(c)横轴原子密度分布示意图

对于简单的立方晶体,晶面间距:

$$d_{(hkl)} = \frac{a}{2\sqrt{h^2 + k^2 + l^2}}$$

其中,h、k 和 l 为晶面指数。对于面心立方(FCC)晶体则需考虑晶面增加的影响[5]。特征振荡频率 $f_{[hkl]} = 1/d_{(hkl)}$。因此 FCC 晶体不同晶向的晶面间距和特征频率如下:

$$d_{(100)} = 0.5a; \qquad\qquad f_{[100]} = \frac{1}{0.5a} = \frac{2}{a}$$

$$d_{(110)} = \frac{\sqrt{2}}{4}a \approx 0.353\,6a; \qquad f_{[110]} = \frac{2\sqrt{2}}{a} \approx \frac{2.828\,4}{a}$$

$$d_{(111)} = \frac{\sqrt{3}}{3}a \approx 0.577\,4a; \qquad f_{[111]} = \frac{\sqrt{3}}{a} \approx \frac{1.732\,1}{a}$$

对于金属铜,其晶格常数 a 为 0.362 nm,故[100]、[110]和[111]三个晶向的特征频率分别为 5.52 nm^{-1}、7.81 nm^{-1} 和 4.78 nm^{-1}。

6.1.4　傅里叶变换方法用于晶体取向分析的方法

通过投影得到原子密度-位置图,进而采用离散的傅里叶变换(discrete Fourier transformation, DFT)得到振幅-频率图。这一过程是把密度信号从位置域变换到了频率域。离散傅里叶变换是傅里叶变换在时域和频域上都呈现离散的形式,将时域信号的采样变换为在离散时间傅里叶变换(DTFT)频域的采样。在形式上,变换两端(时域和频域上)的序列是有限长的,而实际上这两组序列都应当被认为是离散周期信号的主值序列。即使对有限长的离散信号作 DFT,也应当将其看作经过周期延拓成为周期信号再作变换。经过采样后的密度分布函数对应一个离散的一维数列 $\{x_m\}$。当有 N 个采样点时,DFT 可表示为

$$F_k = \sum_{m=0}^{N-1} x_n \, e^{-i2\pi \frac{mk}{N}} \, (k = 0,\ 1,\ 2,\ \cdots,\ N-1)$$

振幅-频率曲线的幅值 A_k 为

$$A_k = |\,F_k\,| \quad (k = 1,\ 2,\ 3,\ \cdots,\ N-1)$$

$\{A_k\}$ 或 $\{F_k\}$ 中每一点所对应的频率为

$$f_m = \frac{m\,F_s}{L} \quad (m = 0,\ 1,\ 2,\ \cdots,\ N-1)$$

式中,F_s 是采样频率(即每纳米设几个采样点);L 是样品在所测量轴上的投影长度(单位为 nm)。用 $\{A_k\}$ 对 $\{f_m\}$ 作图,可得到振幅-频率图。

DFT 的 $\{F_k\}$ 高于截止频率 $f_{\text{cutoff},\,H}$ 的点置零,然后通过下式的逆变换,就得到低通滤波后的长轴密度分布函数 x'_m:

$$x'_m = \frac{1}{N} \sum_{k=0}^{N-1} F'_k \, e^{-i2\pi \frac{mk}{N}} \, (m = 0,\ 1,\ 2,\ \cdots,\ N-1)$$

F'_k 和 x'_m 为经过滤波的操作,变换后的结果若有复数出现,则只取复数的实部。类似地,如果对 $\{F_k\}$ 中对应低于截止频率 $f_{\text{cutoff},\,L}$ 的每个点置零,再进行逆 DFT,就得到了高通滤波后的长轴密度分布函数。

6.1.5　自由弛豫对双晶的影响

纳米尺度铜双晶体系的拉伸断裂行为不仅受到双晶界面的影响,也受到晶体取向等其他因素的影响,例如温度、体积、固定层和表面原子。为了考察界面因素,并降低其他因素的干扰,选择尺寸较大的 $30a \times 30a \times 90a$ 的体系,同时将模拟温度固定在 300 K,较高的

温度利于界面原子通过热运动强化融合能力。弛豫时间设为 10 万步,远超到达能量平衡的时间,这也为界面充分融合创造条件。本节将集中考察双晶原子排布结构的变化过程,为后续研究其他影响因素打下基础。

图 6.2(a)给出了[110]∥[111]双晶铜体系在弛豫 10 万步后的结构位图,从图中我们可以看到表层原子有轻微的重构,在纳米线棱上的原子出现了局部坍塌的现象。相比之下界面原子的运动更为显著,可以明显地观察到[110]的原子扩散到[111]一侧,界面层不再如弛豫前那样清晰。

图 6.2(b)给出了自由弛豫后相应的原子密度分布图。在[110]一侧,沿纳米线单位长度的原子密度为 1 400 原子/nm,在[111]一侧由于原子是密堆积,其密度达到 2 100 原子/nm,两者的比例关系为 2∶3,与 FCC 晶体特征一致。界面层附近,原子密度从[110]一侧到[111]一侧出现了突变。受到界面两侧晶格不匹配的作用,原子密度在界面处有不同程度的降低,[110]一侧下降得更陡峭,而在[111]一侧似乎表现出两段不同程度的降低,其中近界面处降得快而外侧降得慢些。尽管弛豫了 10 万步,但这种差异依然很显著。这说明在没有外力做功的条件下,原子自身热运动的动能不能完全克服界面不连续造成的势垒。尽管从原子排布位图[图 6.2(a)]中可以看到部分表层原子出现了跨界的扩散现象,但大量的计算表明,数万步至十余万步的弛豫并不能使界面的其他部分完美地融合。

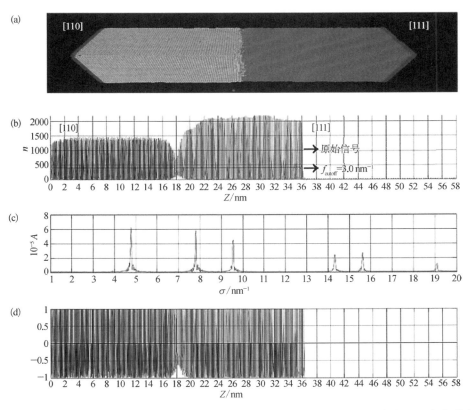

图 6.2　[111]∥[110]双晶铜纳米线在弛豫 10 万步后的原子排布结构及其傅里叶变换分析:
(a)原子排布结构;(b)原子密度分布;(c)振幅-频率图;(d)归一化的原子密度分布图

图 6.2(c)给出了振幅-频率图,由其特征频率可以判断晶格形变的程度和晶向特征。由图可知,对于双晶体系而言,其特征频率出现在 4.78 nm^{-1} 处,峰形尖锐,并具有最大的振幅。其二次谐波(9.56 nm^{-1})和三次谐波(14.34 nm^{-1})均十分明显,这一系列特征对应了[111]晶向的特点。同时我们也观察到[110]晶向的特征,即 7.81 nm^{-1} 和 15.62 nm^{-1} 分别对应[110]晶向的特征峰及其二次谐波。上述特点均表明[110]‖[111]双晶铜纳米线在弛豫后晶格保持相对的完整和有序。

图 6.2(d)给出了归一化的原子密度分布图。该图是经过对图 6.2(b)进行高通滤波和低通滤波之后,再以高通滤波后每一点的信号强度除以低通滤波后每一点的信号强度得到的。归一化处理可以排除样品粗细、几何形状等不规则因素造成的影响。归一化的原子密度分布图依旧展示[110]和[111]晶粒保留了较完美的晶体特征,但在晶界处出现了明显的不匹配,同样说明简单的弛豫不足以使该双晶界面很好地融合。

6.1.6   机械拉伸对双晶界面的影响

虽然分子的热运动不足以使界面处的原子克服界面不匹配所形成的势垒,但机械拉伸时外力对体系做功可以通过势能间接增加界面原子的动能,从而为原子跨越界面迁移提供可能。

图 6.3(a)给出了[110]‖[111]双晶铜体系在拉伸 24 万步的原子排布位图。虽然本节研究中采用了恒温拉伸,但界面不匹配造成的应力集中可以增加界面原子的势能,从而提高了局域原子的热运动动能。从图 6.3(a)可以看到,在拉力作用下两侧晶粒内均出现了明显的滑移,同时在界面处也观察到明显的颈缩,界面融合相比自由弛豫阶段变得更加突出。

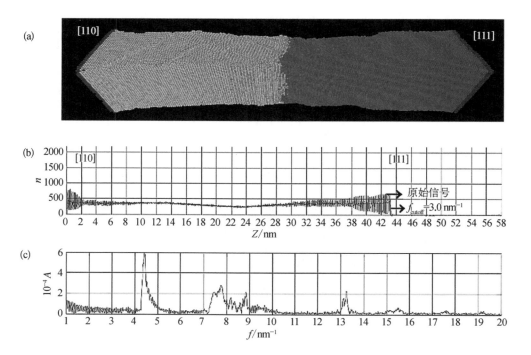

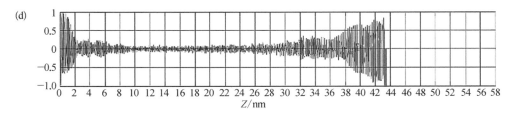

图 6.3　[110]∥[111]双晶铜纳米线在拉伸 24 万步后的结构特征及其傅里叶变换分析：（a）原
　　　　子排布结构；（b）原子密度分布图；（c）振幅-频率图；（d）归一化的原子密度分布图

图 6.3（b）是相应的原子密度分布图。由于拉伸增加了原子间距，部分破坏了晶体结构，因此密度沿轴向的分布明显降低，约为自由弛豫时密度的 1/3~1/4，同时高频的起伏振荡变小，特别是远离固定层的区域。[111]一侧的起伏略大于[110]一侧，说明[111]晶粒靠近固定层区域的晶态稍好。

图 6.3（c）给出了振幅-频率图，从图中可以观察到[111]晶向在 4.45 nm⁻¹ 处的特征峰及其二次谐波（8.90 nm⁻¹）和三次谐波（13.35 nm⁻¹）。这些峰相比自由弛豫阶段均明显变宽且向低频移动。但[110]的特征峰（7.81 nm⁻¹）和其二次谐波（15.62 nm⁻¹）无明显的峰位变化，尽管峰强度变小，宽化严重。说明双晶体系中[111]晶粒在拉伸过程中的晶面间距增大，而[110]晶粒却因产生系列滑移面并未明显地改变晶面间距。

图 6.3（d）给出归一化的原子密度分布图，进一步说明该双晶体系在拉伸状态下，有序性变差，导致原子密度降低，而晶界融合变得更加明显。

6.1.7　断裂瞬间双晶界面及断裂点的特征

总体而言，[111]∥[110]双晶铜体系在拉伸形变过程中，表现了晶面的滑移、晶格的畸变和晶粒的扭转，直到体系无法保持亚稳状态，从而形成颈缩并最终断裂。

图 6.4（a）给出了[110]∥[111]双晶铜纳米线在 50 万步后断裂时刻的原子位图。从图中可以看到，在此时刻下界面层附近原子发生了晶向扭转，晶界很好地融合导致了纳米线最终在[111]晶粒内断裂。从断口形状看呈现较明显的脆性断裂特征。这与 5.5 节所描述的小体系[111]单晶铜纳米线的断裂特征一致。

图 6.4（b）是相应的原子密度分布图，原子密度分布相比拉伸状态[图 6.3（b）]明显增大。说明此时晶格有序度增加，周期振荡更加明显，这一特征表明了纳米线内原子的有序性得到恢复。这也表明双晶体系在拉伸形变中经过了一个晶格完美有序→晶格结构形变破损→重结晶恢复的变化过程。

图 6.4（c）是经傅里叶变换得到的振幅-频率图，图中可以看到，[111]的特征峰（4.45 nm⁻¹）相对于自由弛豫状态时向低频移动。[110]的峰位（7.81 nm⁻¹）没有变化，但峰形明显变宽且峰高降低。所不同的是，体系在 5.30~5.50 nm⁻¹ 出现大振幅的峰。相比较标准[100]晶向的特征峰（5.52 nm⁻¹）有微弱的低频移动，这可归属为在纳米线的拉伸形变过程中，晶界附近的晶粒扭转，得到了近乎[100]晶向的晶粒。另外，[100]（约 5.50 nm⁻¹）和[111]（约 4.71 nm⁻¹）特征峰的振幅较接近，表明体系在断裂时晶界两端的

原子层已完全转变为[100]取向,与密度分布图[图 6.4(b)]一致,进一步说明体系在形变过程中经过了重结晶过程,再次变为结晶度较好的状态。

图 6.4(d)给出与之对应的归一化的原子密度分布图,进一步表现了[111]‖[110]双晶铜体系在断裂瞬间界面的融合和[111]端断裂时晶格的形变状态。

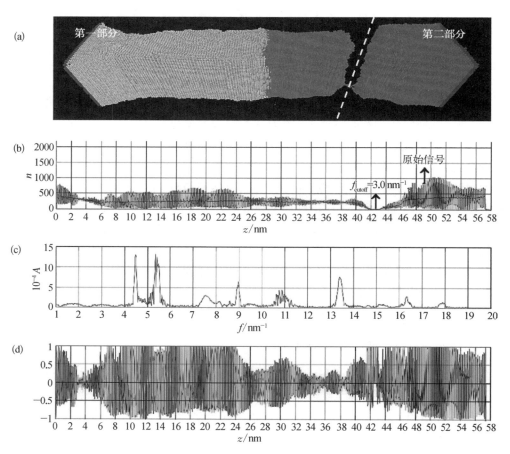

图 6.4　[111]‖[110]双晶铜纳米线在 50 万步后的结构特征及其傅里叶变换分析:(a)原子排布结构;(b)原子密度分布图;(c)振幅-频率图;(d)归一化的原子密度分布图

6.1.8　断裂后各碎片的特征

为了更进一步说明双晶纳米线断裂后的晶体变化,我们以断裂位置为界,将原[110]端作为第一部分,余者作为第二部分,结构划分如图 6.4(a)所示,分别对应密度分布图的 0~42 nm(图 6.5)和 42~58 nm(图 6.6),分区进行分析。

图 6.5(a)是第一部分的原子密度分布图,其原子密度分布表明颈缩和断裂处的原子密度分布相对较小,从 8 nm 到 22 nm 密度的剧烈振荡表明这段结构结晶更好,取向更明晰。原双晶界面两侧已无明显差异。图 6.5(b)给出了对应的振幅-频率图,在 7.81 nm^{-1} 处[110]的特征峰峰强降低,且明显展宽,其特征与图 6.4(c)一致。不同的是,出现了明

显的[100]特征峰(5.40 nm^{-1})及其二次谐波(10.80 nm^{-1})和三次谐波(16.20 nm^{-1}),表明双晶在断裂的瞬间,界面区原子的晶格经过了畸变和扭转,变为[100]晶向。这也说明体系在拉伸形变过程中经历了一个晶格破损到重结晶的过程,利于[100]晶向的生成。图6.5(c)给出的归一化原子密度分布图,与图 6.4(d)中 0~42 nm 部分的一致,均说明体系在形变过程中界面融合较好,并出现了重结晶现象。

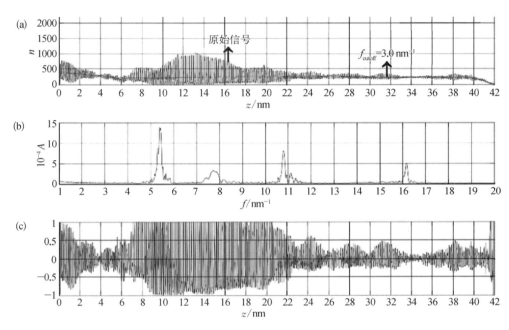

图 6.5　[111]‖[110]双晶铜纳米线(0~42 nm)在 50 万步断裂后的傅里叶变换分析:
(a)原子密度分布图;(b)振幅-频率图;(c)归一化的原子密度分布图

图 6.6(a)给出的第二部分的原子密度分布。与图 6.4(b)中 42~58 nm 部分类似,远离断裂端的密度分布相对较大,且振荡明显,表现出良好的结晶态。对应的振幅-频率图[图 6.6(b)]出现了明显的[111]特征峰(4.45 nm^{-1})及其二次谐波(8.90 nm^{-1})和三次谐波(13.35 nm^{-1}),以及微弱的[100]的特征峰(5.30~5.50 nm^{-1})。进一步说明双晶在拉伸形变过程中,靠近界面的[111]发生了晶格扭转和重组。导致了双晶界面的融合。而远离界面层的[111]晶粒内主要发生了晶格扩张,坍塌后再结晶,断裂时仍保持了完整的晶体结构,从而导致双晶纳米线最终在[111]晶粒内断裂。

6.1.9　小结

采用基于原子密度分布函数的傅里叶变换分析,考察了[111]‖[110]双晶铜纳米线在拉伸形变过程中[110]晶粒和[111]晶粒的晶体取向、结晶程度和界面效应。由傅里叶变换中的振幅-频率图可得,4.78 nm^{-1}处的[111]特征峰和 7.81 nm^{-1}处的[110]特征峰在形变过程中发生了低频移动和峰形变宽的现象,同时在断裂时出现了 5.50 nm^{-1}左右的[100]特征峰。证实了铜双晶纳米线在拉伸形变过程中发生了包括晶面的滑移、晶格的

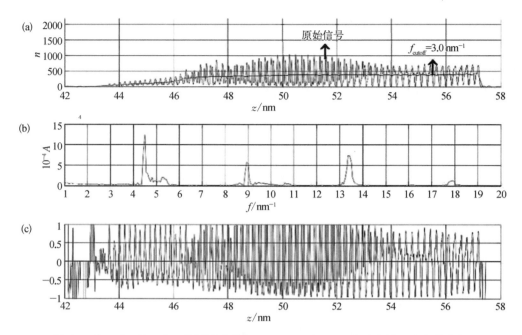

图 6.6　[111] ∥ [110]双晶铜纳米线(42~58 nm)在 50 万步后的傅里叶变换分析:
(a) 原子密度分布图;(b) 振幅-频率图;(c) 归一化的原子密度分布图

畸变和晶粒的扭转。同时也伴随着轻微的晶体结构破损和重结晶的过程。界面的融合作用导致纳米线在[111]晶粒内断裂。

作为大规模分子动力学模拟结果的分析方法,原子密度分布并结合傅里叶变换是一个非常有价值的方法。除了本节介绍的应用外,该方法还可以进一步扩展到多维非正交坐标轴的投影密度分析,从而更好地理解材料形变中晶粒扭转的现象。也可以开展局域化的分析,例如本节中对断裂的两个片段独立分析。除了结合傅里叶变换外,还可以进一步结合小波(wavelet)变换,将投影密度信号分解处理,滤掉高频信号,关注在结构演化过程中低频信息的发展演化。

6.2　晶界对双晶铜纳米线形变和断裂失效的影响

6.2.1　引言

对于多晶和双晶的纳米体系,晶界和晶界分布对材料的性质起到了重要的作用。近年来,模拟和实验的研究主要集中在金属多晶材料的原子排布结构和机械力学行为,材料形变机理的研究主要为晶界滑移[6]、晶界迁移[7]、晶界旋转[8]和晶界的扩散蠕变[9]等。大量已发表的文献多集中于屈服点附近的初始形变,至多包括了塑性形变的早期,但对体系的完整断裂过程研究得较少。

研究纳米器件材料的接触与分离、界面和晶界融合导致的材料失效具有重要的实践意义。在微观尺度上研究晶体材料在接触、压缩和冲击下的界面形成和分离的过程,可以为纳米科学和工程领域中的器件设计和优化提供指导。纳米尺寸的器件由于体积小、表面积大,使得表面涂装或润滑变得困难。因此微纳器件在工作时材料的相互接触、碰撞、摩擦直接关系到体系的疲劳和失效。另外,研究晶界的界面融合可以帮助我们更好地理解纳米材料的性质和行为。晶界的性质和形貌对界面的物理和化学性质产生影响,这直接影响了界面融合的过程和结果。因此,通过研究晶界对界面融合的影响,我们可以更好地理解纳米材料的性质和行为。

双晶和多晶纳米线体系具有不同的界面结构和性质,并且晶界通常使体系的形变行为变得复杂。本节采用[100]、[110]和[111]三个晶向的单晶晶粒来构建[110]‖[100]、[111]‖[100]和[111]‖[110]双晶铜纳米线的模型,研究其形变和断裂特性。本节模型的构建借鉴了实验上采用高分辨透射电镜在基底上对铜、银、金和铂等金属薄膜热蒸镀的研究[10]。另外,微纳机电系统中结构部件的界面接触和分离过程也可以通过双晶纳米线的简化模型来模拟。

6.2.2　模型建立与研究方法

如图 6.7 所示,双晶纳米线的模型通过不同晶向的单晶铜颗粒来构建,纳米线的体系是 $32a×32a×96a$(其中 a 是铜的晶格常数,为 0.362 nm),体系包含了 420 000 个原子。选择[100]、[110]和[111]三个晶向的单晶晶粒构建双晶纳米线体系[110]‖[100]、[111]‖[100]和[111]‖[110],双晶纳米线界面分别由(100)、(110)和(111)晶面组成。考察双晶界面旋转角度影响时,则以[110]‖[100]双晶体系为例,以[100]为固定的晶轴(z 方向),在 xy 平面上扭转[110]一侧的晶粒以生成不同旋转角度的相同尺寸($32a×32a×96a$)的双晶铜纳米线,来研究角度对[110]‖[100]纳米线的拉伸形变与断裂方式的影响。纳米线的拉伸方向为 z 方向。在拉伸冲击之前,纳米线材料先在零应力下自由弛豫 10 万步达到一个稳定的平衡状态。模拟时间步长是 1.6 fs,模拟温度为 300 K。

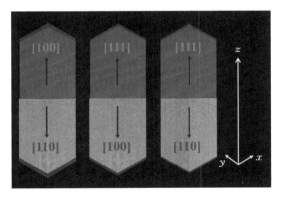

图 6.7　三个代表性的双晶纳米线初始构型。每个晶粒尺寸为 $32a×32a×48a$(分别对应 x、y、z 方向)两端各另加 3 层原子作为固定层,其在 z 方向以恒定速率向两侧拉伸,但在 x-y 平面上保持移动能力

6.2.3　双晶纳米线的形变特征

图 6.8(a)~(c)给出了双晶纳米线[110]‖[100]、[111]‖[100]和[111]‖[110]体系在应变速率为 0.2% ps^{-1}下形变断裂的位图。从图 6.8(a)可以看到,[110]‖[100]双晶在弹性形变之后,随着应变的增加裂纹出现在晶界处。进一步拉伸,裂缝沿界面扩大,直到体系最终断裂。在这一过程中,纳米线远离晶界部分的结构没有过大的变化,只有晶粒边缘部分的原子出现了局域的非晶结构。[110]‖[100]表现出明显的脆性断裂特征,裂隙在 0.125 应变时生成,到 0.187 应变时基本断裂,经历了约 30 ps,如果考虑界面对角

长度为 16.4 nm,则断裂发展的速度达到 550 m/s,表明断裂面生长速度非常快。此外,观察结构图可发现由于界面的黏结作用仍使两侧晶粒,特别是[110]一侧产生少量的滑移,使晶粒收缩。

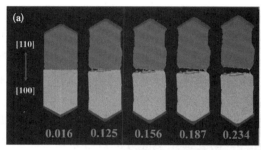
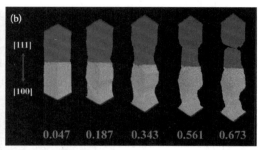
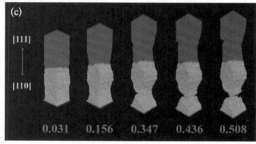

图 6.8 　[110]∥[100]、[111]∥[100]和[111]∥[110]在应变速率为 0.2% ps⁻¹下的拉伸形变行为

图 6.8(b)给出了[111]∥[100]双晶纳米线的形变行为。与图 6.8(a)的纳米线[110]∥[100]相比,双晶[111]∥[100]纳米线的晶粒发生了明显的不对称形变。由于界面融合,在[100]晶粒一端出现了沿(111)面的滑移。一般地,对于面心立方结构的[100]体系,在体系慢速形变过程中易产生沿(111)面的滑移和晶格重组,就像 Finbow 等[11]所给出的滑移机理一样,体系在滑移过程中的位错方向具有一个沿 $a_0/2[0\bar{1}1]$ 的伯格斯矢量。这一滑移过程认为是沿(111)面的相邻面在[$0\bar{1}1$]方向的滑移。从图中也可看到,随着应变增加,所形成的位错滑移导致了体系在[111]端形成颈缩,并使纳米线最终在[111]端断裂。从本书其他章节可知,0.2% ps⁻¹的应变速率对于纳米尺度的体系来说尚属于准平衡态拉伸速率。

为了比较应变速率对双晶纳米线形变的影响,图 6.9 还给出了双晶[111]∥[100]纳米线在更低应变速率 0.1% ps⁻¹下的形变行为。与 0.2% ps⁻¹应变速率下体系的形变行为不同的是,在 0.1% ps⁻¹下的形变位错主要集中在[100]端,导致在[100]晶粒一端发生了沿晶面的系列滑移,形成颈缩并使最终断裂发生在靠近晶界的

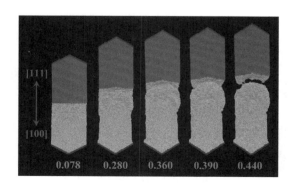

图 6.9 　纳米线[111]∥[100]在应变速率为 0.1% ps⁻¹下的单轴拉伸形变行为

[100]晶粒内。这说明较低应变速率使纳米线体系沿(111)面位错滑移作用更加明显,这也对应了本书其他章节关于应变速率对 FCC 纳米金属体系形变的影响。相同体系在不同应变速率下的断裂位置不同,一方面说明了体系断裂行为的不确定性,另一方面也说明了所给出的应变速率对[111]‖[100]纳米线的界面融合影响较小。强烈的界面融合使[111]‖[100]难以从界面处断裂,但具体断裂位置的统计分布特征也因体系过大,超过目前的计算能力而难以确定。

图 6.8(c)给出了[111]‖[110]双晶纳米线的拉伸形变位图。从图中可以看到,[111]‖[110]体系在拉伸作用下首先在界面区出现位错。之后随着应变增加,位错逐渐扩散至晶粒内部,并在界面处发生了晶界融合,这导致了颈缩在[110]端产生并在[110]端断裂。从以上结构图中可看到,与相同条件下的[110]‖[100]相比,[111]‖[100]和[111]‖[110]的断裂应变较大。这归结为含有[111]晶粒的双晶界面能量更低、更稳定。对于形成晶界的(100)、(110)和(111)晶面,(111)是能量最低的,(100)次之,(110)最高。晶面能大小取决于晶界原子的排布。因此,当两个单晶晶粒相互接触形成晶界时,原子配位数就决定了晶界能的大小。对于具有高配位数的低能(111)面,就易使在拉伸过程中的界面结构重排而发生界面融合。而对于低配位数的高能(110)面,则在拉伸形变中不易重排。所以说,双晶[110]‖[100]纳米线的界面能高,限制了界面的融合。在形变过程中,一旦裂纹在晶界处出现,就迅速地发展,从而导致了界面的分离。

6.2.4 双晶纳米线的界面本质

上述研究说明界面处的原子排布结构决定了纳米线的断裂行为。图 6.10(a)给出了三个双晶纳米线拉伸形变过程的应力应变曲线。从图中可以看到,在拉伸的初始阶段,应力随应变线性增加。应力到达的最高点为应力应变屈服循环的第一屈服点,此点代表着体系的弹性形变结束和塑性形变的开始。第一屈服点后的应力应变曲线反映了具有不同界面性质的塑性形变行为。对于[110]‖[100]体系,屈服应力达到 5.25 GPa,随后应力迅速降低,在断裂时降到 2.0 GPa,这对应了[110]‖[100]体系在单轴拉伸下的脆性行为。对于[111]‖[100]纳米线,其第一屈服应力则显著增加到 6.65 GPa,提升了 27%,说明界面融合显著提升了拉伸强度。而对于[111]‖[110],第一屈服应力则显著降低,且应力应变经历了多个屈服循环后才出现了断裂点。另外,体系的断裂应变大小可反映出双晶纳米线的延展性。在纳米器件的运行中,具有一定机械强度、不易发生机械形变的材料可以避免器件在相互接触冲击或摩擦时的疲劳失效;器件各部件在运行中相互接触且能完整地分开,不发生粘连也是其可靠性的基础。所以说,双晶纳米线[110]‖[100]体系在拉伸应变速率为 0.2% ps^{-1} 的形变中表现的高屈服应力和大的断裂应变,在一定程度上可以满足器件设计的要求。而含有(111)面的晶粒,虽然也有可能获得更高的屈服应力,但因界面融合更好,导致具有更大的断裂应变。器件应用中则会产生材料的粘连。

下面以沿拉伸轴向的应力分布进一步说明界面结构对纳米线的机械断裂、材料失效以及纳米尺度器件的操纵的影响。从尺寸效应上来讲,双晶纳米线可以认为是从离散原子结构向连续介质分布的过渡。对原子的应力采用统计平均的方法,平均应力在拉伸方向的分布可用来理解说明纳米线体系的断裂行为。图 6.10(b)~(d)分别给出了双晶纳米线[110]∥[100]、[111]∥[100]和[111]∥[110]投影到拉伸轴（z方向）的应力分布。从图中可以看到,在拉伸的初始阶段,三个体系均表现了相似的特征。平均应力相对于界面呈对称分布,并且平均应力在第一屈服点之前几乎是对称增加。在第一屈服点时,三个双晶体系在界面处表现了较弱的应力分布,但从两端至界面依然对称,此时的应力分布呈 V 字形,这归结于晶界的凝聚作用和两端的拉伸作用。在这一过程中,从两端至中间的应力梯度几乎没有变化。说明晶界两侧晶粒在弹性形变阶段几乎保持了原来的结构。

　　在弹性形变之后,三个双晶纳米线的应力分布表现了不同的特征。从图 6.10（b）可以看出,[110]∥[100]在应变为 0.121 和 0.232 时,V 字形的应力分布更明显。界面处出现了局域更高的应力值,使晶界形成尖锐的应力峰。这归属为两个晶粒形成界面时原子排布结构的失配。从冲击波传播的角度来说,失配的界面形成的势垒阻碍了冲击波的传播,以至于冲击波叠加使能量在界面处集中。应力梯度从两端至中间表现的线性特征也说明了体系在弹性和塑性形变的初始阶段基本保持了原来的面心立方结构,这与图 6.8（a）的位图一致,即裂纹仅沿界面传播,体系在界面处断裂。

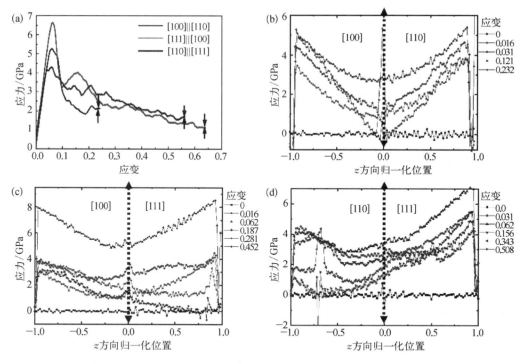

图 6.10　双晶铜纳米线[110]∥[100]、[111]∥[100]和[111]∥[110]的机械力学特征:
　　　　（a）应力应变曲线;（b）应力沿轴向分布[100]∥[110];（c）应力沿轴向分布
　　　　[100]∥[111];（d）应力沿轴向分布[110]∥[111]

　　图 6.10（c）给出了[111]∥[100]的应力分布,从图中可以看到,弹性形变之后,在应变为 0.062 时晶界界面出现了微小的局域应力峰。同时,[111]端的应力分布呈现较大的波动,这也与图 6.8（b）中形变位图是一致的。对比 0.187 和 0.062 应变的应力分布,可以

看到[111]晶粒一侧,相对应力在 0.25~0.60 较宽的范围有所抬升,[100]一侧的应力则从
屈服点开始得到迅速释放。此后,局域的应力集中接近[111]固定层一端,形成尖锐的应
力峰。其余部分,包括全部[100]晶粒则形成较平缓的应力分布,尽管原界面处仍保留小
的应力凸起,但界面融合较充分,[100]与部分[111]晶粒已连为一体。随着拉伸进一步
增加,局域的非晶区域形成了颈缩,这导致了体系在[111]端断裂,而不是在界面区域。

　　与[110]‖[100]和[111]‖[100]相比,[111]‖[110]的应力分布呈现了不同的特
点,如图 6.10(d)所示。从图中可以看出,在弹性形变阶段,应力没有出现稳定的线性梯
度分布。也没有出现前两个体系的对称特征。应力由[111]一侧逐渐降低,到达界面处
虽有变缓,但没有停止,而是继续降低,并延伸到[100]晶粒内。在-1.0~-0.5 区间,可以
看到应力的梯度要大于[111]晶粒,也远大于晶界附近的梯度值,预示着这一区间结构有
可能遭受破坏,产生初始缺陷。屈服之后在应变为 0.156 时,上述特征变得更为明显。
-0.75 处甚至形成一个宽的应力包,并在后续拉伸中,例如在应变为 0.343 时,形成了尖锐
的局域应力峰,这也意味着该处将形成最终的断裂点。轴向应力分布曲线充分表明了
[111]‖[110]界面融合的特点。

　　[111]晶粒的表面结构对界面融合起到极大
的促进作用。从微观上即表现为晶界两侧原子的
扩散,这也可以从图 6.11 的截面原子排布结构看
出。纳米线界面附近已形成了相对有序稳定的结
构,原有的界面已经无法辨认。这表明围绕晶界
存在一种再生机制。结合应力分布和原子排布结
构,可以勾勒出这个过程的全貌。初始时,位错来
源于界面。然后它迁移到两边,导致快速再生。
在进一步变形时,它们穿过原始有序区域,同时在
整个纳米线上产生多个位错。因此,这种晶体结
构的最终断裂位置是不可预测的,如果给定同一
系综的不同初始状态,也应遵循统计分布。

　　这三种模型界面都是通过轻微接触形成的,
但在微纳米器件的操作中,不同的晶面可能会通
过冲击力或压缩相互接触。为了避免材料失效,
要求各组件在相互作用后尽可能保持不变,即界
面在拉伸断裂时保持完整,形成完美的脆性断裂。
从以上结果可以得出结论,[110]‖[100]组合是

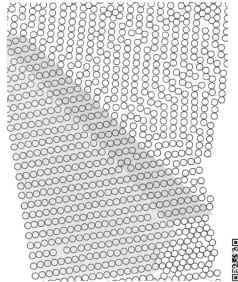

图 6.11　[111]‖[110]双晶界面在拉伸
　　　　期间两侧原子的扩散行为,两种
　　　　不同颜色分别表示原子最初所
　　　　属的晶粒

器件运行过程中纳米级接触的最佳选择。然而尚存疑问的是,上述研究中[110]‖[100]
的界面形成类似于两晶粒的接触焊接,并没有对两部分施加压力作用。为了深入理解器
件中这种常规作用,我们进一步模拟了两晶粒在相同应变速率下的压缩-拉伸行为,更合
理地模拟了纳米级器件运行过程中的相互作用。压缩应力应变响应如图 6.12(a)所示。
选取曲线上的三个典型状态作为起始点,再分别进行拉伸。对于每个压缩的双晶体,仍然
进行了 10 万步的自由弛豫,允许纳米线到达新的稳定点。虽然采用了不同的起始状态,

但最终断裂行为是相似的,如6.12(b)所示,三者均展示了完美的脆性断裂特征,说明弱附着力是这两种晶粒界面的固有特性。

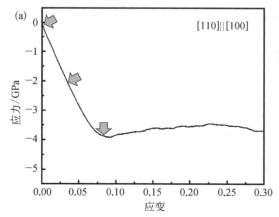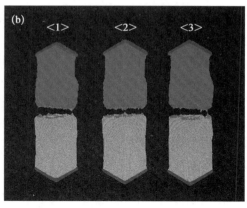

图 6.12　[110]‖[100]双晶铜纳米线先压缩再拉伸的行为:(a)压缩过程中的应力应变响应;(b)以应力应变曲线中三个标记初始态为起点拉伸断裂时的结构

6.2.5　双晶纳米线的界面调控

[110]‖[100]、[111]‖[100]和[111]‖[110]体系的机械力学性质和形变断裂行为展示了不同晶向对界面带来的影响。这 3 个模型具有代表性,它模拟了微纳器件工作中不同晶向材料的拉伸,以及部件之间的接触、压缩、剪切、摩擦等多种相互作用中存在的界面融合问题。为了避免材料的失效,界面的各个部分须在机械作用中保持原有的结构,这在一定程度上保证了体系的可靠性。因此说,[110]‖[100]界面的不融合特性将有助于避免材料的失效,并能保证器件工作的可靠。

[110]‖[100]界面接触保持了较高的稳定性,但这种稳定性是否仅在某些特定条件下存在? 为了回答这个疑问,本节进一步研究了[110]和[100]晶粒的扭转角对界面性质的影响。在模型设计中,将[100]晶粒固定,并在 x-y 平面上旋转[110]晶粒,扭转角从10°至45°。[110]‖[100]双晶纳米线体系为 $20a×20a×60a$。图 6.13(a)给出了不同扭转角下断裂的结构。从图中可以看出,当扭转角度较小时,晶界结构的失配能很好地分离两晶粒,并且体系的断裂应变也比较小,表现出脆性断裂特征。在界面区域,仅有较少的原子会从一个晶粒转移到另一个晶粒。随着扭转角度的增加,当达到 30°时,体系就出现了界面的融合,这使得体系在[110]端断裂,而不是发生在界面区。图 6.13(b)给出了[110]‖[100]双晶纳米线在不同扭转角度下的断裂位置统计图。从图中可以看到,当扭转角度小于 25°时,断裂位置分布在界面区域;当扭转角度大于 25°时,断裂位置分布在[110]端。其中,25°的扭转角度是决定体系断裂位置发生变化的临界值,在两个位置均出现了分布。以上研究表明形成界面的原子排布结构是影响界面效应的关键因素。

目前的分子动力学模拟已经证明了晶界对双晶纳米线断裂行为的影响。但当材料尺寸缩小到纳米级时,与界面效应相比,表面效应也会变得显著。为了揭示两者之间的关

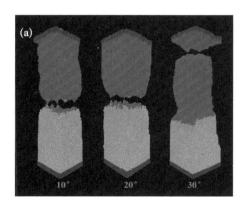
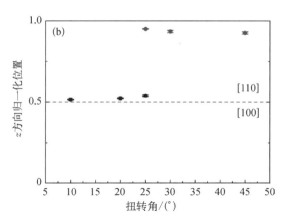

图 6.13　（a）晶粒转动后 $[110] \parallel [100]$ 铜纳米线的断裂行为；（b）在 10~45° 的
不同扭转角度下，$[110] \parallel [100]$ 在 z 方向上的断裂位置分布

系，我们对一系列不同尺寸的 $[110] \parallel [100]$ 双晶体，将纳米线长度设置为直径的三倍，这是为了确保进行无量纲尺寸分析时，消除纳米线长度与边长比的影响。关键是要考察当尺寸减小时，断裂是否仍然发生在界面，结果如表 6.1 所示。数据表明，当尺寸大于 $20a \times 20a \times 60a$，断裂位置基本位于纳米线中心，其结构在图 6.14 给出。进一步减小尺寸会导致断口位置的偏差。此外，对于那些小于 $20a \times 20a \times 60a$ 的体系，我们还可以发现其较小的杨氏模量和屈服应变。断裂应变表示了体系的延展性。表面原子的比例越大，意味着表面能越大，表面能随后可以转化为原子的动能。这种能量的转换促进了界面的融合。因此，模型越小，界面效应相对越弱，纳米线具有更大的延展性。而纳米线小于 $6a \times 6a \times 18a$ 时，断裂位置离纳米线中心更远，表明表面效应在断裂中起主导作用。这些模拟数据都直接证明了表面效应和界面效应之间的竞争关系。

表 6.1　在 $0.2\% \text{ ps}^{-1}$ 的拉伸速度下，$[110] \parallel [100]$ 双晶纳米线的
断裂位置及其他具有代表性的力学性能统计

尺　　寸	断裂位置[①]	杨氏模量/GPa	屈 服 应 变	断 裂 应 变
$4a \times 4a \times 12a$	0.681	75.82	0.029	0.56
$5a \times 5a \times 16a$	0.591	53.09	0.037	0.42
$6a \times 6a \times 18a$	0.572	67.22	0.040	0.43
$8a \times 8a \times 24a$	0.568	87.13	0.039	0.38
$10a \times 10a \times 30a$	0.543	77.05	0.043	0.30
$15a \times 15a \times 46a$	0.532	58.94	0.047	0.22
$20a \times 20a \times 60a$	0.515	89.29	0.047	0.22
$25a \times 25a \times 75a$	0.517	97.74	0.055	0.39
$30a \times 30a \times 90a$	0.509	98.23	0.056	0.18
$32a \times 32a \times 96a$	0.513	100.83	0.047	0.24

注：① 断裂点定义为纳米线断裂后较大部分的原子数除以原子总数。

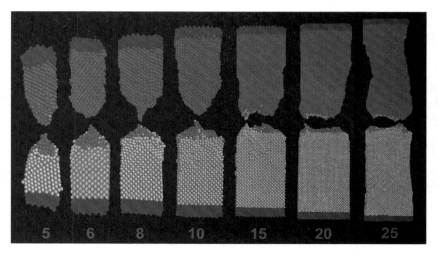

图 6.14　不同尺寸[110]‖[100]纳米线断裂后的结构图

6.2.6　小结

采用分子动力学的方法,本节研究了晶界效应对双晶纳米线[110]‖[100]、[111]‖[100]和[111]‖[110]形变和材料机械力学性质的影响。通过形变特征和拉伸方向的应力分布分析,我们得出体系的机械行为和原子排布结构之间存在着密切的联系。不同晶向晶粒构成的双晶纳米线,晶界效应使体系在相同的拉伸条件下表现了不同的形变机理。[110]‖[100]界面附近的应力集中导致了裂纹在界面处产生并快速传播,导致界面脆性断裂。[111]‖[100]和[111]‖[110]体系在形变过程中均发生了界面融合,导致位错在远离界面的区域出现,断裂出现在一端。本节的另一个重点是给出了(111)晶面具有较好的界面黏合性。基于此,可以将含(111)晶面的材料作为微纳加工的焊接材料,而(110)和(100)晶面可以作为微纳加工中易于分离的界面,这将有助于提高器件的稳定性和使用寿命。

6.3　温度对双晶晶界融合的影响

6.3.1　引言

金属纳米晶作为微纳机电系统的基本结构单元得到了广泛的研究。尤其是对于不同晶向的纳米晶相互接触形成的界面问题,以及含有晶界体系的形变过程中涉及的微观机理,包括晶界蠕动、腐蚀、位错成核、裂纹等。同时,人们也更多地关注纳米晶界面两部分的界面特性、功能性和可靠性。例如,当微纳系统中界面的两部分在接触、压缩和碰撞过程中发生作用,界面融合是否会发生,再分裂后是否会损伤或失效。

在过去几十年中,纳米尺度晶界的研究多采用分子动力学方法。例如 Wang 等[12]研究了缺陷对铜晶界界面的机械特性的影响。他们给出了纳米晶在拉伸和剪切应变下界面行为对体系缺陷的敏感性。Spearot 等[3]利用分子动力学模拟研究了<100>‖<110>双晶体系沿<100>和<110>轴在 19.7°~41.4°转角下晶界对拉伸强度的影响,表明晶体取向是影响机械强度的重要因素。又如,Heino 等[13]给出了晶界的存在可降低体系在拉伸过程中的机械强度和屈服应变。以上研究均说明了晶界在材料形变过程中的重要作用。

鉴于在实际的微纳加工中,金属界面在经受不同机械冲击时会呈现出不同的形变特征,因此微纳系统中的稳定界面需要具备抵御机械作用的能力,包括轻微的接触和压缩冲击。研究表明,这种抵抗冲击的能力与晶界界面的性质密切相关。然而,在如此微小的纳米尺度上,表面处理和机械润滑等操作很难在实验和应用中实现,因此需要界面自身具有抗疲劳性。本节采用分子动力学模拟的方法,以探究模型界面在不同温度下抵抗机械冲击的能力。

6.3.2　模型建立和分子动力学模拟方法

在本节的分子动力学模拟中,我们将金属界面的冲击行为简化为两个纳米单晶单元的接触、压缩和分离的过程。如图 6.15 所示,界面模型通过不同晶向的单晶铜构建,以[110]∥[100]表示,其中上方对应了 z 轴为正向的单元晶向,下方对应 z 轴的负向部分。

体系尺寸为 $20a×20a×80a$(其中 a 是铜的晶格常数,为 0.362 nm),包含了 128 000 个原子。纳米晶的拉伸作用方向为 z 方向。在体系拉伸冲击之前,双晶材料先在零应力下自由弛豫达到一个平衡状态。一般地,当记录的原子平均势能达到一个稳定态,并且应力在 0.0 GPa 上下轻微波动时,我们就认为纳米晶达到了平衡态,这一过程仅需数千步。为使体系达到充分的稳定,自由弛豫时间均设为 100 000 步。分子动力学模拟的时间步长是 1.6 fs。之后,对纳米晶体系进行轴向拉伸或压缩。应变速率为 0.16% ps^{-1},对应46.3 m/s。从宏观角度来看,此应变速率相对较高。然而,对于纳米尺度的材料,此速率属于准平衡态,这在一定程度上避免了应变硬化效应。

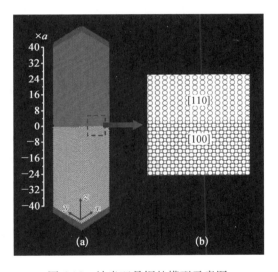

图 6.15　纳米双晶铜的模型示意图

其他分子动力学模拟的条件与 6.1 节和 6.2 节中的相同。

6.3.3　[110]∥[100]纳米双晶的形变特征及温度对界面的影响

在本节的分子动力学模拟中,构建的模型依次经历了一段充足的时间弛豫以促进界面融合,而后再通过拉伸断裂,观察断口的形貌和每个晶粒内部的形变,从而判断界面融合的质量。

图 6.16 给出了 3 个温度下纳米晶单轴拉伸断裂行为的结构位图,从断裂面的细节可以分析温度对界面有限的融合作用。从图中可以看出,分别由[110]和[100]晶粒构成的界面,在很大程度上具有阻碍两侧原子相互扩散以及滑移面穿透的能力。当双晶体系进

入塑性形变,即使仅有较小的形变,晶界区域即出现裂纹。之后,裂纹随应变增加沿着界面迅速扩展,直至体系断裂。具体表现为,在 4 K、300 K 和 600 K 的温度下,裂纹分别在应变 ε 为 0.149、0.198 和 0.215 下出现。之后,裂纹随着应变增加继续扩大,在应变为 0.189、0.248 和 0.262 时界面完全分离。从以上结果可以看到,纳米双晶的断裂应变与裂纹产生的形变之间有显著的相关性。双晶在不同温度下均在界面处断裂,说明了 [110] 和 [100] 晶粒间匹配性差,600 K 的高温也不能使其充分融合,[110]‖[100] 体系在界面处断裂的行为受温度影响微弱。

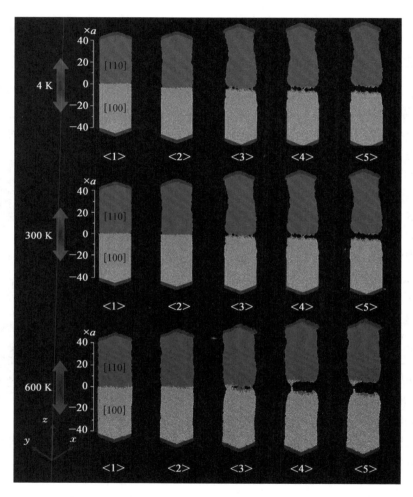

图 6.16　[110]‖[100] 纳米双晶在 4 K、300 K 和 600 K 下的拉伸形变行为。图中从 <1> 到 <5> 所对应的应变,在 4 K 时依次是 0、0.065、0.149、0.169 和 0.189,在 300 K 时为 0、0.040、0.150、0.223 和 0.248,在 600 K 时为 0、0.033、0.167、0.251 和 0.262

图 6.17(a)~(c) 给出了 [110]‖[100] 纳米双晶在形变过程中的径向分布函数。从图 6.17(a) 中可以看到,在 4 K 温度下,径向分布函数的近邻峰呈高斯分布且半峰宽极窄,这说明了体系晶格保持了良好的有序性,原子热运动能力不足,与平衡位置的偏离小。近

邻峰的峰高随着应变增加逐渐降低,但峰型尖锐,这说明了晶界脆性使纳米晶在界面分离过程中两侧晶粒始终保持了较好的结晶结构。中近程($1.5 < r < 2.0$)和远程($r > 4.5$)的有序性降低明显,说明在拉伸过程中,两侧晶粒内部还是因两端和界面的牵引作用出现了一定数量的滑移面,从而破坏了长程的有序结构。

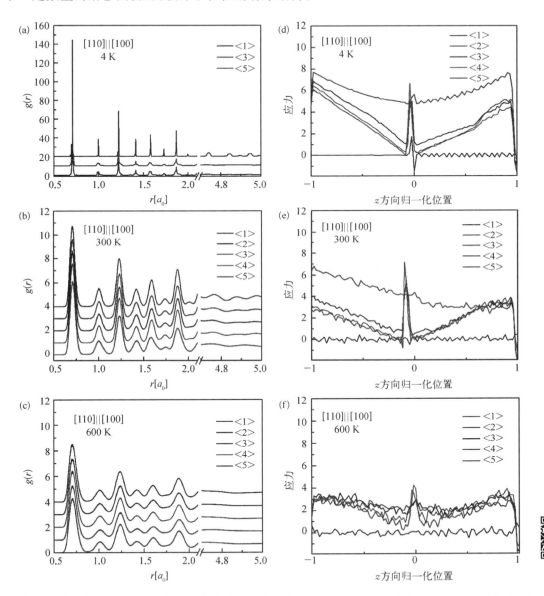

图 6.17　[110]∥[100]纳米双晶在 4 K、300 K 和 600 K 下的形变特征:(a) RDF(4 K);(b) RDF(300 K);(c) RDF(600 K);(d) 应力分布(4 K);(e) 应力分布(300 K);(f) 应力分布(600 K)

图 6.17(b)给出了在较高的温度(300 K)下,[110]∥[100]纳米晶从拉伸至断裂几个代表性时刻的径向分布函数。可见,温度升高后,$r < 2.0$ 的几个近邻峰都显著变宽,表明原子的热运动对其偏离平衡位置带来的显著的影响。此外,$r > 4.5$ 时曲线变得平缓,远

程有序性显著降低,说明温度提高了原子热运动的动能,利于跨过滑移势垒,使晶粒内产生更多的滑移面,降低了远程有序性。图6.17(c)给出了600 K下的RDF曲线,在更高的温度下,这一特征变得更加明显。

[110]‖[100]纳米线在轴向的应力分布给出了温度对晶界效应的影响。图6.17(d)给出了4 K时纳米晶在形变过程中的应力分布。从图中可以看到,在应变 ε 为0时,界面两侧的应力在0附近,且保持水平。但在界面处,[110]一侧存在一个正的尖锐拉应力峰,而[100]侧则是负的压应力峰。说明晶格的不匹配导致晶界处的结构发生一定的畸变,界面两侧产生相反的应力。随拉伸进行,两端的冲击作用导致越靠近固定层,原子密度越低,所以拉应力加剧,从而应力由两端向界面倾斜分布。界面处仍保留了因拉伸导致的局域拉应力峰,但已观察不到压应力峰。进一步拉伸导致界面出现裂隙,使应力迅速释放,因此靠近界面处的应力迅速降低,直至接近于0。但两端的拉伸冲击并未因界面裂隙的持续扩张而过度降低。此外,一个有趣的现象是,即使在4 K条件下,[100]晶粒一侧的应力分布也在裂隙出现之前就表现了小幅的周期性波动,这与晶面间距和采样周期有关。

温度升至300 K时,应力分布保留了一些相似的特征,但也有些具体的不同。由于原子热运动的加剧,界面两侧的局域拉-压应力已经不明显。在弹性形变及塑性形变的初期,[100]一侧的应力抬升不及4 K的一半,因此由[110]一端向[100]一端应力倾斜分布,而非如4 K条件下的以界面呈对称分布。塑性形变持续发展,使[110]一端的应力大幅下降,界面拉应力骤然上升,这与4 K一致。说明即使在300 K,界面的不匹配仍无法改善因原子密度低产生的较强的拉应力,且局域应力越大、越集中,断裂发展越迅速。这也预示着界面处的脆性断裂特征。

在更高的温度600 K下,应力分布的整体水平都进一步降低,这也可以看出热运动提升了原子的扩散能力,有利于界面融合。拉伸开始时,即使界面处也无明显的应力集中。在后续的拉伸直至断裂,应力沿拉伸轴的分布基本相同,两端略有升高,向界面倾斜。界面处展示了局域的应力集中,但幅度不大。与两个低温条件对比可知,高温显著地降低了纳米线内部的应力,改善了脆性断裂的特性。

6.3.4　温度对[110]‖[100]双晶机械力学性质的影响

金属纳米材料在单轴拉伸中的机械力学特性可以通过应力应变关系来理解,其包含了几个代表性的特征,例如第一屈服应力、杨氏模量、断裂应变等。图6.18(a)给出了[110]‖[100]纳米双晶在4~600 K下的应力应变关系。图6.18(b)和(c)则分别给出了单晶[100]和[110]晶粒在相同尺寸和条件下的应力应变曲线作为比较。从图中可以看到一些基本的特征。在第一屈服点之前,应力和应变大致呈线性关系,这符合弹性形变的特征。在第一屈服点之后,应力释放,表明纳米晶铜进入了塑性形变阶段。随着应变增加,应力持续减小,直到当体系没有能力重组到一个稳定的构型时,纳米晶断裂,应力应变的屈服循环结束。与[110]和[100]两个单晶对比,[110]‖[100]还是展现出一些独有的特征。最为显著的是其界面的脆性,其断裂应变在0.19~0.28范围内,远低于两个单晶。而[100]单晶拉伸表现了更好的延展性,在较高的温度下,断裂应变甚至超过1.0。此外,[100]晶向也具有更大的屈服应力,在低温下甚至超过10 GPa。而双晶和[110]单晶的屈服特征更相近些。

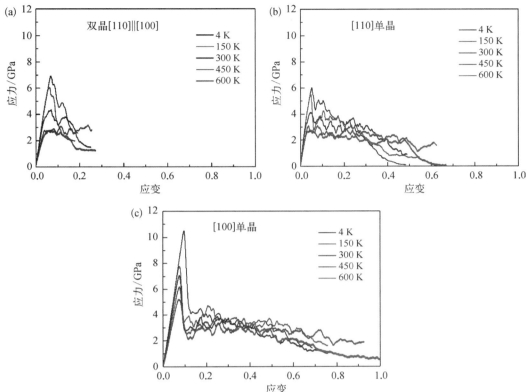

图 6.18　三种纳米晶铜在 4~600 K 温度范围内的应力应变曲线：
（a）双晶[110]‖[100]；（b）[110]单晶；（c）[100]单晶

　　图 6.18 表明第一屈服应力和杨氏模量均随着温度增加而减小,这说明温度对三个纳米晶体机械性质的影响基本一致。图 6.19 给出了双晶[110]‖[100]和单晶[100]和[110]的第一屈服应力和杨氏模量随温度变化的关系。从图中可以看到,三个体系都表现了较复杂的温度依赖关系。在低温时,[110]‖[100]的第一屈服应力介于[100]和[110]之间。随着温度增加,其与[110]更接近,但在 600 K,双晶的屈服应力小于两个单晶。而[110]‖[100]的杨氏模量仅仅在 300 K 左右处于[100]和[110]之间,在低温（4 K）和高温（450 和 600 K）时,均小于两个单晶。当然,如果忽略上述的细微差异,双晶[110]‖[100]与[110]更为接近。

　　温度对[110]‖[100]双晶机械强度的影响源自界面性质的改变。[110]‖[100]与两个单晶体系相比,界面两侧的晶格结构不匹配形成了较高的势垒,原子不易扩散,同时也阻止了滑移面的传播。同时,晶格的不匹配也导致了界面处原子的平均能量比块体材料更高。从而利于在形变过程中形成初始的裂隙。而界面与拉伸方向垂直,后续的拉伸加速了裂隙的发展,也因此表现了显著的脆性特征。这一点在低温（4 K）时尤为显著。在300 K 时,虽然温度的增加使界面处的原子具有更高的热运动动能,也增加了克服界面势垒束缚的能力,但仍不足以完全超越界面的作用。

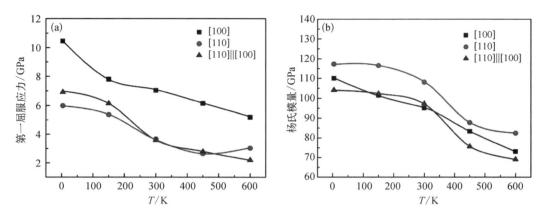

图 6.19   纳米晶铜在 4~600 K 温度范围内机械力学性质随温度的
变化关系:(a) 第一屈服应力;(b) 杨氏模量

6.3.5   [110]∥[100]双晶纳米线的拉压循环测试

[110]∥[100]纳米晶体系在不同温度下的形变行为说明该界面存在本质上的不相容性。在微纳机电系统的设计中,若将单晶[100]和[110]晶粒作为器件接触的两个部分,两者即使接触,也可再次分开。但界面的可靠性取决于界面的抗疲劳能力。这里,我们对[110]和[100]两个纳米晶进行先接触、拉伸断开,而后再压缩、再拉伸的循环测试。图 6.20(a)给出了拉伸压缩循环中断裂时刻的结构位图。在[110]和[100]两个纳米晶的压缩过程中,除了应变方向以外,其他的模拟参数均与拉伸过程中一致。从所给出的位图可以看到,[110]和[100]两个晶粒在反复接触、压缩和分离过程中,界面几乎没有发生融合,双晶体系始终在界面处断裂。

以上研究表明了[110]和[100]两个纳米晶在压缩和拉伸的循环中不发生界面融合。图 6.20(b)给出了拉伸屈服点的径向分布函数的第一、三和五近邻峰的统计图,以此来说明体系在疲劳循环中原子排布的有序性。从图中可知,各个近邻峰在循环中均在较小的范围内波动变化,说明[110]∥[100]纳米晶铜在拉伸和压缩循环中保持了较完美的晶体结构,这与[110]∥[100]纳米晶铜的脆性断裂行为是一致的。图 6.20(c)给出了每个拉伸压缩循环中原子的最大平均势能。从图中可以看到,最大平均势能随着循环次数的增加呈减小的趋势。并且,这一趋势在开始较明显,之后变得平稳。这是由于体系的势能一方面弥补了压拉循环中晶体结构变化所需要的能量,另一方面,晶界处的位错成核也会消耗一部分势能来使体系达到一个稳定的状态。故[110]∥[100]界面在拉伸压缩循环中保持了相对稳定的结构。从这一点,我们可以看到该界面具有抵抗诸如压缩、拉伸和冲击等机械作用的能力。

6.3.6   晶体取向对双晶界面的影响

[110]∥[100]界面在机械冲击下能保持较好结构的这一特性,促使我们进一步考察具有低能晶面的[111]体系对界面性质的影响。

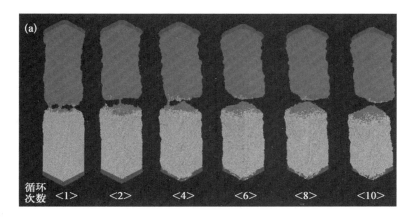

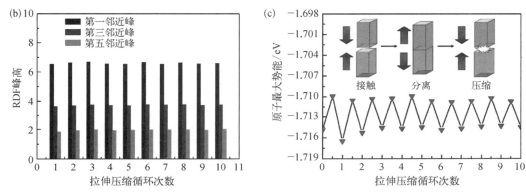

图 6.20　纳米晶铜[110] ‖ [100]的压缩拉伸循环测试:(a)断裂时刻的结构;(b)屈服
点的 RDF 曲线的第一、第三和第五近邻峰高;(c)压缩-拉伸循环中原子最大平
均势能(上为拉伸,下为压缩)

　　图 6.21(a)给出了相同条件下[111] ‖ [100]双晶铜在 4 K、300 K 和 600 K 下的拉伸
形变位图。从图中可看到该双晶纳米线在形变的初始阶段,[100]晶粒在界面处的部分
原子随着应变的增加逐渐黏合到[111]晶粒上。这就使[111] ‖ [100]纳米晶铜最终的断
裂位置在[100]区,而不是在晶界处。从不同温度的断裂位图也可以看到,界面转移的原
子数也随着温度的升高而增加。具体表现为,在 4 K 时仅是较少的原子黏合到[111]晶粒
上。而在 300 K 和 600 K 时,界面实现更好地融合,体系趋向于在[100]晶粒内断裂。图
6.21(b)给出的不同温度下[111] ‖ [100]双晶在断裂处的原子排布的截面图。从图中可
以看到,4 K 时还表现了明显的界面的分离,但在 300 K 和 600 K 时则出现了界面的融合。

　　图 6.22(a)给出了[111] ‖ [110]纳米双晶铜在 4 K、300 K 和 600 K 下的拉伸形变的
位图。从图中可以看到,4 K 时[111] ‖ [110]的形变行为与[110] ‖ [100]相似。这是由
于在低温条件下原子的热运动动能小,不足以克服界面不匹配产生的势垒,因而界面发生
脆性断裂。但是,当温度升高至 300 K 或 600 K 时,界面获得充分的融合,因而界面断裂比
晶粒内滑移需要更多的能量,这导致晶粒内持续滑移产生断裂。图 6.22(b)给出了不同
温度下断裂处的原子排布截面图。从图中可以看到,在 4 K 时界面融合性差,但随着温度
升高,界面处发生重构,从而实现了完美的界面融合。

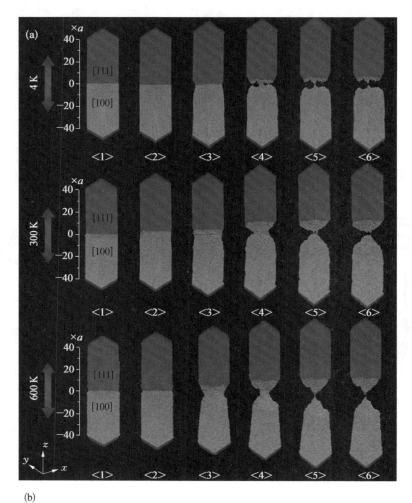

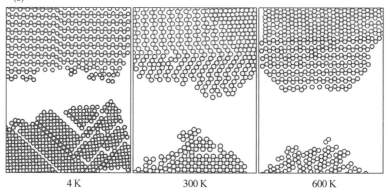

图 6.21　［111］∥［100］纳米晶在 4 K、300 K 和 600 K 下的拉伸形变行为：（a）结构图，图中应变 ε 从<1>到<6>分别为 0、0.083、0.368、0.532、0.688 和 0.733（4 K），0、0.102、0.313、0.489、0.693 和 0.764（300 K），0、0.115、0.323、0.516、0.738 和 0.797（600 K）；（b）断裂时刻的晶界截面图

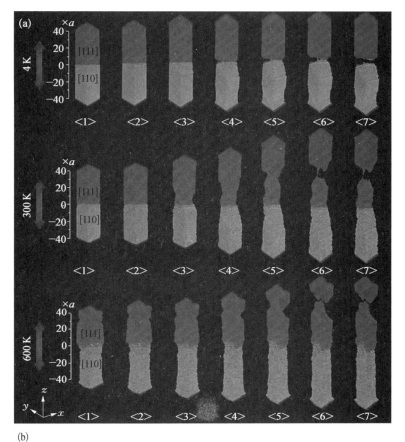

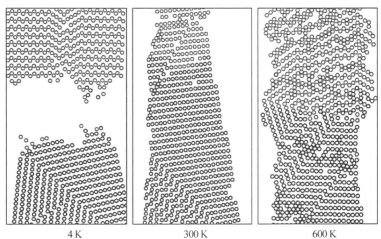

图 6.22 [111] ∥ [110] 纳米晶在 4 K、300 K 和 600 K 下的拉伸形变行为:
(a) 结构图,图中应变 ε 从 <1> 到 <6> 分别为 0、0.093、0.392、
0.623、0.686、0.698 和 0.872(4 K),0、0.102、0.256、0.398、0.688、
0.955 和 1.110(300 K),0、0.201、0.369、0.589、0.736、1.010 和
1.200(600 K);(b) 断裂时刻的晶界截面图

　　图 6.23 给出了 [111] ‖ [110] 纳米双晶铜在 4 K、300 K 和 600 K 拉伸的轴向应力分布,从中可以进一步加深对界面融合与温度关系的理解。从图中可以看到,应变 ε 为 0 时,应力均在 0 GPa 附近波动。低温时,界面处表现了一对相对较小的拉-压应力波动,随着温度升高,这一波动消失,意味着界面原子所处的应力环境更加均匀。随着拉伸的进行,应力分布曲线在不同的温度下表现不同。在 4 K 时,应力在两端得到抬升,呈现明显 V 形分布,界面处的应力集中得到进一步增加。而在 300 K 和 600 K 时,随着温度的升高,两端应力提升有限,特别是在 [110] 一侧,在 600 K 时几乎未有提升,因此应力从 [111] 向 [110] 一侧倾斜。并且在形变过程中界面处的应力集中表现得越来越不明显。与界面处的应力特征相反,[110]晶粒内在塑性形变的中后期出现大幅的应力波动,这也促进了颈缩的形成和最终的断裂。

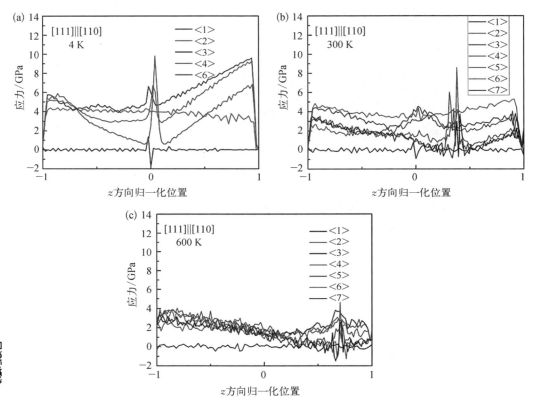

图 6.23　纳米晶 [111] ‖ [110] 在 4 K、300 K 和 600 K 下的轴向应力分布

　　从以上晶界的形变行为、结构特征以及随温度的变化可以发现,[111] 晶向的晶粒所构成的界面在不同温度下都易于促进界面融合。这可归属为 (111) 面具有较高的配位数,包含了 (111) 晶面的晶界有利于界面黏合和界面层的延展。温度对界面原子的运动表现了不同的影响,从而使含 [111] 晶粒的界面表现出不同的行为。面心立方结构的 (111)、(100) 和 (110) 面的晶面能,有 (111)<(100)<(110) 的趋势[14]。也就是说,晶面的原子配位数决定了晶界能的大小。对于低能面,原子密度高,与其他界面匹配好,易于重排,也促使了界面在拉伸过程中的融合。因此,能够通过穿过界面的滑移抵消界面的开裂。断裂由脆性变为

塑性。而对于高能面,外力和温度不易使界面处的原子重排,因此一旦在[110]∥[100]界面处出现裂纹,就会快速扩展,形成沿界面的脆性断裂。由此我们可以确切地指出,由于[110]∥[100]界面具有抵抗压缩-拉伸的冲击和热效应的能力,抗疲劳性能强,有助于避免体系失效,这使[110]∥[100]接触界面有望应用于微纳机电系统的设计中。

6.3.7 小结

本节采用分子动力学的方法,将单晶铜[110]和[100]作为界面的两部分,模拟研究了[110]∥[100]界面的特性。通过与[111]∥[100]和[111]∥[110]的比较,得出[110]∥[100]界面在拉伸-压缩的过程中可以很好地接触和分离,难以发生原子的粘连。这一特征取决于界面的本质,受温度的影响较少。[110]∥[100]纳米晶铜的拉压循环测试说明了该界面能承受多次的机械冲击,具有优良的抗疲劳性和稳定性,可以用于微机电系统的界面设计。以上研究不仅让我们理解了界面的失效机理,同时也为我们通过晶界设计来提升器件性能提供了一个路径。

6.4 多边形多晶纳米线的拉伸形变

6.4.1 引言

多晶金属晶界的性质和分布影响了材料的很多性质,如界面迁移、耐腐蚀性、裂纹成核和延展性等。在过去的二十年中,通过计算模拟和精细的实验,人们对多晶金属的机械行为有了更多的理解。到目前为止,晶界滑移、迁移、旋转和扩散蠕变等形变机理已用于解释材料的塑性形变特征。

晶界强化(或 Hall - Petch 加强)是一种通过改变材料的平均晶粒尺寸来强化材料的方法。它是基于系列实验观察,包括晶界滑移、晶界对位错运动的阻碍、晶粒中位错的数量、位错穿过晶界从一个晶粒扩散到另一个晶粒的概率等,来理解晶粒尺寸对材料的力学性能的影响。因此,通过改变晶粒大小可以控制位错的运动和调节材料的屈服强度。Hall - Petch 关系预测,随着晶粒尺寸的降低,屈服强度加强。许多关于纳米晶体材料的实验也证明,如果晶粒达到足够小的尺寸,即跨过临界晶粒尺寸(通常为 10 nm 左右),屈服强度随着晶粒尺寸的减小要么保持不变,要么减小。这种现象被称为反向或逆 Hall - Petch 关系。Keller 等[15]研究了单位厚度有很少晶粒的 Ni 多晶体的 Hall - Petch 行为,指出在某些临界条件下,Hall - Petch 公式有一定偏差。Godon 等[16]报道了颗粒尺寸大于 20 nm 时粒径与流动应力的依赖关系,指出 Hall - Petch 关系的斜率 k 取决于晶界分布的纹理方向。Chokshi 等[17]认为他们观察到的逆 Hall - Petch 关系是由室温下的科布尔蠕变(沿晶界扩散蠕变)所导致。在这样小的晶粒范围,沿着晶界的扩散蠕变是增强的,与高温下的粗晶粒多晶体对晶界滑移的影响相似。

在 Hall - Petch 关系和逆 Hall - Petch 关系中,位错滑移和晶界滑移都和温度有关。因此,通过改变体系的温度可以调节纳米晶金属材料的形变机制,并进一步探索高温下材料的强化和可加工性。因此,对金属纳米线在系列温度影响下的形变行为进行理论模拟具有重要的意义。尽管目前对材料的机械性能有相当数量的模拟研究,但对 Hall - Petch

关系与温度的依赖性关注还较少。

　　泰森多边形又叫 Voronoi 图（Voronoi diagram），得名于 Georgy Voronoi，是一组由连接两邻点线段的垂直平分线组成的连续多边形。它根据与一组对象或点的接近程度将空间划分为不同的区域。每个区域称为一个 Voronoi 单元或 Voronoi 多边形，由所有比给定集合中其他对象更接近特定对象的点组成。Voronoi 图是一种可以把点转化成区域的图表，这种图表中每个划分区域中的任何一点距离区域中心的距离都比距离其他区域中心点的距离更近。Voronoi 图在科学研究中具有广泛的应用，如模拟晶体结构、分析重力场以及理解生态系统中的空间模式等。在技术领域，这种几何结构在计算机图形学、计算机视觉和机器人技术等领域也有广泛的应用价值。应用范围包括生成地形图和图像分割、路径规划和物体识别等。在生命科学中，Voronoi 图在生物学、遗传学和医学研究中可以帮助分析细胞分布、模拟组织生长和预测遗传特征等。图 6.24 给出了二维 Voronoi 图的构建方法以及在不同领域的几个应用实例。

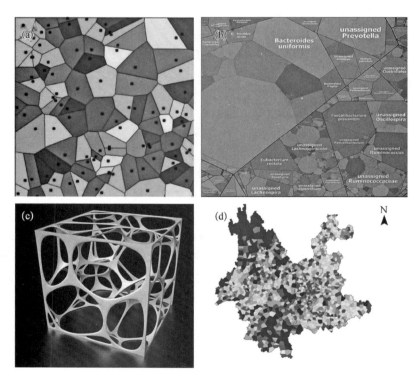

图 6.24　泰森多边形的应用例子：（a）泰森多边形的构建；（b）在生物代
谢研究中的应用；（c）在设计上的应用；（d）在地理学上的应用

　　构建 Voronoi 图的过程涉及一系列算法和步骤。首先，需要一个点集作为输入。这些点可以代表物体的位置或其他空间数据。根据输入的点集，需要初始化一个空的 Voronoi 图。如果输入点集没有定义边界或边界不明确，则需要添加一个边界来限定 Voronoi 图的范围。一般是一个多边形或其他几何形状，根据具体应用需求而定。为了有效构建 Voronoi 图，通常会对输入点集进行排序，以确定点的处理顺序。常见的排序方法包括按

照点的 x 坐标或 y 坐标进行排序。Fortune 算法是一种常用的构建 Voronoi 图的算法。它基于扫描线的概念,从上到下逐行扫描输入点集,并在扫描过程中构建 Voronoi 图。构建完成之后,依据每个晶粒结构,在其中随机设定晶体的生长方向,填满每个晶粒。

　　在本节中,我们设计了具有不同长径比的基于三维 Voronoi 晶粒结构特征的多晶银纳米线,运用分子动力学模拟的方法探讨不同温度下的力学性质。详细探究了晶粒的长径比对柱状多晶银纳米线拉伸形变机理的影响。在此基础上,进一步改变体系的温度,探究温度的影响。我们发现,晶粒长径比较大时,纳米线弹性阶段刚度略大,但是塑性形变能力较差,其形变机理主要由晶界主导;长径比小于 1 时,纳米线的形变机理主要由晶界与位错滑移之间的相互作用主导。同时发现,在温度低于 200 K 时,大晶粒体系主要表现为位错和滑移面的发展。在本节考察的温度范围内,随着温度的升高,纳米线的最大屈服强度基本不变。此外,随着温度的升高和晶粒尺寸减小,晶粒滑动机制在纳米线拉伸过程中的作用逐渐加强,表现为纳米线的最大屈服强度减小。本节中也探究了温度对 Hall – Petch 关系的影响。

6.4.2　模型建立与分子动力学研究方法

　　构建立方结构的含柱状泰森多边形晶粒结构的银纳米线。纳米线尺寸为 15.13 nm×15.13 nm×29.85 nm。包含的晶粒个数分别为 8、12、16、20 和 24,各纳米线晶粒的长径比不同。表 6.2 和图 6.25 对本节所涉及的模型的结构特点进行了统计和图示说明。图 6.26 给出其中 5 种纳米线结构的初始构型,分别命名为 Para 2 – 8、Para 2 – 12、Para 2 – 16、Para 2 – 20 和 Para 2 – 24,平均等效粒径分别为11.77 nm、10.29 nm、9.34 nm、8.68 nm 和 8.16 nm。体系的原子总数均在 38 万左右。

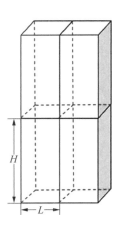

图 6.25　柱状晶粒模型的晶体学特点

　　采用嵌入原子势方法(EAM)分析银原子间的相互作用能。分别设定一系列体系温度。使体系在各自的温度下先自由弛豫 256 ps 以达到完全的平衡状态,而后沿纳米线的 z 轴以 0.028 7% ps^{-1} 的应变速率匀速双向拉伸至断裂。拉伸过程中,给定固定层原子沿 z 方向的均匀速度,

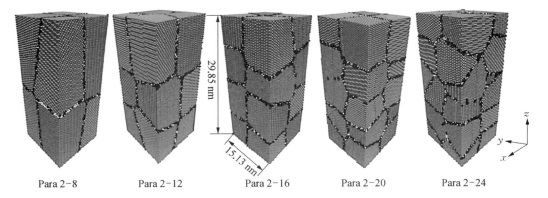

图 6.26　含柱状晶粒的多晶银纳米线的初始构型

但其在 x 和 y 方向上保持移动的能力,其余牛顿层原子在全空间可以自由运动。表 6.2 对所有模型的晶体特征进行了汇总,表明随着晶粒个数的增加,粒径减小,晶界原子的占比增加。

表 6.2　不同晶粒数量银纳米线在 10 K 下的晶体特点

晶粒数量	等效尺寸/nm	晶界原子数占比/%	$k/(\text{meV/nm}^2)$
8	11.77	6.72	5.56
12	10.29	7.04	5.16
16	9.34	9.15	4.48
20	8.68	9.95	4.43
24	8.16	10.19	4.43

6.4.3　单元晶粒的长径比($H：L$)对纳米线形变机理的影响

我们可以用长(H)和宽(L)之比来描述柱状晶粒的基本结构,从而进一步研究它们之间的相对比例关系对纳米线形变的影响。图 6.27(a)为不同长径比($H：L$)多晶银纳米线在低温低速(2 K, 0.028 7% ps^{-1})拉伸时的应力应变曲线图。从图中可以看出,长径比大于 1 的纳米线(如 Para 2‑8、Para 2‑12)的屈服行为与其他样本有较大的区别。其最大应力一般显著大于长径比小于 1 的纳米线(如 Para 2‑16、Para 2‑20 和 Para 2‑24)。同时屈服点之后的应力释放也更为迅速。当长径比小于 1 时,最大应力随着晶粒尺寸的减小而降低,在后续的塑性形变过程中,应力普遍保持在较高的水平。特别是 Para 2‑24,甚至可以观察到在塑性形变过程中连续的强化现象。

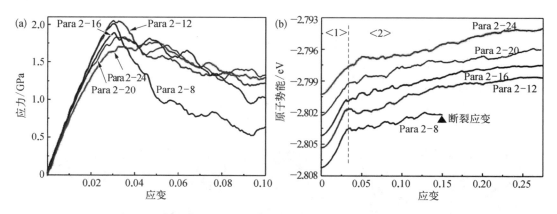

图 6.27　含柱状晶粒的多晶银纳米线的拉伸行为：(a) 在 2 K 和 0.028 7% ps^{-1} 应力应变曲线；(b) 能量变化曲线

文献报道指出,单晶银的杨氏模量在 83 GPa[18]。与之相比,本工作模拟的多晶银纳米线的杨氏模量随着晶粒尺寸的增大从 60 GPa 增长到 80 GPa。长径比大于或等于 1 时,更大的杨氏模量可以认为是由更少的晶界原子占比以及更少的晶粒数量引起的。Para 2‑8、Para 2‑12 应力应变曲线相似。长径比小于 1 时,其杨氏模量减小,更大的可能是由晶界滑移降低该纳米线的刚度。

　　图 6.27(b)为不同长径比多晶银纳米线的原子平均势能曲线图。在纳米线到达屈服点之前(区域<1>),随着拉伸势能逐渐增加,由于外部拉伸做功,在 z 方向上增加了原子之间的平均距离,虽有部分势能转变为动能并通过恒温处理而耗散掉,但是总体上体系的势能在弹性形变阶段会持续上升。对于长径比更大的几个样本,例如 Para 2-8、Para 2-12 和 Para 2-16,能量的增长近乎呈现 $E = 1/2kx^2$ 的关系,但是对于另外几个小长径比的样本,由于晶界蓄能作用,这种关系变得不明显。在屈服点之后(区域<2>),纳米线的能量变化缓慢,表明纳米线进入了塑性形变阶段。在这一阶段,由于位错的大量产生,纳米线能量呈现振荡变化。在<1>到<2>区域内,纳米线内部产生大量的位错滑移和堆积位错,在<2>以后的区域中,纳米线 Para 2-8 和 Para 2-12 从晶界处断裂,纳米线 Para 2-16、Para 2-20 和 Para 2-24 开始出现晶粒融合和晶粒转动,这表明晶粒长径比小的纳米线塑性更好。

　　为了进一步探索不同晶粒的长径比对塑性形变机理的影响,我们对各纳米线在形变过程中的结构位图进行了分析。图 6.28 给出长径比大于1(Para 2-8 和 Para 2-12)的两个样本的形变结构。在弹性形变阶段,纳米线结构保持完整。当拉伸至屈服点,位错开始从晶界的交汇处产生,如字母 A 所示。后续位错滑移沿(111)面发展,直至被晶界或侧面阻挡,如字母 B 所示。从图中可以看出,Para 2-8 和 Para 2-12 纳米线的内部产生的位

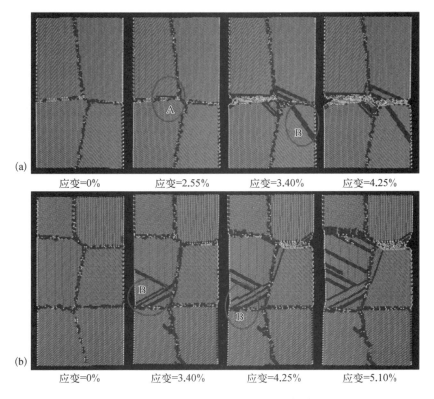

图 6.28　晶粒长径比大于 1 的多晶纳米线的拉伸形变图:
(a) 8 个晶粒 Para 2-8;(b) 12 个晶粒 Para 2-12

错和滑移面因晶粒较大整体偏少,晶界的阻滞作用明显,所以体系抗形变能力更强,即弹性阶段的刚性更大,也导致其有更大的屈服应力。此外,Para 2 – 8 在应变为 3.4% 即从中部晶界处开裂,Para 2 – 12 在应变为 4.25% 从距顶端 1/3 的晶界处开裂,这都说明这类样本的塑性较差,表现为脆性断裂。因此,其形变机理主要由晶界主导。

图 6.29 为晶粒长径比小于等于 1 的 Para 2 – 16、Para 2 – 20 和 Para 2 – 24 三个样本的形变结构图。同样,在弛豫阶段和弹性形变的早期,纳米线中每个晶粒均保持完美的结晶结构。相对高能的晶界原子在这一阶段并没有对晶粒的内部结构产生作用。到达屈服点,位错滑移开始从晶界交汇处产生(如字母 A 所示)。从图中可以看出,长径比小于 1 时,纳米线的形变机理由前面单纯的晶界主导转变为晶界与晶粒内位错滑移的相互作用。相对来说弹性阶段的刚度较差。在塑性形变阶段,大量的位错滑移在晶粒的内部产

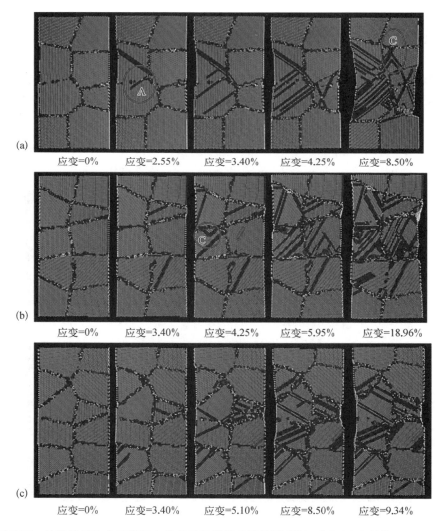

(a) 应变=0%　　应变=2.55%　　应变=3.40%　　应变=4.25%　　应变=8.50%

(b) 应变=0%　　应变=3.40%　　应变=4.25%　　应变=5.95%　　应变=18.96%

(c) 应变=0%　　应变=3.40%　　应变=5.10%　　应变=8.50%　　应变=9.34%

图 6.29　晶粒长径比小于等于 1 的多晶纳米线的拉伸形变图:(a) 16 个晶粒
Para 2 – 16;(b) 20 个晶粒 Para 2 – 20;(c) 24 个晶粒 Para 2 – 24

生和发展,并伴随着晶界的融合和转动现象。在拉伸过程中产生了"Z"型位错(如图 6.29 中字母 C 所示),"Z"型位错由位错交叠产生,可以增强纳米线的塑性,不易从晶界处开裂。因此,晶粒长径比小于 1 时,纳米线的塑性更好。为构建高强度纳米线,还要综合考虑纳米线弹性阶段的刚度、屈服强度和塑性延展性。

6.4.4　温度对多晶银纳米线形变机理的影响

图 6.27 根据原子平均势能曲线和应力应变曲线得出各纳米线力学性质的变化规律,进而从微观结构角度解释其在拉伸载荷下的形变机理。而这些特征与纳米线所处热浴环境,即温度有关。图 6.30 给出三个代表性温度下原子平均势能随温度的变化关系。在低温(10 K)条件下,原子热运动得到抑制,能量变化在形变初期更接近理想弹性体特征。弹性势能是储存在材料或物理系统中用来改变其体积或形状的潜在能量,在这一阶段(图中的<1>部分)势能以二次函数($E = 1/2kx^2$)的形式增加,符合弹性形变规律。通过拟合,我们发现在此阶段 k 值分别为 5.56 meV/nm^2、5.16 meV/nm^2、4.48 meV/nm^2、4.43 meV/nm^2 和 4.43 meV/nm^2(列于表 6.2 中)。显然晶粒尺寸越大,弹性系数越大。此外,起始能量随晶粒的个数增加而提升,这也说明了小晶粒的体系有更大的晶界原子占比和更高的平均势能。因此除了晶粒尺寸外,晶界原子的活性也会对形变起到一定的作用。在塑性形变阶段(<2>所示),由于在初期产生一定数量的位错滑移,势能先有一个轻微的

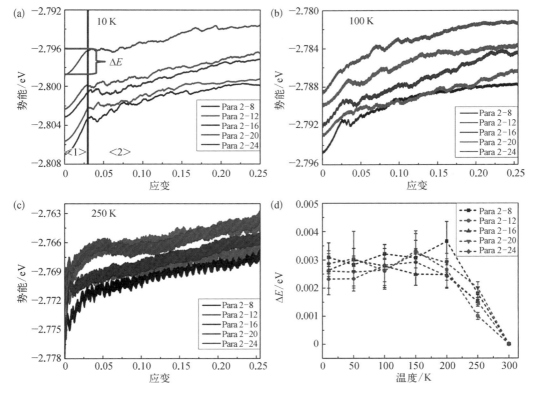

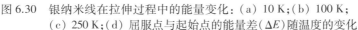

图 6.30　银纳米线在拉伸过程中的能量变化:(a) 10 K;(b) 100 K;
(c) 250 K;(d) 屈服点与起始点的能量差(ΔE)随温度的变化

下降,然后随着大量滑移面的产生与消失,能量出现波动上升。由于温度较低,波动幅度总体不大。在 100 K 时,基本特征与 10 K 相似。但对于晶粒较多的 Para 2‒24,势能上升不再有明显的二次关系。此外,势能的波动更为显著。250 K 时,因原子热运动动能的增加表现了较为剧烈的能量波动,如图6.30(c)所示。势能的二次函数增长特征完全消失,各个模型的能量起点也更靠近,这些特点均说明原子的热运动活跃,晶体结构的有序性变差。不仅晶界原子起作用,晶粒内部热激活的原子也促进纳米线的形变。图6.30(d)给出弹性形变阶段的势能差(ΔE)与温度的关系。我们发现 ΔE 随温度的升高而减小。但 ΔE 减小的速率在所研究的温度范围内差别较大,低于 200 K 时,ΔE 下降缓慢,高于 200 K 时,ΔE 下降的迅速。此现象预示,在 200 K 时纳米线的形变机理可能发生了质的变化。

图 6.31 分别比较了 5 种银纳米线在不同温度下的应力应变曲线。图 6.31(a)给出在 10 K 的应力应变曲线,从中可以看出纳米线的拉伸应力随应变线性增加至屈服点,然后稳步下降,该线性关系表现了弹性行为。仔细比较 5 个代表性样品可以发现,晶粒数目少则线性关系保持得更好。而对于晶粒最多的 Para 2‒24,在 1/2 屈服应变之后就渐渐偏离了线性关系。这也说明高活性的晶界原子显著影响了纳米线的弹性特征,降低了它的刚度,这些特点都与 2 K 条件下一致[图 6.27(a)]。此外,如前所述,屈服应力也随着晶粒数目的增加而明显降低,Para 2‒8 和 Para 2‒24 之间的屈服应力降低了 18.2%,而在 100 K[图 6.31(b)]时屈服应力只减小了 16.7%。随着温度进一步升高至 250 K,如图 6.31(c)所示,应力剧烈波动,且屈服点之前的线性关系变差,屈服点之后的应力下降也较低温的缓慢。这归结为高温下原子热运动能力的增加,改变了纳米线塑性形变的特征。

然而,原子的热运动尚不足以克服晶界结构的不匹配导致的势垒,因此在我们所考察的温度范围内界面难以通过热浴获得完全的融合。但升高温度还是在一定程度上提高了材料的延展性。除此之外,升温也促进了材料中产生更多的非晶态原子团簇,也在塑性变形中起到晶粒移动的润滑作用。为了进一步分析纳米线在不同温度下的力学性质,我们将屈服应力、屈服应变和杨氏模量进行了统计。在图 6.31(d)给出了屈服应力随温度的变化关系,从中可以看出,在温度低于 200 K 时,屈服应力随着温度的升高基本保持不变;而温度高于 200 K 时,屈服应力随温度迅速减小。在较低的温度下,屈服应力随晶粒尺寸的增大而升高,但是在较高的温度下,这一特征变得不很明显,说明高温原子热运动的作用在一定程度上平衡了晶界的作用。图 6.31(e)给出了屈服应变随温度的变化关系。在温度低于 200 K 时屈服应变基本保持不变,而在高于 200 K 时,随着温度的升高而略有增加。同时晶粒尺寸对屈服应变的影响不是很明显。图 6.31(f)给出了杨氏模量随温度的变化关系。因为屈服应变随温度的变化不显著,因此杨氏模量更多地表现出与屈服应力类似的变化关系,即在 200 K 以下时,降低缓慢,而高于 200 K 时,迅速下降。

从上述讨论我们可以得出,温度对多晶银纳米线的形变机制的影响可以分为两个阶段,其以 200 K 为界,低于 200 K 时,温度的影响较弱,高于 200 K 时影响明显。为了更进一步理解温度对形变的影响,我们分析了不同温度下纳米线的径向分布函数(RDF)和不同类型原子数量随应变的变化。

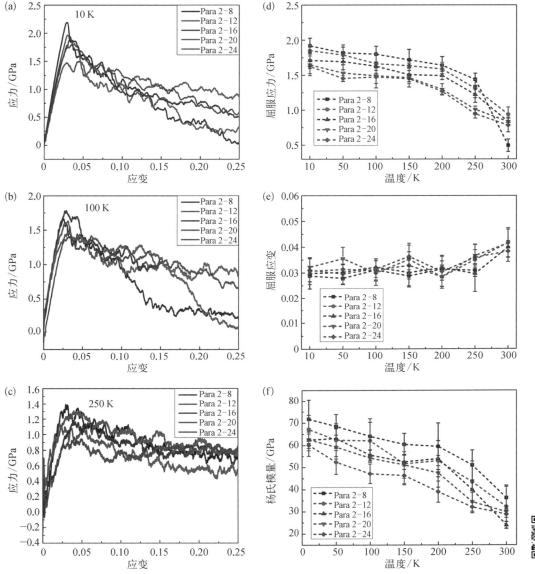

图 6.31　不同粒径银纳米线的机械力学性质对温度的依赖关系:(a)10 K 的应力应变曲线;
(b)100 K 的应力应变曲线;(c)250 K 的应力应变曲线;(d)屈服应力与温度的关系;
(e)屈服应变与温度的关系;(f)杨氏模量与温度的关系

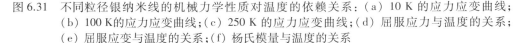

　　图 6.32(a)给出在 50 K 下 5 种多晶银纳米线在屈服点处的 RDF 图。从图中可以看出,随着晶粒数量的减少,短程有序性基本相同,但长程有序性降低。这符合本节纳米线建模时所体现的晶体特征。进一步研究了晶粒数量最少的样本 Para 2 - 8 在不同温度下的 RDF 图[图 6.32(b)]。为了更清晰地展示短程有序性和长程有序性,图 6.32(c)和图 6.32(d)分别放大了 0.6~0.8 和 3.0~4.0 两部分。从图 6.32(c)中可以看出,随着温度的升高,短程的 RDF 峰降低,其从 50 K 到 150 K 下降了约 35%,而从 200 K 升高到 300 K 又

下降了14%。这说明 Para 2－8 的短程有序性随着温度的升高而变差了,特别是在 200 K 以后变得更差。而从图6.32(d)中我们发现,远程 RDF 峰同短程峰一样随着温度的升高而降低,低于 200 K 时降幅大,而高于 200 K 时降幅较小。另外随着温度的升高,RDF 曲线发生了明显的右移,这是因为随着温度的升高,材料的体积膨胀,这对长程有序性的影响更为明显。从 RDF 曲线我们也可以得出这样的结论,即纳米线的形变机制在 200 K 时发生了转变。

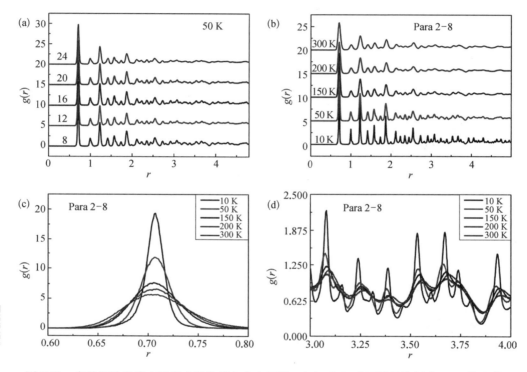

图6.32　多晶银纳米线在屈服点处的径向分布函数:(a) 50 K 时不同晶粒尺度 RDF 的比较;
(b) Para 2－8 在不同温度下的比较;(c) Para 2－8 在不同温度下的第一近邻峰;
(d) Para 2－8 在不同温度下的长程有序性

　　图6.33 展示了纳米线中的 FCC、HCP 和其他种类原子在拉伸过程中的数量变化。图中的竖线将拉伸过程分为两个阶段,即左侧的弹性阶段和右侧的塑形阶段。因整个过程中其他原子数基本保持不变,所以对滑移面起贡献的 HCP 原子数的增加对应着 FCC 原子数的减少。当纳米线处于弹性阶段,会在屈服点附近产生一定数量的早期滑移面,从而使 HCP 原子数量得到一定的增加。升高温度既提高了原子热运动的能力,又助于获得更多的位错滑移面,因此从图中可以看出这一阶段受到温度的影响更大。图6.33(a)给出了长径比大于 1 的 Para 2－8 特征原子数的变化。在低温 10 K 时,直到屈服点前 HCP 原子数基本保持不变。这与弹性阶段晶体的特征一致。但当温度上升至 150 K,原子热运动的加剧使 HCP 原子数在弹性形变的一半处即开始出现了增长。而在 250 K 时,即使在弹性形变的初期 HCP 原子数开始迅速增加,而后又缓慢降低,形成一个弧形。因 HCP 原子一般代表了位错原子,上述变化说明随着温度的升高,纳米

线在弹性形变阶段就产生了一定数量的位错。即便这些原子未必连成片,形成滑移面,但其所具有的高活性,无疑可以成为后续滑移面生成的源头,有力地促进了纳米线后续的塑性形变。与图 6.33(a)类似,图 6.33(b)给出 3 个温度下 Para 2-12 的特征原子数的变化图。略有不同的是,250 K 时 HCP 原子在弹性阶段是增长后保持一定的波动。图 6.33(c)和图 6.33(d)给出长径比小于 1,晶粒数量更多的 Para 2-20 和 Para 2-24 的特征原子数量的变化图。在弹性阶段,尽管 HCP 和 FCC 原子数的变化与前两图相似,但其变化幅度更为剧烈,且变化的时间更早。说明了在晶界原子数占比更多的体系中,活性原子更多,其对温度更为敏感。晶界原子与热激发的原子相互促进,极大地改变了弹性形变阶段纳米线的内部结构。这也对应了高温下应力应变曲线弹性区的非线性特征。

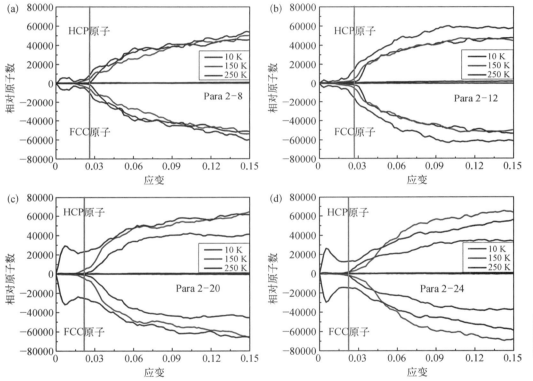

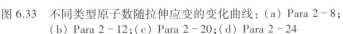

图 6.33　不同类型原子数随拉伸应变的变化曲线:(a) Para 2-8;
(b) Para 2-12;(c) Para 2-20;(d) Para 2-24

　　上述四种纳米线在塑性形变阶段都有大量的滑移面产生和发展,因此特征原子数量的变化趋势也大体相同。不同的是晶粒数目越多,温度影响越显著。例如塑性形变阶段 Para 2-24 的三个温度的曲线彼此分离,但 Para 2-8 的三条曲线就彼此接近。四种晶粒数量的纳米线随温度的变化主要体现在弹性阶段,即随着温度的升高,HCP 原子在弹性阶段就出现了增加。特别是当温度高于 200 K 时,说明了纳米线在 200 K 以后,形变机理发生了变化。

　　从微观的结构变化可以更直接地了解不同温度下的多晶银纳米线的形变机理,特别是理解在 200 K 时形变机制发生的转变。我们分别对 Para 2-8、Para 2-16 和 Para 2-24 在 10 K、150 K 和 250 K 形变过程中的结构图进行了分析。

　　图 6.34 给出仅含有 8 个晶粒的 Para 2-8 在 10 K、150 K 和 250 K 下的结构形变位图。初始位错在屈服点附近从晶界处产生(图中字母 A)。从原子活性上,晶界上的无序原子能量高,更容易作为位错源诱导位错的产生。图 6.34(a)中,低温条件下滑移面的数量有限,纳米线在晶界处形成裂隙(如标记 B),导致最终断裂。在 10 K 和 150 K 时,部分位错滑移至晶界形成堆积层错,如图 6.34(a)和图 6.34(b)中圆圈标记。随着形变的持续,这些堆积部分作为新的位错源产生更多的位错。在 250 K 时[图 6.34(c)],可以发现在位错生成前晶界原子数目变多,晶界范围扩展,因此能量变高,这也与 HCP 原子数显著增加一致。从图 6.34 的比较中,可以看出随着温度的升高,Para 2-8 的形变机制从晶粒内部的位错滑移向晶界熔融促进的位错滑移转变。

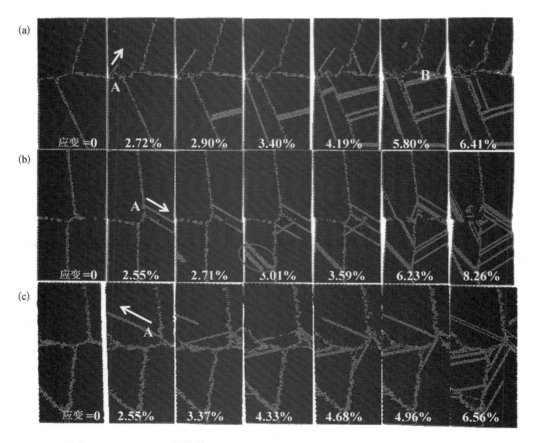

图 6.34　Para 2-8 的拉伸形变的结构位图:(a) 10 K;(b) 150 K;(c) 250 K

　　图 6.35 中分别给出了 Para 2-16 在 10 K、150 K 和 250 K 下的形变结构图。比较 3 个不同的温度,我们可以观察到多晶纳米线都是从自由表面或晶界处开始形成位错(字母 A 所示),进而向内部发展,并被自由表面或晶界阻挡。不同的是,在室温 250 K,初始位错

在弛豫的过程中就已经形成,这也与 HCP 原子数量的变化特征一致。随着形变的继续,位错滑移积累到一定程度,滑移面穿透晶界的限制,在邻近的晶粒内开始新的位错成核和增殖(字母 C 所示)。和 250 K 相比,在低温 10 K 或 150 K,拉伸过程中出现了 Z 形位错(图中字母 B 所示)。Z 形位错由位错交叠产生,可以增强纳米线的塑性。从图 6.35 还可以看出,随着晶粒数量的增加,晶粒取向的随机因素,叠加晶界无序原子数量的增多,导致位错滑移的产生与发展更为复杂。但其对温度也未表现出更敏感,或许是晶界本已混乱的高能原子掩盖了热激发原子的贡献。

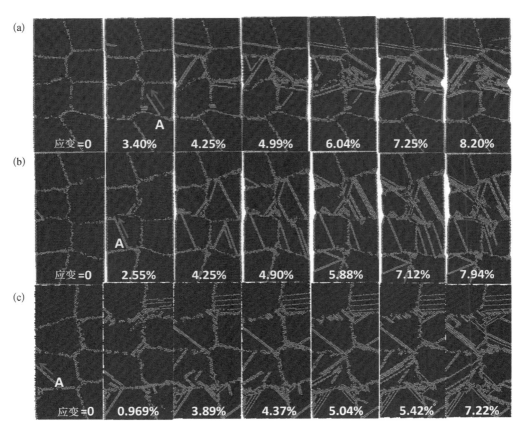

图 6.35　Para 2 - 16 的拉伸形变的结构位图:(a) 10 K;(b) 150 K;(c) 250 K

图 6.36 给出了包含更为细小晶粒的 Para 2 - 24 纳米线在 10 K、150 K 和 250 K 的形变结构位图。同样地,初始位错都是从晶界处产生并发展的(如图中字母 A 所示),并被自由表面或晶界阻挡,但是所对应的应变值随温度的升高而减小。这是因为温度越高,晶界原子的能量越高,特别是对于小晶粒尺寸的体系,位错越容易在晶界处产生,从而缩短了产生初始位错的时间。随着拉伸的进行,大量位错产生,晶粒内出现大量层错,以及不同方向的滑移面相交。有一部分位错穿过晶界的限制,在邻近的晶粒内部形成新的位错(如图中字母 B 所示)。同 Para 2 - 16 相似,在 10 和 150 K 时,拉伸过程中也形成了 Z 形位错。

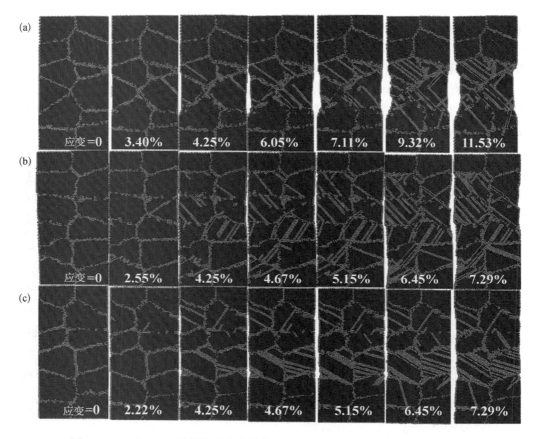

图 6.36　Para 2-24 的拉伸形变的结构位图：（a）10 K；（b）150 K；（c）250 K

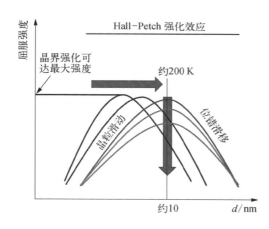

图 6.37　不同温度下的 Hall-Petch 强度极限图

总结上述的数据分析和讨论，我们将温度对多晶银纳米线形变机理的影响归纳于图 6.37。在本节所研究的温度范围内，当温度低于 200 K 时，随着温度的升高，晶界强化导致的最大屈服强度（Hall-Petch 关系的极值）仅略有下降，温度的影响表现在使 Hall-Petch 关系向大晶粒尺寸的方向移动。但当温度高于 200 K 时，随着温度的升高，晶粒内的原子活性，特别是晶界原子的活性增强，位错滑移变得更容易，所以成为形变的主导因素。因此晶界强化可及的最大屈服强度大幅度下降。

6.4.5　小结

在本节中，运用分子动力学模拟的方法研究了具有泰森多边形的多晶银纳米线的拉伸形变。结果发现,长径比和温度对多晶银纳米线的形变机理都有着重要影响。晶界上大量的无序原子使晶界的势能更高。晶粒尺寸越小,晶界原子占比越大。随着温度的升高,原子热运动加剧,导致体系具有高能量,促进了位错滑移的生成和发展,因此纳米线屈服强度降低。同时也因为热运动的加剧,导致纳米线的短程和长程有序性降低。这些宏观性质的变化,可以在微观结构上体现。对于低温($T < 200\,\mathrm{K}$)和大粒径纳米线(例如 Para 2−8 和 Para 2−12),多晶银纳米线的形变包含晶粒内部滑移以及晶界原子的脆性断裂,以后者为主。随着温度的升高,晶界作用加强,促进了晶粒内部滑移面的增多,延展性改善。在温度 $T > 200\,\mathrm{K}$ 时,长径比大于1的纳米线,晶粒内的滑移生长主导形变机理;长径比小于1的纳米线,晶粒间位错滑移的迁移主导形变机理。同时在温度 $T > 200\,\mathrm{K}$ 时,纳米线的强度随温度升高而显著降低。

6.5　本章小结

本章考察了双晶和多晶纳米线的形变机理,以及对操作条件的依赖。从方法上讲,分子动力学给出了一些样本的个例,并从结构图中可以分析问题的缘由。然而能回答"为什么"还不足以到达研究的终点,进一步还需要知道"怎么演化"。这就需要对多晶体系内部的结构变化开展统计分析,并获得其与宏观性质之间的相关性。这些研究计算量巨大,分析算法复杂,仍是一个不小的挑战。

参 考 文 献

[1] Gleiter H. Nanocrystalline materials[J]. International Materials Reviews, 1995, 40(2): 41−64.

[2] 孙伟,常明,杨保和.分子动力学模拟纳米晶体铜的结构与性能[J].物理学报,1998(4): 591−597.

[3] Spearot D E, Tschopp M A, Jacob K I, et al. Tensile strength of <100> and <110> tilt bicrystal copper interfaces[J]. Acta Materialia, 2007, 55(2): 705−714.

[4] Klinger L, Rabkin E. Thermal stability and strength of polycrystalline nanowires[J]. Materialwissenschaft und Werkstofftechnik, 2005, 36(10): 505−508.

[5] 钱逸泰.结晶化学导论[M].合肥: 中国科学技术大学出版社,2005.

[6] Schiøtz J, Jacobsen K W. A maximum in the strength of nanocrystalline copper[J]. Science, 2003, 301(5638): 1357−1359.

[7] Zhang H, Srolovitz D J, Douglas J F, et al. Characterization of atomic motion governing grain boundary migration[J]. Physical Review B, 2006, 74(11): 115404.

[8] Shan Z W. Grain boundary-mediated plasticity in nanocrystalline nickel[J]. Science, 2004, 305(5684): 654−657.

[9] Yamakov V, Wolf D, Phillpot S R, et al. Deformation-mechanism map for nanocrystalline metals by molecular-dynamics simulation[J]. Nature Materials, 2003, 3(1): 43−47.

[10] Sato F, Moreira A S, Bettini J, et al. Transmission electron microscopy and molecular dynamics study of the formation of suspended copper linear atomic chains[J]. Physical Review B, 2006, 74(19): 193401.

[11] Finbow G M, LyndenBell R M, McDonald I R. Atomistic simulation of the stretching of nanoscale metal wires[J]. Molecular Physics, 1997, 92(4): 705−714.

[12] Wang L, Zhang H W, Deng X. Influence of defects on mechanical properties of bicrystal copper grain boundary interfaces. [J]. Journal of Physics D: Applied Physics, 2008, 41(13): 135304.

[13] Heino P, Hakkinen H, Kaski K. Molecular-dynamics study of copper with defects under strain[J]. Physical Review B, 1998, 58(2): 641−652.

[14] Keblinski P, Wolf D, Phillpot S R, et al. Structure of grain boundaries in nanocrystalline palladium by molecular

dynamics simulation[J]. Scripta Materialia, 1999, 41(6): 631 – 636.

[15] Keller C, Hug E. Hall-Petch behaviour of Ni polycrystals with a few grains per thickness[J]. Materials Letters, 2008, 62 (10 – 11): 1718 – 1720.

[16] Godon A, Creus J, Cohendoz S, et al. Effects of grain orientation on the Hall-Petch relationship in electrodeposited nickel with nanocrystalline grains[J]. Scripta Materialia, 2010, 62(6): 403 – 406.

[17] Chokshi A H, Rosen A, Karch J, et al. On the validity of the hall-petch relationship in nanocrystalline materials[J]. Scripta Metallurgica, 1989, 23(10): 1679 – 1683.

[18] Wu B, Heidelberg A, Boland J J, et al. Microstructure-hardened silver nanowires[J]. Nano Letters, 2006, 6(3): 468 – 472.

第 7 章

金属纳米材料中的孪晶界

7.1 多重孪晶界对纳米线形变的影响

7.1.1 孪晶界概述

金属材料是由原子构成的晶体,晶体是由基本单元——晶胞构成的,它建立在原子的周期性排布的基础上。金属材料的微观结构对它的宏观力学性能有很大影响。金属的孪晶是指沿特定取向关系的两个晶体(或一个晶体的两部分)构成的镜面对称的位向关系。孪晶界是孪晶两侧晶体之间的界面,它对金属材料的宏观力学性能、塑性和断裂行为有着显著的影响。

孪晶界分为两类,即共格孪晶界和非共格孪晶界。共格孪晶界是指孪生面两侧晶体以此面为对称面,构成镜面对称关系。在孪晶面上的原子同时位于两个晶体点阵的结点上,为两晶体所共有,自然地完全匹配,使此孪晶面成为无畸变的完全共格界面。它的能量很低,很稳定。共格孪晶界在金属材料的宏观力学性能中发挥着重要作用,如提高强度、韧性和延展性等。

非共格孪生面则是孪生过程中的运动界面,当孪生切变区与基体的界面不和孪生面重合时,这种界面称为非共格孪生面。随非共格孪生面的移动,孪晶长大。非共格孪晶界是一系列不全位错组成的位错壁,孪晶界移动就是不全位错的运动。非共格孪生面的移动过程中,非共格位错和孪晶界所处的位置和移动速率是很重要的。非共格孪晶界的运动可以导致金属材料的塑性和断裂行为的变化。

鉴于金属材料中的孪晶结构和孪晶界对材料的宏观力学性能有着显著的影响,研究孪晶的形成、演化和运动行为,对于理解金属材料的本质和改善金属材料的性能具有重要意义。

现以 FCC 结构在(111)面上的原子层排列顺序阐述孪晶的形成机制。如图 7.1 所示,初始单晶结构是由原子层按照…ABCABC…顺序堆垛而成,若其中的某一层发生肖克莱(Shockley)不全位错,那么原子层的堆垛顺序变为…CABC[A]CBAC…,从而使上下两部分形成镜面对称关系。将具有该结构的晶体称为孪晶(twin crystal),[A]层原子称为孪晶界(twinning boundary,TB),孪晶界之间的距离称为孪晶界间距或孪晶带宽(twinning boundary spacing,TBs)。

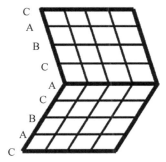

图 7.1 孪晶形成机理的示意图

　　孪晶界是低能态共格界面,能表现出良好的热稳定性和力学稳定性,常见于半导体纳米线和贵金属纳米线中。当材料尺寸减小到纳米级别时,界面原子的比例增加,孪晶界的作用越发凸显。

　　另外,孪晶界是一种特殊类型的晶界,它是一种平面层错,其晶格结构相对晶界表现出镜像对称性。孪晶界在形变过程中有时会起到至关重要的作用。特别是,随着材料的临界尺寸减小到纳米级,由于位于界面处或附近的原子占比增加,孪晶界的影响被放大。对金属纳米线的许多研究都与孪晶界处塑性形变的微观机理有关。先前的实验也表明,铜纳米线中存在高密度孪晶,可显著提高机械强度,同时提供了相当大的拉伸延展性。与已知实验对比,研究者已经建立了一些分子动力学(MD)的模拟模型,以了解孪晶界通过阻碍位错运动而增强的机制。

　　实验上已经证实了高密度孪晶铜纳米线具有极高的强度和拉伸塑性,这与孪晶界和位错的相互作用有关[1]。卢柯等[2, 3]使用脉冲电沉积技术制备了高密度生长的孪晶铜样品(图7.2),其屈服强度高达900 MPa(比粗晶铜高一个数量级),拉伸延展率可达13.5%[4]。研究表明,孪晶界阻碍位错生长和运动。当 TBs 为 15 nm 时生长位错较少,可获得最高的拉伸强度;当 TBs>15 nm 时,孪晶界的阻碍效果减弱,因而纳米线的强度随 TBs 增大而降低;当 TBs<15 nm 时,生长位错急剧增加,生长位错分布在孪晶界周围成为位错源,孪晶界强化效用被掩盖,因此强度随 TBs 减小而降低。

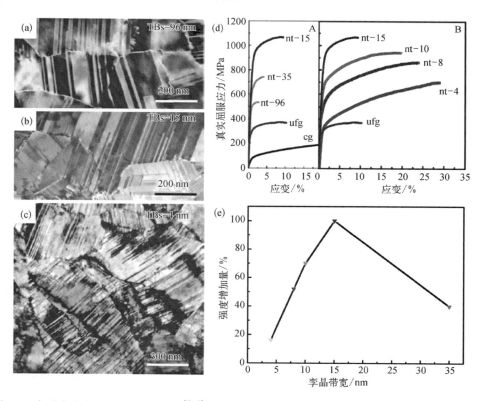

图 7.2　实验中含孪晶带的铜纳米线[2, 3]:(a) TBs = 96 nm;(b) TBs = 15 nm;(c) TBs = 4 nm;
　　　　(d) 孪晶铜纳米线的应力应变曲线;(e) 由(d) 导出的强度增加值与孪晶带厚度的关系

和实验相比,分子动力学模拟研究有助于理解孪晶界通过阻碍位错运动来实现强化作用的机理[5-11]。大量的模拟研究表明,孪晶界密度能控制金属纳米线的力学性质和形变行为。Cao[12]用分子动力学方法研究了[111]晶向孪晶铜纳米线的形变机理,其研究表明孪晶片层厚度越小,孪晶纳米线的屈服应力越大。Sansoz 等[13, 14]提出了类似的模拟模型,并且预测了不同尺寸的孪晶铜纳米线屈服应力和单位长度内的孪晶界个数呈线性关系。在拉伸的塑性形变过程中,孪晶界既能作为位错源又能阻碍位错移动。Guo 等[8]根据动力学速率理论建立了分析模型,并讨论了二者的竞争关系。此外 Deng 等[15]进一步考虑了温度效应,提出了速控形变机理来描述表面位错发射和孪晶界-滑移的相互作用。

尽管研究者们对孪晶纳米线的弹性形变和初始塑性形变已开展了大量的分子动力学模拟研究,但是迄今为止,关于孪晶界对形变的影响仍不清晰。大多数研究主要强调 TBs 的增强作用上,Sansoz 等[16]指出 TBs 也会软化纳米线。最近,Gao 等[17]报道了包含高密度孪晶界的铜纳米柱原位试验,他们发现 TBs 不同导致了塑性形变的显著差异。TBs 为 0.6 nm 时表现为塑性形变,而 TBs 为 4.3 nm 时表现为脆性形变。可见,人们关于 TBs 对孪晶纳米线的结构和力学性质等方面的认识还不完整。

7.1.2　方形孪晶纳米线模型的建立与分子动力学计算

本节构建了立方结构 FCC 构型轴向为[111]晶向的孪晶银纳米线。纳米线尺寸为 6.7 nm×6.7 nm×28.33 nm,侧面为(110)面和(112)面。包含的 TB 个数从 1 到 59,相应的 TBs 从 0.47 nm 到 14.17 nm。表 7.1 对本节所涉及的模型的晶体学特点进行了归纳。图 7.3 给出其中四种代表性的孪晶纳米线的初始构型,(a)、(b)、(c)和(d) 分别代表 TB 数量为 1、5、14 和 39,相应的 TBs 分别为 14.17 nm、4.72 nm、1.89 nm 和 0.71 nm。(e)为同尺寸的理想单晶银纳米线,作为与孪晶结构的对比研究。体系的原子总数均在 8 万左右。模拟温度为低温 10 K,沿[111]晶向(z 轴)以 0.023% ps^{-1}的应变速率匀速双向拉伸直至断裂。其他动力学模拟条件和分析方法与前文相同。

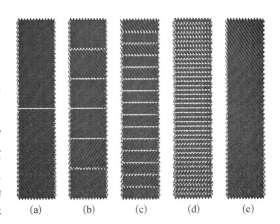

图 7.3　[111]晶向的孪晶银纳米线的初始构型截面图:(a)NW1;(b) NW5;(c)NW14;(d)NW39;(e)单晶。原子根据中心对称参数(CSP)值进行着色,以显示 FCC 原子、TB 原子和表面原子之间的差异

表 7.1　不同孪晶界密度孪晶银纳米线的基本参数和换算关系

TB 数量	TB 原子占比/%	TBs 厚/层	TBs 厚/nm	TBs^{-1}/nm^{-1}
1(NW1)	0.83	60	14.17	0.071
2	1.67	40	9.45	0.106
3	2.50	30	7.08	0.141

续表

TB 数量	TB 原子占比/%	TBs 厚/层	TBs 厚/nm	TBs^{-1}/nm^{-1}
4	3.33	24	5.67	0.176
5（NW5）	4.17	20	4.72	0.212
7	5.83	15	3.54	0.282
9	7.50	12	2.83	0.353
14（NW14）	11.67	8	1.89	0.529
19	15.83	6	1.42	0.706
29	24.17	4	0.94	1.059
39（NW39）	32.50	3	0.71	1.412
59	49.17	2	0.47	2.117

7.1.3　形变过程中机械力学性质的变化

　　根据各纳米线的应力应变曲线得出宏观的力学性质变化规律,然后从微观角度解释各纳米线在拉伸载荷下的形变机理。

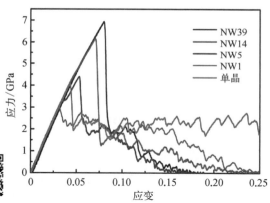

图 7.4　不同孪晶界密度的银纳米线
拉伸的应力应变曲线

　　图 7.4 为 5 条代表性银纳米线拉伸载荷下的应力应变曲线。拉伸初期各纳米线应力均随应变线性增加直至到达弹性极限。线性部分斜率基本保持不变,说明孪晶界的存在对纳米线的杨氏模量影响不显著,这也与之前实验观察到的结果一致[18]。我们计算的杨氏模量约为 98.4 GPa,实验值为102±23 GPa,两者基本一致,比粗晶银略高（83 GPa）[19]。从应力上比较四种孪晶纳米线不难看出,与单晶纳米线相比,TB 的引入改变了屈服点,并且随着 TB 数量的增加,即 TBs 减小,屈服点不断升高,说明引入孪晶对纳米线力学性质的影响（强化或弱化作用）与孪晶界密度密切相关。需要注意的是,NW5 在应力首次达到 3.4 GPa 后出现一短暂平台,而后继续上升至 4.4 GPa,这一过程表现为结构导致的二次硬化,在 TBs 为 3.6 nm 的金纳米线拉伸过程中也表现出类似的现象[20]。

　　屈服点之后是一个应力剧烈的释放过程。对于单晶银纳米线应力由约 4.2 GPa 下降到约 2.0 GPa。而孪晶纳米线随孪晶界密度的增加而释放更多的应力。但应力释放后所保持的平台,各模型都比较相近,在 2.0 GPa 左右。

　　此外我们还比较了 5 条纳米线的塑性形变特征。在图 7.4 中可以明显看出,4 种孪晶纳米线的断裂应变都比单晶纳米线小,这种延展性降低是由孪晶界的塑性局部化导致的。当引入的孪晶界较多时（NW39、NW14 和 NW5）,纳米线应力显著上升但其塑性下降,因此可认为孪晶纳米线的应力提高是通过牺牲其塑性来实现的。需要注意的是,我们的模拟结果与孪晶界吸收位错以提高塑性变形能力的理论不一致[3, 21]，这是因为我们的模型中采用无宏观形变的孪生机制，与报道的孪生结构产生机制不同。然而，这并不意味着孪晶纳米线的屈服应力越大其塑性就越差，NW39 和 NW14 的最大应力和塑性都比 NW5 有所增强，这也与实验观察到的结果一致[17]。

考虑到应变硬化的影响，例如 NW5，后续讨论着重在硬化后的应力极值，以代替第一屈服点，以及更为理想化的真实屈服点（true yield point）。图 7.5 给出了纳米线应力极值和 TBs 的关系。在 4.0 GPa 的水平线为单晶银纳米的极限应力值，并以其为参考。随孪晶界密度变化可将应力极值的变化分以下情况讨论。当 TBs^{-1} 小于 0.2 nm^{-1} 时［线段（Ⅰ）］，对应厚的晶粒，孪晶纳米线的最大应力均比单晶纳米线小，孪晶界对纳米线起到弱化作用，NW1 就是属于这种情况的代表。当 TBs^{-1} 大于 0.2 nm^{-1} 时，孪晶界对纳米线起到强化作用，而强化作用又因影响程度不同分为两种：当 TBs^{-1} 介于 0.2 nm^{-1} 和 0.35 nm^{-1} 之间时［线段（Ⅱ）］，最大应力随 TBs 的减少迅速上升，与之前的模拟结果一致[16, 22]，这是因为随 TBs 减小孪晶内部可容纳位错的数量也减小，位错穿过孪晶界所需外加应力因此得到提

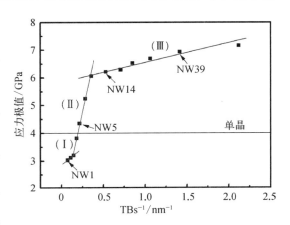

图 7.5　不同孪晶界密度的屈服应力和 TBs^{-1} 的变化关系

高[23]；当 TBs^{-1} 大于 0.35 nm^{-1} 时［线段（Ⅲ）］，最大应力随 TBs 减少的增幅变得平缓。总体而言，位错的产生与发展是决定极限应力的关键因素，而位错的产生与发展又被局限在晶粒内，因此孪晶带宽（TBs）对位错的发展与演化产生决定性的影响。

上图中的极限应力与 TBs 的倒数呈现了"S"形关系，TBs^{-1} 在 0.2 nm^{-1}（对应 TBs = 5 nm）时是一个关键点，这一值与纳米线的截面边长近似有 1∶1 的关系。当 TBs>5 nm 时，孪晶界起到软化作用，反之则为传统的硬化范围。

7.1.4　形变过程中不同种类原子数的变化

为了揭示 TBs 在孪晶纳米线塑性形变中的作用，我们对各类原子在形变过程中的变化数量进行了统计，这也遵循我们一贯的先宏观再微观的研究策略。各类原子的变化数由当前原子数减去形变前的原子数计算得出，正数代表增加，负数代表减少，各类原子在形变过程中此消彼长，但无论原子类型如何转变，原子总数始终保持不变。

图 7.6 的比较对理解孪晶界的影响非常有启发，对于 TBs 最大的 NW1，宏观的应力研究表明孪晶界起软化作用。主要由滑移面贡献的 HCP 原子数，在屈服点之后有快速上升，而后虽有波动，但上升趋势持续，直至断裂。从 HCP 原子总的变化数量来看，NW1 是最高的，塑性形变后期直至断裂，平均的 HCP 原子在 1.1 万～1.2 万。NW5 虽有强化，但它是最不明显的样本，并且经历了硬化过程，其 HCP 原子数的变化也体现了这一特征。在到达第一屈服点之前 HCP 原子的变化可以忽略，但第一屈

服点之后的硬化阶段,HCP 原子数增多,且保持了一段较大的应变区间,直到硬化完成,达到应力的极值。再之后 HCP 原子数迅速增加,即滑移面大量产生伴随着应力的剧烈释放。但相较 NW1 体系,NW5 的 HCP 原子数变化仅有 5 000~5 500,不到前者的一半。

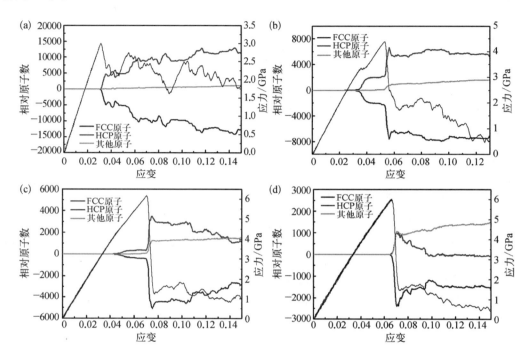

图 7.6 不同类型原子数量和应力随应变变化图。(a) NW1;(b) NW5;(c) NW14;(d) NW39。采用中心对称参数法研究纳米线的形变结构。P_i 值介于 0 到 0.4 之间,代表 FCC 原子;P_i 值介于 0.7 到 1.2 之间,代表 HCP 原子;P_i 值大于 1.2 的原子称为其他原子,包括表面原子和低配位数缺陷原子

　　当孪晶界增多,硬化过程逐渐与前面的屈服过程融为一体,例如 NW14,我们已无法从其应力应变曲线区分第一屈服点和独立的硬化过程。但 HCP 原子数的变化却鲜明地指示出硬化阶段,即在约 0.05 应变之后,HCP 原子数增多,且一直保持到 0.07,显然0.05~0.07 应变区间对应了 NW14 的硬化阶段,此例也说明 HCP 原子数变化曲线与应力应变曲线两者互为补充,指示了孪晶界的硬化作用。硬化之后,NW14 不同于前两者,其 HCP 原子数逐渐波动下降至断裂,这说明滑移面在持续的拉伸过程中,因恒温处理而部分消失,从而 HCP 原子数逐渐减小。

　　对于孪晶界更多的 NW39,即使从 HCP 原子数变化上也完全看不到硬化过程。其 HCP 原子数在应力到达极值之前开始增加,在应力释放中达到 1 000 左右的极值,而后快速衰减至 0 附近直至断裂。NW39 的 HCP 原子数最少与其孪晶界数最多和 TBs 最窄密切相关。过窄的 TBs 必将限制滑移面的发展,而形变又不免使其在 TBs 内产生更多非滑移缺陷,这也是其他类型原子迅速增加的原因,可见对于高孪晶界密度的纳米线,无论是形变机理还是硬化机理均发生了质的改变。

7.1.5　形变过程中孪晶纳米线微观结构的变化

为了进一步探索不同 TBs 的孪晶纳米线的塑性形变机理,我们对其在形变过程中的原子排布位图进行了分析。图 7.7 为 NW1 在形变初期几个时刻的结构。对于有初始孪晶界的纳米线,位错首先从该缺陷处萌生和发射。由于模拟中使用了自由边界条件,定点位错从自由表面和孪晶界的交汇处开启[图 7.7(a)],并进一步向内部展开位错成核和增殖[图7.7(b)~(d)]。拉伸形变过程中伴有不全位错的分解消失[图 7.7(f)和(g)]。当积累到一定程度时,局域高能的原子与界面势垒的能量相当,从而打破孪晶界的限制,在邻近的孪晶带内开始新的位错成核和增殖[图 7.7(h)~(j)]。因此,在 NW1 的形变模式中,孪晶界既作为位错源,位错从自由表面和孪晶界交汇处启动成核,又在增殖发展中起到阻碍作用。孪晶界两侧的原子排布结构是对称的,但从该样本可以看到初始位错滑移的产生与发展仅束缚在一个孪晶带内。这种束缚作用也降低了孪晶纳米线延展性。

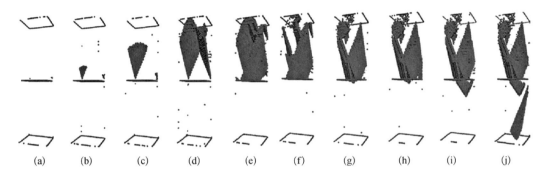

图 7.7　NW1 的拉伸形变结构位图,应变分别为:(a) 0.03;(b) 0.031;(c) 0.032;
(d) 0.034;(e) 0.036;(f) 0.039;(g) 0.050;(h) 0.052;(i) 0.054;(j) 0.056

图 7.8 为 NW5 在拉伸过程中的形变位图,并换用了截面图方式展示。在塑性形变之前,NW5 保持完美结构[图 7.8(a)]。在应变硬化阶段,位错从表面发射,随后受到孪晶界的阻挡[图 7.8(b)~(d)]。在到达弹性极限时,孪晶界在改变位错方向的同时自身也遭到一定程度的破坏[图 7.8(e)]。随着形变的继续,有新的位错成核和增殖[图 7.8(f)]。然而已经存在的位错趋于消失或是部分消失[图 7.8(f)~(j)],这可能是由于位错之间或是位错与表面之间的相互作用以及恒温处理导致的。所以,TBs^{-1} 在 0.2~0.5 nm^{-1} 的孪晶纳米线形变机理以孪晶界和位错的相互作用为主导。

图 7.9 为 NW14 在拉伸过程中的形变位图。在塑性形变之前,NW14 保持完美的面心立方结构[图 7.9(a)]。在应变硬化阶段,位错从表面发射,随后受到孪晶界的阻挡[图7.9(b)~(d)]。与图 7.8 不同的是,在到达弹性极限之前纳米线内部已产生新的位错成核和位错增殖[图 7.9(e)]。孪晶界在阻挡位错时,位错和孪晶界的相互作用使得孪晶界发生迁移[图 7.9(f)~(h)]。孪晶界的迁移导致颈缩区域的孪晶带厚度增加,同时伴有不全位错消失。随进一步拉伸,孪晶带厚度显著增加以便为位错活动提供更多的空间,位错不断移动和增殖直至打破孪晶界的限制。孪晶界迁移使其储存位错的能力得到提高,从而容纳可观的塑性形变,一定程度上提高了纳米线的塑性。NW14

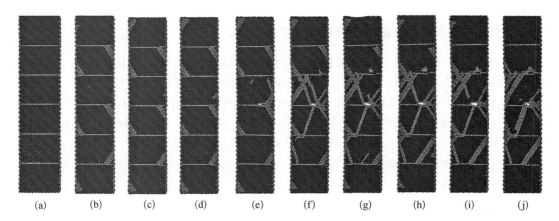

图 7.8 NW5 的拉伸形变结构位图,应变分别为:(a) 0.03;(b) 0.035;(c) 0.040;
(d) 0.050;(e) 0.052;(f) 0.054;(g) 0.055;(h) 0.056 3;(i) 0.058;(j) 0.060

的形变模式向孪晶界迁移转变。从图 7.9 中可以看出,位错滑移的增殖、孪晶界的迁移、孪晶带中大片缺陷的形成等均发生在有限的几片相邻的孪晶带内。而其他部分虽有滑移产生,但也在后续的弛豫中消失了。这些特点说明,孪晶密度较高时,脆性断裂特征仍较明显。

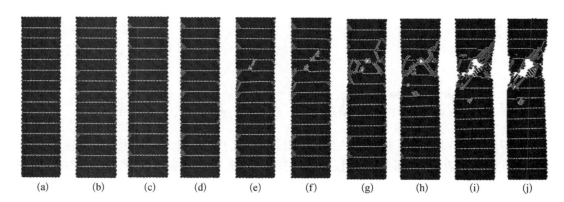

图 7.9 NW14 的拉伸形变结构位图,应变分别为:(a) 0.047;(b) 0.060 6;(c) 0.067;
(d) 0.069;(e) 0.071 5;(f) 0.072;(g) 0.072 5;(h) 0.074;(i) 0.076;(j) 0.078

图 7.10 为 NW39 在拉伸过程中的形变位图。塑性形变开始时,初始位错从表面和晶界的交汇处成核并且沿[111]方向移动和增殖。因孪晶带过薄,在阻挡位错时,位错和孪晶界的相互作用强烈,使孪晶界发生迁移[图 7.10(c)~(j)],孪晶带厚度略有增加,为位错活动提供较大空间。位错不断增殖,穿过孪晶界形成与拉伸方向呈 45°角的剪切带,同时孪晶带在剪切方向受到了严重扭曲。需要注意的是,NW39 与 NW5 和 NW14 颈缩时的形变情况有显著不同,NW5 和 NW14 断裂前的裂口均在纳米线内部产生,随着位错增殖形成孔洞进而向四周蔓延;而 NW39 的裂口是在纳米线表面生成,随着拉伸向内部逐渐扩散。剪切带在形成过程中与孪晶带相互作用,使表面附近出现局部混乱态[图 7.10(f)~(j)],这就解释了图 7.6(d)中其他原子比 HCP 原子显著增加的原因。

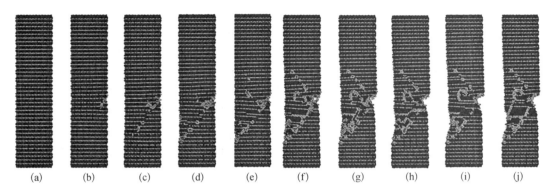

图 7.10　NW39 的拉伸形变结构位图,应变分别为:(a) 0.065;(b) 0.067;(c) 0.067 5;(d) 0.068;(e) 0.069;(f) 0.070 5;(g) 0.072;(h) 0.073;(i) 0.076;(j) 0.085

7.1.6　温度对孪晶纳米线力学性质的影响

如图 7.11(a) 所示,各温度下纳米线的应力极值随孪晶界密度升高而增长。纵向比较 4 条曲线时,当温度从 10 K 上升至 450 K 时,各孪晶界纳米线的应力极值都逐渐下降,左边低密度的孪晶纳米线降幅较小。与之对照,右边高密度孪晶纳米线则有较大的降幅。图 7.11(b) 展示了各孪晶纳米线与单晶纳米线的应力差值随温度的变化情况。差值为正代表孪晶界的强化作用,差值为负代表弱化作用。10 K 时,由孪晶界密度不同引起的弱化作用和强化作用都很显著,这两种作用效果均随温度升高而降低。在 450 K 时,低密度孪晶界的弱化作用已经消失,当然强化作用也显著减弱。这一点不难理解,在高温时,原子的平均热运动动能增加,在一定程度上弱化了孪晶界结构的影响。所以无论是高密度的强化,还是低密度的弱化均不再明显。

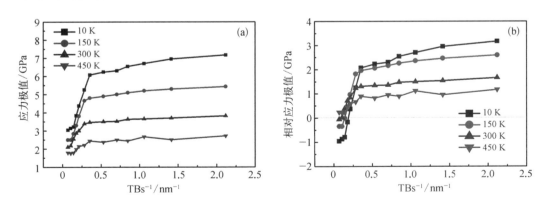

图 7.11　孪晶纳米线的应力极值随温度的变化关系:(a) 不同温度下应力极值随孪晶带厚度的倒数变化关系;(b) 孪晶与单晶的应力差随孪晶带厚度的倒数变化关系

7.1.7　不同截面积对孪晶纳米线机械力学性质的影响

孪晶界的界面效应与尺寸效应或是竞争关系,或是协同关系。为了澄清这两者之间的联系,在这一小节我们考察了相同 TBs 不同孪晶横截面积的银纳米线的力学行为。模拟温度为低温 10 K,沿[111]晶向(z 轴)以 0.023% ps^{-1} 的应变速率匀速双向拉伸直至断裂。图 7.12 为含有不同孪晶界密度的银纳米线拉伸应力应变曲线,(a)、(b)、(c)和(d)分别代表的孪晶截面为 7 nm×7 nm、6 nm×6 nm、5 nm×5 nm 和 4 nm×4 nm,总的银原子数分别为 8.0 万、5.5 万、3.4 万和 1.9 万。对应之前讨论的孪晶界对纳米线强度的作用机理,我们选取了三个有代表性的孪晶纳米线,其孪晶界个数分别为 59、9 和 1,并与同尺寸单晶(用 0 标记)进行对比。图 7.12 也可以与图 7.4 比较,后者截面边长为 6.7 nm,介于(a)和(b)之间。总体来看,各截面尺寸均出现应变硬化现象。与前文讨论的一致,当 TBs 远大于截面尺寸时,即对应 1 TB,四个截面都有不同程度的软化。一旦 TBs 小于截面尺寸,即对应图中的 9 TB 和 59 TB,则出现明显的强化现象。此外,对于 9 TB 所表现出来的类似二次强化的特征,也与截面边长有关。当截面面积较大时,强化阶段与弹性区融为一体,不易区分。随着截面面积减小,在表面因素的影响下,孪晶界产生的二次强化越明显,但所能达到的最大应力也随之降低。总体而言,截面尺寸的减小,一则增加了表面原子的占比,二则减小了孪晶带内位错滑移运动的空间。由孪晶界面积引起的杨氏模量、断裂应变、强度等差异将在下文依次展开讨论。

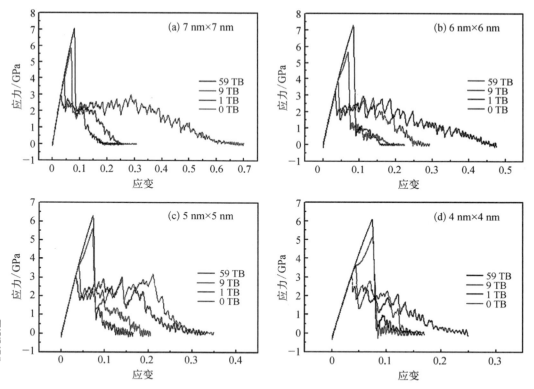

图 7.12　不同横截面尺寸孪晶银纳米线的应力应变曲线

截面尺寸也影响到断裂行为。图 7.13(a)展示了在不同孪晶面积下的纳米线的断裂应变。可以发现断裂应变随截面面积的增加而增大,说明增加孪晶面积能提高纳米线的延展性。对同一面积不同孪晶界密度的断裂应变取平均值,其结果与单晶进行比较,如图 7.13(b)所示。虽然单独以孪晶纳米线来看,截面面积越大,塑性形变能力越强,但与单晶来比,则面积越大,两者的差距越大。当截面边长为 7 nm 时,单晶纳米线的断裂应变是孪晶纳米线的近 2.5 倍,说明孪晶纳米线是以牺牲塑性来提高强度的,但在较小的截面面积下单晶的塑性优势并不显著。

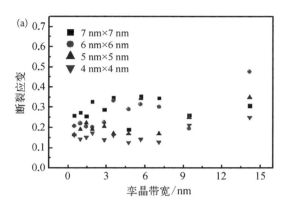
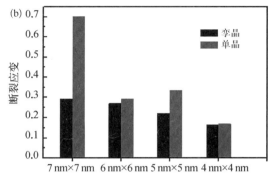

图 7.13　孪晶纳米线的断裂应变:(a)不同横截面纳米线的断裂
应变与 TBs 的关系;(b)平均断裂应变与单晶的对比

图 7.14(a)比较了不同孪晶界密度的银纳米线在各截面尺寸下的杨氏模量。杨氏模量是表征固体材料刚性的物理量。杨氏模量越大,材料越不易变形。杨氏模量取决于材料本身的物理性质。当截面尺寸相同时,不同孪晶界密度之间的杨氏模量基本保持不变,说明杨氏模量也不受孪晶界密度的影响。但在同一孪晶界密度下,杨氏模量随截面尺寸的增加而略有增加,这是由纳米尺度下表面效应引起的与宏观规律的差别。对同一截面积不同孪晶界密度的杨氏模量取平均值,并与单晶进行比较,如图 7.14(b)所示。虽然孪晶的杨氏模量略低于单晶,但总体上差别不大,说明孪晶结构本身不会对杨氏模量产生显著的影响。

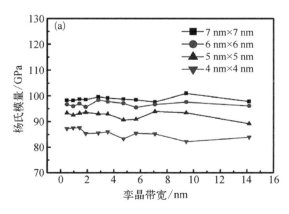
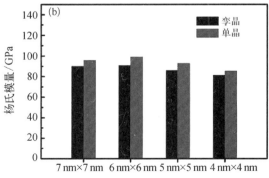

图 7.14　不同孪晶界密度和横截面尺寸的银纳米线的杨氏模量:(a)不同 TBs 下不同
截面积银纳米线的杨氏模量;(b)平均杨氏模量与单晶杨氏模量的比较

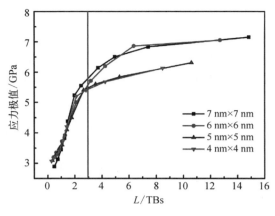

图 7.15 汇总了截面尺寸和孪晶带宽这两种因素对应力极值的影响。图中的横坐标用结构单元的特征尺寸 R，即边长 L 与 TBs 的比值来表示。从图中可知，大的孪晶带宽的纳米线应力极值都较小，对应了曲线左端的部分。当 L/TBs 小于 3 时，不同截面之间的应力极值相差不大，四条线基本重合。说明决定强化机理的核心因素是纳米线的截面边长与孪晶带宽的比值。但是当 L/TBs 大于 3 时，截面尺寸小的纳米线，应力极值显著低于其他体系，说明只有在截面边长小于特定值后，表面效应才变

图 7.15 不同孪晶界密度的银纳米线在各横截面尺寸下的应力极值

得显著，而截面较大时，表面效应的影响基本可以忽略。

7.1.8 不同长度的孪晶纳米线

除孪晶截面积外，我们还考察了长度对纳米线力学行为的影响。模拟温度为 10 K，沿 [111] 晶向（z 轴）以 0.023% ps^{-1} 的低应变速率匀速双向拉伸直至断裂。图 7.16 为含有不同孪晶界密度的不同长度的银纳米线的拉伸应力应变曲线，（a）、（b）、（c）和（d）分别代

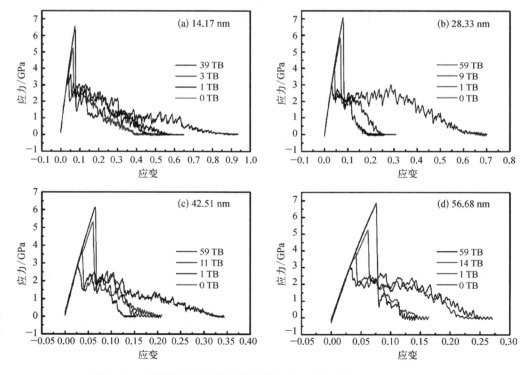

图 7.16 不同长度下孪晶银纳米线的应力应变曲线：（a）14.17 nm；
（b）28.33 nm；（c）42.51 nm；（d）56.68 nm

表纳米线的长度为 14.17 nm、28.33 nm、42.51 nm 和 56.68 nm,总的银原子数分别为 4.3 万、8.0 万、11.7 万和 15.4 万。对应前文讨论的孪晶界对纳米线强度的作用机理,我们选取了三个有代表性的孪晶纳米线,并与同尺寸单晶进行对比。由纳米线长度效应引起的杨氏模量、断裂应变、强度等的差异将依次展开讨论。

　　图 7.17 对比了不同长度的孪晶纳米线和单晶纳米线的断裂应变。虽然因样本数量不够多,数据的分散性较大,但仍表现出一些一般性的规律。从 7.17(a) 可以看出,纳米线越长其断裂应变越小,说明断裂所对应的纳米线结构破损是局域化的。不同长度的纳米线之间,随孪晶界密度不同,断裂应变的波动存在很大差异。长度为 56.68 nm 时,断裂应变基本保持不变。随长度减小,断裂应变的波动幅度逐渐增大。对同一长度不同孪晶界密度的断裂应变取平均值,其结果与单晶进行比较发现,单晶纳米线的塑性均好于孪晶纳米线,如图 7.17(b) 所示。

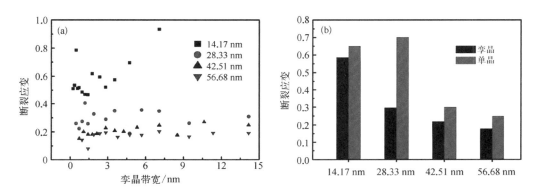

图 7.17　不同长度孪晶纳米线的断裂应变:(a) 不同长度和 TBs 的银
纳米线的断裂应变;(b) 其平均断裂应变与相应的单晶的比较

　　图 7.18 对比了不同长度的孪晶纳米线和单晶纳米线的杨氏模量。因样本数量的不足,在图 7.18(a) 中,当孪晶界密度相同时,杨氏模量随长度增加没有明显的变化规律。杨氏模量集中在 90~110 GPa。将同一长度不同孪晶界密度的杨氏模量取平均,其结果与同尺寸单晶进行比较,如图 7.18(b) 所示,从有限的数据比较可认为长度变化对杨氏模量无影响。

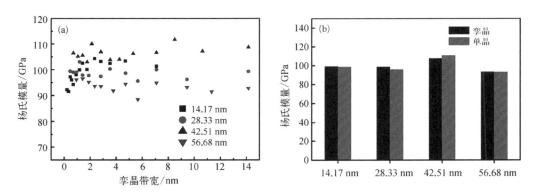

图 7.18　不同长度的孪晶纳米线与单晶纳米线的杨氏模量:(a) 不同长度和 TBs 的
银纳米线的杨氏模量;(b) 其平均杨氏模量与相应单晶的比较

7.1.9　小结

　　孪晶界密度和表面形貌在纳米线的形变行为的研究中具有重要意义。本节采用分子动力学方法研究了(111)晶向孪晶银纳米线在拉伸载荷下的形变行为。与单晶银纳米线的强度进行对比可知,孪晶界的引入对纳米线可以起到弱化或强化作用,其影响与孪晶界密度有关。应力极值与 TBs 的倒数在不同的区间有不同的线性关系。当 TBs^{-1} 小于 $0.2\ nm^{-1}$ 时,孪晶界作为位错源,表现为纳米线的弱化作用;当 TBs^{-1} 介于 $0.2\sim0.5\ nm^{-1}$ 时,形变机理以孪晶界和位错相互作用为主,断裂前的开口均在纳米线内部产生,随着位错增殖形成孔洞,进而向四周蔓延;当 TBs^{-1} 大于 $0.5\ nm^{-1}$ 时,孪晶界发生迁移以容纳位错活动,位错不断增殖穿过孪晶界形成剪切带,在纳米线侧面形成裂隙,表现明显的脆性断裂特征。此外,强化作用和弱化作用均随温度升高而减弱。孪晶界密度相同时,孪晶截面积和纳米线长度对银纳米线力学行为也有一定影响,增加孪晶面积能适当提高纳米线的塑性。

7.2　多晶面孪晶纳米线

7.2.1　引言

　　纳米机电系统(NEMS)具有较小的尺寸、高导电性和高机械强度,是未来的发展方向。纳米金属材料,如纳米线(NW),由于其较好的机械和电气性能,是 NEMS 的理想构建材料。研究金属纳米线的力学行为可以为其应用提供重要的参考。到目前为止,人们已经开展了大量的实验测试和计算模拟研究,以了解金属纳米线在外部载荷下的力学性能。在这些报道中,可以得出金属纳米线的形变和强度受许多因素的影响,如孪晶界(TB)、表面形貌、应变速率和温度等。纳米级的孪晶界是一种平面层错,其结构在边界上呈镜像对称,在半导体和贵金属中纳米层错较为常见。孪晶界因能阻断位错运动而被认为是纳米线中有效的强化因素。Cao 和 Wei[12] 研究了<111>孪晶铜纳米线的变形机制。在他们的研究中证实,孪晶界产生了强烈的应变硬化。此外,扫描电子显微镜研究表明,磁控溅射沉积铜纳米棒中存在锯齿状结构。通过高分辨率透射电子显微镜在半导体纳米线中也观察到类似的周期性孪晶结构[24]。该结构由垂直于纳米线轴的平行排列的孪晶界组成,并且所有的侧切面为{111}面。这些观察结果促使众多的学者开展了分子动力学(MD)模拟工作。

　　虽然在这方面已经取得了很大的进展,但对金属纳米线形变的多重影响因素进行直接比较的报道很少。例如,在不同的外部拉伸载荷下,内部孪晶界和外部表面形貌之间,哪个因素对金属纳米线的形变更重要?

　　在本节中,我们设计了特定结构的纳米线,并在不同加载速率和温度下进行了分子动力学模拟,以显示两影响因素的差异。根据文献报道,侧面全为(111)面的孪晶结构的强度非常高[25, 26],显示了拉伸载荷下 FTNW 的变形机理的独特一面。本节从位错运动的角度探讨了屈服应变与孪晶带宽(TBs)的关系,并讨论了初始塑性形变的机制。在本节研究的最后部分,研究了外部加载速率和温度对三种纳米线的影响。

7.2.2　模型的建立

本节开展三种［111］晶向银纳米线的拉伸模拟,纳米线分别为方形单晶纳米线(rectangular single nanowire, RSNW)、方形孪晶纳米线(rectangular twin nanowire, RTNW)和多晶面孪晶纳米线(faced twin nanowire, FTNW)。RTNW 和 FTNW 的唯一差别在于侧表面形貌,RTNW 的侧面是(110)和(112)面,而 FTNW 所有侧面均为(111)面。在方形孪晶初始结构的基础上,将所有侧面(111)面以外的原子去除来生成 FTNW 模型。纳米线的边长和孪晶界间距分别为 12.2 nm 和 1.42 nm,如图 7.19 所示。模拟温度为 10 K,沿［111］晶向(z 轴)以 0.058% ps^{-1} 的应变速率匀速双向拉伸直至断裂。

图中所建立的 RTNW 和 FTNW 与本实验室获得的镀银材料有一定的关联性,图 7.19(d)给出了本实验室利用无氰镀银工艺所获得的银镀层剖面的 HR‐TEM 图,从中可以看出最小可达数纳米的 TBs。该镀银层硬度较本体银材更高,可达 120 HV 以上,也具有更好的耐磨损性能。分子动力学模拟可为理解实验现象提供有价值的参考。

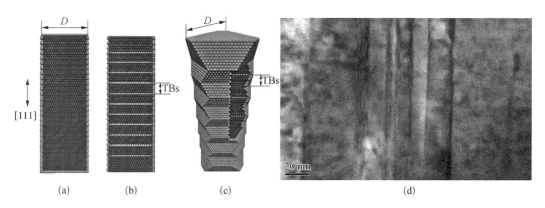

图 7.19　三种银纳米线的初始构型:(a) RSNW;(b) RTNW;(c) FTNW。纳米线的边长为 12.2 nm,一些原子已被去除,以显示纳米线的内部微结构。(d) 为本实验室利用电镀技术制备的银镀层剖面的高分辨透射电子显微镜图

7.2.3　原子平均势能的变化

完美单晶中的原子具有最小的平均能量,而表面上的低配位原子占比越高,原子的平均能量也越大,因此从原子平均能量可以分析结构变化带来的影响。图 7.20 为 10 K 下三种银纳米线的拉伸载荷原子平均能量变化图。从图中可明显看出,RSNW 和 RTNW 具有相同的初始势能(约为-2.781 eV/原子),这说明孪晶界对 RTNW 的初始势能几乎没有影响,这也与孪晶界的结构特征一致。然而 FTNW 的

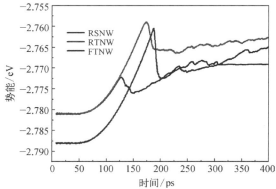

图 7.20　三种纳米线在拉伸过程中的势能曲线

势能较低,与 RSNW 和 RTNW 相比,其平均势能降低了约 0.007 eV/原子。FTNW 因其各个面均为低能的(111)面使得平均能量显著降低,说明表面效应在控制纳米结构的稳定性上起重要作用。

随着拉伸的进行,三个纳米线的平均原子势能在短暂降低后都升高。但能量释放的程度和随后的上升速度不尽相同。FTNW 能量上升得更快些,RSNW 和 RTNW 两者的差异并不大。理想条件下上升的快慢是由原子平均间距的蓄能作用决定的。

RSNW 在拉伸至 130 ps 左右能量达到一个极值,而后有约 20 ps 的能量释放过程,在这个过程中有大量的滑移持续产生、发展、再融合,促进了纳米线的塑性形变。而 TB 的存在,大大强化了 RTNW 纳米线的机械强度,从而使原子平均能量可以升得更高,例如 RTNW 比 RSNW 上升幅度高出近一倍。此外,侧面不同,能量释放的速度和幅度也有差别,高能侧面的存在可持续产生滑移面,能量释放得既早又缓幅度还小,但惰性的 FTNW 在更晚到达能量极值后,释放的速度更快且幅度更大,可称之为雪崩式能量释放。

7.2.4　应力应变曲线及屈服特征

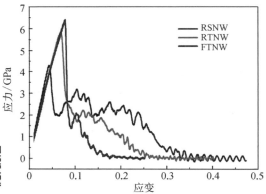

图 7.21　三种纳米线的应力应变曲线

孪晶界的作用也进一步体现在应力应变曲线上。图 7.21 为三种纳米线的应力应变曲线。由图可知,各纳米线的弹性形变和塑性形变的行为显著不同。RSNW 的屈服应力仅为 4.3 GPa,RTNW 的屈服应力可达 5.8 GPa,引入孪晶界后应力提高了 35%,充分体现了孪晶界的强化作用。FTNW 具有最大的屈服应力,与 RSNW 相比其强度提高了 49%。由对比势能变化的图 7.20 可知,在弹性区域 FTNW 和 RTNW 能量分别增加 0.028 eV/原子和 0.022 eV/原子,而 RSNW 仅增加了 0.009 eV/原子。

这都说明了具有孪晶界和惰性侧面的 FTNW 有更大的屈服强度,可以蓄积更多的弹性势能。在屈服点以后,应力快速释放,与能量变化类似 FTNW 应力释放得最快,也最大。三者都会在 2.0 GPa 附近保持一段时间的应力波动,三者的差异还是很明显的,RSNW 波动保持的时间最长,这段时间的平均应力也最高,RTNW 次之,而 FTNW 不仅最短,而且平均应力也低于 2.0 GPa。过了应力保持阶段再经过一次快速的应力滑落,预示着纳米线断裂。三者的断裂应变也遵循着 RSNW 最大,RTNW 次之,FTNW 最小的顺序。

如上述讨论,孪晶界的引入使得纳米线的强度和弹性范围显著增强。为了理解其增强机理,我们以具有不同数量孪晶界的 FTNW 为例来研究纳米线的弹性行为。分别设计了两种尺寸的 FTNW:(A)直径为 5.4 nm,长度为 17.0 nm;(B)直径为 6.4 nm,长度为 22.6 nm。两个模型内设置了不同数量的 TB,图 7.22 展示了孪晶界密度(单位长度的孪晶

界个数,TBs^{-1})和屈服应变两者之间的线
性关系。Deng 等[14]对金 FTNW 进行了
模拟研究,其结果也表明了类似的线性
关系。金纳米线屈服应变随 TBs^{-1} 呈线
性增加,直至 TBs 的间距减小至 2.6 nm。
与金 FTNW 的结果对比可知,我们模拟
的银 FTNW 的线性范围更大,TBs 间距可
减小至 1.4 nm,屈服应变可达到 8%。而
在与 RSNW 对比时发现,FTNW 的屈服
应变明显高于 RSNW。原因可归结于以
下两点:孪晶界改变了金属纳米线的内
部结构,提高了纳米线强度;FTNW 的
(111)侧面使得表面原子处于较低的势

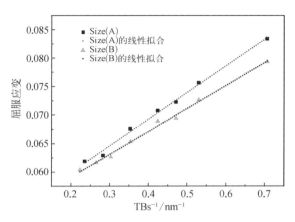

图 7.22　FTNW 银纳米线的屈服应变
和 TBs^{-1} 的线性关系

能态,纳米线结构更加稳定,位错推迟产生,弹性形变范围进一步增加。

7.2.5　屈服点附近的原子排布关系

以往的[111]晶向单晶纳米线的拉伸结果表明单晶纳米线的屈服和塑性形变与
(111)[112]不全位错成核和增殖密切相关[27-31]。由于先前已有大量文献对此进行了报
道,所以在此着重讨论 RTNW 和 FTNW 两种孪晶纳米线的情况。

为了探究 RTNW 和 FTNW 的形变机理,我们对两种纳米线在屈服点及随后的几皮秒
内的位错生成位图分别进行对比,着重分析二者塑性形变早期的异同点,如图 7.23 和图
7.24 所示。从图中可以看出,二者的位错成核位置存在很大差异。虽然二者位错均从孪
晶界与表面交界处成核,但成核点的分布范围明显不同。在 RTNW 中的分布更广,而
FTNW 主要出现在纳米线两端的孪晶界与表面的交界处。当然这种差异是否具有统计特
征,值得进行多样本统计分析来深入研究。此外,本节研究的应变速率为 0.058% ps^{-1},参
考本书第 5 章可知,纳米线在这一速率下也应处于平衡态形变。此外,从图中还可以看
出,二者的位错的增加速度不同,在屈服点后的几皮秒内,FTNW 表面原子的收缩迅速引
起新的 Shockley 部分位错。与 RTNW 相比,FTNW 更容易产生位错而且位错增加迅速。
还应注意,二者的位错移动和增加方式不同。RTNW 的位错会优先沿拉伸方向滑移,滑移
易于穿透孪晶界,随后伴有定域位错产生和增加;而 FTNW 的形变机制主要为晶粒内定域
位错的产生和增加。图 7.24 屈服点后 1.25 ps 时 FTNW 的第二孪晶界仍然保持完整。随
着拉伸不断进行,第二孪晶界逐步遭到破坏,定域位错处继续有新的位错成核,因而产生
第二孪晶界附近的局部混乱现象。

根据上述模拟结果,我们对 FTNW 强度高但延展性差的原因进行了如下总结:首先
FTNW 的各个面均为(111)面,在三种纳米线中能量最低,结构最稳定,这种表面形貌很难
开启新的不全位错,因而延迟了 FTNW 的屈服行为,即增加了屈服强度。同时 FTNW 特有
的(111)面导致了位错的初始位点更加受限和集中。一旦 FTNW 的强化结构发生屈服,
即滑移面一定数量的产生,定域位错则迅速增殖造成晶粒内部的无序,进而发生晶粒内的

结构破损,形成裂隙,最终加速纳米线的脆性断裂,从而导致更小的断裂应变。总体而言,像 FTNW 这种具有(111)表面的孪晶纳米线可作为一种有效的孪晶界-表面硬化材料,其高强度通过牺牲延展性来实现。这一点也与实验获得的结果有较好的一致性。利用无氰镀银工艺我们获得了具有 10~20 nm 直径的银晶粒镀层,其硬度可达 120 HV 以上,远高于块体材料和其他镀银层。但其脆性大、延展性差,无法利用拉拔工艺制备银包铜线,这些工艺上的特点也印证了理论模拟的结果。

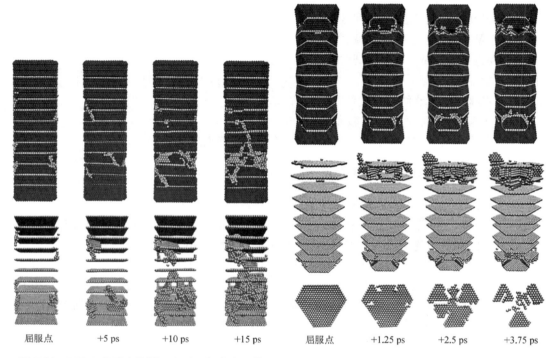

图 7.23   RTNW 的形变位图。上面一行为表面附近的位错、下面一行为纳米线内部位错(为了清晰起见,表面原子已被移除)

图 7.24   FTNW 纳米线的形变位图。上面的一行显示了靠近表面的位错,中间一行显示了纳米线内部相应的位错,最下一行显示了 FTNW 中第二个孪晶界的完整性(中间与最下一行的表面原子已被移除)

7.2.6   拉伸载荷速率和温度的影响

在本小节中我们将讨论拉伸载荷速率和温度对三种银纳米线力学性质的影响。纳米线的强度用屈服应力表示。图 7.25 给出了 10 K 下三种纳米线屈服应力随应变速率的变化关系。应变速率的变化范围从 0.000 7% ps^{-1} 到 0.18% ps^{-1}。参考第 5 章的讨论可知,这一速率范围属于平衡态拉伸或准平衡态拉伸。纳米线有较充足的弛豫时间以到达相对稳定的构型,通过一定的晶态恢复,观察到更清晰的结构变化。RSNW 和 RTNW 的屈服应力随应变速率略有增加,但两者的差值基本不变。而 FTNW 则表现为下降趋势。当应变速率达到 0.18% ps^{-1} 时,屈服应力下降明显。对于 RTNW 和 RSNW,

屈服应力的增加可以用应变强化来解释,即应变速率加快,弹性形变尚未来得及完成即被推迟到塑性形变区。但 FTNW 的屈服应力随应变速率降低则与其特殊的形变机理有关。由图 7.24 可知,FTNW 在形变中位错滑移更倾向于约束在有限的几个晶粒内,一旦缺陷产生则迅速增殖,其他孪晶界不会对强化起作用。应变速率越大,缺陷生成越快,从而降低了屈服应力。

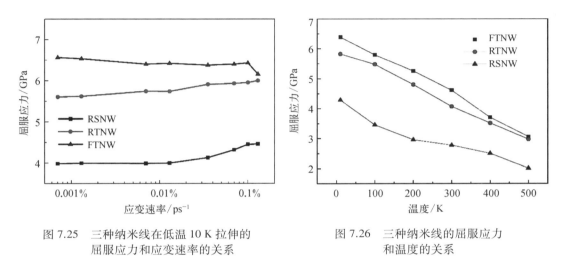

图 7.25　三种纳米线在低温 10 K 拉伸的　　　　图 7.26　三种纳米线的屈服应力
　　　　屈服应力和应变速率的关系　　　　　　　　　　　和温度的关系

图 7.26 展示了应变速率为 0.18% ps⁻¹ 时三种纳米线的屈服应力随温度的变化关系。温度的变化范围从 10 K 到 500 K。从整体看,三种纳米线的屈服应力都随温度升高而下降,与第 5 章单晶的研究结果一致。三种纳米线在低温的差值较大,但随温度升高而略有减少。在给定的温度范围内,RSNW 的屈服应力偏小,且始终与另两个孪晶纳米线存在较大的差值。而两个孪晶纳米线之间,FTNW 虽在低温下比 RTNW 应力大,但随温度升高其差值变小。当温度达到 500 K 时,两者的屈服应力基本相同,这也说明高温下原子的热运动动能有能力克服孪晶界产生的势垒,以及弥补侧表面带来的差异,使各体系的机械力学性质趋同。

总体来看,表面效应引起的强化作用易受外部条件(温度和拉伸速率)的影响,而孪晶界引起的强化作用要稳定得多,所以孪晶界比表面形貌对纳米线力学性质的影响更值得关注。

7.2.7　小结

孪晶界密度和表面形貌在纳米线的形变中起到重要作用。本节采用分子动力学方法研究了[111]晶向的两种孪晶银纳米线在拉伸载荷下的形变行为,并与单晶作了比较。FTNW 因其特征的(111)表面,使得原子平均能量显著降低,结构稳定,因此可作为一种有效的孪晶界-表面硬化材料,其高强度通过牺牲延展性来实现,从而提高纳米线的力学强度。FTNW 的位错成核点主要出现在接近纳米线两端的孪晶带内。在屈服点后的几皮秒内,FTNW 表面原子的紧缩迅速引起新的 Shockley 不全位错。与 RTNW 相比,FTNW 更容易产生位错,且位错增加迅速。晶粒内定域位错的产生和增殖构成了

FTNW 的主导形变机制。通过改变温度和拉伸速率比较表面形貌和内部孪晶界结构对银纳米线力学性质的影响,结果表明表面效应引起的纳米线强化作用易受外部条件影响,而孪晶界引起的强化作用要稳定得多,所以孪晶界比表面形貌对纳米线力学形变的影响更值得关注。

7.3　纳米多重孪晶铜的形变

7.3.1　引言

在晶体材料强化方面,孪晶结构在近年来引起了相当大的关注。在纳米晶金属中,纳米级的孪晶结构可以在保持优异韧性的同时增加材料的强度,因为孪晶界面可以有效地阻挡位错的运动和发展,从而改善了位错在界面的堆积效应。例如,合成的纳米孪晶立方氮化硼,其维氏硬度超过 100 GPa,甚至超过了自然形成的钻石的强度[32]。我们在前两节分子动力学(MD)模拟中也表明,在纳米孪晶金属中,孪晶界的强化效果非常明显。

许多金属和合金中已经在发现了孪晶结构,如面心立方(FCC)结构的铜、镍和铝,以及六方最密堆积(HCP)结构的镁和钴等。虽然在粗晶粒金属中很难获得孪晶,但随着晶粒尺寸(d)缩小到纳米级,尤其对于堆垛层错能量较低或中等的金属,孪晶形成变得更容易。众所周知,孪晶形变通常需要较高的剪切应力,这导致 Shockley 部分位错的产生和发展。在 FCC 金属纳米晶中,已经阐明了几种孪晶形成机制,包括自稠化交叉滑移(self-thickening cross-slip)[33]、晶界的分裂和迁移[34]、相邻晶面宽堆垛层错的内聚重叠[35],以及部分位错的随机激活[36]。孪晶的形成机制也受到应变速率和堆垛层错能量的显著影响。减小晶粒尺寸首先促进了孪晶的形成,然后在纳米尺度下降低了孪晶的生成概率。对于更高的应变速率或更低的堆垛层错能量,孪晶的形成变得更容易。孪晶还可以在退火过程中通过热激活形成,而不需外加应力载荷,这已经在许多纳米晶金属中观察到了[37]。在形成退火孪晶时,部分环形成核和晶界迁移被认为是主要机制。

需要注意的是,上述孪晶都是具有平行孪晶界的单孪晶。除了单孪晶外,在 FCC 金属中还存在两种新型的多重孪晶,即常见于纳米晶金属中的双重孪晶到五重孪晶。包含交叉孪晶界的多重孪晶与具有平行孪晶界的单孪晶不同。新型的交叉孪晶界对纳米晶金属的力学性能影响更大。多重孪晶的形成机制比单孪晶更复杂。对于多重孪晶的形成,有两个关键要求,即高剪切应力和外部应力的方向改变,这导致其他取向的部分位错的后续发展。序列孪晶机制被认为是双重和五重孪晶形成的原因[38]。通过简单的分析模型,文献中提出了自我部分倍增孪晶机制来解释双重和四重孪晶的形成[39]。有趣的是,多重退火孪晶也在纳米 FCC 金属的退火过程中通过透射电子显微镜观察和分子动力学模拟被发现。Huang 等认为在零外部应力下,晶界段的迁移是形成五重退火孪晶的主要机制[40]。然而,Bringa 等发现在晶界处存在高达几吉帕(GPa)的局部剪切应力,驱动多个部分位错的重排形成五重孪晶[41]。关于多重孪晶形成机制仍然存在较大争议。在纳米晶 FCC 金属中,多重孪晶的原子尺度微观结构演变尚未在实验和模拟中得到验证。

　　形成平行孪晶的过程非常依赖晶粒尺寸 d。Wu 等[42] 报告称,纳米晶镍中减小 d 会首先促进孪晶的形成,从而提高材料强度,进一步减小则阻碍高密度位错的单孪晶的形成,展现了反常的晶粒尺寸效应。这种异常的尺寸依赖性在具有低或中等位错密度的纳米晶银和铜中也得到了实验证实[43]。在形成多重孪晶时,因为晶界相互交叉,其机制与形成单孪晶不同。此外,由于交叉晶界的限制效应,孪晶退化过程被阻止。因此,我们提出了另一个关键问题:晶粒尺寸对于形成多重孪晶有何影响? 在本节中,我们通过分子动力学模拟,讨论部分实验观察的结果。

7.3.2　模型建立与分子动力学模拟

　　在本节的分子动力学模拟中,铜原子之间的相互作用采用嵌入原子势来描述,利用 Johnson 开发的参数,该模型可以有效地描述具有面心立方结构的过渡金属。为了模拟双重和五重孪晶的形成,这里考虑了 [110] 晶向的晶粒。原子被着色如下:浅灰色表示 FCC 的原子,深色表示部分位错或晶界,灰色表示表面原子。初始结构单元由五个面心立方晶粒组成,围绕 [110] 轴对齐,将其设置为 z 方向。结构单元的直径为 10 nm,并且最初包含两个交叉晶界。采用自由边界条件以获得纳米结构行为的真实描述。通过蛙跳算法对运动方程进行积分,以获得原子的速度和轨迹。时间步长为 1.5 fs。样品首先在 300 K 下经过 100 000 步(150 ps)进行弛豫,采用校正因子法的恒温策略对速度重缩放以维持温度的恒定。为了观察多重孪晶的原子结构演变,样品在 574 K 下进行 75 ps 的退火。

　　在面心立方晶体材料中,五重孪晶结构是指一种以 ⟨110⟩ 为五重对称轴的特殊结构,晶体被平均分割为五个区域,而相邻两区域呈孪晶对称,即存在可汇聚于一线的五个孪晶界面,且均为最稳定的 {111} 孪晶界。由于各孪晶区同样是围绕 ⟨110⟩ 轴形成圆周,由面心立方晶体结构得到的三重孪晶以及四重孪晶中的孪晶界并非全部都是 {111} 孪晶界面。

　　图 7.27 和图 7.28 是通过高分辨率透射电镜(HRTEM)观测到的多重孪晶结构图。参照这一观测结果,对多重孪晶结构的各孪晶面参数进行了分析,结果如下:① 二重孪晶中两条孪晶界汇聚于晶粒表面,夹角为 70.5°,见图 7.29(a),晶粒被分割为三个晶区;② 三重孪晶中三条孪晶界汇聚于晶粒中心,呈 Y 形分布,见图 7.29(b),三个晶区所占圆周角分别为 70.5° 和两个 144.75°,有两条孪晶界为 {111} 孪晶界面,另一条为 {114} 孪晶界面;③ 四重孪晶中孪晶界汇聚于中心,四个晶区所占圆周角分别为三个 70.5° 和一个 144.75°,见图 7.29(c),有三条孪晶界为 {111} 孪晶界面,而另一条晶界处两侧晶粒的点阵分别为 {111} 和 {114},因此并不是孪晶界。此外,我们还参考三重孪晶的结构设计了另一种四重孪晶结构,见图 7.29(d),暂且称之为四重孪晶 X。在四重孪晶 X 中的孪晶界同样汇聚于中心,与图 7.29(c) 中四重孪晶不同的是其四条晶界都是孪晶界,即三条 {111} 孪晶界和一条 {115} 孪晶界。图 7.29 中所示为经中心对称参数法(CSP)进一步分析确定的各模型。原子颜色仅表示其所处环境,浅灰色原子为标准面心立方密排,灰色原子表示低配位的表面原子,深色原子则表示六方密排原子,本节后续模型图也采用此方法显示,部分特殊类型以图注为准。

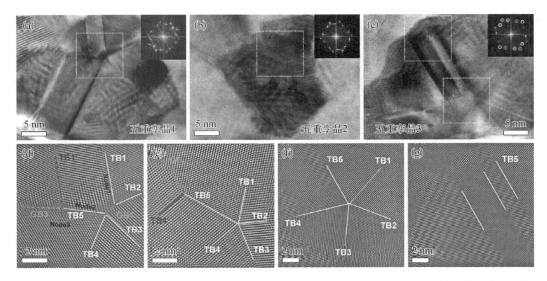

图 7.27　实验中观察的孪晶形成过程：（a）～（c）三个典型的五重孪晶的高分辨透射电镜（HRTEM）图，插图为快速傅里叶变换图样；（d）～（f）经过傅里叶滤波后五重孪晶样品的 HRTEM 图；（g）傅里叶滤波后（c）图中单孪晶样品的 HRTEM 图

图 7.28　利用 HRTEM 观测到的铜薄膜中的（a）二重、（b）三重和（c）四重孪晶结构及角度参数

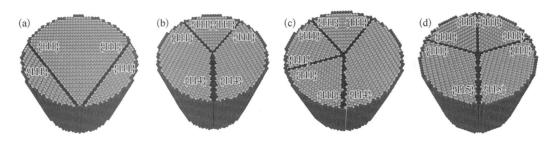

图 7.29　具有（a）二重孪晶、（b）三重孪晶和（c）四重孪晶结构的纳米晶粒；（d）本节设计的另一种四重孪晶 X 结构

　　参照重合位点阵（coincidence Site Lattice，CSL）模型[44]，三重孪晶中的｛114｝孪生面和四重孪晶 X 中的｛115｝孪生面分别是 Σ9 和 Σ27 共格孪晶。由图 7.30 可以看出，这两种孪晶面处的原子并不是最密排列，因此能量较｛111｝孪晶面要高，晶界处原子会发生刚性松弛，即在晶界附近出现错排，但这并不影响晶粒的取向关系。

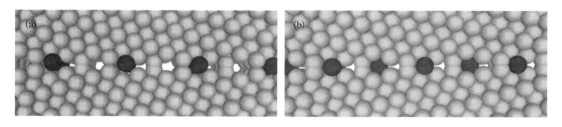

图 7.30 两种四重孪晶中(a)｛114｝孪晶面与(b)｛115｝孪晶
面结构图,深色原子表示孪晶面上的共格原子

为了研究不同形式的多重孪晶结构对材料力学性能的影响,又构建了具有单层孪晶、五重孪晶、双层孪晶结构的纳米晶粒以及单晶纳米晶粒,其结构见图 7.31。本节中所涉及的纳米晶粒均采用相同的形状和尺寸,即直径为 10 nm、长 10 nm 并以〈110〉为轴向的圆柱形纳米晶粒。

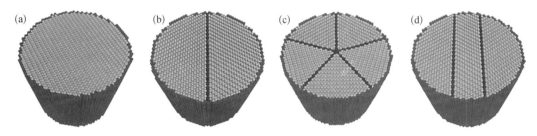

图 7.31 本节研究的(a) 单晶纳米晶粒,以及具有(b) 单重孪晶、
(c) 五重孪晶和(d) 双层孪晶结构的纳米晶粒模型

7.3.3 多重孪晶结构对纳米材料的影响

我们首先对多重孪晶结构的稳定性进行测试。在不施加任何外力的条件下,体系温度分别恒定在 10 K 和 300 K 两个温度,对各纳米铜晶粒进行 40 ps 的自由弛豫。图 7.32 所示为弛豫过程中体系内原子的平均势能变化。在低温(10 K)下各体系的能量变化较为平稳,不难发现,单层孪晶和双层孪晶的体系势能与完美单晶的相当,三者同为最低,由此可以说明独立孪晶界的存在并不会对体系势能产生明显影响。双重孪晶的势能略高于双层孪晶,这可能是孪晶交汇处原子能量较高所致。三重孪晶、四重孪晶和四重孪晶 X 体系中由于高指数孪晶界或者非共格晶界的存在,能量明显较高。而且由于｛115｝孪晶面处的原子配位数过低,其能量反而还要高于四重孪晶中的非共格孪晶界(coherent twin boundaries),这可能也是实验中只观测到四重孪晶结构的原因。五重孪晶结构中各孪晶界均是｛111｝孪晶界,其中相邻的孪晶界的夹角约为 360° ÷ 5 = 72°,而在完美面心立方晶体中,过同一〈110〉轴两个｛111｝晶面的夹角约为 70.5°。因此体系会自发进行微小的形变以消除两者间的结构错配,这也使得五重孪晶的势能较单晶升高了约 0.003 eV,体系势能的持续振荡也与此结构有关。在 300 K 温度下,原子的热运动加剧,体系波动显著,但由势能曲线的振荡趋势仍可将各体系按势能高低粗略分成三组,单晶、单层孪晶、双层孪

晶和二重孪晶最低,五重孪晶居中,三重孪晶、四重孪晶和四重孪晶 X 最高。如图 7.33 所示,经 40 ps 的弛豫后,三重孪晶的{114}孪晶面、四重孪晶 X 中的{115}孪晶面处都出现了明显的错排,而四重孪晶中的非共格晶界处的错排则更为严重,甚至出现了三个位错滑移面。

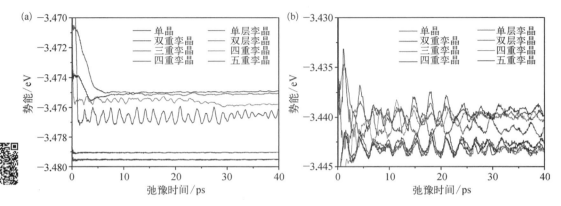

图 7.32　各个铜晶粒模型在(a) 10 K 和(b) 300 K 下自由弛豫过程中的体系原子平均势能的变化

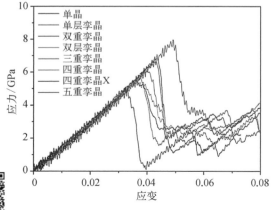

图 7.33　经过 300 K 自由弛豫后的结构图:(a) 三重孪晶;(b) 四重孪晶;(c) 四重孪晶 X

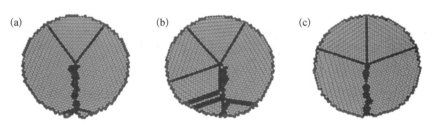

图 7.34　各个铜晶粒模型在 300 K 下压缩的应力应变曲线

孪晶界的强化作用表现在抗拉伸和抗压缩形变的能力上,为此我们研究了系列模型的抗压缩性能。在 300 K 温度下,沿⟨110⟩轴向对纳米晶粒进行压缩,应变速率约为 0.03% ps^{-1}。如图 7.34 所示,各模型的应力应变曲线在弹性阶段重叠一致,只是屈服点存在差异。这表明各模型的杨氏模量几乎完全相同,即晶粒内部的多重孪晶结构并不会对杨氏模量产生影响,但是会影响屈服应力,这一结果也与多层孪晶的相关研究报道是吻合的[45]。单晶晶粒的屈服应力最小,为 5.0 GPa,而含有五重孪晶结构的屈服应力最大,可达 7.8 GPa,

其他含有孪晶结构的屈服应力值分布在 5.5 GPa 至 6.9 GPa 的范围。

显然所有含孪晶结构的纳米晶粒的抗压性能都强于单晶。一般而言,预先引入位错缺陷,会使单晶纳米线的性能大幅度下降。纳米结构的机械强度是由其位错成核能决定的,初始位错源的存在会大大降低位错成核能,最终导致屈服强度降低。在包含三重孪晶、四重孪晶和四重孪晶 X 结构的纳米晶粒中,压缩开始前即存在一定量的位错(图 7.33)。这些位错既提高了能量,同时也为体系发生塑性形变提供了位错源,因此这三种纳米晶粒的屈服强度要小于其他四种含有较完美孪晶结构的晶粒。在这三种晶粒中,孪晶界的强化作用与初始位错的弱化作用是同时存在的,其强度仍然高于单晶晶粒则说明孪晶的强化作用占主导地位。

7.3.4 孪晶结构形成的分子动力学模拟

通过分子动力学模拟进一步研究了双重孪晶的形成过程。图 7.35 显示了在退火过程中双重孪晶形成的微观结构演变。初始结构单元包括四个[110]晶向的晶粒,标记为 G1 到 G4(垂直于图像平面的方向),并具有四个不同的晶界,如图 7.35(a)所示。G1 和 G4 之间的晶粒错配度,以及 G1 和 G2 之间的错配度分别等于 55° 和 85°。在开始阶段,几个部分位错(b_1、b_2、b_3 和 b_4)从晶界 1 和晶界 2 处成核并发射出来[图 7.35(b)]。晶界成为主要的位错来源。部分位错的发射和运动伴随着部分晶粒的旋转(G1)。首先,一个短的孪晶界 TB2 由 GB2 转化形成,部分位错沿着晶界 2 滑移促进了 TB2 的生长。随后,通过晶粒旋转作用,TB1 也由部分位错(b_1、b_3 和 b_4)发展而成[图 7.35(c)]。随着温度的升高,TB2 不断延长,部分位错 b_5 和 b_6 滑动,它们与 G1 中的部分位错 b_1 相互作用[图 7.35(d)和(e)]。随后,部分位错 b_1 在 b_5 和 b_6 穿过它后被晶界吸收[图 7.35(f)]。最终,在 573 K 的温度下,通过晶粒旋转形成了具有交叉 TB1 和 TB2 的典型 CTB_{gb}/CTB_{gb} 结

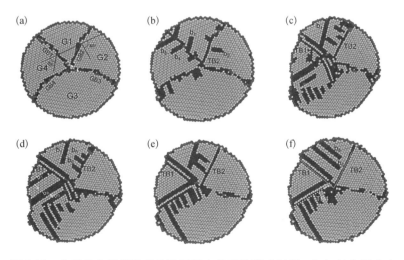

图 7.35 分子动力学模拟孪晶界经退火处理的形成过程:(a)包含了 4 个不同取向晶粒的初始结构(G1 到 G4);(b)和(c)从晶界的部分位错成核形成 TB1 和 TB2;(d)和(e)部分位错和堆垛层错(SF)重叠形成 TB4;(f)在 573 K 形成的典型双重孪晶

构的双重孪晶,此时 G1 中只剩下三个部分位错。晶粒旋转机制是形成双重孪晶的原因。值得注意的是,TB4 是通过几个部分位错或堆垛层错(SF)的重叠产生的[图 7.35(d)],尽管它没有与 TB1 相交[图 7.35(f)]。在接下来的内容中,通过分子动力学模拟确实发现了在五重孪晶形成过程中的典型 CTB_{sf}/CTB_{gb} 结构。

7.3.5　五重孪晶演化过程的微观结构分析

如上所述,双重孪晶被认为是其他多重孪晶的基本单元。因此,我们首先选择了一个包含双重孪晶的初始结构单元来模拟五重孪晶的形成(见图 7.36)。初始状态有五个晶粒(G1 到 G5),形成了一个双重交叉晶界,如图 7.36(a)所示,其中所有晶粒的[110]方向都垂直于图像平面。G2 和 G4 之间,以及 G3 和 G5 之间的晶粒错配度 h 均为 85°。晶界是孪晶位错的主要来源。随着温度的升高,两个部分位错 b_1 和 b_2 分别从晶界 2 和晶界 3 处成核并发射出来,见图 7.36(b)。当温度升至 473 K 时,第三个部分位错 b_3 也从晶界 2 处发射出来;与此同时,晶界 2 演化成为 TB3,如图 7.36(c)所示。值得注意的是,b_1 和 b_2 的交叉形成了 G5 内部的 L－C 锁[46]。随着温度进一步升高,b_1 和 b_3 沿孪晶界滑动并被吸收到表面后形成 TB3,见图 7.36(d);同时,b_4 和 b_5 分别从晶界 3 和晶界 1 处成核并发射出来。TB4 在形成的过程中也伴随着 b_2 沿 TB4 滑动,见图 7.36(e)。最终,在 573 K 时形成了五重孪晶,如图 7.36(f)所示。在 G5 和 G2 的内部仍然有两个堆垛层错,由 b_4 和 b_5 部分位错所贡献。

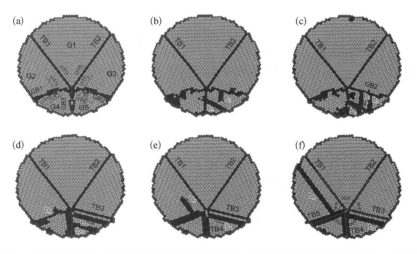

图 7.36　从含有交叉的共格孪晶界的初始结构经退火形成五重孪晶的分子动力学模拟:(a) 包含五个晶粒的初始构型(G1~G5),G2 与 G4 同 G3 与 G5 间有 85°错配角。(b) 两个部分位错 b_1 和 b_2 从 GB2 和 GB3 的成核与发展。(c) 部分位错 b_3 从 GB2 成核。(d) 伴随 b_1 和 b_3 的消失,TB3 形成;在 573 K,随着部分位错 b_2 和 b_5 的运动,TB4(e)和 TB5(f)形成,五重孪晶中还留有两个堆垛层错

图 7.37 给出了一个由四个晶粒构成的初始结构单元形成五重孪晶的演变过程,初始结构单元中没有任何交叉孪晶界。初始结构单元由四个晶粒 G1 到 G4 组成,具有不同的晶界[图 7.37(a)]。这与图 7.36 中展示的初始结构不同,后者涉及了两个交叉孪晶界。

GB5 首先通过 G4 的部分位错 b_3 滑动转化为 TB5[图 7.37(b)]。随着温度升至 473 K，一些堆垛层错和微小孪晶(用黄色矩形标记)从 GB3 处成核[图 7.37(c)]。然后，这些堆垛层错开始迁移和重叠，形成具有 TB4 的孪晶[图 7.37(d)和(e)]。交叉的 TB4 和 TB5 是典型的 CTB_{gb}/CTB_{sf} 结构，其中两个 TB 的相应形成机制分别是晶粒旋转和 SF 重叠。同时，部分位错 b_3 滑动形成 TB3。随着温度进一步升高，通过 GB1 和 GB2 处的部分位错结合晶粒旋转形成了 TB1 和 TB2[图 7.37(e)和(f)]。这些分子动力学模拟结果证明了在实验结果中观察到的交叉多重孪晶的两种形成机制，即晶粒旋转引起的晶界的转变和堆垛层错的重叠。

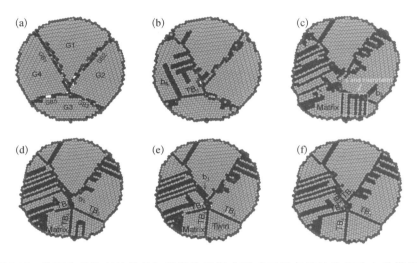

图 7.37　从不含共格孪晶界的初始结构经退火形成五重孪晶的分子动力学模拟：(a) 包含四个不同取向的初始晶粒(G1~G4)；(b) 部分位错 b_3 伴随晶粒转动形成 TB3；(c)~(e) 由堆垛层错和微孪晶的重叠形成 TB5；(f) 由晶粒转动和堆垛层错的重叠产生五重孪晶

　　在实验观察中，还发现了一种"扩展"的五重对称性，如图 7.38(a)~(d)所示。这种"扩展"的五重对称性具有由高角度 GB1 连接的两个分开的节点。图 7.38 展示了"扩展"五重对称性在退火下的演变过程。初始结构单元如图 7.38(a)所示，其中一个三重孪晶和一个准四重孪晶由一个高角度 GB1 连接在一起。GB1 成为主要的位错来源，部分位错 b_1 和 b_2 从位错源 GB3 处成核并发射出来。随着温度的升高，部分位错 b_1 首先从 GB1 处成核，形成 TB3[图 7.38(b)]，形成了一个真正的四重孪晶，由 TB3、TB4、TB5 和 GB1 组成。右侧的节点 2 开始通过位错介导发生移动，而 GB1 左侧的节点 1 仍然固定。当温度升至 523 K 时，TB2 和 TB5 产生了两个扭结状的台阶，分别靠近节点 1 和节点 2。这些台阶缺陷导致 TB2 和 TB5 移动到 G3 和 G1 内部，用蓝色箭头标记[图 7.38(c)]。仔细观察图 7.38(c)和图 7.38(d)可以发现，TB2 和 TB5 都在 573 K 时移动了一个原子层(atomic layer)，促进了 G2 和 G5 厚度的增加。例如，G2 中原子层的数量从 10 个增加到 11 个。因此，节点 1 和节点 2 彼此靠近，最终在图 7.38(d)中合并成节点 3，此时 GB1 消失。与此同时，随着节点 3 的形成，这些 TB 的长度也增加了，最终形成了五重孪晶结构。

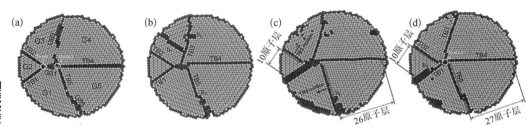

图 7.38　"扩展"的五重对称性演化的分子动力学模拟:(a) 由三重和准四重孪晶构成的初始结构单元;(b) 部分位错 b_1 滑移构成的 TB3;(c) 扭结状台阶导致的节点 1 和节点 2 的运动;(d) 573 K 下形成的完整五重孪晶

7.3.6　交叉共格孪晶界(intersectant CTB)的形成与晶粒生长

通过分子动力学模拟进一步证明了晶粒旋转过程伴随着堆垛层错(SF)的重叠。我们尝试确定这些影响多重孪晶的异常尺寸效应,即反晶粒尺寸效应。形成孪晶和五重孪晶的概率最大的临界晶粒尺寸分别为 35 nm 和 45 nm。在退火过程中,晶粒的生长总是伴随着多重孪晶的形成。因此,晶粒生长与孪晶的形成之间存在一定程度的竞争。晶粒生长过程倾向于通过晶界迁移和扩散使不同小晶粒融合在一起。在初始阶段,晶粒尺寸非常小,只有 11 nm。强驱动力促进了晶界的迁移,导致晶粒生长,合并后的晶粒间的晶界消失。图 7.39 给出了通过晶界迁移的晶粒生长过程,其中较小的晶粒被较大的晶粒吞并。初始状态包含四个不同取向的晶粒[图 7.39(a)]。G1 是最小的晶粒,而 G3 是最大的晶粒。在退火的初始阶段,GB1 开始通过部分位错的发射(b_2 和 b_3)进行迁移,如图7.39(b)所示。G3 通过不断地与部分位错(b_3)和(b) 相互作用,得到持续地扩展,最终吞并小的 G2,并使 GB1 消失[图 7.39(c)和(d)]。这一阶段通过弛豫,GB3 和 GB4 转变为 TB3 和

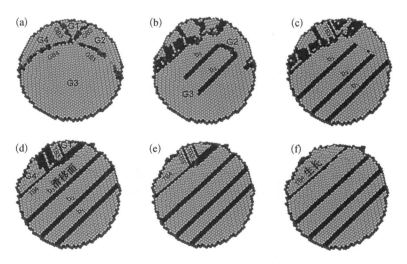

图 7.39　退火过程中的晶粒融合与生长的分子动力学模拟:(a) 由四个晶粒 G1~G4 构成的初始结构单元;(b) 和(c) G3 通过晶界迁移融合 G2;(d) 和(e) GB4 由部分位错成核转变为 TB4;(f) 短 TB3 被晶界吸收指示了晶粒 G4 吞并 G1

TB4。随着温度升高,G4 通过短 TB3 的迁移与较小的 G1 合并[图 7.39(e)]。最后,通过四个晶粒的融合完成了含有孪晶(TB4)的晶粒生长[图 7.39(f)]。在晶粒生长过程中,GB1、GB2 和 GB3 通过晶界迁移消失,而 GB4 通过晶粒旋转转变为 TB4。由于晶粒尺寸非常小,较大的晶粒将通过晶界迁移吞并较小的晶粒。因此,晶粒的合并和生长比双重孪晶的形成要容易得多。

分子动力学模拟结果表明,晶粒尺寸对于双重孪晶的形成有明显影响。图 7.35 和图 7.39 分别展示了双重孪晶和晶粒生长的形成过程,其中初始结构单元包括四个具有不同晶界的晶粒。值得注意的是,图 7.35(a)中的晶粒尺寸(G1、G2 和 G4)比图 7.39(a)中的晶粒尺寸大。对于较大的晶粒尺寸,在退火过程中,孪晶通过部分位错参与的晶粒旋转形成(图 7.35)。相比之下,较小的晶粒尺寸将通过晶界迁移发生晶粒生长(图 7.39),其中小晶粒会被其邻近的晶粒吞并。不同的晶粒尺寸将影响交叉共格孪晶界的形成与晶粒生长之间的竞争,对于多重孪晶的形成产生重要影响。

随着晶粒尺寸的增加,晶界迁移的驱动力逐渐减小,导致晶粒生长的能量屏障增加。相比晶粒融合消失,晶界通过晶粒旋转转变为共格孪晶界(CTB)是一种能量上更有利的选择,因为从晶界转变为 CTB 的能量屏障相对较低。这一点通过分子动力学模拟得到证明,如图 7.35~图 7.37 所示。同时,变大的晶粒为部分位错的滑动和发展提供了更大的空间。因此,晶粒旋转和堆垛层错的重叠机制变得更加有效,使得在临界晶粒尺寸下形成多重孪晶的概率最大化。随着晶粒尺寸的进一步增加,晶粒旋转机制迅速失效。结果只存在通过堆垛层错重叠机制形成的 CTB_{sf}/CTB_{sf} 型的多重孪晶。多重孪晶的生成概率随着晶粒尺寸的增加再次降低。这些过程产生了反晶粒尺寸效应。

7.3.7　小结

根据部分实验观察,本节利用分子动力学模拟了孪晶和五重孪晶的形成机制以及它们对晶粒尺寸的依赖性。多重孪晶的形成与许多层错带有关。我们观察到一种新型的"扩展"五重对称性结构的形成,它通过晶粒旋转引起两个节点的运动,从而演变成一个完整的五重孪晶。位错诱导的晶粒旋转和堆垛层错的重叠成为多重孪晶形成的主要机制,这些结果得到了实验观察的验证。在多重孪晶中,存在三种可能的共格孪晶界(CTB)组合,分别为 CTB_{sf}/CTB_{gb}、CTB_{sf}/CTB_{sf} 和 CTB_{gb}/CTB_{gb}。此外,含有孪晶和五重孪晶的晶粒生成概率随着晶粒尺寸的减小而增加,然后在临界尺寸处达到最大值,随后在进一步减小晶粒尺寸时则开始减少。这一过程表现出反晶粒尺寸效应。形成孪晶和五重孪晶的最大概率的临界晶粒尺寸分别为 35 nm 和 45 nm。晶粒生长和孪晶形成之间的竞争导致了这种反晶粒尺寸效应。这些模拟研究为设计和制备含多重孪晶的高强度和高塑性材料提供了新的指导。

7.4　相交共格孪晶界对纳米晶铜的硬化作用

7.4.1　引言

材料在外力作用下抵抗破坏的能力称为材料的强度。当材料受外力作用时,其内部产生应力,外力增加,应力相应增大,直至材料内部质点间结合力不足以抵抗所作用的外力时,材料即发生破坏。材料破坏时应力达到的极限值称为材料的极限强度。它也是晶体材料的重要机械性能之一。材料科学界长期以来的目标之一就是最大限度地增加材料的强度。强化材料的设计通常依赖于通过诱导晶界(GBs)、共格孪晶界(CTBs)、堆垛层错(SF)以及析出物来控制位错的运动,并与其他缺陷相互作用。例如,通过细化晶粒尺寸(d)或通过晶界强化来使材料的强度在临界尺寸达到最大值。不过一旦 d 进一步减小到临界尺寸以下,材料将会变软。这就是反 Hall-Petch(H-P)效应。

目前有很多实验事实已经证明,纳米孪晶材料的强度比多晶对应物要高。例如,Huang 等报道了具有并列 CTB(p-CTB)结构的多晶铜材料在临界孪晶层厚度时,其最大强度达到了 0.9 GPa[32]。p-CTB 的强化能力依赖于相邻 CTB 的间距,表现出类似于诱导晶界的反 Hall-Petch 效应。由 p-CTB 强化决定的最大强度要比由普通晶界强化产生的峰值强度要高得多,将最大强度值推向了一个更高的水平。然而,由于去孪晶行为的影响,纳米孪晶材料在达到临界孪晶层厚度以下时会明显变软,这一点在本章 1.1 节的分子动力学(MD)模拟中也得到了证实。因此,我们面临着一个新问题,即如何在提高峰值强度的同时避免材料软化。

之前关于 CTB 强化的研究主要集中在具有平行 CTB 结构的单一孪晶[47]。传统的平行 CTB(p-CTB)的最显著特征是材料中的 CTB 彼此相互平行。除了传统的 p-CTB,晶体材料中另一种重要的 CTB 是相互交叉的 CTB(i-CTB),其结构与 p-CTB 不同。新型 i-CTB 存在于多重孪晶中,通常为双重或五重孪晶[48,49]。之前的 MD 模拟研究表明,具有 i-CTB 的五重孪晶要比没有 CTB 的晶体更硬[12]。然而,目前尚不清楚 i-CTB 孪晶是否具有更高的强度。与 p-CTB 相比,i-CTB 的分解过程非常困难,因为两个 CTB 相互锁定。预期这种 i-CTB 锁定过程能有效地促进位错的积累和倍增,从而促进了更高水平的应变硬化。此外,两个 CTB 之间的交叉处容易形成不动位错,这一点之前的分析模型已经提出[39]。由于不动位错具有固定作用,它们的数量越多对位错的积累有更大的益处。

i-CTB 具有易形成不动位错的能力,使得多重孪晶成为增强材料强度的更好选择。在本节研究中,我们通过分子动力学模拟研究了 p-CTB 和 i-CTB 在纳米铜材料中的力学性能。与实验的对比结果也表明,i-CTB 展现出更强的应变硬化效应,超过了 p-CTB 的强度。通过模拟微观结构演变,进一步讨论其内在的强化机制。

7.4.2　模型建立与分子动力学模拟

本节开展的分子动力学模拟以研究在单轴压缩和拉伸变形过程中包含 p-CTB 和 i-CTB 的纳米晶铜的力学响应。铜原子之间的相互作用采用了 Johnson 发展的嵌入原子方法(EAM)势来描述。该模型有效地描述了 FCC 金属的性质。

为了比较力学响应,我们参考实验结果(图 7.40),考虑了三种类型的铜柱,分别是无孪晶的、含有 p-CTB 的和含有 i-CTB 的。初始的晶体柱都围绕[110]轴对齐,并以之作为 z 方向。这些三维单晶柱的长度为 10 nm,直径为 10 nm。此外,为了尽可能地模拟实验中观察的真实材料的结构,我们还在具有高密度 p-CTB 和 i-CTB 的完全三维纳米晶铜薄膜上进行了分子动力学模拟。我们选择了三种类型的纳米晶铜进行拉伸测试。一组样品是无孪晶的,另外两组样品分别包含高密度的 p-CTB 和 i-CTB。模拟的纳米晶铜薄膜的二维尺寸为 40 nm×36 nm,厚度为 28 nm,包含大约 1 200 000 个原子。每个纳米晶尺寸约为 10 nm。初始纳米晶都围绕[110]轴对齐,作为 z 方向。模拟采用了自由边界条件,以获得对纳米结构的真实描述。运动方程的积分使用蛙跳算法来获得原子的速度和轨迹。分子动力学模拟中的时间步长设置为 1.5 fs。样品在 300 K 下进行 150 ps 的弛豫以达到稳定的平衡状态,然后在恒定的应变速率($2.9 \times 10^8 \ \mathrm{s}^{-1}$)下进行单轴压缩和拉伸实验。采用了校正因子法维持系统温度的稳定。

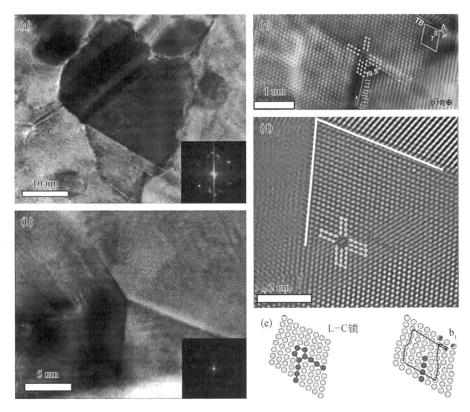

图 7.40　(a) 实验中典型的交叉共格孪晶界(i-CTB)的高分辨透射电镜图和(b) 实验中典型的五重交叉共格孪晶界(i-CTB)的高分辨透射电镜图(其中的插图为快速傅里叶变换图样);(c)和(d) 分别为孪晶和五重孪晶中 Lomer-Cottrell (L-C)位错锁经傅里叶滤波后的图样;(e) L-C 位错锁和部分位错的示意图

7.4.3　含有 p-CTB 和 i-CTB 的铜纳米柱的形变机理与力学特性

通过分子动力学模拟研究了不同类型共格孪晶界(CTB)的纳米晶铜的力学性能。我们将没有 CTB 的单晶纳米柱[图 7.41(a)]与具有两个 p-CTB[图 7.41(b)]的纳米柱,以及具有 i-CTB 的纳米柱[图 7.41(c)]进行了比较。

单轴压缩的应力应变曲线如图 7.42(a)所示。对曲线的分析表明,i-CTB 样品表现出最高的强度,其次是 p-CTB 样品,两者均比没有孪晶的单晶体强度更高。单晶和含 p-CTB 纳米晶在塑性变形过程中表现出明显的应力波动。这种特征为位错从自由表面或边界成核与发展所导致。此外，p－CTB 晶体的应力波动比单晶更大。当位错被激活时，它在晶粒内部滑动，而不是相互交叉和增殖。由于位错成核所需的高应力，p－CTB 孪晶的强度得到增强，但应变硬化能力受到限制。一旦位错从表面成核，它很容易滑动并导致塑性变形。p－CTB 在微米或亚微米级别实现高强度和高韧性的能力在纳米尺度下可能会失效[17]。相反，i－CTB 结构则显示出相对平滑和连续的应力-应变特性，不仅保持最高的强度，还在纳米尺度上表现出非常好的塑性。

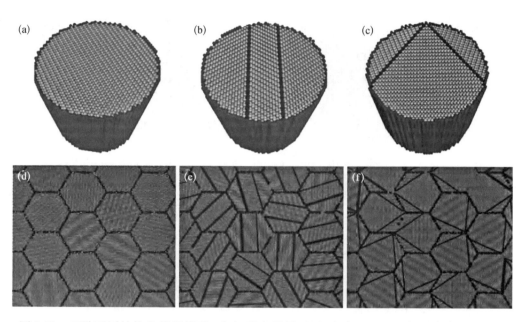

图 7.41　三种不同结构的晶铜模型：（a）无孪晶界；（b）含有 p－CTB；（c）含有 i－CTB；（d）无孪晶界的纳米晶铜薄膜的平面视图；（e）含高密度 p－CTB 的纳米晶铜薄膜；（f）含高密度 i－CTB 的纳米晶铜薄膜

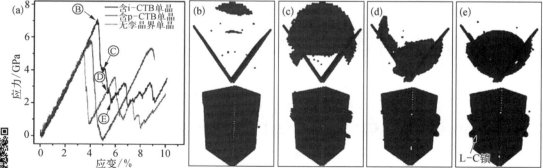

图 7.42　不同孪晶结构模型的力学特征与塑性形变中的结构变化：（a）应力应变曲线；（b）~（e）含 i－CTB 晶铜在塑性形变四个不同时刻的结构图［具体时刻在图（a）的应力应变曲线中标出］

　　含有 i－CTB 的晶体在较长的塑性形变过程中表现出连续的应力-应变行为，应力的波动较小。在塑性变形过程中，i－CTB 内观察到位错与 i－CTB 的相互作用，如图 7.42 所示。在初始阶段[图 7.42(b)]，位错从自由表面产生，并滑向晶粒的内部。随着应变的增加[图 7.42(c)]，位错被 CTB 阻挡，并在晶粒内部积累。穿透 CTB 的位错需要在微小的孪晶带内产生极高的应力[50]。随着塑性区应变的增加，位错密度也不断增加，在 5.6% 的应变时达到最高值。有趣的是，晶粒内部通过两个相互作用的层错形成了典型的 Lomer - Cottrell(L-C)锁的结构[51]，这有利于位错的积累。与 p-CTB 相比，i-CTB 晶体结构具有更强的位错存储能力，这归因于 L-C 锁对位错的钉扎效应和位错在交叉处的捕获效应。实质上，高密度的位错被限定在小体积内会导致高强度和硬化的能力。将位错限定在小体积内的现有方法包括涂层，引入内部障碍物，如界面(例如晶界)或掺杂。

　　具有 p-CTB 晶体的巨大应力突变与位错雪崩式的发展有关，这是高度随机的性质。图 7.43 展示了 p-CTB 晶体在塑性变形过程中的位错发展和消失的演变(顶视图和侧视图)。在 3.7% 应变下，位错从表面滑移到晶界[图 7.43(b)]。随着应变增加，位错不断从表面发射，位错数量在 4.4% 应变时达到最大值[图 7.43(c)]。进一步增加应变，位错滑回表面并在那里被吸收[图 7.43(d)]，位错数量在 4.8% 应变处降至零，回到位错耗尽与匮乏状态[图 7.43(e)]。位错滑动后留下了一个更清晰的晶粒，这表明 p-CTB 充当滑移平面，从而利于其发展。连续变形需要新的位错成核与发展，导致了典型的应力突变。单孪晶的 p-CTB 中，因位错存储能力弱，所以对应变硬化的影响不大。

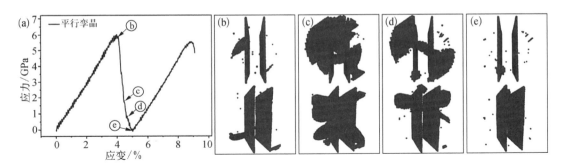

图 7.43　含有 p-CTB 晶铜压缩过程典型的应力应变曲线与结构变化细节：(a) 应力应变曲线；(b)~(e) 塑性形变过程中四个代表性时刻的结构演变[具体时刻在图(a)的应力应变曲线中标出]

7.4.4　含有 p-CTB 和 i-CTB 的铜纳米片的形变机理与力学特性

　　涉及大量晶界(GBs)的纳米晶体系，其力学响应与实验过程更接近。图 7.41(d)~(f)给出了具有无孪晶、含有 p-CTB 和 i-CTB 的纳米铜片的初始微观结构。三种不同纳米铜片的应力应变响应如图 7.44(a)所示。与 p-CTB 样品相比，i-CTB 样品的强度更高。但分子动力学模拟中的强度增加量低于实验中测量的结果[52]。在模拟中，我们采用自由边界条件，较强的表面约束效应导致了强度增量的差异，这主要是因计算能力限制，在分子动力学模拟中设置了较小的晶粒尺寸所导致。此外，强度在较大的应变范围(约 4% 至 10%)内保持较高水平。同时，在纳米尺度上展示了良好的塑性形变能力。相反，当拉伸应变大于 4% 时，p-CTB 和无孪晶样品的强度下降较快，伴随明显的应力集中和颈缩现象。在低维金属(如纳米线和纳米薄膜)中，获得可观的塑性性能非常困难，因为位错很容易被表面吸收,并且难以实现由位错堆积带来的强化。而在这里,i-CTB 的高应变硬化行为源自其新型的结构。

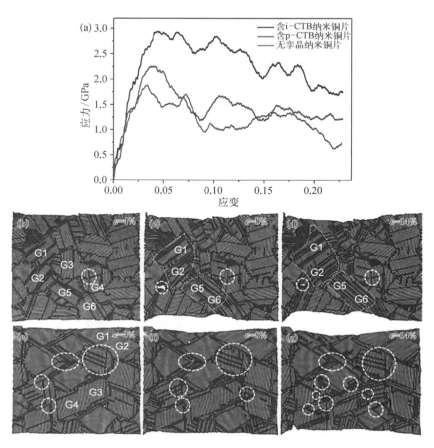

图 7.44　三种不同结构的纳米铜片塑性形变的分子动力学模拟结果:(a) 无孪晶、含有 p-CTB 和含 i-CTB 模型的应力应变曲线;(b)~(d) 含有 p-CTB 模型在塑性形变过程中的结构变化,图中展示了沿 CTB 连续的位错滑移导致的去孪晶过程;(e)~(g) 含有 i-CTB 模型在塑性形变过程中的结构变化,图中展示了随塑性形变 L-C 锁的密度显著增加,从而抑制去孪晶过程

　　在含 p-CTB 铜纳米片中[图 7.44(b)~(d)],观察到位错主要从 CTB 和 GBs 的交叉处成核,并在应变为 4% 时沿着 CTB 滑移。随着应变的增加,保持了持续的滑移,同时去孪晶现象也沿着 CTB 产生,这导致了平行孪晶的消除或变薄,在 GBs 处形成了一个纳米空洞,用黄圈标记。在塑性形变达到 14% 后,留下了大量的微型孪晶和堆垛层错。在塑性变形的过程中,还观察到晶粒的并合生长与晶粒的旋转(G1 和 G2;G5 和 G6)相关。同时,晶粒 3(G3)被其相邻晶粒吞噬。

　　对于具有 i-CTB 的纳米片模型[图 7.44(e)~(g)],晶粒的并合出现在应变为 4% 时,此时强度达到最大值。此后,观察不到新的晶粒并合,从而表现出对界面迁移更稳定的结构。在塑性形变过程中,通过形成 L-C 锁抑制了去孪晶现象。随着应变的增加,L-C 锁的密度显著增加。在应变为 8% 时,一些 L-C 锁开始在晶粒内部形成,用白色圆圈[图 7.44(f)]标记。随着应变增加到 14%[图 7.44(g)],这些 L‐C 锁仍然可以观察到,且在塑性形变较大时又产生新的位错锁。位错仍然从 TB 和 GB 交叉处成核。i‐CTB 的两个孪晶面彼此阻挡,这与独立的 p‐CTB 不同。因此,由于 L‐C 锁的钉扎效应,i‐CTB 变得更难迁移或去孪晶。此外,在不同的方向上位错运动都可以被有效地阻碍,因而提高了材料的强度。

7.4.5　i‐CTB 和 L‐C 锁之间的相关性

实验结果[51]和 MD 模拟结果[53]均表明,在所有的位错阻碍中,不动的 L‐C 位错锁具有更明显的强化效应,这种位错锁常常出现在经过较大塑性变形的纳米结构面心立方(FCC)金属中。图 7.45(a)给出了包含 i‐CTB 孪晶的高分辨透射电镜(HRTEM)图像。值得关注的是,含有 i‐CTB 的孪晶可以很容易地堆叠在一起。i‐CTB 的堆叠过程即伴随着 L‐C 位错锁的形成。图 7.45(b)中也给出了关于 i‐CTB 位错产生的细节。在 FCC 金属中,这种位错的产生呈现出两个等效的 {111} 滑移面。滑移面和相应位错之间的几何关系由汤普森四面体进行阐明。(111)滑移面和(1\bar{1}1)滑移面之间的夹角为 70.5°,部分的 Cβ 位错在(111)滑移面停在堆垛层错处。在高内部剪切应力下,部分 Cβ 滑动到两个滑移面的交点,然后解离为一个完全位错(CA),一个部分位错(Aδ)和一个不动的梯杆位错(δβ)。不动的梯杆位错 $\delta\beta\,\frac{1}{6}[011]$ 定义如下:

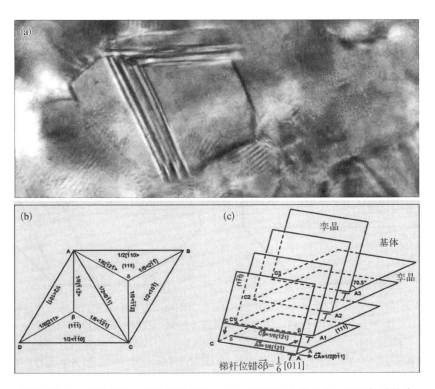

图 7.45　i‐CTB 和 L‐C 锁的微结构:(a)带有数个堆叠 i‐CTB 孪晶的高分辨透射电镜图;(b)汤普森四面体中两个等价的 {111} 滑移面及相应的位错发展方向;(c)带有 i‐CTB 的梯杆位错形成的示意图

$$\frac{1}{6}[\bar{1}2\bar{1}] \to \frac{1}{2}[0\bar{1}1] + \frac{1}{6}[\bar{1}2\bar{1}] + \frac{1}{6}[011]$$

其中，$\frac{1}{6}[\bar{1}2\bar{1}]$ 沿(111)滑动成核，形成孪晶，而 $\frac{1}{2}[0\bar{1}1]$ 朝向 $(1\bar{1}\bar{1})$ 和(111)面的交叉线滑移[39]。然后，在 $(1\bar{1}\bar{1})$ 面上 CA 解离成两个部分位错 Cβ 和 βA，即

$$\frac{1}{2}[0\bar{1}1] \to \frac{1}{6}[\bar{1}\bar{2}1] + \frac{1}{6}[1\bar{1}2]$$

其中，$\frac{1}{6}[1\bar{1}2]$ 在(111)面上滑动成核，形成孪晶。CA 连接构成两重孪晶的两个 CTB。部分位错 Cβ 重复上述的位错反应，使 i‑CTB 生长。因此，梯杆位错在两个滑移面的相交线上形成。梯杆位错与两个滑移面上的堆垛层错又转变成一个 L‑C 锁。这一过程中，系列位错都表现了较高的稳定性，这就意味着 i‑CTB 和 L‑C 锁之间在塑性形变中存在着内在的依赖关系，这也是上面分子动力学模拟所证明的结果[图 7.44(f)和(g)]。

7.4.6　i‑CTB 与 L‑C 锁的协同增强效应

在塑性形变过程中，位错通常从晶界发射出来，然后与 CTB 发生两种形式的相互作用。一种是位错滑过 CTB，成为活动位错；另一种是位错沿 CTB 滑动[图 7.46(a)]。对于第一种模式，在塑性形变过程中，位错滑过 p‑CTB 和 i‑CTB 没有区别。但由于它们的取向不同，当位错从基体滑动到孪晶相时，应力方向发生了变化。不过，在滑动过程中，应力的量级一般保持不变。

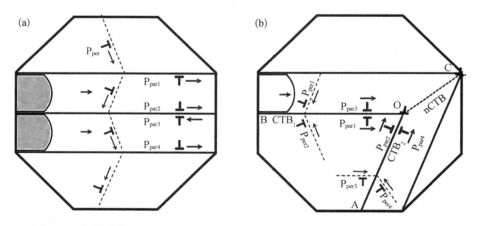

图 7.46　位错分别与(a) p‑CTB 和(b) i‑CTB 相互作用的示意图。其中 P_{par} 和 P_{per} 分别是平行和垂直于 CTB 的部分位错。梯杆位错以粗黑"T"表示

在第二种模式中，与 p‑CTB 相比，i‑CTB 对 CTB 上滑动的部分位错产生不同的影响，这是由于梯杆位错的钉扎效应。在 p‑CTB 中，两个平行的部分位错（P_{par1} 和 P_{par2}）沿着 CTB 滑动而不被阻挡，它们或者形成一个全位错或者被晶界吸收[图 7.46(a)]。另一种可能的情况是两个平行的部分位错（P_{par3} 和 P_{par4}）朝着彼此滑动，导致晶粒内部的位错

消失。然而,当两个部分位错沿着两个 i-CTB 滑动时,会发生不同的反应。图 7.46(b)中显示了两个堆叠的 i-CTB,两个交叉点由一个不连贯的 TB(nCTB,绿色虚线)连接。正如上文所讨论的,不动的梯杆位错停留在 nCTB 的末端。当 P_{par1} 和 P_{par2} 分别沿着 CTB1 和 CTB2 滑动时,它们都会被 V 形孪晶交叉点所阻挡。位错在晶粒内部堆积在 CTB 的交叉点,导致了位错的积累。同时,当 P_{par3} 和 P_{par4} 沿着 CTB 向 nCTB 方向滑动时,梯杆位错将钉住这两个部分位错。这进一步提高了晶粒内部位错的积累和储存。我们大致估计了 CTB 和 L-C 锁对位错积累的贡献。我们合理地假设每个 CTB 的每一侧有一个平行(P_{par})位错和一个垂直(P_{per})位错。因此,共有八个位错位于两个 CTB(p-CTB 或 i-CTB)上。如上所述,仅有四个垂直位错[图 7.46(b)中的 P_{per1} 至 P_{per4}]被 p-CTB 阻挡。对于 i-CTB,在理想条件下,所有八个活动位错都可以储存于晶粒内部,其中两个位错(P_{par3} 和 P_{par4})被梯杆位错钉住。考虑实际的应力状态,由于从 AO 到 OA(BO 到 OB)方向的应力变化,这两个平行位错被晶界吸收的可能性为 50%。因此,六个位错可以在 i-CTB 的帮助下通过不动的 L-C 锁结构储存晶粒内部。添加一个由三个位错组成的 L-C 锁,晶粒内部共有九个位错。i-CTB 的位错密度(ρ)相比于 p-CTB 提高了 2.25 倍。根据 Taylor 模型[54, 55],流动应力(σ)与位错密度(ρ)之间的关系如下:

$$\sigma = M\alpha\mu b\rho^{1/2}$$

其中,M 是 Taylor 因子;α 是经验性的材料常数;b 是伯格斯矢量;μ 是剪切模量。因此,通过 CTB 和 L-C 锁的协同效应,强度增加了 1.5 倍。这个结果基本上与实验和分子动力学模拟的结果一致。由梯杆位错组成的 L-C 锁是高度静止的,对位错运动具有强烈的钉扎效应。因此,它显著提高了金属的应变硬化能力。

实际上,CTB 中固有的结构缺陷,如纽结和弯曲,也会影响孪晶金属的强度。有报道称,亚微米长度的 CTB 在沉积的铜中具有台阶状的纽结,这会降低强度[56]。然而,随着 CTB 缩短至几纳米,这些缺陷迅速减少并消失。本研究中的 CTB 长度范围从几纳米到几十纳米不等。i-CTB 往往比 p-CTB 更短。由于长度较短和退火处理,CTB 上的缺陷迅速减少,这在 HRTEM 结果中得到了证实。此外,在样品中也经常观察到具有 i-CTB 的五重孪晶,尽管它们并不占优势。在五重孪晶中,两个(111)CTB 平面之间的角度为 70.5°,比五重孪晶所需的 72°小 1.5°。这种不匹配一般可以通过弹性形变来适应,而弹性形变具有相当强的、长程的应变场,有助于增强材料的强度。

7.4.7 小结

在本节中,我们通过分子动力学模拟,结合实验观测的结果研究了具有 p-CTB 和 i-CTB 的纳米孪晶铜塑性形变的主要机制。从中可以看出,含有 p-CTB 的纳米铜强度随着 CTB 密度的增加而增加,这在不同晶粒尺寸(d)的材料中均有体现。对于含有 L-C 位错锁的 i-CTB,其最大强度达到 p-CTB 的 1.4 倍。高密度的 i-CTB 引发了强烈的应变硬化效应,且与晶粒尺寸关系不大。i-CTB 阻碍了不同方向上的位错运动,而 L-C 位错锁则固定了位错,这两者的协同作用是高应变硬化行为的原因。i-CTB 孪晶中观察到了包含梯杆位错和堆垛层错的高度稳定的 L-C 锁,而在 p-CTB 孪晶中则没有观察到这些特征,这暗示了 i‐CTB 和 L‐C 位错锁之间存在内在关联性。分子动力学模拟还表明,在纳米尺度的晶体中,当 p‐CTB 转变为 i‐CTB 时,会从应变突发过渡到位错增殖。单晶 p‐CTB 表现出完美的应变突发。当应变达到 4.8% 时,位错密度降至零,出现位错匮乏和耗尽。相比之下,i‐CTB 晶粒内积累了高密度的位错,并伴随着 L‐C 锁的形成。此外,纳米晶 i‐CTB 样品不仅具有更高的强度,而且在纳米尺度上表现出良好的塑性(大致在 4%~10% 的应变范围内)。通过建立分析模型,半定量地评估了 i‐CTB 和 L‐C 锁分别对应变硬化的贡献。这些发现提供了一个新的视角和研究策略,以协助设计具有超高强度和塑性的材料。

参 考 文 献

[1] Jin Z H, Gumbsch P, Albe K, et al. Interactions between non-screw lattice dislocations and coherent twin boundaries in face-centered cubic metals[J]. Acta Materialia, 2008, 56(5): 1126 – 1135.

[2] Lu L, Sui M L, Lu K. Superplastic extensibility of nanocrystalline copper at room temperature[J]. Science, 2000, 287 (5457): 1463 – 1466.

[3] Lu L, Chen X, Huang X, et al. Revealing the maximum strength in nanotwinned copper[J]. Science, 2009, 323 (5914): 607 – 610.

[4] Shen Y F, Lu L, Lu Q H, et al. Tensile properties of copper with nano-scale twins[J]. Scripta Materialia, 2005, 52 (10): 989 – 994.

[5] Sangid M D, Ezaz T, Sehitoglu H, et al. Energy of slip transmission and nucleation at grain boundaries[J]. Acta Materialia, 2011, 59(1): 283 – 296.

[6] Wen Y H, Huang R, Zhu Z Z, et al. Mechanical properties of platinum nanowires: An atomistic investigation on single-crystalline and twinned structures[J]. Computational Materials Science, 2012, 55: 205 – 210.

[7] McDowell M T, Leach A M, Gaill K. On the elastic modulus of metallic nanowires[J]. Nano Letters, 2008, 8(11): 3613 – 3618.

[8] Guo X, Xia Y Z. Repulsive force vs. source number: Competing mechanisms in the yield of twinned gold nanowires of finite length[J]. Acta Materialia, 2011, 59(6): 2350 – 2357.

[9] Kulkarni Y, Asaro R J. Are some nanotwinned FCC metals optimal for strength, ductility and grain stability? [J]. Acta Materialia, 2009, 57(16): 4835 – 4844.

[10] Zhang Y F, Huang H C, Atluri S N. Strength asymmetry of twinned copper nanowires under tension and compression[J]. Computer Modeling in Engineering & Sciences, 2008, 35(3): 215 – 225.

[11] Ding F, Li H, Wang J L, et al. Elastic deformation and stability in pentagonal nanorods with multiple twin boundaries [J].Journal of Physics Condensed Matter, 2002, 14(1): 113 – 122.

[12] Cao A J, Wei Y G. Atomistic simulations of the mechanical behavior of fivefold twinned nanowires[J]. Physical Review B, 2006, 74(21): 214108.

[13] Deng C, Sansoz F. Enabling ultrahigh plastic flow and work hardening in twinned gold nanowires[J]. Nano Letters, 2009, 9(4): 1517 – 1522.

[14] Deng C, Sansoz F. Near-ideal strength in gold nanowires achieved through microstructural design[J]. ACS Nano, 2009, 3(10): 3001 – 3008.

[15] Deng C, Sansoz F. Effects of twin and surface facet on strain-rate sensitivity of gold nanowires at different temperatures [J]. Physical Review B, 2010, 81(15): 155430.

[16] Deng C, Sansoz F. Size-dependent yield stress in twinned gold nanowires mediated by site-specific surface dislocation emission[J]. Applied Physics Letters, 2009, 95(9): 091914.

[17] Jang D C, Li X Y, Gao H J, et al. Deformation mechanisms in nanotwinned metal nanopillars[J]. Nature Nanotechnology, 2012, 7(9): 594 – 601.

[18] Liu Y H, Zhao J W, Wang F Y. Influence of length on shock-induced breaking behavior of copper nanowires[J]. Physical Review B, 2009, 80(11): 115417.

[19] Wu B, Heidelberg A, Boland J J, et al. Microstructure-hardened silver nanowires[J]. Nano Letters, 2006, 6(3):

468－472.

［20］ Deng C, Sansoz F. Fundamental differences in the plasticity of periodically twinned nanowires in Au, Ag, Al, Cu, Pb and Ni[J]. Acta Materialia, 2009, 57(20): 6090－6101.

［21］ Lu L, Shen Y F, Chen X H, et al. Ultrahigh strength and high electrical conductivity in copper[J]. Science, 2004, 304 (5669): 422－426.

［22］ Deng C, Sansoz F. Repulsive force of twin boundary on curved dislocations and its role on the yielding of twinned nanowires[J]. Scripta Materialia, 2010, 63(1): 50－53.

［23］ 卢磊,卢柯.纳米孪晶金属材料[J].金属学报,2010,46(11): 1422－1427.

［24］ Johansson J, Karlsson L S, Svensson C P T, et al. Structural properties of (111)B-oriented Ⅲ－Ⅴ nanowires[J]. Nature Materials, 2006, 5(7): 574－580.

［25］ Gao Y J, Wang H B, Zhao J W, et al. Anisotropic and temperature effects on mechanical properties of copper nanowires under tensile loading[J]. Computational Materials Science, 2011, 50(10): 3032－3037.

［26］ Koh S J A, Lee H P. Molecular dynamics simulation of size and strain rate dependent mechanical response of FCC metallic nanowires[J].Nanotechnology, 2006, 17(14): 3451－3467.

［27］ Caroff P, Dick K A, Johansson J, et al. Controlled polytypic and twin-plane superlattices in Ⅲ－Ⅴ nanowires[J]. Nature Nanotechnology, 2009, 4(1): 50－55.

［28］ Johnson R A. Relationship between defect energies and embedded-atom-method parameters[J]. Physical Review B, 1988, 37(11): 6121－6125.

［29］ Johnson R A. Alloy models with the embedded-atom method[J]. Physical Review B, 1989, 39(17): 12554－12559.

［30］ Zhao J W, Yin X, Liang S, et al. Ultra-large scale molecular dynamics simulation for nano-engineering[J]. Chemical Research in Chinese Universities, 2008, 24(3): 367－370.

［31］ Wang D X, Zhao J W, Hu S, et al. Where, and how, does a nanowire break? [J]. Nano Letters, 2007, 7(5): 1208－1212.

［32］ Huang Q, Yu D L, Xu B, et al. Nanotwinned diamond with unprecedented hardness and stability[J]. Nature, 2014, 510: 250－253.

［33］ Wu X L, Narayan J, Zhu Y T. Deformation twin formed by self-thickening, cross-slip mechanism in nanocrystalline Ni [J]. Applied Physics Letters, 2008, 93(3): 031910.

［34］ Wang J, Huang H C. Shockley partial dislocations to twin: Another formation mechanism and generic driving force[J]. Applied Physics Letters, 2004, 85(24): 5983－5985.

［35］ Liao X Z, Zhou F, Lavernia E J, et al. Deformation mechanism in nanocrystalline Al: Partial dislocation slip[J]. Applied Physics Letters, 2003, 83(4): 632－634.

［36］ Wu X L, Liao X Z, Srinivasan S G, et al. Measurement of the forward-backward charge asymmetry and extraction[J]. Physical Review Letters, 2008, 101: 095701.

［37］ Mahajan S, Pande C S, Imam M A, et al. Formation of annealing twins in F.C.C. crystals[J]. Acta Materialia, 1997, 45(6): 2633－2638.

［38］ Liao X Z, Srinivasan S G, Zhao Y H, et al. Formation mechanism of wide stacking faults in nanocrystalline Al[J]. Applied Physics Letters, 2004, 84: 3564－3566.

［39］ Zhu Y T, Narayan J, Hirth J P, et al. Formation of single and multiple deformation twins in nanocrystalline FCC metals [J]. Acta Materialia, 2009, 57(13): 3763－3770.

［40］ Huang P, Dai G Q, Wang F, et al. Fivefold annealing twin in nanocrystalline Cu[J]. Applied Physics Letters, 2009, 95 (20): 203101.

［41］ Bringa E M, Farkas D, Caro A, et al. Fivefold twin formation during annealing of nanocrystalline Cu[J]. Scripta Materialia, 2008, 59(12): 1267－1270.

［42］ Wu X L, Zhu Y T. Inverse grain-size effect on twinning in nanocrystalline Ni[J]. Physics Review Letters, 2008, 101 (2): 025503.

［43］ Zhang J Y, Liu G, Wang R H, et al. Double-inverse grain size dependence of deformation twinning in nanocrystalline Cu [J]. Physical Review B, 2010, 81(17): 172104.

［44］ Grimmer H. Reciprocity relation between coincidence site lattice and dsc lattice[J]. Scripta Metallurgica, 1974, 8(11): 1221－1223.

［45］ Zhang Y F, Huang H C. Do twin boundaries always strengthen metal nanowires? [J]. Nanoscale Research Letters, 2009, 4(1): 34－38.

［46］Cao Z H, Xu L J, Sun W, et al. Size dependence and associated formation mechanism of multiple-fold annealing twins in nanocrystalline Cu［J］. Acta Materialia, 2015, 95: 312－323.

［47］Anderoglu O, Misra A, Wang J, et al. Plastic flow stability of nanotwinned Cu foils［J］. International Journal of Plasticity, 2010, 26: 875－886.

［48］Hofmeister H. Forty years study of fivefold twinned structures in small particles and thin films［J］. Crystal research and Technology, 33(1), 3－25.

［49］Cheng B, Ngan A. The crystal structures of sintered copper nanoparticles: A molecular dynamics study［J］. International Journal of Plasticity, 2013, 47(2): 65－79.

［50］King A H, Chen F R. Interactions between lattice partial dislocations and grain boundary［J］. Material Science & Engeering, 1984, 66(2): 227－237.

［51］Wu X L, Zhu Y T, Wei Y G, et al. Strong strain hardening in nanocrystalline nickel［J］. Physical Review Letters, 2009, 103(20): 205504.

［52］Cao Z H, Sun W, Yan X B, et al. Intersectant coherent twin boundaries governed strong strain hardening behavior in nanocrystalline Cu［J］. International Journal of Plasticity, 2018, 103: 81－94.

［53］Yamakov V, Wolf D, Phillpot S R, et al. Dislocation processes in the deformation of nanocrystalline aluminium by molecular dynamics simulation［J］. Nature Materials, 2002, 1(1): 45－49.

［54］Taylor G I. Plastic strain in metals［J］. Journal of the Institute of Metals, 1938, 62: 307－324.

［55］Wang H, Hwang K C, Huang Y, et al. A conventional theory of strain gradient crystal plasticity based on the Taylor dislocation model［J］. International Journal of Plasticity, 2007, 23(9): 1540－1554.

［56］Greer J R. It's all about imperfections［J］. Nature Materials, 2013, 12(8): 689－690.

第 8 章

金属纳米线的微结构对形变的影响

8.1　银纳米线的中空结构对形变的影响

8.1.1　引言

长期以来,金属纳米线(nanowire,NW)因其特殊的机械、热、电和磁性能引起了广泛的关注。这些性能源于纳米线的纳米尺寸效应和表面原子的高占比,使其在纳米机电系统(NEMS)、纳米电子学、微纳传感器和谐振器等多个领域得以应用。在上述一些应用中,纳米线需要承受来自其他部件所施加的作用。有些作用是稳定施加的,材料经历极缓慢的形变;有些作用是瞬时加载的,形变过程迅速。因此了解纳米线在不同外加载荷作用下的性能和形变机理,对其稳定和长期的应用是非常关键的。

这一领域的实验研究已经取得了很大的进展,但大多数显微技术存在固有的局限性,例如无法在快速加载下进行极短时间的连续成像、实验的成本高、对操作人员技术要求苛刻等。为了解决这些问题,计算机模拟技术,尤其是分子动力学(MD)模拟,成为研究纳米线性能和理解其形变机理的重要替代方法[1-4]。

为了阐明纳米线的结构和力学性能,我们开展了大量系统的模拟工作。这些研究侧重在拉伸载荷作用下无缺陷的纳米线,包括尺寸、应变速率、温度和晶体取向等因素的影响。然而,即使是最纯净的真实材料,其晶体结构中也包含了大量的缺陷,如位错、孔洞和杂质,这些缺陷会导致材料性能的退化。而对于尺寸更小的纳米材料,这种影响可能会变得更为显著。因此,对于纳米材料的应用来说,了解带有缺陷的纳米线的形变行为是必要的。

在本节中,我们设计了含有球形缺陷的[100]和[110]系列纳米线,并研究了缺陷尺寸对屈服应力、形变机制和位错发射的影响。为了识别缺陷的演变和形变机理,我们借助中心对称参数,编写程序对滑移面的形成和发展进行实时跟踪。通过对纳米线的研究,希望能初步揭示纳米材料中缺陷对其性能和形变行为的影响,为纳米材料的设计和应用提供参考。

8.1.2　模型建立与研究方法

在本节模拟工作中,利用 Johnson 解析的嵌入原子法(EAM)势能描述银原子之间的相互作用,该方法可以有效描述具有面心立方(FCC)结构的过渡金属。

本节考虑了两种含有球形缺陷的纳米线,即<100>和<110>晶向的银纳米线(图 8.1),截面为方形。<100>纳米线具有四个{100}的侧表面,而<110>纳米线具有两个{100}和

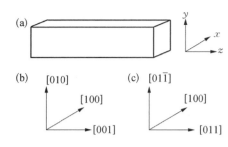

图 8.1 纳米线模型的结构取向示意图：
(a) 模拟单元，z 轴是应变方向；
(b) 和 (c) 指示了 z 轴的 <100>
和 <110> 晶向和侧面结构

两个 {110} 的侧表面。为了研究特定球形中空纳米结构，采用去除纳米线中心附近给定球形范围内的原子，即在纳米线模型中插入了一个具有一定半径的球形封闭空洞，如图 8.2 所示。模拟采用自由边界条件。纳米线的尺寸为 $17a \times 17a \times 51a$（其中 a 为银的晶格常数，0.409 nm）。对于每一种取向，通过改变孔洞半径 r 从 $1a$ 到 $5a$ 来创建计算模型，分别对应图 8.2 中的模型（1）~（5）。在 MD 模拟中，使用蛙跳算法计算运动方程的路径积分，以获得原子的速度和轨迹。利用校正因子法维持体系在 10 K。在 MD 模拟中时间步长设为 0.01τ，其中 $\tau = 2.56 \times 10^{-13}$ s

（τ 是 MD 模拟过程中做无量纲处理时的单位，是用于联系实际物理单位的参数，保证计算数值有更多的有效数字和更高的精度）。拉伸前，体系需要在一个恒定的温度下弛豫，以达到一个相对稳定的平衡状态，从而作为下一个操作的平滑起点。然后在纳米线的两端施加一组负载。两端的原子在长轴方向（z 方向）上以 0.023% ps^{-1} 的应变速率向外侧拉伸。

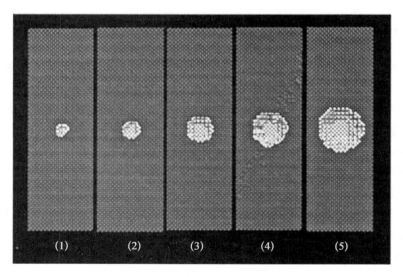

图 8.2 不同孔洞的纳米线（NW）模型。纳米线内部球形
孔洞的半径从（1）到（5），分别对应于 $1a$ 到 $5a$

纳米线内的应力通过位力（virial）方案计算。采用中心对称参数（CSP）[5] 识别分析形变过程中的特征原子。CSP 定义为

$$p_i = \frac{1}{D_0^2} \sum_{j=1,6} | R_j + R_{j+6} |^2$$

其中，R_j 和 R_{j+6} 是对应于 FCC 晶格中任意中心原子 i 到最邻近的 12 个原子中相对的两个

原子的向量；D_0 为最近邻的距离；p_i 是原子 i 的 CSP 值。因此,在晶格未受扰动的部分,$p_i = 0$。在位错或自由表面附近,p_i 变大,例如 $0.6 < p_i < 1.1$ 代表层错,即 HCP 原子,$p_i > 2.0$ 代表表面原子。

泊松比(Poisson's ratio, ν)定义为材料受到简单拉伸或者压缩时,在弹性范围内产生横向应变与施力方向应变之间的比值:

$$\nu = \frac{-\varepsilon_{横向}}{\varepsilon_{拉伸方向}}$$

在宏观条件下假设材料为连续体时,绝大多数的块体材料的泊松比可以从 -1 到 0.5 不等。

块体金属材料具有各向同性,泊松比约为 0.3。在纳米材料方面,由于不同的取向往往伴随着不同的原子排列,大多数单晶在不同的加载方向表现出强烈的各向异性。

考虑到纳米材料的不连续性,计算不同取向的单晶纳米线的泊松比时,采用长时间多步的分子动力学计算的统计平均结果。如图 8.3(a)所示,在纳米线拉伸前,i 处原子的位置与垂直中心轴距离为 L_x,在 z 方向与水平中心轴距离为 L_z,而经过一段时间单轴拉伸后(弹性范围内),如图 8.3(b)所示,其 x 方向与纳米线垂直中心轴距离变为 l_x,而 z 方向与水平中心轴距离为 l_z,其相对于原来的中心轴发生 x 方向的位移,所对应的应变量可以表示为

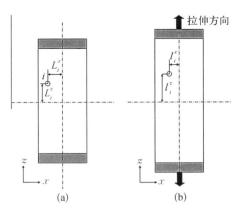

图 8.3　泊松比的计算示意图:(a) 在施加拉伸载荷前;(b) 施加拉伸载荷后

$$\varepsilon_i^x = \frac{l_i^x - L_i^x}{L_i^x}$$

而对于纳米线在受单轴拉伸后,其横向 x 方向的应变可以利用局域范围(N_x)内所有的原子相对位移所引发的应变量的平均值表示:

$$\varepsilon_i^x = \frac{1}{N_x} \sum_{i=1}^{N} \frac{l_i^x - L_i^x}{L_i^x}$$

同理,纳米线在受单轴拉伸后,其横向 y 方向与施力方向 z 的应变为

$$\varepsilon_i^y = \frac{1}{N_y} \sum_{i=1}^{N} \frac{l_i^y - L_i^y}{L_i^y}$$

$$\varepsilon_i^z = \frac{1}{N_z} \sum_{i=1}^{N} \frac{l_i^z - L_i^z}{L_i^z}$$

如果对纳米线全域范围内统计,则 $N_x = N_y = N_z = N_{\text{total}}$。因此,$x$ 方向的泊松比可以表示为

$$\bar{\nu}_{x/z} = \frac{1}{N_{\text{steps}}} \nu_{x/z}$$

$$\nu_{x/z} = \frac{-\varepsilon^x}{\varepsilon^z} = -\frac{\dfrac{1}{N_{\text{total}}} \sum_{i=1}^{N} \dfrac{l_i^x - L_i^x}{L_i^x}}{\dfrac{1}{N_{\text{total}}} \sum_{i=1}^{N} \dfrac{l_i^z - L_i^z}{L_i^z}}$$

其中,N_{steps} 是弹性区域的 MD 步骤数。表 8.1 给出了不同结晶方向的 <100> 和 <110> 纳米线的泊松比的值。Wen 等采用了线性拟合的方法来获得 Ni 纳米线的泊松比[1]。上述统计平均法得出的泊松比与线性拟合计算的泊松比有很好的一致性,但统计方法更可靠,更易于在计算机上实现。

表 8.1　纳米线沿 <100> 和 <110> 晶向拉伸的泊松比

单晶纳米线取向	应变方向	泊松比 ν
<100>	[100]/[001]	0.290
<100>	[010]/[001]	0.287
<110>	[100]/[011]	0.473
<110>	[01$\bar{1}$]/[011]	0.007

8.1.3　<100> 纳米线的形变行为与力学性质

图 8.4 给出了 5 个不同中空结构的 <100> 纳米线的应力应变曲线。图中的数字 1 至 5 分别代表孔洞半径 r 从 $1a$ 到 $5a$ 的变化,而 0 则代表没有孔洞的完美单晶 <100> 纳米线,用于对比研究中空结构的影响。从图中可以看出,当孔洞半径仅为 $1a$、$2a$ 和 $3a$ 时,屈服应力没有显著的差别,也与完美单晶纳米线一致;但当孔洞半径增大至 $4a$ 和 $5a$ 时,屈服应力显示出下降的趋势。经过屈服点之后,不同尺寸的球形空洞对纳米线的塑性形变也有不同的影响。虽然应力释放之后,各个纳米线均降低至 2.0 GPa 左右,但在这一应力区间所持续的时间差异较大。单晶和较小空心结构的纳米线能保持 0.4~0.5 应变范围,但对于较大孔洞半径,如 $4a$ 和 $5a$,所能保持的应变范围小于 0.2。可见,空心结构的尺寸对纳米线的延展性产生了较大的影响。增加空心尺寸,特别当空心半径大于 $4a$ 以后,纳米线断裂的脆性特征变得极为突出。

为进一步的对比,我们选择了六个纳米线中的两个,孔洞半径分别为 $r = 3a$ 和 $r = 5a$(为方便起见,我们在下面表示为模型 3 和模型 5),以了解中空结构对 <100> 纳米线形变机理的影响。图 8.5 显示了模型 3 和模型 5 的应力应变曲线在 0~0.1 应变区间的放大图。图中的几个代表性的时刻,从 <A₃>~<E₃> 的原子排布结构在图 8.6 中的(a)~(e)对应给出。模型 5 的代表性时刻 <A₅>~<E₅> 则在图 8.7 中给出。

在拉伸施加的载荷作用下,图中的每条曲线都线性增加,直到应力到达阈值,即屈服点。在这之后,可以明显观察到两条曲线在非弹性区域的变化差异。在屈服点附近,中空结构小的模型 3 有更大的屈服应力,也对应了更大的屈服应变。屈服点之前两者的斜率相同,这说明两者抗形变的能力即刚度是相同的,最大应力不同说明强度不同。

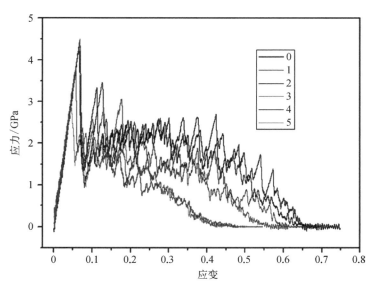

图 8.4　不同孔洞半径的<100>纳米线的应力应变曲线：数字 1~5 分别代表
　　　　了孔洞半径 r 从 $1a$ 到 $5a$；0 代表没有缺陷的完美单晶纳米线

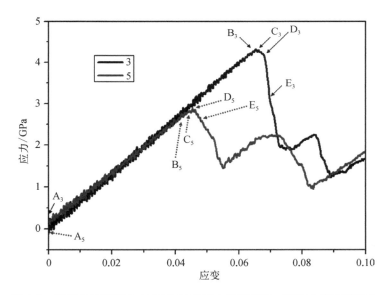

图 8.5　模型 3 和模型 5 在 10 K 时的应力应变曲线：数字 3 代表模型 3，
　　　　上面的 $A_3 \sim E_3$ 时刻的结构分别在图 8.6 中给出；数字 5 代表模型
　　　　5，其中的 $A_5 \sim E_5$ 时刻的结构图分别在图 8.7 中给出

显然中空结构破坏了材料的强度。模型 5 的强度只有模型 3 的 65% 左右。从模型中间的横截面积可以看出，模型 3 的空隙面积占完美单晶纳米线横截面积的 9.8%，但两者基本保持了一致的力学行为。模型 5 的空隙面积占比达到了 27.2%，这已经显著改变了它的力学性质。

在拉伸开始时的 A 时刻,两个模型均经过了充分的弛豫,其结构相对稳定,从结构图中也可以体现出来[图 8.6(a)和图 8.7(a)]。无论是截面还是侧面,两个纳米线模型的都保持了结晶结构的完整性。即使是中空的缺陷,其轮廓原子,在这一时刻也保持了较为完整的封闭球形结构。弛豫之后,纳米线两端施加匀速的拉伸载荷,B_3 点对应模型 3 的弹性极限,其结构如图 8.6(b)所示。一个特别有趣的情况是纳米线内部的颜色变化由深蓝变为绿色,即 CSP 值变小,这表明孔洞周边原子在弹性区域内趋于稳定。同时,孔洞的形状在拉伸方向上略有伸长,成为一个椭球的孔洞。此外,模型 3 的外表面的完整性也在拉伸过程中受到破坏,在纳米线的边缘也可以看到原本对称的表面原子出现轻微收缩。刚过屈服点即出现了 Shockley 部分位错滑移,如图 8.6(c)所示。其起始点源自屈服点时产生在棱上的滑移。从 C_3 点到 D_3 点,虽然只有轻微的应变增加,但有更多的位错开始在纳米线的边缘启动[图 8.6(d)]。随后,另一个位错出现并到达孔洞表面,如箭头所示。孔洞附近原子的颜色的变化也意味着椭球结构的破坏。

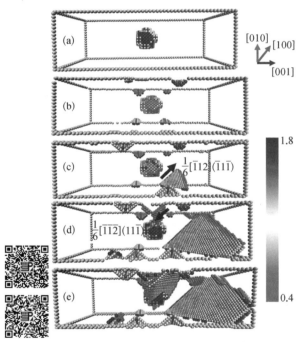

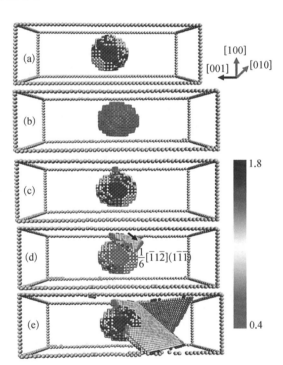

图 8.6　模型 3 在 10 K 拉伸过程中几个代表性时刻的结构图:图中已经去除完美的 FCC 原子和表面原子以显示内部的结构缺陷,原子用 CSP 值着色

图 8.7　模型 5 在 10 K 拉伸的几个代表性时刻的结构图:图中已经去除完美的 FCC 原子和表面原子以显示内部的结构缺陷,原子用 CSP 值着色

在应力的释放阶段,我们看到位错滑移面的发展起主导作用。这一结构的演化过程利于能量的释放和应力的释放,使体系向更稳定的方向发展。从图 8.6(e)中可以看出,孔洞附近的滑移平面变得更厚,这诱发了在纳米线边缘产生更多的台阶。在 E_3 点,孔洞的形状被完全打破,这也说明小尺寸的中空结构还是能够在应力释放阶段对形变行为产生

作用。

在具有更大尺寸缺陷的体系中,缺陷面积在纳米线的截面中占比大,其边缘距离侧面也越近,两者在拉伸应力的作用下会产生一定的相互作用,因此表现出与小尺寸缺陷不同的行为。在起始点 A_5,即使缺陷更大也未显示有任何明显的不同。但同样是接近屈服点的 B_5[图 8.7(b)],却没有像 B_3 在棱上产生数个初始的位错滑移面。更有趣的是,缺陷边缘原子的 CSP 值因拉伸作用明显降低,说明在表面张力的作用下稳定性略有增加。在模型 5 的屈服点(C_5点,其应变值约为 C_3 的 2/3),椭球体缺陷变得不稳定,在与其相近的侧面间产生了初始的滑移。在紧随其后的 D_5 点可以观察到 Shockley 部分位错在椭球体缺陷附近成核,并沿<112>方向在{111}平面上滑动延伸。很明显,第一个位错是从纳米线内部发出的,这与模型 3 有本质的不同。在后续的应力释放阶段(E_5),两个发展的滑移面贯穿中空缺陷,这与小尺寸缺陷的体系又有明显的不同。比较沿<100>晶向拉伸的两个模型我们可以看到,与表面的低配位数原子相比,作为潜在位错源的内部孔洞,其初始尺寸越小,稳定性越好。

对上述结果的进一步分析表明,诱导位错并不总是从<100>晶向纳米线的侧表面发出的。孔洞的尺寸对该类型纳米线的塑性形变起着重要作用。中空球形缺陷小,塑性形变性能好,更接近单晶纳米线;缺陷尺寸大,脆性大。众所周知,泊松效应诱发了侧向挤压。当有内部裂纹的纳米线承受了外部的拉伸载荷时,侧向应力一定会对孔洞结构产生影响。如表 8.1 所示,ν[100]/[001] 和 ν[010]/[001] 的泊松比几乎相同。因此,模型 3 和模型 5 中不同的形变行为主要是两个纳米线中的孔洞缺陷抵抗外部应力的差异导致的。从其他宏观材料的应力我们也可以得到启示,例如对于压力容器或拱廊来说,其曲率半径越小,抵抗外部压力的能力就越强,因此在单轴拉伸应力下的屈服强度就越高。在研究中,模型 5 中较大的中空缺陷不能抵抗外部的侧向应力,因而在孔洞附近诱发了第一个位错核。当然,上述的讨论限于特定的<100>晶向纳米线,对于其他晶向,将进一步展开研究。

8.1.4　<110>晶向纳米线的形变行为与力学性质

不同晶向的拉伸表现出不同的力学特征。为了对这个问题有更深入的理解,我们对具有同样球形中空缺陷的<110>晶向纳米线也进行了拉伸加载模拟。图 8.8 为具有不同尺寸($0\sim5a$)球形空腔<110>银纳米线的应力应变关系。从图中可以看出,应力应变在弹性区间的线性关系并不理想。此外,随着内部孔洞尺寸的增大,屈服应力逐渐减小。这一过程所表现出来的连续性与前面讨论的<100>晶向有着本质的不同。进一步分析我们还可以发现,在缺陷较小时,屈服应力的降低与缺陷面积/截面面积近似有线性关系。该线性关系在缺陷尺寸较大时有一定的偏离。上述这些特征均表明了晶向与初始位错滑移之间的内在联系影响了中空缺陷的作用。

为了更直观地了解中空缺陷<110>纳米线的形变过程,我们选择孔洞半径 $r = 1a$ 的纳米线(模型 1)进行讨论。模型 1 从 0~0.1 应变的细节如图 8.9 所示。该图中的<A>~<J>点与图 8.10 中的(a)~(j)的结构相对应,从两图中可以较详细地比较位错成核和随后的发展过程。

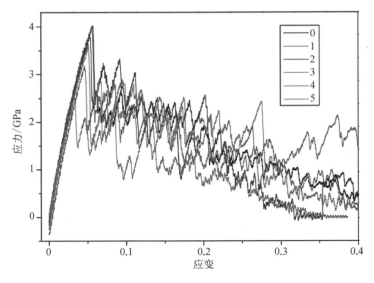

图 8.8 不同中空半径的<110>银纳米线的应力应变曲线：数字 1～5
代表孔洞半径 r 从 $1a$ 到 $5a$，0 代表无缺陷的<110>纳米线

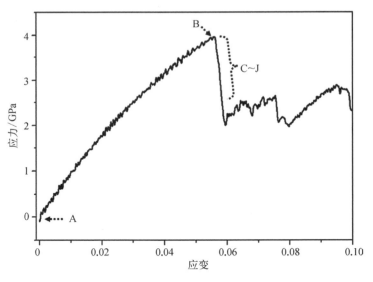

图 8.9 模型 1 在 10 K 下的应力应变曲线：A～J
点的结构图分别对应图 8.10 的 (a)～(j)

在图 8.10(a) 中，可以看到模型 1 在经过了足够的弛豫后，除了预先设置的孔洞外，没有再出现任何缺陷（A 点）。在随后的拉伸载荷下，模型 1 的内部结构一直保持稳定，即便是到达屈服点，即图 8.10(b)。从屈服点的结构特征上来看<110>晶向拉伸与前面的<100>晶向区别很大。应力应变曲线上的 C 点到 J 点，对应着应力的剧烈释放，即从原本完美的单晶结构，通过一系列的结构重组，迅速发展到一个相对稳定的结构。图 8.10 中的 (c)～(j) 给出了模型 1 的这个阶段的结构演变，显示出塑性形变初期微观结构的变化。

从图 8.10(c)中可以看出,第一个部分位错是在孔洞附近成核。然后另一个部分位错成核,并以相反的方向穿越纳米线[图 8.10(d)]。当部分位错 $\frac{1}{6}[\bar{1}12](\bar{1}1\bar{1})$ 到达自由表面时,它迅速传播到邻近的平面。此外,在图 8.10(d)中,还可以观察到之前的位错退去了,在纳米线内部留下了一个微孪晶。在接下来的步骤中[图 8.10(e)~(j)],当位错滑移沿着{111}面发展到达自由表面时,将会重复这个过程。在应力释放临近结束,在纳米线内部形成了一个孪生带[图 8.10(j)]。同时可以清楚地看到,孔洞得到一定的恢复。上述 FCC 晶格的经典{111}<112>孪生系统和<110>纳米线的类似形变过程在以往的文献中也有体现[2, 3]。

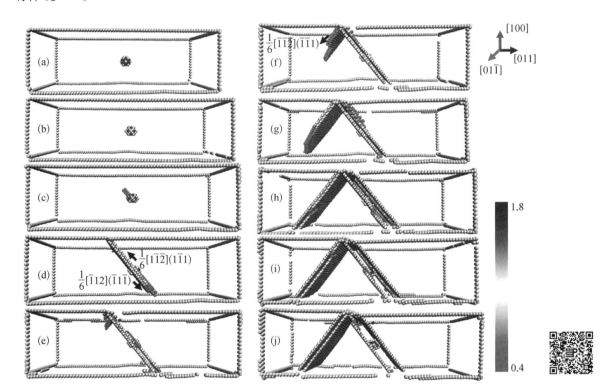

图 8.10　模型 1 在 10 K 时的结构图:图中已移除完美的
FCC 原子和表面原子,原子用 CSP 值着色

　　模型 1 在拉伸载荷下,孔洞附近形成并发展了先导位错。根据理论,内部的孔洞半径越小,抵御外力的能力也越强。与模型 1 相比,大尺寸孔洞<110>纳米线也在孔洞附近出现了先导位错。对这些纳米线的结构观察也进一步证实了上述讨论。在本节的模拟中,[011]方向的拉伸导致[100]和[01$\bar{1}$]方向的同时收缩。从表 8.1 中可以看出,ν[100]/[011]和 ν[01$\bar{1}$]/[011]的泊松比为 0.473 和 0.007。这表明,对于[110]晶向拉伸,横向的形变是各向异性的。原因是在(011)表面上,[01$\bar{1}$]的排列比[100]方向更紧凑。此外,ν[100]/[011]=0.473 是所有考察方向中最大的一个,因此,球形中空缺陷对<110>纳米线的影响也更大。

8.1.5 小结

本节模拟研究了在拉伸载荷下,含有封闭特征的球形缺陷银纳米线的机械力学行为。在本研究中,我们设计了两种不同取向的缺陷纳米线,即<100>取向和<110>取向。采用中心对称参数法区分了特征原子,显示出位错滑移面在纳米线形变过程中的演化,同时也讨论了形变行为与泊松比的关系。结果表明,如果先导位错是从中空缺陷处发出的,则纳米线的屈服应力要显著低于无缺陷的纳米线;反之,纳米线的屈服应力与单晶银纳米线差别不明显。

当<100>纳米线处于拉伸的塑性形变阶段,小尺寸孔洞纳米线的行为与无缺陷纳米线几乎相同,只有孔洞半径 $r > 3a$ 时断裂应变才有明显的减小。而对于<110>纳米线,第一个先导位错一般出现在孔洞附近,这与无缺陷的<110>纳米线明显不同。因此,<110>纳米线对缺陷更加敏感。

8.2 球形中空缺陷与孪晶界的双重作用

8.2.1 引言

随着材料技术的进步,目前可以小批量地合成金属纳米线,这为其在光学、微纳机械、电子和材料科学等方面的应用奠定了基础。金属纳米线具有大的比表面积,因此高活性原子的数量占比也更大,它所表现出来的性质与块体材料有很大的不同。对金属纳米材料的力学性质的研究可以为我们提供更丰富的信息,使其能更好地、更稳定地应用于器件。实验研究和理论模拟是相互促进的两种研究方法。在以往的研究中,人们发现金属纳米线的形变机理和机械力学性质受到许多因素的影响,其中包括了孪晶界(TB)、缺陷、表面状态、应变速率和体系温度等。

孪晶界是一种晶格结构在边界上表现为镜面对称的平面堆积层错。由于它在形变过程中发挥了重要的作用,这类结构的研究一直得到广泛的关注。特别是,随着材料的特征尺寸缩小到纳米级,孪晶界的界面原子可能与表面原子、棱上的原子等相互作用,强化孪晶界的影响。研究也表明,金属纳米线的塑性形变与孪晶界的结构有关[4, 5]。铜纳米线中高密度孪晶的存在可以极大地提高机械强度,呈现出相当大的拉伸延展性[6-8]。同样,分子动力学模拟也广泛地运用到孪晶界强化的研究中。Cao 等[9]用计算模拟的方法研究了具有一个正方形截面的孪晶铜纳米线的形变机制。他们发现孪晶界间距越小,孪晶纳米线的屈服应力越高。Deng 和 Sansoz[10]提出了一个相似的模拟模型,他们通过模拟预测了金纳米线的屈服行为是孪晶数量的函数。Guo 和 Xia[11]建立了一个基于动力学速率理论的分析模型来讨论两种作用的竞争机制。此外,Deng 和 Sansoz[12]进一步把温度影响考虑到研究中,提出了形变速率的控制机制,指出表面位错的发射和孪晶滑移的交互关系。所有这些孪晶界强化的研究均证明了孪晶界间距决定了孪晶金属纳米线的机械性质和形变行为。我们在第 7 章对多重孪晶的作用也做了较为详细的考察,其研究方法可以为相关问题的进一步扩展提供参考。

另一方面,缺陷同样会在位错的产生、滑移和堆积层错中扮演着重要的角色。缺陷的存在破坏了材料结构的完整性和晶格结构的连续性,导致对纳米材料的物理性质甚至化学性质带来影响。Meyers 和 Aimone[13] 在铜晶粒的快速压缩实验中已经观察到晶界附近的孔洞产生了大量位错和滑移带。但是由于实验技术的限制,尚难以获得位错滑移的动态过程。因此,分子动力学计算对全面了解缺陷对材料的影响是非常重要的。Silva 等[14] 研究了金纳米线的形变和断裂,给出了缺陷在这一过程中作用的证据。

尽管实验和理论模拟均取得了很多进展,但是很少有研究直接关联孪晶界和孔洞缺陷的作用。材料中,两者的伴生并不是罕见的事情,对孪晶和孔洞的联合作用的研究在材料学中依然有重要价值。在本节中,我们设计构造了具有特定结构的银纳米线。通过分子动力学模拟的方法,研究两者对纳米线的形变机理的影响。

8.2.2　建模与分子动力学模拟方法

如图 8.11 所示,构建了尺寸为 9.45 nm×9.45 nm×22.09 nm 大约含有 9 万个原子的长方体银纳米线样品。其侧面为 {110} 面和 {112} 面。模型包含一个孪晶界和一个贯穿孪晶界的球形孔洞。孔洞半径分别为 $0a$、$0.5a$、$0.8a$、$1.0a$、$1.5a$、$2.0a$、$2.5a$、$4.0a$ 和 $6.0a$(a 是银的晶格常数,约为 0.409 nm)。图中仅展示了四个带有不同尺寸孔洞的孪晶纳米线模型,孔洞半径为 $0a$、$0.8a$、$2.0a$ 和 $6.0a$,分别记为样品 Ⅰ、样品 Ⅱ、样品 Ⅲ、样品 Ⅳ。此外,也与同等尺寸单晶银纳米线作了对比。

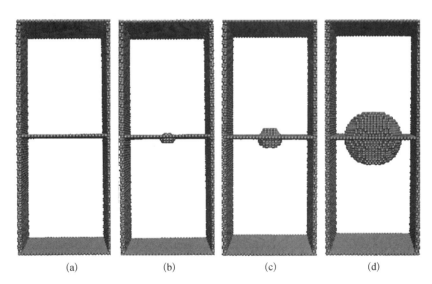

图 8.11　含有球形缺陷的孪晶银纳米线模型:(a) 样品 Ⅰ;
(b) 样品 Ⅱ;(c) 样品 Ⅲ;(d) 样品 Ⅳ

拉伸模拟均采用恒定的应变速率,即 0.109% ps⁻¹。采用嵌入原子法(EAM)计算面心立方(FCC)银原子间的相互作用。在所有三个空间维度上应用自由边界条件来模拟纳米线拉伸。在两端的固定层施加应力载荷之前,每个样品均在恒温下弛豫 51.3 ps 以达到稳定的平衡态,释放掉晶界、缺陷和侧面等高能原子的局域应力。达到稳态结构之后,施加拉伸载荷,考察纳米线的形变特征和力学性质。

为了更详细地研究多晶纳米线的塑性形变结构,利用中心对称参数对不同类型的缺陷进行了识别。中心对称参数可定义为

$$p_i = \frac{1}{D_0^2} \sum_{j=1,6} |R_j + R_{j+6}|^2$$

式中,p_i 为晶格中原子 i 的中心对称参数值;R_j 和 R_{j+6} 为晶格中原子 i 近邻的 6 对原子向量;D_0 为稳定结构中近邻原子之间的距离。作为参考,$p_i < 0.4$ 反映了 FCC 结构,特别是当 $p_i = 0$ 对应了一个完美的银晶格;$0.7 < p_i < 1.2$ 表示层错,对应于六方密排(HCP)原子;$1.2 < p_i < 1.8$ 表示位于 HCP 和表面原子中间的原子;$p_i > 1.8$ 相当于表面原子。为方便起见,将 $p_i > 1.2$ 视为其他原子讨论。

8.2.3　孪晶界与缺陷对势能曲线和应力应变曲线的影响

势能的计算利用 EAM 方法,该方法基于多体势,能较好地获得金属,特别是 FCC 金属材料内原子相互作用能。在机械拉伸过程中,机械力做功,导致了原子间的平均间距加大,势能增加。而势能又在随后的弛豫中转变为原子的热运动动能。虽然分子动力学计算时,每间隔固定的步数要做一次温度的校正,即散热,但是仍有部分势能得以保留,因此原子平均势能一般是随着拉伸而增加。图 8.12 给出了 7 个纳米线样本在 10 K 拉伸过程中的势能曲线图。

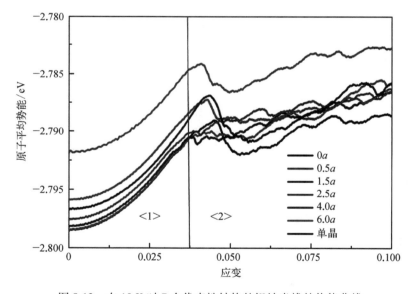

图 8.12　在 10 K 时 7 个代表性结构的银纳米线的势能曲线

在弹性阶段(图 8.12 中的<1>区域),纳米线两端的拉伸做功使纳米线的弹性势能增加,这是纳米线伸长而存储在其结构中的能量。经过研究,我们发现势能随应变以二次函数的形式增加:

$$E = \frac{1}{2}K \cdot x^2 + E_0$$

其中,E_0 为初始势能,含不同尺寸缺陷纳米线的弹性系数 K 经拟合分别为 10.36±0.08、11.52±0.18、11.50±0.10、11.62±0.24、12.22±0.24、11.92±0.20 eV。K 值的拟合误差在 1%～2%之间,可见在弹性区纳米线能量的变化符合理想的弹性体。从图 8.12 可以看出,拉伸开始前无缺陷的孪晶纳米线的势能略低。缺陷尺寸增加,则样品的势能升高。这是因为孔洞的内表面原子配位数低,能量高,增加了原子的平均势能。在塑性形变阶段,势能先略有下降,这是经过真实屈服点之后,纳米线内产生一定数量的滑移面,使应力和能量得到释放。随后的形变中,纳米线内部的位错滑移不断产生发展,同时也不断受阻或消失,结合恒温处理,导致了势能曲线的持续波动。一般而言,势能的下降与滑移面的面积有关。而塑性阶段孪晶界能够阻挡滑移面的发展,但一定尺寸的缺陷的存在又利于滑移面贯穿通过孪晶界。因此,小尺寸缺陷的纳米线在塑性初期的势能下降不大,但缺陷最大的两个纳米线,势能的释放却变得明显。这体现出缺陷既能作为位错源产生位错,使能量降低;又能够阻挡位错发展,使势能升高。

图 8.13 是 10 个纳米线样本在 10 K 时的应力应变曲线。这些纳米线在承受拉伸载荷时均表现出初期的弹性和随后的塑性形变的特征。从图中可以观察到,单晶纳米线的屈服应力最大,而其他含缺陷的孪晶纳米线与无缺陷的孪晶纳米线彼此差异不大,但均显著小于单晶纳米线。屈服点之后,单晶纳米线的应力释放最为剧烈,而其他不同缺陷孪晶纳米线的应力释放则彼此相似。为了进一步揭示孔洞缺陷与孪晶界对形变和断裂行为的影响,我们统计分析了多个样本的屈服应力、屈服应变、杨氏模量和断裂应变随孔洞半径的变化规律。

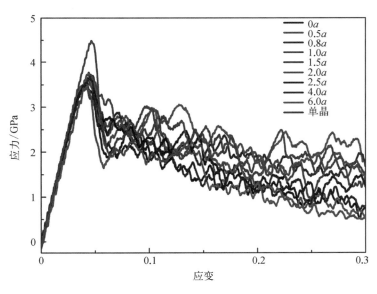

图 8.13 不同结构的银纳米线的应力应变曲线

图 8.14(a)为屈服应力随孔洞半径的变化关系。从图中可以看到,屈服应力随孔洞尺寸的增大没有明显变化,屈服应力的平均值约为 3.67±0.08 GPa,比单晶的屈服应力低约 18%。同样,孔洞对屈服应变也无明显影响,如图 8.14(b)所示。屈服应变的平均值约为 0.045±0.006。在图 8.14(c)中,随着孔半径的增大,平均杨氏模量呈现先增大后减小的趋

势,但总体变化不明显。第 7 章中我们研究了不同孪晶界间距的银纳米线,发现孪晶界间距对纳米线的杨氏模量没有影响。此外,纳米线的其他缺陷和微结构对纳米线的刚度没有显著影响。我们知道杨氏模量的定义是材料的应力除以其在弹性形变区的应变,这可以用来评估纳米线抵抗弹性形变的能力。从图中可以看出,在弹性区,孪晶银纳米线的孔洞作用并不明显。图 8.14(d)给出了断裂应变与孔洞半径的关系。可以看出,尽管数据的波动较大,但随着孔洞半径的增大,断裂应变有所减小,说明缺陷可以使纳米线断裂的脆性特征更明显。我们可以用位错的产生来解释这种现象。因为大多数位错是由表面引起的,既包括纳米线的外表面,又包括缺陷内表面。因此,缺陷越大,内表面也越大,其产生的位错就越多。同时,更大的缺陷尺寸意味着截面原子数更少,同等拉伸载荷下截面原子承受更大的局域应力,体系更快地到达颈缩,直到最终断裂,显示出脆性断裂特征。同时,包括内表面和孪晶界对位错传播的阻挡,也增加了这种脆性断裂的趋势。

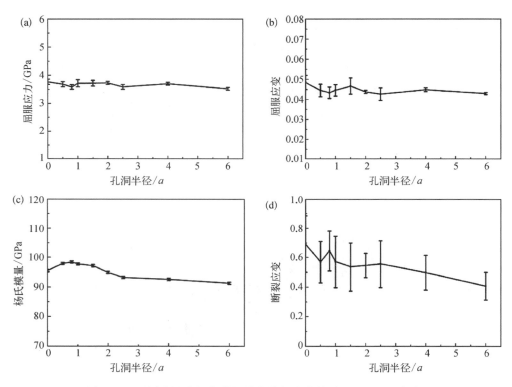

图 8.14   不同孔洞半径孪晶银纳米线的力学性质:(a)屈服应力;
(b)屈服应变;(c)杨氏模量;(d)断裂应变

8.2.4   用特定原子的统计数据研究孔洞尺寸的影响

为了揭示塑性形变过程中样品的孪晶界与孔洞缺陷的影响,图 8.15 给出了纳米线中 FCC、HCP 等原子数量的相对变化。各类型原子的变化数量由拉伸的当前时刻原子数减去形变前的原子数得出,正数代表增加,负数代表减少。在应变为 0~3.0% 的弹性形变区,各类型的原子数变化都不明显。在 3.0% 应变后,虽然应力还在增加,宏观上仍属于弹性区,但是

HCP 原子数已经开始增加,说明纳米线内部已经出现了初期的滑移面。其中,HCP 原子增加的数量与 FCC 原子减少的数量大体相当,说明这一过程中滑移面是由原 FCC 晶格先形成位错,而后产生滑移面得到。在到达应力最大值之前,HCP 原子持续增加,这既可能是产生了更多滑移面,也可能是滑移面发展扩大所做的贡献。这一时期 HCP 原子数的急剧增加表明了位错成核和发展是样品的主要结构变化。屈服点之后,虽然应力得到剧烈释放,但是 HCP 原子数量既没有持续增加,也没有明显减少。它主要表现为持续的波动,并且到塑性形变的后期波动幅度明显减小。比较四个代表性的样品可以看出,无缺陷和缺陷小的孪晶纳米线波动的时间更长,对应更大的应变区间;但是对于孔径最大的纳米线,在 0.15 应变之后 HCP 原子数量已经变得稳定了。HCP 原子数量的波动代表着滑移面的持续产生和消失,说明塑性形变特征明显,延展性好。而样品Ⅳ则表现了较强的脆性断裂特征。

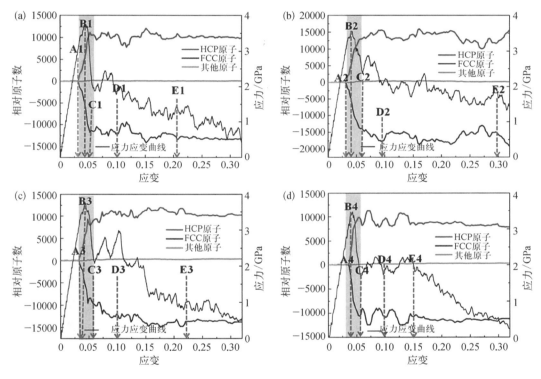

图 8.15 不同类型的原子相对数量随应变的变化关系:(a)样品Ⅰ;
(b)样品Ⅱ;(c)样品Ⅲ;(d)样品Ⅳ

其他原子的相对数量在不同的时间段内仅有少量的增加。其他原子主要代表着低中心对称环境下的原子,包括孔洞表面原子。在塑性形变开始后(0.045 应变后),FCC 原子的减少并没有完全转化为 HCP 原子,从而使其他原子的数量增加。表明塑性形变后期发生了机理转变。

一般来说,HCP 原子数的变化表明位错的产生和滑移面的发展。为了进一步研究孔洞效应,我们绘制了 HCP 原子数在屈服点附近的快速增长阶段的变化速率随孔洞内表面积的变化关系,如图 8.16 所示。

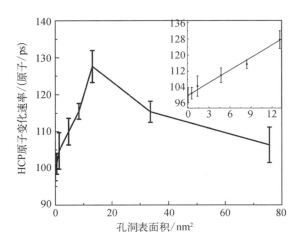

图 8.16　HCP 原子数的变化速率随
孔洞内表面积的变化

从图 8.16 可以看出,当孔洞半径小于 2.5a 时,HCP 原子数的变化速度随着孔洞内表面积的增大而增大。相比之下,当孔洞尺寸大于 2.5a 时,HCP 原子数的变化速率反而随着孔洞内表面积的增加而减小。我们知道,孔洞内表面与其表面能呈正比,内表面积大意味着表面能高。这些能量对位错的产出和滑移面的发展无疑起到促进作用,因此 HCP 原子数的变化率随其近似线性地增长(见插图)。但当孔洞半径超过一定的尺寸,可能是由于孔洞界面的阻挡作用,限制了滑移的发展,从而使 HCP 原子数的变化速度减小。

8.2.5　孔洞尺寸影响的原子排布结构分析

为了进一步研究孪晶界和孔洞对纳米线塑性形变的影响,我们分别截取了样品 Ⅱ 和样品 Ⅳ 在几个代表性形变时刻的微观结构图。图 8.17(a)为样品 Ⅱ 在屈服点之前,初始滑移产生的结构图,该时刻也对应着真实屈服点(true yield point),即在这一刻纳米线内的结构已经发生了变化,尽管应力还在持续地增加。在真实屈服点,样品 Ⅱ 的初始滑移面全部是从表面发出,不受孪晶界和孔洞的影响。它的发展方向也远离孪晶界,说明两者对产生初始位错滑移没有影响。

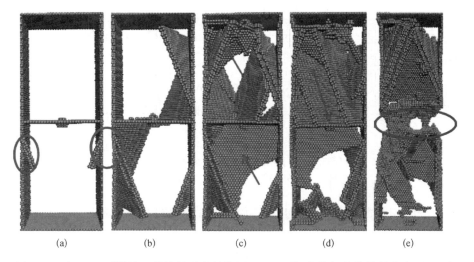

(a)	(b)	(c)	(d)	(e)

图 8.17　在 10 K 下样品 Ⅱ 的拉伸形变结构图:(a)屈服点前初始位错的产生;(b)应变为 4.1%;(c)应变为 6.2%;(d)应变为 10.0%;(e)应变为 26.0%

而在屈服点之后,大量的滑移面产生和发展,使体系的应力和能量均得到释放,对应于图 8.17(b)和图 8.17(c)。这些新生成的滑移面均来自侧表面,但是向着孪晶界发展,并在到达之后受其阻挡。因缺陷尺寸较小,从微观结构图中尚不能明显地观察到缺陷的作用。滑移面的发展导致了 HCP 原子数量的急剧增加。随着塑性形变的进一步发展,在应变为 10.0% 时,部分滑移面试图冲破孪晶界。虽然滑移面在上端固定层有反射,且反射面与入射面相交,也产生了局域的非晶原子团簇,但是并没有形成明显的颈缩。而在应变为 26.0% 时,可以观察到因部分滑移面突破了孪晶界,使其破碎,并迅速形成熔融的原子簇,产生裂隙,导致快速断裂。

与样品Ⅱ相比,样品Ⅳ的孔洞的作用主要是在塑性形变阶段作为新的位错源以及对其他滑移面的阻断。在屈服点之前,与样品Ⅱ相似,初始滑移在侧表面产生[图 8.18(a)]。其发展方向也是远离孪晶界和缺陷。屈服点附近,虽然产生了更多的滑移面,但均来自侧表面,可见这一阶段孪晶界和缺陷尚未发挥作用[图 8.18(b)]。这也与孪晶缺陷纳米线都有类似的屈服行为一致。但在应力释放阶段,已有滑移面到达缺陷表面,同时来自缺陷内表面的滑移面也分别向两端发展[图 8.18(c)]。在塑性形变的中期,孪晶界,特别是贯穿孪晶界的中空缺陷已经成为位错源的主体,也成为阻断位错发展的主体。其结构已经出现一定程度的非晶态[8.18(d)]。在塑性形变的中后期,缺陷与侧面接近的部分发生坍塌,加速了随后的断裂。

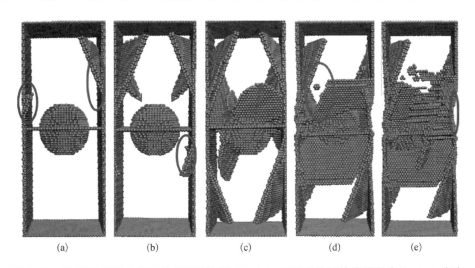

(a) (b) (c) (d) (e)

图 8.18 在 10 K 下样品Ⅳ的拉伸形变结构图:(a)屈服点前初始位错的产生;(b)应变为 4.2%;(c)应变为 5.7%;(d)应变为 10.0%;(e)应变为 15.0%

上述的结构变化表明,孔洞缺陷对孪晶银纳米线的弹性形变没有影响。缺陷作用主要表现在塑性形变阶段。其主要作用有两个,一是阻断位错滑移的发展,二是产生新的位错源。在塑性形变的初期,孔洞的主要作用还是阻挡位错的发展。但在塑性形变中后期,两种功能趋于平衡,随着孔洞尺寸的增大,孔洞内表面原子作为位错源的作用更加显著,导致纳米线的塑性减弱,脆性增强。

8.2.6 小结

在本节中,我们对含有不同孔径缺陷的孪晶纳米线在低温 10 K 下进行拉伸模拟。结果表明,当孔径大于 1.64 nm 时,起始势能高于单晶纳米线;反之,势能低于单晶纳米线。此外还发现,初始位错都是从侧表面发出的,孔洞缺陷和孪晶界对初始位错的产生没有影响。所有含缺陷的孪晶纳米线都表现了相似的弹性行为。孪晶界上的孔洞缺陷在塑性形变阶段发挥作用。在塑性形变的初始阶段,孔洞缺陷虽也可以产生新的位错,但以阻挡位错的发展为主。此外,缺陷尺寸不同,其所发挥的作用也不同。当缺陷较小时,作为位错源是孔洞缺陷的主要作用。当增大孔洞的尺寸,巨大的内表面也阻挡了位错滑移。在塑性形变的后期,随着孔洞尺寸的增大,作为位错源的作用更加显著,导致纳米线的塑性减弱,脆性增强。

8.3　金属纳米线凸凹微结构对初始形变的影响

8.3.1　引言

器件微型化过程中,材料的表面原子占全部原子的比例越来越大。表面原子配位数低,特别是高指数面的原子有更高的活性,因此器件在工作中所承受应力和表面活性原子的共同作用下其内部产生位错、滑移和缺陷,并最终导致失效。因此,微纳器件中的微结构不仅提供特定的功能,所带来的高活性表面原子、棱原子和顶点原子也可能成为材料形变初期的位错源。

器件实现特定功能是通过在本体材料上设计功能微结构来实现的,因此微结构修饰材料的形变机理可以通过对比修饰前后的差异来研究。其核心问题是简化器件模型,了解微结构对材料形变影响的一般共性问题。在众多微纳器件中,其结构可以简化为柱状纳米线、带有凸微结构的纳米线和凹微结构的纳米线,如图 8.19 所示。此种结构可以模拟齿轮、传动杆和纳米梁等结构的形变与失效行为。纳米材料中化学键的不连续性较块体材料更为突出。传统的机械力学方法面临极大挑战,而基于微观概念的物理化学方法具有明显的优势。在众多研究手段中,分子动力学模拟可以直接给出原子尺度的材料形变的动态信息,系统地得出体系的各种性质。

得益于计算技术的进步,分子动力学可模拟的体系越来越大。学者已利用分子动力学模拟对金属纳米线开展了系统的研究。尺寸效应是分子模拟的核心问题之一,当纳米线尺寸小于 10 nm 时,模拟结果表明纳米线表面和界面应力在其平衡结构中占据主导因素[15, 16]。Halperin[17]发现,控制超细微粒的尺寸与某些特征物理尺寸相当时,晶体周期性边界条件将被破坏,非晶态纳米微粒的表面层附近原子密度减小,导致力学性质出现新的小尺寸效应。我们在 5.3 节研究了不同尺寸纳米线的拉伸行为,发现随着尺寸的减小,表面效应越来越显著。在表面效应的分子动力学研究中,McDowell 等[18]模拟比较了包括 {100}、{110} 和 {111} 晶面的纳米线侧面的研究工作,发现其几何形状和不同表面在一定程度上能影响纳米线的弹性模量。为了解释随尺寸减小表面影响的一些变化趋势,在 4.2 节我们构建了 11 种不同晶面指数的纳米线。研究发现侧面为(1000)和(10100)时会对纳米线机械性能有增强作用,而(1040)和(1070)侧面的作用相反。并且随着侧面晶面指数从(1000)变化到(10100),其初始位错位置从棱移向面中心。分子动力学在纳米材料的界面效应研究中具有明显优势。多晶纳米线形变机理主要为晶界滑移、晶界迁移、晶界旋转和晶界的扩散蠕变等[19]。Spearot 等[20]采用分子动力学模拟的方法研究了<100> ‖ <110>双晶体系沿<100>和<110>轴在不同转动角度下晶界对体系拉伸

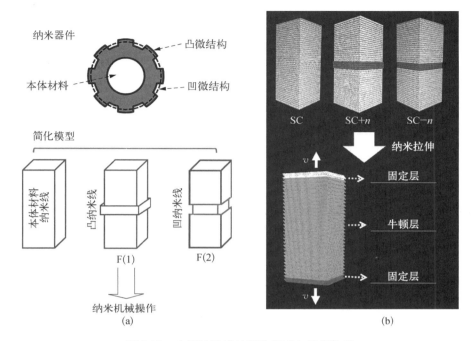

图 8.19　功能纳米线的简化模型与模拟体系

强度的影响,结果证明在多晶纳米线中,晶界界面的影响比表面作用更加显著。

上述模拟研究对理解金属纳米材料中滑移面的产生和失效机理产生了积极的作用,但考虑到微纳器件的应用,功能微结构对纳米线的作用仍需深入探究。实验表明,含微结构的金属纳米材料可广泛应用于生物传感器、光谱检测、粒子分离和新型微纳机电系统等方面,但对于含有微结构的金属纳米线结构变化的认识还不完整。为了从原子尺度了解带有微结构的纳米线在外应力作用下的形变行为,理解微纳器件的失效规律,本节对系列模型开展了分子动力学模拟,可为微纳器件的设计与优化,特别是从微观水平理解器件失效规律、提升器件寿命提供参考。

8.3.2　建模与分子动力学模拟方法

为了模拟具有功能微结构的器件在应力下的形变行为,本节建立了系列基于单晶银纳米线的模型,其轴向为 [111] 晶向,拉伸沿轴向进行,拉伸方向定为 z 方向。材料为面心立方(FCC)的长方形银纳米线,尺寸为 14.3 nm×13.5 nm×31.9 nm,如图 8.19(b)所示。其中,作为参考的是单晶银纳米线(SC－NW);凸微结构纳米线(SC+n, n = 1、2 和 3),通过在单晶纳米线侧面中间设置 6 个晶格宽(沿 z 轴方向),0.5、1.0 和 1.5 个晶格厚的凸起微结构;凹微结构纳米线(SC-n, n = 1、2 和 3),在单晶纳米线侧面中间设置 6 个晶格宽(z 轴方向),0.5、1.0 和 1.5 个晶格深的凹陷微结构。各体系总原子数约为 38 万。

分子动力学计算采用嵌入原子势方法(EAM)来描述原子间相互作用,该方法基于密度泛函思想,考虑到某原子的原子核除了受到周围其他原子核的排斥作用外,还受到该原子的核外电子及其周围其他原子产生的背景电子的静电相互作用。采用 Johnson 等发展的解析的 EAM 的表达形式。这一形式的 EAM 较好地描述了存在缺陷时的金属原子间的相互作用力。体系处在恒定温度 10 K 下,用校正因子法标定体系温度。为模拟纳米材料的真实工作条件,采用自由边界条件。邻近列表的建立采用 Cell link 和 Verlet 列表结合的方法。运动方程的积分用半步蛙跳算法,时间步长为2.5 fs。在晶体形变研究中,已开发了多种识别局部晶序的方法。在 FCC 晶格中,位错原子的配位数为 8,与体心立方(HCP)原子的配位数相同,但与体相原子配位数 12 差距明显,因此利用配位数分析可以清晰了解位错原子数量在拉伸过程中的变化。所研究的体系中,拉伸应力是在拉伸(z)方向上对 $x-y$ 平面上的所有原子求平均。平均应力采用位力公式。

　　拉伸之前,每个体系在恒定的温度下自由弛豫。观察发现弛豫 1 万步能量已达稳定状态,为保证体系充分稳定,每个样本均弛豫 5 万步以上,使其完全达到平衡状态。每个体系包含 5 个样本,每个样本的弛豫时间彼此相差 2 000 步。因此各样本之间彼此独立,具有随机特征。而后,两端固定层以 0.075 8% ps^{-1}的应变速率沿 z 轴向两侧拉伸,直至断裂。每隔 1 500 步记录应力分布和原子位置,分析其微观结构。

8.3.3　初始微观结构对宏观力学性质的影响

　　纳米线功能微结构的引入增加了体系中表面、棱和角原子的占比。这些原子配位数低、能量高,化学活性相应也高。因此从宏观的平均原子能量的比较可以初步得到微结构对纳米线形变的影响。图 8.20 给出了六个含有凸凹微结构的纳米线与单晶纳米线在拉伸过程中原子平均能量的变化曲线。

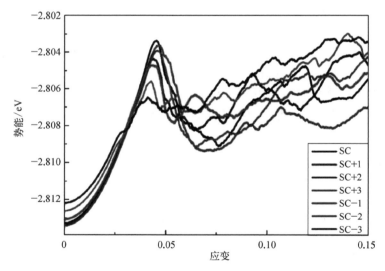

图 8.20　不同微结构纳米线拉伸过程中的势能变化曲线

　　在拉伸的初始时刻,平均原子能量体现了活泼原子占比的趋势。从图中可以看出凹结构纳米线的能量更高,且能量提升随着凹陷加深而加剧。由于单晶的完美结构,其平均能量最小。凸结构纳米线与单晶相比略高,但不明显,这也预示着微凸纳米线具有与单晶纳米线类似的形变行为。随着拉伸进行,所有体系的能量均按二次方的形式增长:

$$E = \frac{1}{2}K \cdot x^2 + E_0$$

其中，E_0 为平衡时的起始能量；K 为表观弹性系数；x 为应变量。单晶与微凸纳米线的 K 值相似，相差不超过 7%，而微凹纳米线的 K 值明显降低，且随着凹陷加深，K 值降低得更显著。例如 SC-2 的 K 值为单晶的 58%，SC-3 更进一步降到 40%。值得注意的是，单晶和微凸纳米线直到 0.045 应变附近出现第一个能量极值，而微凹纳米线在 0.027 应变处就出现了一个微弱的能量释放。这一能量释放预示着原子排布结构发生相应的变化。全部七个体系在 0.04~0.05 应变区间达到最大能量。单晶因其完美的初始结构具有最高能量。微凸纳米线的顶点能量略低，而微凹纳米线的顶点能量则降低明显。因为所有模型具有相同的本体结晶结构，顶点能量的变化特征无疑是由微结构决定的，这些初始凸凹微结构也会对体系后续的形变产生影响。能量到达极值之后，随拉伸进行，体系进入塑性形变阶段。此时体系内产生大量的位错滑移面以释放体系的能量，然而由于初始微结构的作用，能量极值之后的变化差异明显。对于单晶体系，经过一个较大的能量释放（释放约 1/2 的能量）后伴随着大幅振荡略有上升。三个微凸纳米线也表现了相似的行为。但对于微凹纳米线，其能量释放并不显著，短暂的能量释放后，持续上升，其能量曲线平均高于单晶和微凸纳米线，即保持了更好的塑性。从上述能量变化的特征上来看，初始的凸凹微结构对体系能量产生影响，特别是凹微结构的影响更为本质，显著改变了体系的宏观力学特征，而这种作用可以从下文的微观结构特征上更明显地表现出来。

应力应变分析是材料学领域另一个重要的研究方法，尽管分子动力学是以离散的原子间作用为出发点，但基于连续介质理论的应力应变分析还是可以通过对大量原子应力的统计平均来实现的。图 8.21 给出了七个体系的应力应变关系曲线。在本节研究的温度和应变速率下，体系表现了平衡态拉伸的特征，且较低的温度在更大程度上抑制了材料的塑性形变。与能量变化曲线相对应，在较小的应变范围内（<0.03），应力应变曲线呈线性关系。七条曲线在此线性区间内基本重合，尽管微凹纳米线的斜率略小。可见初始结构对体系弹性形变的影响不明显，这是由于体系尚处于完美单晶结构，未有结构破损发生。初始的凸凹微结构虽然可以改变其附近的局域应力，但对体系的平均结果影响不大。这与本章前两节所描述的孪晶界和缺陷银纳米线的弹性特征一致。与能量曲线类似，凹微纳米线 SC-2 和 SC-3 在略大于 0.025 应变处出现了第一屈服点，但屈服应力并未达到最大。随应变进行又出现了应变强化阶段。凹陷层较浅的 SC-1 纳米线则与单晶和凸纳米线表现了相同的屈服行为，其屈服强度即为最大强度，凸纳米线与单晶间没有显著差别。图 8.21 仅给出了代表例子，我们对每个体系在相同条件不同初始态下进行了四个样本的模拟，其屈服应力的标准偏差为 0.039 GPa，屈服应变的标准偏差为 0.000 6。可见，如本节所研究的含有约 38 万原子的纳米线体系的波动范围已足够小。因此，图中给出的样本完全可以代表该类体系的屈服特征。

虽然单晶与微凸纳米线的屈服强度显著高于微凹纳米线，特别是凹陷较深的纳米线，但其应力释放的幅度也更明显。屈服点之后，应力释放到约为最大应力的一半后达到平稳，两个凹陷较深的纳米线 SC-2 和 SC-3 则在约 0.025 应变处到达第一屈服点，之后在

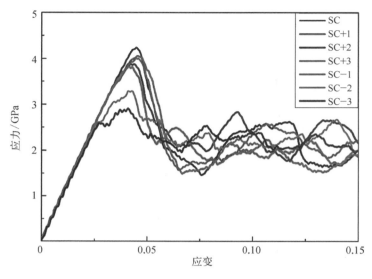

图 8.21　不同微结构纳米线在拉伸过程中的应力应变曲线

约 0.04 应变处达到最大应力点,而后略有下降并与其他体系一样经历了一个较长的应力波动保持的阶段。从应力应变曲线上看,凸凹微结构的影响主要体现在应变约为 0.025 的真实屈服点和 0.04 处的第一屈服点,即应变强化阶段。而应变大于第一应力释放点的应力保持阶段,体系间并无本质差别。然而从能量曲线上观察,彼此间差别明显,说明不同体系内产生的滑移面的数量有所不同。从本质上讲,凹微结构的引入显著地提高了材料塑性形变的能力,可以产生更多的滑移面,这对材料和器件的设计具有重要的指导意义。

8.3.4　纳米线中应力沿 z 轴的分布特征

本节所研究的体系沿长轴拉伸,其应力沿轴向的分布可以揭示凸凹微结构对体系形变机理的影响。图 8.22 对比了单晶和两组凸凹微结构纳米线沿 z 轴的应力分布。对于单晶,其均匀的结构中并没有出现明显的应力集中,这一特征将增加其初始滑移和最终断裂位置分布的不确定性。我们对比了从拉伸初始至第一应力释放过程中几个代表时刻的应力分布,应力曲线平直。平均应力水平随拉伸进行而逐渐升高,在屈服点处达到最高,而后逐步降低,这一特征与图 8.21 屈服点附近的平均应力变化一致。

对于凸纳米线,在弛豫结束时应力分布平直,与单晶体系相同。但即使在 0.01 的形变量,它的中间就已出现了可觉察的应力降低。在 0.02 应变量下,这一特征变得十分明显。随着应变的进一步发展,应力分布水平不断提升,纳米线中间应力降低的相对幅度也在增加,并在屈服点附近降低幅度最大,而后逐步减弱。一般来说,应力集中,即较大的局域应力可以在该处产生滑移、位错等结构形变以使应力释放。但微凸纳米线表现了应力降低,它不能破坏体系结构,这也是三个微凸纳米线与单晶保持了相似的能量和应力变化趋势的原因。SC+3 具有更高的凸起厚度,应力分布随拉伸进行的变化特征与 SC+2 类似。两者的区别在于纳米线中间应力降低的幅度不同,例如屈服点附近 SC+3 降低约 0.09 GPa,大于 SC+2 的 0.06 GPa。与前两者不同的是,凹陷微结构显著增加了纳米线中

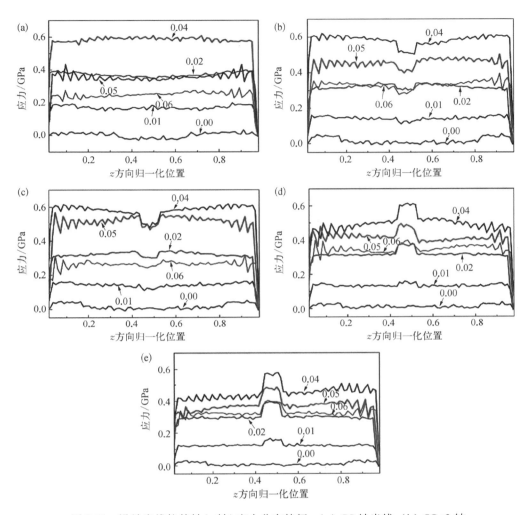

图 8.22　沿纳米线拉伸轴(z 轴)应力分布特征：(a) SC 纳米线；(b) SC+2 纳米线；(c) SC+3 纳米线；(d) SC－2 纳米线；(e) SC－3 纳米线

间部分的局域应力。此外,纳米线中间应力的增加出现在 0.01 应变处,比微凸纳米线更早出现局域应力。在 SC－2 体系中,第一屈服点出现在 0.025 应变附近,此时纳米线中间的应力高于背景约 0.06 GPa,而在屈服点附近则高于背景约 0.10 GPa,大于 SC+2 的应力降低。可见凹微结构对局域应力不仅改变了方向,还改变了大小。进一步比较 SC－3 可以看到中间部分应力升高的幅度更明显。即使只有 0.01 的应变量,应力分布也增加了 0.03 GPa。局域应力的增加使局域结构发生损坏,是位错、缺陷、滑移等产生的原因。从图中的对比可以看出,凸微结构虽然使原本平整的单晶表面出现突变,但其产生的应力相比较两侧背景更低,因此不会促进位错和滑移的发育。与之相反,凹微结构提升了局域应力,将有助于该部位成为位错源。这一分析也有助于理解各体系在能量和应力应变特征方面的差异。通过本节研究的体系可以看出,沿 z 轴的应力分布分析是基于宏观概念揭示微结构对材料力学性质影响的有力工具。

8.3.5 凸凹微结构对纳米线初始位错影响的微观分析

凸凹微结构对纳米线拉伸形变影响的本质可以从宏观和微观两个角度来阐述。应力沿 z 轴分布的分析从宏观概念上阐述这一影响的本质,而微观的阐述则依赖于对拉伸不同阶段原子排布位图的分析。图 8.23 给出了单晶拉伸过程中原子排布的变化。分子动力学模拟可以从微观原子排布的动态变化中直接观察到位错、滑移和缺陷等特征结构的演化。对于完美单晶材料,其初始位错产生于纳米线侧棱处,并进一步发展成滑移面。图 8.23 给出了上述过程中几个代表时刻的原子排布位图。在 0.025 的应变处,体系处于完全弹性区间,未出现任何细微的结构变化。直至屈服点(约 0.04 应变)附近,根据 5 个样本统计观察,纳米线侧棱靠近固定层 2 个晶格范围作为位错源,产生初始滑移并持续发展。在 0.05 应变处可观察到一组平行的滑移面。它的出现降低了体系的能量,也促使体系内的应力释放。并且这组滑移面的数量也决定着能量和应力释放的速度。更多的滑移面无疑有利于应力和能量的更快释放。在 0.053 应变处,该组滑移面到达两端固定层并产生反射,从而形成了与初始滑移面呈约 70° 的两组滑移面。纳米线的进一步拉伸促进了两组滑移面的发展并相交,诱导出更多的滑移面。

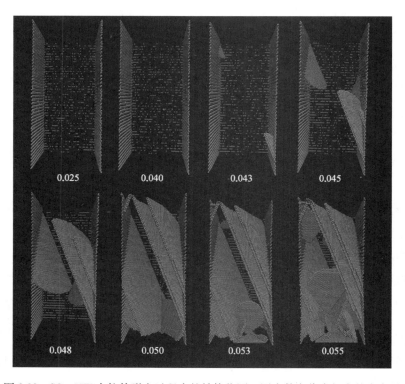

图 8.23　SC－NW 在拉伸形变过程中的结构位图。图中数字代表相应的应变量

纳米线中特征微结构的引入对初始位错滑移的影响与该微结构的几何特征密切相关。对于微凸纳米线(如图 8.24 所示),在弹性区间,例如 0.025 应变附近,无结构变化。直至屈服点(0.036 应变量)附近,初始位错于纳米线的棱上显现。根据 5 个样本的统计

结果发现,初始滑移均出现在微凸结构的 3~4 个晶格距离内,但尚难以确定是否为其直接诱导产生。随着拉伸进行,一组平行的滑移面相继产生,该特征与单晶一致,因此二者表现了相似的能量增长与初始的能量释放,也表现出相似的屈服行为。在屈服点之后的应力释放阶段,虽然两者基本特征相似,但是凸微结构还是在一定程度上影响位错的产生。对比三个微凸纳米线,彼此间并无显著差异。

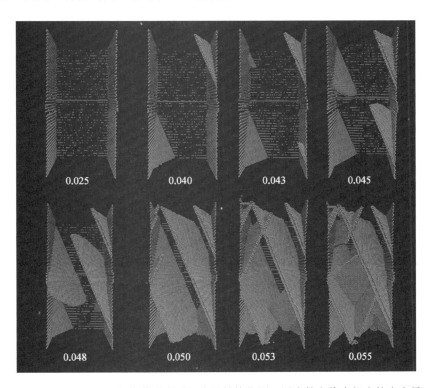

图 8.24　SC+2 - NW 在拉伸形变过程中的结构位图。图中数字代表相应的应变量

　　宏观上微凹纳米线的能量变化和应力应变曲线表现出显著的不同,其微观结构的变化则给出了本质的解释。图 8.25 给出了微凹纳米线在不同的拉伸时刻的原子排布位图。在拉伸初期约 0.025 应变处,根据多个样本统计结果可以确定,初始位错就发生在微凹结构的边缘。而此刻纳米线尚未到达最大能量和最大应力。这一点表现了与单晶和微凸纳米线本质上的不同。也从一个侧面说明微凹结构相比微凸结构在拉伸中对结构的影响更大,更活泼。虽然微凸结构中原子平均配位数更低,但其对滑移产生的影响明显弱于微凹结构。微凹纳米线的进一步形变使滑移面快速发展,在 0.04 应变处其至发展到两端的固定层,而对应该应变量单晶和微凸纳米线仅仅刚到达屈服点。随着拉伸的持续进行,微凹结构作为有效的位错源连续不断地产生新的滑移面,促使了纳米线的塑性形变。有趣的是,由微凹结构产生的滑移面向两端发展的概率更大,经过两端固定层反射后彼此相交。在这一过程中先前发展的滑移面与后发展的滑移面相交,虽有阻碍作用,但在应力作用下,互相穿越使应力释放。由于微凹纳米线有更高的位错密度,从而导致其在 0.05 应变以后比单晶和微凸纳米线有更高的能量,这一点凹陷更深的 SC - 3 体系表现得更为明显。

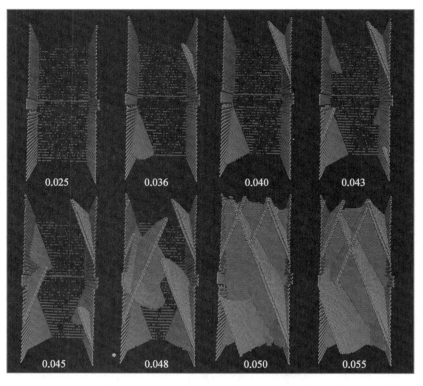

图 8.25   SC‐2‐NW 在拉伸形变过程中的结构位图,图中数字代表相应的应变量

8.3.6   小结

材料微纳结构设计是微纳器件的核心,而材料中初始位错、滑移以及缺陷的产生直接关系到器件的性能和寿命。鉴于实验研究所受的制约,本节采用分子动力学方法构建了具有代表性的系列凸凹纳米线,并系统地比较了其与单晶纳米线在拉伸过程中的差异。结果表明沿纳米线 z 轴的应力分布虽源自宏观概念,但充分揭示了凸凹微结构在应力分布上的差别,因凸微结构产生应力降低,故对初始形变无影响,而凹微结构产生局域应力增加,诱导产生初始位错与滑移面。另外,基于微观的原子排布位图在不同拉伸时刻的演化则从微观本质上对上述力学阐述给予证实。微凸纳米线与单晶的初始滑移面于侧棱处随机分布,而凹纳米线的初始滑移面则集中在凹微结构的边缘。上述研究不仅对纳米器件的设计提供参考,所采用的分析手段也为系统研究纳米材料建立了基础。

8.4   本 章 小 结

纳米结构设计在微纳机电系统的应用中具有重要的意义,尤其是从微观角度深入了解材料在应用环境中的行为以及在较大的载荷下的形变特性。这对于全面掌握纳米材料的机械力学性质以及器件的优化至关重要。在本章中,我们以孪晶界、球形中空缺陷和凸凹纳米带等典型示例,探讨了纳米线的机械力学性质以及微观拉伸形变过程中的微观结构变化。这一系列模拟研究为纳米线的微结构设计、材料内部应力分布的分析以及形变过程中的原子排布结构分析等基础研究奠定了坚实的基础。这些研究成果不仅有助于提高纳米器件的性能,延长其使用寿命和可靠性,还为微纳机电系统的工程实践提供了参考。通过深入了解和精心设计纳米结构,可以更好地利用纳米材料的潜力,推动微纳技术的进步,并为解决现实世界的各种挑战提供创新的解决方案。这一领域的不断发展将在科学和工程领域开辟新的前沿,为未来的技术和应用带来巨大的机遇。

参 考 文 献

[1] Wen Y H, Wu S Q, Zhang J H, et al. The elastic behavior in Ni monocrystal: Nonlinear effects[J]. Solid State Communications, 2008, 146(5-6): 253-257.

[2] Park H S, Gall K, Zimmerman J A. Deformation of FCC nanowires by twinning and slip[J]. Journal of the Mechanics and Physics of Solids, 2006, 54(9): 1862-1881.

[3] Leach A M, McDowell M, Gall K. Deformation of top-down and bottom-up silver nanowires[J]. Advanced Functional Materials, 2007, 17(1): 43-53.

[4] Van Swygenhoven H, Spaczer M, Caro A, et al. Competing plastic deformation mechanisms in nanophase metals[J]. Physical Review B, 1999, 60(1): 22-25.

[5] Wu B, Heidelberg A, Boland J J, et al. Microstructure-hardened silver nanowires[J]. Nano Letters, 2006, 6(3): 468-472.

[6] Bernardi M, Raja S N, Lim S K. Nanotwinned gold nanowires obtained by chemical synthesis[J]. Nanotechnology, 2010, 21(28): 285607.

[7] Zhang J J, Xu F D, Yan Y D, et al. Detwinning-induced reduction in ductility of twinned copper nanowires[J]. Science Bulletin, 2013, 58(6): 684-688.

[8] Wen Y H, Huang R, Zhu Z Z, et al. Mechanical properties of platinum nanowires: An atomistic investigation on single-crystalline and twinned structures[J]. Computational Materials Science, 2012, 55: 205-210.

[9] Cao A J, Wei Y G, Mao S X. Deformation mechanisms of face-centered-cubic metal nanowires with twin boundaries[J]. Applied Physics Letters, 2007, 90(15): 151909.

[10] Deng C, Sansoz F. Enabling ultrahigh plastic flow and work hardening in twinned gold nanowires[J]. Nano Letters, 2009, 9(4): 1517-1522.

[11] Guo X, Xia Y Z. Repulsive force vs. source number: Competing mechanisms in the yield of twinned gold nanowires of finite length[J]. Acta Materialia, 2011, 59(6): 2350-2357.

[12] Deng C, Sansoz F. Near-ideal strength in gold nanowires achieved through microstructural design[J]. ACS Nano, 2009, 3(10): 3001-3008.

[13] Meyers M A, Aimone C T. Dynamic fracture (spalling) of metals[J]. Progress in Materials Science, 1983, 28(1): 1-96.

[14] Da Silva E Z, Novaes F D, da Silva A J R, et al. Theoretical study of the formation, evolution, and breaking of gold nanowires[J]. Physical Review B, 2004, 69(11): 115411.

[15] Melosh N A. Ultrahigh-density nanowire lattices and circuits science[J]. Science, 2003, 300(5616): 112-115.

[16] Wan Q, Li Q H, Chen Y J, et al. Fabrication and ethanol sensing characteristics of ZnO nanowire gas sensors[J]. Applied Physics Letters, 2004, 84(18): 3654-3656.

[17] Halperin W P. Quantum size effects in metal particles[J]. Reviews of Modern Physics, 1986, 58(3): 533-606.

[18] McDowell M T, Leach A M, Gall K. On the elastic modulus of metallic nanowires[J]. Nano Letters, 2008, 8(11): 3613-3618.

[19] Hemker K J. Understanding how nanocrystalline metals deform[J]. Science, 2004, 304(5668): 221-223.

[20] Spearot D E, Tschopp M A, Jacob K I, et al. Tensile strength of <100> and <110> tilt bicrystal copper interfaces[J]. Acta Materialia, 2007, 55(2): 705-714.

第 *9* 章

缺陷对纳米线断裂位置分布的影响

9.1 缺陷对纳米线断裂分布的影响

9.1.1 引言

金属纳米线具有优良的热、电、磁和机械性能,研究也表明设计合理的微结构可对调控纳米线的性能起到积极的作用。实验上常用到扫描隧道显微镜、原子力显微镜、透射电镜和机械控制断裂的方法来研究金属纳米线的性质。然而,在较小的尺度上,无论是纳米线操作,还是缺陷率的调控以及形变结构的实时表征都存在极大的挑战。相比实验手段,分子动力学模拟对于研究纳米线在机械冲击下的形变和断裂失效行为是一种较为有效的方法。例如,Koh 等[1, 2]采用分子动力学的方法研究了单晶铂和金纳米线在不同应变速率下的形变行为,得出在低应变速率下纳米线能够保持相对有序的晶体结构是由较弱冲击形成的滑移面决定的;Ikeda 等[3]提出了高的应变速率可导致镍纳米线在形变过程中的非晶状态。同时,缺陷对纳米线的形变和失效具有较大的影响;Deng 等[4]报道了通过设置缺陷来提高材料的机械强度;Silva 等[5]给出了金纳米线的形变和断裂过程,阐明了形变中产生的缺陷是如何导致纳米线的断裂。

然而,目前尚缺少缺陷对纳米线形变影响的系列研究。究竟是哪一个因素决定了金属纳米线的断裂失效机理?为了回答这个问题,本节采用分子动力学模拟的方法研究了缺陷对单晶金纳米线在不同应变速率下的拉伸形变和断裂失效行为,并与完美体系进行了对比。

9.1.2 模型建立和分子动力学模拟方法

纳米线不仅表现出块体材料的一些力学性质,还表现了纳米尺度特有的一些特性。本书第 5 章介绍了纳米线在不同长度和应变速度下的断裂位置具有不确定性,并存在"最可几"的特征。

本节设置了不同初始态,统计研究了缺陷率和应变速率对沿[100]晶向的单晶金纳米线形变和断裂失效的影响。图 9.1 给出了不同应变速率下机械冲击对纳米线形变的影响的示意图。通过对缺陷率和应变速率的考察,提出两者之间对纳米线形变和断裂的竞争影响。

采用分子动力学模拟的方法,研究了不同缺陷和不同应变速率下[100]单晶金纳米线的形变和断裂失效行为。纳米线的性质研究采用了统计分析的方法,本节共研究了

5 100(17×300)组单晶金纳米线的形变。纳米线模型是按照面心立方几何构型沿[100]方向生成。纳米线的体系是 $5a×5a×15a$（a 是金的晶格常数，约为 0.408 nm），体系包含了 1 500 个原子。纳米线的拉伸方向为 z 方向[见图 9.1（Ⅰ）]，我们通过移动上下两端的固定层对单晶金纳米线进行单轴拉伸。在纳米线拉伸前，通过延长不同的弛豫时间构建了 300 个不同的初始态，以便对其力学性质和断裂位置分布做统计分析。纳米线的拉伸应变速率为 0.1% ps^{-1} 至 7.0% ps^{-1}，对应的绝对速度从 6.1 m/s 到 428.6 m/s。体系的温度是通过校正因子法恒定在 300 K。

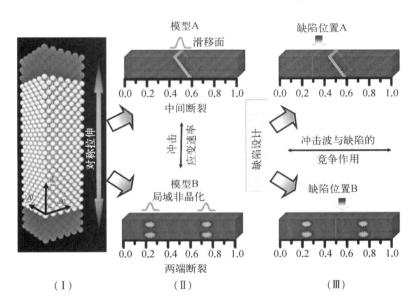

图 9.1　理论模型设计示意图：单晶金纳米线设为 $5a×5a×15a$（a 为晶格常数，金约为 0.408 nm），对应 1 500 个原子，应变率从 0.1% ps^{-1} 到 7.0% ps^{-1}

纳米线断裂位置的统计采用高斯函数拟合，得到的高斯峰位为纳米线的最可几断裂位置（断裂位置采用归一化处理）。纳米线的单层缺陷的位置参考相应条件下完美单晶纳米线的最可几断裂位置来设置。如图 9.1 的第Ⅱ和Ⅲ部分所示，模型 A 代表在较慢应变速率下的纳米线断裂行为，滑移的形变机理导致了纳米线在中间断裂，因此缺陷位置设在最可几断裂位置（0.5）与固定层（0.0）之间。这里，我们考虑到面心立方结构的原子排布，在慢速下的单层缺陷位置取在归一化的纳米线长度 0.3 处。同理，模型 B 代表较快应变速率下的纳米线断裂行为，较强冲击下纳米线在其两端出现非晶熔融结构，这导致了纳米线在两端断裂。所以单层缺陷位置取值 0.5。在单层缺陷面上，缺陷原子基本控制为平均分布。缺陷率设置为 2% 至 25%。分子动力学模拟的其他参数和方法与第 5 章相同。

9.1.3　纳米线的形变特征

图 9.1 给出了应变速率和缺陷对纳米线断裂行为影响的示意图。参考第 5 章的相关讨论可知，在较低的拉伸速度下（模型 A），纳米线的形变处于平衡态或准平衡态，结晶完好，形变发生的内在动力是两端固定层的牵引使晶体内产生多组滑移面，促进了塑性形变

的发展。其最终的断裂位置分布一般也集中在纳米线的中间。与之对照,更快的拉伸速率会让两端的固定层对纳米线中间部分产生机械的冲击作用,这就导致了固定层附近出现数量不等的局域非晶原子团簇。如果其连成片,则该区域强度降低,应力作用下,这部分结构更易形成颈缩,导致最终的断裂。图示阐明了机械冲击对纳米线的断裂位置具有的决定作用。为了理解缺陷的影响,其位置设置避开了最可几断裂位置,在图示(Ⅲ)部分给出。进一步考察了[100]单晶金纳米线在应变速率从 0.1% ps^{-1} 到 7.0% ps^{-1} 下的形变和断裂行为,并分析了缺陷率、缺陷位置和应变速率之间的联系。

　　图 9.2(a)给出了[100]金纳米线在 1.0% ps^{-1} 应变速率下的拉伸形变结构图。该拉伸的绝对速度在 61.2 m/s,参考第 5 章的讨论可以认为拉伸处于准平衡态,并且模拟的温度在室温 300 K,相对来说体系的结晶状态距离低温的晶态有较大的差别。但在图中仍可以看到,纳米线在塑性形变中(时刻<3>~<5>)出现了沿(111)面的滑移。并且颈缩也是由连续的滑移产生的。这样的条件下,断裂位置基本上处于纳米线的中部。在更慢的应变速率下的滑移机理使纳米线在中间区域断裂,这种形变特征与实验上采用透射电镜观察到的现象基本一致[6]。对于[100]金属纳米线在单轴拉伸过程中的滑移,在<110>方向(111)面上总存在伯格斯矢量。这与 Finbow 等[7]提出的滑移机理是一致的,Finbow 等指出纳米线的整个位错滑移面在 $\frac{a_0}{2}[0\bar{1}1]$ 方向上存在伯格斯矢量,这一滑移过程描述为在 $[0\bar{1}1]$ 方向上(111)面相对于相邻面的滑移。

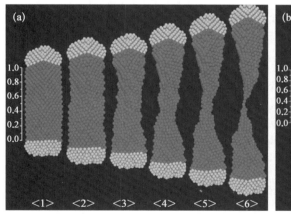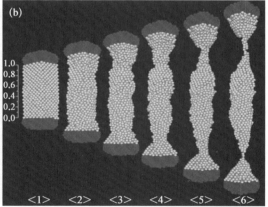

图 9.2　单晶[100]金纳米线在不同应变速率下的形变行为:
(a) 应变速率为 1.0% ps^{-1};(b) 应变速率为 5.0% ps^{-1}

　　图 9.2(b)给出了[100]金纳米线在 5.0% ps^{-1} 应变速率下的拉伸形变结构图。与图 9.1 相比,应变速率提高了 5 倍,所以产生了更强的冲击作用。纳米线在快速的应变下沿(111)面的滑移特征变得不再明显。在塑性形变过程中主要表现为较强的机械冲击导致纳米线两侧的非晶态结构,它极大地提升了纳米线的延展性。进一步拉伸,局域熔融结构变细,形成颈缩,导致了纳米线最终在其一端断裂。

　　纳米线在不同应变速率下的形变特征也反映了机械冲击下微观原子的运动。慢速拉伸时,体系基本保持在平衡状态,原子间的距离未发生明显的改变,因此形变以晶面滑移为主,且保持了相对较好的晶态特征。然而,当应变速率增加到 5.0% ps^{-1} 时,较强的机械冲击导致原子间的平均距离偏离其平衡位置,增加了体系的势能,而后这些势能转化为原子动能,使其有能力克服晶格的束缚,产生局域的熔融状态,促进了塑性变形。

实验中制备的金属纳米线,不可避免地存在多种缺陷。这也会影响到纳米线的力学性质和动态行为。本节在 [100] 金纳米线中设置了单层点缺陷来研究其对形变行为的影响。由于在慢速下,纳米线易在中间断,故缺陷位置 A 设在归一化距离 0.3 处;在快速下,纳米线易在两端断,由此缺陷位置 B 设在归一化位置的 0.5 处。缺陷率的范围均为 2% ~ 25%。图 9.3(a) 给出了纳米线在缺陷率为 2%,拉伸应变速率为 1.0% ps^{-1} 下的拉伸形变位图。与图 9.2(a) 的完美单晶纳米线相比,缺陷纳米线的形变过程中很难出现大规模的滑移现象。虽然在拉伸过程中,位错首先出现在缺陷附近,但之后随着应变的增加逐渐扩散到体系的其他部分中。并且对称拉伸导致了在缺陷区的对侧位置也出现了局域非晶结构,使纳米线在两端形成颈缩。尽管该例中的最终断裂发生在缺陷处,其对称位置(0.7)也表现了较强的断裂趋势。

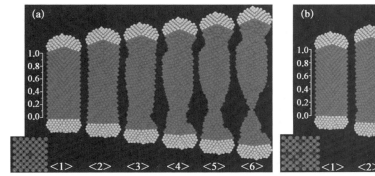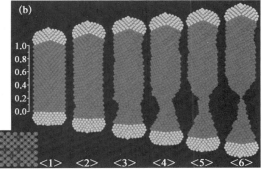

图 9.3 缺陷对应变速率为 1.0% ps^{-1} 单晶 [100] 金纳米线形变
行为的影响:(a) 缺陷率为 2%;(b) 缺陷率为 10%

图 9.3(b) 给出了缺陷率为 10%、1.0% ps^{-1} 应变速率下纳米线的形变结构图。同完美单晶纳米线 [图 9.2(b)] 和低缺陷单晶 [图 9.3(a)] 纳米线比较可以发现,更大的缺陷率显著地增加了纳米线的脆性断裂特征。同样是较低的应变速率,无缺陷和低缺陷的纳米线都表现出相对更好的延展性,这是纳米线中多组滑移面产生和发展对塑性形变的贡献。即使在低缺陷纳米线中,缺陷所诱导产生的滑移面也充分地向纳米线其他部分发展,并未对滑移面产生可以观察的阻断。但是对于较高缺陷率的纳米线,较多的位错滑移面在塑性形变初期就在缺陷处产生,并未充分地向其他方向发展。持续的滑移主要集中在缺陷附近,因而导致了颈缩和最终的断裂。断口的形状也表现出较大的脆性特征。可见低速拉伸时,高密度缺陷层主要作为位错源,持续产生新的位错滑移,加速了脆性断裂。显然,缺陷率的提高加剧了断裂位置的确定性。

在 5% ps^{-1} 应变速率下,完美单晶纳米线 [图 9.2(b)] 倾向在两端断裂,为了确定缺陷的影响,其位置设在纳米线归一化长度的 0.5 处。图 9.4(a) 给出了 2% 缺陷率纳米线在

5% ps^{-1}的应变速率下的形变行为。从图中可以看到,在固定层牵引的冲击作用下,纳米线多处出现了晶格结构的扩张(时刻<2>),随后晶体结构产生大量的破碎(时刻<3>)。这已经很难用晶体学的语言来描述。这个结构呈现出熔融特征,其间夹杂部分小尺寸的晶体颗粒。这些小晶体颗粒间有重结晶的趋势,因此保留了一定的结合力。在该样本中,中间部分的小晶粒在恒温作用下散失部分动能,从而利于晶粒间的结合。因此颈缩靠近底端形成,最终断裂。当缺陷率增加到10%时[图9.4(b)],纳米线的形变特征与低缺陷率样本非常相似。尽管缺陷率达到了10%(缺陷位于纳米线中间),但是拉伸冲击产生的势能增加反而使缺陷附近原子有能力对其进行修复。直到缺陷率增加到25%[图9.4(c)],纳米线的断裂才出现在缺陷处。与低应变速率下的结果比较可以看出,高应变速率下纳米线的断裂特征对缺陷变得不敏感。这是因为机械冲击导致了纳米线的原子运动更剧烈,使缺陷周边原子有能力克服缺陷形成的势垒,保持了纳米线的连续性。

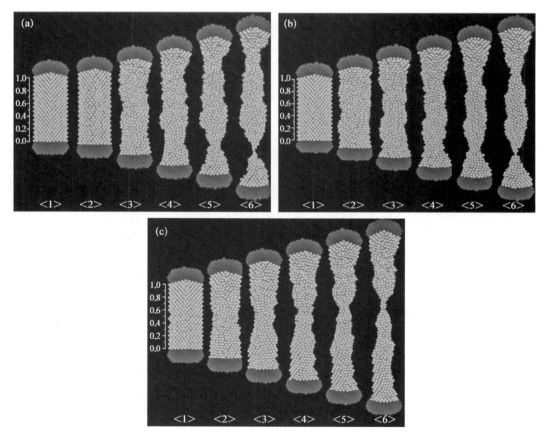

图 9.4 缺陷对应变速率为 5.0% ps^{-1}的[100]金单晶纳米线形变行为的影响:
(a) 缺陷率为 2%;(b) 缺陷率为 10%;(c) 缺陷率为 25%

通过以上研究可以看出,应变速率和缺陷对纳米线断裂的影响存在一个竞争关系。当缺陷率足够小,原子热运动足以克服缺陷形成的势垒,使纳米线形同一个整体,因此其影响可以忽略,应变速率起到决定作用;而当缺陷率足够大,缺陷层大量低配位原子形成足够高的势垒,滑移等形变因素无法穿透,同时其作为位错源而大量产生位错滑移,因此缺陷层以脆性断裂为主导,应变速率反而作用不大。但在两者之间,缺陷层与拉伸速率则共同起作用,只不过两者作用相反。

9.1.4 纳米线的断裂位置分布

[100]单晶金纳米线的形变特征说明在慢速拉伸下断裂主要发生在纳米线的中间,快速拉伸则在两端。同时,我们可以通过缺陷率和缺陷位置来探究纳米线断裂位置的变化趋势。从宏观的应力波传播的角度来看,不同应变速率下的对称拉伸具有不同的机械冲击作用,而缺陷率又影响了波包的移动。就像 Holian 等[8-10] 和 Kadau 等[11] 研究冲击波在固体材料中的传播时指出的那样,缺陷的生成和移动导致了纳米材料塑性形变中冲击波传播机理的复杂性。

本节通过纳米线最终断裂位置的统计分布图,来说明应变速率和缺陷率的影响。这里,纳米线的最终断裂位置分布采用高斯函数拟合,拟合得到的峰位代表了纳米线的最可几断裂位置。图 9.5(a)给出了完美的[100]单晶金纳米线在应变速率从 0.1% ps^{-1} 至 7.0% ps^{-1} 的断裂位置分布。从图中可以看到,最可几断裂位置随着应变速率的增加由中间逐渐分裂,并向两端移动。3.0% ps^{-1} 对应的宽化的高斯峰可以看成其中的过渡形态,高于该应变速率,则产生分离的双峰。这一变化趋势与纳米线在不同机械冲击下的形变机理是一致的。在慢的应变速率下,原子运动处于平衡态。对称拉伸下持续不断沿(111)面滑移使应力波在纳米线的中间重叠,这导致了应力在纳米线的中间集中,从而使纳米线在中间断裂。在较高应变速率下,机械冲击导致原子偏离平衡态。纳米线中,特别是两端的固定层附近,因原子平均间距加大出现大量的局域非晶结构,因而强度降低。而持续的冲击作用使应力来不及向中间传递,导致两端应力梯度加大,最终在其一端断裂。

图 9.5(b)给出了缺陷对 1.0% ps^{-1} 低应变速率下[100]单晶金纳米线断裂位置分布的影响。缺陷率从 0 到 25%。从图中可以看到,完美体系的最可几断裂位置为 0.5。当缺陷率增加到 2%,0.5 处的分布急剧降低,同时在 0.3 处(单层缺陷的位置)出现了分布峰。而有趣的是,在缺陷的对称位置,即 0.7 附近,也出现了一个分布峰。两者均略高于原 0.5 处的分布峰。随着缺陷率的进一步增加,该特征进一步显现。当缺陷率达到 10% 时,0.3 缺陷位置处的分布峰已经变得相当突出,而 0.7 的峰则进一步抑制,0.5 的峰几乎消失。这说明,当构建的缺陷率大于 10% 时,就足以决定纳米线的形变和断裂。同时也值得注意的是,当缺陷率为 2% 时,断裂位置近似呈均匀分布,说明此时应力分散,材料具有最好的受力特征。

图 9.5(c)给出了 5.0% ps^{-1} 应变速率下缺陷对[100]单晶金纳米线断裂位置分布的影响。缺陷率是从 0 到 25%。从图中可以看到,最可几断裂位置随着缺陷率的增加,从纳米线两端(完美体系的最可几断裂位置)逐渐向中间移动(单层缺陷位置),表现为更为连续的特征。同时,在中间 0.5 的位置又出现了一个新的分布峰。该峰在 10% 的缺陷率时就已经显现,在 15% 时略高于两侧的分布峰。在 20% 缺陷率,则明显高于两侧分布峰,在 25% 缺陷率时,两侧分布峰降低到几乎无法观察到。从上述的变化过程来看,初始无缺陷的两个分布峰虽然会向中间移动,但是不会靠近到重叠。在更高的缺陷率下,两侧峰减小

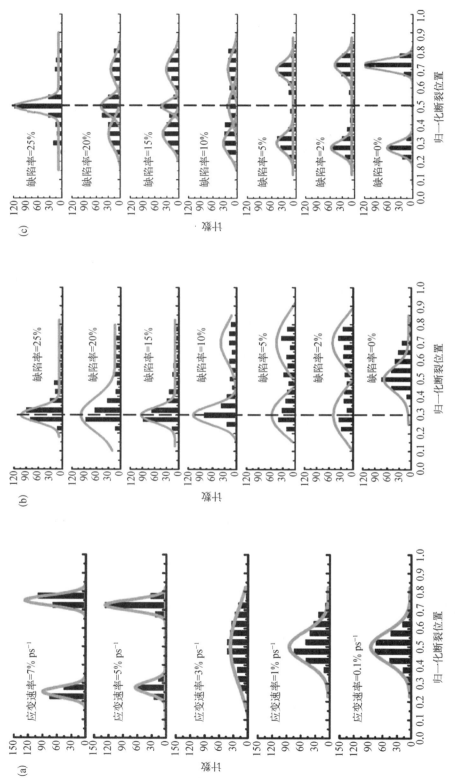

图 9.5 [100] 单晶金纳米线的断裂位置分布图：（a）无缺陷 [100] 单晶，应变速率为 0.1%~7.0% ps⁻¹；（b）应变速率为 1% ps⁻¹ 时，缺陷率为 0~25%；（c）应变速率为 5% ps⁻¹ 时，缺陷率为 0~25%（虚线是构造的缺陷位置）

至消失,而不是移动到重叠。此外,与图 9.5(b) 相比,后者在缺陷率达到 10% 时就明显地影响分布特征,说明缺陷的影响在慢速下更显著。上述特征反映出缺陷对纳米线的断裂产生两种可能的作用,其一是产生新的断裂位置分布峰,其二是影响原有断裂位置峰的位置和强度。

9.1.5　纳米线的机械性质

纳米线断裂位置分布的变化规律反映了缺陷和应变速率不同的作用方式。这里我们将通过几个重要的机械力学性质对此做进一步分析。图 9.6(a) 给出了 [100] 单晶金纳米线在应变速率从 0.1% ps^{-1} 至 7.0% ps^{-1} 的应力应变曲线。应变定义为

$$\varepsilon = (l - l_0)/l_0$$

其中,l 为体系在给定时刻的长度;l_0 为体系拉伸开始前的长度。应变速率为

$$\dot{\varepsilon} = \mathrm{d}\varepsilon/\mathrm{d}t$$

即单位时间内的应变量。拉伸方向的应力采用位力方程计算。从图 9.6(a) 可以看到,在纳米线的拉伸初始阶段,应力随应变线性增加,这符合弹性形变的特征,即

$$\sigma_1 = Y \times \varepsilon_1$$

其中,Y 是杨氏模量;σ_1 和 ε_1 分别是第一屈服点的应力和应变,即第一屈服应力和第一屈服应变。从图中还可以看到,在第一屈服点之后应力急剧下降,这表明纳米线经历了不可

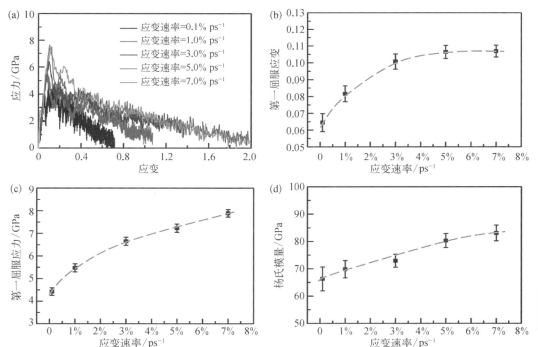

图 9.6　应变速率对 [100] 单晶金纳米线机械性质的影响:(a) 应力-应变关系;(b) 第一屈服应变;(c) 第一屈服应力;(d) 杨氏模量

逆的结构重组,即纳米线的弹性形变结束,塑性形变开始。此外,应力在持续的拉伸中保持了波动下降的趋势。当应力降落到 0 GPa 则表明纳米线接近断裂。应变速率对应力应变曲线的影响表现为,拉伸速率越快,最大应力也越大,其断裂应变也更大,说明延展性更好。此外,曲线的波动会随应变速率增加而降低,这说明慢速下纳米线的结构更稳定,而应变需要克服更大的滑移势垒才可以到达下一个稳定结构。

图 9.6(b)和图 9.6(c)分别给出了第一屈服应力和第一屈服应变随应变速率的变化。在每个应变速率下,所给出的结果均由 300 组数据统计平均得到,因而更能从本质上反映出材料的特性。从图中可以看到,第一屈服应力、第一屈服应变和杨氏模量均随着应变速率的增加而单调增加。说明在机械冲击作用下金属纳米线出现了应变硬化,即在更高的应变速率下塑性变形被推迟了。但是硬化速度也会逐渐变缓,这说明在给定材料尺寸和晶体性质的前提下,冲击带来的应变硬化会趋于饱和。图 9.6(d)给出了杨氏模量随应变速率的变化。在有限的速率范围内,杨氏模量单调上升,表明纳米线在更大的应变速率下具有更好的刚度。

进一步,我们比较了缺陷率对上述力学性质的影响。图 9.7(a)给出了不同缺陷率时纳米线的第一屈服应变的变化趋势。总体而言,在一个较大的缺陷率范围,第一屈服应变基本保持不变。但是均略高于无缺陷纳米线。只有当缺陷率高于 20%,该值在高应变速率下才略有上升,但对低应变速率,该值还是保持不变。图 9.7(b)给出了不同缺陷率时纳米线的第一屈服应力的变化趋势。不同于屈服应变,屈服应力随缺陷率增加而略有降低,但均高于无缺陷纳米线。从无缺陷到 2% 的缺陷率会有一个明显的阶跃,屈服应力增加了 2.0 GPa,这表明缺陷的影响是突变的,而不是简单的渐变。这一点不难理解,从图 9.3 可以看出,2% 的缺陷率对应于 1 个原子的点缺陷。纳米线因截面的小尺寸,导致了 1 个原子就产生了化学键的不连续性,这与宏观材料的表现有本质的不同。图 9.7(c)分别给出应变速率为 $1.0\%\ ps^{-1}$ 和 $5.0\%\ ps^{-1}$ 的杨氏模量随缺陷率的变化。在高应变速率下,当缺陷率从 0 增加到 2% 时,杨氏模量增加了 17.5 GPa。低应变速率下也有类似的表现。随后,随缺陷率的增加杨氏模量略有降低,但依然高于无缺陷纳米线。值得强调的是,在所研究的缺陷率范围内,第一屈服应变对缺陷率不敏感,说明了纳米线中初始滑移或缺陷的产生只与纳米线的相对长度的变化有关,与缺陷率关系较小。

从以上[100]金纳米线在应变速率和缺陷率双重因素影响的研究中可以得出,机械冲击对纳米线的机械性能有显著影响。同时,缺陷有助于提高纳米线的屈服强度,但也能够改变纳米线的断裂分布特征。这说明点缺陷产生了原子的低配位数环境,增加了局域能量。该局域能量增加了纳米线在屈服点的强度。从微观结构上来看,缺陷原子的配位数减少,金属原子的半径会自动收缩。所以说,原子配位数的减少,会引起键长变短、键强变强,从而提高体系的机械强度。

9.1.6   小结

通过以上研究,我们分析了[100]单晶金纳米线在应变速率为 $0.1\%\ ps^{-1}$ 至 $7.0\%\ ps^{-1}$ 下的单轴对称拉伸行为,同时给出了应变速率分别为 $1.0\%\ ps^{-1}$ 和 $5.0\%\ ps^{-1}$ 下缺陷(缺陷

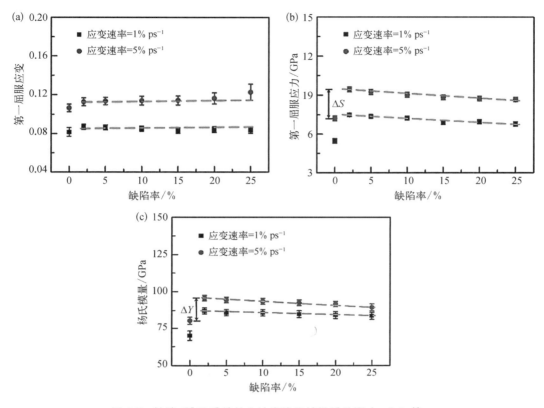

图 9.7 缺陷对 [100] 单晶金纳米线机械性质的影响：(a) 第一
屈服应变；(b) 第一屈服应力；(c) 杨氏模量

率从 2% 至 25%) 对纳米线形变和断裂分布的影响。通过分析纳米线的结构变化、机械性质和断裂位置分布，可以得出较低应变速率下的滑移和较高应变速率下的局域熔融是其形变特征的重要影响因素。当缺陷存在时，缺陷率和应变速率的作用表现出竞争关系。纳米线的断裂位置分布反映了拉伸过程中的原子运动对缺陷的敏感性，这一敏感性也受到应变速率的影响。在 1.0% ps^{-1} 的低应变速率，大于 10% 的缺陷率可使断裂位置做出显著改变。然而，当应变速率增加到 5.0% ps^{-1} 时，由于较强的机械冲击，需要更高缺陷率 (25%) 才会对断裂产生明显影响。应变速率和缺陷都会影响纳米线的屈服强度，但应变速率的影响是连续的，而缺陷的影响是不连续的。缺陷率的增加对屈服应变影响不大，但会使屈服应力和杨氏模量略有降低。

9.2 不同温度下缺陷对纳米线形变的影响

9.2.1 引言

金属纳米线作为一种重要的纳米材料，在材料和纳米技术等领域具有广泛的应用前景。近年来，人们对金属纳米线的性能和力学行为进行了深入的研究，其中包括纳米线的拉伸形变行为。在拉伸形变中，纳米线的力学性能受到多种因素的影响，其中包括材料的结构、尺寸、形状等。另外,纳米线中存在的缺陷也是影响其力学性能的重要因素之一。

缺陷在金属纳米线中普遍存在,包括点缺陷、位错和界面缺陷等,这些缺陷所具有的影响在纳米尺度会表现出一种放大效应。以往的研究表明,缺陷可以导致纳米线的力学强度下降、形变机理发生改变,并且可能引发纳米线的断裂。因此,深入研究不同温度下含有缺陷的金属纳米线的拉伸形变行为,对于了解纳米材料的力学性能和稳定性具有重要的意义。

温度是影响金属纳米线力学性能的重要参数之一。随着温度的升高,纳米线中的原子热运动能力增强,使其有能力脱离晶格、晶界等对它的束缚。这种热运动极大地促进了纳米线原子的位移和结构的变化,进而影响其力学性能。在纳米线的拉伸形变中,机械冲击做功,使原子平均间距增加,即原子获得更高的势能。在随后的弛豫过程中,势能又会转化为动能,结合原子原有的热运动动能,可以获得更强的运动能力,使纳米线的塑性形变能力和断裂行为出现显著变化。一些研究表明,在高温下,纳米线的塑性形变更加明显,而在低温下,纳米线更容易发生脆性断裂。

此外,不同类型的缺陷在不同温度下的行为也存在差异。以原子点缺陷为例,高温下的热激活过程可能导致其扩散和聚集,进而影响纳米线的力学性能。而低温下,原子点缺陷的扩散速度慢,导致纳米线的塑性形变能力变差。因此,研究不同温度下缺陷对金属纳米线拉伸形变的影响,有助于揭示温度和缺陷之间的相互作用关系,深入理解纳米线的力学行为。

本节旨在研究不同温度下,含有原子点缺陷的金属纳米线的拉伸形变行为。通过系统的分子动力学模拟,揭示温度和点缺陷之间的相互作用机制,为设计和应用金属纳米线提供指导。通过研究不同温度下含有点缺陷的金属纳米线的拉伸形变行为,我们也可以深入了解纳米线的力学性能和稳定性,并揭示温度和缺陷对纳米线力学行为的影响,这对于拓展纳米材料的应用具有重要的意义。

9.2.2 建模与分子动力学模拟方法

考虑到温度升高会引起晶体结构无序性的增加,这与缺陷对纳米线的影响存在一定的竞争关系。在本节中,我们集中考察了点缺陷和温度对[100]单晶金纳米线形变和断裂的影响,并与低温和高温下的完美金纳米线进行比较。如图 9.8 所示,单晶金纳米线按照面心立方结构的模型沿[100]方向生成。体系设为 $5a\times5a\times15a$(a 代表金的晶格常数,0.408 nm),含约 1 500 个原子。应变速率为 $1.0\%~\text{ps}^{-1}$,我们通过移动纳米线上下两端的固定层对单晶金纳米线进行对称的单轴拉伸,其中拉伸方向为 z 方向。在拉伸之前,通过延长不同的弛豫时间构建了 300 个不同的初始平衡态,共采用了 8 100(27×300)组数据统计分析了点缺陷和温度对纳米线的形变行为的影响,模拟温度为 5 K 到 750 K,采用校正因子法使体系温度恒定。对于单层缺陷位置的设置,我们采用了上一节所给出的方法,将单层缺陷面设在归一化纳米线的 0.3 处。100 K 时,缺陷率从 2% 增至 25%;500 K 时,缺陷率从 2% 增至 70%。如图 9.8 所示,我们给出了温度对形变过程中的纳米线结构的影响,同时也对缺陷和温度所致的无序晶体结构之间的关系进行了理论解释。分子动力学模拟参数和方法见上一节。

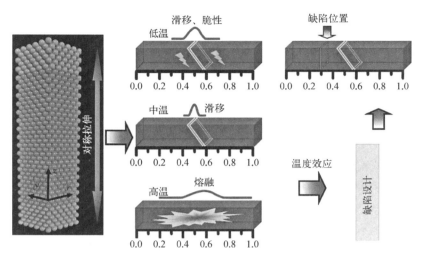

图 9.8　理论模拟模型设计示意图:单晶金纳米线设定为 $5a \times 5a \times 15a$(a 代表
　　　　金的晶格常数,0.408 nm),相当于 1 500 个原子,温度为 5~750 K

9.2.3　纳米线形变过程中的结构特征

　　图 9.8 给出了温度对单晶金纳米线断裂影响的示意图,图中描绘了纳米线在不同温度下的形变机理。同时,缺陷的设置会对纳米线在不同温度下的断裂分布特征具有一定的影响。本节所研究的[100]单晶金纳米线的温度范围从 5 K 到 750 K。图 9.9(a)和图 9.9(b)分别给出了 100 K 和 500 K 下纳米线的单轴拉伸形变的结构变化。从图 9.9(a)可以看出,在低温 100 K 时,纳米线的形变过程表现了一定的脆性特征。形变机理以连续的滑移为主。在整个形变过程中,纳米线都保持了较完好的晶体状态。在它完全断裂时,只在其尖端和边缘处出现了少量的非晶团簇。与上一节 300 K 金纳米线的形变行为相比,较大的不同点是脆性在低温下表现得更明显。

　　从图 9.9(b)可以看出,纳米线在 500 K 的形变过程中主要表现了温度所致的非晶熔融状态。即使是在拉伸之前,经过充分的弛豫,纳米线原子已经偏离其原有的晶格结构。其中有原子由牛顿层扩散到了固定层,牛顿层晶格结构也发生的部分扭转,纳米线侧表面已经完全失去了最初的结构特征。随着拉伸进行,机械冲击对纳米线做功导致了原子平均能量进一步增加,非晶态的结构特征也更加明显,遍布整个纳米线。因此,纳米线的可塑性得到增强。同时,对称的拉伸作用使纳米线的颈缩在其中间区域形成,并且随着形变增加最终在中间断裂。温度对体系晶体结构的影响,可以从纳米线在形变过程中的径向分布函数得到较好的反映。图 9.9(c)和图 9.9(d)分别给出了纳米线分别在 100 K 和 500 K 下形变过程对应的径向分布函数曲线。从图 9.9(c)可以看到,100 K 的纳米线在拉伸开始阶段径向分布函数的近邻峰表现得很尖锐。这表明纳米线在 100 K 的初始形变阶段保持了较完好的晶体结构。之后,近邻峰高随着拉伸逐渐减小,但近邻峰一直呈尖锐状。这说明了在 100 K 的低温下,纳米线在拉伸形变中基本保持了较好的晶态特征。当温度升高到 500 K[图 9.9(d)],纳米线形变过程中的近邻峰显著变宽,并且峰高也减小。

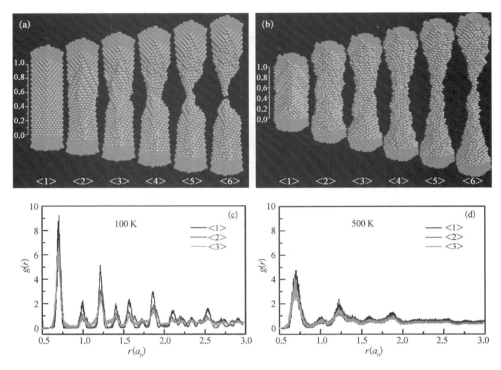

图 9.9 单晶[100]金纳米线在不同温度下的形变：（a）100 K 时的动态结构变化；
（b）500 K 时的动态结构变化；（c）100 K 时的 RDF；（d）500 K 时的 RDF

这与纳米线在此条件下的无序晶体结构是一致的。图 9.10 给出了[100]单晶金纳米线在 700 K 时的形变和断裂行为。与图 9.9(a)和图 9.9(b)相比，当温度升高到高温 700 K 时，纳米线在塑性形变中仅保留了有限的晶态特征。随着应变增加，对称拉伸导致了纳米线在两端断裂。上述三个温度下的比较说明了温度对纳米线形变机理有重要作用。

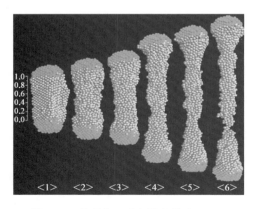

图 9.10 单晶[100]金纳米线在 700 K
下的形变行为

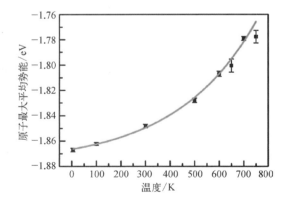

图 9.11 纳米线的原子最大平均
势能与温度的关系

以上研究说明温度导致了非晶态结构的产生，这也提高了材料的延展性。图 9.11 给出了 5~750 K 的温度下，纳米线在拉伸形变过程中的原子最大平均势能。从图中可以看到,纳米线原子的最大平均势能随温度遵循函数 $E = -1.878 + 0.112 \times \exp(T/325.9)$,其中 E 代表原子的最大平均势能,T 是所设的温度。最大平均势能的增加反映了纳米线在形变过程中晶体结构的有序度在降低,即原子势能的增加取决于体系金属键的断裂程度,金属键的断裂是原子热运动克服晶格束缚的结果。

　　为研究缺陷对纳米线断裂的影响,我们在归一化纳米线的 0.3 处构建了单层缺陷,研究了 100 K 和 500 K 下缺陷对[100]单晶金纳米线形变的影响。缺陷率在 100 K 时从 2%到 25%,在 500 K 时从 2%到 70%。图 9.12(a)和图 9.12(b)分别给出了纳米线在 100 K 下缺陷率为 2%和 10%时的形变和断裂行为。从图 9.12(a)可以看出,初始位错滑移由侧棱发出并向两固定端发展。尽管缺陷率仅有 2%,但其似乎有能力阻滞滑移面的运动。在随后的形变中,缺陷又作为位错源不断产生位错滑移,使该截面形成颈缩,并导致最终的断裂。此外在缺陷对侧,也有部分滑移面的交叠。这一现象与上一节图 9.3(a)所给出的纳米线在 300 K、缺陷率为 2%时的形变基本一致。与此对照,从图 9.12(b)可以看出,当缺陷率增加到 10%时,纳米线随着应变增加也同样在构建的缺陷区域断裂。这说明了 2%缺陷率就足以决定了 100 K 低温下纳米线的形变和断裂行为。

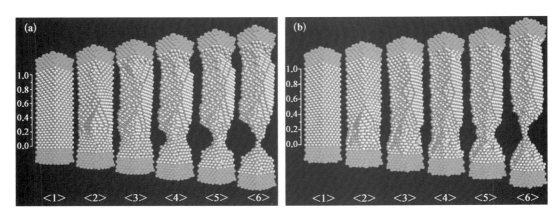

图 9.12　缺陷对 100 K 下的单晶[100]金纳米线的影响:(a)缺陷率为 2%;(b)缺陷率为 10%

　　图 9.13(a)和图 9.13(b)分别给出了高温(500 K)缺陷率为 2%和 70%的纳米线形变行为。从图 9.13(a)可以看到,500 K、2%缺陷率的纳米线在形变过程中表现了局域的非晶特征,纳米线随着拉伸在两端产生颈缩,而后在其中的一端断裂。与低温[图 9.12(a)]相比,纳米线在 500 K 的形变过程中更多地表现了无序的非晶特征,这是因为温度提高了原子热运动动能,在拉伸作用下更容易打破晶格的束缚,因此对纳米线的形变产生很大影响。此外,缺陷在高温下表现的不同点是,缺陷率要更高时才能决定最终的断裂行为。这说明相对于高温下的原子平均动能来说,需要更高的缺陷率才能产生足够高的局域能量密度以对断裂行为施加影响。

　　从以上纳米线形变行为的研究,我们明确了温度和缺陷对纳米线形变过程的影响。在低温下,由于原子热运动不剧烈,纳米线在形变中采取滑移的机理,因此保持了较好的晶体结构。在高温下,剧烈的原子热运动导致了纳米线无序的结构。纳米线断裂行为对缺陷的敏感度也随温度的升高而降低。

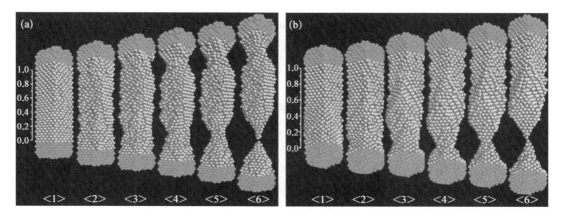

图 9.13　缺陷对 500 K 下的单晶[100]金纳米线的影响:(a)缺陷率为 2%;(b)缺陷率为 70%

9.2.4　纳米线的断裂位置分布

纳米线的形变行为说明了[100]单晶金纳米线的最终断裂位置对温度具有一定的依赖性,并且这种依赖性可以通过缺陷率来调控。从微观的角度来看,对称拉伸形变下,温度和缺陷的影响体现在拉伸冲击波在纳米线中不同的传播方式。Holid 等[8-10]和 Kadau 等[11]对冲击波传播机理的研究说明了纳米材料形变中缺陷的产生和蠕动导致冲击波传播的复杂性。

本节通过纳米线的断裂位置统计图说明了温度和缺陷影响下形变机理和断裂位置分布之间的关系。统计的纳米线断裂位置采用高斯函数拟合,拟合的峰代表了纳米线的最可几断裂位置。图 9.14(a)给出了[100]单晶金纳米线在温度为 5~750 K 的范围内的断裂位置分布。从图中可以看到,最可几断裂位置在所给出的温度范围内处于一个靠近、重叠和再分离的过程。这可归属为纳米线在不同温度下的拉伸形变机理,也体现了冲击作用在纳米线中传播的程度。在低温下,滑移面的出现使纳米线保持了较好的晶体结构,这导致了微观原子运动处于平衡态,然而,较低的温度使纳米线的形变具有更大的脆性。此双重作用使纳米线的断裂位置分布趋于纳米线中间,但有一个相对较宽的范围。90%以上的样本分布处于归一化纳米线的 0.35~0.65 之间,用双高斯分布拟合更适合。在室温 300 K 下,最可几断裂位置在归一化纳米线的 0.5 处,这可归结为沿(111)面滑移在拉伸形变中起到了主要作用[12]。对称拉伸的作用使拉伸冲击波在纳米线中间重叠,由此导致的能量集中使纳米线在中间断裂。然而,当温度升高到 500 K 时,最可几断裂位置仍然在归一化纳米线的 0.5 处,这和此时的形变机理是一致的,因为纳米线的部分结构在形变中虽然处于非晶状态,但 1.0% ps^{-1}应变速率下的对称拉伸作用基本上使纳米线的形变处于准平衡态,利于纳米线在中间断裂。直到 700 K,纳米线的最可几断裂位置才从中间分离,但仍靠近中间位置。这是因为在纳米线的拉伸过程中,剧烈的原子热运动结合拉伸作用使体系处于非平衡态,这导致了持续叠加的冲击波很难从两端传播到中间,纳米线两侧的应力梯度较大,故在两侧断裂。

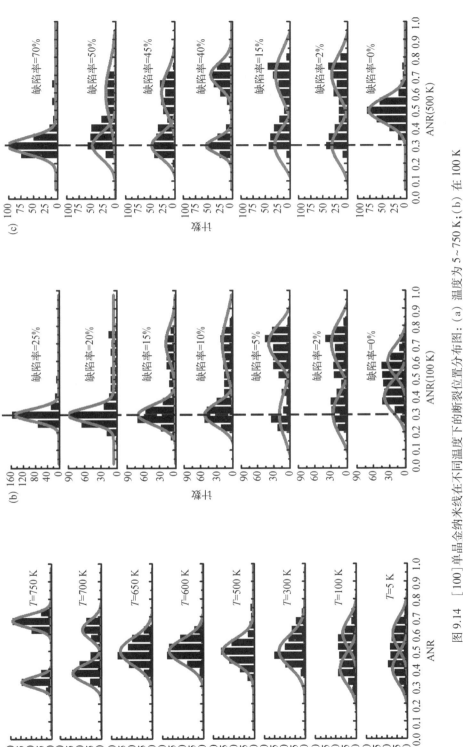

图 9.14　[100] 单晶金纳米线在不同温度下的断裂位置分布图：(a) 温度为 5~750 K；(b) 在 100 K 低温下，缺陷率为 2%~25%；(c) 500 K 高温下缺陷率为 2%~70%（虚线为构造缺陷位置）

图 9.14(b)给出了[100]单晶金纳米线在温度为 100 K,缺陷率从 2% 至 25% 的断裂位置分布。当缺陷率为 2% 时,断裂位置分布已由中间分离到两侧。0.5 处的分布概率明显降低。这对应了此条件下纳米线的形变和断裂机理,说明当构建的原子缺陷形成了一个能量陷阱时,邻近原子处于较强的拉应力环境,即使对称拉伸速度较慢,处于一个平衡态时,2% 的缺陷也足以改变冲击波的传播。因此,在此低温条件下,在构建的缺陷区域冲击波产生叠加,与此同时,在其相对一侧也形成同样的镜像效应,从而使纳米线的断裂分布发生改变。随着缺陷率的增加,纳米线的最可几断裂位置逐渐移到构建的缺陷区域。当缺陷率达到 10% 时,最可几断裂位置基本处于缺陷的位置,其镜像作用也因缺陷层的能量过高而受到抑制。之后,当缺陷率为 25% 时,最可几断裂位置完全处于构建的缺陷位置。这说明对于 100 K 下的纳米线体系,缺陷率为 2% 时即可影响断裂分布特征,达到 10% 时即能决定纳米线的断裂。

图 9.14(c)给出了[100]单晶金纳米线在温度为 500 K 下,缺陷率从 2% 至 70% 下的断裂位置分布。从图中可以看到,随着缺陷率的增加,最可几断裂位置从 0.5(此条件下完美纳米线的最可几断裂位置)逐渐移向 0.3(构建的缺陷位置)。并且,纳米线在缺陷率为 2% 时最可几断裂位置即发生了变化,这说明即使单原子的缺陷在 500 K 也可显著改变纳米线的断裂行为。由于高温作用,只有当缺陷率达到 70% 时,最可几断裂位置才完全由缺陷决定。与 100 K 的行为相比,高温纳米线的断裂对缺陷敏感性变差。在高温下通过缺陷调控纳米线的形变行为较难实现,因为高温导致的无序晶体结构在纳米线的形变过程中起到了主要作用。从拉伸冲击波传播的角度看,无序的晶体结构导致了较大的应力梯度,这也使波在高温下的传播更困难。

9.2.5　缺陷纳米线的机械力学性质

纳米线的形变和断裂特征反映了缺陷和温度对纳米线形变行为的影响。对纳米线的机械力学特性的评估通常采用应力应变关系和屈服行为开展相关研究,这有助于我们对材料的断裂、失效有进一步理解。

图 9.15(a)给出了[100]单晶金纳米线在温度从 5 K 至 650 K 范围内的应力应变曲线。从图中可以看到,在拉伸初始阶段,应力随应变线性增加,这符合材料的弹性形变规律。随后,应力急剧下降,这说明纳米线进入了不可逆的塑性形变阶段。再之后,屈服循环呈下降的趋势直至屈服循环结束,表明纳米线没有能力重建和维持一个较稳定的结构,意味着纳米线最终断裂。在整个屈服循环中,纳米线的应力应变曲线在高温下呈现了较小的屈服应力峰和更剧烈的应力波动;而在低温下,屈服应力提升显著,并且高频应力波动甚微。

图 9.15(b)给出了第一屈服应力随温度的变化关系。温度从 5 K 到 750 K,每个温度各由 300 组数据平均获得均值与标准偏差。从图中可以看到,第一屈服应力随着温度增加而逐渐减小,这说明了温度的升高易使金属材料的机械强度降低,即材料的高温软化作用。图 9.15(c)对比了缺陷对[100]单晶金纳米线机械强度的影响。与无缺陷金纳米线的应力相比,缺陷在 100 K 和 500 K 时均提高了屈服强度。例如,当缺陷率从 0% 增加到 2% 时,在 100 K 时第一屈服应力的增加值 ΔS_1 是 3.9 GPa,在 500 K 时第一屈服应力的增

加值 ΔS_2 是 1.3 GPa。由上可以看出,不管是在低温还是高温,缺陷纳米线总是表现了硬化效应。这可归结为缺陷原子的低配位数,使键强增强[1, 13]。此外,100 K 时虽然缺陷对第一屈服应力的增强效果更大,但屈服应力随缺陷率的增加降低得更明显。并且在 2% ~ 20% 范围内,第一屈服应力随缺陷率呈线性减小。而在 500 K,我们看到缺陷率的影响不明显。这说明了在缺陷导致的硬化现象在低温时更明显。

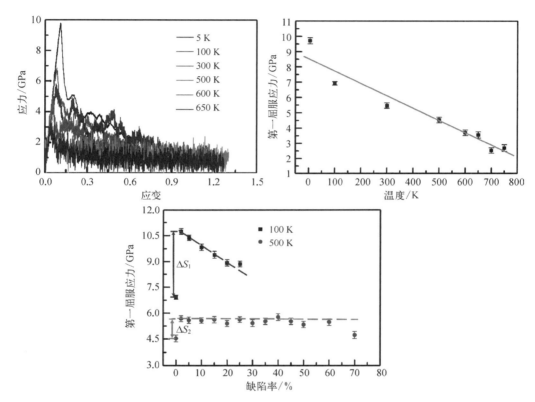

图 9.15　温度和缺陷对[100]单晶金纳米线机械性质的影响:(a)应力与应变的关系;
(b)第一屈服应力与温度的关系;(c)第一屈服应力与缺陷率的关系

以上研究表明,在纳米器件的设计中,可以通过构建缺陷来提高材料的机械强度。反之,当我们知道纳米材料有缺陷时,也可以通过系列研究,评估其在特定的工作温度下的机械力学强度以及形变和断裂行为,为提升器件应用的可靠性和寿命打下基础。

9.2.6　小结

综上所述,本节采用分子动力学模拟的方法,研究了纳米线在应变速率为 1.0% ps^{-1} 的单轴对称拉伸,温度范围为 5~750 K 下的形变行为,机械力学性质和断裂位置分布。缺陷率在 100 K 设置为 2% 至 25%,在 500 K 下为 2% 至 70%。结果表明纳米线的形变行为和断裂对温度有依赖性。其形变行为对缺陷的敏感性与温度导致的无序结构之间有竞争关系。纳米线的最可几断裂位置随着温度的增加呈现了一个靠近-重叠-再分离的转变过程。在低温 100 K 下,纳米线在缺陷率为 25% 时表现了缺陷控制的断裂行为。然而,由于高温引起的晶体结构无序化,当缺陷率为 70% 时,缺陷才会完全决定纳米线断裂分布。此外缺陷导致的纳米线硬化现象也会受温度的影响,低温影响更大,对缺陷率也更敏感,高温影响虽小,但对缺陷率的敏感性也降低。

超细金属纳米线的断裂在小尺度下表现出不确定性。除了速度、温度外,我们还通过改变金纳米线的长度来考察其形变和断裂行为。所考察的体系为具有相同横截面积($5a \times 5a \times Ha$)的金纳米线。长度不同也影响了晶面滑移方式,从而改变了形变机理。与这两节速度研究和温度研究类似,不同长度($5a \times 5a \times 5a$ 和 $5a \times 5a \times 25a$)的形变都对缺陷敏感,即使仅有一个原子的点缺陷(2% 缺陷率)也会从断裂位置分布上观察到明显的不同。这可归因于较细的横截面,缺陷与表面作用在塑性形变中联合发挥了作用。改变长度得到的断裂位置分布进一步表明,断裂行为与尺寸有关,对缺陷敏感。短的金纳米线由于晶面滑移的阻塞而出现晶体结构的坍塌,中等长度的金纳米线由于系列滑移面的出现而呈现有序的结构形变,而长的金纳米线则显示滑移面的分离。这也可以进一步通过金属键的断裂特征和拉伸应力波传播的特点来获得更好的理解。

9.3　银纳米线初始结构对拉伸形变和断裂分布的影响

9.3.1　引言

器件的微小型化对材料的稳定性和可靠性提出了更高的要求。材料的形变与失效机理的研究对于避免失效的发生具有重要意义。金属纳米线作为基本的模型体系,其初始结构与形变之间的关系已开展了大量的基础研究。

因初始结构不同,金属纳米线展现了性质上的差异。孪晶界和缺陷作为金属材料中的特殊微结构得到了广泛的关注。共格孪晶界是一种特殊的低能态晶界,其两侧晶体以此对称,构成镜面关系。该晶面无畸变,能量低,结构稳定,对形变的影响在于其可有效地阻碍位错运动。孪晶界上由于位错引起应力集中,在持续外应力下,局域应力随着位错的持续堆积而增大;当局域应力足够大时,新的位错又从相邻晶粒内产生,孪晶界处应力得以释放。位错和孪晶界的作用复杂,当位错穿过孪晶界时,根据入射位错的性质和类型,在孪晶界上可形成滑移位错、固定位错、相邻孪晶内的层错等,并使共格关系逐步破坏。从本质上而言,孪晶界主要是对位错和滑移的动态演化产生制约作用。与此对照,材料内部的缺陷空洞是一个局域的高能结构。缺陷内表面原子因低配位数而具有高势能,并进一步可转化为初始动能。因此缺陷可以直接在位错的产生和滑移的发展过程中起到作用。在高能缺陷的材料中,位错不总是产生于表面,Meyers 等[14] 在快速压缩铜晶粒实验中观测到孔洞附近有位错生长,并且铜晶界附近的孔洞发射出许多滑移带。Silva 等[15] 利用分子动力学模拟了金纳米线的形变和断裂的过程,发现高能不稳定的缺陷会分裂成多个相对稳定的小缺陷,从而造成纳米线的颈缩。

以往的研究多集中在缺陷对初始位错的产生,孪晶界对滑移发展的影响。然而材料的断裂失效是制约器件应用的关键。孪晶界和缺陷与断裂位置的关系尤为重要,如果能够掌握最终的断裂位置与初始结构之间的关系,则可以优化材料结构或者加固材料最易断裂部位以延长器件寿命。

以往研究表明,纳米材料的很多性质均表现出统计分布的特征,如纳米结的电导、单原子线的形成,特别是本书着重强调的纳米线的最终断裂位置。因此,单次测量很难给出准确而全面的结果,系统研究需要大量的样本统计。在这一点上理论模拟有着实验无法替代的优势。分子动力学模拟计算效率高,所含信息丰富,近年来在材料模拟领域得到广泛的应用。前两节的研究表明,拉伸速度和缺陷率之间存在竞争关系,形变速率低于 $1.0\ \mathrm{ps^{-1}}$ 时 2% 的原子缺陷率就能改变断裂位置的分布;形变速率高于 $5.0\ \mathrm{ps^{-1}}$ 时,金属材料受强烈的对称冲击影响,因此 10% 的缺陷率对断裂位置分布的影响也不明显。

孪晶界和缺陷是两类具有代表性的微观结构。孪晶界并未额外增加体系的势能,但是改变了晶体排布的周期结构;缺陷周边为低配位原子,增加了体系的初始能量。为深入了解其对纳米线形变,特别是断裂分布的影响,本节开展了系统的分子动力学模拟。其结果对材料和器件的设计与优化,特别是避免器件失效有参考意义。

9.3.2　建模与分子动力学模拟方法

本节建立了四个轴向为 [111] 晶向的面心立方(FCC)结构的长方体单晶银纳米线,尺寸为 6.54 nm×5.73 nm×22.09 nm,侧面为 {110} 和 {112} 晶面,长轴定为 z 方向,如图 9.16 所示。其中,模型 1 为单晶银纳米线(S-NW);模型 2 为含缺陷的银纳米线(NW-V),由模型 1 中间去除 6 个原子,包含一个直径为 0.2 nm 的球形孔洞;模型 3 为孪晶银纳米线(T-NW),孪晶界位于纳米线中间;模型 4 为含缺陷的孪晶银纳米线(T-NW-V),为模型 2 和模型 3 的复合结构。体系总原子数约为 5.7 万。

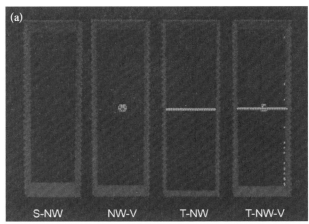
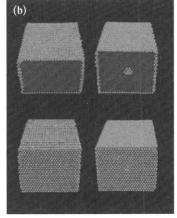

图 9.16　沿 [111] 晶向的银纳米线初始构型,其中 S-NW 为单晶银纳米线,NW-V 为含缺陷的单晶银纳米线,T-NW 为孪晶银纳米线,T-NW-V 为含缺陷孪晶银纳米线:
(a) 侧视截面图;(b) 切面图

分子动力学计算采用嵌入原子势方法(EAM)来描述原子间相互作用,该方法基于密度泛函思想,考虑到某原子的原子核除了受到周围其他原子核的排斥作用外,还受到该原子的核外电子及其周围其他原子产生的背景电子的静电相互作用。采用 Johnson 等发展的 EAM 的解析表达形式。这一形式的 EAM 较好地描述了存在缺陷时的金属原子间的相互作用力。体系处在恒定温度 150 K,用校正因子法标定体系温度。为模拟纳米材料的真实工作条件,采用自由边界条件。邻近列表的建立采用 Cell link 和 Verlet 列表结合的方法。运动方程的积分用半步蛙跳算法,时间步长为 2.5 fs。在晶体形变研究中,已开发了多种识别局部晶序的方法。在 FCC 晶体中,位错原子的配位数为 8,与体心立方(HCP)原子配位数相同,但与体相原子配位数 12 差距明显,因此利用配位数分析可以清晰地了解位错原子数量在拉伸过程中的变化。所研究的体系中,拉伸应力是在拉伸(z)方向上对 $x-y$ 平面上的所有原子求平均。平均应力采用位力公式。

样品拉伸前,每个体系在给定温度下自由弛豫以释放内部应力。结果表明 5 000 步后体系的能量即达到稳定。为了保证应力释放充分,每个体系弛豫时间均大于 15 000 步,以达到平衡状态。每个体系包含 300 个样本,每个样本的弛豫时间彼此相差 200 步以上。因此各样本之间彼此独立,具有随机特征。样本少于 200 时,统计分布峰不明显;而过多的样本对统计峰改善不大,但增加计算负担。而后以 0.28% ps^{-1} 的应变速率,两端的固定层以相当于 25.5 m/s 的绝对速度沿模型 z 轴向两侧拉伸,直至断裂。对于每一个样本每隔 500 步分别记录应力分布和原子位置,以分析其微观结构和性质。

9.3.3　初始微观结构对宏观性质的影响

材料的微观结构对宏观性质的影响可以通过能量和应力随应变的变化进行分析。图 9.17 给出了四种模型体系的能量随拉伸应变的变化曲线。在初始阶段,四个体系的势能几乎重合,且可以用简谐振子的能量-形变关系精确描述,说明此阶段体系处于弹性形变阶段。当应变量大于 0.03 时,各体系的势能虽总体仍呈上升趋势,但表现了明显的随机波动特征。在相同的温度下,即原子热运动的平均动能相同,各体系的高频振幅相当。但是四种典型微观结构的差异导致各曲线的走向略有不同。单晶的两个体系(S-NW 和 NW-V)在约 0.05 应变处出现了一个能量释放,一般认为这是在拉伸进入塑性形变后,体系内依次产生多组滑移面,从而降低了体系的平均能量。而孪晶纳米线(T-NW)和孪晶缺陷纳米线(T-NW-V)在应变大于 0.03 后势能依然缓慢波动上升,并没有出现较大幅度的势能释放,这说明孪晶界的存在阻碍了滑移的演化使势能得以储存。因此,含孪晶界的两个体系在 0.2 应变前的势能要高于单晶体系。而当应变超过 0.2 时,又显著低于单晶体系,预示着孪晶体系的高能原子过于集中,从而导致含孪晶界的纳米线在孪晶界遭到破坏后能量释放更为迅速。这也促使孪晶纳米线的断裂应变更小。具体而言,缺陷孪晶纳米线在 0.35 应变处断裂,孪晶纳米线

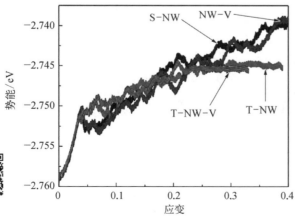

图 9.17　不同初始结构银纳米线在拉伸过程中的势能变化

在 0.38 处断裂。而两个单晶纳米线则表现了更好的延展性。从图 9.17 可见,四个模型体系的拉伸形变行为分为两类,孪晶界在其中起到制约作用,而缺陷的作用不明显。

为了进一步探究体系的宏观性质,并建立与微观结构的联系,图 9.18 给出了上述四个体系的应力应变曲线。与势能曲线相对应,在屈服点(应变 ≈ 0.03)之前,四个体系的应力重合,近乎线性增长。以往的研究表明,初始结构对屈服行为的影响具有多样性。同种材料的不同结构可以改变某种弹性行为[16]。第 7 章的工作也表明密集排列的多重孪晶界可以显著提高金属纳米线的屈服强度。Cao 和 Wei[17] 用分子动力学方法研究 <111> 晶向孪晶铜纳米线的形变机理时发现孪晶带厚度越小,屈服应力越大。Deng 和 Sansoz[4, 18] 考察了类似的模型,给出了孪晶铜纳米线屈服应力和单位长度内的孪晶界个数的线性关系。上述研究均指出屈服行为与初始结构(包括初始位错滑移的产生)的关系密切。而本节所考察的四个体系的屈服点基本相同,说明孪晶界和缺陷的存在对初始滑移几乎无影响。这也意味着塑性形变中起关键作用的位错滑移并非产生于上述的初始结构。

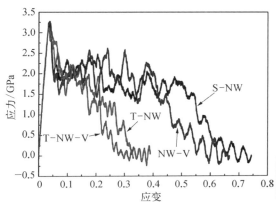

图 9.18　不同初始结构银纳米线在拉伸过程中的应力应变曲线

与能量变化类似,屈服点后的四个体系的应力应变关系依据孪晶界也可以划分为两类。含孪晶界的纳米线彼此相似,屈服点后应力迅速释放。尽管在 0.1 ~ 0.2 应变区间内缺陷孪晶纳米线(T－NW－V)的应力还略有保持(1.5 ~ 2.0 GPa),但随着应变超过 0.2,两个孪晶纳米线的应力迅速降低到 0,意味着两者塑性形变结束,材料断裂。与之对比,单晶纳米线的塑性特征更为明显。虽然在应力释放的初期两个单晶体系的应力释放速度快于孪晶体系,但当应力滑落至屈服应力的约 2/3 处(约 2.0 GPa),两个单晶体系的应力保持了相当大的应变区间(0.1 ~ 0.5)。说明其具有良好的塑性。应力保持的应变区间是衡量体系塑性特征的重要指标。单晶体系在 0.4 的应变范围内均可以保持约 2/3 的屈服应力,这一区间远远大于孪晶体系。进一步说明孪晶界阻碍了纳米线在拉伸过程中的应力释放,阻碍了滑移面的持续演化,从而降低了材料的塑性。Jin 等[19] 也指出孪晶和孪晶界处的晶体结构使得材料塑性降低,脆性变高。Lu 等[20] 的研究证明,可以在材料内部引入缺陷以阻碍位错运动来实现材料的强化。孪晶界作为一种特殊的低能态共格晶界可以加强材料的屈服强度和抗疲劳裂纹能力,但是这些优点的获得是以牺牲材料的塑性为代价的。

在本节分析比较的四个体系中,含 6 个原子的缺陷占总原子数比例小。虽形成局域的高能结构,但在宏观力学性质上的作用不明显。缺陷的作用与其数量、体积和形状有关。前两节我们通过随机生成不同比率缺陷的方法,发现在 2 K 温度下,纳米线屈服应力随着缺陷率的增加几乎线性下降。此外,缺陷的影响也被证明具有多样性[21]。

纳米线形变的最终阶段即为断裂失效。Kadau 等[11] 和 Novelli 等[22] 已经研究过应力波在纳米固体材料中的传播。应力波对应于应力沿拉伸轴分布上的应力峰,因此我们通过应力分布探索断裂位置的规律。图 9.19 为四个体系沿 z 轴的应力分布,拉伸后的纳米线作归一化处理。屈服点之前,四个体系的应力分布的移动规律表现了相似的特征,即纳米线上的应力分布相对均匀,随着应变进行应力分布整体上升。在屈服点附近应力分布水平达到最大。随着应变进一步增长,应力得到部分释放,其分布水平逐步降低,并且在轴向上的某段位置出现了局部应力集中,即应力峰。应力峰位于最终的断裂位置(图 9.19 中双箭头点划线标记)附近,并有轻微移动。

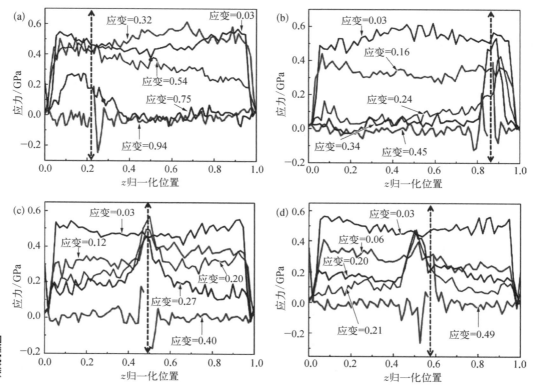

图 9.19　沿纳米线拉伸方向(z 轴)的应力分布曲线:(a)单晶纳米线;
(b)缺陷单晶纳米线;(c)孪晶纳米线;(d)缺陷孪晶纳米线

对比四个样品可以发现,应力峰的形状、产生的时刻和位置是各不相同的。图 9.19(a)对应单晶纳米线,应力分布曲线在 0.03 和 0.32 应变时保持在相近的高度。仅当应变量扩大到 0.54 时,端侧才略微显现钝的应力峰。单晶体系应力峰产生得迟,且峰形平缓,说明单晶体内应力聚集效果缓慢,应力在纳米线中间传播无阻碍,仅在两端固定层处缓慢累积,最终导致断裂。缺陷纳米线表现了相似的特征,如图 9.19(b)所示。具有孪晶界的两个体系,即图 9.19(c)和图 9.19(d),则与单晶明显不同:首先应力峰出现得早,由图中可知,体系刚过屈服点就已经产生明显的应力峰。例如图中的孪晶纳米线在 0.12 应变时,孪晶缺陷纳米线在 0.06 应变时均出现清晰的应力峰。其次,具有孪晶界的纳米线的应力峰较尖锐,尽管这一特征并不十分明显。特别重要的是,应力峰的位置均出现在孪晶界处,这一特征与体系的最终断裂位置和后文要讨论的断裂位置的统计分布密切相关。由此可以看出孪晶界的存在阻碍了拉伸过程中应力波在纳米线中的自由传播,孪晶界捕捉到应力波,使应力迅速集中,缩短了塑性形变的过程。断裂位置与应力峰保持一致,这与 Holian 等[9]获得的结论类似。此外,Nirmal[23]利用应力波分析了内含孔洞的多层组合模型时发现,最大应力集中和剪应力这两个关键参数都发生在孔洞附近,并且与孔洞大小有关。由此可知,孪晶界和缺陷与宏观力学性质密切相关,但其作用机理和强度还受到微结构的制约。

9.3.4　拉伸过程中纳米线微观结构的变化

为了进一步了解不同初始结构的纳米线的形变机理,揭示初始结构与初始位错滑移之间的关系,确定其对体系最终断裂位置分布的影响,我们对形变过程中的各体系相对特征原子数量进行了统计,并进一步分析了不同应变下的体系的原子位图。

图 9.20 为按照配位数分析方法给出了四个样品在拉伸过程中 HCP、FCC 和其他原子相对数量的变化趋势。其中 HCP 原子的配位数与位错相当,其变化可以追踪滑移面的产生和演化。弹性拉伸阶段,内部结构无明显变化,各类型原子数目不变。屈服点(应变≈0.03)之后,拉伸进入塑性形变阶段,系列滑移面依次产生并连续发展,相应的 HCP 原子数增加,而 FCC 原子数减少。四个体系的总体变化趋势一致。但是仔细观察图 9.20 还是可以明显分辨出四个体系特征原子数量变化趋势的差别。特别是在 0.03～0.04 的应变区间,四个体系的特征原子数量的变化依然保持一致。说明在此拉伸阶段孪晶界并没有对滑移面的发展起到阻碍作用。这同时也说明滑移面只能产生于体系的侧面,并且与孪晶界保持了一段距离,以保证在拉伸进行中滑移面有足够的发展演化空间。当应变量超过 0.04 后(图 9.20 中圆圈所示),四个体系的特征原子数量的变化趋

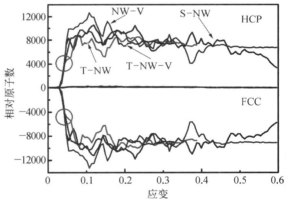

图 9.20　纳米线中不同种类的原子相对数量随应变的变化关系

势彼此分离,说明滑移面的发展遵循了不同的规律。不含孪晶的两个体系的 HCP 原子数持续增长。说明滑移面的总面积在不断加大,这既可能是滑移面数量的增加,也可能是面积的延展,或者两者的共同作用。与之对照,含有孪晶界的两个体系 HCP 原子数在应变量超过 0.04 后增长变缓。这一特征表明单晶体系的滑移面的产生与发展是连续不断的,而孪晶界的存在阻碍了滑移面的演化,使得 HCP 原子数增速变缓。另一点值得注意的是,两个单晶体系的 HCP 原子数在 0.05～0.2 应变区间更多,说明该体系具有更多组的滑移面,这无疑对其延展性起到了积极的作用。此外,应变大于 0.2 后,两个单晶体系的 HCP 原子数略有降低,并在较大的应变区间得到保持,说明纳米线局部出现重结晶现象,这与应力应变曲线上的特征类似。Rao 等[24]以两纳米铜块相互接触的方式构造了双晶

纳米线,并研究了压缩过程中的结构变化。其 HCP 和 FCC 原子数的相对变化也表现出与本节相似的趋势。

为了进一步比较孪晶界和缺陷影响下银纳米线微观结构的变化,我们对各体系在不同应变阶段的原子排布位图进行了分析,如图 9.21 所示。图 9.21(a)为单晶银纳米线。在拉伸的弹性形变阶段(应变<0.03),晶体保持完美结构。经过第一屈服点(应变≈0.03)后,位错产生于纳米线表面。表面原子由于近邻原子的缺失,受到内向的拉应力作用,因此对拉伸更敏感。体系大小不同时表面原子的占比也不同,体系越小表面效应越明显。随拉伸进行(应变=0.05),表面继续产生新的位错,已有的位错则继续移动扩散,纳米线内部也会随机产生一些小的缺陷。在应变为 0.20~0.23 时,位错扩散到固定层,发生反射,彼此叠加,形成熔融团簇。从应变区间 0.05~0.2 可以观察到出现了系列的滑移面组,组内彼此平行,与另一组相交呈约 40°。该滑移组的大量出现,与单晶体系在相同应变区间有更多的 HCP 原子数一致。滑移组的连续出现也促进了体系的能量降低,如图 9.17 所示。应变超过 0.2 后,依旧有大量的滑移面产生,并明显地在固定端聚集形成团簇,表现为宏观的应力集中。中间部分依旧不断产生的滑移促进了纳米线继续延展。两端的团簇进一步发展成为颈缩,导致最终的断裂。

缺陷纳米线的滑移面的产生与发展和单晶纳米线类似,如图 9.21(b)所示。尽管缺陷在热力学上拥有了局域的高能结构,但其作用并不显著。从图中我们看到,滑移面的产生(应变=0.04)与发展均未受到缺陷的影响。但在 0.07 和 0.18 应变的两幅图中,我们也可以观察到由缺陷诱导产生的滑移面。但相较于由表面产生的大量滑移面组,缺陷的作用还相当微弱。可见相比较高能的侧面,面积有限的局域高能缺陷对纳米线的拉伸形变机理仅起到微弱的修饰作用。但是缺陷过大,或者缺陷的密度过高,以至于接近表面的制约作用时,其影响依然可以变得显著。在两个单晶纳米线体系中,滑移面仅在端侧反射并叠加,同时产生更为无序的原子团簇,颈缩均发生在两端固定层附近,并进一步导致最终的断裂。

原子排布位图可以直观地展现孪晶界对滑移面的阻碍作用。图 9.21(c)和图9.21(d)的两个孪晶纳米线在弹性拉伸阶段结构也没有明显的变化。当应变达到 0.04 时,纳米线的侧面远离孪晶界处出现了初始的滑移面。而此时,孪晶界和缺陷对位错的产生和初始滑移面的发展均无影响,这与前文讨论的特征原子数在 0.03~0.05 应变区间的变化趋势一致。但当应变进一步增大时,滑移面延伸到孪晶界,并在此聚集,形成一定宽度的 HCP 原子区,如图 9.21(c)中应变为 0.09 的原子排布位图所示。滑移面延伸到孪晶界即被捕获吸收,仅部分发生反射,而穿越孪晶界的概率非常小。与两个单晶体系不同,孪晶纳米线中没有产生大量滑移面组耗散能量和降低应力,因此 0.05~0.2 应变区间孪晶界纳米线的平均能量略高,且无明显的能量释放。此外,微观原子排布位图也阐明了沿 z 轴的应力分布曲线中应力在孪晶界集中的特征[图 9.19(c)和图 9.19(d)]。当应变到达 0.12 处,孪晶界在影响位错发展的同时自身也遭到了一定程度的破坏,形成位错核,并加速增殖。连同已聚集的位错形成纳米线的裂隙,进而导致最终的断裂。从图 9.21(c)我们可以明显看出孪晶界对滑移面的发展在拉伸初期起到阻碍作用,但是在中后期由于位错、缺陷等高能结构的聚集,孪晶界对颈缩和断裂起到了加速作用。因此我们不难推断,孪晶纳米线的

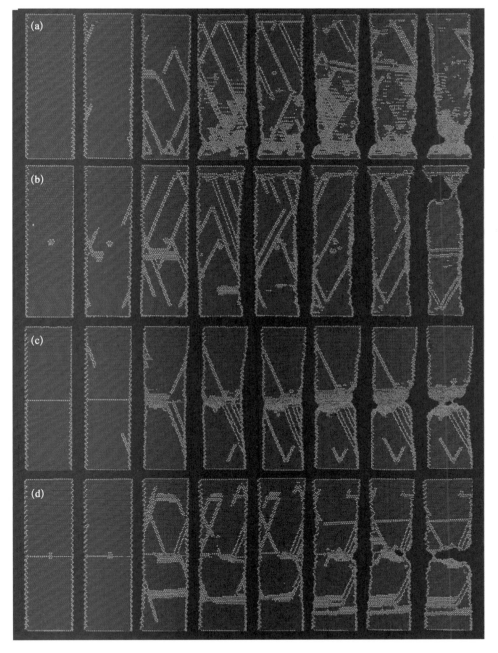

图 9.21　典型微观结构的纳米线在拉伸形变过程中的结构变化：（a）单晶纳米线，应变依次为 0.02、0.04、0.05、0.20、0.23、0.37、0.45 和 0.65；（b）缺陷单晶纳米线，应变依次为 0.02、0.04、0.07、0.18、0.20、0.30、0.34 和 0.55；（c）孪晶纳米线，应变依次为 0.02、0.04、0.09、0.10、0.12、0.17、0.26 和 0.32；（d）缺陷孪晶纳米线，应变依次为 0.02、0.04、0.06、0.11、0.15、0.20、0.22 和 0.27

断裂位置分布比单晶纳米线具有更大的确定性。在这一阶段,我们也注意到局域高能的缺陷作用并不明显,如图 9.21(d)所示。缺陷孪晶纳米线中,孪晶界的影响远超过直径为 0.2 nm 缺陷的影响。原则上,孪晶界和缺陷存在一定竞争关系,来自表面的位错向孪晶界发展,并受其阻挡;而内部缺陷会产生位错滑移并且向外传播。而随着拉伸进行到形变后期,孪晶界结构遭到破坏,孪晶界和缺陷相互作用促进了纳米线的断裂。

9.3.5　初始结构对断裂位置和断裂应变的影响

本节研究的核心问题是断裂分布特征与初始结构和初期形变的关系,其研究意义在于掌握制约材料失效的初始结构的作用机理与影响范围,从而降低材料的失效风险,延长器件寿命。对于一个纳米线体系,已经证明一次拉伸的断裂位置不可预测,但是多样本的断裂位置统计则具有分布的特征,且分布规律与拉伸速度、体系温度和拉伸晶向、晶体长度等有着紧密的联系。本节研究的体系拉伸速度设为 25.2 m/s,处于准平衡态拉伸的范围,且体系温度为 150 K,介于低温脆性与高温黏弹性之间,因而具有代表性。图 9.22 给出了四个体系断裂分布的统计直方图,每个体系共对 300 个样本进行统计,断裂位置是以给定一端的原子数与总原子数的比值($N_{given}/N_{total} \times 100\%$)来确定。模拟中也尝试改变样本数量,但少于 200 个样本难以给出较为光滑连续的直方图分布曲线,而多于 400 个样本不仅产生巨大的计算量,对分布曲线的改善作用也不明显。

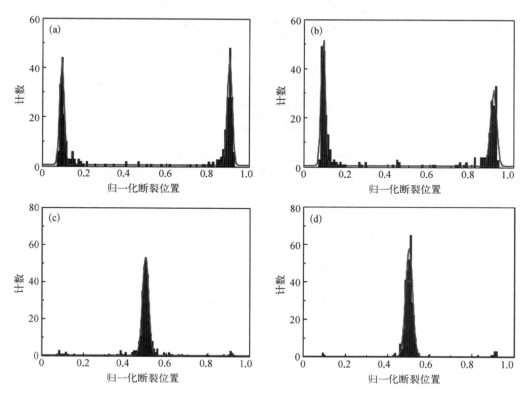

图 9.22　不同体系断裂位置统计直方图:(a)单晶纳米线;(b)缺陷
单晶纳米线;(c)孪晶纳米线;(d)缺陷孪晶纳米线

由图 9.22(a)可知,对于单晶银纳米线体系,平均的断裂位置靠近两端(0.1 和 0.9),且统计分布的直方图可以近似用高斯曲线拟合,峰值给出最可几断裂位置。从图中我们也可以看到,有数个样本的断裂位置离散分布于纳米线各处。这些离散的样本对于分析纳米材料的一般行为无疑不具有代表性,属于偶发样本。最可几断裂位置与宏观应力波的传播有关,高速拉伸产生的冲击作用引起纳米线局域的非晶化现象。持续拉伸过程中,应力波叠加形成波包,在纳米线的某处形成应力集中。单晶纳米线准平衡态对称拉伸在纳米线两端产生更大的应力梯度,导致纳米线在两端断裂。统计的断裂分布曲线也与沿 z 轴的应力分布有直接的联系。

尽管具有局域高能的缺陷并没有对上文所述的宏观性质和微观结构的变化带来显著影响,但其是否对具有大量样本的统计分布特征产生影响是一个值得关注的问题。在含 0.2 nm 缺陷银纳米线断裂位置分布直方图中,分布曲线表现出两端不对称的特征,如图 9.22(b)所示。尽管本节考察的金属纳米线从宏观上是对称的,但是 FCC 结构中原子层的堆垛结构按照 ABCABC 周期排布,从而表现了微观的不对称特征。缺陷的存在,在一定程度上放大了这种不对称性。类似的不对称断裂位置的统计分布也见于本章前两节的研究中,当应变率是 1.0% ps^{-1}、缺陷率为 0% 时,断裂分布在中间位置展现出完美的高斯分布特征,当缺陷率上升至 2% 时,断裂位置移动到两端 0.3 和 0.7 处,两处表现出不对称高斯分布的特征,并且随着缺陷率的升高不对称现象更加明显。由此可知,不对称分布来源于体系的不对称结构,增大样本数并不能改善不对称分布的特征。

图 9.22(c)和图 9.22(d)分别给出两个含孪晶界的银纳米线的断裂位置分布,均呈完美高斯分布的特征,这也与前文所述应力峰集中于孪晶界附近的现象一致。其最可几断裂位置与孪晶界位置一致。该结果表明,宏观特征的应力集中确定了断裂位置的统计分布,而初始结构特别是孪晶界直接制约了应力峰,从而决定了最终的断裂位置。

孪晶界的存在阻碍了滑移面的发展,使得纳米线没有足够的应变释放应力。因此孪晶界区域的机械冲击重叠加强,而后产生裂隙和最终的断裂。断裂位置的分布受到孪晶界这一特殊结构的制约。与单晶纳米线相比,形变机理由滑移向局域非晶化转变。孪晶界是一个结构屏障,虽然没有能量上的差异,但会阻碍滑移面的动态发展。与此对照,具有高能的 0.2 nm 的缺陷仅在形变过程中产生少量的滑移面,微弱地修饰了断裂分布特征。因此,其对纳米线拉伸过程中应力的传播无显著影响。小尺寸缺陷在纳米线拉伸形变过程中起到的作用是修饰和补充的,单晶中引入的小尺寸缺陷没有使断裂位置发生偏移,仅改变了统计峰的不对称性。而在孪晶界纳米线中,缺陷孪晶纳米线的峰高增加 9%。含缺陷的孪晶纳米线中,缺陷使得断裂分布更为集中。

断裂应变从另一个侧面展示了初始结构对材料的影响,图 9.23 给出了四个体系断裂应变的统计分布。从分布特征上看,所有体系均偏离高斯形式,所符合的分布函数尚不清楚,但曲线分布的起点对于单晶以及缺陷单晶体系在 0.3 应变量附近,而孪晶纳米线的断裂分布起点则缩短至约 0.2,说明孪晶界束缚了滑移面的传递,没有给纳米线提供足够的应变反应以释放来自拉伸的冲击。从另一角度,这也说明单晶及缺陷单晶有更好的延展性。300 个样本的统计结果表明,单晶纳米线的延展上限达到 1.4 应变量,断裂应变的分布更宽。而孪晶纳米线仅延展到 1.1,甚至缺陷孪晶纳米线的最大断裂应变量只有 0.8,断裂应变分布更集中。这进一步证明了初始的孪晶界阻碍了纳米线形变,导致其延展性变差,是断裂特征的主导因素。图 9.23 也进一步表明缺陷的影响相对微弱。尽管缺陷不能对分布的基本特征产生本质的影响,但是其修饰作用也值得关注,在单晶体系中,缺陷的存在使断裂分布更为集中,而在孪晶界纳米线体系中,缺陷的存在使最大的断裂应变由1.1 缩短到 0.8。因此,缺陷的影响更体现在统计意义上。

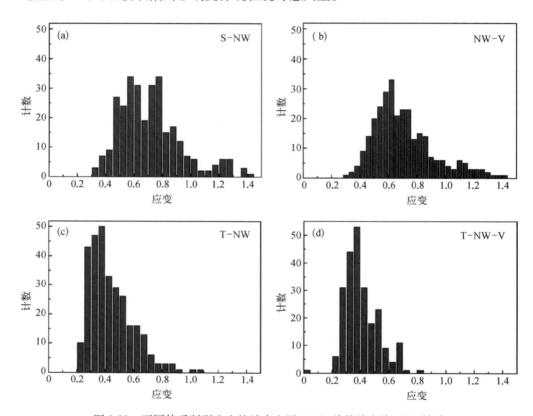

图 9.23　不同体系断裂应变统计直方图:(a) 单晶纳米线;(b) 缺陷
单晶纳米线;(c) 孪晶纳米线;(d) 缺陷孪晶纳米线

9.3.6　小结

本节利用分子动力学方法研究了不同初始结构的银纳米线沿[111]晶向拉伸的形变行为。对比研究了孪晶界和缺陷对形变的影响,揭示宏观力学、初始位错产生和移动、断裂位置分布之间的关系。由模拟结果可知,孪晶界的影响体现在滑移面演化的动态特征上,而局域高能的缺陷仅在统计分布上产生可以观察到的影响。其中,单晶纳米线表现出较好的延展性,表面原子活性高,易产生初始位错。滑移面演化发展到纳米线两端处反射和叠加形成颈缩,导致最终断裂。大量样本统计的断裂位置分布也集中在两端处。孪晶界的存在阻碍了滑移面的发展,从宏观上表现为应力集中,故缩短了塑性形变的过程,增加了纳米线的脆性。本节提出的特征初始结构纳米线的形变机理,以及具有统计特征的研究方法也为纳米器件的研究和优化建立基础。

9.4 本 章 小 结

在纳米器件中,微结构的主要作用是控制纳米材料的形态和行为,但还有更丰富的功能拓展,即功能性的微结构。在微纳机电系统中,微结构的设计与制造更是至关重要。微纳机电系统中的微结构可以决定系统的机械性能、热性能和电性能。例如,通过微纳制造技术,可以制造出具有微米级精度的微型齿轮、弹簧等微结构,从而精确调控微纳机电系统的性能。此外,微结构的稳定性对整个系统的运行起着决定性的作用。因此,在设计微纳机电系统时,需要对微结构进行精心设计和优化,以确保其具有良好的稳定性和可靠性。纳米尺度下材料的特性和行为与宏观尺度有很大差异,因此研究微结构的稳定性和可靠性具有重要的意义。这其中的稳定性和可靠性主要包含了两重含义:其一,微结构因其尺寸更小,所以表面效应、小尺寸效应以及表面高活性原子占比等更突出,因此自身结构的稳定性要变差;其二,微结构的引入导致其与本体材料在接触点的局域应力发生改变,也因此影响到本体结构材料在应力、冲击等机械作用下的结构稳定性。本章考察的几类微结构仅仅是初始微结构最简单的代表,更为复杂的初始微结构(如 8.3 节介绍的凸凹纳米线)也值得进一步研究。总之,微结构的设计需要更加接近器件化和实用化。研究的方法一定要依靠本书提出的基于大样本统计分析的方法,找到初始结构和断裂位置分布之间的相关性,同时从微观机理上理解形变和断裂失效规律,才能提升微纳器件的设计水平。

参 考 文 献

[1] Koh A S J, Lee H P. Shock-induced localized amorphization in metallic nanorods with strain-rate-dependent characteristics[J]. Nano Letters, 2006, 6(10): 2260 – 2267.

[2] Koh A S J, Lee H P. Molecular dynamics simulation of size and strain rate dependent mechanical response of FCC metallic nanowires[J]. Nanotechnology, 2006, 17(14): 3451 – 3467.

[3] Ikeda H, Qi Y, Cagin T, et al. Strain rate induced amorphization in metallic nanowires[J]. Phycical Review Letters, 1999, 82(14): 2900 – 2903.

[4] Deng C, Sansoz F. Near-ideal strength in gold nanowires achieved through microstructural design[J]. ACS Nano, 2009, 3(10): 3001 – 3008.

[5] Da Silva E Z, Novaes F D, da Silva A J R, et al. Theoretical study of the formation, evolution, and breaking of gold nanowires[J]. Physical Review B, 2004, 69(11): 115411.

[6] Strachan D R, Johnston D E, Guiton B S, et al. Real-time TEM imaging of the formation of crystalline nanoscale gaps [J]. Physical Review Letters, 2008, 100(5): 056805.

[7] Finbow G M, LyndenBell R M, McDonald I R. Atomistic simulation of the stretching of nanoscale metal wires[J]. Molecular Physics, 1997, 92(4): 705 – 714.

[8] Holian B L. Modeling shock-wave deformation via molecular-dynamics [J]. Physical Review A, 1988, 37 (7): 2562 – 2568.

[9] Holian B L, Straub G K. Molecular-dynamics of shock-waves in 3-dimensional solids — transition from nonsteady to steady waves in perfect crystals and implications for the rankine-hugoniot conditions[J]. Physical Review Letters, 1979, 43(21): 1598 – 1600.

[10] Straub G K, Holian B L, Petschek R G. Molecular-dynamics of shock-waves in one-dimensional chains. II. Thermalization[J]. Physical Review B, 1979, 19(8): 4049 – 4055.

[11] Kadau K, Germann T C, Lomdahl P S, et al. Microscopic view of structural phase transitions induced by shock waves [J]. Science, 2002, 296(5573): 1681 – 1684.

[12] Landman U, Luedtke W D, Salisbury B E, et al. Reversible manipulations of room temperature mechanical and quantum transport properties in nanowire junctions[J]. Physical Review Letters, 1996, 77(7): 1362 – 1365.

[13] Muller C J, Vanruitenbeek J M, Dejongh L J. Experimental-observation of the transition from weak link to tunnel junction [J]. Physica C: Superconductivity, 1992, 191(3 – 4): 485 – 504.

[14] Meyers M A, Aimone C T. Dynamic fracture (spalling) of metals[J]. Science, 1983, 28(1): 1 – 96.

[15] Da Silva E Z, da Silva A J R, Fazzio A, et al. Theoretical study of the formation, evolution, and breaking of gold nanowires[J]. Physical Review B, 2004, 30(1 – 2): 73 – 76.

[16] Magnus M, Mikk A, Vahur Z, et al. Structural factor in bending testing of fivefold twinned nanowires revealed by finite element analysis[J]. Physical Scripta, 2016, 91(11): 115701.

[17] Cao A J, Wei Y G. Atomistic simulations of the mechanical behavior of fivefold twinned nanowires[J]. Physical Review B, 2006, 74(21): 67 – 84.

[18] Deng C, Sansoz F. Enabling ultrahigh plastic flow and work hardening in twinned gold nanowires[J]. Nano Letters, 2009, 9(4): 1517 – 1522.

[19] Jin Z H, Gumbsch P, Albc K, et al. Interactions between non-screw lattice dislocations and coherent twin boundaries in face-centered cubic metals[J]. Acta Materialia, 2008, 56(5): 1126 – 1135.

[20] Lu L, Lu K. Metallic materials with nano-scale twins[J]. Acta Metallurgica Sinica, 2010, 46(11): 1422 – 1427.

[21] Emilio F, Diego T, Gonzalo G, et al. Mechanical properties of irradiated nanowires — A molecular dynamics study[J]. Journal of Nuclear Materials, 2015, 467(2): 677 – 682.

[22] Novelli A. Ultrahigh strength in nanocrystalline materials under shock loading[J]. Science, 2005, 309(5742): 1838 – 1841.

[23] Nirmal K M. On the low cycle fatigue failure of insulated rail joints (IRJs) [J]. Engineering Failure Analysis, 2014, 40: 58 – 74.

[24] Rao H, Shao G F, Wen Y H. Cold welding of copper nanowires with single-crystalline and twinned structures: A comparison study[J]. Physical E: Low-dimensional Systems and Nanostructures, 2016, 83: 329 – 332.

第*10*章

纳米线形变的初始缺陷
分布与断裂位置分布

10.1　样本的统计特征及演化

10.1.1　概述

　　器件的微型化是现代科技发展的重要方向之一。随着特征结构进入纳米尺度,材料失效带来的器件寿命和安全问题变得越来越突出。不同于宏观材料,纳米材料因尺寸小,故微观结构的涨落或不均匀性所产生的影响更显著。对其研究尚需基本方法和概念上的突破。对纳米材料而言,即使初始结构相同,原子热运动产生的随机性也会使材料表现出多种可能的发生事件。如获得大量样本,则可利用概率分布开展深入分析。因此,纳米材料的研究需要多样本,而后对其物理化学性质的大量数据进行统计分析,并最终得到分布特征的变化规律。显然,实验在实现这一目的中颇具挑战。其一是难以大量制备均一的样本;其二是在时间、设备和操作者技能等方面要求过高。而分子动力学模拟则具有更大的优势。该研究手段不仅可以动态追踪材料在失效过程中每步的细节,而且随着计算技术的进步,可以完成多个样本、大量数据的统计分析。因此,实验方法与模拟技术的密切结合才能完整揭示纳米尺度材料性质的统计特征。

　　纳米材料的失效与其初始结构关系复杂,有些直接相关,有些关系不明显。材料形变初期的结构特征已有大量的分子动力学模拟报道。结果展示了初始结构,包括尺寸、孪晶界、缺陷和杂质金属掺杂等对位错产生和滑移发展的影响。材料形变的最终状态即为断裂失效。为延长器件的使用寿命,降低维护成本,更需关注初始结构与最终断裂位置之间的关系。已有分子动力学模拟表明,受原子随机热运动的影响,材料形变过程中的平均原子能量、应力和位错密度等均表现出样本间分散的现象。就断裂位置而言,我们在前期工作中针对每个纳米线体系构建了 300 个不同的初始态,并在相同条件下拉伸,得到断裂位置的统计分布。后续工作则进一步研究了该分布特征与温度、拉伸速度、晶界界面、截面尺寸、长度和缺陷等之间的联系。

　　理论分析表明,断裂位置分布曲线与材料内的应力分布有关。不难理解,材料内所受应力最大处也是断裂最易发生的部位,如统计多个样本的断裂行为则可以观察到断裂位置分布与最大受力部位的对应关系。然而在实际材料中,常观察到未在应力集中处产生初始位错或缺陷。其中的某些微结构或缺陷会对材料和器件的失效产生决定作用,使用中如不加处理则会导致重大的安全事故。然而有些位错滑移或缺陷并不会直接影响到材料使用的安全性,如果提早更换该部件则要付出更多的经济成本。因此初始位错或缺陷对失效行为的统计上的影响不仅是重要的科学问题,也是器件可靠性检验、性能评估等核心的工程问题。尽管实验方法是这一问题研究的关键手段,但是实验中有限的样本数为统计分析带来困难。本节将利用分子动力学模拟获得金属纳米线的断裂分布特征,区分处于应力集中区的大概率样本和应力范围之外的偶发样本。针对偶发样本,追踪其形变过程,并以不同形变阶段作为初始态,对比考察其拉伸断裂的分布特征。重点观察偶发样本中的微观结构变化到何种程度后偶发事件可以转化为概率事件和必然事件,这一问题的回答可为材料寿命的科学评估打下理论基础。

10.1.2　模型的建立与分子动力学计算方法

本节建立了面心立方(FCC)结构的银纳米线,其尺寸为 6.544 nm×5.726 nm×22.086 nm,含约 5.7 万原子。z 轴方向为 [111] 晶向,其两端为三个晶格厚度的固定层。采用自由边界条件。建立临近列表时使用 Verlet-Cell 连锁列表法,运动方程的数值积分方案采用半步蛙跳法。原子之间的相互作用采用多体势中的镶嵌原子势(EAM)来描述。

拉伸沿 z 轴以 0.28% ps^{-1} 的形变速度向两端匀速进行。拉伸过程中,固定层原子沿 z 方向定向匀速移动,其在 $x-y$ 平面可自由移动以降低受力。其余原子则可以自由弛豫。为了研究纳米线断裂位置的统计分布,分别构建了 300 个独立的纳米线样本。每个样本弛豫不同时间,彼此间隔 20 步,即 51.2 fs,而后对其做拉伸模拟。

为研究概率分布之外的偶发样本以不同拉伸阶段为初始态的断裂分布,我们提取出该样本在不同应变阶段时的原子排布结构。以此作为初始结构,将两端固定层原子的 z 方向坐标固定,使体系中间部分的原子自由弛豫。当体系达到平衡后,依上述方法再构造 300 个独立样本,分别再做拉伸模拟。单晶和 8 个不同拉伸阶段的偶发样本共计 2 700 个。模拟过程中记录原子坐标、速度、能量、应力、配位数等信息。

10.1.3　完美单晶纳米线的拉伸断裂特征

在纳米尺度,材料某些具有宏观特征的性质呈现统计分布的特征。例如在拉伸末期单原子线的形成概率、空心纳米材料亚稳态的寿命,特别是纳米线断裂位置的统计分布。这些特征一般可以认为是与原子热运动有关。当尺度进一步增大到数百纳米以上,这种作用的平均化导致统计分布特征减弱,直至与本体材料性质趋同。在统计分布特征的研究中,我们注意到样本之间的差异,其中某些样本可以认为是在大概率特征下表现的行为。然而某些小概率特征的样本又有其独特的一面,一个有意义的问题是这些小概率样本特征如何,它们是否可以在后续的发展中向大概率样本的统计特征转化,这一问题的阐述对材料失效的理解至关重要。例如一个在应力集中部位产生结构破损的部件有极大的概率会导致器件的最终失效,所以必须予以更换。然而在一个非应力集中的部位产生了缺陷是否有必要更换,这不仅涉及安全问题,也同样关系到使用的经济性。如果缺陷会最终发展到器件的断裂失效,则需要更换;如果其发展缓慢,不影响器件的使用安全,则不必更换。图 10.1(a)给出了本节所考察的体系及其断裂的统计分布。该体系为 6.544 nm×

5.726 nm×22.086 nm,约含 5.7 万个原子。体系过小则原子涨落影响过于显著;体系过大除了带来巨大的计算量外,统计分布特征的弱化也不利于对问题的分析。

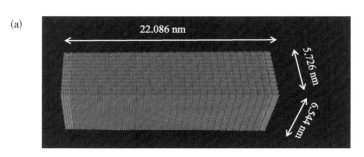

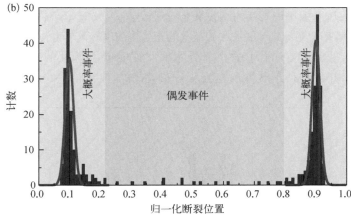

图 10.1 （a）银纳米线分子动力学模拟模型及尺寸特征;（b）拉伸断裂位置的统计分布,其中给出断裂位置的概率分布和偶发分布,以及对应的概率事件和偶发事件

图 10.1(b)给出该纳米线 300 次拉伸断裂位置的统计分布。上述体系通过弛豫不同时间构建了不同的初始态。每两个样本之间拉伸间隔为 20 步,即 51.2 fs。分子动力学模拟在该问题的研究中展示了极大的优越性,它对同一个纳米线构建了不同的初始态,而实验则无法对同一个样品开展多次重复拉伸,毕竟拉伸是一种破坏性实验,实验后无法再完美复原。图中横坐标为归一化的纳米线长度 $x(0 \leqslant x \leqslant 1)$,纵坐标为断裂的频次 $n(x)$。图中出现两个分布峰,均可以较好地利用如下高斯分布函数来拟合:

$$n(x) = \frac{N}{\sqrt{2\pi}\sigma}\exp\left[-\frac{1}{2\sigma^2}(x-P)^2\right]$$

其中,N 为该项模拟的样本数;P 为最大分布值对应的位置,即峰位;σ 为标准差。拟合得到峰位 P 分别为 0.09 和 0.90,σ 值分别为 0.037 和 0.039,每个峰的积分略小于 150。根据概率论的原理,我们对图 10.1(b)中的各种发生的事件加以定义。其中,随机变量 x 在 $[P-3\sigma, P+3\sigma]$ 区间理论上包括了 99.7% 的事件,因此可以定义其为大概率事件。随机变量 x 取值在高斯分布峰值±3σ 区间以外的事件发生的概率非常小,故为小概率事件。

然而随机变量在 0.3~0.7 也分布着少量的数据。这些数据距离两峰值远远大于 3σ，在总数为 300 个样本的统计中它们离散分布。说明这些样本并非简单的小概率事件。我们称这种随机发生、无分布特征的事件为偶发事件。这些偶发事件中以中间断裂的样本最具代表性。偶发样本研究的意义在于器件使用寿命的评估，即在材料应力集中范围之外的结构破损对失效断裂分布产生何种影响。

纳米尺度材料的物理化学性质具有分布特征。其研究方法建立在大数据样本下，利用统计学方法得到分布特征，并进一步研究其变化规律。除了最可几断裂位置外，断裂应变（即断裂时纳米线长度的变化值与原长之比）也遵循着分布特征，如图 10.2 所示。从图中可以看出，在大于 0.8 应变处开始出现样本。在 2.0 应变附近分布达到极大值，而后分布缓慢衰减并进一步延伸，超过 4.0 应变分布接近于零。该图中明显存在两个不同面积的类似正态分布，基于图 10.1(b) 的认识我们分别处理了大概率事件和偶发事件的贡献。经过拟合得到大概率事件对应低断裂应变量的正态分布峰，其峰位为 1.78，σ 为 0.54。偶发事件在 3.32 应变处形成一个小的高斯分布峰。说明偶发特征的纳米线在拉伸过程中有更大的延展性，并且这种延展性也是服从分布规律的。

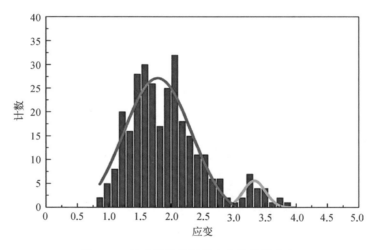

图 10.2　纳米线拉伸断裂应变的统计分布

对于概率事件，300 个样本数已足够多，因此断裂位置可以看作连续型随机变量，并遵循正态分布。但对于数量稀少的偶发样本，即使是 300 个总样本，它依然表现了离散型特征。构建更多的样本显然只有理论意义而无实践意义。因此在有限数量的样本中，我们可以明确定义概率事件和偶发事件。

10.1.4　大概率事件与偶发事件在宏观性质和微观结构的差异

除了从统计分布上加以区分大概率事件和偶发事件外，更为重要的是从具体的宏观性质，包括应力应变曲线和原子排布结构以及微观的滑移演化来对上述事件做更细致的阐述和区分。材料宏观性质中，应力应变曲线体现了材料受力与变形的关系。它直接提供了材料的微观结构和原子平均应力的信息，同时应力环境又反映了体系的局域能量。

图 10.3 给出了上述两个样本的比较,图中字母"Y"代表了屈服与应力释放区。对于在中间断裂的偶发样本,如图 10.3(a)所示,其屈服应力为 3.34 GPa,该值与大概率样本[图 10.3(b)]的屈服应力 3.17±0.07 GPa 相当,表明对于结构尚未发生变化的单晶纳米线来说,原子热运动的涨落尚未对材料的弹性形变,包括杨氏模量、屈服强度等产生显著影响。

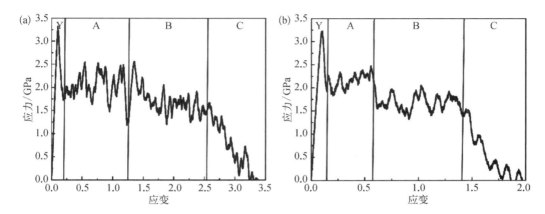

图 10.3　两个不同代表性事件的应力应变曲线：(a) 偶发样本；(b) 大概率样本。图中字母 Y、
　　　　　A、B 和 C 分别代表弹性与应力释放区、塑性形变初期、塑性形变中期、塑性形变末期

　　屈服点之后,大概率样本与偶发样本之间的应力应变行为表现了几个显著特征。首先是应力释放,对比可知大概率样本与偶发样本的应力释放幅度相差不大,约为最大应力的 45%。说明两体系内均产生系列滑移面和交滑移面,通过它们的不断发展,纳米线发生轴向伸长、径向收缩变形,以释放机械做功使体系增加的部分能量,并降低内部应力。

　　依据应力应变和结构变形的特征,以及微观的滑移演化,塑性形变的过程可以细分为塑性形变初期、中期和末期三个部分,分别以字母 A、B、C 在图中标出。塑性形变初期,两样本的应力均大幅振荡并保持在 2.0~2.2 GPa。两者相比可知,偶发样本的振荡幅度更大,意味着该过程伴随着较大程度的应力释放与结构变化；大概率样本振荡幅度较小,同时在塑性形变初期应力略有上升,说明其结构有序性较高,随拉伸材料得到微弱的强化。进入塑性形变中期,偶发样本的应力保持了与初期相当的振荡幅度,在 1.0~2.5 的应变量内波动并略有下降。而大概率样本则经二次应力释放,直接进入应力的再次保持阶段。说明此过程中发生了一个较大的结构变化。进入塑性末期,两样本表现相似,均由中期的 1.5 GPa 陡降至零,意味着在此阶段,体系中脆弱的结构部分被快速破坏,形成颈缩,直至断裂。此外,断裂应变也是区别两者的一个显著特征。对于中间断裂的偶发样本,其断裂应变明显大于大概率样本。

　　为了更为直观地展示偶发样本和大概率样本内在的结构变化,图 10.4 给出了两者在不同应变阶段的位错和滑移的演化。依据应力应变特征的分析,由两者的微观结构也可以清晰地观察到屈服区和随后塑性形变三个不同阶段的特征。图 10.4(a)给出了偶发样本在不同拉伸阶段的原子排布位图的变化。在弹性形变阶段,晶体保持完美结构,样本之间无差异。屈服点附近,偶发样本内观察到较多的离散原子,该离散的局域非晶原子配位数低,能量高,从而具有更高的活性。它可以作为位错源产生位错滑移,并促其发展,提升延展性。在这一阶段观察到数个产生于纳米线棱上的滑移面和交滑移面。这些微观结构对纳米线的塑性形变有重要影响。进入应力释放区,偶发样本的滑移面进一步发展,相交,阻挡,并彼此穿透,同时产生大量的次生滑移面。此时晶体结构的完整性有较大的破坏,高能的低配位数原子的占比增加。进入塑性形变初期,滑移面数量开始减少。由于在前面的应力释放阶段,滑移面互相穿透形成较多的非晶原子团簇,体系的黏弹性变得显著,加剧了体系的均匀形变特征。由于滑移面彼此相互穿透,体系表现出更大的应力波动幅度。进入塑性形变中期,纳米线均匀变细。其中依旧包含较大量的非晶原子团簇和小面积的滑移面。由于纳米线截面变细,另有大量的非晶原子团簇,应力随拉伸振荡降低。在塑性形变末期,颈缩形成并进一步发展,致使应力迅速降低,并最终断裂。

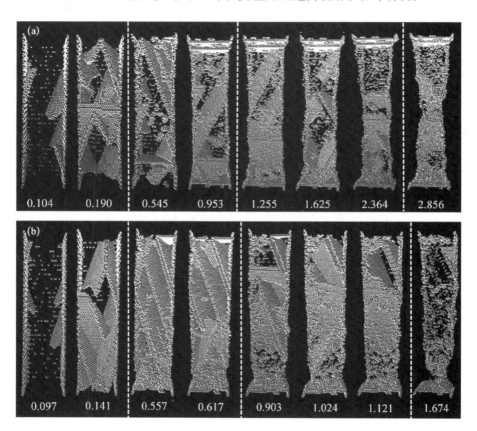

图 10.4　不同样品的微观原子排布图:(a)偶发样本;(b)大概率样本。三条
虚线所隔开的区域分别对应了应力应变曲线中的 Y、A、B 和 C 区域

　　大概率样本在滑移面的数量与演化进程、非晶原子团簇的数量和结晶程度等方面与偶发样本存在显著的差异,如图 10.4(b)所示。在屈服点处两样本表现总体相同,但大概率样本的离散原子略少。在应力释放阶段,大概率样本中较少发现有垂直于拉伸方向的滑移面。图中观察到有滑移面交错穿透,但未形成大比例的非晶原子团簇。而进入塑性形变初期,滑移面进一步发展,有较多彼此穿透现象,但结晶较偶发样本好。滑移面在固定层有较强的反射,又与原滑移面相遇。两者相互阻挡,并随拉伸彼此穿透,近固定层处

已有较明显的非晶团簇和颈缩发生。进入塑性形变中期,除靠近一侧固定层处有明显的非晶团簇结构,其他部分的结晶依然保持较好,同时多组滑移面、交滑移面和次生滑移面继续发展。而到了塑性形变末期,体系滑移不再占形变的主导因素。部分滑移面消失,其退化而成的非晶原子团簇在纳米线中弥散,颈缩明显,并最终导致断裂。偶发样本从其微观结构位图上可以看出与大概率样本明显不同,但偶发样本不同的演化阶段是否还带有概率样本所表现的统计规律是下文关注的焦点。这一问题的回答有助于理解偶发事件向概率事件和必然事件的转化规律,为理解材料中非应力集中区缺陷的发展是否会对器件的安全性产生实质影响打下基础。这一点还需要进一步强调,对于一个遵循统计分布的失效性质,可以通过结构设计减少或避免失效。但对于作为特例的偶发样本,是予以忽略,还是明确其在演化过程中如何由偶发样本转化为概率样本则是研究方法论的问题。

10.1.5　偶发样本以不同拉伸阶段为初始结构的统计分布规律

对于大概率样本,可以从宏观的应力波的传播给予定性描述,因此原则上可以通过应力波传播时波包的叠加来预测最可几断裂位置。但是对于偶发样本的行为需要特别关注。例如当器件的某个非应力集中部位出现了初始的结构破损,是否会导致材料或器件的最终断裂失效。换言之就是该偶发样本发育到何种状态可以由偶发事件变成概率事件,而概率事件原则上是可以预测的,因此也就为延长材料或器件使用寿命提供了解决方案。因此系统研究偶发事件的不同形变阶段的未来发展概率可以清晰地指明偶发事件在何种条件下可以转变成概率事件。实验方法在该问题的研究中确实难以有所作为,因为实验中无法制备出均匀一致的多个样本。即使某个样本被发现是具有偶发性质的特征,实验一旦完成,这个样本也无法再回到实验中途的某个时刻。此外,此种大数据量的工作,也会对实验开支带来巨大的负担,所幸理论模拟为解决此类问题提供了便捷、经济的途径。

为了追踪在纳米线中间断裂的偶发样本的断裂位置分布的演化,我们提取该样本在不同应变阶段的原子坐标,对应的应变分别为 0.104、0.190、0.545、0.953、1.255、1.625、2.364 和 2.856,分别对应于屈服阶段以及塑性形变的初期、中期和末期。以给定应变的原子排布作为初始结构,再构造 300 个样本,每个样本依次间隔 20 步,即 51.2 fs,在这段短暂的时间内由分子热运动的随机性产生了独立不同的初始状态,但原子排布结构尚未发生明显变化。而后统计分析 8 个已发生一定形变的初始态,共计 2 400 个样本,结果如图10.5 所示。当偶发样本拉伸到屈服点附近时[图 10.5(a)和图 10.5(b)],其内部产生了多处位错和滑移面[参见图 10.4(a)]。相对原始的单晶纳米线来说,此时的状态已经不再完美。尽管如此,以此结构作为初始态开展 300 个样本的分子动力学模拟,结果表明,偶发样本仍具有偶发事件特征。其断裂位置的概率分布依然与单晶相同,即断裂发生在纳米线两端,尽管图 10.5(a)表现了明显的不对称性,但两端断裂为概率事件。由原本中间断裂的偶发样本复制出的 300 个样本中,中间断裂的仍为偶发样本。对比图 10.5(a)和图10.5(b)与图 10.1(b)可以说明,偶发样本在形变初期产生的位错、滑移面等微观结构对纳米线的最终失效断裂的统计分布没有影响。亦即,偶发事件在发展到屈服区时依然是偶发事件,不会成为概率事件。偶发样本拉伸进入塑性形变初期[图 10.5(c)和图

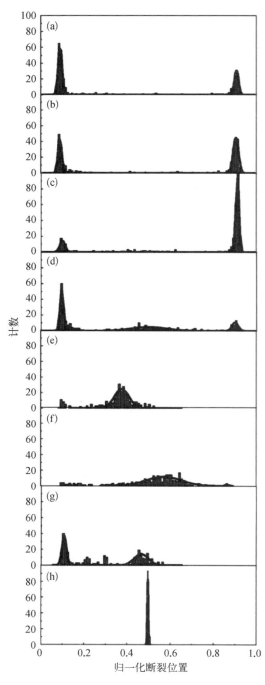

图 10.5　偶发样本以不同拉伸阶段为
初始结构的断裂位置分布

10.5(d)],从其原子排布位图中可以清楚观察到,大量的滑移面持续由纳米线的侧棱处形成并向其对侧发展。此外也发现一些由非晶原子聚集所形成的团簇。此时体系已经远离初始的单晶结构。尽管比较来看,如图 10.5(d) 所示,偶发样本在中间断裂的概率远没有两端断裂的概率大,但其高斯函数的分布特征已经可以明显地表现出来。其断裂位置为 0.50,σ 为 0.08,$\pm 3\sigma$ 所涵盖的归一化长度区间为 [0.259, 0.745]。有意义的是,即使在这种结构条件下,其最终断裂位置的主体分布依然处于纳米线两端。说明在此种结构下,偶发样本依然可归属于偶发事件,而大概率事件的分布依然处于纳米线的两端。这一结果意味着在纳米材料或器件的研究中,对于非应力集中区域产生的结构破损,如果尚处于塑性形变的早期,则不会对纳米线或器件的最终断裂位置产生本质的影响。这一结果对于合理预估纳米器件使用寿命无疑具有极为重要的指导意义。

当偶发样本拉伸进入塑性形变的中期 [图 10.5(e)～(g)],在中间位置表现出了显著的统计分布特征,偶发事件逐渐变成概率事件。从其结构位图也可以看出滑移面不断增长并发生湮灭。这一过程中非晶的原子团簇也可以发育出次生滑移面,而原滑移面也能裂变分割成为局域的非晶原子团簇。这些结构的发育,对断裂分布产生了显著的影响,并促使偶发样本由偶发事件变成概率事件。有趣的是,虽然在此时期偶发样本已经由偶发事件转变成概率事件,但其概率分布特征具有较大的波动性,例如初始应变为 1.255 时,统计分布的峰值为 0.38[图10.5(e)];初始应变为 1.625 时,峰值为 0.57[图10.5(f)];初始应变为 2.634 时,峰值又变为 0.47[图 10.5(g)]。并且积分面积也有波动,例如在初始应变为 1.255 时,$-3\sigma～3\sigma$ 之间的积分面积为 77%;在初始应变为 1.625 时,积分面积保持在 84%;而原偶发样本进一步拉伸至 2.634 应变时,积分面积反而陡降到 40%。可见即便偶发事件变成概率事件,但概率分布特征仍有较大波动性。这与偶发样本形变中的随机特征有关。偶发样本在塑性形变的中期,随机性已得到放大,而以其为初始态的二次拉伸则将随机性也做了二次放大。因此观察到峰位、积分面积以及半峰宽等的波动。当偶发样本进一步拉伸至塑性形变的末期[图

10.5(h)],可以观察到纳米线形成明显的颈缩。其中所包含的滑移面比塑性形变的中期有显著的减少。但非晶原子团簇对纳米线的形变起到了很好的促进作用,极大地增强了材料塑性。这也有助于最终在纳米线中间断裂,从而使偶发样本在此阶段的发展演化由概率事件转向确定性事件。尽管在这一阶段的断裂分布特征仍可以用高斯函数拟合,其峰位(0.50)也与偶发事件(0.51)一致,但其分布的半峰宽仅为0.01,显著小于塑性形变中期的分布峰宽。

　　与断裂位置的统计分析类似,断裂时纳米线的最大应变量(即断裂应变)也表现出明确的分布特征,并与纳米线拉伸机理一致。图 10.6 给出了偶发样本在不同的拉伸时刻作为初始结构的拉伸断裂应变的统计分布。依据前文的分析原则,样本分为屈服阶段以及塑性形变初期、中期和末期四组。屈服阶段的偶发样本中,结构变形轻微,仅产生数个最初发育的滑移面。以此为初始结构的 300 组样本的断裂应变分布与单晶相似。图 10.6(a) 和图 10.6(b) 中,断裂应变分布峰值分别为 1.69 和 1.78,σ 为 0.40 和 0.41。塑性形变初期的两个样本的统计表明,其基本特征与单晶纳米线相似。但随着拉伸进行,断裂应变统计峰略有右移,纳米线表现了略好的延展性。但从图 10.6(a)~(c) 中并没有观察到明显的偶发事件的断裂应变统计峰,这一点与单晶纳米线略有差异。3.2~4.5 应变区间散布着偶发样本的断裂应变分布,但尚未形成如图 10.2 右侧 3.47 应变处的偶发样本的统计峰。图 10.6(d) 呈现了偶发事件逐渐变成概率事件的过渡状态。偶发样本断裂应变的统计峰变得清晰,而同时概率

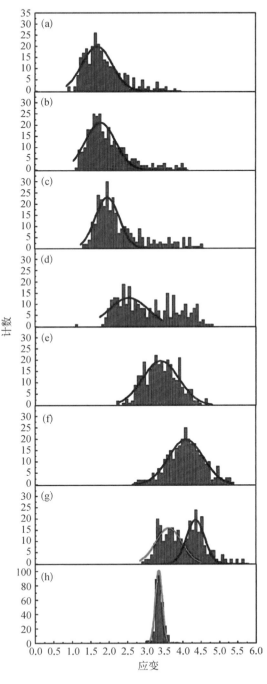

图 10.6　偶发样本以不同拉伸阶段为初始结构的断裂应变分布

样本统计分布峰向大断裂应变方向移动,使两者发生部分重叠。这一结果预示着偶发事件在此阶段逐渐变成概率事件,亦如前文图 10.5(d)的相关讨论。此外,概率事件的统计峰不断向大断裂应变移动而不是简单的降低,表明概率事件本身也因为初始结构的差异而表现了不同的统计特征。当初始拉伸进入塑性形变中期,在初始应变为 1.255 和 1.625 时,由于概率分布峰向右移导致早期的概率峰与偶发事件转化的概率峰完全重叠,形成一个较宽的分布。该峰随着初始构型的应变量增加而进一步向大的断裂应变方向移动。在塑性形变中期与晚期交接处,又重新出现了两个分布峰,如图 10.6(g)所示。右侧分布峰来自不断右移的原概率峰,而左侧的分布峰则对应于原偶发事件由塑性形变中期的概率事件再到此刻的确定性事件的转变。

当偶发事件的初始构型进入塑性形变末期,如图 10.6(h)所示,偶发事件完全由前面的概率事件转变为确定性事件。原概率分布峰完全消失,此刻的分布峰虽然也可以用高斯分布函数拟合。但其半峰宽 σ 值(0.09)远小于其他统计分布的 σ 值。因此我们将此事件归结于必然事件。

10.1.6　小结

纳米材料的断裂失效问题直接涉及器件寿命和所带来的安全问题。一个大概率事件的断裂机理常常与宏观的应力分布相关。基于传统的方法(如有限元)可以分析其可能的断裂位置。然而对于概率分布以外的偶发事件的演化规律,目前尚未有清晰的认识。本节基于分子动力学模拟追踪了一个特定的偶发事件在拉伸形变不同时刻的"潜在"的断裂分布特征。以屈服区纳米线为初始结构,尽管体系已产生系列的滑移面,但断裂位置和断裂应变分布与单晶相同。以塑性形变初期为初始结构,纳米线塑性特征变得明显。虽总体分布特征与单晶相似,但断裂分布峰向更大的断裂应变方向移动。以塑性形变中期为初始结构,此时体系内存在大量滑移面,其产生与消失处于一个动态平衡之中。原偶发样本的断裂位置附近出现分布,意味着在这一阶段,偶发事件已经变成了概率事件。以塑性形变末期的纳米线为初始结构,原概率分布消失。原偶发样本断裂位置处出现了一个半峰宽极窄的断裂分布,说明此时该样本已成为必然事件。虽然不同材料或不同结构的偶发样本的演化途径会有所不同,但本节所提出的研究方法为器件寿命评估提供了有益借鉴。

在纳米尺度,我们尚不知还有哪些物理的和化学的性质具有类似的统计分布特征,这种分布与其他分布之间的关系,以及他们之间的演化,但可以明确地讲,这类研究打开了物理学和化学研究的一个新方向,特别是对于过程中的某些细节的统计研究。这些是传统物理学和化学所未见的,这也只能依靠现代的快速表征技术的进步,以及大样本、大数据分析处理能力的进步。

10.2　初始滑移位置的统计分布与断裂分布关系

10.2.1　概述

考虑到纳米器件使用过程中的可靠性及安全性等因素,金属纳米线的断裂失效机理一直广受关注,过去的研究主要探究了不同初始结构对断裂失效的影响。然而,对于塑性形变早期随机产生的初始滑移这类微观结构缺陷,是否对断裂位置存在影响还值得进一步研究。

对于金属纳米线而言,确定初始微观结构缺陷与断裂位置之间的相关性关系到金属纳米材料的性能、可靠性及使用寿命。本节基于统计物理化学的概念,注重过程中的某一关键步骤的统计。采用我们提出的初始滑移位置的分析方法,统计大量的样本,不仅考察初始滑移位置的统计分布特征,而且讨论其与断裂位置分布之间的关系。此外,还采用初始滑移检测方法分析形变的微观结构,并系统分析应力-应变等性质。本节的研究方法为进一步的全过程、全细节的统计分析研究建立方法上的基础。

10.2.2　模型的建立与分子动力学计算方法

本节构建了面心立方(FCC)结构的沿[111]晶向的单晶铜纳米线,其尺寸为 6.25 nm×5.23 nm×19.17 nm,单个样本包含约 53 000 个原子。在纳米线两端,各设置了四个原子层的"固定层",其沿轴向对纳米线施加拉伸载荷,固定层原子在拉伸方向上固定,但在垂直拉伸方向的平面内可以自由运动。在拉伸之前,各纳米线样本自由弛豫不少于 5 000 步,使体系达到平衡状态,不受初始设定条件影响。

嵌入原子势包含了嵌入势和对势两部分。在描述 FCC 结构的金属纳米材料中,它的可靠性已经被广泛地验证。采用 Johnson 解析的铜的 EAM 参数描述原子间的相互作用。

为高效计算纳米材料中各原子与其相邻原子之间的相互作用,基于 Cell link 和 Verlet 链表构建邻域链表。因纳米材料的物理和机械性质受表面效应及纳米尺寸效应的影响,因此在单晶铜纳米线的拉伸模拟中使用自由边界条件,可以更真实地模拟纳米材料在实际应用场景下的工作情况。模拟结果也有助于我们对纳米材料机械力学特性的理解。MD 步长为 2.5 fs,以 0.1% ps^{-1} 的应变速率沿轴向向两端匀速拉伸,对应的绝对速度为 19.1 m/s。采用半步蛙跳算法求解运动方程。设定模拟温度为 10 K。由于单个样本的断裂具有随机性,只有通过多样本的统计分析才可以考察纳米线的断裂规律。因此,本节对每个条件均建立 300 个独立的纳米线样本。具体方法是在纳米线的弛豫阶段,每两个样本之间依次增加 50 步,使得各样本的初始原子排布结构相同,但体系内原子的热运动方向和速度不同,保证了样本之间的独立性和随机性。

10.2.3　断裂位置的统计分析

统计分布的特征反映了一个物理量的变化规律。理解断裂位置存在的统计变化规律有助于进一步了解初始滑移位置与断裂位置之间的相关性。

为观察单晶铜纳米线的断裂特征,在拉伸模拟中,我们记录了各样本的断裂点。其中,断裂的判断条件为:若样本沿 z 轴向出现两个连续的截面,其间无原子,则可认定该样本已经断裂。记录此时的断裂位置,随后停止拉伸模拟。采用 ANR(atom number ratio)确定断裂位置 BP(breaking position),如下式所示:

$$BP = \frac{N_{bottom}}{N_{total}}$$

式中，N_{bottom}表示断裂后沿z轴底部的原子数目；N_{total}为纳米线中包含的原子总数。300 个样本的归一化断裂位置的最终统计结果如图 10.7 所示。采用高斯函数拟合图 10.7 两端的分布，拟合峰值分别为 0.09 和 0.91，标准偏差分别为 0.018 和 0.014，两端峰值的位置代表着最可几断裂位置（MPBP）。观察两端的统计峰，峰值较高，峰的宽度较窄，这与我们第 5 章的一些研究结果较为相似，断裂位置主要集中在纳米线的两端（0.1 和 0.9）。这是因为在较高应变速率下，对称拉伸产生的冲击强度较大，而这些较强的冲击在纳米线两端难以向中间传播，两端的局部因此受力不均，导致两端易出现局域熔融，增加了纳米线两端断裂的可能性。第 5 章与第 9 章的研究表明，当纳米线拉伸的应变速率为 0.13% ps^{-1}时，纳米线也存在类似的非对称断裂的趋势。这是由于 FCC 结构中原子层的堆积是按照…ABCABC…这种周期性的结构排列的，因此，图 10.7 中断裂位置分布的两端也存在一定的不对称性。

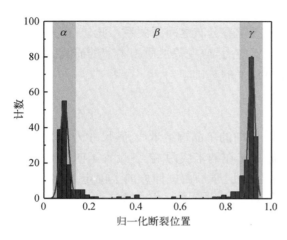

图 10.7　在低温 10 K 时 300 个纳米线断裂位置的统计分布图

根据统计学的经验规律，在高斯分布中，理论上有 99.7% 的概率使得随机事件发生在平均值的正负三个标准差的范围内。这也就意味着在图 10.7 中的 [0.036, 0.144] 和 [0.868, 0.952] 范围内的断裂具有统计意义，在图中将这两个区间分别标注为 α 和 γ 区域，在断裂的随机性实验中，呈现了最可能的断裂位置。其他区域（β）的样本我们则称之为偶发样本。下文将详细分析不同断裂区间的纳米线样本的特征，并探究其与初始滑移的联系。

10.2.4　大概率事件与偶发事件在宏观性质和微观结构的差异

在纳米线的拉伸过程中，形变机制包括了各种形态的位错滑移，这些滑移的进一步发展和交错形成了非晶的原子簇，最终导致纳米线的颈缩和断裂失效。形变机制的研究对于理解断裂行为至关重要。为了更深入地理解图 10.7 的断裂分布特征，我们选取了四个代表性样本对其形变过程进行了分析。四个纳米线的样本分别选自图中不同的概率区间，其中样本 A 选自 α 区域，样本 B 和样本 C 选自 β 区域，样本 D 选自 γ 区域。图 10.8 展示了以上四个纳米线样本在拉伸过程中的微观结构细节。采用基于图像识别的算法，检测其初始滑移的位置。在分析过程中，归一化各纳米线的轴向长度，即纳米线底部为 0，顶部为 1，以便统计分析初始滑移的位置。

当我们细致观察图 10.8 中样本 A 的形变过程，可以看到在应变为 0.05 时，在纳米线 0.37 及 0.54 处分别产生了初始滑移。当应变为 0.08 时，初始滑移已经发展到纳米线的另一侧。同时，在纳米线的底部新产生了几个倾斜向下的滑移。持续的塑性形变迫使部分滑移交错，反射发展。经历塑性形变初期，大多数的滑移面交错形成了局域的熔融原子团

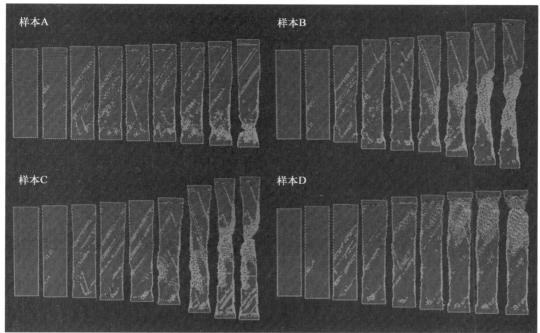

图 10.8　4 个纳米线样本在拉伸过程中的微观结构变化。样本 A 的应变依次为 0、0.05、0.08、0.12、
0.16、0.20、0.24、0.30 和 0.43；样本 B 的应变依次为 0、0.05、0.09、0.13、0.30、0.37、0.46、
0.62 和 0.95；样本 C 的应变依次为 0、0.05、0.09、0.13、0.20、0.29、0.62、1.00 和 1.12；样本
D 的应变依次为 0、0.05、0.09、0.20、0.30、0.39、0.46、0.49 和 0.56

簇。特别是在 0.12 处，多个熔融团簇聚集，形成颈缩区域，并导致了最终的断裂。样本 B
的形变机制与样本 A 在初始滑移的产生较为相似，但是后续的发展显著不同。观察样本
B，应变为 0.05 时，在纳米线的 0.13 和 0.35 处分别产生了初始滑移，并随后发展到纳米线
的对侧。在 0.30~0.37 的应变范围内，纳米线中产生了一个向下倾斜的滑移，并发展到纳
米线另一侧的中间部位。同时在纳米线的下部表面产生了大量的由表面促进的局域熔融
的原子团簇，并迅速发展连成片。样本 B 在受到持续的拉伸的作用，其中间部分出现了大
片熔融的团簇，极大地增加了拉伸过程中的可塑性，使其具有较高的延展能力。熔融区强
度低，在持续的拉伸作用下最终导致样本 B 在纳米线的 0.41 处断裂。通过上述比较分析
发现，即使样本 A 和样本 B 的初始滑移的产生和发展相似，但后期演化的不同导致了最
终的断裂位置不同，表明断裂位置是受塑性形变中期滑移演变的影响，特别是滑移交错产
生的熔融原子团簇的大小和位置。

　　样本 C 的形变行为与样本 B 极为相似。尽管在塑性形变的早期，这几个样品均表现
了很大的相似性，但是到了塑性形变的中后期，差异逐渐突显出来。例如样本 C 在 0.2 应
变处，纳米线前 1/3 已经发生了明显的收缩。侧面的边缘出现了一个小的非晶原子团簇，
之后不断发展扩散，在纳米线的中下部形成大范围的非晶区域，这一结构增加了纳米线的
塑性形变能力，这一点与样本 B 极为相似。进一步，这一片非晶区域在拉伸作用下向纳米
线的中间移动。对于塑性能力强的纳米线，断裂更容易发生在纳米线的中部，同时也具有

了更大的断裂应变。

样本 D 与样本 A 在形变断裂的机理上是一致的,尽管两者的断裂位置一个在纳米线的顶端,另一个在底端。从结构图上可以看出两者的形变都是由滑移主导,直至塑性形变的中期。持续产生的滑移面维系着形变的进行。在塑性形变的后期,滑移面在两端短时间内形成的大量反射交错,产生成片的熔融原子团簇,并导致了快速的颈缩、断裂。从两个样本的断口来看,两者均表现了一定的脆性断裂特征,两者的断裂应变也因此较小,可见形变机理不仅决定着断裂位置,也决定着断裂应变。

10.2.5   初始滑移位置的统计分析

考虑到样本的差异性,我们提出基于统计物理化学概念来考察初始缺陷位置对断裂分布的影响。这一点与统计物理还是有本质的不同。传统的统计物理或统计热力学,因其无法了解粒子的中间过程,故仅对初态和终态进行统计。但物理化学研究的是过程,是导致特定结果的过程变化。过程细节的统计要基于充足的样本数,数量过多会导致各种成本的上升,数量过少又使统计结果不完全。除此之外,全过程与全细节的统计还要关注统计量之间的逻辑联系,是相关还是不相关,是因果关系还是仅体现在统计意义上的联系。为此,我们统计了 300 个样本的初始滑移的位置,其确定的方法见 2.2 节,以研究初始滑移和断裂位置之间的相关性。统计结果如图 10.9 所示,图中横坐标为归一化的纳米线长度。观察该图可发现,初始滑移位置的统计分布与断裂分布较为相似,在纳米线的两端均存在两个较窄的统计峰。然而不同的是,在初始滑移位置分布中存在一个从 0.1 至 0.9 较大跨度的分布。我们使用正态分布拟合了两端的统计峰及中间的分布,由左至右拟合峰值分别在 0.05、0.51 及 0.95,对应图中的实线。

图 10.9 中点线为图 10.7 中的断裂位置分布的拟合曲线,比较两者可知,断裂位置分布的统计峰比滑移面的位置向中间偏移了大约 0.04。在观察图 10.8 中原子排布结构时发现,在样本 A 和样本 D 两个样本中部产生的滑移向两端延展,而在两端产生的滑移反而向中间部分延展,这些因素促使断裂位置分布的统计峰向中间偏移。以上分析表明初始滑移分布和断裂位置分布之间存在某种联系,但断裂分布是否受到初始滑移分布的直接影响,需进一步探讨。本章将会通过系统地改变体系温度、拉伸速度和体系的尺寸,观察不同条件下上述统计特征的变化,确定这两个分布之间的关系。

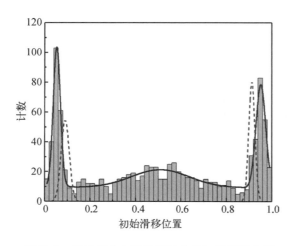

图 10.9   基于 300 个纳米线样本的初始滑移位置统计分布。初始滑移面位置的计算参见 2.2 节。实线为正态分布拟合曲线,点线为断裂位置分布

从统计分布的角度来看,断裂分布和初始滑移位置分布的特征是相似的。然而,在实际应用中更有意义的是了解初始滑移分布对断裂位置分布的影响。了解它

们的内在联系,不仅可以在器件产生少量缺陷时就及时地修复它们,还可以改进纳米器件的设计原则,从设计源头就对缺陷结构集中产生的部位做结构加强,进而延长使用寿命。因此,我们对断裂在不同区域内的样本的初始滑移位置进行统计分析,并观察其中的联系。

我们分别对图 10.7 中 α 和 γ 区域内断裂的纳米线样本统计了初始滑移位置,如图 10.10(a)和(b)所示。这两个分布的总体特征与图 10.9 一致,分别呈现了三个不同的正态分布。在 10 K 的低温下,纳米线脆性显著,导致靠近两端的区域出现较多的初始滑移。在图 10.10(a)中,中间的分布峰位在 0.56,其半峰宽超过 0.4。与图 10.9 相比,峰位向右偏移了 0.05。结合图 10.8 中的微观结构变化可知,右侧产生的滑移倾向于向左侧发展。因此,断裂位置在 α 区域的那些样本的初始滑移位置略向右偏。在图 10.10(b)中,中间部分的峰位在 0.47,与图 10.9 相比向左移了 0.05。同样,在中部偏左产生的滑移向右侧发展,使得断裂形成在 γ 区域。以上分析表明,断裂位置的分布随着初始滑移位置的分布而发生细微的变化。可见,纳米材料的诸多性质通常需要在统计分布中展示,个例的性质与统计的性质可能有较大的不同。本节所统计的初始滑移位置遵循特征的分布规律,不同的特征对应着不同的断裂区域。因此,基于统计分布,初始滑移和最终的断裂位置存在一定的统计相关性。然而,这是否表明纳米线集中在两端断裂是直接受初始滑移集中在两端的影响,还需进一步观察不同条件下分布特征的变化。

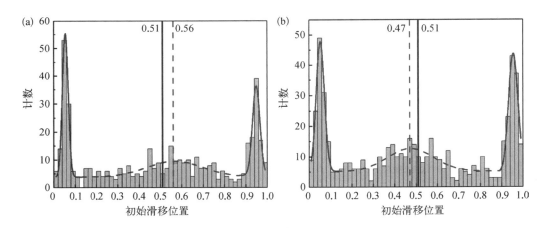

图 10.10　在不同区域断裂的纳米线样本的初始滑移位置的统计分布:(a) α 区域断裂,即纳米线断裂在[0.036, 0.144]范围内;(b) γ 区域断裂,即纳米线断裂在[0.868, 0.952]范围内

10.2.6　初始滑移位置分布对温度的依赖性

低温环境下金属纳米材料的使用,如低温可穿戴应变传感器,促进了对低温金属纳米材料学的研究。本节进一步模拟了 20 K、50 K、100 K、150 K、200 和 300 K 共 6 个温度,每个温度分别模拟 300 个独立的样本。样本的制备是在自由弛豫阶段,相邻样本间依次增加 50 步,从而保证彼此结构相同,但原子热运动的方向和大小不同。统计每个温度下各样本的初始滑移位置,结果汇总于图 10.11 中。其中,初始滑移的位置采用归一化处

理,每个温度体系中的初始滑移统计数量 N_{slips} 与其总的样本数量 N_{samples} 的比值定义为滑移的产率 φ,即

$$\varphi = \frac{N_{\text{slips}}}{N_{\text{samples}}}$$

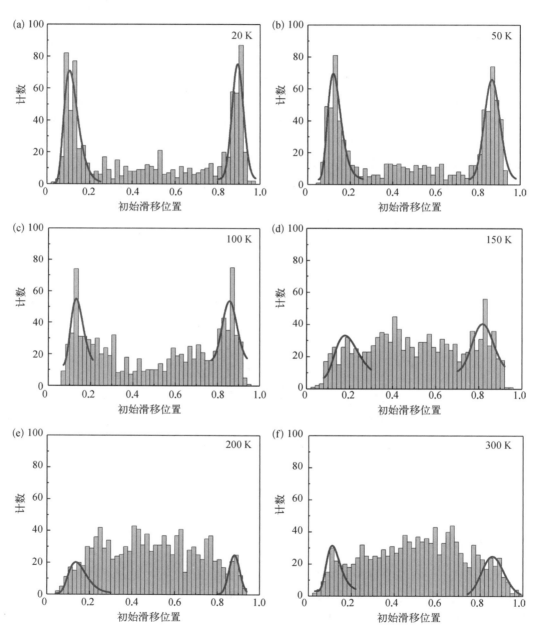

图 10.11   不同温度下 300 个纳米线样本的初始滑移位置统计分布:(a)20 K;
(b)50 K;(c)100 K;(d)150 K;(e)200 K;(f)300 K

在模拟的 6 个温度体系下,滑移产率 φ 分别为 2.77、2.80、3.36、3.87、3.85 和 3.92,说明在该温度范围内,初始滑移的总数量远比样本总数多,且为样本总数的 2~4 倍。在 20~150 K 的温度范围内,产率 φ 随着温度的升高而增加,但在 150~300 K 温度范围内,φ 变化不大,基本稳定在 3.88 附近。进一步观察图 10.11(a) 和图 10.11(b) 可以发现,在 20 K 和 50 K 的温度下,分布的两端形成了较高的分布峰,略呈偏态分布。相比之下,0.2~0.8 间隔内产生的初始滑移并没有形成统计峰,而是遵循均匀分布。这表明,当温度小于 50 K 时,纳米线中的初始滑移依然倾向在两端形成。但当温度进一步上升到 100 K 时,从图 10.11(c) 可以看出,两端的分布峰降低明显,而中间部分的均匀分布逐渐增大。特别是当温度升至 150 K 时,如图 10.11(d) 所示,左端的分布峰几乎消失,且右端的分布峰也显著降低,峰高接近中间的均匀分布。在更高的 200 K 和 300 K,如图 10.11(e) 和图 10.11(f),初始滑移的位置则平均分布在纳米线上,而不再集中到两端。进一步将两端的平均峰值 $\text{Counts}_{\text{ends}}$ 和对应的 0.2~0.8 区间的平均统计值 $\text{Counts}_{\text{center}}$ 的比率定义为 θ,即

$$\theta = \frac{\text{Counts}_{\text{ends}}}{\text{Counts}_{\text{center}}}$$

可以得出 θ 分别为 8.14、7.56、3.15、1.34、0.74 和 0.94。在 200~300 K,θ 小于 1,表明在高温下两端所产生的初始滑移受到了极大的抑制,这也进一步说明了分布在两端的统计峰受温度的影响更大,而非受到两端固定端的影响。初始位错滑移的产生需要原子克服滑移势垒,因此原子热运动的能力对产生初始滑移至关重要。这也是初始滑移分布受温度影响的原因。为进一步了解温度的影响,下文将对机械性质展开进一步的分析。

各纳米线体系中沿着 z 轴拉伸方向的平均应力采用位力公式计算。拉伸过程中的应变 ε 和应变速率 $\dot{\varepsilon}$ 的计算公式如下:

$$\varepsilon = (l - l_0)/(l_0)$$

$$\dot{\varepsilon} = \text{d}\varepsilon/\text{d}t$$

式中,l 为纳米线拉伸过程中其沿 z 轴向的实际长度;l_0 为自由弛豫后的长度。拉伸过程中,计算原子的中心对称参数(CSP)值,进一步统计不同原子类型的数量变化。此外,在研究材料的温度依赖性时,还将采用径向分布函数(radial distribution function,RDF)分析晶体结构变化。

图 10.12(a) 展示了 6 个不同温度下代表性纳米线样本的应力应变曲线。当应力增加到最大值时,体系到达屈服点。屈服应力受温度的影响很大,在这几个样本中,可以明显观察到随温度的升高,屈服点降低。这也与我们的常识理解一致,即温度越高材料强度越低。一般来说,屈服点之前的形变被称为弹性形变,在图 10.12(a) 中被标记为区域 E(elastic)。图 10.12(b) 给出了屈服点附近的细节,图中也标志了在各温度下 300 个样本的平均屈服应力、应变及标准差。虽然存在一定的波动,但随温度的变化趋势一致,即随温度上升,平均屈服应力下降,表明了金属材料的机械强度有所下降。在屈服点处,初始滑移已经充分发展,促进了应力在塑性形变初期的迅速释放。不同的塑性形变阶段对应着不同的形变方式。在应力应变曲线中,塑性形变可分为三个区域,即应力释放区(stress release region,R)、高应力波动区(high-stress fluctuation region,HS)和低应力波动区(low-stress fluctuation region,

LS),分别在图中标注。在 R 区,不同温度的样本应力释放行为差异不大。甚至在 HS 区,全部样本基本保持在 2.0 GPa,也表现了极大的一致性。但是在 LS 区,样本间差异明显。低温时,应力从 HS 区向 LS 区下降的速度更快,LS 区更短,表现了更强的脆性。

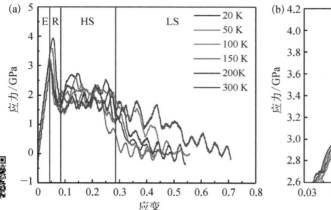
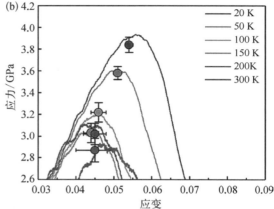

图 10.12　不同温度下纳米线的应力应变曲线:(a)代表性样本的应力应变曲线;(b)各温度下 300 个样本屈服点的统计

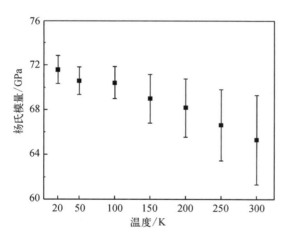

图 10.13　各温度下 300 个样本的平均杨氏模量

此外,温度由 20 K 升至 100 K,平均屈服应变由 0.054 下降至 0.046。在 100～300 K 的范围内,尽管温度上升,但平均屈服应变几乎保持不变。在 5.4 节,我们研究铜纳米线的断裂行为时,也观察到了类似的屈服应变的温度依赖性规律,即在 100～600 K 的温度范围内,第一屈服应变几乎保持不变,而在研究较高的温度(700 K)时,屈服应变具有较大的变化。图 10.12(a)中区域 E 的曲线斜率反映了纳米线的杨氏模量,计算各温度下 300 个样本的平均杨氏模量,如图 10.13 所示,可明显观察到,杨氏模量随着温度的升高而减小,表明温度的上升,使得纳米线结构的刚性被减弱。在低温,较大的屈服应变和较大的屈服应力表明弹性形变的阶段较长。从 20 K 升温至 50 K,屈服应力变小和杨氏模量降低表明纳米线的机械强度减弱,进而导致屈服应变较小。同时,屈服应变在 100～300 K 的温度范围内几乎保持不变。屈服点处的变化表明了纳米线在不同温度下的结构变化,尤其是初始滑移的位置和数量的波动。

图 10.14(a)展示了不同温度下体系原子的平均势能与应变的关系。在纳米线的拉伸形变过程中,由于机械力做功,增加了原子间的平均距离,因此总体上增加了平均势能。但势能曲线上的一些细节也反映出拉伸过程中结构的细微变化。在弹性形变区间,由于原子排布结构未发生根本改变,因此,随应变的增加,能量以近似呈二次方的形式增加,这

符合一般的弹性体能量与应变的关系。在塑性形变区,随着大量的滑移面的产生,势能得到释放,平均能量因此降低,这与应力释放基本保持同步。而随后的持续拉伸做功则不断地增加平均能量,但因滑移又促使能量的释放,因此能量增加的关系变得更为复杂。总体上,原子平均势能持续上升一定幅度后就保持稳定,在断裂前由于不断的恒温处理,体系出现的重结晶,使平均能量反而有小幅的降低。上述的变化特征与温度关系密切。随着温度的升高,原子的平均动能增大,其产生的压力迫使原子间的平均间距增加,因此,图中的势能曲线随温度上移。另外,能量的波动幅度也随着温度的上升而显著增加。此外,在低温时纳米线晶体结构保持更完美,所以断裂前几乎观察不到能量的降低,但是对于相对较高的温度,例如 200 K 和 300 K,在断裂前势能的降低则较为明显。

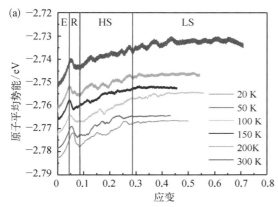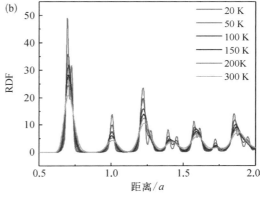

图 10.14　(a) 不同温度下纳米线的原子平均势能随应变的变化;
(b) 不同温度下纳米线在屈服点的 RDF 曲线

　　此外,应力和平均势能与温度的关系可由晶格有序程度的变化来进一步考察。图10.14(b) 给出了这六个温度样本在屈服点的 RDF。在低温 20 K,RDF 曲线的峰非常高且尖锐,表明纳米线保持了良好的有序晶体结构。在第一、第三、第四和第五等几个邻近峰还出现了肩峰,说明轴向拉伸使纳米线产生了各向异性的形变。随着温度的升高,RDF 曲线的峰高降低,峰宽增大,表明热运动的增强使晶体结构的有序性变差,同时也可以看到低温时出现的肩峰已经与主峰融为一体。这些特征说明了在较高的温度下,原子的振荡幅度较大,促使其克服晶格的束缚,加剧了晶体结构的混乱度。这不仅提升了原子的平均势能,还降低了屈服应力,也意味着高温更容易形成初始滑移,即随着温度的增加,初始滑移的产率也会明显增加。

　　上文讨论了机械性能和屈服行为对温度的依赖性,从而间接了解初始滑移分布随温度的变化。在较低的温度下,纳米线的屈服应力和杨氏模量较高,表现了结构的脆性。初始滑移分布也随着拉伸的冲击作用,集中产生在纳米线的两端。而随着温度的上升,屈服应力和杨氏模量都随之减小,也降低了晶体原子间的结合力,形变的塑性特征明显。因此,两端的初始滑移分布降低,均匀分布增加。

　　综上所述,温度的升高,一方面对纳米线延展性具有积极影响,并促进了初始滑移在较小的应变下产生以释放体系中的应力;另一方面,促进了初始滑移位置从纳米线的两端均匀分散到整个纳米线。

10.2.7　断裂分布对温度的依赖关系

随着持续的塑性形变,纳米线材料最终会断裂失效。鉴于单个纳米线样本的断裂行为不足以表明最可能的断裂位置,故统计多个样本的断裂位置,以实践我们提出的统计物理化学的研究策略。现阶段虽尚不能对全过程全细节进行统计研究,但可以对过程中几个关键节点作统计分析。采用本书中给出的原子数比例(ANR)方法,统计了 6 个温度体系(20~300 K),每个体系 300 个样本的断裂位置,如图 10.15 所示。由图中可以观察到,各个温度下的断裂分布特征是基本相似的,即两端存在较尖锐的略显不对称的分布峰。这一断裂行为也与本书第 5 章在相似条件下的断裂行为一致。

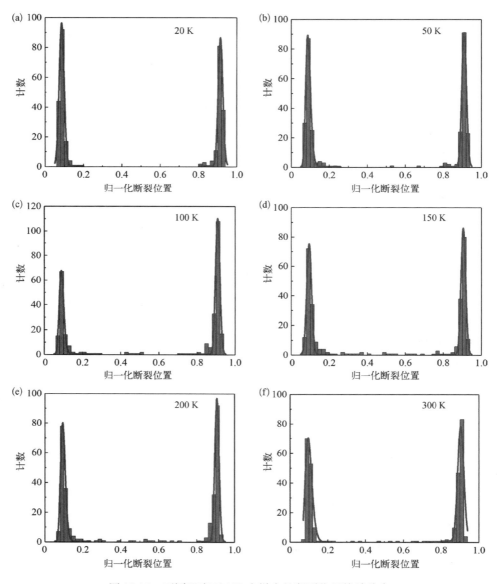

图 10.15　不同温度下 300 个样本的断裂位置统计分布

　　温度和应变速率等操作条件对金属纳米线的形变行为有显著影响。铜的熔点约为 1 350 K,而本节模拟的最高温度是 300 K,接近熔点的四分之一。在当前模拟的温度范围内,铜的延展性能跨度较大,低温表现了一定的脆性,室温又展现良好的塑性。尽管大部分样本的断裂位置集中分布在两端,但随着温度的增加,中间断裂的样本数也有所增加。与在两端断裂的纳米线相比,这些离散的样本具有更好的延展性,通常在更大的应变范围内断裂。

　　图 10.16 给出了不同温度下 300 个样本的平均断裂应变,各分布均遵循偏态分布。在低温 20 K 和 50 K 下,只有少数样本的断裂应变大于 1.0。当温度升至 100 K 时,断裂应变大于 1.0 的样本数量明显增加。这表明,温度的升高促进了少数样本的延展性。比较特殊的是,当温度升至 300 K,断裂应变的分布又有变窄的趋势。

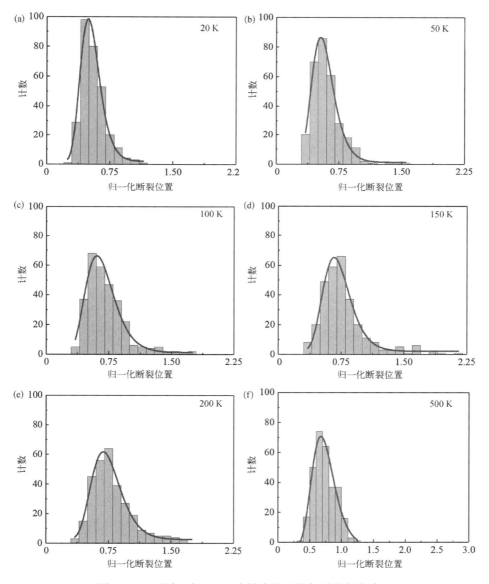

图 10.16　不同温度下 300 个样本的平均断裂应变统计图

10.2.8 不同温度下纳米线断裂失效的机理分析

当初始滑移在纳米线中形成时,意味着塑性形变已经开始;滑移面的持续产生和发展维持着塑性形变。在塑性形变的末期,多组滑移面交错产生成片的非晶原子团簇,它们塑性更强,流动性也更大,极大地降低了该区域的强度,最终导致了颈缩。而在颈缩以外的区域,滑移面则不再产生和发展,甚至还有重结晶的发生。颈缩处会进一步发展促使纳米线的最终断裂。上述过程的每一步都与温度、拉伸速度、初始结构等有密切的关系,因此结合拉伸过程的原子排布结构的分析有助于我们理解断裂位置分布与初始滑移分布之间的关系。如果断裂位置分布可以由初始滑移位置来预测,这有利于我们对材料性能和器件可靠性的认识。

前文汇总了 20~300 K 的温度范围内的断裂位置分布和初始滑移位置分布,结果表明,在 20 K、50 K 和 100 K 的温度下,初始滑移分布和断裂分布的两端都存在明显的分布峰,两者之间虽存在着统计上的相关性,但尚不能确保两者之间有因果性。而因果性的证明还需要从微观机理分析中找到答案。而在更高的温度下,由于初始滑移和断裂行为与温度依赖性不同,两者分布特征的相关性逐渐消失。一方面,温度的上升抑制了两端初始滑移的产生;另一方面,单晶铜纳米线在 20~300 K 的温度范围内都展现了较高的脆性特征,所以即使温度上升到 300 K,大多数样本仍然倾向于在两端断裂。为全面了解两者的相关性,我们进一步考察了微观结构的变化,如图 10.17 所示,该图展示了屈服点(yield point,YP)、HS 及 LS 区域的几个拉伸时刻的微观结构。

图 10.17(a)给出了 20 K 纳米线的形变过程。在应力屈服点(应变为 0.058),一组平行的初始滑移面在纳米线内形成。它们的出现导致了纳米线的应力释放。在 HS 区域的早期阶段(应变为 0.1),其中一个初始滑移已发展至纳米线另一侧面的顶部并反射,继而与其他滑移面相交。随着应变的增加,虽然有几个滑移面在纳米线的底部相交,然而在 0.2 的应变处,熔融团簇在纳米线的顶部附近形成,意味着应力在此处集中。在 HS 区域的最后阶段,出现了连成片的局部熔融团簇,进一步形成颈缩,最终在 LS 区域观察到该样本的顶部出现断裂迹象。该样本的微观结构形变过程表明断裂失效与初始滑移的发展有一定的关系。

图 10.17(b)样本的形变行为与上图较为相似。在屈服点(应变为 0.046),在纳米线的左侧和右侧均出现两个初始滑移。在 0.1 应变(HS 区域)处,左侧的两个初始滑移迅速传播到纳米线的顶部并相交。随着进一步的拉伸,可以观察到在 0.2 应变时,左侧和右侧的滑移面在纳米线的顶部相互交错。最后,在 LS 区域内,顶部形成颈缩,附近大多数原子呈现了无序的团聚结构。同样地,在更高的温度下,塑性形变中后期的原子混乱度进一步增加,如图 10.17(c)所示。在 HS 区域内,初始滑移面发展到底部,反射后与入射面相交,促进了熔融团簇的产生。此外,一系列的滑移面在纳米线的顶部相交,形成了大块的非晶区域,这一特征比在低温下明显得多。不过,底端的熔融团簇发展更为迅速,形成颈缩,最终底端断裂。

由上述分析可知,初始滑移在纳米线内的形成位置是随机的。此外,在塑性形变的后期出现的颈缩又与初始滑移的发展存在一定关系,这表明形变机制对断裂分布起一定的

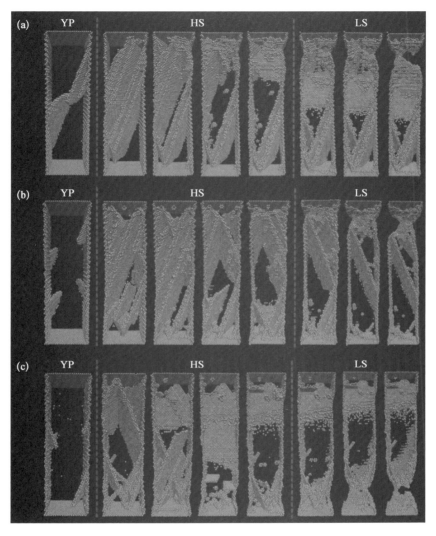

图 10.17　三个代表性温度下样本的微观结构变化：（a）20 K,应变依次为
0.058、0.1、0.15、0.20、0.25、0.30、0.31、0.40；（b）100 K 应变依次
为 0.046、0.10、0.15、0.20、0.25、0.30、0.40、0.48；（c）200 K 应变
依次为 0.042、0.10、0.15、0.20、0.25、0.30、0.40、0.478

作用,特别是 HS 区域内的形变。此外,还应考虑边界包括侧面和端面所带来的影响。当
滑移面传播到纳米线的侧面时,会产生滑移面的反射和发展。而到达端面时,受到反射后
会与入射面相交,从而产生一些局域的无序原子团簇。在图 10.18 中我们给出了该过程
的示意图。当滑移延伸至纳米线端部时,由于两端边界的阻挡作用,一系列的原子结构被
打乱,促进局部熔融,进一步提高了材料的塑性。最终,即使整个纳米线处在相同的应力,
颈缩也更易于在此处形成。因此,大多数样本在两端断裂的主要原因是纳米线两端的阻
挡反射作用。还需指出,断裂失效是受初始滑移的后续发展,特别是端面反射,以及 HS
区域内新产生的滑移面的影响,而并非初始滑移的原始位置。因此,断裂分布和初始滑移

分布之间尚不存在直接的因果关系。基于统计分析,当温度低于 100 K 时,仅呈现了初始滑移分布和断裂位置分布的一致性,或称之为相关性,而非因果性。

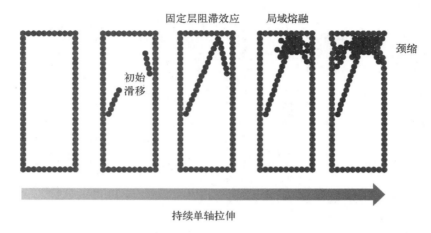

图 10.18　纳米线两端阻挡效应的示意图

10.2.9　小结

本节模拟了 300 个独立的单晶铜纳米线在不同温度下的拉伸断裂行为。基于大数据统计分析各温度的初始滑移位置分布和断裂位置分布。由研究结果可见,低温条件下初始滑移分布和断裂位置分布仅在统计意义上存在相关性。而升高温度,由于形变机理发生了由脆性向塑性的转变,导致初始滑移分布与断裂位置分布丧失了相关性。

本节工作是我们对拉伸过程中细节统计的一个尝试。在纳米线拉伸过程中,有一些关键的时刻,其中包括真实屈服点(true yield point)、屈服点、应力释放完成点以及塑性初期、中期、末期等。这些阶段中的结构或其他性质的统计特征与最终的断裂分布之间是否存在因果关系是值得追寻的方向。

10.3　应变速率对断裂和初始滑移分布相关性的影响

10.3.1　金属纳米线拉伸

金属纳米线是一种在微机电系统、微纳电子学、微纳传感技术等领域具有广泛应用前景的结构材料。在一定载荷条件下的断裂失效问题一直是其工程应用中的重要研究课题。传统的实验方法,如高分辨透射电子显微镜、扫描隧道显微镜等,大多集中在研究金属纳米线的近稳态形变后的断裂失效行为,而对于一些快速冲击作用下的形变断裂,实验方法难以及时追踪。因此,分子动力学模拟在这一领域表现出独特的应用价值。

分子动力学模拟是一种计算机模拟方法,用于探索材料的拉伸强度、塑性形变行为、断裂模式等宏观性质与微观结构之间的构效关系。金属纳米材料在形变过程中表现出多种失效机理,包括慢速形变的蠕变失效(creep failure)和快速的冲击失效(impact failure)。形变速率在分子动力学研究中是一个重要的考虑因素,它对材料的多个性质产生影响。

Hossain 等[1]等发现较高的形变速率会导致材料的屈服强度和断裂强度增加,但延展性降低。同时,高形变速率下,材料的断裂形貌由韧窝型向脆性断口型转变。Xiang 等[2]发现较低的形变速率下,纳米线表现出较大的弹性形变能力,而较高的形变速率下,纳米线的塑性形变能力显著降低,同时失效机制也发生了变化,从晶界的断裂转变为晶体内的裂纹扩展和滑移带的形成。

本书其他章节的研究已充分证明,纳米材料的形变模拟只展现少数几个样本是不具代表性的。要对某一行为有全面了解需要足够的样本数量。在进行多次模拟时,我们可以得到体系在不同初始条件下的演化轨迹,从而构建多样本的统计分布。多样本统计分布可以描述体系在不同初始条件下的多样性。本节研究将采用大数据、多样本的统计分析方法,探究金属纳米线断裂位置分布与初始滑移位置分布之间的关系,以及应变速率对两者相关性的影响。通过对这些相关性研究,为金属纳米器件的设计和制造提供有价值的参考。

10.3.2　模拟模型的建立

本研究模拟了尺寸为 $12a×12a×84a$（a 为铜的晶格常数,约为 0.362 nm）的单晶铜纳米线在不同应变速率下拉伸的断裂分布与初始滑移分布的关系。每个纳米线所包含原子数为 53 568,在 x、y 和 z 方向上均采用自由边界条件,但在纳米线的两端设置了各三层同原子的固定层,以便施加匀速载荷。如图 10.19 所示,纳米线中间部分为牛顿层,用来模拟金属纳米线的塑性形变。

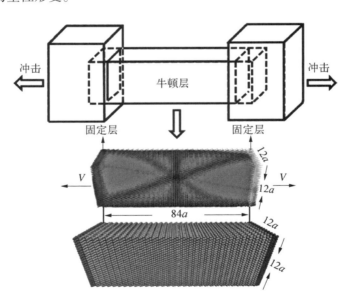

图 10.19　单晶铜纳米线的模拟模型及拉伸操作

10.3.3　分子动力学模拟

对于每个应变速率,在施加载荷前,每个样本需进行平均 12 500 MD 步的自由弛豫,以达到平衡状态。施加载荷之后,由固定层匀速向两边拉伸,直至断裂。在纳米线拉伸过程中,每间隔 200 步记录一次体系原子的类型、坐标、应力、应变和能量,以便进行统计分析。

我们模拟了 9 个应变速率,各 300 个样本,合计 2 700 个样本。应变速率分别设置为 0.006% ps^{-1}、0.008% ps^{-1}、0.01% ps^{-1}、0.02% ps^{-1}、0.04% ps^{-1}、0.06% ps^{-1}、0.08% ps^{-1}、0.09% ps^{-1} 以及 0.1% ps^{-1},对应于固定层的绝对速度分别为 1.14 ms^{-1}、1.52 ms^{-1}、1.9 ms^{-1}、3.8 ms^{-1}、7.6 ms^{-1}、11.4 ms^{-1}、15.2 ms^{-1}、17.1 ms^{-1} 以及 19 ms^{-1}。在分子动力学计算过程中,我们采用具有 2.5 fs 步长的蛙跳算法求解牛顿运动方程,同时利用 Verlet 和 Cell 链接列表用于构建相邻列表。将温度设定为 150 K,并使用校正因子法对体系进行恒温处理。势函数使用嵌入原子势方法(EAM)来描述原子间相互作用。铜的 EAM 所需参数参考了 Johnson 优化的结果。其他条件参见上一节。

10.3.4　数据分析

利用位力方案获得原子平均应力信息,以了解材料在拉伸过程中的应力应变关系。径向分布函数(radial distribution function,RDF)$g(r)$ 是距离某一原子为中心时找到另一个原子 r 的概率,是一种用来描述材料内部原子排列有序程度的分析工具。通过分析径向分布函数,我们能够深入了解材料晶体结构的有序度。初始微观结构缺陷是指在应力屈服点产生的位错滑移,也称为初始滑移。为了确定初始滑移的位置,首先使用中心对称参数获取在屈服点处纳米线上的所有六方密堆积(HCP)原子。由于初始滑移面的形状和大小不同,并且每个样本的初始滑移数量都不固定,因此选择了基于密度的噪声应用空间聚类(DBSCAN)算法[3],将紧密相连的 HCP 原子聚类到一个滑移平面中,无需预先指定聚类数。然而,需要使用参数(minPts、Eps)来描述一组邻域内的紧密性,其中,minPts 是特定 HCP 原子的邻域内的最小原子数。

$$minPts = \frac{2N \cdot \frac{s_1}{S} - N' \cdot \frac{s_1}{S'}}{\ln \frac{2N \cdot \frac{s_1}{S}}{N' \cdot \frac{s_1}{S'}}}$$

式中,S 为数据集二维剖面面积;N 是数据集中点的总数;s_1 表示局部搜索范围面积,$s_1 = \pi \cdot Eps^2$,Eps 是特定 HCP 原子的邻域距离阈值;S'、N' 分别是某背景范围面积和对应的点总数。根据 K 平均最邻近法求出数据集 D 的候选 Eps 参数集合 D_{Eps}。在已知 minPts 下,将 D_{Eps} 中 Eps 参数逐个代入 DBSCAN 算法中进行聚类运算,当生成的簇数连续 3 次相同时认为结果趋于稳定,簇数 M 为最优簇数。直到簇数不等于 M,选用簇数为 M 时的最大 K 平均最邻近距离作为最优 Eps 参数。然后,通过与纳米线的横向边缘相交的坐标 z 定义初始滑移的位置(详见 2.2 节)。该方法可以实现对多样本进行计算分析。

10.3.5　不同拉伸速度下纳米线的初始滑移分布与断裂位置分布

纳米线在受到外部应力作用下会发生形变,这种形变在一定范围内会遵循胡克定律,即应力与应变呈线性关系,这个范围被称为弹性形变区间。在这个区间内,纳米线恢复到初始状态的能力很强,但是一旦超出这个范围的极限值,即屈服点,纳米线的形变就不再是可逆的。然而从微观角度来看,在到达最大应力之前的纳米线内部就已经产生了一定数量的沿 {111} 晶面的初始滑移面,尽管此时的应力还保持增长。在到达最大应力的屈服点,多组滑移面已经变得很明显。也因此可以通过中心对称参数法结合机器学习算法来确定滑移面与纳米线交点,即确定滑移面初始形成的归一化位置。对于一个纳米线样本,屈服点处可观察到不止一个滑移面,因此滑移面初始形成位置的统计数量也远超过 300 个。图 10.20 给出了在不同拉伸速度下,每个速度包括了 300 个样本的初始滑移面产生位置的统计分布图。

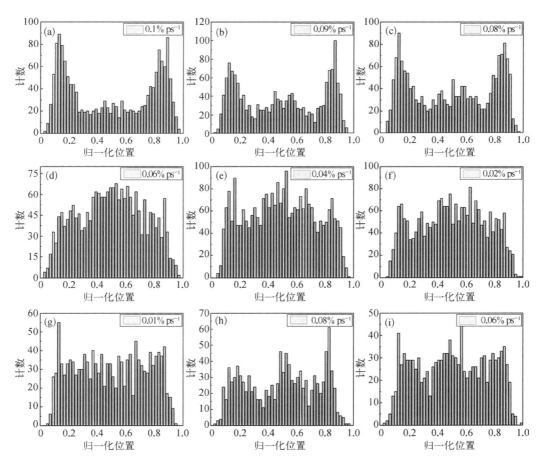

图 10.20　不同拉伸速度下初始滑移面产生位置的统计分布

　　从图 10.20(a)中可以看出,对于较快速的拉伸,由于冲击作用于纳米线的两端,瞬时形成的晶格扩张来不及向中间传递,因此初始的滑移也多产生自纳米线的两端,这反映出非平稳态拉伸的特点。除两端外,在纳米线中部也有分布,并呈现一个较宽的近似的高斯分布,其峰值很小,略高于背景。这一特征在降低应变速率,例如图 10.20(b)和图10.20(c),依然得到保留。当拉伸速率降低至 0.06% ps^{-1}(单端拉伸的绝对速度为11.4 ms^{-1}),两端拉伸形成的晶格扩张有较充足的时间通过原子的热运动扩散到纳米线中部,初始的滑移面也主要分布在纳米线中间。两端附近由冲击作用产生的分布虽显著变弱,但仍可分辨,如图 10.20(d)所示。更低的拉伸速度基本保持了与图 10.20(d)类似的特征,如图 10.20(e)和图 10.20(f)所示。由于有了更充分的弛豫时间,分布峰宽化加剧,形成彼此交叠。从这些图中还是可以看到另一个规律性变化,即从统计图的纵坐标可以看出,随着拉伸形变速率的降低,初始滑移面产生的数量发生改变。我们定义初始滑移面的产生率 γ,即给定速度下总滑移面数量与样本数量的比值。

$$\gamma = \frac{N_{\text{slips}}}{N_{\text{samples}}}$$

图 10.21 给出不同拉伸速度时 γ 的变化。可见应变速率增大时 γ 先升高,在 0.04% ps^{-1} 时达到最大后又迅速降低。初始滑移面产生率的这一变化趋势也恰好反映

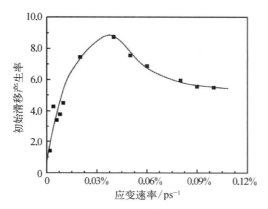

图 10.21   初始滑移面产生率 γ 与
应变速率之间的关系

出高应变速率与低应变速率形变机理的不同,以及两者之间的协同关系。在高应变速率下,冲击产生的晶格扩张主要作用到两端,局域原子势能增加迅猛,意味着位错成核位点更多,但空间因素限制了初始滑移面的产率。而在低应变速率下,晶格扩张有充足的时间弛豫分散到纳米线整体,原子的势能增长更均匀更平缓,位错成核数量急剧减少,但滑移面可持续发展形成大面积的多组平行的分布形态。这也意味着原子平均能量因素限制了低速拉伸时滑移面的产率。在中等应变速率下,上述两限制因素恰好降至最小,因此产率达到最大。

初始滑移面产生位置的分布对应变速率表现了显著的依赖关系。形变的最终阶段即断裂,断裂位置分布也表现出与应变速率的依赖关系。一个有趣的问题是初始滑移位置分布与断裂位置分布两者是否存在特定的联系。在这里纳米线的长度均采用归一化,即断裂时刻纳米线总长定为"1",断裂位置为相对于纳米线左端的相对位置,其分布特征如图 10.22 所示。从图 10.22(a)及表 10.1 可以看出,较快速的拉伸导致的冲击作用并没有使断裂位置分布集中在两端。尽管也有少数样本在某一端断裂,但绝大多数样本仍在纳米线的中部断裂。其位置呈高斯形式分布,峰位处于纳米线中间,半峰宽为 0.08。当拉伸速度降至 0.06% ps^{-1}(11.4 ms^{-1})~0.02% ps^{-1}(3.8 ms^{-1})时[图 10.22(d)~(f)],分布在纳米线中部的统计峰大幅度降低,纳米线中间的峰高的统计值在 7.28~17.35,且峰宽扩展到很大,甚至难以用高斯函数拟合。同时分布在两端的统计峰变得更突出,特别是在 0.06% ps^{-1} 和 0.02% ps^{-1} 应变速率下两端断裂的统计峰高甚至高于中间断裂的峰值。显然,由于两端固定层的冲击作用减缓之后,断裂位置在纳米线上的分布变得更加均匀,说明更充足的弛豫时间允许两端持续冲击产生的晶格,疏密不同的密度波得以

在纳米线中更均匀地传播，并形成更均匀的延展变形，直至断裂。更慢的拉伸速度导致断裂分布集中到纳米线的两端。由于固定层的作用，断裂位置的分布呈现出一定的偏态分布的特征，两侧峰高也并没有严格对称。纳米线的中部有少量样本，但无明显分布特征，归属于偶发样本[图 10.22(g)～(i)]。

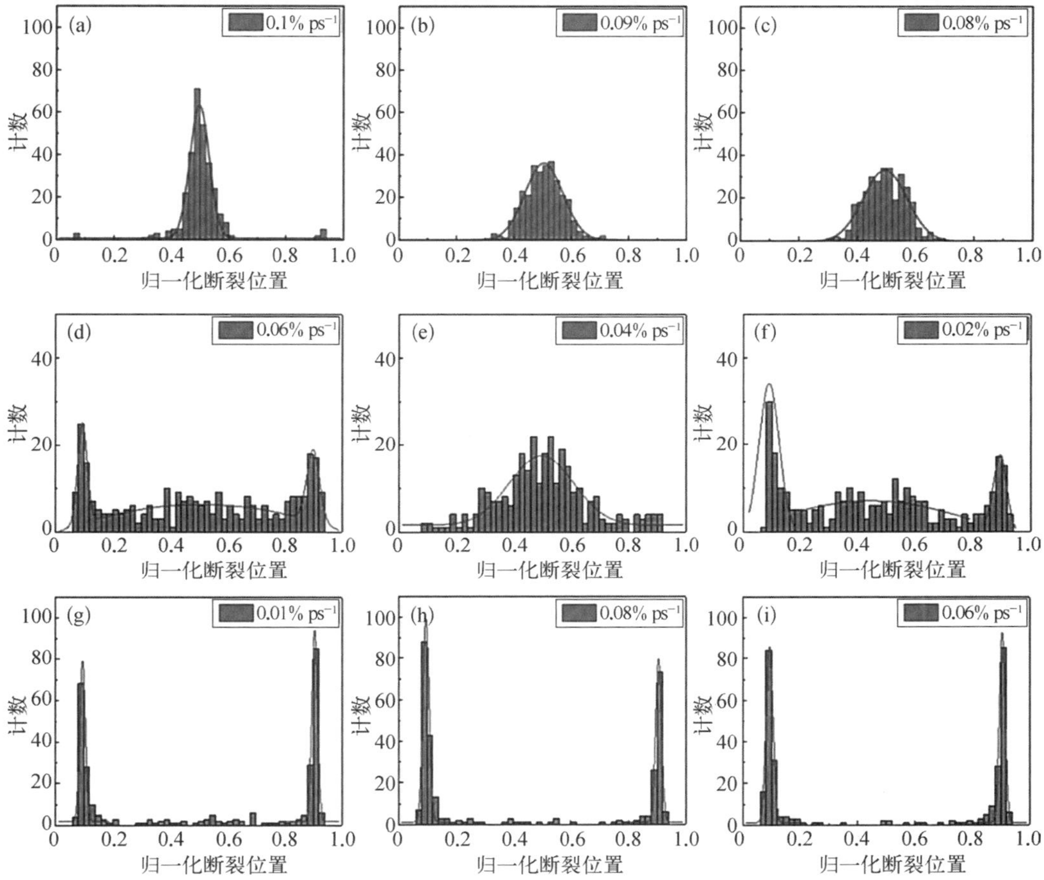

图 10.22　不同拉伸速度下断裂位置的统计分布图

表 10.1　不同应变速率下断裂分布高斯函数拟合数据的统计表

应变速率/ps⁻¹	左峰			中间峰			右峰		
	峰位	峰高	FWHM	峰位	峰高	FWHM	峰位	峰高	FWHM
0.1%	—	—	—	0.49±0.01	63.15±0.02	0.08±0.01	—	—	—
0.09%	—	—	—	0.50±0.01	39.21±0.02	0.15±0.01	—	—	—
0.08%	—	—	—	0.49±0.01	34.31±0.03	0.17±0.01	—	—	—
0.06%	0.09±0.01	25.01±0.01	0.03±0.01	0.50±0.02	7.28±0.06	0.39±0.01	0.89±0.01	19.57±0.06	0.05±0.01
0.04%	—	—	—	0.48±0.01	17.35±0.05	0.22±0.01	—	—	—
0.02%	0.09±0.01	34.51±0.21	0.08±0.01	0.45±0.02	7.38±0.08	0.29±0.01	0.89±0.01	19.06±0.01	0.05±0.01

应变速率 /ps^{-1}	左　　峰			中　间　峰			右　　峰		
	峰　位	峰　高	FWHM	峰　位	峰　高	FWHM	峰　位	峰　高	FWHM
0.01%	0.09±0.01	79.18±0.55	0.02±0.01	—	—	—	0.90±0.01	94.12±0.68	0.02±0.01
0.008%	0.09±0.01	97.97±3.66	0.02±0.01	—	—	—	0.90±0.01	78.38±3.36	0.02±0.01
0.006%	0.09±0.01	84.72±1.87	0.02±0.01	—	—	—	0.90±0.01	91.52±3.22	0.02±0.01

　　本节所考察的应变速率范围从 0.006% ps^{-1} 到 0.1% ps^{-1}，对应的单端固定层的绝对移动速率为 1.14~19 ms^{-1}。这一范围并没有 5.1 节所考察的速率范围宽，此外本节纳米线的尺寸也更大，因此本节低速拉伸时的断裂位置分布并没有由两端再次移动到纳米线中间。本节所要考察的是应变速率的连续变化，所以也未进一步向低速扩展，此外更低的拉伸速率所消耗的计算资源也超出目前所承受的范围。

　　从图 10.20 和图 10.22 我们不难看出基于多样本统计的初始滑移分布与断裂位置分布之间的关联性。对于快速拉伸形变，虽然初始滑移主要分布在纳米线两端，但断裂位置分布却集中在中间。随着应变速率降低到一个过渡区间内，虽然两端产生的滑移面数量在减少，但更多的滑移面在中间部分产生，从而有更高的滑移面的产率。断裂位置分布也表现了过渡特征，既保留了中间的分布，又增加了两端的分布。而更慢速的拉伸，使滑移面产率快速下降，分布也更均匀。但从断裂位置分布来看，则更集中到纳米线两端。因此，从统计结果来看，初始滑移与断裂位置两者的统计分布间存在确切的内在联系。而更本质的理解还需从应变过程中的力学性质和微观结构中获得。

10.3.6　拉伸速度对应力应变曲线和能量曲线的影响

　　一般来说，拉伸速度能够对材料的屈服行为带来显著影响，从而决定材料的形变机理，并对初始滑移分布与断裂位置分布之间的相关性带来影响。图 10.23(a) 比较了不同拉伸速度下代表性样本的应力应变曲线。

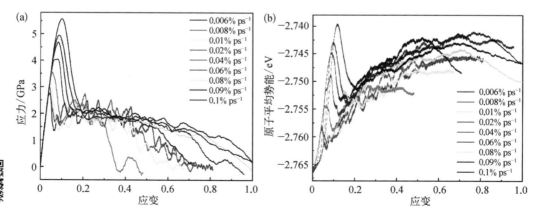

图 10.23　不同应变速率下代表性样本的(a) 应力应变曲线和(b) 能量曲线

　　一个明显的特征是随拉伸速度的增加,最大应力值随之升高,其所对应的应变也加大。这说明应变速度对屈服强度有很大的影响,即快速应变下纳米线的屈服强度比慢速应变下的高。这是因为纳米线在应变速度较快的情况下,没有足够的时间来进行塑性变形,而是保持了弹性形变的方式。这使得该纳米线呈现出大的弹性形变区间。到达最大应力附近,由于纳米线整体上承受了更大的应力,从而在释放时能够产生更多的滑移面。这也是图 10.21 中应变速率在 0.04% ps^{-1} 以下时,滑移面产率随应变速度增加而快速变大的原因。但超过 0.04% ps^{-1} 时,由于应力释放从纳米线的整体向两端聚集,这既改变了滑移面分布的位置[图 10.20(a)~(c)],又降低了其产率(图 10.21)。

　　在到达屈服点之后,应力有一个急剧的释放过程。其释放的大小也与应变速率直接相关。总体而言,应变速率大的样本应力释放得也多。对于全部样本,释放后的应力,一般都维持在相近的水平,约为 2.0 GPa。但拉伸速度对应力的随机波动特征有显著的影响,慢速拉伸呈现出较大的应力波动特征,可以体现出滑移面在慢速条件下得到充分的发展。但在快速拉伸时,未等滑移面充分发育,新的滑移面就相继产生,因而应力波动幅度降低。这一特征也表明不同应变速率会导致不同的形变机理。

　　拉伸过程中,原子的平均势能变化曲线与应力应变曲线互为补充,给出了应变速度对形变机理的影响,如图 10.23(b)所示。在拉伸操作之前,所有的纳米线样本都处于相同的能量状态,因此在 -2.764 eV 有相同的起点。在弹性拉伸阶段,能量与应变平方呈线性关系。这基本反映了晶格弹性形变的能量特征。接近屈服点,平均能量达到极值,而后迅速降低,呈现与应力释放相似的行为。但随后持续拉伸产生的机械做功,破坏了低能有序的晶格结构,使平均能量进一步上升。我们看到屈服点附近的能量极值与应变速率密切相关。应变速度越快能量极值越高,这也是由于高应变速率导致的晶格变形程度更大。同时,其势能的释放也更大,释放的势能转化为原子的平均热运动动能,可使原子有能力克服晶格结构形成的滑移势垒。因此在一定范围内增加应变速率就会有更多的势能转化为动能,也将产生更多的初始滑移面。

10.3.7　拉伸过程中的结构有序性和特征原子数量的变化

　　利用径向分布函数,可以分析纳米线在拉伸形变过程中的结构有序性,以及平均的晶格几何特征。图 10.24(a)给出在屈服点附近不同拉伸速度的代表性样本的 RDF 曲线。对于应变速率较低的体系,RDF 曲线呈现出较为规律性的变化。对于第一近邻峰,由于拉伸处于较为平稳的状态,原子有足够的时间弛豫到相对平衡的晶格位置,因此峰位移动现象不明显。但峰高随应变速率增加而降低,伴随着峰宽增加。这也与前文所讨论的初始滑移面的增加一致。几个远程的 RDF 峰也有一定程度的降低,说明长程有序性也相应地变差。但随着应变速率进一步加快,RDF 峰改变明显。不仅峰高降低而且峰位向左移动。特别是在 0.1% ps^{-1} 应变速率下,第一近邻的 RDF 峰出现了明显的畸变,其中的极值明显向小晶格间距方向移动。同时,在峰高近似一半处观察到明显的副峰出现,这说明在快速拉伸作用下,纳米线出现了各向异性的变形,显然沿拉伸方向晶格尺寸变大,对应了第一近邻的副峰,而垂直于拉伸方向纳米线收缩,晶格尺寸变小,对应于第一近邻的主峰。正是由于快速应变使原子无法迅速通过弛豫到达低能量的平衡结构,从而产生了各向异性的特征。对于远程有序性,快速拉伸的影响更为明显。从几个远程 RDF 可以看出,不仅峰高明显降低,峰位左移,同时由于各向异性使得几个较远的近邻(第三、第四、第五近邻等)均在主峰的右侧出现了明显的副峰,而且第五近邻显示出的两个峰彼此已有明显的分离。这些均表明了在快速拉伸中,由于原子显著偏离平衡态使纳米线内部产生了各向异性,不仅影响了近程有序性,也严重破坏了远程的有序结构。

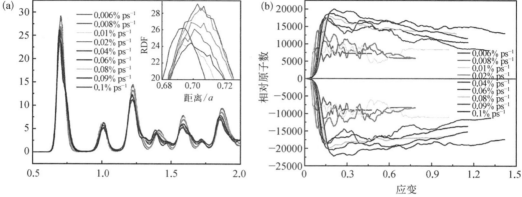

图 10.24　不同应变速率下屈服点附近代表性样本的(a)径向分布
函数(RDF)曲线;(b)HCP 和 FCC 原子数量的变化曲线

中心对称参数法可以明确划分金属纳米线中原子所属的结构种类,特别是滑移面由 HCP 原子构成,因此 HCP 原子数的变化主要反映了滑移面的生成与演化。图 10.24(b)给出了不同拉伸速度下代表性样本中 HCP 和 FCC 原子数的相对变化关系。由于是相对变化量,HCP 原子数由零开始增长代表着滑移面在纳米线中产生。在接近屈服点,HCP原子数即开始上升,说明初始滑移面已产生并持续发展演化。对于不同的拉伸速度,HCP原子数快速上升的具体时刻也不相同,总体来说,更快的拉伸速度使 HCP 原子数的上升时刻得到推迟。这与应力应变曲线以及能量曲线均反映了相同的问题,即更快的应变使得纵向原子间距拉大的同时,以滑移面大量产生与演化为特征的塑性形变被推迟。这不仅提高了纳米线的应变强度,也同时影响了初始滑移产生的位置分布和最终断裂位置的分布。屈服点之后对应着应力释放,以及平均原子能量的降低,而从微观结构变化上来看,则是不断产生和生长的滑移面使 HCP 原子数快速上升。从图 10.24(b)可以看出 HCP 原子数增长的速度和增长的最大数量都与应变速率有密切的关系。慢速拉伸时,HCP 原子数增长速度(线性斜率)随应变速率略有减缓。更高的拉伸速度使 HCP原子数的增长速度变缓更明显。进一步分析 HCP 原子数的最大产生数量可以发现,在低应变速率($<0.04\%\ ps^{-1}$)下,HCP 原子数量增加了 1.5 倍(从 7 000 到 17 500),但应变速率从 $0.04\%\ ps^{-1}$ 到 $0.1\%\ ps^{-1}$,HCP 原子只增加了约 14%。可见不同拉伸速度导致了不同的形变机理。结合图 10.21 滑移面产率可知,在应变速率高于 $0.04\%\ ps^{-1}$ 时,滑移面产率下降,即滑移面更少,但 HCP 原子数依然略有增长,说明快速拉伸时,屈服点及以后短暂的塑性形变中,滑移面发育得更充分,面积更大。对于上述分析,我们将结合原子排布结构位图给予更直观的说明。

10.3.8　拉伸过程中原子排布结构的演化

图 10.25 分别给出了快速拉伸、慢速拉伸和中间状态在不同应变时刻的原子排布位图,在拉伸方向上的长度已做归一化处理。对于快速拉伸[图 10.25(a)],我们看到在屈服点附近,沿纳米线侧面产生了一定数量的初始滑移面,特别是靠近两端,这与图 10.20 中的统计特征一致。其方向并不完全相同。但均沿{111}晶面发展。尽管拉伸速度较快,纳米线的结晶形态保持较好,这与图 10.24(a)的 RDF 特征一致。随着应变增大,每个滑移面均朝向对侧持续发展,并且当滑移面相遇时,发生了彼此穿透的现象。其持续发展直至受到侧面或两端固定层的阻挡而发生反射。因为初始滑移面数量较多,故在塑性形变的过程中保持着更高的滑移面密度,这也决定了快速拉伸具有更大的 HCP 原子数。快

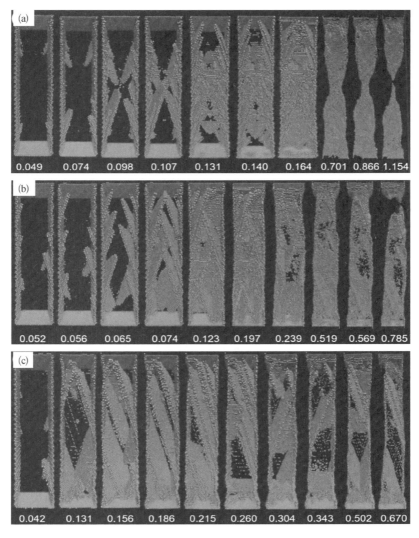

图 10.25　不同应变时刻的原子排布结构:(a)快速拉伸(19 m/s);
(b)中速拉伸(3.8 m/s);(c)慢速拉伸(1.14 m/s)

速拉伸导致了塑性形变中后期高密度滑移面的相互阻挡及穿透,在纳米线中部形成了大量的非晶态的原子团簇。这种局域结构的熔融特征对材料形变起到润滑作用,增强了纳米线的黏弹性质,也因此导致了纳米线更容易在中间断裂。这些特点虽不能确定初始滑移位置分布对最终断裂位置分布的决定性,但通过形变机理分析可以明确两者之间的相关性。

随着拉伸速度的降低,不论是初始滑移面的产生数量与位置,还是其发展演化的特征,均与快速拉伸不同,如图 10.25(b)所示。由于拉伸变缓,初始滑移产生的位置更加随机地分布在整个纳米线上。而且其随应变的持续得到进一步发展,因为初始滑移面的数量并不多,彼此阻挡和穿透的机会也不大,滑移面发展的程度更充分。这些特征与前面的分布特征(图 10.20)、应力应变特征[图 10.23(a)]以及 HCP 原子数量的变化[图10.24(b)]等特征一致。从图 10.25(b)中还可以看出,在中等拉伸速度下滑移面彼此作用,产生了沿垂直拉伸方向的{111}面的滑移,也在局域形成了孪晶特征的结构。中等速度拉伸进入塑性形变的中后期,滑移面既有在两端通过与反射面相互交叉产生的局域熔融,又有在纳米线其他位置形成的交叉穿透产生的非晶微结构。因此最终的断裂位置分布随机特征更明显。

更低的拉伸速度使应变处于近平衡态,纳米线中的原子也有更充足的弛豫时间保持在较低的势能状态,因此滑移面的数量更少,发展更充分,如图 10.25(c)所示。在屈服点附近,我们看到发生于侧面的 4 个初始滑移面,上下两端各一个,中间两个,其方向各不相同,在应力释放阶段滑移面充分向两端发展,同时也未见明显的新滑移面产生。在经过两端固定层阻挡反射之后,多数滑移面平行发展,其在纳米线中间部分也少有相交穿插,因此中部的区域保持了更好的结晶形态。但在两端,由于多次的反射、交叉、穿透,结构破坏严重,使局域结晶呈现了局域的熔融团簇,并进一步发展为颈缩,直至断裂。可以看出慢速拉伸的断裂位置的分布是由其形变机理决定的,而初始滑移面位置分布的特征与拉伸行为关联不明显,因此与断裂位置分布之间缺乏相关性。

10.3.9　小结

本节的研究加深了对金属纳米线在不同拉伸速率下的形变和断裂行为的理解。随着纳米线拉伸速度由快变慢,初始滑移位置分布由两端分布,转化为中间和两端相当的均匀分布。而断裂位置却由单纯的中间分布,转变为中间、两端均有的三段分布,再转化为两端分布。通过形变机理的分析可以看出,在较快的应变速率下,初始滑移位置分布与断裂位置分布之间存在一定的相关性。但在较慢的应变速率下,两者之间的联系尚难以确定。

本节研究作为上一节的延续,目的是希望在纳米线形变的几个连续的特征时刻,包括屈服点、应力释放后的最低点以及塑性形变初期、中期、末期及断裂,找到具有统计分布特征的量,并确定其与断裂位置分布之间的内在联系。这一研究的价值是了解断裂分布特征的决定因素和相关因素,并进一步通过结构设计来控制这些因素,使断裂的分布由高斯型向均匀型转变。这样,纳米线中才不会出现应力集中,材料才会更稳定,寿命更长。本节考查了形变过程的早期阶段,即屈服点时刻的初始缺陷产生位置的分布。结果并没有给出与断裂位置分布特别清晰的联系,这也从侧面说明了形变早期的结构特征与断裂行为之间的关联度不高。同时也印证了 10.1 节给出的一个结论,即偶发样本分别以屈服点和塑性形变初期为起始点构造 300 个新样本的断裂特征与原概率分布相同。可见,只有塑性形变中后期出现的结构特征,才有望建立起与最终的断裂分布的本质联系。然而这一系列的研究所面临的问题将会更加复杂,一是我们不清楚哪些特征结构或性质会与最终断裂位置的分布有联系,二是如何对多样本进行有效的大数据处理,因为越到塑性形变的中后期,结构越破碎,噪声也就越强,处理越困难。

10.4　中空纳米线的断裂位置分布与初始滑移分布的关系

10.4.1　概述

金属纳米线是一种表面原子占比高和导电性好的材料,因此在许多微纳器件中都有广泛应用,其内在的中空微结构不仅是其功能化的基础,也对力学性能、电学性质以及使用寿命有重要的影响。因此,研究金属纳米材料的中空结构与其断裂失效的关系成为器件设计与优化的关键基础问题。

虽然金属纳米材料的应变与失效已有一定的实验研究,但一般限于极慢速的近平衡态形变。例如,Takayanagi 等[4, 5]通过透射电子显微镜(TEM)成功地观察到了在超高真空条件下螺旋状多壳层金纳米线的形成。Kushima 等[6]通过使用 TEM 内部集成的原位拉伸实验装置,经过原位拉伸测试,发现锂化硅纳米线具有一定的拉伸塑性,这对于锂离子电池的循环性能建模非常重要。这些体系直至断裂都保持较好的结晶状态。但对于较快速的准平衡态,以及快速的非平衡态拉伸,实验方法因耗用一定的时间而无法及时捕捉纳米线中瞬时发生的结构变化。相比之下,分子动力学(MD)模拟实现了对各个细分时刻纳米线结构变化的全过程追踪。在第 8 章,我们用分子动力学模拟,考察了一系列具有不同初始结构的纳米线的拉伸行为,发现纳米结构的局部几何特征在决定机械失效方面起着主导作用。Pang 等[7]通过模拟比较了不同取向的纳米线,发现塑性形变模式随着取向的变化而变化。

然而,对于大样本的金属纳米线拉伸断裂模拟表明,断裂位置并非确定量,而是遵循统计分布规律。该统计分布曲线中有一个最可几断裂位置,且该位置与应力波的传播密切相关。因此,断裂分布曲线表现出对温度、拉伸晶向、长度和缺陷等的依赖性。掌握断裂分布的统计特征,特别是明确断裂位置的影响因素,是避免金属纳米材料在载荷条件下失效的关键一步。进一步研究表明,单晶金属纳米线以外的一些微结构,例如孪晶界、凹凸结构等均会对断裂失效分布特征带来影响。同时,本章 10.2 和 10.3 节工作还表明,纳米线初期产生的滑移位置在特定条件下与断裂位置分布也存在一定的联系。金属纳米材料的中空结构既是实现其功能化的核心,也会对机械力学性质产生影响。因此,探讨中空结构如何决定初始滑移缺陷的产生和分布特征,及其与断裂失效位置分布之间的关系是至关重要的。

本节将通过大样本进行统计分析,阐述中空结构如何影响金属纳米线在拉伸过程中的两个重要阶段,即屈服阶段和最终断裂阶段。并考察屈服点附近的初始滑移面的分布和最终断裂位置的分布,进一步讨论两者之间的关系。

10.4.2　中空纳米线的模型与计算方法

基于长轴 z 沿[100]晶向的单晶铜纳米线($17a×17a×51a$,$a≈0.362$ nm),移除中间给定半径的球形空间内的原子,形成中空结构。其截面如图 10.26 所示。模型依次标记为 R1~R5,依次对应中空半径 1~5 个晶格常数。为了解中空结构的影响,同时比较了完美单晶铜纳米线 R0。

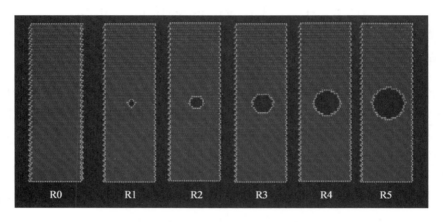

R0　　R1　　R2　　R3　　R4　　R5

图 10.26　中空金属纳米线模型初始结构图

在分子动力学模拟过程中,采用的是蛙跳算法求解牛顿运动方程,其中步长使用 2.5 fs,模拟过程中利用 Verlet 和 Cell 链接列表来构建相邻列表。温度设定为 150 K,并使用校正因子法对体系进行恒温处理。使用嵌入原子势来描述原子间相互作用,采用 Johnson 优化的参数。拉伸前的弛豫时间平均为 12 500 MD 步,每两个样本间依次增加 50 步以获得不同的初始态。

初始微观结构缺陷是指在屈服点产生的位错滑移,称为初始滑移。利用中心对称参数来获取六边形紧密堆积(HCP)原子,滑移面上的原子属于 HCP 原子。考虑到初始滑移的形状和大小各不相同,并且每个样本的初始滑移数量都是随机的,因此选择了基于密度的噪声应用空间聚类(DBSCAN)算法,将紧密相连的 HCP 原子聚类到一个滑移平面中。由于 DBSCAN 算法不需要预定义群集形状或大小,因此能够识别任意形状的群集,包括稀疏的和具有复杂边界的群集,并且不需要事先指定群集的数量,具有比其他聚类算法(如 K-均值算法等)更大的优点,这使得 DBSCAN 算法在处理本数据集时更加灵活。虽不必须预先给出聚类,但参数($\varepsilon = 0.08$,minPts = 8)还是必须给出的,因其描述了一组邻域内的紧密性,其中 ε 是特定 HCP 原子的邻域距离阈值,minPts 是特定 HCP 原子的邻域 ε 内的最小原子数。初始滑移与纳米线的侧向边缘相交的坐标 z 被定义为初始滑移位置。

10.4.3　中空纳米线的内表面性质与屈服点的结构特征

中空结构的内表面原子所处的微观环境与均质的块体材料不同。由于受到周边原子的吸引作用,中空内表面原子存在一个指向外的表面张力。

表面能 E_S 可以由以下方法估算:

$$E_S = (E_D + E_{B.R} - E_{N.D})/2$$

其中,E_D 为含有中空结构纳米线的总能量;$E_{B.R}$ 为中间球形的总能量;$E_{N.D}$ 为无缺陷的单晶铜纳米线的总能量。表 10.2 汇总了各模型的结构特征和表面能。

表 10.2　各模型的结构特征和能量

模　型	N_{Ball}	E_S/meV	S_{Ball}/S_{NW}
R1	14	0.090	3 : 1 000
R2	116	0.361	12 : 1 000
R3	466	0.813	28 : 1 000
R4	1 048	1.445	50 : 1 000
R5	2 046	2.258	78 : 1 000

从表 10.2 可知,随着中空结构半径的增大,E_S 呈增加趋势,说明了中空结构(特别是较大半径的中空结构)会因其内表面张力对初始滑移面带来影响。此外,从中空内表面积与纳米线外表面积的比值也可以看出,R3 比 R1 增长了近十倍,而 R5 比 R3 又增长了近三倍。图 10.27 给出了在屈服点六个模型的代表性样本的滑移面与中空结构的原子排布位图。此时我们可以看出,对于单晶铜,体系内往往会伴随着多个初始滑移面,且易于从侧棱上开始。由图可观察到滑移面与表面呈 20°~40° 角向上或向下发展。对于较小半径的中空结构,其滑移面的产生和发展与单晶类似,这是由于中空结构体积小且远离侧壁,因而影响也不显著。相较于中空内表面的原子,侧棱原子的配位数更低,能量更高,因此对滑移面的产生起到了诱导作用。但当中空结构的半径足够大,高能内表面原子与侧面产生一定的协同作用,使得初始滑移位置向中空结构附近聚集。例如模型 R4,它的中空

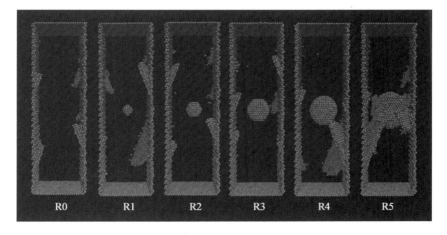

图 10.27　应力屈服点产生的初始滑移

截面与纳米线截面比达到 1∶20,聚集现象已经变得较为突出。而更大的中空半径,使得最近的内表面原子距侧壁仅有 3.5*a*,两者之间的影响已非常强烈。因此对于模型 R5,不仅滑移面在侧棱上产生,同样也在中空内表面上产生。我们在研究含缺陷银纳米线的形变机理时(见 8.1 节),发现内部因含较大空隙而无法抵抗外部横向应力时,将导致第一个位错在缺陷附近发生。这一现象说明中空结构必将影响屈服点之后的力学行为以及断裂分布特征。

10.4.4　纳米线拉伸的应力应变关系

应力应变曲线给出了系列模型的宏观力学性质的基本描述,如图 10.28 所示。图中为五个代表性的中空铜纳米线与无缺陷的单晶铜纳米线之间的比较。从图中变化趋势可以看出,在屈服点(应变≈0.042)之前,R0~R4 五个体系的应力几乎重合,近乎线性增长,说明样品之间的杨氏模量之间无明显差异。表 10.3 给出了基于 300 个样本的屈服特征的统计结果。以往的研究表明,初始结构对屈服行为的影响具有多样性。同种材料的不同初始结构可以改变其弹性行为,Cao 和 Wei[8]研究<111>晶向孪晶铜纳米线的形变机理时,发现孪晶片层厚度越小,孪晶纳米线的屈服应力越大。Deng 和 Sansoz[9]基于类似的模型,给出了孪晶铜纳米线的屈服应力和单位长度内的孪晶界个数的线性关系。上述研究均指出屈服行为与初始位错滑移的密切关系。而本节所考察的前五个体系的屈服点基本相同,同样在 8.2 节我们在研究孔洞和孪晶界对银纳米线形变行为时也提到,屈服应力并没有随着孔洞的引入而发生显著变化。而本节中,直至体系 R5 屈服应力与屈服应变才开始减小,这个结论与 8.1 节对含有缺陷的银纳米线形变机理的研究结果相同,在银纳米线到达屈服点时发生了相似的变化,说明中空结构的大小在一定范围内对初始滑移几乎无影响。这也意味着对塑性形变起关键作用的位错滑移并非产生于上述初始结构。

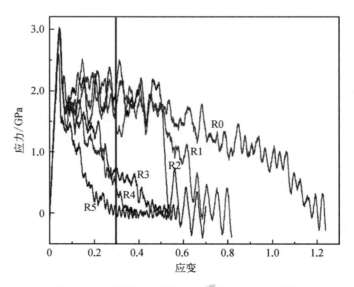

图 10.28　不同中空结构纳米线的应力应变曲线

表 10.3 不同中空结构下的屈服点处的应力应变值（300 个样本统计值）

模　型	屈服应变	屈服应力/GPa
R0	0.042±0.015	3.00±0.002
R1	0.042±0.013	3.00±0.010
R2	0.042±0.011	3.00±0.001
R3	0.042±0.012	2.98±0.013
R4	0.041±0.014	2.97±0.034
R5	0.038±0.017	2.57±0.112

达到屈服点之后,应力快速释放,而后会在一个较稳定的应力区间波动,维持塑性形变。该应力区间的平均高度和应变长度与中空尺寸密切相关,尺寸越大,应力越低,应变范围也越窄。特别到了半径为 $5a$ 的中空体系,塑性形变区间对应的平均应力只有 1.4～1.5 GPa,同时维持的应变范围也不足 0.05。而 R1 和 R2 两个模型的塑性形变维持在约 2.0 GPa 和长达约 0.4 的应变范围,说明了中空结构明显地降低了金属纳米线的延展性,使其塑性形变阶段的强度更低,且脆性更大。

在塑性形变的后期,材料一般会形成颈缩并伴随着应力的快速下滑。对单晶而言,塑性形变与断裂之间连续过渡,应力也缓慢降低到 0,表现了良好塑性形变特征。随着中空半径的增加,应力下降得越来越陡峭,甚至表现了一定程度的指数衰减的特征。断裂应变也同样随着中空半径的增加而减小。

图 10.29 给出了平均的原子势能随应变的变化关系,由于中空纳米线比单晶纳米线多了空心的内表面,它的能量起点也随着中空半径的增加而不断提升。在拉伸的弹性形变阶段,能量以近似二次方的形式增长。在屈服点附近,能量也会到达一个局部的极值。而后,伴随着滑移的产生,不仅应力得到释放,原子平均能量也随之降低。中空结构的尺

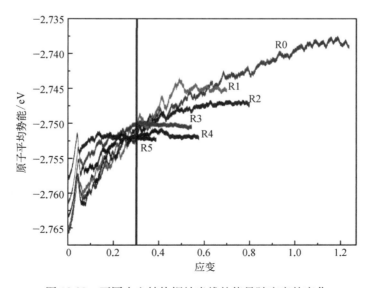

图 10.29 不同中空结构铜纳米线的能量随应变的变化

寸对释放的能量有较大的影响,中空半径越大能量释放得越小。能量释放的大小在一定程度上与滑移面的面积相关,R4 和 R5 具有较大中空结构,滑移面发展受到阻碍,因此有较小的能量释放。能量在塑性形变阶段恢复上升。其中单晶材料表现了极好的塑性,能量持续上升。小半径中空纳米线也表现了相似的特征,但在塑性形变后期,上升的能量低于单晶纳米线。而更大的中空结构表现出不同的特征,特别是 R3、R4 和 R5 这三个样本的能量在塑性形变中后期保持在一个较低的平台,直至断裂。从图 10.29 可以看出,能量表现了与应力应变曲线一致的变化趋势,反映了中空结构提升了原子平均能量,降低了屈服应力,减小了延展性。

10.4.5 拉伸形变过程中原子类型变化与结晶特征的统计分析

滑移面产生时,面上原子的邻近原子配位数发生了变化,因而可以利用配位数分析来确定对滑移面原子数量的变化。图 10.30 给出了对滑移面有贡献的密排六方(HCP)原子数随着拉伸形变的变化关系,也同时对比了本体特征的面心立方(FCC)原子数的变化。从这 6 个模型可以看出,在屈服点之前(应变<0.04)HCP 原子数没有明显增长,说明在弹性区间体系保持了较完好的结晶状态。在应变>0.05 时,体系进入了能量和应力的释放区,HCP 原子数迅速升高,代表着滑移面的持续产生或生长,这一过程一直持续到应变为 0.07~0.08。应力及能量释放完后,HCP 原子数不再增加。在随后的塑性形变区间,HCP原子数保持振荡,表明滑移面持续产生-消失,这一过程一直持续到塑性形变的中后期。在断裂阶段,不同的中空结构表现了不同的趋势。单晶及小半径的中空结构会保持 HCP原子数的振荡降低,这与塑性中期阶段的特征一致,说明在断裂前,滑移面依然在不断产生与消失。但对于较大半径的中空纳米线,HCP 原子数则在快速降低到某一数值后只呈现极弱的波动,直至断裂。这说明纳米线在这一阶段几乎没有产生新的滑移面,伴随着重结晶的作用,部分滑移面被吸收。断裂表现了较大的脆性特征。值得强调的是这 6 个代

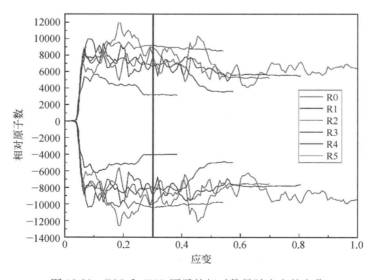

图 10.30 FCC 和 HCP 原子的相对数量随应变的变化

表性样本描绘了中空结构影响的总体趋势,就如同图 10.29 的能量曲线一样,同一结构的不同样本间会有一定的差异,这也进一步说明了在纳米线研究中大样本统计分析的重要。通过比较和分析同一结构的多个样本,我们可以明确上述规律的正确性。

晶体纳米线在拉伸过程中的近程和远程有序性可以通过径向分布函数(RDF)来分析。我们仅以在 0.3 应变(如图 10.29 与图 10.30 中垂直粗线所示)时各模型的 RDF 为例,分析中空结构的影响,如图 10.31 所示。其中单晶、R1 和 R2 处于塑性形变中期,伴随有大量的滑移面的产生与消失,而 R3、R4 和 R5 则处于塑性形变末期,纳米线形成裂隙,即将断裂。距离为 0.701 的是第一近邻峰,峰高随着中空半径的增加都有所升高。而对于较远程,例如第四到第六近邻峰,峰高随中空半径的增加经历了先降低后升高的过程,这也与前文讨论的 R0、R1 和 R2 的塑性形变特征和 R3、R4 和 R5 的脆性形变特征一致。在本小节中,我们分析了在塑性形变中后期纳米线的结晶状态。这与本节中前面章节对屈服点的讨论不同。相对而言,塑性形变的中后期纳米线经历了更为复杂多样的结构重组,包括了结构破损与再修复。因此图 10.31 一方面说明了中空结构随尺寸的增加使形变由塑性转向脆性,另一方面也展示了 RDF 分析方法在形变的不同阶段可以给出更为丰富的结构信息,对理解形变机理有重要的作用。

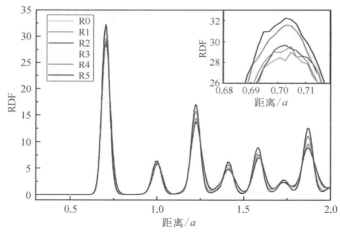

图 10.31　径向分布函数(RDF)曲线随中空尺寸的变化

10.4.6　初始滑移分布与断裂位置分布之间的关系

功能性中空纳米线有望在一系列器件中得以应用,但其在载荷下可能发生形变,甚至断裂失效,因此了解中空结构对拉伸初始阶段产生的滑移面和断裂位置之间的因果关系对器件设计、结构优化、寿命延长等至关重要。本节利用 DBSCAN 算法确定了初始滑移面与纳米线侧面的交点位置,以归一化的纳米线长度为参照,统计了 300 个彼此独立的样本,确定了初始滑移面产生位置的柱状分布图。由于每个样本中产生不止一个滑移面,所以统计的总数也大于样本数,约为后者的 2~4 倍,意味着在屈服点附近每个样本中平均存在 2~4 个滑移面。

通过对图 10.32 的分析可以看出,塑性形变特征明显的 R0、R1 和 R2 的初始滑移面的位置相对分散,既有较大概率出现于纳米线两端,又有较高的概率出现于纳米线的中间。但随着空心半径的增加,空心结构的影响已在 R2 模型中有所体现,即在中间处概率降低,但在其两侧,如 0.22~0.42 和 0.65~0.9 相对较高。由空心结构导致明显脆性形变的 R3、R4 和 R5,中空结构的影响变得显著。尤其半径较大的 R4 和 R5 在 0.3~0.45 和 0.6~0.7 出现了两个呈正态分布的峰,峰高呈现一定的非对称性,这可能是由于纳米线构筑时原子的…ABCABC…不对称排列顺序导致的。这种 FCC 金属排布的不对称性带来的影响,也体现在其他方面,如第 9 章我们在断裂分布与缺陷率关系的研究中,当应变速率是

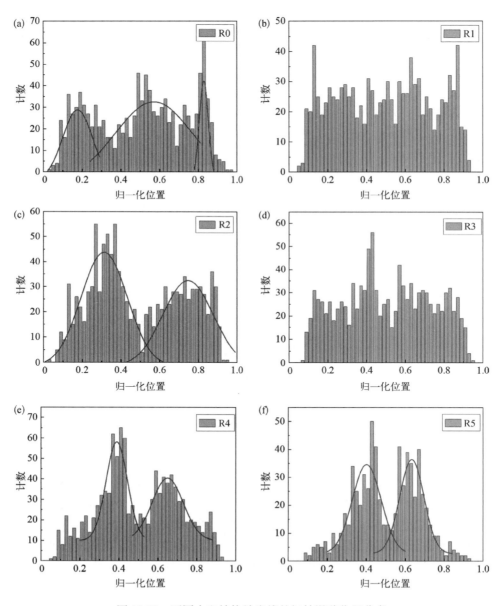

图 10.32　不同中空结构纳米线的初始滑移位置分布

1.0% ps^{-1},无缺陷时,断裂分布在中间位置展现出完美的高斯分布特征,当缺陷率上升至 2%时,断裂位置移动到两端 0.3 和 0.7 处,表现出不对称高斯分布的特征,并且随着缺陷率的升高不对称现象更加明显。

图 10.33 给出了基于每组 300 个样本的纳米线断裂位置的统计分布图。由图 10.33(a)可知,单晶纳米线的分布呈现靠近两端的偏态分布,这是由于在模拟过程中采用了自由边界条件,两端的固定层对分布产生一定的影响,最可几断裂位置靠近两端 (0.1 和 0.9)。该分布峰窄,说明了拉伸作用对其影响显著。相比之下 0.2~0.8 很宽范围内样本稀少。图 10.33(b)中,R1 因较小的中空半径表现出与 R0 相同的特征。而对

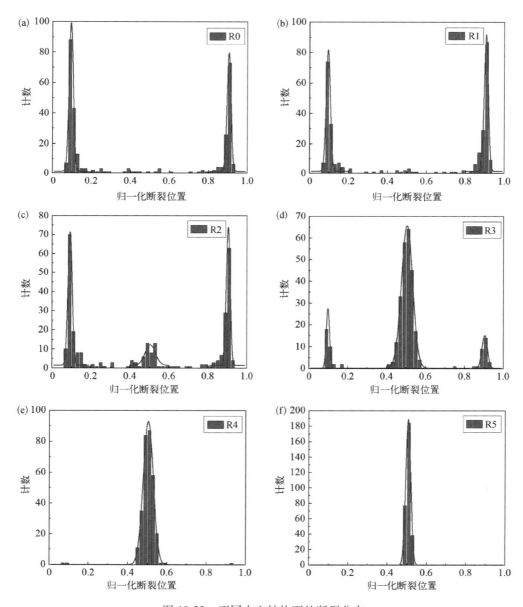

图 10.33　不同中空结构下的断裂分布

于图 10.33(c),中空半径更大的 R2 表现出由塑性形变向脆性形变的过渡特征。两端的偏态分布占主导,但在中间也呈现出一个较弱的正态分布。而更大中空半径(R3)使断裂性质由塑性断裂转变为脆性断裂,但图 10.33(d)还保留了部分塑性断裂的特征,即两端的偏态分布。中间的正态分布要远强于两端的偏态分布。模型 R4 和 R5 表现了完全的脆性断裂特征,仅显示了中间部分的正态断裂分布,且中空半径越大,峰值越大,分布越窄。

对比图 10.32 和图 10.33,我们可以看到在中空结构存在的条件下初始的滑移分布与断裂分布之间的相关性。对于完美单晶和中空半径较小的纳米线,形变以塑性特征为主,断裂应变更大,因此初始阶段产生的结构缺陷影响不大,甚至无影响。这类纳米线的断裂分布主要位于两端,但初始滑移面的分布要广得多,几乎整个纳米线上都有分布,因此无法确定两者之间有明确的因果关系。当中空缺陷足够大时,其影响得以显现。断裂分布更集中在中空位置,而初始的滑移面分布也向中空球的两侧聚集。所以对于中空半径较大的纳米线,初始滑移面的位置分布与最终断裂位置分布之间有明确的因果关系。中等大小的 R2 和 R3 则表现出了过渡特征。

10.4.7 塑性断裂与脆性断裂的微观结构分析

进一步分析微观结构,以更好地理解初始滑移分布与断裂位置分布之间的关系。中空缺陷较小时,其对纳米线的拉伸断裂影响轻微,初始阶段产生的滑移面的统计分布与最终的断裂分布之间也无明显的关联,这一点也可以从不同拉伸时刻的微观原子排布结构中体现。图 10.34(a)给出了具有塑性形变断裂特征的代表性模型(R2)的结构图。因中空半径小,其对屈服点处的初始滑移面无影响,从图中也可以看出多个滑移面随机在纳米线侧面靠近两端处产生。进入应力释放区,大量滑移面产生。其中有些新的滑移面也产生自纳米线的中部。这一过程对应了 HCP 原子数的急剧升高阶段。进入塑性形变阶段,随拉伸的进行,部分滑移面消失,又有新的滑移面产生,因此形成了 HCP 原子数的波动,也对应了应力和原子平均能量的波动。在应变 0.45 处,滑移面的连续产生并发展到固定层,固定层对其反射,反射后的滑移面彼此相互阻碍产生局域非晶态,加剧了塑性形变,因此产生颈缩。颈缩之外的部分由于应变减小且通过恒温浴的作用,原子的晶态得以部分恢复,导致 HCP 原子数的降低。进一步拉伸导致纳米线在靠近一端断裂,这也与先前研究的塑性断裂特征一致。可见能直接决定最终断裂位置的是出现在塑性中后期的颈缩。与 R2 的塑性形变断裂不同,R4 表现了脆性的断裂特征。从图 10.34(b)可以看出,较大中空结构连同侧棱诱导产生了系列滑移面。它们可以从不同的位置产生,沿{111}面发展,在应力的释放阶段,虽然纳米线的其他位置也有产生新的滑移面,但主要的贡献仍来自中空结构,中空附近高密度的滑移面产生局域非晶态,并迅速形成裂隙。在应变 0.35 处,中空一侧已形成缝隙,但另一侧尚有粘连,但在随后的短暂拉伸过程中完全断开。从原子排布结构中可以明显看出中空结构诱导产生了系列初始滑移,并在随后的应力释放阶段围绕着中空部位产生了更多的滑移面,这些都在后续的短暂拉伸中得以保留,直至形成脆性断裂。因此,较大中空纳米线脆性形变特征明显,初始滑移分布也与最终断裂分布存在明确的相关性。

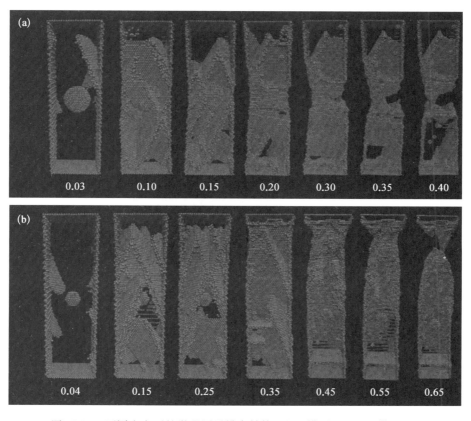

图 10.34　不同应变下的微观原子排布结构：(a) 模型 R2；(b) 模型 R4

　　本节通过改变系列中空微结构的尺寸,考察了铜纳米线的初始滑移面分布与断裂位置分布之间的逻辑关系。再结合本章前三节的研究,我们可以明确,影响完美单晶纳米线断裂分布的结构因素一般出现于塑性形变的中后期,而更早出现于屈服点的初始滑移分布,因材料形变过程的随机性,与断裂分布之间无关联。纳米线中间设置的小尺寸缺陷,虽无法改变塑性形变初始阶段的结构特征,但因其高能结构,势必会在塑性形变中后期发挥一定的作用。也因此将决定断裂分布的因果关系向应变的前端延伸。更大的中空结构,毫无疑问对初始滑移等结构形变产生直接作用,也因此导致最终的脆性断裂。决定断裂位置的因果关系则前移至屈服点。相关讨论可以由图 10.35 更直观地表现出来。该图对我们认清决定断裂分布的因果关系所出现的时刻有重要的意义。虽然前三节的完美单晶模型也给出了一定的迹象,但均不明显。特殊微结构的引入才使得因果关系的作用范围得以调整和扩展,因此明确观察到出现于屈服时刻的决定因素。从该研究中我们体会到纳米材料形变过程中多种因素相互联系的复杂性,因此对于器件的结构设计也需要做更多更深入的基础探索。

10.4.8　小结

　　本节基于分子动力学模拟所获得的多样本数据,研究了具有潜在功能性的中空纳米

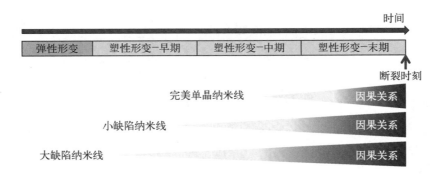

图 10.35　决定最终断裂位置分布的因果关系
与不同性质的微结构之间的联系

线在负载条件下的形变断裂的统计分布特征,并追踪了在屈服点附近初始滑移面的位置分布。对于塑性形变断裂的单晶和小尺寸空心纳米线,影响断裂位置分布的因素主要集中在塑性形变中后期,说明初始滑移分布与断裂位置分布间无相关性。但对于脆性断裂特征明显的大尺寸中空纳米线,由中空结构诱导产生的滑移面迅速积累、产生裂隙并导致最终的断裂,因此初始的滑移面位置分布与最终的断裂位置分布之间有明确的因果关系。该研究也为中空纳米材料的稳定性设计、理解材料的失效机理提供了参考。

参 考 文 献

[1] Hossain A, Kurny A. Effects of strain rate on tensile properties and fracture behavior of Al－Si－Mg cast alloys with Cu contents[J]. Materials Science & Metallurgy Engineering, 2013, 1(2): 27－30.

[2] Xiang M Z, Cui J Z, Tian X, et al. Molecular dynamics study of grain size and strain rate dependent tensile properties of nanocrystalline copper[J]. Journal of Computational and Theoretical Nanoscience, 2013, 10(5): 1215－1221.

[3] Idrissi A, Alaoui A. A multi-criteria decision method in the DBSCAN algorithm for better clustering[J]. International Journal of Advanced Computer Science and Applications, 2016, 7(2): 377－384.

[4] Oshima Y, Onga A, Takayanagi K. Helical gold nanotube synthesized at 150 K[J]. Physical Review Letters, 2003, 91(20): 205503.

[5] Oshima Y, Kondo Y, Takayanagi K. High-resolution ultrahigh-vacuum electron microscopy of helical gold nanowires: Junction and thinning process[J]. Journal of Electron Microscopy, 2003, 52(1): 49－55.

[6] Kushima A, Huang J Y, Li J. Quantitative fracture strength and plasticity measurements of lithiated silicon nanowires by in situ TEM tensile experiments[J]. ACS Nano, 2012, 6(11): 9425－9432.

[7] Pang W, Yu S, Lin Z, et al. Effects of crystal orientation and temperature on the deformation mechanism and mechanical property of Cu nanowire[J]. Micro & Nano Letters, 2020, 15(4): 261－265.

[8] Cao A, Wei Y. Atomistic simulations of the mechanical behavior of fivefold twinned nanowires[J]. Physical Review B, 2006, 74(21): 214108.

[9] Deng C, Sansoz F. Near-ideal strength in gold nanowires achieved through microstructural design[J]. ACS Nano, 2009, 3(10): 3001－3008.

第11章

金属纳米线断裂后的行为

11.1　金属纳米线断裂与裂隙的动态演化

11.1.1　纳米线拉伸概述

近二十年来,纳米尺度结构的研究取得了显著进展,这得益于新的实验技术使制备原子尺度的金属结(metallic junction)成为可能。其中,利用这些金属结的特性,可以直接表征单原子和单分子的导电性以及纳米尺度针尖诱导的催化反应。

金属纳米结可以通过多种技术制备,例如电子束刻蚀、聚焦离子束刻蚀、扫描隧道显微术、电镀、电迁移诱导纳米结、掩膜沉积等。在这些方法中,机械可控纳米劈裂(MCBJ)技术因其简单易行、操作灵活和数据可靠而被广泛使用。金属纳米线在机械张力的作用下,会趋向于变长、变薄,有时甚至形成一条单原子线,最后在断裂瞬间形成纳米裂隙。纳米线变形的屈服阶段已经得到深入研究,然而断裂后的变化过程极少受到关注。主要原因是技术上的限制,因为从拉伸开始到形成纳米裂隙的过程在理论模拟中时间太长,但在实验操作中又显得太短。在原子层面上,机械断裂形成的纳米裂隙处于张力变形的状态,因此后续的自由弛豫过程会改变电极的形状、晶体学的性质,这将影响到裂隙的尺寸,不仅会影响原子分子的导电性测量,还会改变针尖尖端的催化活性。因此,对纳米结断裂后行为的系统研究具有重要意义。

实时成像技术,如高分辨率透射电子显微镜(HR‒TEM),对于理解断裂前后的微观结构至关重要。例如,通过使用 HR‒TEM,Takayanagi 等[1]成功地观察到超高真空条件下螺旋多层金纳米线的形成;Rodrigues 等[2]表征了处于稳定拉伸状态下的尖端结构,提出了由(111)和(100)晶面组合而成的尖端模型。然而,HR‒TEM 的固有局限性使得它不适用于:① 在快拉伸速度下的直接观察;② 对大量样本进行表征。第二点尤为重要,因为大量的研究已经表明许多微观的特性都遵循着统计分布,例如金属原子线和分子结的导电性等。这种特性甚至出现在介观体系中,第 5 章给出了大量的由分子动力学(MD)模拟揭示的纳米线断裂位置的统计分布。因此,少数样本是不足以分析纳米结构的固有特性的。

在纳米器件的机械操作中,材料在大跨度的应变速率下经历了平衡、准平衡和非平衡的拉伸状态,这些状态具有一些相似的行为特征。在本节中,我们将提供基于大量数据的统计结果而非单一样本的观察。为了表征纳米结的形成过程,我们将利用 MD 和 MCBJ

两种方法,这两种方法可以覆盖从非平衡拉伸到平衡拉伸的全状态,并全面了解断裂后的行为。微观 MD 模拟可以在断裂瞬间和断裂后的任何时刻给出纳米线的原子排布结构的细节,但总的模拟时间却受到目前计算能力的限制,所以应变速度不能太慢。相反,实验观察可以展示间隙尺寸的统计特征,并回答纳米间隙最终会变得多大的问题,但因实验测量的固有局限,应变速率不能太快。通过协同配合这两种不同特质的研究方法,我们将重点关注纳米结裂隙尺寸和尖端结构的演变,并揭示金纳米结的一些重要的物理和动态特征。

11.1.2 金纳米线断裂行为的实验研究方法

实验是利用机械可控纳米劈裂(MCBJ)方法进行的,该实验的工作原理和技术细节在文献[3]中已有详细描述。简而言之,实验中使用了一个刻有凹槽的金丝(直径 0.1 mm,长度 10 mm),将其粘贴在梁上,并以三点弯曲配置安装在真空室内(真空度为 1.0×10^{-3} Pa,温度为 300 K)。通过对基板进行机械弯曲来拉断金丝。然后,可以通过使用压电元件进行微调,使弯曲得以松弛,从而重新形成两个尖端之间的原子级接触。通过分析 4 K 下金纳米线的导电变化曲线,校准压电陶瓷的控制电压与伸缩长度的线性关系。文献[3]已报道,在 4 K 下电导曲线在断裂前最后的导电台阶的长度直方图显示了许多等间距的极大值,其间距为 0.257 nm 的倍数。我们使用这个间距来校准比例系数,这样可以得到纳米线长度变化的绝对值。在实验中,电导测量电压施加在纳米线两端,在恒定的 100 mV 测量断裂和重新形成接触时的导电性。通过使用高精度的安培计和 AD – DA 转换器测量电流。数据的采样速率为每秒 4 000 个点,记录导电性的变化曲线。应变速率从 0.6 nm/s 变化到 9.0 nm/s,由于 AD – DA 转换器的限制和金纳米线的稳定性,无法进一步增加或减少应变速率。每个样品记录并分析了 1 000 次断裂和重新连接的循环。每个应变速率至少测量了三个样品。

11.1.3 模型建立与分子动力学模拟方法

为了了解动态的断裂过程,我们在研究中使用了一个包含 12 000 个原子的金纳米线,其尺寸为 $10a \times 10a \times 30a$($a$ 为金的晶格常数),相应尺寸为 4.08 nm×4.08 nm×12.24 nm,具有自由边界条件。分子动力学模拟是通过持续地拉伸顶部和底部另外增加的固定层,每个固定层各由三层原子组成,其在 z 方向受限,但可在 $x - y$ 平面上自由运动。拉伸持续进行,直到完全断裂为止(见图 11.1)。然后系统进行自由弛豫,保持两端固定层在 z 方向固定。采用嵌入原子势方法(EAM)进行原子间作用势能的计算,并使用 Johnson 等提出的分析模型的参数,该模型能够可靠地描述 FCC 金属的性质。模拟时温度恒定为 300 K。利用时间步长为 2.9 fs 的蛙跳算法来积分运动方程。

模拟中,定义 0.388 nm 的距离作为断裂临界点,超过这个距离的纳米线被视为断裂。我们选择这个距离是因为它介于金晶体中第一和第二近邻原子之间,并且略大于线性金原子链(LAC)中经常观察到的原子间距(约 0.28 ~ 0.37 nm)。分子动力学模拟研究了在 0.245 m/s 到 489.6 m/s 的应变速率下的最终裂隙的大小,这涵盖了对 FCC 纳米线从低应变速率的晶态变形到极高应变速率下的非晶态变形的过渡。值得一提的是,在 489.6 m/s 以上,快速拉伸引起了不同的断裂机制,表现为两个颈缩和最终的两个断裂位置。另外,

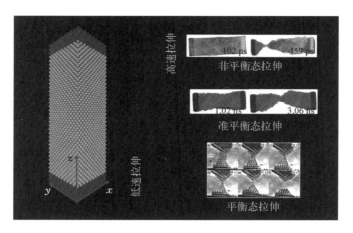

图 11.1　本研究考察的模拟模型使用侧面为 [100] 面的单晶金纳米线。尺寸为 $10a \times 10a \times 30a$（$a$ 是金的晶格常数）。图的右侧展示了三种拉伸状态，包括平衡态、准平衡态和非平衡态。平衡态的工作来自参考文献 [2]

当速度低于 0.245 m/s 时，达到最终的断裂所需的时间非常长，在当前阶段计算资源难以承受。对于每个应变速率，我们从平衡态选择了 20 个独立的初始状态（通常情况下，如果两个构型相隔 5 000 分子动力学步，相当于 14.6 ps，则是完全独立的）进行模拟，并给出裂隙尺寸的统计值。

11.1.4　断裂后的弛豫行为：非平衡态、准平衡态和平衡态拉伸

本书前面的章节已经充分探讨了金属纳米线在不同应变速率下的行为，如图 11.1 所示，它们会表现出不同的状态，包括非平衡态、准平衡态和平衡态拉伸。在快速拉伸下，金属纳米线经历动量（冲击）诱导的非晶化，导致样品呈现出类似熔融的结构，然后进行弛豫散热实现再结晶。如果应变速率减慢到准平衡拉伸，部分熔融的原子团簇起到润滑作用并促进界面滑动。在非常低的应变速率下（通常小于 0.1 nm/s），透射电子显微镜观察直接证实纳米线的大部分保持完美的晶体结构，滑动发生在 (111) 晶面上，只有尖端的顶部变成非晶态 [2]。这些结果暗示了纳米线的本体和尖端在断裂后可能对结构的演变有不同的贡献，具体行为则取决于应变速率。

为了定性地评估断裂后纳米线的弛豫特征，图 11.2 比较了分子动力学计算得到的势能曲线。曲线分为两个部分，前面是拉伸直至断裂阶段，标记为"T"；后面是断裂后的再次弛豫阶段，标记为"R"。三条曲线涵盖非平衡态和准平衡态拉伸的三种代表性应变速率。在拉伸阶段势能随着应变的增加而增加，直到纳米线完全断裂。然后系统开始自由弛豫（R），势能下降。结果显示，应变速率越高，断裂后势能下降得越显著。例如，在 122.4 m/s 的速率下，势能下降约 2.4×10^{-3} eV，而在 1.22 m/s 的速率下仅下降约 0.1×10^{-3} eV。众所周知，高应变速率使纳米线远离平衡状态，沿轴向晶格被拉长，断裂后的弛豫涉及纳米线所有原子的运动，大幅度的势能下降是纳米线全体而不仅是尖端有限原子的贡献。当使用较低的应变速率时，纳米线经历准平衡态变形，断裂后的弛豫仅涉及滑动面上的部分非晶原子以及尖端的部分原子，而在整个纳米线上的平均势能受到较少影响。进一步减小应变速率

可能使材料接近平衡状态下的拉伸,尽管更慢的拉伸速率会超出目前分子动力学模拟的能力。可以预期,更慢速拉伸时材料的本体只会产生很少的结构缺陷,而熔化的尖端则主导了势能的下降,这一讨论也得到了透射电子显微镜观察的证实。

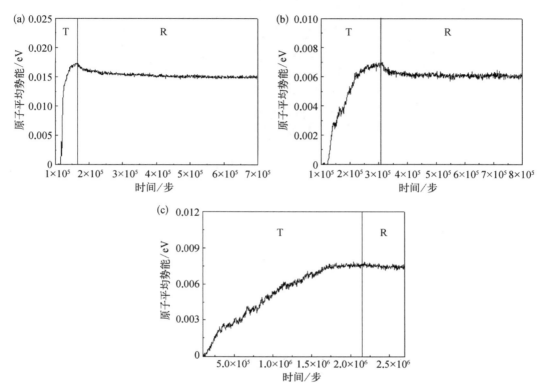

图 11.2 不同拉伸速度下原子的平均势能变化,应变速率分别为:
(a) $1.0\times10^{10}\,\mathrm{s}^{-1}$;(b) $1.0\times10^{9}\,\mathrm{s}^{-1}$;(c) $1.0\times10^{8}\,\mathrm{s}^{-1}$

11.1.5 拉伸速度对裂隙尺度的影响

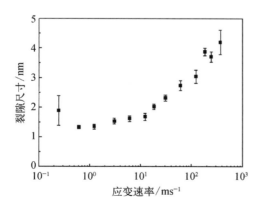

图 11.3 应变速率对纳米线最终断裂的裂隙尺寸的影响

通过可控的机械拉伸断裂形成的纳米裂隙可以有多小是一个有趣的问题。在本节的分子动力学模拟中,纳米线在拉断的瞬间两端固定层即停止在 z 方向上的移动,两者之间的所有原子则可继续保持热运动弛豫,以便消除纳米线因轴向拉伸产生的内应力。通过一定的重结晶使能量变得更低。因此在断开的两段整体收缩的趋势下,裂隙会逐渐扩大,并渐渐趋于稳定。当其变化不再显著时,我们就获得一个相对稳定的裂隙尺寸。图 11.3 显示了最终的裂隙尺寸随应变速率从 489.6 m/s 到 0.245 m/s 的变化情况,涵盖了非平衡态和准平衡态拉伸。这些裂隙尺寸是在每个应变速率下对 20 个独立的构型进行平均得到的。我们可以观察到随着应变速率的降低,裂隙尺寸从 4.0 nm 减小到 1.3 nm。进一步分析还可以发现,以 10 m/s 的拉伸速度为临界点,更快的拉伸会导致裂隙尺寸近似线性增加,直至约 500 m/s。更快的拉伸会导致形变机理发生本质的改变。可以确定这一应变速率区间纳米线处于非平衡态,断裂后连同尖端在内整个纳米线均产生收缩。反之,更慢的应变速率会使体系处于准平衡态,尖端及以外的部分结构发生有限的重构,所以裂隙尺寸不仅小而且变化不大。

　　图 11.3 还表明,裂隙尺寸趋向于一个渐近值。这意味着即使在计算机模拟中使用了有些夸张的应变速率,我们仍然可以从模拟结果对在平衡拉伸下由 MCBJ 制备的纳米裂隙有所了解。

　　实验中的 MCBJ 可以在仅有几纳米每秒的应变速率下测量出裂隙的最终尺寸。图 11.4(a)显示了金丝的断裂和重新连接的导电轨迹。在拉伸过程中,电导曲线呈阶梯状递减,直到纳米线完全断裂。最后的台阶对应了具有 $1G_0$ 的单原子线($G_0 = 2e^2/h$,e 是电子电量,h 是普朗克常数)。当金线被完全拉断时,电流远低于 $1G_0$,而后控制压电陶瓷反向运动使断裂的两段金线重新建立接触,导电轨迹再次增加。从单原子线断裂到重新连接的距离表示了裂隙尺寸,它总是大于单原子线的长度。对于在真空 4.2 K 条件下的金纳米线,其断裂所形成的裂隙尺寸和单原子线长度之间的差异已经有报道,支持了当前的结果。尽管应用了一个不敏感的拉伸速度,透射电子显微镜的观察也证实了自发形成的裂隙的存在。对于 3.0 nm/s 的应变速率,单原子线长度和裂隙尺寸的统计结果如图 11.4(b)所示,显示出高斯分布中各项的最大值分别为 0.13 nm 和 0.44 nm。在平衡状态拉伸形成的最终裂隙尺寸比分子动力学模拟要小得多,这促使我们进一步分析裂隙演变的细节。

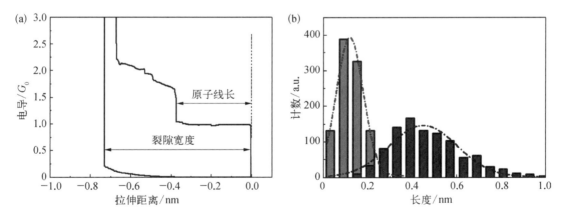

图 11.4　(a) 金纳米线的断裂和返回重新连接时电导轨迹。导线长度定义为电导介于 $1.5G_0$ 和 $0.5G_0$ 两点之间的距离。间隙尺寸定义为断裂点与电导增加至 $0.5G_0$ 之间的距离;(b) 应变速度为 3 nm/s 时单原子线长度(wire length)和间隙尺寸(gap distance)的分布

11.1.6　断裂后尖端的精细结构

　　分子动力学模拟(图 11.3)预测在低应变速率下裂隙趋于 1.3 nm,而 MCBJ 测得裂隙

仅 0.44 nm。为了理解这个差异,我们需要知道最终裂隙形成的动态细节,为此我们进一步分析了分子动力学模拟的裂隙尺寸与弛豫时间的关系,如图 11.5 所示。拉伸停止的时刻设定为 0 点。三个代表性的应变速率下,我们可以看到断裂后裂隙迅速增加。这表明纳米线发生了快速的结构回缩,即在系统达到其结构极限时发生了断裂。一旦断裂,外部拉力消失,所以原子会在内部应力的作用下自发地回到最近的稳定晶格位置。这个过程非常快,原子定位到最近的稳定位置所需的时间基本在皮秒级,会随应变速率降低而有所延长。这种行为类似于一个铜丝在冲击负载断裂后的回弹情况,之前的计算机对宏观金属丝的模拟和实验观察都已经揭示了这一点。

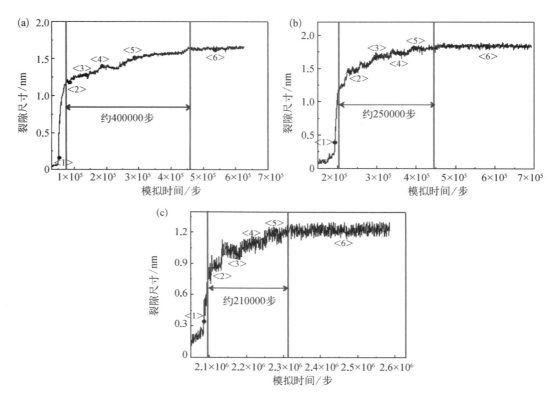

图 11.5　裂隙增长与弛豫时间的关系图。为了突出弛豫行为,将弛豫开始的时间设为
0,(a)、(b)和(c)分别对应 1.0×10^{10} s^{-1}、1.0×10^{9} s^{-1} 和 1.0×10^{8} s^{-1} 的应变速率

　　即使在相同的应变速率下,不同初始状态的裂隙演变曲线在细节上也不会完全相同。然而,许多曲线都具有相同的特点,即裂隙增加呈现一系列阶梯状的步进,当裂隙尺寸接近稳定平台时,这种精细结构逐渐消失。整个阶梯状的增量范围从 0.35 nm 到 0.65 nm,随着应变速率的增加略有增加。这种阶梯状的增量反映了尖端从一个亚稳态结构迅速重构为另一个的过程。尽管这些临时状态是不稳定的,但每个状态并不会立即重构,都会持续几皮秒到几十皮秒的时间。

　　在计算机模拟中观察到的这些裂隙尺寸的演变特征为我们理解纳米结构在拉伸过程中的行为提供了重要线索。这种阶梯状的变化暗示着在拉伸过程中,结构发生了多次瞬时的重构,直至到达一个相对稳定的平衡态。这样的结构演变过程是非常快速的,需要通过高时空分辨率的实验或精细的模拟来揭示其中的微观机制。对于纳米器件的设计和应用,这些理解将具有重要的指导意义。

11.1.7　断裂后的弛豫对针尖原子排布结构的影响

为了理解裂隙尺寸阶梯状增加的本质,图 11.6 展示了在图 11.5 中标记的几个弛豫时刻的结构快照。每个应变速率的第一个构型都对应着断裂的瞬间,与先前关于 FCC 金属(如金[4]和铜[5])的理论研究结果相符,但与在晶体形态下的透射电子显微镜观察[6](由于拉伸状态的不同)有很大差异。在所有三种应变速率下,断裂后都观察到原子团簇的突然回缩,随后上下两端均向着更有序的结构演化。因 FCC 金属多配位引起的紧密堆积结构在能量上更稳定,我们认为这种尖端重构在纳米断裂的过程中普遍存在。

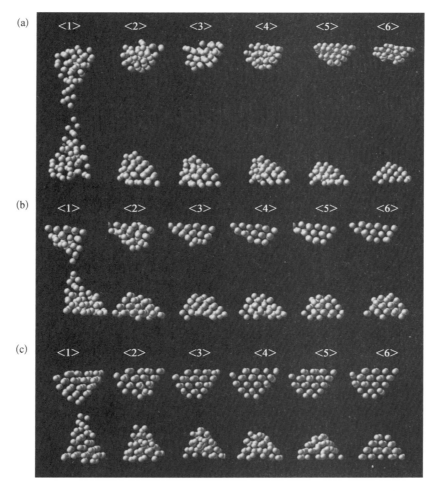

图 11.6　自由弛豫过程中尖端原子的构型重构:(a)、(b)和(c)分别
对应 1.0×10^{10} s^{-1}、1.0×10^{9} s^{-1} 和 1.0×10^{8} s^{-1} 时的应变速率

我们还发现两侧尖端的原子结构并不完全相同。在许多情况下,一个尖端看起来比另一个更有序,表明局部无序和有序区域之间的边界是纳米线收缩和断裂的地方。类似地,通过紧束缚分子动力学,da Silva 等[4] 发现当形成纳米线颈缩时,两个金尖端中的一个比另一个更稳定,这与我们的观察结果一致。此外,透射电子显微镜观察还证实了断裂瞬间的尖端结构和取向是不对称的,尽管它处于平衡状态[6]。然而,经过充分的弛豫,分子动力学模拟显示尖端结构趋向于对称。

这些关于纳米断裂过程中尖端结构变化的细节有助于我们深入了解纳米线在拉伸断裂时的行为和性质。尖端的非对称性和结构重构过程可能是导致纳米线断裂的重要因素之一。同时,这些发现也为纳米器件的设计和应用提供了新的思路和可能性。需要指出的是,上述研究分别基于计算机模拟和实验观察,要获得更本质的认识,还需要将两者结合起来。

11.1.8　断裂裂隙尺寸与拉伸速度之间的关系

一般来说,分子动力学模拟成功地描述了纳米线在非平衡拉伸下的形变以及随后的再结晶,包括纳米线的本体和尖端。分子动力学模拟还很好地描述了准平衡态拉伸,纳米线中出现了沿着(111)晶面的滑动。尽管原理上还可以模拟更慢速的拉伸,但这在实践上耗时过长。相比之下,实验的机械可控断裂技术提供了关于平衡拉伸的信息,正如上面所解释的那样,这仅包括了尖端再结晶的贡献。由于这三种拉伸方式都涉及尖端再结晶的相同成分,如果可以将本体贡献从总的裂隙中分离出来,就有可能比较理论模拟和实验测量之间的一致的信息。

为了深入了解尖端演变过程,需要排除尖端之外的其他贡献。在分子动力学模拟框架中,图 11.5 中裂隙尺寸的阶梯状增加主要来自尖端重构的贡献,因此阶梯增加的绝对距离可以提供关于非平衡或准平衡拉伸下尖端演变的信息。相比之下,我们使用本体材料进行的平衡态拉伸实验,因此 MCBJ 技术测得的裂隙尺寸主要源于尖端再结晶的贡献。了解到这一点,实验测量和理论模拟就可以比较了,结果如图 11.7 所示。在实验方面,裂隙尺寸保持在 0.40 nm 左右,与应变速率无关,这反映了平衡态拉伸的特点。这个值与分子动力学模拟显示的低应变速率的结果非常吻合。分子动力学模拟和实验观察之间的成功关联表明,原子分辨的尖端再结晶是结构演变的固有本质。

11.1.9　小结

在本节中,我们利用分子动力学模拟和机械可控断裂技术,研究了金纳米线在断裂后裂隙的有趣特性。分子动力学模拟考察了从非平衡到准平衡张力状态下的断裂后行为,在原子层面上给出了裂隙演变的结构细节。在平衡张力状态下,通过机械可控断裂技术形成的裂隙呈现出高斯分布,尺寸约为 0.4 nm。模拟和实验观察之间的差异是由于材料本体的结构恢复引起的。在纳米线本体经过短暂重构后,裂隙尺寸的阶梯状增加归因于尖端再结晶。这种增量在实验和理论模拟中是相同的。

随着科技的进步,我们对纳米材料和纳米器件的需求越来越大,因为它们在许多领域都展现出了巨大的潜力。例如,在未来的信息处理技术中,纳米接触可能用于构建更小、

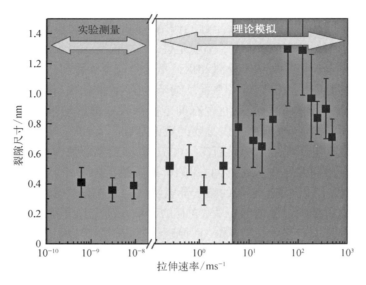

图 11.7　裂隙尺寸与应变速度的函数关系图。左、中和
右分别表示平衡、准平衡和非平衡状态

更高效的电子器件。同时,纳米材料和纳米器件也被广泛应用于生物医学、能源存储等领域。本研究不仅有助于我们深入了解纳米结构的性质和行为,还为未来的纳米技术发展提供了重要的参考。通过了解纳米结构的特性,我们可以更好地设计和制造纳米器件,从而推动纳米科技的发展。同时,这项研究还为未来的纳米电子学和纳米材料领域提供了新的研究方向和可能性。

此外,本研究还为人们明确理论模拟和实验测量的关系提供了深入思考的实例。

11.2　晶向对银单原子线形成概率的影响

11.2.1　引言

金属单原子线,也被称为金属原子链,是一种极小尺度的材料,由单个金属原子按一维线状排列而成。这些原子通过共价键或金属键相互连接,形成了一维链条结构。金属单原子线通常具有直线或稍弯曲的形状,其直径通常在纳米尺度范围内,使其成为纳米材料的代表之一。这些金属原子链的独特之处在于其极端的纳米尺度和一维结构,这使得它们具有一系列引人注目的性质。由于其纳米级别的精细度,金属单原子线可能表现出经典材料无法复制的量子效应,如量子限制和量子波动。这些效应对于理解量子力学的基本原理和研究纳米材料的性质非常重要。金属单原子线可以包括不同金属元素的单原子链,如金、银、铜等,也可以包括多种金属的合金链。金属单原子线可以通过多种方法制备,如扫描隧道显微镜(STM)的操作、化学合成或通过机械剥离等。

金属单原子线的稳定性是关键问题,直接影响其应用和科学研究的可行性。在纳米尺度下,原子之间的相互作用以及外部环境因素对金属单原子线的稳定性发挥着至关重要的作用。原子之间的结合方式(如共价键和金属键),以及相邻原子之间的相互作用力在维持金属单原子线的结构上起着决定性的作用。同时,外部因素(如温度、湿度、气氛和机械应力)也可能导致金属单原子线的不稳定性,例如断裂或聚集。因此,研究金属单原子线的稳定性对于设计可靠的纳米材料和探究量子效应至关重要。解决稳定性问题有助于提高纳米材料的性能,延长其寿命,并推动纳米电子学、催化剂、传感器以及能源转换等领域的创新。此外,稳定性问题的研究也有助于更深入地理解纳米材料的物理和化学性质,为未来的纳米科学和工程研究提供重要的理论基础。

金属单原子线在电子输运领域具有广泛的应用,涉及电子散射、电导率和自旋电子学等课题。在电子输运和电导率研究方面,铜的单原子线的电导率得到广泛研究。当原子间距稳定时,铜单原子线表现出金属的量子导电特性。此外,金和铂单原子线也被发现在电导测量中显示出特定的电子散射行为,这有助于深入研究电子散射机制和电导率的纳米调控。我们也利用实验技术,结合第一性原理计算,对氮气环境中铂单原子接触的电导率进行了研究。在实验中,我们在平行排列的铂电极之间吸附了单个 N_2 分子,并拉长了 N—N 键的距离。含单个 N_2 分子的金属结电导率为 $1G_0$($G_0 = 2e^2/h$,e 为电子电量,h 是普朗克常数),接近金属原子接触的量子电导单位。理论计算表明,来自 N_2 分子与电极之间耦合的两个主要通道对电子传输作出了贡献[7]。

金属纳米线在拉伸的最后阶段可以形成短暂的单原子线,并表现出奇特的量子电导行为。利用扫描隧道显微镜(STM)[1],采取机械拉伸断裂的方法(MCBJ)[7, 8, 9]来制备单原子线,并配合高分辨透射电子显微镜(HRTEM)[1, 7]来获取最后阶段的单原子线的图像,可获得金属原子线的初步信息。

然而,各种外界条件,如拉伸速率、温度、晶向和原子的种类等共同制约了单原子线的形成。同时,由于单原子线本身的寿命短,受限于仪器本身的性能,例如拍摄一幅显微照片需要约 0.5~1.0 s[10],对于短暂存在的单原子线就难以捕捉。实验还发现能否形成单原子线和拉伸的初始状态有关,但是实验的可控性还难以满足要求。相较于实验,理论模拟不但可以提供拉伸过程中纳米线结构变化的细节,同时还可以提供足够数量的模拟样本以便得到全面而准确的统计结果,因此分子动力学是近年来发展迅速的研究纳米尺度物理化学性质的有效手段。

本节利用分子动力学模拟,考察拉伸过程中银纳米线的机械力学性质和结构的变化。通过对大量样本的统计分析,获得沿不同晶向形成单原子线的概率。

11.2.2 模型建立与分子动力学模拟方法

银纳米线的初始构型用几何方法生成。原子按照理想的面心立方结构排布,截面[x-y 面,如图 11.8(a)所示]为正方形,z 方向原子分别按照[100]、[110]和[111]晶向排列[图 11.8(b)]。截面尺寸为 $6a×6a$,长度为 $18a$(a 为银晶格常数,0.408 6 nm)两端为固定层,各包含三个晶格。在 x、y 和 z 方向采用自由边界条件,以便更为接近真实体系。模拟过程中采用校正因子法进行等温调节,保持体系的温度恒定在 300 K。采用 Cell list 结合 Verlet 列表建立原子间链表。原子之间的相互作用采用多体势中的嵌入原子势[11, 12]来描述。首先使体系(包括固定层)自由弛豫,允许构型自由收缩。当体系达到充分的平衡后,沿 z 轴以 3.1% ps^{-1} 的形变速率匀速拉伸。拉伸过程中固定层沿 z 方向移动,其余原子可以自由移动。记录拉伸过程中 z 方向的应力变化。

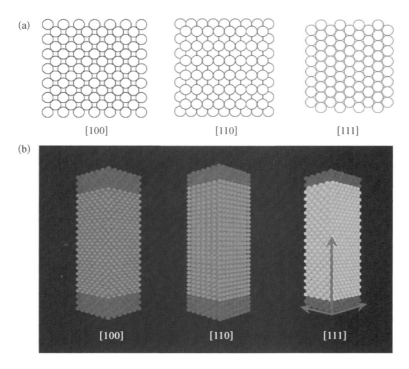

图 11.8　(a) 沿[100]、[110]和[111]晶向生成的银纳米线的横截面图;(b) 在 300 K 沿[100]、[110]和[111]晶向生成的银纳米线的初始构型

为了研究晶向对单原子形成概率的影响,每个晶向分别模拟了 300 个样本,每个样本弛豫不同的时间(均达到平衡态),以获得不同的初始态。

11.2.3　纳米线的力学性质

纳米线的机械力学性质主要通过应力应变曲线来分析。图 11.9 分别给出沿[100]、[110]和[111]晶向拉伸的应力应变曲线。

在拉伸最初阶段,应力大体呈线性增加直至极大值,该点定义为屈服点,这说明在纳米尺度经验的胡克定律仍然适用。对于[100]、[110]和[111]三个晶向,平均屈服应力分别为 5.47±0.19 GPa、8.00±0.13 GPa 和 9.50±0.16 GPa;屈服点的平均应变值分别为0.048±0.005、0.066±0.003 和0.095±0.003。以上数据均由 300 个样本统计平均得到。当达到屈服点以后,三个晶向的应力都经历一个陡降过程。沿[100]、[110]和[111]晶向拉伸,应力分别下降至 1.0 GPa、4.8 GPa 和 2.4 GPa;而后重新上升,其幅度对应不同的晶向有不同的表现。对[100]和[110]晶向来说,应力恢复比较明显,最大可恢复到原屈服应力的85%,呈现了二次屈服的现象。[111]晶向的应力恢复较少,一般仅有原屈服应力的 35%。三个晶向的应力曲线都表现出锯齿状波动,其中尤以[100]晶向最为明显。[100]、[110]

和[111]三个晶向的断裂分别发生在应变为 1.3、0.9 和 0.6 处。关于晶向对纳米线形变机理和断裂分布的影响可参阅 5.5 节。

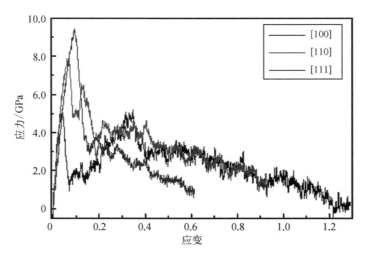

图 11.9　沿[100]、[110]和[111]晶向拉伸过程中的应力应变曲线

杨氏模量是反映体系机械性质的一个重要参量,能很好地反映各向同性材料的刚度。通过线性拟合屈服点之前任意两点的斜率并取平均得到体系的杨氏模量。[100]、[110]和[111]晶向的杨氏模量分别为 151.7±9.9 GPa、119.7±2.5 GPa 和 105.0±1.9 GPa。从此数据可知,沿[100]晶向拉伸时,材料表现出来的刚度较大,抗拉性好;而沿[110]和[111]晶向拉伸时,材料的刚度小。综合以上数据,晶向不同,材料表现出的性质(如屈服应力、屈服应变以及杨氏模量)均有差别。

11.2.4　沿不同晶向拉伸的结构变化

在沿不同晶向拉伸的过程中,彼此的弹性性质表现了一定的差异,这也必定与其内在的微观结构相联系。结构与性质的关系是材料物理化学研究的核心问题。我们选取了沿[100]、[110]和[111]晶向拉伸过程中几个代表性时刻的原子密度投影图。

由图 11.10(a)可以观察到,在应变 $\varepsilon = 0.04$ 时,纳米线仍然保持完好的晶体结构,这一时刻尚处于弹性形变阶段。至 $\varepsilon = 0.12$ 时,有明显的形变产生,特别是在距上下两固定层 1/4 长度位置呈现轻微的非晶态,这表明拉力做功使原子偏离了平衡位置,并可能导致局域金属键的断裂。$\varepsilon = 0.17$ 时,纳米线距底端 1/4 的表层首先发生破裂,有滑移迹象,中段的晶转现象略有突出。$\varepsilon = 0.28$ 时,随着表层破裂的增大有明显的双重颈缩产生,颈缩区域原子呈现显著的非晶态结构,而临近颈缩区域的原子的有序性相对较好,并可观察到明显的沿(111)晶面滑移产生的滑移线,由于晶转作用,纳米线内形成多个不同取向的细小晶粒。在 $\varepsilon = 0.39$ 时,颈缩区域不断伸长并伴随有明显的原子迁移、重构。这个过程随着应变增加而不断重复,直至纳米线断裂,从断口的晶面取向来看,其角度与拉伸方向角小于 30°,表现了脆性断裂的特征。

图 11.10(b)给出沿[110]晶向拉伸时的一系列形变结构图。在 $\varepsilon = 0.08$ 时,尚处于弹

性形变阶段的纳米线保持了完整的晶格结构。$\varepsilon = 0.19$ 时,部分区域呈轻微的非晶态,与沿[100]晶向拉伸不同的是,直至形变为 0.27 时才在距顶端 1/4 处观察到明显的表层破裂和局域的非晶原子团簇,但未有晶转。在应变为 0.43 和 0.72 时,颈缩区域原子混乱程度非常高,且该区域未有明显的原子重构现象。随着拉伸的进行,纳米线逐渐伸长,这主要是由颈缩区域的形变提供的,其他区域未见明显的晶态变化。

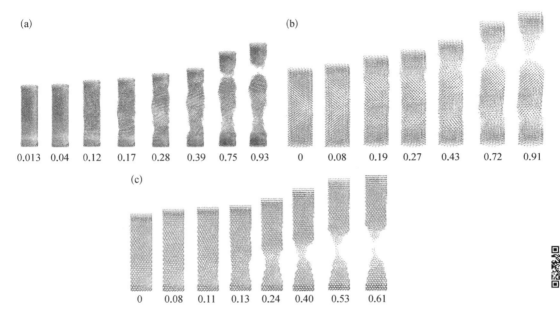

图 11.10　拉伸过程中纳米线原子排布结构的变化:(a)沿[100]晶向拉伸过程中的位图;(b)沿[110]晶向拉伸过程中的位图;(c)沿[111]晶向拉伸过程中银纳米线的位图

图 11.10(c)给出了沿[111]晶向拉伸过程中的形变结构。$\varepsilon = 0.08$ 时处于弹性阶段,保持完整的晶格结构。形变为 0.11 时,可以观察到右侧距底端 1/4 处有收缩。呈现局部非晶态结构,并且该无序区域不断扩展,直至 $\varepsilon = 0.13$ 时形成了明显的颈缩,这与沿[100]晶向拉伸过程中由表面破裂逐渐扩展形成颈缩的情况有所不同,沿[111]拉伸所形成的颈缩更像是坍塌所致。其两端结晶结构与初始态差别不明显。应变从 0.24 到 0.53,仅有颈缩进一步发展,而纳米线的其他部位经历了一个重结晶过程,晶态特征得到恢复。由坍塌形成颈缩的特征进一步发展,并且颈缩上下两段呈现明显的不对称,上段原子塌落特征明显,锥角较钝,下段塑性延展特征明显,所以更尖锐。这些特征一直保持直至银纳米线断裂。

值得注意的是,在沿[100]晶向的拉伸过程中,纳米线形成了双重颈缩且在临近颈缩位置的区域有明显的滑移。对于沿[110]晶向的拉伸,无双重颈缩,代之以双重的无序区域,但该无序区域没有明显的原子重构。对于沿[111]晶向的拉伸,仅有单一的颈缩产生,颈缩区域可观察到原子的非晶状态和结构重构。

11.2.5　单原子线的形成概率

虽然沿三个晶向拉伸过程的形变机理有差别,所表现的机械力学特征也不同,但是纳米线在断裂前的瞬间均有形成单原子线的可能,其形成表现出统计特征。

　　图 11.11 是沿[111]晶向拉伸的最后阶段形成的含不同原子数的单原子线的结构。不过形成单原子线的具体情况,包括原子数目和原子线的长度对各个晶向是不同的。如果仅有两个金属原子,可称为双原子接触,是最短的单原子线,其形成的概率也越高。而更多的金属原子的线性排列形成长的单原子线,其瞬时形成的线性关系有时不很完美,同时两原子之间的距离也会在一个小范围内波动,这些特征均表明,单原子线是稳定性不高的暂态结构。实验中利用高分辨透射电子显微镜已经观察到沿[111]晶向拉伸所形成的金属原子线,如图 11.12 所示。参考实验观察的时间尺度可知,单原子线的寿命可在毫秒级以上。图 11.13 详细统计了沿不同晶向拉伸时形成的单原子线的长度(以包含的原子个数计)及各种原子线的数目。

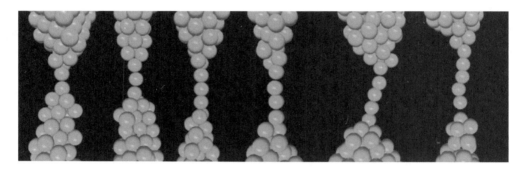

图 11.11　沿[111]晶向拉伸过程中形成的单原子线

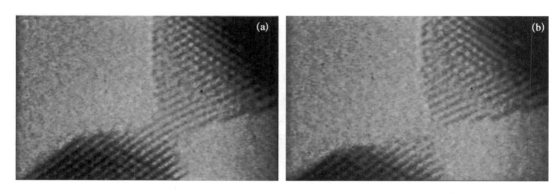

图 11.12　实验观察的沿[111]晶向拉伸过程中形成的金属单原子线[2]

　　对于沿[100]、[110]和[111]晶向的拉伸,每 300 个模拟样本分别有 134、175 和 184 例形成了单原子线。然而,在形成的单原子线中超过半数是两个原子的双原子接触,形成较长单原子线的情况较少。此外,较短单原子线的短寿命也增加了实验观察到银单原子线的难度。无论是形成两个原子的接触还是包含三个原子以上的长原子线,[100]晶向都显示了最弱的倾向性。

　　我们前面提到,单原子线的形成依赖于纳米线的初始状态,不过通过本节的研究还发现,材料的机械力学性质和微观形变机理也制约着单原子线的形成。对于沿[100]

晶向的拉伸,其杨氏模量大,塑性差,形变机理主要是以晶转和滑移为主。而沿[110]和[111]晶向拉伸在形成单原子线前颈缩区域原子处于较高的非晶态,原子间的相互作用较弱,塑性形变能力强,因此更易形成单原子线。晶向对于其他可以形成单原子线的金属纳米线也有一定的影响,如金纳米线[6, 8, 10, 13-15]和铜纳米线[16, 17]也可以在拉伸的最后阶段形成单原子线,其形成概率同时受温度和晶向影响,总体形成概率按照[111]、[110]和[100]的顺序递减。

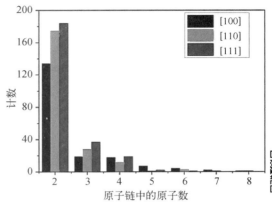

图 11.13　沿[100]、[110]和[111]晶向拉伸形成单原子线的统计图

11.2.6　小结

本节用分子动力学方法模拟了沿[100]、[110]和[111]晶向拉伸,分析了拉伸过程中银纳米线的机械力学性质和微观结构变化,归纳了不同的形变机理。结果表明沿[100]晶向拉伸时的屈服应力和屈服应变均明显小于其他两个晶向,而平均杨氏模量则在三者中最大。沿[100]晶向拉伸的形变主要以滑移为主,同时出现明显的晶转,形成多个细小的不同取向的晶粒。由于应变速率较快,可以观察到双重颈缩。沿[110]晶向拉伸过程中可以观察到靠近两端形成的非晶区域,塑性断裂特征更明显。沿[111]晶向拉伸仅产生单一的颈缩,且在颈缩区域同时观察到原子的无序结构和重构。沿[100]、[110]和[111]晶向拉伸均可产生单原子线,经共计 900 个样本的统计分析,沿[100]晶向形成单原子线的概率最弱,这和纳米线在拉伸过程中表现出的机械力学性质和微观形变机理密切相关。而其他因素,如拉伸速率、体系大小、温度等也会影响到纳米线的形成概率。

11.3　晶向和温度对铜单原子线形成概率的影响

11.3.1　引言

近年来,金属纳米线和纳米结因其特殊的性质和潜在应用受到越来越广泛的关注。实验技术的进步为纳米线观察和操作提供了可能。利用扫描隧道显微镜(STM)和机械可控纳米劈裂技术(MCBJ)来制备金属纳米线,结合高分辨透射电镜(HRTEM)可以实时捕捉纳米线的结构演化。在金属纳米线的拉伸过程中,电导表现出平台特征并且以量子电导 G_0 为基数进行突跃变化,在断裂前的最后阶段可以形成单原子排列的原子线,其电导接近 1 G_0,因而单原子线引发了研究热潮。其中尤以金和银最受关注,但对于其他具有面心立方结构的过渡金属(如铜)也有必要进行深入研究。

由于实验自身的限制,如清洁表面材料的制备、快速拉伸下对材料的结构特征实时捕捉、样本的重现性、足够的样本数量等,迫切需要一种替代的研究手段从另一个侧面来研究纳米线。理论模拟,尤其是分子动力学模拟,因低耗费和高效能越来越成为理想的研究工具。

在本节中,我们将系统地模拟不同晶向和不同温度下铜纳米线的拉伸形变,特别是关注在断裂前的结构,从大量样本中分析不同长度单原子线的形成概率,探讨其与操作条件的关系。

11.3.2 研究方法

单晶铜纳米线模型的构建如图 11.14 所示。其中图 11.14(a)是立方晶格中{100}、{110}和{111}的示意图。图 11.14(b)是沿不同晶向生成的单晶铜纳米线的结构。z 方向分别对应[100]、[111]和[110]晶向。本节主要研究晶向和体系温度对拉伸断裂前形成单原子线概率的影响,故体系大小保持一致,取 $5a \times 5a \times 10a$。铜的晶格参数 a 为 0.362 nm,初始模型尺寸为 1.81 nm×1.81 nm×3.62 nm。根据前面所述,时间积分步长采取 1.6 fs,以保证准确性并获得较快的计算效率。为了和真实体系更为接近,在 x、y 和 z 方向上均采用自由边界条件,这主要是考虑到随着体系的减小,表面原子的占比增加,对体系的性质有更大的影响,尤其是对单原子线的形成。

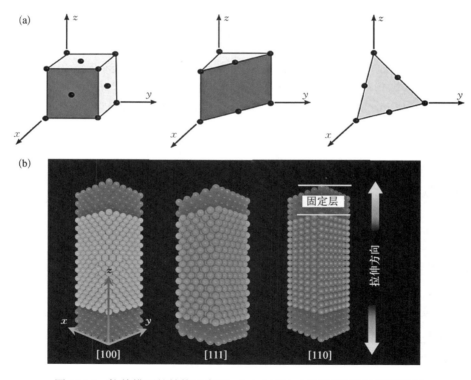

图 11.14 拉伸模型的结构示意图:(a){100}、{110}和{111}面的原子排列;(b)沿不同晶向生成的纳米线模型及拉伸示意图

当初始构型生成后,表层原子和近表层的原子由于邻近原子的缺失,会处于高能态,因而需要对体系进行自由弛豫。在弛豫过程中所有原子,包括固定层原子,在三个

方向上均可以自由运动。研究表明一般弛豫 5 000 步即可达到应力和能量的平稳状态。为了获得不同的初始状态,每个样本弛豫不同的步数(均大于 20 000 步)。每个晶向在每个温度下各模拟 300 个样本,共计 2 700 个样本。这样可以获得有效的统计样本,避免样本数不足带来的误差。弛豫过后,通过移动固定层以恒定形变速率对纳米线进行双向拉伸,形变速率为 3.1% ps^{-1}。在拉伸过程中,固定层原子在 z 方向赋以固定速度分别向两侧移动,但其在 x 和 y 方向上不受约束,其余原子在 x、y 和 z 方向上均可自由移动。整个模拟过程中采用校正因子热浴法实现等温控制。模拟温度分别选择 100 K、200 K 和 300 K。

原子间的相互作用采用 Johnson 根据镶嵌原子法(EAM)提出的多体势函数描述,该势函数的准确性经过广泛的验证,尤其适合描述具有面心立方结构(FCC)和体心立方(BCC)结构的过渡金属的性质。近年来 EAM 广泛应用于结构、能量、形变、表面晶体生长和缺陷等方面的研究。采用半步蛙跳法进行动力学时间积分计算。模拟初期每隔 1 000 步记录一次计算结果,为观察到单原子线的形成,拉伸至 17 000 步以后每隔 100 步记录一次结果。

11.3.3　金属单原子线的形成概率

我们发现铜纳米线在拉伸的最后阶段可以形成单原子排列的链状结构,如图 11.15 所示,在某些条件下甚至可以形成超长原子链,其中包含的原子最多可达 11 个。虽然单原子线的形成看起来是随机的,但是通过大量的样本可以发现其中的统计规律。表 11.1 是在 100 K、200 K 和 300 K 下分别沿[100]、[110]和[111]晶向拉伸单原子线的形成概率,统计包括了双原子接触的情况。

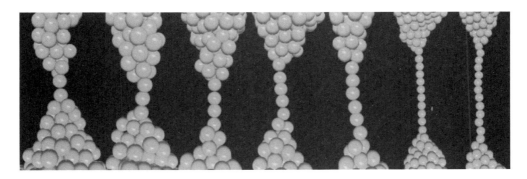

图 11.15　不同长度的单原子线样品的结构图

表 11.1　不同温度和晶向生成单原子线的概率统计表

	100 K	200 K	300 K	总　　计
[100]	35.7%(107/300)	34.6%(104/300)	36.3%(109/300)	35.6%(320/900)
[110]	54.7%(164/300)	52.7%(158/300)	50.3%(151/300)	52.5%(473/900)
[111]	64.7%(194/300)	64.3%(193/300)	53.0%(159/300)	60.7%(546/900)

总体而言,无论 100 K 低温,还是 300 K 室温,沿[111]晶向拉伸最易形成单原子线。[100]晶向最不易形成单原子线,总的形成概率仅有 35.6%。温度的影响与晶向有关,沿[100]晶向拉伸时,随温度升高原子线的形成概率略有升高,但变化不大。而沿[111]和[110]晶向拉伸时,随温度升高原子线的形成概率反而减小。

制约单原子线形成的因素有很多,本节主要通过分析体系的机械力学性质并结合结构变化来理解晶向和温度对单原子线形成的影响。

11.3.4　铜纳米线沿[100]晶向的拉伸

11.3.4.1　100 K 时铜纳米线拉伸过程中的结构变化和应力应变曲线

为了更好地观察纳米线在拉伸过程中的形变细节,我们将原子坐标向 $x-z$ 平面进行投影,得到所有原子在 y 方向上的积累密度分布图,这样可以系统地获得纳米线的整体结构变化,而不仅限于表层或某一截面。图 11.16 是沿[100]晶向拉伸过程中在不同时刻的原子密度投影图。图 11.17 是对应的应力应变曲线,记录的是从拉伸开始到完全断裂的过程。用箭头标注了图 11.16 中各图所对应的应变位置。

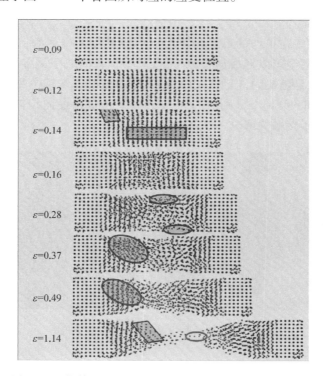

图 11.16　拉伸过程中不同形变时刻沿 z 方向的密度投影图

从图中可以观察到在拉伸的最初阶段,即在屈服点之前($\varepsilon=0.09$)虽然纳米线的长度略有增加,但是整体结构仍然保持有序状态,未观察到明显的畸变。仅边角原子略有收缩,这主要是由于近邻原子的缺失打破空间方向上的受力平衡,使棱上原子在无外部载荷作用时受到邻近原子的内聚作用,偏离理想晶格位置。

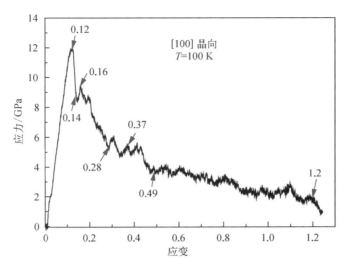

图 11.17　在 100 K 时沿 [100] 晶向拉伸的应力应变曲线

在弹性形变阶段,应力呈线性增加,至应变为 0.12 时达到最大值,屈服应力约为 12.0 GPa。当达到屈服点时,纳米线的原子排布结构有轻微混乱,意味着原子略有偏离最初的晶格位置。当越过屈服点以后,纳米线开始塑性形变,此时撤去外加载荷,纳米线也不能恢复到初始状态。在 $\varepsilon=0.14$ 时,可以观察到表层原子的局部无序结构,在拉伸做功下,表层原子由于自身的高能量最先打破晶格束缚并产生位错滑移。此时的应力从屈服点的峰值暂时降落到一个低谷(8.5 GPa)。随着拉伸的进行,应力有小幅的回升。但是纳米线中的无序结构起到润滑作用使形变更易进行,因此应力仅回升到 9.6 GPa,远小于屈服应力。从图 11.16 可以观察到,$\varepsilon=0.16$ 时纳米线内部的原子也处于无序状态,类似于熔化产生的结构。在 $\varepsilon=0.28$ 时表层原子出现明显破裂,随后进一步增大并扩展到整个纳米线。拉伸使得纳米线呈现大面积的无序结构,然而仍可观察到局部的重结晶,如 $\varepsilon=0.37$ 时的局部无序结构在 $\varepsilon=0.49$ 时原子排列已经较为规整,这和应力应变曲线中的波动相吻合。在拉伸的最后阶段 $\varepsilon=1.14$ 时,可以观察到单原子排列形成的原子线。总体而言在 100 K、3.1% ps^{-1} 的拉伸速度下纳米线的结晶结构破坏严重,增加了材料的塑性形变特征。

11.3.4.2　200 K 时铜纳米线拉伸过程中的结构变化和应力应变曲线

图 11.18 是铜纳米线在 200 K 沿 [100] 晶向拉伸过程中沿 z 方向的原子密度投影图,图 11.19 是相应的应力应变曲线。

经过充分弛豫后,铜纳米线的边角原子出现了更明显的收缩。这是升温后原子热运动加剧的结果。在到达屈服点之前,即 $\varepsilon=0.12$ 时,从密度投影可以看到,部分区域的原子结构呈现了轻微的无序状态,如方框所示。同时可以从应力应变曲线上观察到较明显的应力波动。有文献将其定义为微观屈服点[18, 19]。微观屈服点一般认为是由初始结构的缺陷或者表层原子的波动引起的,在体系到达应力极值之前就已出现微观结构破损的时

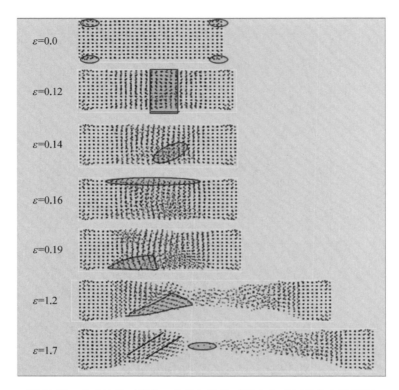

图 11.18　在 200 K 时沿[100]晶向拉伸不同应变时刻的密度投影图

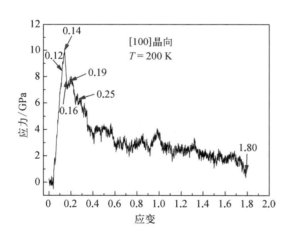

图 11.19　在 200 K 时沿[100]晶向
拉伸的应力-应变曲线

刻。本节构造的是完美单晶纳米线,所以可以认为在这一点引起的应力波动主要是由表层原子的高能特性贡献的。当体系足够大,即表层原子占比较小时,微观屈服点一般可以忽略。和 100 K 时的形变相比,我们发现在 $\varepsilon = 0.14$,即屈服点时刻,原子的非晶特征更为明显,温度升高使原子活动加剧,伴随拉伸冲击更容易使其偏离平衡位置。200 K 时的屈服应力约为10 GPa,比 100 K 时降低了 17%,温度升高使得材料软化,塑性增强。$\varepsilon = 0.16$ 时,除了纳米线内部的无序结构外,表层原子结构破坏得更明显。$\varepsilon = 0.19$ 和 $\varepsilon = 0.25$ 处观察到明显的重构,形成局部的有序结构。$\varepsilon = 1.7$ 时,纳米线被明显拉长,在左侧区域有明显的滑移面产生。最后阶段也可观察到单原子排列的原子线。

11.3.4.3　300 K 时铜纳米线拉伸过程中的结构变化和机械力学性质

300 K 的拉伸过程大体和 200 K 的情况类似。同样的是先经历一个弹性形变阶段,应力呈线性增加。在达到屈服点（$\varepsilon = 0.12$）之前即可观察到表层原子的轻微重构,但纳米线其他部分尚能保持有序结构。到达屈服点（$\varepsilon = 0.15$）时,纳米线局部产生无序非晶原子团簇,此时的屈服应力约为 8.5 GPa,表明屈服应力随温度升高进一步降低。$\varepsilon = 0.29$ 时观察到明显的位错,而位错流动正是金属延展性的根源。随着应变增加,位错的数量进一步增多,使纳米线产生原子台阶,形成堆垛层错,甚至产生局部的无序结构。在 $\varepsilon = 0.39$ 时可观察到纳米线的表层破裂并出现颈缩。随着纳米线不断伸长,除固定端附近的原子尚能保持较完整的晶体结构,其他部位,特别是颈缩区原子形成大片的非晶结构,极大地促进了塑性形变能力。随着拉伸的进行,颈缩部分逐渐变细,最后形成单原子线。

11.3.4.4　不同温度下沿［100］晶向拉伸的数据分析

上面的数据表明,沿［100］晶向以 1.3% ps^{-1} 形变速率拉伸的形变机理虽受温度影响,但本质上是相似的。纳米线在弹性形变之前保持完整晶态,屈服点之前的一个短暂阶段优先观察到表面的无序结构。屈服点后出现局部非晶态,并伴随有显著的表面局域熔融。拉伸过程中出现位错滑移,并伴有局部的重构现象。表层原子优先破裂并不断扩展形成明显的颈缩。颈缩区域的原子始终处于无序结构并不断延展直至最后断裂。

形变机理分析也表明温度对纳米线的机械力学性质有一定的影响。为避免纳米材料的随机性(即单个样品不确定性)产生的影响,我们给出相关性质的统计分布,每个温度统计 300 个样本,得到包括屈服应力、屈服应变和断裂应变的信息(图 11.20)。

从统计的结果来看,屈服应力、屈服应变以及断裂应变均呈高斯分布特征。高斯函数拟合对应的峰值和标准偏差列于表 11.2。其中杨氏模量是应力应变曲线屈服点之前的线性响应的斜率,同样是 300 个样本的平均值。

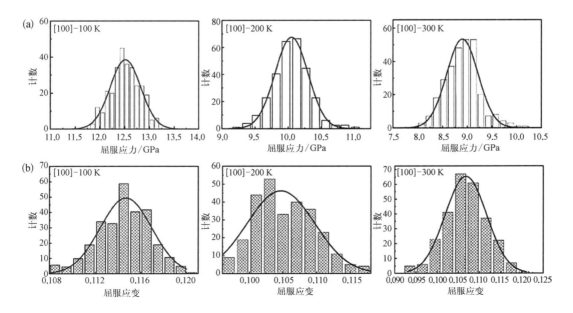

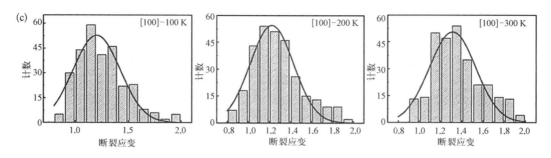

图 11.20　不同温度下体系屈服特征和断裂特征的分析：(a) 屈服应力的
统计分析；(b) 屈服应变的统计分析；(c) 断裂应变的统计分析

表 11.2　不同温度不同晶向拉伸形变的力学性质的统计

[100]	屈服应变	屈服应力/GPa	断裂应变	杨氏模量/GPa
100 K	0.115±0.003	12.52±0.36	1.20±0.26	115.27
200 K	0.105±0.006	10.05±0.28	1.22±0.24	98.39
300 K	0.107±0.005	8.90±0.38	1.31±0.26	85.41

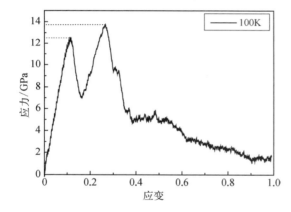

图 11.21　有第二屈服特征的应力应变曲线

值得注意的是少数样本的屈服异常现象。我们发现在 300 个样本中有 10 个样本出现了第二个屈服点，而且第二屈服应力大于第一屈服应力，如图 11.21 所示。仔细分析这些样本的微观结构可知，由拉伸形成的堆垛层错导致了晶界的形成，阻碍了滑移的进一步发展，形成了二次硬化现象。然而，在本节所采用的较高拉伸速率下，正如前文所述，纳米线内部更多情况下表现出无序的形态，并不容易形成晶界，这也是第二屈服点不多见的原因。需要再次强调，在多样本统计分析研究中，也需要关注偶发样本的特征和行为，以及产生偶发样本的基础。

从表 11.2 中的数据可以观察到，屈服应变并没有随着温度的升高有明显的变化。而平均屈服应力随着温度升高逐渐减小。温度越高，纳米线断裂应变更大，延展性越好。同时最能反映材料力学性质的杨氏模量也随着温度的升高明显减小，证明材料在高温下变软。综合上面的结果可知，在沿 [100] 晶向拉伸过程中，温度影响了材料的机械力学性质，升温使材料变软，延展性增强。但是形变机理并没有本质性的变化。在 1.3% ps^{-1} 的形变速率下，滑移和非晶结构同时并存。

11.3.5　铜纳米线沿 [110] 晶向拉伸

从上面的分析可以发现，在 100～300 K 范围内，温度对体系的机械性质有一定的影响，但是形变机理并不会有根本性的变化。所以在研究[110]晶向拉伸中仅给出 100 K 结果。

　　图 11.22 是在 100 K 时沿[110]晶向拉伸不同时刻的密度投影图。Unrelaxed 是指最初构造的完美单晶纳米线。$\varepsilon = 0$ 是经过充分弛豫达到稳定状态的纳米线。与仅有边角收缩的[100]晶向样本不同,纳米线中间的牛顿层原子在 z 方向收缩,$x - y$ 方向膨胀。有趣的是,边角原子的收缩不明显,但最外层原子向内收缩明显。Diao 等[20]研究了[100]和[111]晶向的金纳米线,也发现弛豫以后纳米线膨胀,且截面积越小越明显。弛豫过程中边角原子收缩,最外层原子向内层移动,次外层原子向外移动,则最外层和次外层原子间距变小。经过短暂的拉伸,[110]晶向的纳米线迅速到达弹性极限。在 $\varepsilon = 0.04$ 时,未观察到明显的形变,仅中间膨胀区域沿 z 方向略有伸长。而在 $\varepsilon = 0.16$ 时,中间部分有序性依然良好,但相比初始时刻,该区域原子出现重排。随着拉伸进行到 $\varepsilon = 0.40$ 时,纳米线显著伸长,靠近两端固定层的原子无序特征显现,未观察到明显的滑移面。$\varepsilon = 0.77$ 时,纳米线进一步被拉伸,并在右侧出现晶粒侧向滑动,随后形成颈缩。持续伸长至 $\varepsilon = 1.5$ 时纳米线断裂。

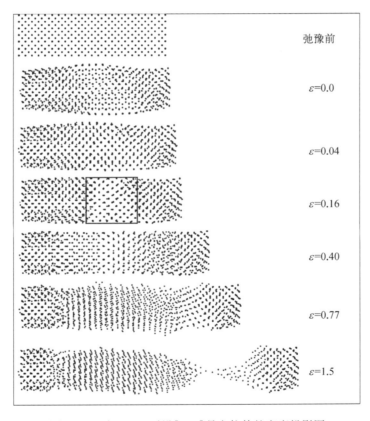

图 11.22　在 100 K 时沿[110]晶向拉伸的密度投影图

　　从结构图来看,位错滑移不明显,不是形变的主要推动力。纳米线的无序性仅在塑性形变中期略有增强。为了证明这一点,我们将上述原子密度投影图在 z 方向上进行傅里叶变换。图 11.23 给出振幅-频率图,由其特征频率可以判断晶格的变形程度和取向特征。从频率谱来看,峰中心在形变过程中主要位于 7.8 nm^{-1},这是[110]晶向的特征频率,这说明纳米线在塑性形变中保持了与原设定模型一致的取向。但在屈服时刻（$\varepsilon = 0.04$）却发现峰值向低频移动，说明在弹性形变阶段,拉伸还是在补偿自由弛豫阶段所产生的轴向收缩与径向膨胀。另外,振幅随着拉伸逐渐减小,从拉伸初始时的 1 800 减小到不足 400,说明拉伸使得纳米线的有序性降低。

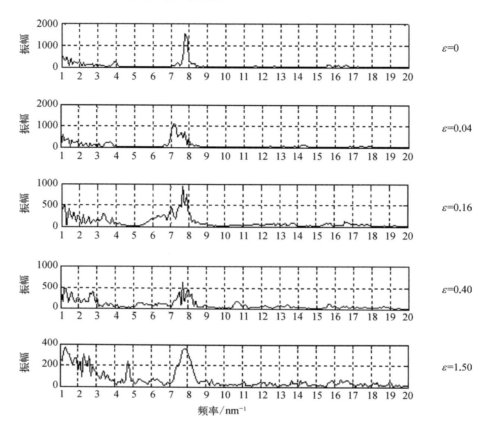

图 11.23　沿［110］晶向拉伸时的振幅-频率图

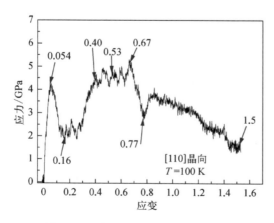

图 11.24　在 100 K 沿［110］晶向拉伸时的应力应变曲线

图 11.24 给出上述样本的应力应变曲线。拉伸初期应力呈线性上升,到达 $\varepsilon = 0.054$ 时,应力达到第一个极值。随后迅速下降到 2.0 GPa 左右,并维持了约 0.2 应变量。而后再次上升,并在 $\varepsilon = 0.4$ 时达到第二个峰值,约为 4.5 GPa。然后应力振荡并略有上升。在 0.62 应变后,应力再次下降,并在 $\varepsilon = 0.77$ 有短暂小幅回升后持续降低至断裂。对比 $\varepsilon = 0.4$ 和弛豫前的结构可知,两者的晶体取向一致,构型相似。说明第二屈服特征更本质地反映了［110］纳米线的机械力学性质,而第一屈服则与弛豫变形后的纳米线相关联。

现将不同温度下沿[110]晶向拉伸的行为进行比较分析。与沿[100]晶向不同，[110]晶向拉伸经历了两个屈服点。第一个屈服点的应力和应变值均小于[100]晶向。第二屈服点的应力在 100 K 时大于第一屈服应力，随着温度升高至 300 K，第二屈服应力小于第一屈服应力。第二屈服应力主要是由经过第一屈服点之后形成的稳定有序结构贡献的。温度越高，第二屈服点和第一屈服点的间距越小，说明升温有利于弛豫变形后的恢复。

经过弛豫的[110]晶向纳米线表现出明显的 z 方向收缩，x－y 方向膨胀，最外层原子向内移动，次外层原子向外移动。但边角原子的收缩不明显，这和[100]晶向不同。经过第一个弹性极限后，拉伸张力抵消纳米线的表面张力，使结构趋近于原始模型。这一特点是由小体系产生的，而较大的体系由于表面原子数占比降低，现象也将减弱。

经过统计分析发现，第一屈服应力（6.15 GPa、5.77 GPa 和 6.27 GPa，对应 100 K、200 K 和 300 K）、第一屈服应变（0.070、0.077 和 0.077，分别对应 100 K、200 K 和 300 K）以及杨氏模量（106.04 GPa、82.66 GPa 和 98.54 GPa，分别对应 100 K、200 K 和 300 K）随温度变化并没有规律性地升降。但令人吃惊的是，温度越高，体系断裂应变越小，分别为 1.76、1.65 和 1.45。这和越过第一屈服点后形成的稳定结构有关。另外，从统计的数据结果来看，100 K 时 300 个样本中有 124 例的第二屈服应力大于第一屈服应力，200 K 时有 89 例，而 300 K 时第一屈服应力均大于第二屈服应力。而第二屈服应变在 100 K 时为 0.5，200 K 时约为 0.4，这或许也预示着温度越高，纳米线的断裂应变越小。

11.3.6　铜纳米线沿[111]晶向拉伸

图 11.25 给出了 100 K 时沿[111]晶向拉伸几个代表性时刻的密度投影图。为了说明弛豫导致的结构变化，图中也给出了最初构造的完美单晶纳米线。从图可以观察到，在 $\varepsilon=0$ 时，弛豫后的纳米线出现明显的轴向收缩和横向膨胀。从投影图中未观察到边角收缩的现象，边角原子依然保持初始的有序性。从原子的排列方向看，弛豫后缺少[111]晶向的特征，说明晶向发生了扭转，在纳米线中间区域表现得尤为明显。

在 $\varepsilon=0.07$ 时，纳米线被轻微拉长，部分原子排列发生了变化，如图中红线所标示部分。至 $\varepsilon=0.10$ 时纳米线进一步拉长，从而中间膨胀状态得以缓和，原子排列进一步变化。在 $\varepsilon=0.16$ 时，纳米线的左侧出现明显的位错滑移。$\varepsilon=0.25$ 时，中间区域又出现明显的滑移，如图中斜线所示。$\varepsilon=1.55$ 时纳米线断裂，原子排列有序性增强，而颈缩区域原子无序状态比较明显。

为了更详细地说明形变机理，对相应时刻的原子密度分布进行傅里叶变换以获得该时刻的晶格特征。图 11.26 给出了不同形变时刻的振幅-频率图。从图中可以观察到，最初构造的完美晶体具有明显的[111]晶向的特征，在特征频率 4.97 nm^{-1} 处有一尖峰，振幅可高达 3 800。而经过弛豫以后的纳米线振幅的最高峰移动到 8.0 nm^{-1} 处，这是[110]晶向的特征频率，振幅也降到 600 左右，而在原来的 4.97 nm^{-1} 处仅有一个小峰存在，这意味着整个纳米线的原子排列发生了本质的变化，由原来的[111]基本扭转为[110]。而经过拉伸到达第一个弹性极限时，纳米线同时具有[111]和[110]晶向的特征，在 4.5 nm^{-1} 附近出现小峰，而[110]特征频率也由 8.0 nm^{-1} 降低到 7.2 nm^{-1} 左右。同时在 14.38 nm^{-1} 出现它

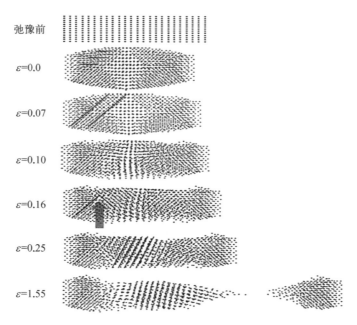

图 11.25　在 100 K 时沿 [111] 晶向拉伸沿 z 轴的密度投影图

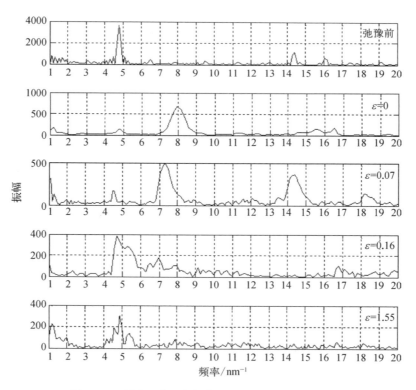

图 11.26　沿 [111] 晶向拉伸不同时刻的振幅-频率图

的二次谐振波,这意味着晶粒结构可能再次发生轻微转动,但仍以[110]为主。上述一系列变化可能是由表面原子的重排导致的,由于纳米线的体系较小(大尺寸纳米线类似的现象不明显),表面原子的比率非常高,表面原子向内移动的过程中压迫内部的原子偏离原有的平衡位置,并形成新的稳定结构。拉伸至 $\varepsilon = 0.16$ 时,[111]特征峰占主导,但[110]仍有迹象,只是负移明显。而在断裂前,特征峰仅位于 4.97 nm^{-1} 附近,且峰高仅有约 300,表明整个纳米线的有序性大幅降低。上述结果充分说明[111]晶向拉伸前的晶转和拉伸过程对抗晶转是低温形变的主导机理。

　　然而从更详细的数据可以看出,由于温度的不同,铜纳米线也表现出不同的形变规律。100 K 时经过弛豫的纳米线晶向由[111]部分扭转为[110],200 K 时只有极少部分扭转为[110]晶向,而 300 K 时未发现晶向扭转。图 11.27 给出三个温度下沿[111]晶向拉伸时的应力应变曲线。从图中可知,100 K 时的屈服应力明显大于其他两个温度。屈服应变随温度变化不大,断裂应变随温度升高而减小,这和[110]晶向的特征相同。杨氏模量也随温度升高而降低。

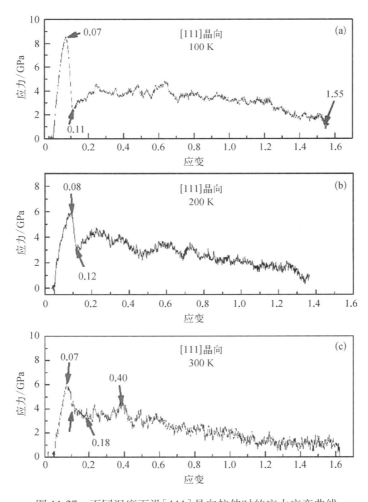

图 11.27　不同温度下沿[111]晶向拉伸时的应力应变曲线

11.3.7   晶向和温度对单原子线形成概率的影响

从上面的分析来看,晶向和温度对体系的机械性质有一定的影响。在形变过程中,缺陷总是从表面原子开始的,因此表面原子的数量和结构成为构效分析的关键因素。Sato等[17]利用分子动力学模拟单原子线的形成过程,发现其中约有90%的原子来源于最外层原子。另有研究指出,(111)面的表面能要小于其他两个晶面,这可能造成沿[111]晶向拉伸时更易形成单原子线[21]。温度是影响单原子线形成的另一个重要因素,对于[111]、[110]晶向,温度越高,形成概率越低,这可能是由于在高温下表面原子活动剧烈,在最后阶段难以形成稳定结构的缘故。

Bahn等[22]报道在铜纳米线断裂过程中没有观察到单原子线,而González等[16]和Sato等[17]用高分辨透射电镜却观察到了铜单原子线。这些争议促使我们对单原子线的形成做进一步思考。图11.28是沿[110]晶向拉伸时单原子线形成时的应力应变曲线及原子排布结构。每增加一个原子,应力都经历一个短暂下降的阶段,单原子线也对应一个暂时稳定态。经过计算,形成单原子线的时间仅为6.2 ps,而用高分辨透射电镜拍摄快照的时间间隔一般几十毫秒,即便考虑到分子动力学模拟的时间会与实验不同,但巨大数量级的差异也说明实验上一般很难捕捉到单原子线的形成过程。当然由于模拟计算的限制,模拟中选定的速度一般远远大于实际拉伸速率,这也从另一个方面反映了实验难以观察到单原子线的原因。

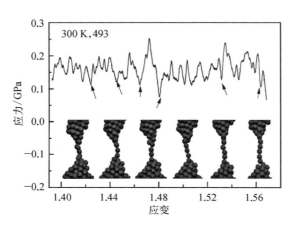

图11.28   单原子线形成过程中的应力应变曲线以及形成的单原子线结构,箭头所示的是形成单原子线时的应变位置

此外,在拉伸过程中并不是每次拉伸都能够形成单原子线,如表11.1所示,对[100]晶向仅有35.6%的概率可以形成单原子线,这其中还包括双原子接触,长原子线寿命更为短暂。[100]晶向形成的单原子线数量随温度升高而减少,但是长原子线随温度的升高而增加。[110]和[111]晶向更多的也是形成双原子接触,长原子线的形成受温度的影响较小。对三个晶向来说,都不易形成较长的原子线,仅有极少数情况可达11个原子。

11.3.8   小结

本节通过分子动力学模拟研究了铜单原子线的形成概率。沿[100]、[110]和[111]晶向拉伸均可以形成单原子线。单原子线的形成概率同时受温度和晶向的影响。[111]晶向形成单原子线的概率最高,[100]晶向最低。研究发现,[100]晶向在弛豫和拉伸过程中都没有发现晶向的扭转,但是[111]晶向在弛豫过程中转变为[110]晶向。

参 考 文 献

［ 1 ］ Ohnishi H, Kondo Y, Takayanagi K. Quantized conductance through individual rows of suspended gold atoms［J］. Nature, 1998, 395(6704): 780 − 783.

［ 2 ］ Rodrigues V, Sato F, Galvão D S, et al. Size limit of defect formation in pyramidal Pt nanocontacts［J］. Physical Review Letters, 2007, 99(25): 255501.

［ 3 ］ Kiguchi M, Stadler R, Kristensen S, et al. Evidence for a single hydrogen molecule connected by an atomic chain［J］. Physical Review Letters, 2007, 98(14): 146802.

［ 4 ］ Da Silva E Z, da Silva A J R, Fazzio A. How do gold nanowires break? ［J］. Physical Review Letters, 2001, 87(25): 256102.

［ 5 ］ Sato F, Moreira A S, Coura P Z, et al. Computer simulations of gold nanowire formation: The role of outlayer atoms［J］. Applied Physics A-Materials Science & Processing, 2005, 81(8): 1527 − 1531.

［ 6 ］ Kondo Y, Takayanagi K. Gold nanobridge stabilized by surface structure［J］. Physical Review Letters, 1997, 79(18): 3455 − 3458.

［ 7 ］ Kaneko S, Zhang J, Zhao J, et al. Electronic conductance of platinum atomic contact in a nitrogen atmosphere［J］. Journal of Physical Chemistry C, 2013, 117(19): 9903 − 9907.

［ 8 ］ Takai Y, Kawasaki Y, Ikuta T, et al. Dynamic observation of an atom-sized gold wire by phase electron microscopy［J］. Physical Review Letters, 2001, 87(10): 106105.

［ 9 ］ Rodrigues V, Ugarte D. Structural and electronic properties of gold nanowires［J］. The European Physical Journal D, 2001, 16(1): 395 − 398.

［10］ Rodrigues V, Fuhrer T, Ugarte D, et al. Signature of atomic structure in the quantum conductance of gold nanowires［J］. Physical Review Letters, 2000, 85(19): 4124 − 4127.

［11］ Johnson R A. Relationship between defect energies and embedded-atom-method parameters［J］. Physical Review B, 1988, 37(11): 6121 − 6125.

［12］ Johnson R A. Analytic nearest-neighor model for FCC metals［J］. Physical Review B, 1988, 37(8): 3924 − 3931.

［13］ Rodrigues V, Ugarte D. Real-time imaging of atomistic process in one-atom-thick metal junctions［J］. Physical Review B, 2001, 63(7): 073405.

［14］ Coura P Z, Legoas S B, Moreira A S, et al. On the structural and stability features of linear atomic suspended chains formed from gold nanowires stretching［J］. Nano Letters, 2004, 4(7): 1187 − 1191.

［15］ Da Silva E Z, Da Silva A J R, Fazzio A. How do gold nanowires break? ［J］. Physical Review Letters, 2001, 87(25): 256102.

［16］ González J C, Rodrigues V, Bettini J, et al. Indication of unusual pentagonal structures in atomic-size Cu nanowires［J］. Physical Review Letters, 2004, 93(12): 126103.

［17］ Sato F, Moreira A S, Bettini J, et al. Transmission electron microscopy and molecular dynamics study of the formation of suspended copper linear atomic chains［J］. Physical Review B, 2006, 74(19): 193401.

［18］ Horstemeyer M F, Baskes M I, Plimpton S J. Length scale and time scale effects on the plastic flow of FCC metals［J］. Acta materialia, 2001, 49(20): 4363 − 4374.

［19］ Horstemeyer M F, Baskes M I, Plimpton S J. Computational nanoscale plasticity simulations using embedded atom potentials［J］. Theoretical and Applied Fracture Mechanics, 2001, 37(1 − 3): 49 − 98.

［20］ Diao J K, Gall K, Dunn M L. Atomistic simulation of the structure and elastic properties of gold nanowires［J］. Journal of the Mechanics and Physics of Solids, 2004, 52(9): 1935 − 1962.

［21］ Cai J, Ye Y Y. Simple analytical embedded-atom-potential model including a long-range force for FCC metals and their alloys［J］. Physical Review B, 1996, 54(12): 8398 − 8410.

［22］ Bahn S R, Jacobsen K W. Chain formation of metal atoms［J］. Physical Review Letters, 2001, 87(26): 266101.

第*12*章

金属纳米线的扭转

12.1 单晶纳米线的扭转形变

12.1.1 引言

金属纳米线作为最重要的一维纳米结构之一,被期望应用于纳米机电系统(NEMS)、电路中的元件、传感器和制动器等。然而,当金属组件缩小到纳米尺寸时,精确地控制和管理纳米线的制造过程并不容易。因此,了解纳米线在各种加载速率、加载方式、导线横截面积、温度等条件下的形变机理是非常重要的。

虽然纳米线的实验研究已经取得了很大的进展,但大多数微观的实验技术存在着某种固有限制,例如在快速的加载速率下,难以在瞬间对纳米线的微观结构可视化,不能实现低成本的测试任务,对实验操作人员的技术水平要求高、培养时间久等。而计算模拟技术,特别是分子动力学(MD)模拟技术,是研究与评价纳米线性能和解释机械形变机理的重要方法。人们对纳米线的结构和力学性能进行了大量的模拟研究,其中大多数集中在拉伸载荷作用下的力学性质上。Park 等[1]通过在单轴张力下的分子动力学模拟,研究了金纳米线的失效。Ikeda 等[2]研究了在张力作用下,镍和镍铜合金纳米线中应变速率诱导的非晶化。本书第 4 章至第 11 章,也详细讲述了在不同的应变速率、截面尺寸、温度、缺陷等条件下,纳米线单轴拉伸的结构变化和断裂机理。关于单晶纳米线的剪切和弯曲行为已有一些研究报道,但对矩形铜纳米线扭转变形行为的研究还很少。实际上,文献中已经报道了如纳米管[3]和铁磁纳米线[4]等在扭转下的形变研究,这些工作有助于对金属纳米线的理解。

对于纳米材料的应用,特别是作为结构件的应用,有必要了解它的各种变形机制。本节利用分子动力学模拟研究了铜纳米线在扭转载荷作用下的变形行为。详细考察了加载速率、温度和导线横截面积对其力学性能的影响。

12.1.2 模型的建立与分子动力学计算方法

本节考察铜单晶纳米线在扭转载荷下的形变。纳米线的初始晶格方向与 x、y 和 z 三维坐标轴重合,分别为[100]、[010]和[001]方向。拉伸方向沿着 z 方向进行,即[001]方向。为了考察纳米线尺寸的影响,模型尺寸分别设定为 $4a \times 4a \times 24a$、$6a \times 6a \times 24a$、$8a \times 8a \times 24a$、$10a \times 10a \times 24a$、$12a \times 12a \times 24a$、$6a \times 6a \times 34a$、$6a \times 6a \times 44a$ 和 $6a \times 6a \times 54a$,a 为铜的晶

格常数,约 0.361 5 nm。此外,纳米线的微结构也会对其机械力学性质产生影响,因此还研究了含封闭缺陷的单晶纳米线的扭转行为。模型尺寸为 $12a \times 12a \times 96a$,其内部方孔分别为 $4a \times 4a \times 4a$、$4a \times 4a \times 8a$、$4a \times 4a \times 12a$ 和 $4a \times 4a \times 16a$。上述模拟体系的示意模型在图 12.1 给出,图中两端的箭头为所施加的一对扭转载荷。

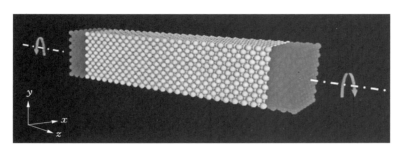

图 12.1　单晶铜纳米线在扭转载荷下的示意图

铜原子之间的相互作用以嵌入原子势方法(EAM)进行描述,这种相互作用势已经被广泛应用于纳米铜的研究,包括多晶铜纳米线的力学性质和拉伸形变等。动力学积分采用蛙跳法,模拟过程中时间步长设定为 1.6 fs。扭转操作之前,先对所有的纳米线样本进行充分弛豫,在设定的温度下达到能量的平衡状态。考虑到温度效应,模拟温度分别设为 10 K、100 K、200 K、300 K、400 K 和 500 K。在所有的温度下,纳米线样本在达到平衡状态时都能较好地保持初始构型。经充分弛豫后,在纳米线的两端固定层上同时施加扭转载荷,其他原子自由运动。为了研究扭转速率对纳米线形变的影响,速率范围设定在约 $10^9 \sim 10^{12}$(°)/s。分子动力学模拟一般都显著加速了实验的进程,这样快的扭转速率在宏观世界是不易实现的,然而对于纳米线而言,这种载荷速率可认为是准平衡态。这种差异主要来源于模拟方法本身,此外也与材料的特征尺度有关。以往的研究表明,材料尺寸越小,所对应的外力载荷速度设置得越快。在弛豫和加载的过程中,均采用了自由边界条件。

对于扭转的研究,将主要关注纳米线在弹性阶段和塑性早期与中期结构的变化。断裂失效暂不作为研究的重点,因此未采用大量样本的研究策略。本节将主要讨论纳米线扭转的能量等随扭转角的变化,围绕临界扭转角随载荷速率、温度、截面等因素的变化开展研究。此外,以两种典型载荷速率为例,考察扭转形变中的结构细节。最后还将讨论缺陷对单晶铜纳米线扭转形变的影响。

12.1.3　势能曲线与临界扭转角

图 12.2 给出在 300 K,扭转速率从 6.42×10^9(°)/s 变化至 6.42×10^{12}(°)/s,$6 \times 6 \times 24$ 纳米线的原子平均势能 E_p 随扭转角度 θ 的变化曲线。在扭转初期,E_p 随 θ 的增加而增加,且两者之间近似满足二次曲线关系,即

$$E_p = E_0 + c \cdot \theta^2$$

其中,c 为比例系数;E_0 为初始的能量。

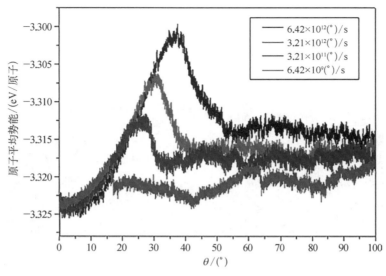

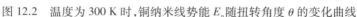

图 12.2 温度为 300 K 时,铜纳米线势能 E_p 随扭转角度 θ 的变化曲线

在纳米线扭转的初期,不同扭转速率下的曲线几乎重叠在一起,说明扭转速度对弹性阶段的影响不明显。也说明比例系数 c 和初始能量 E_0 仅是一个与材料性质有关而与扭速无关的量。随着扭转角度的增加,势能在某个确定的角度达到极值,而后曲线迅速下降。我们称此时所对应的角度为临界扭转角。例如,在扭转速率 $6.42 \times 10^{12}(°)/s$ 时,其势能曲线的临界扭转角达到 $36°$。

总体上看,势能增加至最大值后都迅速下降。计算结果还表明,临界扭转角之前的任一时刻如撤销扭转载荷,让纳米线自由弛豫,它还能恢复到初始结构,但在临界扭转角之后则不能恢复。因此可以认为扭转势能曲线上升的部分为纳米线扭转形变的弹性区。在此区域除了临界角度不同外,其他方面并不受扭转速率的影响。扭速增加使势能极值升高,与前文讨论的应变硬化遵循相同的原理,即在更高的扭速下,晶格结构还来不及改变就被推到更大的形变区间,从而导致平均势能的升高。

图 12.3 汇总了临界扭转角度 θ_{cr} 与加载速率的关系。从图中可以看到,θ_{cr} 随加载速率的增加而变大。在扭转速率较低时,增加的速度较慢。当扭速超过 $1.0 \times 10^{11}(°)/s$ 时,增加的速度变快。这说明较大的扭转速率使材料表现出增强的弹性行为,与前文讨论的纳米线拉伸过程中的应变强化行为一致[1]。在我们前面的模拟工作以及以往的文献中,应变速率的强化效应还表现在,足够高的应变速率会导致纳

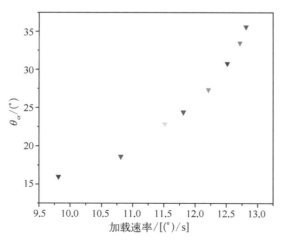

图 12.3 临界扭转角度 θ_{cr} 随扭转速率的变化
(纳米线尺寸为 $6a \times 6a \times 24a$)

米线从晶态向非晶态转变,从而取代低应变速率下晶态位错滑移或者孪晶的形变方式[2, 5]。因此应变速率越高,晶体需要更多的能量来获得一个较大的无序度,而所需要的能量越高也意味着更大的临界扭转角。

尺寸效应是研究纳米材料的核心内容之一。为更好地理解纳米线在扭转载荷下的力学性质,本节考察了在四个不同的扭转速率下,横截面积对临界扭转角的影响,如图 12.4 所示。从图中可以看出,在每个扭转速率下,都表现出横截面积越小临界扭转角越大。这一点似乎较难理解,因为纳米线的截面越大其屈服强度也越大,而临界扭转角的变化规律却与之相反。所以我们需要从另外一个角度来理解,即临界扭转角反映了纳米线的柔韧性。尽管较小的纳米线具有更大的比表面积,但是较粗的纳米线在转动相同的角度时,外侧原子会有更大的偏移量,从而使其表面易于产生位错和滑移。上述横截面大小对于纳米线临界扭转角度的影响也可以与拉伸作用下纳米线屈服行为相比较,参见本书 5.3 节的相关讨论。此外,Diao 等[6]认为,较细的纳米线由于表面作用在弛豫过程中收缩较多,所以有更大的屈服应变,也因此需要更多的能量来克服纳米线内部的应力,使临界扭转角变大。

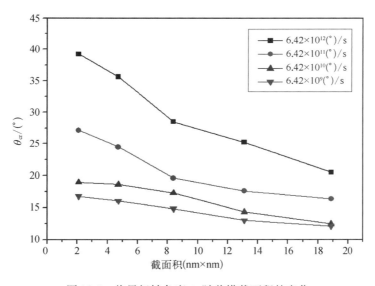

图 12.4　临界扭转角度 θ_{cr} 随着横截面积的变化

本节分子动力学模拟采用了正则系综(NVT),并通过每隔 10 步做一次温度校正,保持体系稳定在设定的温度。温度代表了体系中原子热运动的平均动能,温度高,原子平均动能大,也就有更大的能力克服滑移势垒产生初始结构缺陷。同时高温也使体系中的高能原子分布更均匀,初始缺陷的数量更多。因此,温度对临界扭转角会有显著的影响。图 12.5 给出了临界扭转角随温度的变化关系。从图中可以看出,不同尺寸纳米线的临界扭转角都随温度的升高而显著减小。同时也表明,相同的扭速和横截面积下,较长纳米线的临界扭转角不仅更大,随温度的变化也更显著。上述温度的影响也可以从熵效应,即体系原子的混乱度来解释[7]。高温下纳米线具有较高的熵值,原子在其平衡位置附近的振动幅度也要比低温大得多,在有外力载荷作用下,更容易对晶格产生扰动,甚至对晶体点阵产生破坏。相比之下,低温原子的振动幅度较小,即使存在外部载荷也倾向于保持稳定,以抵抗塑性形变的发生。因此低温扭转时,位错滑移的势垒难以达到,临界扭转角也因此增加。

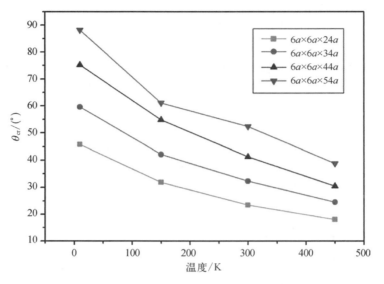

图 12.5   扭速为 $6.42×10^{11}(°)/s$ 不同长度的纳米线的
临界扭转角度 θ_{cr} 随温度的变化

12.1.4   扭转速度对结构形变的影响

分子动力学模拟可以给出在不同条件下,纳米线形变的微观结构。图 12.6(a)为小尺寸 $6a×6a×24a$ 纳米线典型的能量曲线。该纳米线以 $6.42×10^{10}(°)/s$ 扭转了 360°,共计时间为 5.61 ns。从图中可以看出在<B>点之前,纳米线的能量随扭转角增大而迅速上升,这段对应了纳米线的弹性形变。<B>点之后,能量迅速释放,略有保持一段转动之后再次上升,甚至超过第一扭转屈服的能量。再之后,随着扭转角度变化能量呈周期性的起伏。我们将曲线上几个代表性时刻的纳米线结构,即从<A>到<F>在图 12.6(b)中给出。

纳米线在扭转载荷下从完美单晶<A>点开始,在到达临界点<B>之前纳米线还处于弹性形变区间,结构上虽有明显扭转,但对应的晶格关系未见破坏。伴随着能量释放,纳米线到达<C>点。从图中可以清晰地观察到沿(111)面的位错滑移。Sankaranarayanan 等[8]和 Finbow 等[9]认为面心立方金属易于沿着(111)面滑移,在该面发生堆垛层错的能垒也较低。从<C>到<D>处,纳米线内部的原子迅速重排,蔓延至多层原子。原子层重排的过程使得原子平均能量迅速到达一个局域最小值,使应力得到释放。此后,纳米线在扭转作用下持续发生形变,至<E>点位错都没有太多的增殖,但此时的纳米线的能量则再次达到局域最大值。在这之后,与<B>到<D>过程一样,纳米线在短时间内位错大量增殖。后续纳米线形变的过程均与此类似,即在纳米线能量达到局域最大值后,总是伴随着一连串的(111)面的滑移。

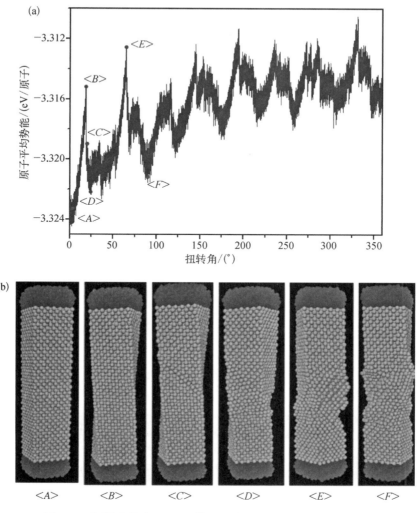

图 12.6 铜纳米线在 $6.42\times10^{10}(°)/s$ 扭速下的(a) 能量曲线随
扭转角度的变化;(b) 不同扭转角度下的结构位图

在较高的扭速下,铜纳米线除了具有更宽的弹性形变区间外,塑性形变特征也显著不同。如图 12.7(a)所示,扭转速度为 $3.21\times10^{12}(°)/s$,在临界扭转角后,能量曲线只表现出小幅的波动,这与低速扭转的特征完全不同。这种差异反映纳米线在快速的机械冲击作用下出现了明显的局域无序结构。临界扭转角之后的形变并非来自位错滑移,而是由于扭转过快形成了数量众多的非晶原子团簇。它们会对纳米线的形变由晶态特征明显的位错滑移机理转变为熔融特征的形变。虽然分子动力学模拟中采用了恒温处理,但由于扭转速度过快,体系内部的能量没有充分的时间相互传递,使得部分原子的能量升高,当超过其熔化焓,就产生了局域的非晶团簇。

图 12.7(b)给出了能量曲线上标注的几个代表性时刻的结构图。从图中可以看出,直到<D>、<E>和<F>点,纳米线的中段都没有观察到特别清晰的位错滑移,而是在两端附

近的原子形成了无序的团簇结构。在这种情况下,纳米线中段的原子并没有随着两端的扭转载荷而一同转动。这种无序也可以从图12.8径向分布函数(RDF)得到验证,尽管RDF反映了纳米线体系的整体特征。在低扭转速度$6.42\times10^{10}(°)/s$时[图12.8(a)],不同扭转角度的RDF曲线均显示了长程有序的特征,表明在该扭转速度下纳米线保持了晶体结构的完整性和有序性。而对于扭转速度为$3.21\times10^{12}(°)/s$[图12.8(b)],当扭转角度小于12°时,纳米线大体上还能保持晶体的长程有序性,但是当扭转角度大于24°时,长程有序的特点变得非常微弱,图中三个晶格以外的RDF峰基本消失。

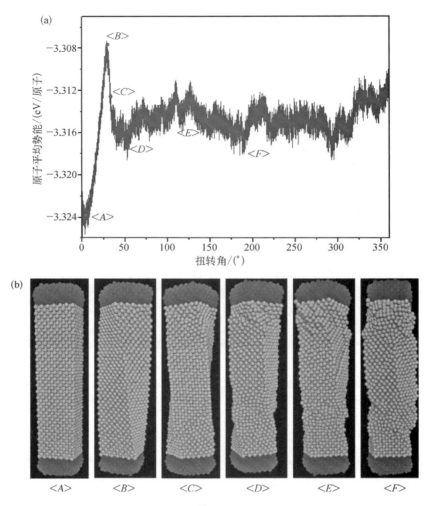

图12.7　铜纳米线在$3.21\times10^{12}(°)/s$扭转速度下(a)能量曲线随扭转角度的变化;(b)不同扭转角度下的结构位图

12.1.5　含缺陷纳米线的扭转形变

纳米线内部含有的特殊微结构对其力学性质带来显著的影响,其中包括屈服特征和断裂行为,这在第8章已做了详细的阐述。但我们对于含缺陷纳米线的扭转行为了解得

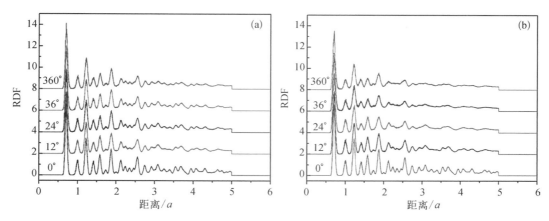

图 12.8 不同扭转速度的径向分布函数图：(a) $6.42 \times 10^{10} (°)/s$；(b) $3.21 \times 10^{12} (°)/s$

还有限。为此，我们设计了系列模型，如图 12.9 所示。纳米线为 $12a \times 12a \times 96a$，以晶格常数为单位。内部方形空腔的中心与纳米线中心重合。图 12.10 给出了上述模型的扭转势能曲线，图中 4、8、12 分别代表了尺寸为 $4a \times 4a \times 4a$、$4a \times 4a \times 8a$ 和 $4a \times 4a \times 12a$ 的方形空腔，0 则表示无内部缺陷。弛豫过后扭转的起始时刻，随着纳米线孔洞空腔的变大，原子平均势能升高，说明稳定性降低。扭转速率为 $3.21 \times 10^{11} (°)/s$，在弹性形变阶段，势能曲线仍然与扭转角 θ 呈近似的二次曲线关系。同时发现，随着空腔尺寸的变大，纳米线的临界扭转角依次降低，能量极大值与起始能量之差也依次降低，意味着纳米线的强度也随之降低。

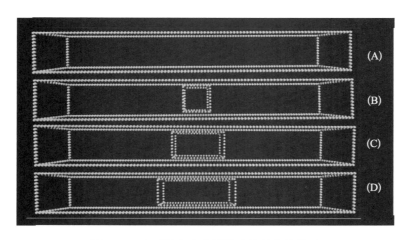

图 12.9 含不同大小内部缺陷的纳米线模型

为了更深入了解缺陷纳米线在扭转过程中的结构变化，我们以 $4a \times 4a \times 4a$ 中空纳米线为例，对应图 12.10 中从 <A> 到 <E> 标记的特征时刻，分析结构的变化（图 12.11）。在本例中，载荷为 $3.21 \times 10^{11} (°)/s$，势能曲线具有高速形变的特征。纳米线弛豫后的 <$A$> 点，除了内部缺陷以外，结构完整，内部空腔的形状也完好，说明 $4a \times 4a \times 4a$ 的空腔在弛豫后仍可以保持稳定的构型。经过一定角度的扭转，即 <B> 点，此时宏观上仍处于弹性阶段，从内部结构上看，纳米线产生了一定的形变，包括内部的空腔也发生了一定的扭曲，但晶格结构并没有明显的变化。扭曲形变随着载荷一直持续到临界扭转角<C>点,此时内部空腔在保持稳定的情况下,也继续扭转到达其最大极限。从图 12.10 可以明确,空腔的存在降低了纳米线的最大扭转角,因此我们也可以推测,最初的缺陷也源于空腔或其附近。经过势能的迅速释放,纳米线快速形变至<D>点,此时纳米线的结构发生了不可逆的变化,其中部形成了局域非晶原子团簇,而内部空腔的形状也不再保持,由此可见含有空腔的纳

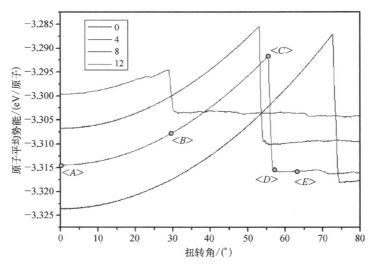

图 12.10   含不同大小内部缺陷的纳米线扭转势能曲线

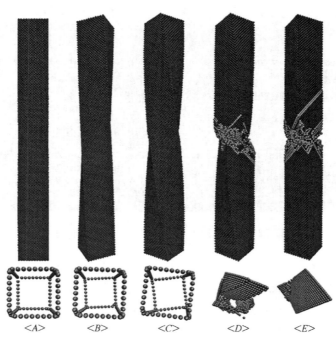

图 12.11   不同扭转角度下纳米线的结构变化。侧视图中的原子由 CSP 值着色。
下图为利用 HCP 原子勾勒出的内部缺陷的轮廓和滑移面

米线的稳定性与中空结构的稳定性密切相关。此时纳米线内部的缺陷原子(非 FCC 原子)迅速增加,意味着内部结构的突变,也表明能量或者应变迅速下降。值得注意的是,这种局部非晶态的形成和发展与常见的位错传播差异很大。在缺陷纳米线的扭转过程中,一旦越过临界点,中空结构处形成脆性塌陷,导致材料的迅速失效。从<D>点到<E>点的势能保持平稳,但内部结构变化很大。非晶原子团簇起到润滑作用,使扭转不再需要克服额外的能量。此外,结构图中还显示,大量的滑移位错形成并不断向纳米线侧壁发展。

12.1.6　小结

本节建立了铜纳米线扭转操作的模拟模型,并对其在扭转载荷作用下的形变进行了初步研究。模拟考虑了扭转速率、温度、纳米线尺寸以及中空结构。在弹性阶段,势能随着扭转角度 θ 的增加而增加,纳米线晶格结构保持完整,包括长方体中空结构也能在这一阶段保持稳定。随着扭转速率的增加,临界扭转角变大;而当温度升高时,原子平均势能整体上升,临界扭转角减小,横截面的增加也使临界扭转角减小,这表明较细的纳米线在低温和高速时能表现出更大的弹性形变范围。塑性形变阶段,低扭速时,势能呈周期性波动,其形变主要是通过沿着(111)面的位错滑移实现。在高扭速下,第一次屈服后的能量曲线变为平坦,无显著的周期波动,结构图中发现纳米线两端出现了局域非晶结构。RDF 的分析表明,低速下纳米线较好地保持了晶体结构的完整性和有序性,而高速下局域非晶的出现使得纳米线长程有序性降低。对于内部含有中空结构的纳米线,随着空腔的增大,纳米线的稳定性降低,临界扭转角下降。塑性形变中,纳米线的稳定性与中空结构密切相关。达到临界扭转角后,内部中空结构被破坏,其附近出现了局域非晶原子团簇,加速形变的发展,并发育产生了新的位错。

12.2　孪晶金属纳米线的拉伸与扭转

12.2.1　引言

金属和半导体纳米线代表了一类重要的一维纳米结构,它们在电子学、光子学、微纳系统以及生命科学中都有潜在应用价值。目前,制备具有特殊结构以及表面形态的纳米线,并以此来构建纳米器件是一项具有挑战性的工作。相关的基础研究和工程化实践对于推动纳米线的应用具有重要意义。了解纳米结构的性能与元素种类、尺寸、几何特征之间的关系也是基础研究的重点。

很多实验和理论工作都报道了含孪晶面缺陷的纳米线设计、合成以及力学性能测试。其中文献[10]～文献[15]报道了利用化学沉积法制备的具有五重孪晶结构的银纳米线,并用原子力显微镜(AFM)测定了它的力学性能。图 12.12 所示为实验制备的五重孪晶银纳米线。此类纳米线具有超弹性行为,且塑性形变也较为特殊。这一实验现象启发了 Cao 等[16]、McDowell 等[17]对五重孪晶纳米线开展分子动力学模拟研究。他们通过设计具有矩形横截面的五重孪晶纳米线在准平衡态下进行单轴拉伸。研究结果表明,该纳米线强度相对于同尺度的<110>单晶纳米线约有 30%的增加,该研究还表明五重孪晶纳米线的延展性较差。虽然五重孪晶被认为增强了纳米线的强度,然而对于不同表面的五重孪晶是否都有增强效应,这一问题还是需要系统的研究。

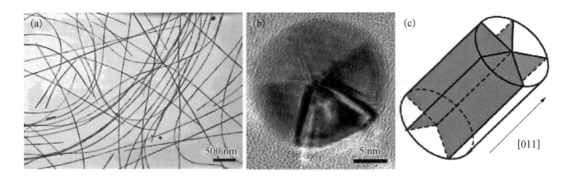

图 12.12　五重孪晶纳米线：(a) 实验制备的五重孪晶银纳米线；(b) 截面的高分辨率 TEM 图像；(c) 五重孪生银纳米线的滑移系统示意,阴影平面表示五重孪晶边界

此外,为了考察孪晶结构的影响,Lu 等[18-20]利用脉冲电沉积技术制备了高密度的孪晶铜样品(图 12.13),其屈服强度高达 900 MPa,断裂强度达到 1 068 MPa,此强度值比粗晶铜高一个数量级。说明此类材料中的孪晶结构能进一步提升机械性能。研究表明,当孪晶面间距 λ 在 15 nm 时可获得最高的拉伸强度,当其大于 15 nm 时,生长位错较少,且形变时位错需要更长距离才能滑移到孪晶界遇阻强化,因此随着孪晶带宽增加,拉伸强度

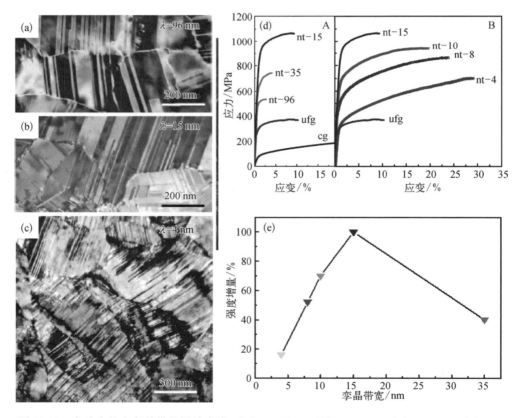

图 12.13　实验中的含孪晶带的铜纳米线：(a) $\lambda = 96$ nm；(b) $\lambda = 15$ nm；(c) $\lambda = 4$ nm；(d) nt-Cu 纳米线的应力应变曲线；(e) 由(d)推断出的强度增加与孪晶带厚度的关系

降低。当 λ 小于 15 nm 时,由于生长位错比先前提高了两个数量级,且随 λ 减小而增多,它们是形变位错源,故强化效用也被掩盖。值得注意的是,Lu 等的研究针对铜多晶纳米线,得到的结论也是纳米尺度晶界与孪晶界共存的形变机制。

由于孪晶界能大幅度提升金属纳米线的力学性能,同时也保持了良好的导电性,所以研究孪晶界的结构及其在纳米线中所起到的作用显得非常重要。直到现在,关于孪晶仍然有一些关键问题没有阐明,例如改变表面形貌是否可以使孪晶纳米线得到增强,这就涉及表面和孪晶界两者之间的关系。

12.2.2　模型建立与分子动力学模拟方法

参考相关文献的实验与理论研究,本节设计了含五重对称孪晶纳米线,简称为五重孪晶纳米线。该类纳米线含有五个平行于拉伸轴的 {111} 孪晶面,且近似呈轴对称。下文着重研究孪晶面对纳米线的弹性力学性能以及塑性形变初期的影响,同时也与相应的单晶体系做了对比。

本节构造含有五重孪晶结构的银纳米线,通过直接的单轴拉伸以及扭转变形模拟来考察它的基本力学性能。模型结构如图 12.14(a)所示,纳米线截面具有五重对称性孪晶结构(简称五重孪晶纳米线)。构建方法如下,首先沿<110>轴旋转 $\Sigma 3$ 共格孪晶,$\Sigma 3$ 共格孪晶根据重合位置点阵(coincidence site lattice)获得[21]。然后在侧面切出一个截面近似圆形,面积约为 56.25 nm² 的纳米线。同时,我们还构建一个近似圆柱形<110>晶向的单晶纳米线作比较研究,如图 12.14(b)所示。两纳米线的长度均为 22.5 nm。为减少温度对纳米线的影响,设定体系温度为 10 K。计算中采用了自由边界条件,以便更好地模拟真实纳米线体系。对纳米线施加外力载荷之前,体系需要通过在该温度下弛豫足够时间以达到平衡态。为充分了解五重孪晶纳米线的机械性质,分别对两种纳米线施加拉伸和扭转作用。计算采用的拉伸方向沿着轴向外侧方向[图 12.14(c)],速率为 0.044% ps⁻¹;扭转的作用方向垂直于纳米线的轴向[图 12.14(d)],扭转速率为 1.7°/ns。

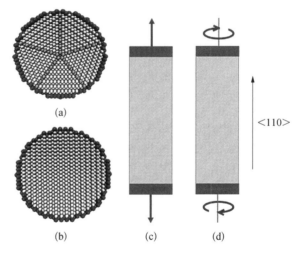

图 12.14　两种纳米线在不同外力载荷下的示意图:(a)五重孪晶纳米线的剖面图;(b)<110>单晶纳米线的剖面图;(c)纳米线拉伸操作的示意图;(d)纳米线扭转操作的示意图

12.2.3　纳米线的拉伸行为

图 12.15 为五重孪晶纳米线和单晶纳米线的弛豫和拉伸过程中的势能曲线。两纳米线样本均经过充分的弛豫以达到平衡。五重孪晶纳米线达到平衡所需的时间略长,但基本在 100 ps 已经完成弛豫过程,释放掉晶界原子间的应力和能量。为了使这一过程更为充分,通常选定的

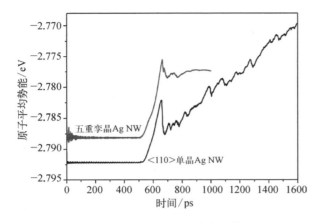

图 12.15　两种纳米线在拉伸过程下的势能曲线

弛豫时间至少是其 5 倍。充分弛豫后，五重孪晶纳米线的势能高于单晶纳米线，平均每个原子能量高出 0.004 eV。这与两个模型的初始结构有关。如图12.16所示，{111} 面之间的夹角为 70.53°，五个孪晶面结合到一起形成了 7.35°的狭缝，因而五重孪晶的初始结构并不十分稳定。经过充分弛豫后，初始结构的狭缝会自动变小直至弥合，在横截面上会观察到一些收缩，图 12.16(c) 给出这一过程的示意。所以经过弛豫后五重孪晶纳米线的能量高于<110>单晶纳米线。

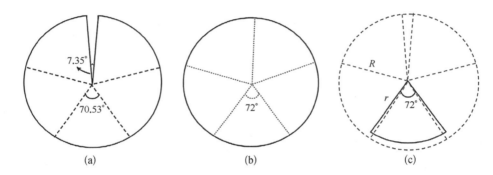

图 12.16　五重孪晶纳米线示意图：(a) 与五个完美的 FCC 扇形亚单元的角度差为 7.35°；(b) 形成松弛五叶纳米线所需的角度为 72°；(c) 补偿角度缺陷的结果是产生形变亚单元

在拉伸的初期，两纳米线的能量都经历先上升后下降的过程。在能量曲线的上升阶段，五重孪晶纳米线的每个原子平均上升了 1.27×10^{-2} eV，而单晶纳米线上升了 1.01×10^{-2} eV，比前者少 20%。但在随后的能量降低过程中，单晶纳米线下降的能量要明显大于五重孪晶纳米线。此外，单晶纳米线能量下降到一个极小值后，缓慢上升，能量甚至高于弹性形变阶段的极大值，展现了较好的延展性。而五重孪晶纳米线能量下降幅度小，且再次上升的幅度不大，经短暂的形变即发生断裂，表现了显著的脆性特征。

图 12.17 给出了两纳米线拉伸过程的应力应变曲线。在弹性区，两条曲线非常接近，表明两者有相似的弹性行为和屈服行为。经计算五重孪晶纳米线杨氏模量大约为 113 GPa，略大于实验中银纳米线的杨氏模量（102 ± 23 GPa）[11]，远大于块体金属银的杨氏模量（83 GPa）。为能更加准确地计算出两纳米线的屈服性能的差别，我们分别设定了 100 个不同初始态的纳米线样本，然后将其在相同条件下拉伸并作统计[图 12.17(a)的插图]，五重孪晶纳米线的屈服强度为 5.37 GPa，比<110>单晶纳米线增加 6%。并且从统计分布的趋势来看，两者的差异是显著的。铜的五重孪晶强度也有计算研究[16]，然而文献中方形五重孪晶纳米线强度会有 30%的增加，说明除材料因素以外纳米线的截面形状对其强度也可能有较大的影响。这或许与不同截面纳米线的侧面结构有关，高活性侧面易于诱导产生位错滑移[22]。

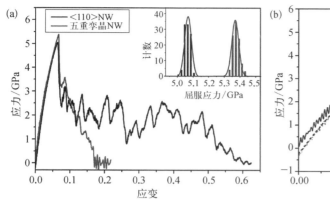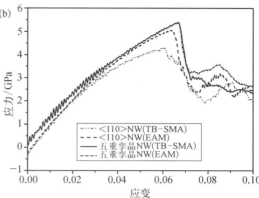

图 12.17　两种纳米线应力应变曲线的比较：（a）完整拉伸加载过程，插图为 100 个样本
屈服应力的统计；（b）使用 EAM 和 TB－SMA 势应力应变曲线的比较

通常情况下，含有大量原子的纳米线计算，其准确性会受到势函数的影响[23]。Leng 等[3]研究了过渡金属各种不同半经验势函数，结果表明，紧束缚（tight－binding，TB）势函数[4]与 EAM 等势函数均适合金属纳米线的拉伸研究。为证实五重孪晶纳米线的增强效应的普遍性，我们也采用了紧束缚势函数验证了五重孪晶和<110>单晶纳米线的计算。图 12.17（b）比较了两种纳米线的应力应变曲线。对五重孪晶纳米线而言，不同势函数计算的应力应变曲线在屈服点之前几乎完全重合，尽管应力的波动幅度略有差异。随后的应力释放两种势函数也给出相同的下降速度。由于随机性因素，塑性形变阶段两者的应力应变曲线遵循不同的轨迹。而对于<110>单晶纳米线，在 1/2 屈服应变之前也完全重合，在屈服点紧束缚二阶矩近似（second moment approximation of tight－binding，TB－SMA）势估计的应力值略小于 EAM，但基本趋势一致。而屈服点之后的差异，则主要来自于样本之间的分散性。考虑到两种势函数预测结果的一致性，为方便起见，本节主要采用 EAM 势函数的计算结果讨论。

进入塑性形变阶段，两纳米线的势能曲线以及应力应变曲线都经历了一个迅速下降过程，这说明内部结构都发生了迅速的重新排布。在拉伸载荷下，<110>单晶纳米线的塑性形变与部分位错的运动和形成孪晶结构有关，如图 12.18 所示。考虑到<110>单晶纳米线拉伸形变已经在文献中广泛研究[24-26]，下文将主要讨论五重孪晶的形变机理。

图 12.19 为五重孪晶在拉伸过程中的塑性形变结构图。形变起始于表面原子的收缩。部分位错沿着｛111｝面<112>方向移动，直到纳米线内部晶界处［图 12.19（a）和（b）］。不同于<110>单晶银纳米线的内部滑移，五重孪晶纳米线的位错滑移受到内部晶界的阻挡［图 12.19（c）］。这种受束缚的滑移影响到银纳米线的延展性，随着这种局域化位错滑移越来越多，容易使纳米线在局部形成无序的非晶态，造成局域强度降低，因而迅速形成颈缩［图 12.19（e）］。五重孪晶银纳米线的断裂应变为 0.22，该值仅有<110>单晶纳米线的 1/3。值得注意的是，在 Cao 等[16]的计算结果中，铜五重孪晶纳米线的断裂应变为 0.29，同样也只有铜<110>单晶纳米线的 1/3。

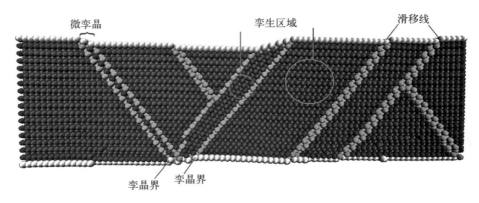

图 12.18　<110>单晶纳米线在屈服应变为(0.072)时的剖面图

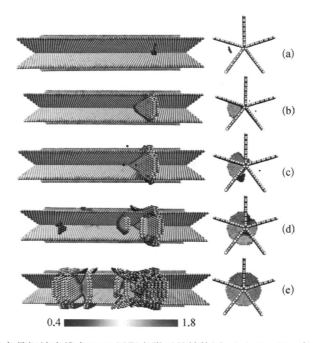

图 12.19　五重孪晶银纳米线在 10 K 屈服点附近的结构图：(a) Shockley 部分位错在屈服
开始时在表面附近成核；(b) Shockley 部分位错向中心传播和滑移；(c) 和 (d)
纳米线中的部分位错和堆垛层错；(e) 五重孪晶纳米线在第一个最小应力状态
下的颈缩。左图为轴向缺陷视图，右图为纳米线剖面图

12.2.4　纳米线的扭转形变

　　为进一步验证五重孪晶纳米线的强化效应，我们进一步研究了该纳米线的扭转行为。
图 12.20 为五重孪晶以及<110>单晶银纳米线的平均原子势能随扭转角度的变化曲线。
从图中可以看出，在加载的初始阶段，两纳米线的势能(E_p)随着扭转角度(θ)的增加而升
高，并且近似符合二次曲线关系。随着扭转持续，E_p 到达一个最大值。该点对应的角度为
临界扭转角。显然，五重孪晶纳米线有更大的临界扭转角。此外，五重孪晶纳米线在这一

阶段平均每个原子增加的能量为 3.1×10^{-3} eV,而<110>单晶纳米线的势能只有 2.2×10^{-3} eV,五重孪晶纳米线的弹性势能的增幅比单晶纳米线高 42%。经过临界扭转角以后,纳米线进入能量的释放阶段,这与纳米线内部缺陷的产生有关。

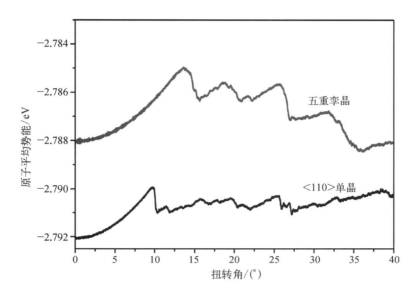

图 12.20 五重孪晶以及<110>单晶银纳米线的扭转势能曲线

在扭转作用下,纳米线的位错滑移沿着轴向延伸径向发展,这使得晶体的缺陷更易观察。如图 12.21,<110>单晶纳米线沿着侧表面产生位错[图 12.21(a)],这一位错沿着 {111}面在纳米线内部纵向展开,此外还能观察到其他位错滑移也对称地向纳米线中心滑动。我们知道在拉伸载荷下,滑移面斜向划过纳米线的截面(图 12.18),但在扭转操作中滑移沿径向进行由表向内。此结果与 Weinberger 等[27]提出来的形变机理一致。类似地,五重孪晶纳米线的扭转中也产生同轴位错。如图 12.22 所示,在塑性形变的初期,我们发现五个孪晶面都略微扭曲,但是并未在孪晶面上产生位错,这或许能解释五重孪晶纳米线在弹性形变平均能量比普通单晶纳米线要上升得多的原因。如图 12.22(c),螺型位错均匀地分布在孪晶纳米线内部。纳米线的扭转展示了不同的位错滑移方式,这对于纳米器件材料的选择和器件失效的抑制等均有一定借鉴意义。

实验中所观测到的五重孪晶纳米线包含了许多生长位错。为确保以上研究结论的可靠,我们设计了初始结构中含有不同数目层错的五重孪晶纳米线(图 12.23),并与无层错的五重孪晶纳米线比较。拉伸操作前,所有的纳米线都在 10 K 下进行充分的弛豫。由图 12.23 可见,随着孪晶纳米线内部层错数目的增加,纳米线的起始能量降低,这说明实验中存在的大量位错有助于纳米线降低能量,这符合能量关系。然后按上文描述的方法,将拉伸载荷加载在纳米线的两端。图 12.24 给出了各个纳米线的应力应变曲线。由图可知纳米线并没有因为层错缺陷的引入导致强度的改变,只是在屈服之后和应力彻底释放之前,含有层错的五重孪晶纳米线比五重孪晶纳米线多了一个极窄的应力平台。因此,层错的引入并没有影响到五重孪晶纳米线的弹性行为。

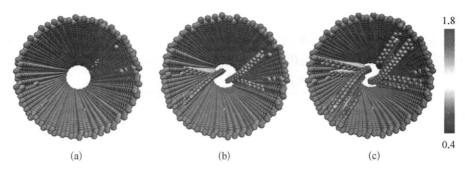

图 12.21　<110>单晶纳米线在扭转下的塑性形变：（a）部分位错在初始屈服时从
表面成核；（b）纳米线沿{111}平面和纵向平面滑动；（c）扭转情况下的
一系列结构破损。原子根据 CSP 值着色

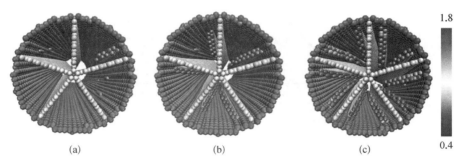

图 12.22　五重孪晶纳米线在扭转下的塑性形变：（a）塑性是通过表面位错成核产
生的；（b）纳米线通过沿{111}平面和纵向平面滑动而失效；（c）扭转条
件下的失效序列

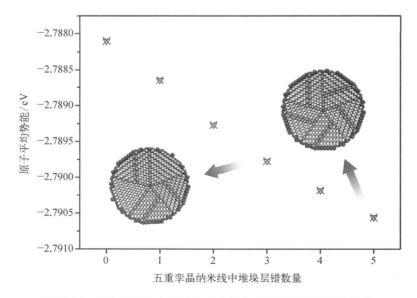

图 12.23　平衡态五重孪晶纳米线的势能与堆垛层错数量的关系。
图中给出含 3 个和 5 个堆垛层错的截面结构

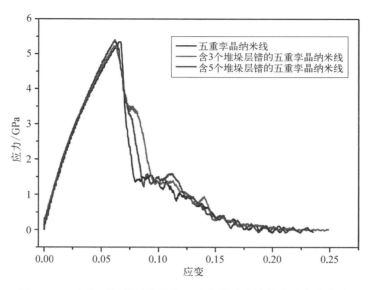

图 12.24　含有不同数目位错的五重孪晶纳米线的应力应变曲线

12.2.5　小结

本节研究了五重孪晶银纳米线的拉伸和扭转行为,并与<110>单晶银纳米线的拉伸和扭转形变做了对比。结果表明,五重孪晶银纳米线较<110>单晶纳米线具有更好的弹性性能。表面形貌特征会对纳米线的机械强度有一定影响,特别是高指数面会诱导表面产生位错滑移。在拉伸载荷下,含孪晶界的纳米线表现出一系列特殊性,包括在弹性阶段强度的增加,塑性形变能量和应力的快速释放等。孪晶面对位错滑动的阻碍导致了局部的阻塞与应力集中,因而产生局域非晶原子团簇并发展形成颈缩和断裂。在扭转载荷下,五重孪晶和<110>单晶纳米线的塑性形变初期,位错均沿着{111}面在纳米线内部径向传播。此外,堆垛层错对五重孪晶纳米线的屈服特征无明显影响。

12.3　核壳结构金属纳米线的扭转

12.3.1　引言

在现代社会的生产中,由于铜合金出色的性能,故在不同领域有广泛应用。其中,铜铝合金在导电性、柔韧性、抗疲劳性等方面具有良好的表现。而铜铝核壳结构的纳米线则兼具单组分金属的优良性质,又具有合金的特点,在微纳传感器、3D 打印材料、微纳电子学等方面表现出良好的应用前景。目前,实验室中核壳结构的铜铝纳米线的制备方法已得到改进并逐渐成熟[28]。同时,纳米线是最常用的纳米材料之一,它们不可避免地承受着多种载荷。因此,建立代表性金属纳米线的模型,模拟研究它的机械性能和变形行为,可以为理解和设计其他纳米线提供重要的参考。

自从分子动力学方法引入纳米线的研究中以来,众多学者一直致力于金属纳米线力学性能的研究。Sarkar 等[29]研究了铜铝核-壳结构和铜银核-壳结构在拉伸条件下的弹性模量和位错形态等力学性能,为纳米复合材料的研究提供了方向。同时,研究人员基于分子动力学模拟方法的优势,考虑了诸多因素的影响。Yang 等揭示了拉伸速率对单晶铜纳米块的影响[30];Fang 等发现温度改变了纳米晶铜的屈服应力和弹性模量[31]。此外,一些研究也表明不同的晶体结构使得纳米材料的位错生成机制不同,这对于金属纳米结构材料的研究具有重要意义。

纳米材料在扭转载荷下的力学性能研究一直颇受关注。与拉伸和剪切载荷相比,纳米材料在扭转下的变形更加复杂,分子动力学方法在呈现复杂变形过程方面的优势得到了充分发挥。Weinberger 和 Cai 指出晶体取向在纳米线扭转变形中起着重要作用,并分析了具有不同晶体取向的纳米线的塑性形变[27, 32]。Sung 等研究了扭转速率和温度对单晶铝临界扭转角的影响[33]。Qiao 等分析了晶界对铁纳米线扭转变形机制的影响[34]。Hwang 等从扭矩、扭转角和能量的角度研究了晶体金纳米管在扭转下的位错形态[35]。Yang 等模拟了单晶铜纳米线和空心单晶铜纳米线的扭转行为[36, 37]。

虽然在纳米线结构和扭转力学性能的研究中已经取得了许多成果,但在扭转载荷下,核-壳结构纳米线的力学性能和破坏机制方面的研究较少,尽管这些工作可以为设计铜铝合金纳米线在其他形式的载荷下提供一定的参考。在本节中,我们给出了铜铝核-壳结构纳米线的分子动力学模型,并模拟研究在扭转载荷下的力学行为。讨论了纳米线的扭转响应,并依次给出了势能、扭矩、应力与扭转角之间的关系。通过分析连续加载过程中的微观结构变化,阐明了纳米线的扭转变形机制。通过改变扭转速率和温度,讨论它们对纳米线扭转力学性能的影响。

12.3.2 模型建立与分子动力学模拟方法

构建长度为 300 nm、横截面半径为 30 nm 的圆柱形铜纳米线。在纳米线中设置了一个横截面半径为 10 nm 的空洞,并添加了一个与空洞大小相同的单晶铝纳米线,两者具有相同的晶体取向。铜铝核-壳结构纳米线,简写为 Al@ Cu 的基础模型如图 12.25 所示。铜区域和铝区域都是面心立方(FCC)晶格,并将长轴设置在[001]方向上。经过 100 000 步,每步 1.0 fs 的分子动力学弛豫,获得了具有相对稳定位错环结构的 Al@ Cu 核-壳结构纳米线。

为了实现模型的扭转,纳米线的两端分别设置了 3 nm 的边界层;在扭转过程中,边界层的原子以恒定的加载速率进行移动,其余的原子则在扭转过程中自由移动。使用大规模原子/分子并行模拟软件(LAMMPS)对具有不同扭转速率和温度的模型进行模拟。原子间的相互作用力通过嵌入原子方法(EAM)势函数来计算,该势函数适用于铜铝合金[38]。其能量函数表达式如下:

$$U = \sum_{i=1}^{N} F_i(\rho_i) + \frac{1}{2}\sum_{i=1}^{N}\sum_{j \neq i}^{N} \phi_{ij}(\boldsymbol{r}_{ij})$$

其中,$F_i(\rho_i)$是在电子密度为 ρ_i 环境中嵌入一个原子的能量;ϕ_{ij}代表了能量关系中的距离为 $\boldsymbol{r}_{ij}$ 双原子的对势。该合金势函数由 Zhou 和 Ward 在 2016 年提出,可以拟合各种元素和化合物材料的性质,包括小团簇、体相晶格、缺陷和表面。研究表明,这种铝-铜势函数在再现实验和力学计算中的结构和性质趋势方面具有独特的优势,并能够很好地描述缺陷特征和表面能量[39]。

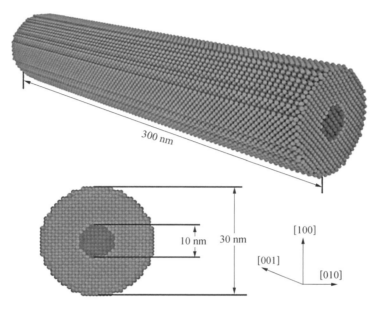

图 12.25　Al@ Cu 核壳纳米线的基本模型

通过位力展开式[40]计算不同方向上的应力,该方案是对所有原子应力的平均值。

$$\sigma_i^{\xi\eta} = \frac{1}{\Omega_i}\left\{ -m_i\, v_i^{\xi}\, v_i^{\eta} + \frac{1}{2}\sum_{i \neq j}\left[\frac{\partial \phi}{\partial r_{ij}} + \left(\frac{\partial F}{\partial \rho_i} + \frac{\partial F}{\partial \rho_j} \right)\frac{\partial f}{\partial r_{ij}} \right]\frac{r_{ij}^{\xi}\, r_{ij}^{\eta}}{r_{ij}} \right\}$$

其中,下标 i 为某给定原子;σ、Ω、m 和 v 分别代表应力张量、平均体积、原子质量和速度;上标 ξ 和 η 分别指 ξ 和 η 方向。对于扭转研究来说,剪切应力是其重要的一个参数。在极坐标中这一量可以采用如下定义:

$$\tau_{r\varphi} = \frac{\sigma_y - \sigma_x}{2}\sin 2\varphi + \tau_{r\varphi}\cos 2\varphi$$

其中,σ_x 和 σ_y 分别代表笛卡尔坐标中的 x 和 y 方向;r 和 φ 则分别代表原子间距和中心线与 x 轴之间的角度。剪切力通过上述转换公式获得。每层原子相对其质心的扭矩可以由剪切应力和角速度求出。

采用 NVT 正则系综,并利用 Nosé - Hoover 热浴方法[41]保持体系恒定在给定的温度。纳米线的模拟采用自由边界条件,共同近邻分析方法(common neighbor analysis,CNA)[42]用于获得位错信息。纳米线的扭转形变机理研究中,恒定扭转速度为 $5\times10^{11}(°)/s$,温度设定为 30 K。此外,在速度研究中,其范围为 $5\times10^{10}\sim5\times10^{12}(°)/s$;在温度研究中,其范围从 0 K~500 K 变化。

12.3.3 核壳结构纳米线扭转过程中的能量变化

原子之间的作用以短程作用为主,因此原子的平均能量会在扭转过程中表现出对扭转角度的依赖。图 12.26 给出了铜铝核-壳结构纳米线在扭转一周的平均原子势能。从该图可以看出,该扭转过程中可以分三个阶段来描述,即弹性阶段、塑性阶段和变形破坏阶段。在弹性阶段,纳米线受到扭转力的驱动开始累积能量。因此,在这个阶段,平均原子势能上升,并且直到约为 76.3° 临界角时,能量才会急剧跌落。弹性阶段,纳米线的晶格结构基本上只有扭转,并未有位错滑移等不可逆转的形变发生。但在塑性阶段,势能急剧降低意味着大量的滑移产生使能量迅速释放。其释放的速度和程度,是本书其他章节拉伸研究所未出现的,也说明纳米线的扭转形变的特殊性。经过这一剧烈的能量释放,体系进入一个能量相对稳定的状态,尽管随扭转角度的变化还有轻微的起伏。

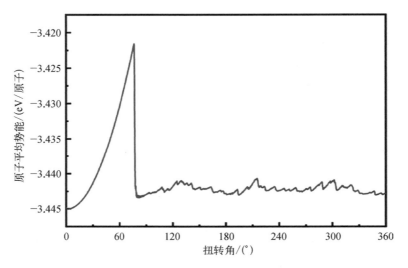

图 12.26　Al@ Cu 核壳纳米线的平均原子势能随扭转角度的变化

12.3.4 结构变化

图 12.27 展示了铜铝核-壳结构纳米线在扭转下的扭矩(黑线)和剪切应力(灰线)随扭转角的变化。在第一阶段,扭矩和平均剪切应力都快速上升。在这个阶段,由于扭转速率稳定,扭矩线性增加。当扭转角度为 76.3° 时,扭矩和剪切应力同时达到最大值。这个扭转角度可以称为铜铝核-壳结构纳米线的临界扭转角,它显示了 1 192.26 eV 的屈服扭矩,屈服应力为 0.299 3 GPa。这个阶段对应铜铝纳米线的弹性阶段。然后,在极短时间内,纳米线进入第二阶段,即铜铝合金纳米线的塑性形变阶段。在这个阶段的初期,扭矩和平均剪切应力都迅速下降,纳米线内部的结构发生很大程度的不可逆转的塑性变形。塑性阶段后的扭矩出现了小幅波动,这是由于在恒定的扭转速率下,内部结构持续产生周期性的变化。剪切应力的相对波动略小于扭矩。我们将针对扭矩曲线上 9 个代表性的特征点做进一步的研究。

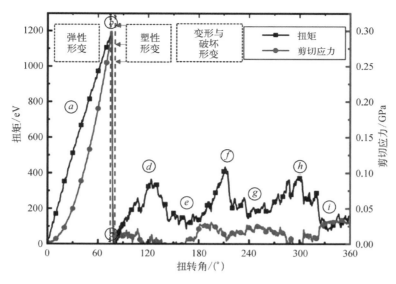

图 12.27　Al@ Cu 核壳纳米线的扭矩和剪切应力

图 12.28 展示了 Al@ Cu 核-壳结构在扭转过程中不同时刻的位错行为。在核-壳结构的稳定状态下,由于铜和铝原子的晶格差异,经充分的弛豫后,初始状态存在一些由全位错主导的位错环,这些位错环的存在使得核-壳结构处于相对稳定的状态。在铜铝核-壳纳米线的弹性阶段,位错环也保持稳定,没有发生其他形式的破坏。直到扭转角达到 76.3°,纳米线内部积累的能量和应力被释放出来,晶格之间发生滑移。位错环在纳米线内部的某个位置破裂,位错发生并不断发展。从图中可以看出,随着全位错的破坏,其附近的 Shockley 不完全位错也随之发生。位错反应得非常迅速,在塑性阶段结束时,纳米线邻近断裂位置的全位错基本被新生成的肖克莱(Shockley)不完全位错取代。在纳米线扭转的第三阶段,即周期变形阶段,随着 Shockley 位错的扭转作用,邻近纳米线的断裂位置的位错反复增加、逐渐聚集和消失。当模型的扭转角达到 360°时,纳米线断裂处的结构几乎被完全破坏。

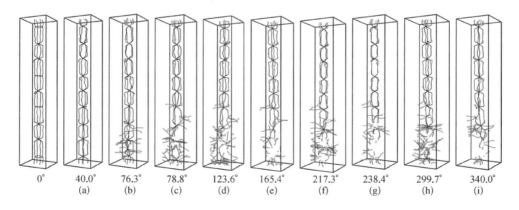

图 12.28　Al@ Cu 核壳纳米线在扭转过程中位错的产生与发展。图中蓝色代表 1/2<110>完全位错的行为,绿色代表 1/6<112>Shockley 位错,品红代表 1/6<110>梯杆位错,黄色代表 1/6<100>横向位错(黄色),反映了纳米线内部的变化,图下的字母标记分别与图 12.27 中的扭曲特征对应

12.3.5　不同扭转速率的影响

与 Yang 等关于单晶铜纳米线扭转的研究结果相比[36]，纳米线中铝核的临界扭转角（76°）小于单晶铜纳米线（100°），但可以实现更高的强度。由于铜和铝的界面形成了具有相同晶体结构的位错环，铜铝核-壳结构纳米线在扭转下的临界剪切应力和原子平均势能高于单晶铜纳米线。因此，将具有相同晶体结构的铝核添加到铜中形成核-壳结构纳米线，可以在一定程度上提高纳米线的强度和稳定性。这样的结构设计有利于联合利用两种金属材料的优势，且避免其不足。

图 12.29 给出了在不同扭转速率下铜铝核-壳结构纳米线扭矩的变化趋势。在不同扭转速率下，弹性阶段内的扭矩快速上升。只有在弹塑性阶段的临界点上曲线彼此间有微弱的差异。可以看出，在较高扭转速率下纳米线的临界扭转角、屈服扭矩都略有增加。这种扭转速率的增强效应也广泛存在于其他材料中。其原理与纳米线拉伸过程中应变速率的强化作用是一致的。在扭矩到达最大点之后，其快速的下降过程在不同扭转速度间差异不大。随后，扭矩达到相对平稳阶段，不同扭转速率下的扭矩都表现出小幅波动。

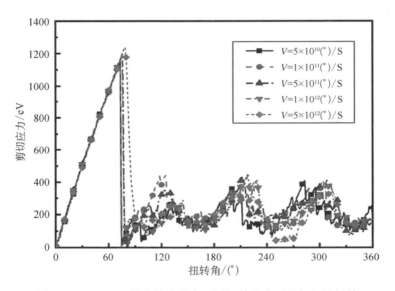

图 12.29　Al@ Cu 核壳纳米线在不同扭转速度下的扭矩随扭转
角度的变化。扭转速度 V 为 $5 \times 10^{10} \sim 5 \times 10^{12}$(°)/s

图 12.30 给出了不同扭转速率下剪切应力随扭转角度的变化关系。与扭矩特征类似，在弹性阶段剪切应力有一个快速上升阶段，其最大值略有变化，扭转速度越大，最大剪切应力也随之变大。其所对应的临界扭转角也略有增加。应力释放之后，在较大的塑性形变阶段剪切应力保持较小的波动。

图 12.31 呈现了不同扭转速率下核壳结构铜铝纳米线的内部结构的变化。当扭转角度达到 76°时，较低扭转速率下纳米线具有更为完整的位错生成和发展过程。与其他高扭转速率的纳米线相比，其临界扭转角度较低，但由于能量分布更均匀，位错往往在多个晶格失衡点处出现，并在变形过程中扩展。随着扭转的进行，几个位错延伸到中心区的边

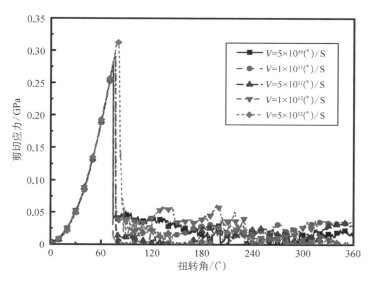

图 12.30　Al@ Cu 核壳纳米线在不同扭转速度下剪切应力随扭转
角度的变化。扭转速度 V 为 $5×10^{10} \sim 5×10^{12}(°)/s$

界,导致了原有的晶界平衡被破坏。然后通过纳米线中心区,进一步促进位错的生成与发展。同时,晶界和位错之间的相互作用更容易产生网格状的位错区域。较高扭转速率下的位错聚集较少,位错生成也较低扭转速率的纳米线少。在扭转变形的后期,纳米线形成了更稳定的位错结构,原有的多个晶格位错结构逐渐被不同滑移面上的多层位错面所取代,由内部结构变化引起的颈缩现象也逐渐明晰。

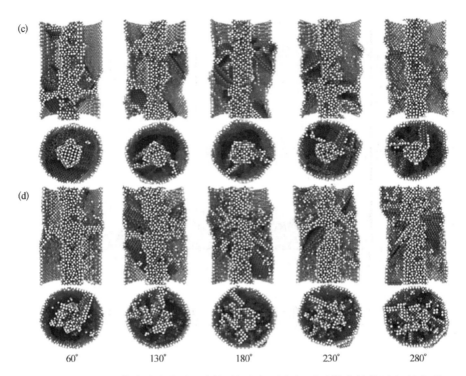

图 12.31　Al@ Cu 核壳纳米线在不同扭转速率下内部原子排布结构随扭转角的
变化。扭转速率从 $5×10^{10}$(°)/s 依次增加到 $5×10^{12}$(°)/s。图中白色为
表面和边界原子,红色为 FCC,绿色为 HCP 原子

图 12.32 和图 12.33 展示了不同温度下铜铝核-壳结构纳米线的扭矩和平均剪切应力随扭转角的变化曲线。我们知道温度对金属晶体材料有很大的影响,其对铜铝核-壳结构纳米线的力学性能也有同样作用。随着温度的升高,铜铝核-壳结构纳米线的扭矩和平均剪切应力都大幅降低。在 0 K 时,临界扭转角为 85.0°,而在 500 K 时减少到仅 36.2°。温度越高,纳米线内部原子之间的相互作用力越弱,扭转过程中晶格失衡的可能性越大,晶格之间的滑移也会更容易发生;屈服扭矩和屈服应力的降低也表明了抵抗弹性变形能力的降低。

图 12.34 展示了不同温度下铜铝核-壳结构纳米线的内部结构。当纳米线的扭转角度达到 60°时,0 K 和 100 K 的纳米线中不会产生位错,但在 300 K 和 500 K 的纳米线中则会出现位错,并在其聚集的地方形成堆垛位错。原子的热运动不断加剧,导致 300 K 和 500 K 的纳米线中存在多个细小晶粒和散乱的非晶原子团簇。由于内部结构和应力的不平衡,内部点缺陷形成和迅速发展,因而出现更多的成核点,使位错在较高温度下加速形成和发展。随着扭转的进行,在低温下会从纳米线表面生成的滑移面上产生更多的位错。随着温度的升高,位错的密度减小,颈缩出现。由于晶体中的堆垛位错,高温纳米线的壳中不容易产生新的位错。

12.3.6　小结

本节构建了铜铝核-壳结构纳米线的研究模型,并分析了在扭转过程中的变形机制。结果表明,中空铜纳米线通过添加具有相同晶体结构的铝核可以提高纳米线的强度和稳

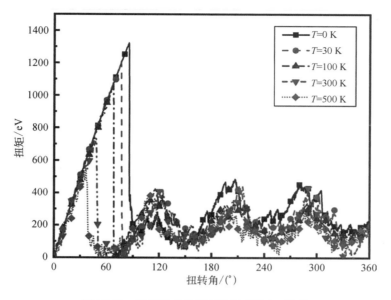

图 12.32　温度从 0 K 到 500 K Al@ Cu 核壳
纳米线的扭矩随扭转角的变化

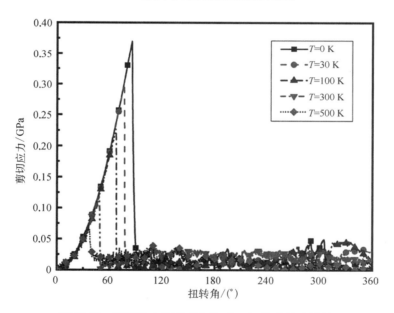

图 12.33　温度从 0 K 到 500 K Al@ Cu 核壳纳米线的
剪切应力随扭转角的变化

定性。扭转速率对材料的弹性系数没有影响,但较高的扭转速率下纳米线的临界扭转角
度更大,塑性阶段的位错密度也更高,表现出一定的强化现象。温度的变化对纳米线的扭
转变形有重要影响,高温下纳米线的弹性系数较低,原子的热运动加剧,使纳米线更易于
发生晶格滑移,临界扭转角度变小,且位错形式更复杂,这极大削弱了纳米线抵抗弹性变
形的能力。

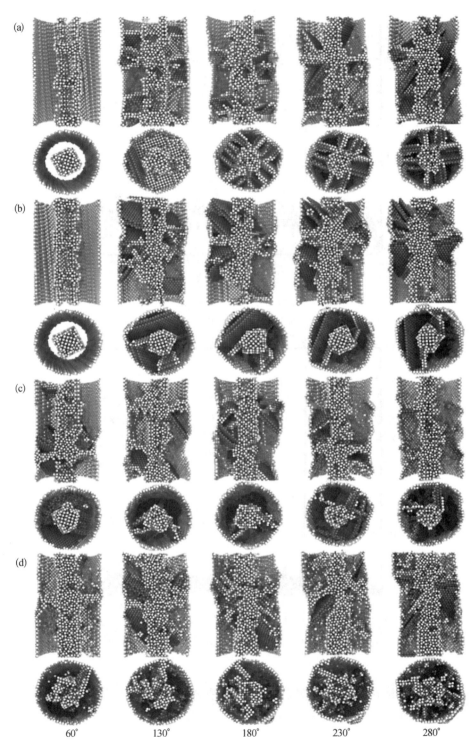

图 12.34 Al@Cu 核壳纳米线在不同温度下内部原子排布结构随扭转角的变化：(a) 0 K；(b) 100 K；(c) 300 K；(d) 500 K。图中白色为表面和边界原子，红色为 FCC，绿色为 HCP

参 考 文 献

[1] Park H S, Zimmerman J A. Modeling inelasticity and failure in gold nanowires[J]. Physical Review B, 2005, 72 (5): 054106.

[2] Ikeda H, Qi Y, Cagin T, et al. Strain rate induced amorphization in metallic nanowires[J]. Physical Review Letters, 1999, 82(14): 2900.

[3] Pu Q, Leng Y, Tsetseris L, et al. Molecular dynamics simulations of stretched gold nanowires: The relative utility of different semiempirical potentials[J]. The Journal of Chemical Physics, 2007, 126(14): 144707.

[4] Cleri F, Rosato V. Tight-binding potentials for transition metals and alloys[J]. Physical Review B, 1993, 48(1): 22 - 33.

[5] Chen D L, Chen T C. Mechanical properties of Au nanowires under uniaxial tension with high strain-rate by molecular dynamics[J]. Nanotechnology, 2005, 16(12): 2972.

[6] Diao J K, Gall K, Dunn M L, et al. Atomistic simulations of the yielding of gold nanowires[J]. Acta Materialia, 2006, 54(3): 643 - 653.

[7] Koh S J A, Lee H P. Molecular dynamics simulation of size and strain rate dependent mechanical response of FCC metallic nanowires[J]. Nanotechnology, 2006, 17(14): 3451.

[8] Sankaranarayanan S K R S, Bhethanabotla V R, Joseph B. Molecular dynamics simulation of temperature and strain rate effects on the elastic properties of bimetallic Pd - Pt nanowires[J]. Physical Review B, 2007, 76(13): 134117.

[9] Finbow B G M, Lynden-Bell R M, Mcdonald R M. Atomistic simulation of the stretching of nanoscale metal wires[J]. Molecular Physics, 1997, 92(4): 705 - 714.

[10] Zhu Y T, Liao X Z, Valiev R Z. Formation mechanism of fivefold deformation twins in nanocrystalline face-centered-cubic metals[J]. Applied Physics Letters, 2005, 86(10): 103112.

[11] Wu B, Heidelberg A, Boland J J, et al. Microstructure-hardened silver nanowires[J]. Nano Letters, 2006, 6(3): 468 - 472.

[12] Huang P, Dai G Q, Wang F, et al. Fivefold annealing twin in nanocrystalline Cu[J]. Applied Physics Letters, 2009, 95 (20): 203101.

[13] Chen H Y, Gao Y, Zhang H R, et al. Transmission-electron-microscopy study on fivefold twinned silver nanorods[J]. The Journal of Physical Chemistry B, 2004, 108(32): 12038 - 12043.

[14] Bringa E M, Farkas D, Caro A, et al. Fivefold twin formation during annealing of nanocrystalline Cu[J]. Scripta Materialia, 2008, 59(12): 1267 - 1270.

[15] Gao Y, Song L, Jiang P, et al. Silver nanowires with five-fold symmetric cross-section[J]. Journal of Crystal Growth, 2005, 276(3 - 4): 606 - 612.

[16] Cao A J, Wei Y G. Atomistic simulations of the mechanical behavior of fivefold twinned nanowires[J]. Physical Review B, 2006, 74(21): 214108.

[17] McDowell M T, Leach A M, Gall K. On the elastic modulus of metallic nanowires[J]. Nano Letters, 2008, 8(11): 3613 - 3618.

[18] Lu L, Sui M L, Lu K. Superplastic extensibility of nanocrystalline copper at room temperature[J]. Science, 2000, 287 (5457): 1463 - 1466.

[19] Lu L, Chen X, Huang X, et al. Revealing the maximum strength in nanotwinned copper[J]. Science, 2009, 323 (5914): 607 - 610.

[20] Lu L, Shen Y F, Chen X H, et al. Ultrahigh strength and high electrical conductivity in copper[J]. Science, 2004, 304 (5669): 422 - 426.

[21] Monk J, Hoyt J J, Farkas D. Metastability of multitwinned Ag nanorods: Molecular dynamics study[J]. Physical Review B, 2008, 78(2): 024112.

[22] Cao A, Ma E. Sample shape and temperature strongly influence the yield strength of metallic nanopillars[J]. Acta Materialia, 2008, 56(17): 4816 - 4828.

[23] Kang K, Cai W. Brittle and ductile fracture of semiconductor nanowires-molecular dynamics simulations [J]. Philosophical Magazine, 2007, 87(14 - 15): 2169 - 2189.

[24] Lin Y C, Pen D J. Analogous mechanical behaviors in and directions of Cu nanowires under tension and compression at a high strain rate[J]. Nanotechnology, 2007, 18(39): 395705.

[25] Ji C, Park H S. The coupled effects of geometry and surface orientation on the mechanical properties of metal nanowires [J]. Nanotechnology, 2007, 18(30): 305704.

[26] Park H S, Gall K, Zimmerman J A. Deformation of FCC nanowires by twinning and slip[J]. Journal of the Mechanics and Physics of Solids, 2006, 54(9): 1862 - 1881.

[27] Weinberger C R, Cai W. Orientation-dependent plasticity in metal nanowires under torsion: Twist boundary formation and Eshelby twist[J]. Nano Letters, 2010, 10(1): 139 - 142.

[28] Ye S, Stewart I E, Chen Z, et al. How copper nanowires grow and how to control their properties[J]. Accounts of Chemical Research, 2016, 49(3): 442 - 451.

[29] Sarkar J, Das D K. Study of the effect of varying core diameter, shell thickness and strain velocity on the tensile properties of single crystals of Cu-Ag core-shell nanowire using molecular dynamics simulations [J]. Journal of Nanoparticle Research, 2018, 20(1): 1 - 10.

[30] Yang Z L, Zhang G W, Luo G, et al. Mechanical properties of gold twinned nanocubes under different triaxial tensile rates[J]. Physics Letters A, 2016, 380(34): 2674 - 2677.

[31] Fang T H, Huang C C, Chiang T C. Effects of grain size and temperature on mechanical response of nanocrystalline copper[J]. Materials Science and Engineering: A, 2016, 671: 1 - 6.

[32] Weinberger C R, Cai W. Plasticity of metal wires in torsion: Molecular dynamics and dislocation dynamics simulations [J]. Journal of the Mechanics and Physics of Solids, 2010, 58(7): 1011 - 1025.

[33] Sung P H, Wu C D, Fang T H. Effects of temperature, loading rate and nanowire length on torsional deformation and mechanical properties of aluminium nanowires investigated using molecular dynamics simulation[J]. Journal of Physics D: Applied Physics, 2012, 45(21): 215303.

[34] Qiao C, Zhou Y L, Cai X L, et al. Molecular dynamics simulation studies on the plastic behaviors of an iron nanowire under torsion[J]. RSC Advances, 2016, 6(34): 28792 - 28800.

[35] Hwang Y M, Pan C T, Lu Y X, et al. Deformation behaviors of Au nanotubes under torsion by molecular dynamics simulations[J]. AIP Advances, 2018, 8(8): 085204.

[36] Yang Y, Li Y, Yang Z L, et al. Molecular dynamics simulation on the elastoplastic properties of copper nanowire under torsion[J]. Journal of Nanoparticle Research, 2018, 20(2): 1 - 10.

[37] Yang Y, Li Y, Zhang G W, et al. Molecular dynamics simulation on elastoplastic properties of the void expansion in nanocrystalline copper[J]. Journal of Nanoparticle Research, 2018, 20(8): 1 - 10.

[38] Daw M S, Baskes M I. Embedded-atom method: Derivation and application to impurities, surfaces, and other defects in metals[J]. Physical Review B, 1984, 29(12): 6443.

[39] Zhou X W, Ward D K, Foster M E. An analytical bond-order potential for the aluminum copper binary system[J]. Journal of Alloys and Compounds, 2016, 680: 752 - 767.

[40] Wu H A. Molecular dynamics study of the mechanics of metal nanowires at finite temperature[J]. European Journal of Mechanics-A/Solids, 2006, 25(2): 370 - 377.

[41] Hoover W G. Constant-pressure equations of motion[J]. Physical Review A, 1986, 34(3): 2499 - 2500.

[42] Faken D, Jónsson H. Systematic analysis of local atomic structure combined with 3D computer graphics [J]. Computational Materials Science, 1994, 2(2): 279 - 286.

第*13*章

金属纳米器件与纳米工程

13.1 纳米单晶简支梁的形变

13.1.1 引言

近年来,科学家们为了合成纳米线,采用了多种不同的方法。这些方法包括气相法、溶液法和模板导向合成法。这些方法让我们有机会深入研究纳米线的不同性质,如电学、力学、热学、磁学、光学和化学性质。我们知道,纳米线由于其极小的尺寸,在这些性质上可能表现出与普通材料完全不同的特点。

同时,人们对如何将纳米线构建成功能性组件产生了浓厚兴趣,比如将纳米线组装成一些复杂的、多功能的系统(如纳米机电系统)。这样的系统有着广泛的应用前景,可以用于制造各种微型装置和传感器。但是要构建这样的系统,必须了解纳米线的机械性能,也就是它在承受外力时的表现。

以往的研究已经通过实验和模拟等方法,广泛考察了纳米线的性质。结果发现,纳米线的性能随其尺寸的变化而变化,因此要构建出理想的功能性组件,必须仔细选择纳米线的尺寸和合适的合成方法。

在这一方面,原子模拟是一种非常有用的工具。它有两个显著的特点:其一是效率高,通过设定一系列条件,可以在有限的时间内获得大量的数据,从而了解体系随某个参数的规律性变化;其二是费效比高,原子模拟可以较少地依赖设备和人员的实验技能,因此可以获得比实验方法更好的性价比。通过原子模拟,可以获得纳米线的原子排布结构和相互作用,从而深入了解它的性质和行为。这对于指导实验和优化合成方法非常有帮助。进一步可以通过原子模拟来预测不同尺寸和形状的纳米线的性能,然后再选择最合适的纳米线作为组装功能性系统的组件。

在本书的前十余章,已经全面介绍了金属纳米线的热稳定性、拉伸、扭转等响应。尽管这些纳米材料的基本操作都具有重要的功能性,但关于结构部件的动态行为研究较少。因此,本节旨在以纳米级的简支梁(SSB)的形变过程为研究体系,给出分子动力学模拟(MD)在微纳结构部件研究的示例。

简支梁是结构力学中的一种基本结构,也是日常生活中常见的一种梁,在工程实践中,简支梁广泛应用于桥梁、楼板、悬臂吊杆等结构中。它们能够有效地支撑和分担荷载,同时在承受外力时能够适度地发生变形,从而保证结构的稳定和安全。它是由两个支座支持着的横梁,其中一个端点可以在两个方向上自由移动,而另一个端点则固定在一个支撑平台上。这种支持方式使得梁在受到外力作用时能够发生变形,因而在工程和建筑领域广泛应用。简支梁有很多重要的特点,其中最显著的就是它的弯曲特性。当外力施加在简支梁上时,它会产生一个向下的挠度,也就是梁的中间部分会下弯。这种挠度是由于受力引起的弯曲变形。如果外力太大,超过了梁的承载能力,那么梁就会发生破坏,这通常称为梁的断裂。简支梁还有一个重要的特点是它的自然频率。自然频率是指梁在没有外力作用下自由振动的频率。它与梁的质量、刚度和长度有关。当梁受到外力作用时,如果外力的频率与梁的自然频率相同,那么梁就会共振。共振会导致梁产生巨大的振幅,甚至可能导致梁的破坏。因此,在设计简支梁时,需要考虑避免与可能引起共振的外力频率相近。我们在 3.1 节较为详细地考察了纳米线的自发振荡,这也证明了宏观梁的自然频率会在纳米尺度有具体的振荡表现。

13.1.2　模型建立

图 13.1(a)展示了简支梁的一般三维物理模型[1]。简支梁的一端在三个维度上被固定,而另一端则在一个固定平台上被简单支撑,它只能在跨度和深度方向(x 和 z 方向)移动,而不能在宽度方向(y 方向)移动。目前模拟中使用的单晶铜梁的分子模型如图 13.1(b)所示,其具有面心立方(FCC)结构。根据其工程模型,图中显示的左侧三层原子被设置为完全固定,而右侧三层原子可以在 x 和 y 方向上自由移动。梁的主体部分原子可以在所有三个维度上自由移动。因此,简支梁允许长度变化以及梁的弯曲。在本研究中,我们研究了在均匀分布载荷(UDL)作用下铜材料的变形响应。

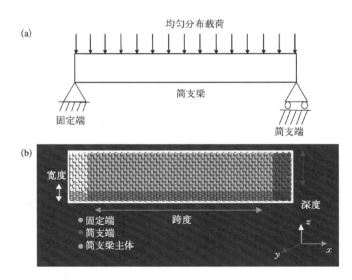

图 13.1　简支梁的模型建立:(a)工程模型示意图;(b)分子动力学模拟模型

13.1.3　分子动力学模拟方法

分子动力学(MD)计算采用 Verlet 和 Cell link 单元链表算法的组合,时间积分采用蛙跳法。利用校正因子法,每隔 10 步进行一次速度的重标定,以使整个系统在操作过程中保持温度恒定在 293 K。采用 NVT 正则系综地统计分布。为真实描述研究的体系,采用自由边界条件。时间步长设置为 1.5 fs。程序中采用了广泛用于描述金属原子相互作用的 Morse 势函数。截断距离 r_{cut} 为金属晶格常数 a 的 1.8 倍,以在精度和效率之间取得平衡。

在进行均匀分布载荷(UDL)模拟之前,纳米梁进行了约 10 ps 的完全弛豫,以得到热力学的稳定结构。在 MD 模拟中,我们通过在上表面设置一个速度来施加力。然后在每个 MD 时间步长中对每个原子计算 z 方向上的应力并求其均值。动态校准原子速度使应力保持稳定,该应力代表 UDL 的值,分别为 3.47×10^{-4} GPa、3.47×10^{-3} GPa、3.47×10^{-2} GPa、0.347 GPa、3.47 GPa 和 11.6 GPa,这代表了超过四个数量级的载荷范围。原子位移用来表征梁的变形情况。本研究主要关注不同 UDL 条件下梁的挠度(垂直位移)变化,以及不同跨度、尺寸时梁的形变。

13.1.4　均匀分布载荷下的挠度

图 13.2 展示了在一系列均匀分布载荷(UDL)下简支梁(尺寸为 $68a \times 6a \times 6a$, a 为铜晶格常数)挠度的变化趋势。当 UDL<0.3 时[图 13.2(a)~(c)],随着 MD 模拟的进行,原子位移没有明显增加,挠度表现为随机波动。在大多数情况下,振荡幅度不超过 $0.002a$。然而,当 UDL$\geqslant$0.3 时,如图 13.2(d)~(f)所示,随着 UDL 的增加,简支梁明显地变弯曲。在外部载荷作用下,MD 模拟完整地描述了梁在均匀载荷下的弯曲行为。同时可以归纳得出,在相对较小的负载下,梁的弯曲程度不会超过晶格的热波动,因此在图中挠度-跨度曲线上没有明显的变形;随着外部负荷进一步增加,梁不能保持其原来的对称形状,而是采取一定的弯曲来抵抗外部应力,这种行为与宏观梁的响应特征是一致的。此外,几个数据细节也值得关注。在 UDL<0.3 时,挠度的波动主要发生在固定端的一段梁上,固定端的束缚作用加剧了这一侧梁原子的应力波动,也因此产生挠度的上下波动。而在 $x-y$ 平面可以移动的支持端一侧,原子应力可以得到部分释放,起伏特征变得不明显。

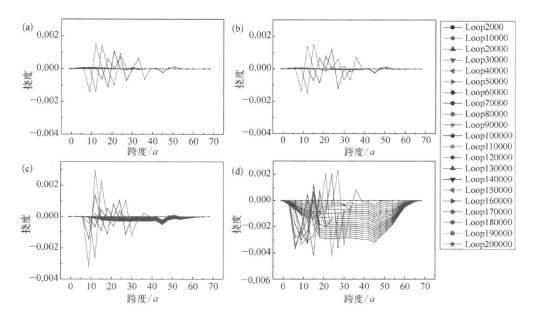

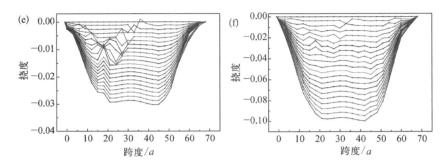

图 13.2　系列均匀载荷下挠度-跨度曲线,UDL 分别为:(a) 0.000 3;
(b) 0.003;(c) 0.03;(d) 0.3;(e) 3.0;(f) 10.0

我们进一步系统地研究梁的跨度(x 方向)、深度(z 方向)和宽度(y 方向)对 UDL 为 3.0 下简支梁形变的影响。通过这些研究,将深入了解不同参数对梁的弯曲响应的作用,为进一步优化和设计纳米结构提供参考。

13.1.5　跨度(x 方向)对挠度的影响

图 13.3 展示了在 x 方向上的跨度为 $34a$、$68a$ 和 $102a$ 的梁的挠度情况。在相同的模拟时间间隔内,三种跨度的梁在相同的负载下,最大挠度几乎相同。从梁的两端到中间,挠度梯度总是在每一端占据约 20 个晶格。这样,跨度为 $34a$ 的梁有一个单一的最大挠度点[图 13.3(a)],而跨度为 $68a$ 和 $102a$ 的梁的挠度曲线在中间有一个平坦区域[图 13.3(b)和 13.3(c)],该平坦区域的范围随着模拟时间的增加不发生变化。这种变形过程的示意在图 13.3(d)中呈现。对于跨度超过 $40a$ 的梁,在外部力作用下,将会观察到一个平坦区域。随着加载时间的增加,平坦区域的挠度增加,而从两端(零挠度)到平坦区域的长度几乎保持不变。因此,曲线的平坦部分会随着跨度的增加而增加。一旦梁上施加了相对更大的负载,这个变形过程将会在非常短的时间内通过直接切削梁的中间部分产生断裂。

13.1.6　深度(z 方向)对挠度的影响

图 13.4 展示了梁的深度(z 方向)对挠度的影响。如图 13.4(a)~(c)所示,在相同的跨度和宽度下,当梁的深度为 $6a$ 时[图 13.4(a)],我们观察到梁明显地弯曲;当深度增加到 $12a$ 时[图 13.4(b)],挠度减少到图 13.4(a)中的大约四分之一;当深度增加到 $30a$ 时,只观察到轻微的弯曲[图 13.4(c)]。

这些结果与一般的宏观现象相符。更清晰地观察深度的影响可以在图 13.4(d)中看到,该图展示了位于梁左端距离 $21a$ 和 $45a$ 的两个局部挠度。这两个点在整个跨度上几乎拥有最大的挠度。当深度增加时,挠度迅速减小直至接近零,这一变化趋势表明纳米尺度下梁的变形是一个复杂的过程,因此对于深度效应的完整描述还需要进一步研究。

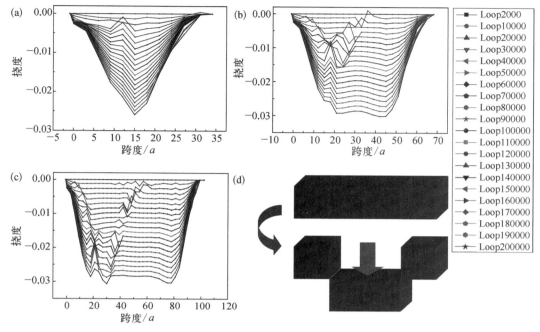

图 13.3　UDL＝3.0 条件下不同跨度(x 方向)对挠度的影响：(a) 模型 34－6－6；
(b) 模型 68－6－6；(c) 模型 102－6－6；(d) 梁形变的示意图

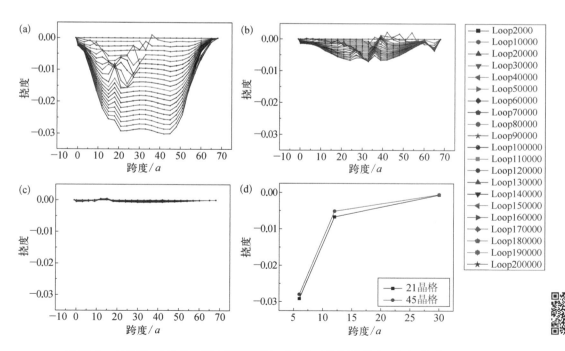

图 13.4　在 UDL＝3.0 条件下，不同深度(z 方向)对挠度的影响：(a) 模型 68－6－6；
(b) 模型 68－6－12；(c) 模型 68－6－30；(d) 梁的挠度随其深度的变化曲线

13.1.7 宽度(y方向)对挠度的影响

图 13.5 展示了梁的宽度对形变的影响。类似于深度对挠度的影响,当梁的宽度增加时,挠度也会减小。同时,随着梁宽度的增加,挠度曲线变得更加平滑。就像之前提到的,单个或少数几个原子的位置可能会出现一定程度的波动。随着梁宽度的增加,会有足够的原子通过平均化来减少或消除少数原子的局部偏差和不稳定性。

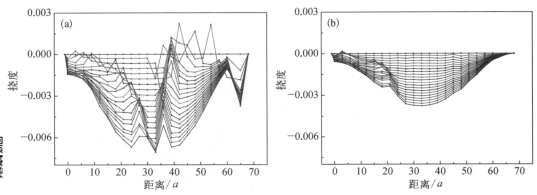

图 13.5   宽度(y方向)对梁挠度的影响(UDL = 3.0):
(a) 模型 68 − 6 − 12;(b) 模型 68 − 12 − 12

在宏观尺度上,将梁的宽度翻倍就相当于将两个具有相同宽度的梁连接在一起。因此,在均匀负载下,挠度将保持不变。然而,在这个模拟中,与尺寸为 68 − 6 − 12 的梁相比,我们观察到尺寸为 68 − 12 − 12 的挠度明显减小了。这种现象可能是由于纳米梁的表面效应所发挥的作用。纳米梁的体积与侧表面积之比比较如下:

$$\frac{V_{68-6-12}}{S_{68-6-12}} = 1.89 < \frac{V_{68-12-12}}{S_{68-12-12}} = 2.76$$

体积/侧表面积越大,体系的原子会有相对更小的平均能量。一般来说,能量较小的体系会更稳定,因此,体积/侧表面积大的梁结构更稳定,挠度更小。宽度研究的结果表明,在纳米尺度下,梁宽度对挠度的影响与宏观结果略有不同。体积/侧表面积比在纳米组件的性质中起着重要作用。

13.1.8 小结

在本研究中,我们通过分子动力学模拟,展示了均匀分布载荷(UDL)、跨度、深度和宽度对简支纳米梁挠度的影响。这种模拟方法可作为一种有效的手段,为纳米尺度组件的变形提供可信的分析和解释。我们发现纳米梁与宏观梁之间存在一定的差异。在尺寸较小的情况下,梁的体积/侧表面可能在纳米梁的性质中起到重要作用。

总之,这项初步研究报道了梁在均匀分布载荷下引起的变形行为,而整个变形过程和梁弯曲的原子级描述以及最终断裂的变形机制也值得深入研究。我们强调研究纳米组件与宏观对应物在运作模式和机械性质上的差异是必要且重要的,这是纳米科学和技术快速进步的基本要求。通过深入了解纳米尺度材料和结构的行为特征,我们可以更好地发展和应用纳米技术,推动科学技术的发展。

13.2　金空心纳米球的压缩

13.2.1　引言

对贵金属纳米球的性质研究一直是科学与技术的热点,金纳米球是其中的重要一类。金纳米球在晶体学、化学传感、生物传感、医药和能源材料等领域都具有极大的应用价值。与实心金纳米球相比,空心纳米球的性能更好,所以应用潜力更大。但是空心纳米材料的稳定性和制备方法是重要的制约因素。目前,通过化学法已经在实验上成功地制备了不同尺寸的金空心纳米球。

虽然实验技术发展迅速,但是研究金纳米球的机械性质还是存在很多困难。分子动力学模拟方法在目前阶段可以填补这方面研究的空白。在第 3 章我们已经介绍了利用分子动力学方法研究空心金纳米球的热稳定性。球形纳米材料的力学行为研究得比较少。Mordehai 等[2]通过模拟和实验研究了在蓝宝石衬底上的单晶金微球在压缩下发生的形变,得出材料的屈服强度与微粒尺寸有很强的依赖性。通过分子动力学模拟和有限元分析,得出形变受位错成核控制,塑性开始时达到的应力水平接近金的理论剪切强度。在实验测量和计算的微球强度中都发现了显著的尺寸效应。较小的微球在较高的压应力下屈服。Wang 等[3]在特殊设计的 SiO_2/Si 衬底上,通过高温(1 150℃)液体脱湿,制备了尺寸从 300 nm 到 700 nm 的本征单晶金球,并利用原位透射电子显微镜进行了表征。他们对其开展了定量的压缩试验,结果表明纳米金球在弹性加载到非常高的应力(超过 1 GPa)后立即表现出迅速的结构崩溃。尽管纳米球经历了很大的塑性变形,但大部分结构却保留了近乎初始的微观结构。这种独特的位错塑性行为归因于初始样品的结构完美性。虽然上述两个代表性工作对理解实心纳米球的力学性质提供了重要的参考,但是对于空心纳米球的压缩,无论在实验上,还是理论上均不多见。然而空心纳米材料在其工作中必然受到某种潜在的各向异性的相互作用,所以模拟空心纳米球的压缩行为可以为实验提供一定的指导。众所周知,空心纳米球的性能在于其高比表面,这种材料的特性会在何种程度上影响其机械力学性质,这一问题值得深入研究。

根据第 3 章的工作,空心纳米球的稳定性分为三种类型,即不稳定态、半稳定态和稳定态。实心纳米球都属于稳定态,为与之比较,本研究的空心纳米球也都选择在稳定态,即在自然状态下弛豫足够时间后结构依然保持稳定,不会发生坍塌或其他明显的结构变形。内径与外径是空心纳米球的一对重要的参数,也是本节研究要控制的关键变量之一。因此本节将模拟研究三种空心纳米球的压缩行为,并与实心纳米球比较。这四种纳米球均属于稳定类型,其外径相同,内径依次减小到 0(内径为 0 即实心纳米球)。通过探究它们在压缩作用下的表现来获得对空心纳米材料机械力学性质的认识。

13.2.2　模型建立与分子动力学模拟方法

图 13.6 给出了用于本节研究的空心纳米球的压缩模型。压缩沿着<110>方向进行。表 13.1 列出 4 个空心纳米球模型的具体参数。内径 $r=0$ 代表实心纳米球。这四种纳米球均在给定的温度下处于稳定态。为了考察温度影响,分别在 10 K 和 300 K 下进行模拟。通过校正因子法保持温度恒定。模拟中力的计算与前几章相同。采用正则系综(NVT)和自由边界条件。两侧实心板对纳米球的压缩速率为 $0.24\%~\mathrm{ps}^{-1}$。压缩前先弛豫 50 000 步,以使体系处于相对稳定的状态。

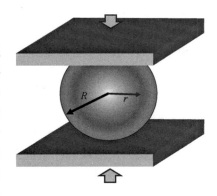

图 13.6　空心纳米球的压缩示意图
注:上下两层为施加力的工具原子层,r 代表空心球的内径,R 代表外径。

表 13.1　不同纳米球的内外径及其总原子数

模型编号	外径 R/a	内径 r/a	压缩方向	原子总数
21－0	21	0	[110]	155 138
21－5	21	5	[110]	153 046
21－10	21	10	[110]	138 384
21－15	21	15	[110]	98 642

13.2.3　原子的平均势能

压缩过程也是外力对材料的做功过程,因此原子的平均间距会发生变化。尽管一部分势能会转化为动能,并在恒温处理中散失掉,但仍有部分势能保留在体系内,使原子的平均势能发生改变。从不同条件下势能变化的曲线也可以分析材料形变的特征。图 13.7 给出了四种纳米球在压缩过程中原子平均势能的变化曲线。曲线最前端的陡降是由于构建的模型有较高的初始势能。在弛豫的开始阶段,势能会迅速降低。之后是能量相对平稳的阶段,但为了保持弛豫充分,平稳阶段的时间一般是下降阶段的 5 倍以上。经过 50 000 步的自由弛豫,四种纳米球均达到相对稳定的状态。随后,开始模拟机械压缩。全部过程可以分为 A 和 B 两个时期。在压缩的初期(A 阶段),实心球 21－0 和空心较小的 21－5 两个模型的原子平均势能随着压缩缓慢上升。这是由于压缩减小了原子的平均距离,即使体系发生了塑性形变并释放掉部分能量,仍不足以抵消原子相互挤压而产生的势能增加。而空心结构最大的 21－15 模型的原子平均势能一直在降低。这说明纳米球中空部分在压缩过程中通过结构形变抵消了两侧的压缩,并且体系形变还减少了表面原子的数量,利于势能降低。其能量降低的多少与空心结构的大小密切相关。空心尺寸越大,能量降幅也越大。因此,对于中等空心尺寸的 21－10 模型,原子平均势能有一个先略微降低,再极缓慢上升的过程,总体看起来相对平稳。而对于 B 阶段,四个模型纳米球的势能均迅速增大,这是由于在这一时期,无论是原实心球还是空心球,都已经处于完全压实的状态,所以进一步压缩只会使势能急剧增加。

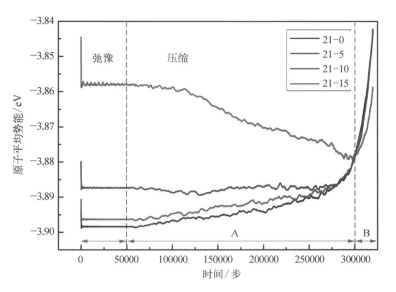

图 13.7　不同内径尺寸的金纳米球在弛豫和
压缩过程中的原子平均势能

在一般的认识中,空心纳米球的优越性能来自其较大的比表面积。在微观领域,则可以更具体地将原子分为表层原子、层错原子和 FCC 原子。宏观上的比表面积可以通过表层原子所占比例来反映。在空心纳米球的压缩变化过程中,与初始的模型相比,各类型原子的相对变化往往有如下关系:

表层原子变化数+FCC 原子变化数=层错原子变化数

表层原子变成层错原子,其势能降低;FCC 稳定原子变成层错原子,其势能增高。表层原子变成层错原子的数目增加将使得原子平均势能下降;稳定原子变成层错原子的数目增加将使得原子平均势能升高。在压缩过程中,纳米球与最初构型中这三种原子数目改变的占比可以为上述原子势能变化的趋势提供参考。我们采用归一化,即将层错原子变化数取为 1,表层原子变化数的占比作为浅色,FCC 原子变化数的占比作为深色,在弛豫结束后取每 10 000 步为单位做出各种类型原子占比的变化趋势,如图 13.8 所示。此外,可以另做一条大致等于 80% 的线(对应了初始态实心纳米球中 FCC 原子的占比),这条线表示了原子平均势能升高与否的分界线。当 FCC 原子的变化量占生成层错原子的比例小于 80% 时,将会使原子的平均势能降低;反之则升高。所以从图中可以看出对于实心纳米球 21-0,随着压缩的进行,FCC 原子变化量占层错原子变化数的比例从最初的约 80% 开始持续升高,在 150 000 之后基本保持稳定在 95% 附近,所以在这一过程中,原子的平均势能也持续增加。空心结构较小的 21-5 模型也具有类似的特征,但因初始态中有中空结构,FCC 原子的初始占比在 72.5% 左右。而更大中空结构的纳米球则表现了不同的特征。例如 21-10 体系,可以看到在 150 000 步之前,FCC 原子变化量占比远小于 80%,并且随着压缩占比不断升高,直到超过 80%。所以在此区间,原子平均势能降低。但大于 150 000 步之后,FCC 原子占比一直超过 80%,原子的平均势能则升高。这与压缩过程中的能量变化关系一致。对于中空结构最大的 21 - 15 体系,FCC 原子占比一直小于 80%,所以在压缩过程中,原子平均势能稳步下降。此外,在 21 - 15 模型中,120 000 步之前 FCC 原子占比上升,这之后则下降,也与能量曲线先缓慢下降,而后快速下降一致。

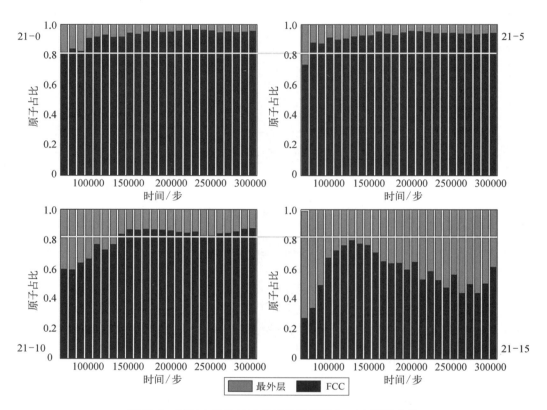

图 13.8　不同内径的纳米球最外层原子和 FCC 原子变化
数的相对占比在弛豫和压缩过程中的变化

通过上述分析可知,空心纳米球具有更高的平均原子势能。空心半径越大,平均势能越高。稳定的 FCC 原子变化数所占位错原子的比例直接影响纳米球在压缩过程中原子平均势能的升高或降低。当选择合适的内外径时,会使平均势能即使在压缩下也会处于一个相对稳定的水平。

13.2.4　纳米球在压缩过程中的形变机理

图 13.9 给出了实心纳米球和空心纳米球在压缩前后结构变化的对比。对于实心纳米球,压缩使得其变成了一个扁平的饼状结构。对比上方的两个俯视图可以看出,在压缩过程中原子向外产生滑移。具体分析可知,滑移的方向是 [100],{111} 面可以沿此方向进行滑移。从下方的侧向截面可更清楚地看到纳米球高度降低,原子通过 {111} 面滑移不断滑出原纳米球的范围(虚线圆所示)。这与 Wang 等[3] 的研究结果相符。纳米球被压

成饼状结构,也反映了金纳米球的良好塑性。与之对比,在空心纳米球的压缩过程中,高度也同样降低,变成扁状。但不同的是,原子并没有显著地向球外滑移扩张,而是在内部的空心范围不断压实填充,并且呈现了各向同性。这说明空心部分的存在使得纳米球能更好保持原有的空心结构,不会在受到压力时立即破裂。这也间接说明了空心金纳米球在充当微容器方面具有一定的价值。此外,该结构变化图也表明了空心结构具有一定的能量吸收能力,与前文中势能变化曲线的特征一致。

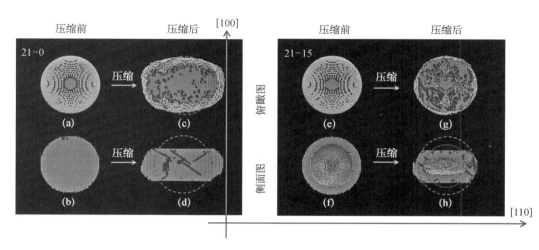

图 13.9　实心纳米球 21−0 和空心纳米球 21−15 在压缩前后的原子排布结构图

13.2.5　压缩过程的应力分析

图 13.10 给出了不同纳米球模型在压缩作用下的平均应力的变化。位于纳米球上下方的作用板以恒定速率对纳米球进行压缩,随着压缩的进行,与纳米球接触的面积也逐渐增大,所以纳米球所受的力也逐渐增大。因此这里所描述的应力应变关系曲线只在不同纳米球之间比较才有意义。应力曲线可以分为三个阶段。在 A 阶段,由于压缩刚刚开始,随应变增加,接触面积也逐渐增大。模拟采用的是恒定速度,所以应力持续上升。而后进入 B 阶段,纳米球开始在压力作用下形成位错,变形,并会在此时吸收一定的能量,保持应力值基本稳定。在此阶段内,位错迅速增长。在 C 阶段,纳米球被压扁,接触面积变得更大。同时位错增长变化之后形成了更致密的结构,此时应力值会随着压缩的进行而显著增大。后期整个纳米球已经几乎成为一个平板。对于不同的纳米线,21−0 和 21−5 纳米球的应力值一直高于其他两个体系,这是由于它们内部空间更为紧凑,因此应力值在前期上升较快。而对于大中空尺寸的 21−15 纳米球,直到约 0.4 应变时,A 阶段才结束。这说明空心部分在压缩作用下缓冲能力更强,有足够的空间承受应变。而对于 21−10 纳米球而言,其拥有和实心球和小中空纳米球相似的 B 阶段和 C 阶段,但在 A 阶段表现了明显的塑性变形特征,这一点类似大中空尺寸的 21−15 体系。这进一步说明空心球可以有与实心球相当的应力值,并且在开始阶段能依靠自身的中空结构吸收压力且不会被破坏,具有较好的应用适应性。

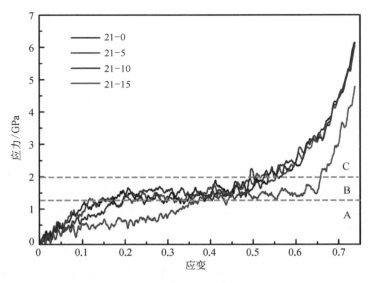

图 13.10　不同尺寸内径的纳米球在压缩过程中的应力应变曲线：图中
A、B、C 分别对应压缩开始、位错增殖和压实三个阶段

13.2.6　不同温度下压缩行为的对比

　　上述模拟是在低温 10 K 下进行。为了更深入地了解空心纳米球的性质，我们在室温环境 300 K 下也做了相同的模拟。其应力应变曲线和原子平均势能曲线的结果与 10 K 条件类似，如图 13.11 所示。由于 300 K 带来了更大的原子热运动的动能，所以数据曲线有更大波动。从图 13.11（a）可以看出，更高的温度使 21－0、21－5 和 21－10 三者的应力应变曲线差别更小；另外，从图 13.11（b）也可以看出升温缩小了 21－0 和 21－5 之间的差别。这两个模型的势能在室温时上升变缓，而 21－15 的势能下降也同样变缓。这些特征均说明在较高温度下，由于原子热运动动能的增加，使原本结构上的差异变小，从而使不同空心纳米球以及实心纳米球之间的区别也越来越小。

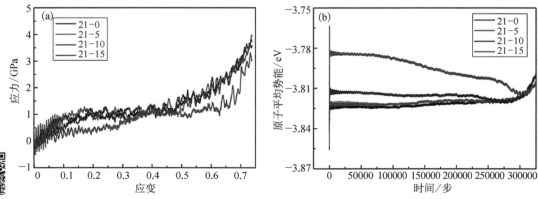

图 13.11　不同尺寸内径的纳米球在 300 K 下压缩过程的力学
行为：（a）应力应变曲线；（b）能量变化曲线

13.2.7　小结

本节通过模拟不同尺寸空心结构金纳米球的压缩行为探究了球壁厚度对其力学特征及变形行为的影响。结果表明空心球具有更高的原子平均势能,在压缩作用下,壁厚可以影响势能随压缩的变化,其本质是来自纳米球中不同类型原子之间的相互转化。选择合适的厚度将使空心纳米球在压缩时保持体系的能量不变。此外,在纳米球的压缩变形中,实心球的原子在压力作用下向外扩张,呈各向异性,而空心球的原子为向内坍塌,且呈各向同性。在应力值上,实心和空心较小的纳米球均表现出较大的应力,而较大的空心球会在初期保持较低的应力。中等中空尺寸的纳米球能在保持有较好应力的同时拥有更好的塑性,使得其应对不同压力时具有能量的吸收和调节的能力。因此选择合适厚度的空心纳米球不仅会提高材料的稳定性,也可获得更好的性能。

13.3　纳米齿轮的分子动力学模拟

13.3.1　引言

微纳机电系统的发展引发了人们对于更为精细尺寸器件的需求。如何将微纳尺寸的构件组装成导电性好、机械强度高、性能稳定的器件,成为研究者关注的问题,其核心在于对纳米尺度下材料的结构、力学形变等性质的深入理解。

微纳齿轮是一种具备机械学特性的微纳器件,作为微纳机电系统的重要组成,一直受到学术界的广泛关注。齿轮的尺寸直接决定了整个微纳机电系统的最小尺度,LIGA(lithographie, galvanoformung, abformung,即光刻、电铸和注塑的缩写)工艺、电火花线切割加工等多种微加工技术已应用于超微齿轮的加工,其直径可以达到微米级,甚至亚微米级。随着齿轮尺寸的进一步缩小,材料在原子尺度上的离散性逐渐显现,研究重点也从传统机械学进入物理化学范畴。

计算机模拟技术不但可以评估齿轮的性能以及解释机械变形过程的主要机理,还可以对其性质进行预测,从而帮助我们突破现有加工技术的限制,获得更小、更稳定、更可靠的微小齿轮。传统上对宏观齿轮的理论模拟大多采用有限元分析。但是对于纳米级器件,基于连续介质理论的有限元分析则会产生较大的误差,而基于离散的原子模型的分子动力学方法则逐渐展现出优势。Legoas 等[4]研究了以多壁碳纳米管为基础构建 GHz 级纳米振荡器,Hwang 等[5]设计了一种纳米机电开关,以碳纳米杆在静电力作用下的弯曲变化控制开关的闭合。Zhang 和 Huang[6]以及 Deng 和 Sansoz[7]研究了通过微结构的设计来增强金纳米杆性能的方法。Yang 等[8]利用简化模型研究了微纳铜齿轮转动过程中的表面黏附现象以及摩擦行为。纳米齿轮高速转动过程中的稳定性分析目前还没有报道。

本书前面的工作中已经介绍了材料的晶向、体系温度、应变率等条件对金属纳米线断裂行为的影响。纳米线是微纳器件中最为简单的结构。纳米材料研究应该遵循从简单到复杂的规律。从另一个角度来讲,复杂体系也需要简化提炼出基本的研究模型,并从基本问题开展研究。作为前面工作的一个拓展,本节将对纳米器件开展研究,并且研究的方法是基于原子尺度的理论,即分子动力学方法。这一尝试性的工作也实现了微观理论对于传统宏观器件的模拟。尽管器件中的相互作用多样,多种复杂的影响因素也不可能在一两个课题中研究清楚,但是本节所尝试的方法可以为后续类似的研究提供借鉴和参考。

在本节中,我们构建了纳米齿轮,以极限转速为其强度的衡量标准,研究了不同尺寸的纳米齿轮的屈服强度、塑性过程的形变机制,旨在揭示尺寸效应对纳米器件强度的影响。

13.3.2   模型的建立与分子动力学模拟

本节采用分子动力学方法对纳米级的金属铜齿轮进行了模拟。模型为直齿圆柱齿轮,采用自由边界条件,由铜单晶按渐开线齿形移除原子而得到,并选取中间部分原子作为轴原子,轴样式为简单键轴,轴方向为<111>晶向。图 13.12 给出了直径为 26 nm、轴径为 6.5 nm、齿宽为 3.3 nm 的铜齿轮,模型约包含 15 万个原子。并以校正因子法进行温度标定,保持体系温度为 10 K,自由弛豫 10 万步后,体系达到亚稳平衡状态。利用 Johnson 改进的解析型嵌入原子势方法描述铜原子之间的相互作用。分子动力学方法允许灵活地对体系中的部分原子进行类型标记,并对其运动速度或受力状态进行人为操控。轴原子(图中深色原子)被标记为工具原子,可对其转动速度进行设定,其余齿轮原子(图中浅色原子)均为牛顿原子,即在分子动力学模拟中自由运动。

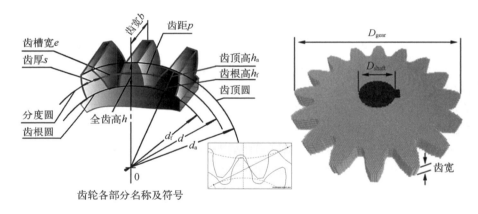

图 13.12   齿轮的基本结构、渐近线齿廓与纳米齿轮的离散原子模型

本研究采用加速实验对器件的最大允许转速进行了测定。仿真实验中直接对轴原子施加角加速度,转速增加产生的扭矩会导致轴原子与器件原子的间距偏离平衡状态,由此产生的应力使器件中的牛顿层原子获得加速度,从而实现整个器件的加速转动。对轴采用了有级变速模式,每升高一级其转速增加 1.0×10^{-7} r/步(模拟步长为 1.558 fs,此转速增量换算为 6.42×10^7 r/s,对于直径为 20 nm 的器件,最大线速度变化量为 4.03 m/s)。由于器件原子加速的滞后性,每次轴原子加速之后都需对整个器件体系进行弛豫,通过调整弛豫时长便可以起到控制总加速度的效果。由于存在热运动扰动,单个原子的速度并不能真实反映整个体系的运动状态。我们将所有原子的线速度转换成角速度,进而统计得到体系的平均转速,跟踪此转速在整个加速过程中所能达到的最大值。

13.3.3　轴加速度对器件极限转速的影响

图 13.13 给出了总加速度等效于 2.06×10^{19} r/s² 时,齿轮与轴的转速-时间关系图。由于设定的有级变速模式,轴原子的转速呈阶梯状增长。在本研究中,我们设定每升高一级转速增加 1.0×10^{-7} r/步,如需获得更为平滑的线性关系,将转速提升的幅度降至当前值的 1/5 以下即可。在低速阶段,非轴原子的转速会出现一定程度的振荡,但两曲线的斜率基本一致,即总体加速度相同。当转速增大到一个极限值后,器件(即齿轮)的加速度开始逐渐减小。对于转速极大值、转速下降第一极小值和随后再次增加到第二转速极值三个时刻对应的结构我们将在下文予以讨论。

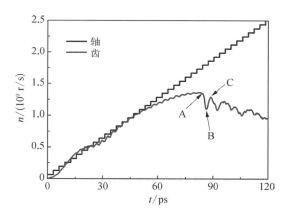

图 13.13　轴原子与齿轮原子的转速-时间 (n-t)曲线。齿轮转速曲线上的 A、B 和 C 点所对应的结构细节将在图 13.15 中详细分析

为了获得极限转速与加速度的关系,分别模拟了加速度从 1.65×10^{20} r/s² 到 4.11×10^{18} r/s² 器件的加速过程。图 13.14(a)给出了几个代表性的轴加速度的 n-t 曲线。不难发现,轴的加速度会影响器件的极限转速。较高的加速度,体系到达平衡态的时间更短,体系内原子所承受的应力更大,表现为极限转速降低。从微观结构上考虑,加速度对极限转速的影响存在两种相反的作用:一种是正向作用,近轴处因弛豫不充分,从而抑制位错成核,使流变应力增大,推迟原子达到极限转速;另一种负向作用,即外层的弛豫不足使得原子加速滞后,极限转速偏小,最终导致体系的平均转速小。当弛豫时间短时,以后者为主导。随着弛豫时间的增长,二者同时减弱而且后者变化更显著。因此出现了极限转速先增大后减小的现象。从图 13.14(b)可以看出极限转速会随着加速度的降低而逐渐增大,当加速度达到 8.23×10^{19} r/s² 时接近平台期,当加速度小于 2.06×10^{19} r/s² 后,该值再次降低。后续模拟均采用 2.06×10^{19} r/s² 作为测试加速度。

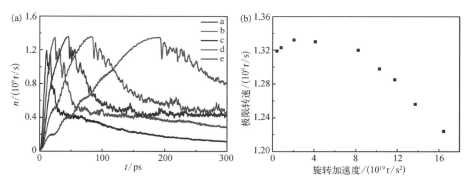

图 13.14　(a) 不同加速度下器件的转速-时间(n-t)曲线图(图中字母 a、b、c、d、e 对应的转动加速度分别为 10.3 r/s²、8.23 r/s²、4.11 r/s²、2.06 r/s² 和 0.82×10^{19} r/s²);(b) 极限转速与轴加速度的变化关系

　　齿轮在全部加速试验中只发生转动,体系应变只包括圆周运动中的拉应变以及加速过程中的切应变,轴向上不存在应变。因此体系应力只包括径向的拉应力与圆周切线方向的剪切应力,而且这两种应力的大小与转速相关。特雷斯卡(Tresca)屈服条件指出,当变形体或质点中的最大切应力达到某一定值时,材料就发生屈服,或者说材料处于塑性状态时,其最大切应力是一个不变的定值。随着器件转速的增加,体系应力增大到材料屈服应力后开始发生塑性形变,而发生塑性形变前的最大转速就是体系的极限转速。通过对器件进行缺陷分析,器件转速开始下降的时刻正是初始位错生成的时刻。图 13.15 为器件在极限转速后的位错分析图,分别对应于图 13.13 中所示的三个时刻。由图 13.15(a)可以看出初始位错位置总是在齿轮轴面附近,而且是在多个方向同时生成,之后沿{111}晶面进行传播。各位错面首先沿着<112>方向生长并在轴向上贯通整个器件,之后在<110>方向上继续扩展。如图 13.15(b)所示,各位错面交汇后会相互阻碍,在轴附近形成一个近乎封闭的区域,使体系到达一个暂时的稳定状态,并将再次加速。二次加速过程中部分位错面会继续生长,但程度有限,直到 C 时刻。由侧视图不难发现位错面在 C 时刻出现了一个缺口,这是由于位错层原子再次发生了滑移,两次滑移矢量叠加后形成全位错,原子又恢复了完美配位状态。

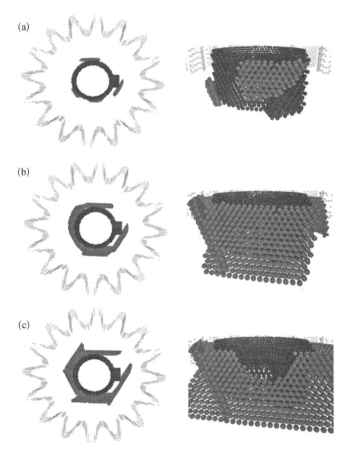

图 13.15　器件屈服初期三个代表性时刻的位错分析图,左为顶视图,右为侧视图。FCC 原子和部分轴原子做了隐藏处理,分别对应图 13.13 中的(a) A 时刻、(b) B 时刻和(c) C 时刻

13.3.4　器件的轴向厚度对其极限转速的影响

体系不存在轴向的应力,因此推测齿轮厚度达到一定程度时,体系应力与轴向的尺寸无关,即极限转速与轴向的尺寸无关。图 13.16 所示为直径 20 nm,轴向厚度由 1.7 nm 变化到 5.0 nm 的一组齿轮的转速-时间曲线。各曲线的加速阶段基本相同,极限转速也相差甚微,只是轴向厚度较小的器件的速率振荡现象较为明显。这是由于轴向厚度与直径之比较小,原子热运动涨落导致体系稳定性不足造成的。可见轴向厚度对器件的极限速度影响很小,这与之前的推断是吻合的。由位错演变机理可以发现轴向厚度会影响稳定态[图 13.15(b)]的到来,这就是图 13.16 中各曲线的塑性阶段存在明显差异的原因。总之,在不影响体系稳定性的前提下可以采用较小的轴向厚度。

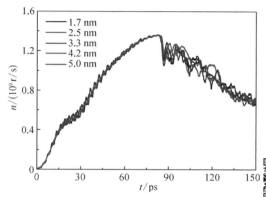

图 13.16　轴向厚度不同的器件在相同加速度下的转速-时间(n-t)曲线

13.3.5　器件的直径对其极限转速的影响

由初始位错的位置可以推断出体系应力在临近轴处最大。周里群[9]以圆盘模型分析宏观齿轮在匀速转动过程中的离心应力分布,也得到了同样的结论。他发现随着质点距轴心距离的增大,切向应力是单调递减的,而径向应力会先增大后减小,并且切向应力始终大于径向应力,并推测齿轮的弹性极限转速为

$$n = \sqrt{\frac{8\sigma_s}{\rho(a^2 + 7b^2)}}$$

其中,σ_s 为材料的极限应力;ρ 为材料的密度;a 和 b 分别为齿轮的轴径和直径。

我们通过系列模型的分子动力学模拟,发现齿轮的直径与轴径对其极限转速有很大影响。图 13.17(a)给出一组轴直径均为 6.5 nm,外直径由 14 nm 变化到 26 nm 的齿轮的转速-时间曲线,各曲线的初始阶段基本重合,只是加速范围存在差异。齿轮的直径越大,越早到达屈服点,极限转速也越小,极限转速与外径的关系基本符合上述公式。图 13.17(b)给出了按上述公式对分子动力学模拟结果的拟合,相关系数在 0.99。此处不存在器件间的相互作用,微小偏差可能是表面效应引起的。说明上述源自宏观力学的解析规律在纳米齿轮的研究中依然成立。由此可以得出结论,纳米器件的极限转速会随着直径的增大而减小。

13.3.6　器件的轴径对其极限转速的影响

极限转速随齿轮轴径变化的关系与上述公式有一定的偏差。图 13.18(a)为一组外直径均为 20 nm,轴径由 3.6 nm 变化到 9.4 nm 的器件的转速-时间曲线,各器件加速过程的

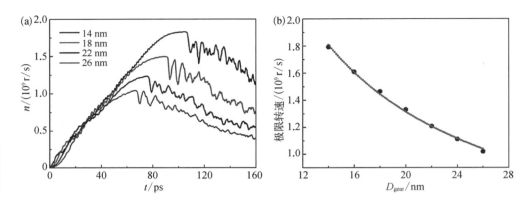

图 13.17　（a）不同直径的齿轮在相同加速度下的转速-时间
（n-t）曲线；（b）极限转速对齿轮直径的曲线拟合

差异不明显。随着轴径的增大，齿轮的极限转速会不断减小，但变化幅度较小，说明轴直径的影响较弱，而且极限转速的变化规律也与随齿轮直径变化的规律不同。由图 13.18（b）可以看出，极限转速随着轴径的增大会先增大后减小，在轴径为 5.1 nm（轴径与直径之比约为 1：4）附近取得最大值，变化趋势类似于抛物线型。当轴径较大时，极限转速会减小，这与宏观器件的变化规律是基本相同的。但当轴径较小时，极限转速反而会下降，这与宏观器件不同。

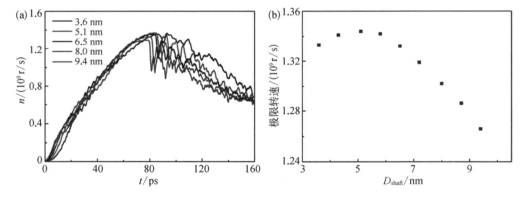

图 13.18　（a）轴径不同的器件在相同加速度下的转速-时间（n-t）
曲线；（b）齿轮的极限转速随轴径的变化关系

　　齿轮轴与齿轮体之间的总牵引力实际就是两者的界面附近的轴原子与齿轮体原子之间作用力的总合。轴与齿轮体的界面参差不齐，作用力可以表现为吸引力和排斥力两种，排斥力可以随着间距的减小而增至无穷大，而吸引力却有极限值。这也体现了化学键在原子尺度的不连续的特点。初始位错都分布在界面接近 {111} 晶面处，这是由于 {111} 晶面层间原子作用力以吸引力为主，局部牵引力存在极限值，随着转速的增大容易造成局部牵引力不足而引发位错滑移。随着轴直径的减小，轴与齿轮体的界面变小，作用力也随之减弱。而且在齿轮直径不变的前提下，待驱动的齿轮体原子总数增加，相同转速下所需的牵引力也略有增加,因此更容易出现局部牵引力不足而发生的屈服,最终导致极限转速的下降。由此可见,对于纳米齿轮其轴径并非越小越好。

13.3.7　纳米器件分子动力学模拟的展望

本节采用分子动力学方法对以纳米齿轮为代表的可转动型纳米器件的高速转动过程进行了模拟研究。实现了极限弹性转速的测定,并通过位错缺陷分析,确定了纳米材料在高速转动下从近轴处开始形变的失效机制。研究发现纳米器件存在明显的尺寸效应,其极限转速虽与轴向厚度无关,但会受到器件直径和轴径的影响。减小器件的直径和轴径,可以提高其极限转速,但若轴径过小反而又会使其极限转速降低。这可以为纳米器件的设计提供一定的参考。

传统的分子动力学一直以来主要应用于模拟小分子或原子团簇的运动和相互作用。对于更大的块体材料,通常采用周期性边界条件来简化处理。然而,在面临边界条件复杂的器件,尤其是那些包含器件与器件之间相互作用的系统,包括机械和化学相互作用等多种复杂相互作用时,传统的分子动力学模拟显然难以胜任。近年来,计算机硬件的迅速发展以及计算方法的不断改进使得微纳米系统级别的分子动力学模拟逐渐变得可能。这种进展对于微纳米器件和系统的开发具有重要意义,可以显著提高设计水平。在微纳米尺度下,样品的制备非常复杂,实验所需的资源和人员培训投入相对较高,从而导致实验成本的增加。相比之下,计算机模拟能够显著节约资源,提高效率,并对器件的小型化设计起到关键作用。一方面,微纳米系统级别的分子动力学模拟有助于深入理解复杂系统中的每个组件的性质与结构变化。机械相互作用是微纳米器件工作的重要方式,必然会对每个组件在机械压力下产生结构变化,例如微机电系统(MEMS)中的微弹簧和微电机。通过模拟这些机械相互作用,研究人员可以精确了解微纳米组件的性能和稳定性,为其设计和优化提供重要信息。另一方面,微纳米系统级别的分子动力学模拟还有助于研究器件与器件之间的相互作用,以及作用的传递。这些相互作用包括机械和化学交互作用,以及电子和热传输等。例如,当微纳米器件集成在一个系统中时,它们之间的相互作用可能导致性能问题或者增加系统复杂性。通过模拟这些相互作用,研究人员可以识别潜在问题并提前采取措施,以确保系统的稳定性、可靠性和性能。

总之,微纳米系统级别的分子动力学模拟在当今科学和工程领域中具有重要的作用。它不仅有助于理解复杂系统中的各种相互作用,还可以用于优化器件的设计和性能提升。随着计算机硬件和计算方法的不断发展,通过巧妙的建模结合满足实验条件的边界条件,微纳米系统级别的分子动力学模拟将继续发挥关键作用,推动科学研究和工程应用的进步。这种方法不仅可以减少实验成本,还可以更有效地提高设计水平,从而对微纳米器件和系统的发展产生深远影响,无论是在民用领域还是国防科技中。

13.4　单晶铜切削过程的模拟

13.4.1　引言

计算技术的快速发展,使分子模拟成为一个联系物理学、化学、材料学和机械学等基础学科的新兴交叉领域,使其成为与传统的理论推导和科学实验并列的第三类研究方法。基于分子动力学模拟的方法可以处理百万直至数亿原子的体系,且具有空间上原子分辨和时间上飞秒分辨的特点。因而,分子动力学模拟成为纳米切削、铸造、锻造、焊接等纳米工程仿真的重要手段。

当加工工件进入纳米尺度,加工过程对表层原子的扰动显著影响器件的性能。Komanduri 等[10]对面心立方(FCC)金属单晶铝切削和压痕过程做了分子动力学模拟,原子间的作用力采用经典的 Morse 势函数计算,对工件的晶面和切削方向的研究表明,切削条件对加工工件性能具有很大影响,并显示出各相异性。Zhang 等[11]模拟了单晶硅切削、耕犁和压痕的过程,发现硅在加工过程中不是以位错为主,而是局域非晶转变起了主导作用,其转变临界剪切应力为 4.6~7.6 GPa。Han 等[12]对单晶硅的切削模拟表明,在刀具压入工件时,工件原子滑动经由位错生成、晶格变形、原子键断裂和最终以原子簇和微粒状态的切屑的方式被切除。Fang 等[13]利用分子动力学模拟的方法研究了金刚石刀具切割单晶硅的加工过程。他们认为在纳米尺度加工中,切屑的形成机理是由于刀具对工件吸引、拉伸作用而形成,从而使单晶硅在切削过程中表现出脆塑性转变的特性。我们对单晶材料纳米切削的研究也表明,刀具剪切力的作用导致了切削后工件的表面原子变为非晶态[14]。

由于加工工件非晶表面层的存在,当材料的尺寸进入纳米级,非晶表面层对器件性质贡献更大。各种力学性质与完美单晶有显著的不同。因此,表面层不仅直接影响到器件的加工精度,而且关系到产品的可靠性和整体寿命。为了从理论上理解亚表层损伤的机理,本节将研究单晶铜在切削过程中不同的切削速度对亚表层结构的影响。

13.4.2　模型建立和分子动力学模拟方法

采用经典分子动力学模拟的方法研究了 $ma×na×ka$(a 为铜的晶格常数,0.362 nm; n 、 m 和 k 为工件的长、宽和高)的[100]单晶铜块体材料在刀具切削过程中的结构形变行为。首先,单晶铜块体材料自由弛豫,以释放掉内部的应力。当原子的平均势能达到一个稳定值,并且原子所受的平均应力在 0.0 GPa 上下轻微波动时,即可认为体系达到稳定状态。然后,工件固定层原子的坐标固定,刀具沿水平方向匀速运动进行切削。刀具的宽度为工件宽度的 1/3。

在切削过程中采用校正因子法进行速率标定,控制体系温度为 300 K,蛙跳法做路径时间积分,模拟步长为 1.6 fs,采取自由边界条件。采用嵌入原子势方法 EAM 描述铜原子间的相互作用,势函数中总的势能包括每个原子与其他原子作用能和电子云形成的嵌入能两部分。刀具与工件之间原子的作用势采用 Morse 势函数,它是基于双原子作用的一种对偶势。

径向分布函数是反映材料晶体结构特征的重要物理参量。其描述了材料的原子排列的有序程度。完美晶体的原子完全按照周期性排列,径向分布函数呈不连续竖线分布,而非晶固体或液体,径向分布函数呈现为一系列峰形。其中,竖线和峰中心位置对应于近邻原子的平均距离。峰面积正比于原子数。

13.4.3　慢速切削过程的模拟

基于刀具的不同切削速度对工件表层原子晶体结构的影响,我们研究了 $40a \times 40a \times 25a$ 的体系在慢速切削过程中的结构形变行为。其中,刀具的切削速度为 7.22 m/s。图 13.19 给出了在此条件下,平行于刀具运动方向,位于刀具和工件中间的截面位置图。从图中可以看到,在刀具切入工件之后,工件原子在垂直于刀具斜面方向产生较为明显的滑移,随着刀具的推进,滑移面增多,但方向基本上未发生变化。当刀具切入的距离超过1/2工件长度时,沿平行于斜面方向的滑移面逐渐显现,该滑移面一直延伸到晶体边缘。显然,这一系列平行刀具斜面的滑移是由刀具冲压而使工件自由边界无支撑导致的。

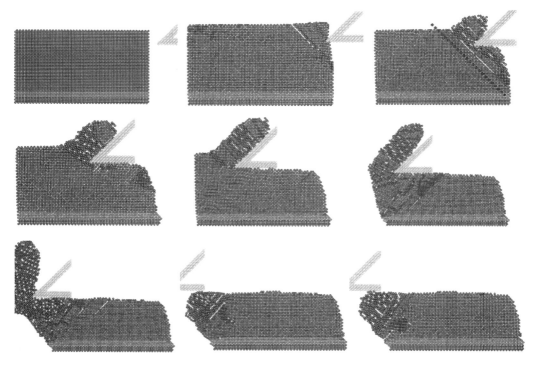

图 13.19　平行于刀具运动方向位于刀具和工件中间位置的截面

我们对刀具前方的原子受力做了简要的分析,将刀具向前运动产生的作用力分解为正向剥离力 F_N 和负向挤压 F_s,这两个方向的力相互垂直的(图 13.20)。分解的应力对于图 13.19 的结构形变而言,切屑中的位错主要是来自刀具斜面向前推进时产生的作用力 F_N,工件中的结构破损是受到沿斜面方向的挤压力 F_s。

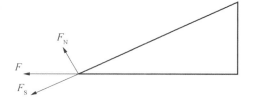

图 13.20　刀具表面的受力分析

图 13.21 给出了平行于刀具前进方向不同深度的截面图。从图中的一系列不同深度的剖面图上可以看到,在刀具切入工件之后,平行于刀具前进方向的工件原子产生了明显

的局域位错,随着刀具的推进,位错区域增大,但工件原子的晶体结构保持了相对的完整性。显然,这一系列平行于刀具前进方向的晶体结构变化是刀具在运动过程中的侧应力导致的。同时,我们可以清晰地看到,材料内部的滑移面在截面上表现了一系列不同高度的位错线。这说明工件中刀具尚未直接接触的部分存在斜向延伸的滑移面。当固定截面,我们观察位错线随时间的变化时,可以发现滑移面随着刀具的前进亦发生升降运动。

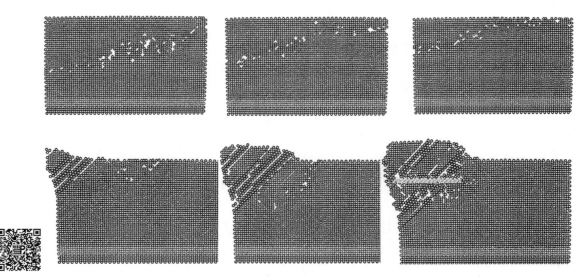

图 13.21   平行于刀具前进方向不同深度的截面图

13.4.4 快速切削过程的分子动力学模拟

作为对照,我们研究了 $40a \times 40a \times 50a$ 的体系在快速切削过程中的形变行为。其中,刀具的切削速度为 72.2 m/s,比上文提高了 10 倍。图 13.22 给出了快速切削条件下,平行于刀具运动方向,位于刀具和工件中间的截面结构图。相比慢速切削,工件原子在快速切削过程中没有出现明显的滑移,而是呈现出表层原子的非晶熔化状态。同时,由于刀具速度更快,切入工件后,刀具斜面上方的原子迅速聚集并沿着斜面上升,形成飞屑。

13.4.5 快速切削过程中的晶态变化

以上研究表明,不同的切削条件可能导致亚表层原子的结构出现不同的特征,为此我们进一步考察了切削过程中工件原子的径向分布函数。由于大体系在切削时,被加工表面原子的比例相对较小,故其径向分布函数在加工过程中的变化会被工件主体的原子平均所掩盖。因此,这里选取了尺寸为 $20a \times 30a \times 20a$ 的工件局部原子进行了分析。从图 13.23(a) 的短程径向分布函数图可以看到,在切削的前半程(前 50 000 步),RDF 分布中的波峰随着切削时间的增加逐渐降低,这说明工件原子的晶体结构有序性降低。但随着刀具切到后半程(50 000 步之后),波峰又逐渐变得尖锐,这归于铜单晶良好的重结晶能力。

图 13.23(b) 给出了工件原子的长程径向分布函数图。与短程有序性类似的是,在长程的晶体特征上,工件也表现出了切削前半程的有序性逐渐降低,而后半程升高的趋势。

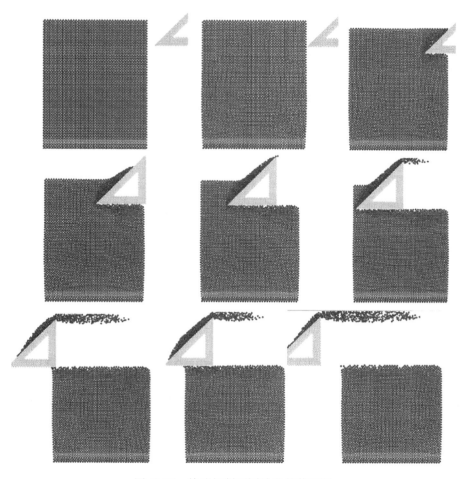

图 13.22　快速切削不同阶段的截面图

这说明了刀具冲击做功使体系原子产生局域熔化,而这些无序原子起到润滑剂作用,促进了沿(111)面的滑移。然而,与其他纳米操作不同的是刀具的切削面相对于工件原子较小,刀具冲击产生的局域热能更容易传递,并通过恒温处理而散发出去。因此,纳米切削后的工件更容易经历一个重结晶的过程。而在纳米拉伸、空心纳米材料的热坍塌等过程中,则不易观察到这种重结晶现象。

13.4.6　纳米划痕

在纳米尺度,采用机械加工的方法改变毛坯材料的形状、尺寸和表面质量等,使其成为合格的零部件。纳米机械加工有很多类型,与纳米切削类似的是纳米划痕。借鉴前文纳米切削的模型模拟过程可以较为容易地建立纳米划痕的模拟模型。其中三棱锥状的刀具可以是金刚石,其与金属铜工件之间的相互作用既可以采用 Morse 势,也可以简化为 δ 势,即仅在刀具处势能无限大,刀具之外无相互作用。图 13.24 展示了几个不同划动位置、不同刻划深度代表性例子的结构图。从中可以体会分子动力学模拟在纳米工程领域应用的强大能力。

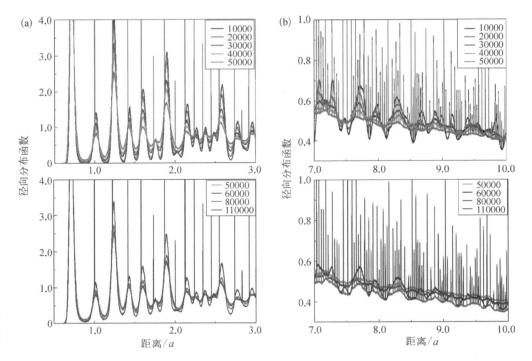

图 13.23 切削过程的不同阶段的径向分布函数：(a) 短程有序性；(b) 长程有序性

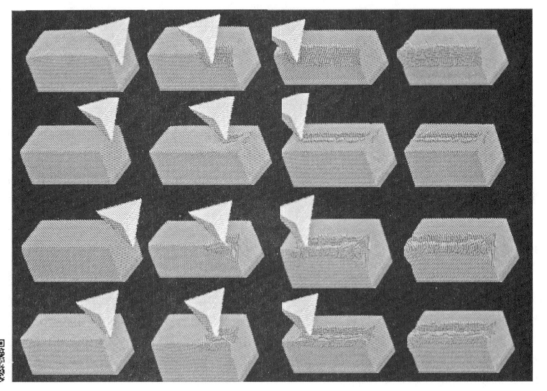

图 13.24 不同切削位置和刻划深度对划痕的影响